Scharmann (Hrsg.) · Arbeitsbuch Physik

Arbeitsbuch Physik

für Mediziner und Biologen

Herausgegeben von
Arthur Scharmann

Beiträge von
Manfred Böhm
Gernot Born
Albrecht Hofstaetter
Arthur Scharmann

Mit 318 Abbildungen, zahlreichen Tabellen, Beispielen und Formeln

Urban & Schwarzenberg
München–Wien–Baltimore 1981

Anschriften der Verfasser:

Professor Dr. rer. nat. Arthur Scharmann, Direktor des I. Physikalischen Instituts der Universität, Heinrich-Buff-Ring 14–20, 6300 Gießen

Dr. rer. nat. Manfred Böhm, Wissenschaftlicher Mitarbeiter des I. Physikalischen Instituts der Universität, Heinrich-Buff-Ring 14–20, 6300 Gießen

Professor Dr. rer. nat. Gernot Born, Sektion Didaktik der Physik, Gesamthochschule Duisburg, Lotharstraße 65, 4100 Duisburg

Dr. rer. nat. Albrecht Hofstaetter, Wissenschaftlicher Mitarbeiter des I. Physikalischen Instituts der Universität, Heinrich-Buff-Ring 14–20, 6300 Gießen

CIP-Kurztitelaufnahme der Deutschen Bibliothek

Arbeitsbuch Physik für Mediziner und Biologen /
hrsg. von Arthur Scharmann. Beitr. von Manfred Böhm ... –
München ; Wien ; Baltimore : Urban und Schwarzenberg, 1981.
ISBN 3-541-09831-7
NE: Scharmann, Arthur [Hrsg.]; Böhm, Manfred [Mitverf.]

Satz und Druck: Passavia Druckerei GmbH, Passau.
Printed in Germany.

ISBN 3-541-09831-7

Vorwort

Das vorliegende Arbeitsbuch soll Lehrbuch, Tabellen- oder Nachschlagewerk und den Besuch von Vorlesungen nicht ersetzen. Es ist gedacht zum Gebrauch *neben* und zur Unterstützung der Physikvorlesung im Grundstudium der Mediziner, Tier- und Zahnmediziner, Haus- und Ernährungs- sowie Agrarwissenschaftler und verwandter Studiengänge. Das Buch bezweckt nicht die Vermittlung eines nur prüfungsrelevanten Minimalwissens, sondern soll das Verständnis für die physikalischen Grundlagen wecken, weil es nicht Sinn einer akademischen Ausbildung sein kann, Physik für eine Prüfung zu lehren bzw. zu lernen und dann möglichst schnell wieder zu vergessen. Gerade in der heutigen Zeit, die gekennzeichnet ist durch einen starken Gegensatz zwischen der Bedeutung der Naturwissenschaften einerseits und dem Abwählen des Faches Physik in der Schule andererseits, scheint eine gründliche Beschäftigung mit Physik im Grundstudium – weit über das sture Pauken von Multiple-Choice-Fragen hinaus – besonders angebracht.

Der im Anhang angeführte Auszug aus dem Gegenstandskatalog enthält einen Hinweis-Index, der eine einfache Zuordnung zu den einzelnen Kapiteln des Buches ermöglicht.

Den Anstoß zu seiner Entstehung gab der Verlag Urban & Schwarzenberg; es wurde dort von Herrn Dr. R. Degkwitz als Lektor betreut. Ihm danke ich für seine große Geduld und sein stets förderndes Drängen. Die Grundlage des Buches bilden die Vorlesungen, die ich seit vielen Jahren vor sogenannten „Nebenfächlern" gehalten habe. Geschrieben und zusammengestellt wurde der Text von meinen Mitarbeitern, Kollegen und Freunden Manfred Böhm, Gernot Born und Albrecht Hofstaetter. Ihnen allen bin ich für ihren Einsatz und ihre Hilfsbereitschaft sehr verpflichtet. Daneben möchte ich Frau B. Münker für den weitaus größten Teil der Schreibarbeiten und Frau G. Jullmann für die Anfertigung der Zeichnungen danken, des weiteren allen, die durch ihre Hilfe zum Gelingen des Buches beigetragen haben. Für Kritik und Änderungsvorschläge sind wir alle jederzeit dankbar.

Gießen, im Sommer 1981 *Arthur Scharmann*

Inhalt

Wichtige Konstanten der Physik

Gravitationskonstante	γ	$= (6{,}6720 \pm 0{,}0041) \cdot 10^{-11}\,\mathrm{Nm^2\,kg^{-2}}$
Lichtgeschwindigkeit (im Vakuum)	c_o	$= (299\,792\,458 \pm 1{,}2)\,\mathrm{ms^{-1}}$
Elektrische Feldkonstante	ε_o	$= 1/\mu_o c^2 = 8{,}8542 \cdot 10^{-12}\,\mathrm{AsV^{-1}\,m^{-1}}$
Magnetische Feldkonstante	μ_o	$= 1/\varepsilon_o c^2 = 4\pi \cdot 10^{-7}\,\mathrm{VsA^{-1}\,m^{-1}}$
Elementarladung	e_o	$= (1{,}6021892 \pm 0{,}0000046) \cdot 10^{-19}\,\mathrm{As}$
Ruhemasse des Elektrons	m_e	$= (9{,}109534 \pm 0{,}000047) \cdot 10^{-31}\,\mathrm{kg}$
Spezifische Elektronenladung	e_o/m_e	$= (1{,}7588047 \pm 0{,}0000049) \cdot 10^{11}\,\mathrm{As\,kg^{-1}}$
Protonenmasse/ Elektronenmasse	m_p/m_e	$= (1836{,}15152 \pm 0{,}00070)$
Avogadro-Konstante	N_A	$= (6{,}022045 \pm 0{,}000031) \cdot 10^{23}\,\mathrm{mol^{-1}}$
Atomare Masseneinheit	u	$= 10^{-3}\,\mathrm{kg\,mol^{-1}}/N_A = (1{,}6605655 \pm 0{,}0000086) \cdot 10^{-27}\,\mathrm{kg}$
Faraday-Konstante	F	$= e_o \cdot N_A = (96\,484{,}55 \pm 0{,}27)\,\mathrm{As\,mol^{-1}}$
Allgemeine Gaskonstante	R	$= (8{,}31441 \pm 0{,}00026)\,\mathrm{J\,mol^{-1}\,K^{-1}}$
Molares Volumen des idealen Gases (bei $T_o = 273{,}15\,\mathrm{K}$, $p_o = 101\,325\,\mathrm{Pa}$)	V_m	$= (22{,}41383 \pm 0{,}00070) \cdot 10^{-3}\,\mathrm{m^3\,mol^{-1}}$
Boltzmann-Konstante	k_B	$= \dfrac{R}{N_A} = (1{,}380662 \pm 0{,}000044) \cdot 10^{-23}\,\mathrm{JK^{-1}}$
Plancksches Wirkungsquantum	h	$= (6{,}626176 \pm 0{,}000036) \cdot 10^{-34}\,\mathrm{Js}$

A. Einleitung

Grundbegriffe der Physik

Ursprünglich verstand man unter Physik die Lehre von der Natur schlechthin. Diese umfassende Bedeutung hat das Wort in den letzten Jahrhunderten dadurch verloren, daß sich die moderne Naturwissenschaft im Zuge ihrer Entwicklung in mehrere Teilgebiete aufspaltete, von denen die Physik heute im wesentlichen für die Vorgänge und Zustände der unbelebten Natur zuständig ist. In dieser Rolle nimmt sie unter den Naturwissenschaften in vieler Hinsicht eine zentrale Stellung ein. Einmal ist die Physik eine wesentliche Grundlage der Technik und damit unseres modernen Lebens, zum anderen haben die von ihr beschriebenen Gesetzmäßigkeiten auch grundlegende Bedeutung für den lebenden Organismus und gehören deshalb zum notwendigen Wissen des Mediziners, Physiologen, Biologen – Beispiele werden in diesem Buch folgen. Nicht zuletzt ist es aber die Arbeitsweise der Physik, die für die anderen Naturwissenschaften (und zunehmend auch für Geisteswissenschaften) richtungsweisend gewirkt hat.

Für diese Arbeitsweise sind zwei Aspekte charakteristisch: Einmal ist die Physik eine Erfahrungswissenschaft, die ihre Erkenntnisse aus der Beobachtung von Naturvorgängen und gezielten Experimenten gewinnt und sie ständig daran überprüft. Zum anderen beschreibt sie diese Erkenntnisse mit Hilfe wohldefinierter quantitativer Begriffe, der physikalischen **Größen,** unter Verwendung der Mathematik zur Formulierung der aufgefundenen Gesetzmäßigkeiten.

Voraussetzung für die Verwendung quantitativer Begriffe ist ihre Meßbarkeit. Nach Festlegung eines Meßverfahrens und einer geeigneten Maßeinheit kann dann der spezielle Größenwert, den eine physikalische Größe in einem bestimmten Fall besitzt, durch Vergleich mit ihrer Maßeinheit ermittelt werden. Dabei erhält man dann einen Zahlenwert, etwa beim Vergleich der Länge eines Menschen mit der Maßeinheit 1 Meter z.B. den Zahlenwert 1,76. Jeder Wert einer physikalischen Größe wird also als Produkt aus Zahlenwert und Maßeinheit ausgedrückt:

$$\text{Größe} = \text{Zahlenwert} \cdot \text{Maßeinheit}$$

im obigen Beispiel: $l = 1{,}76\,\text{m}$.

Diese Schreibweise zeigt bereits, daß man die physikalischen Größen und ihre Einheiten durch Buchstaben abkürzt. Zahlenwerte kürzt man durch die Verwendung von Zehnerpotenzen (z.B. Erdumfang $U = 40\,000\,000\,\text{m} = 4 \cdot 10^7\,\text{m}$) oder Vorsätzen vor den Einheiten ($40\,000\,000\,\text{m} = 40\,000\,\text{km}$) ab. Dabei benutzt man

Tera	Giga	Mega	Kilo	—	Milli	Mikro	Nano	Pico	Femto	Atto
10^{12}	10^{9}	10^{6}	10^{3}	10^{0}	10^{-3}	10^{-6}	10^{-9}	10^{-12}	10^{-15}	10^{-18}
T	G	M	k	—	m	μ	n	p	f	a

Beispiel:
Wellenlänge von sichtbarem Licht $\lambda = 400\,\text{nm} - 800\,\text{nm} = 400 \cdot 10^{-9}\,\text{m} - 800 \cdot 10^{-9}\,\text{m}$.
Außerdem werden benutzt: 10^{-1} = dezi (d), 10^{-2} = centi (c), 10^{1} = Deka (D) und 10^{2} = hekto (h).

Die Wahl der Maßeinheiten kann im Prinzip willkürlich erfolgen. Durch internationale Vereinbarung hat man sich heute auf das Internationale Einheitensystem geeinigt, nach dem französischen „Système International d'Unités" **SI-System** genannt. Es ist auf den sieben Basisgrößen Länge, Zeit, Masse, Stromstärke, Temperatur, Lichtstärke und Stoffmenge sowie den zugehörigen Basiseinheiten Meter, Sekunde,

Kilogramm, Ampere, Kelvin, Candela und Mol aufgebaut. Aus diesen **Grundgrößen** bzw. Basiseinheiten werden die weiteren in der Physik verwendeten Größen und Maßeinheiten abgeleitet.

Fehlerrechnung

Physikalische Messungen liefern Ergebnisse, die prinzipiell mit **Fehlern** behaftet sind. Unterschieden wird zwischen dem **systematischen Fehler,** der durch Verwendung mangelhafter Meßinstrumente, ungenaues Ablesen, falsches Anbringen der Meßsonden usw. verursacht wird, und dem **zufälligen Fehler,** der sich durch Wiederholen der Messung verringern läßt.

Beispiele für systematische Fehler: Messung der Körpertemperatur auf der Hautoberfläche, Verwendung falsch geeichter Waagen, permanent zu kurze Meßzeiten usw.

Systematische Fehler lassen sich nur durch Verwendung einwandfrei funktionierender Instrumente sowie, sehr wesentlich, eigene Sorgfalt und Kritik des Meßvorgangs durch Ausloten und Eliminieren möglicher Fehlerquellen vermeiden.

Beispiel für zufälligen Fehler: Einem Patienten soll die Körpertemperatur x möglichst genau bestimmt werden. Dazu wurden fünf voneinander unabhängige Einzelmessungen durchgeführt. Die Einzelergebnisse:

$$x_1 = 39{,}4\,^\circ\mathrm{C},\ x_2 = 39{,}2\,^\circ\mathrm{C},\ x_3 = 39{,}3\,^\circ\mathrm{C},\ x_4 = 39{,}5\,^\circ\mathrm{C},\ x_5 = 39{,}3\,^\circ\mathrm{C}.$$

Welcher Wert soll als „richtiges" Ergebnis angesehen werden?

Der **wahrscheinlichste Wert** wird definiert als **Mittelwert** $\bar{x}$ aller Einzelmessungen x_i; ($i = 1, \ldots, n$; n = Gesamtzahl der Messungen)

$$\bar{x} = \frac{x_1 + x_2 + \ldots + x_n}{n} = \frac{1}{n} \sum_{i=1}^{n} x_i \,.$$

Beispiel:

$$\bar{x} = \frac{(39{,}4 + 39{,}2 + \ldots + 39{,}3)\,^\circ\mathrm{C}}{5} = 39{,}34\,^\circ\mathrm{C}$$

Die Einzelergebnisse x_i gruppieren sich um diesen Mittelwert $\bar{x}$, sie streuen um $\bar{x}$. Sehr häufig sind die Meßwerte x_i um den Mittelwert $\bar{x}$ nach einer sog. **Normalverteilung** angeordnet (Abb. A-1).

Der Wert $\bar{x}$ wird mit größter Wahrscheinlichkeit erwartet.

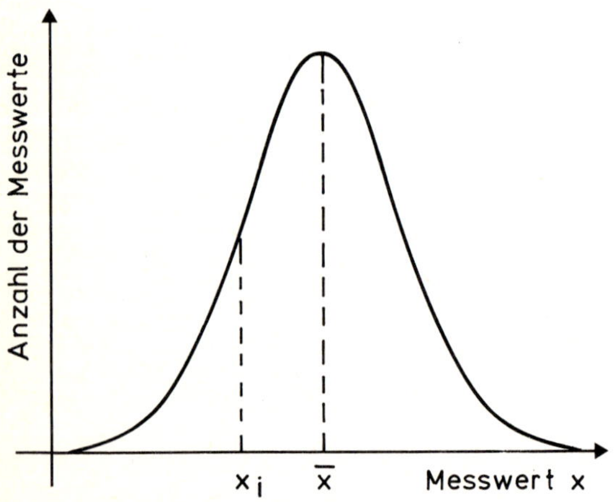

Abb. A-1 Häufigkeitsverteilung einer Messung (Gaußsche Glokkenkurve).

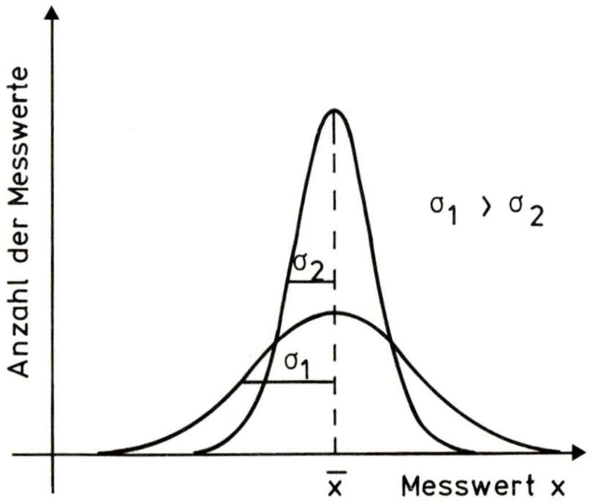

Abb. A-2 Darstellung der Varianzbreite σ (Standardabweichung) bei zwei verschiedenen Verteilungskurven.

Nun kann derselbe Mittelwert $\bar{x}$ auch dadurch entstehen, daß die einzelnen Meßergebnisse sehr weit um $\bar{x}$ verstreut liegen. In diesem Fall wird man rein intuitiv zur Güte des Ergebnisses weniger Vertrauen haben. Quantitativ wird dazu die sog. **Varianzbreite** σ definiert:

$$\sigma^2 = \frac{(x_1-\bar{x})^2+(x_2-\bar{x})^2+\ldots+(x_n-\bar{x})^2}{n-1} = \frac{\sum_{i=1}^{n}(x_i-\bar{x})^2}{n-1}$$

Die Varianzbreite σ wird gemessen als Breite der Verteilung bei dem halben Wert des Maximums.

Je mehr die Einzelergebnisse x_i streuen, desto breiter und flacher verläuft die Verteilungskurve und umso größer ist die Breite σ. Liegen die Meßwerte x_i jedoch dicht beisammen, wird die Kurve schmal und hoch und die Varianzbreite σ wird kleiner (Abb. A-2).

Zweckmäßig wird die Varianz in folgendem Schema berechnet:

i	x_i	$x_i-\bar{x}$	$(x_i-\bar{x})^2$
1	x_1	$x_1-\bar{x}$	$(x_1-\bar{x})^2$
. .	. . . .	. . . . .	. . . . .
n	x_n	$x_n-\bar{x}$	$(x_n-\bar{x})^2$
	$\bar{x}=\frac{x_1+\ldots+x_n}{n}$	$\sum(x_i-\bar{x})=0$	$\frac{(x_1-\bar{x})^2+(x_2-\bar{x})^2+\ldots+(x_n-\bar{x})^2}{n-1}$

$$\sigma = \sqrt{\frac{(x_1-\bar{x})^2+(x_2-\bar{x})^2+\ldots+(x_n-\bar{x})^2}{n-1}}$$

Beispiel:

i	x_i/°C	$x_i-\bar{x}$/°C	$(x_i-\bar{x})^2$/(°C)^2
1	39,4	+0,06	+0,0036
2	39,2	−0,14	+0,0196
3	39,3	−0,04	+0,0016
4	39,5	+0,16	+0,0256
5	39,3	−0,04	+0,0016
	$\bar{x}$ = 39,34 °C		$\sum$ = 0,0520 (°C)^2

$$\sigma = \sqrt{\frac{0{,}0520\,(°\mathrm{C})^2}{4}} = \sqrt{0{,}0130\,(°\mathrm{C})^2} = 0{,}114\,°\mathrm{C}$$

Aus der Varianz σ erhält man den absoluten Fehler $\Delta\bar{x}$ des Mittelwerts, indem man durch die Wurzel aus der Zahl der Meßwerte teilt:

$$\Delta\bar{x} = \frac{\sigma}{\sqrt{n}} \quad .$$

Das Endergebnis wird dann angegeben als

$$x = (\bar{x} \pm \Delta\bar{x}).$$

Beispiel: $x = (39{,}34 \pm 0{,}05)\,°\mathrm{C}$

Um die Güte eines Ergebnisses beurteilen zu können, wird oft der **relative Fehler** r eingeführt

$$r = \frac{\Delta\bar{x}}{\bar{x}} = \frac{\sigma}{\bar{x}\cdot\sqrt{n}} \, .$$

Er wird in der Regel in Prozenten angegeben.

Beispiel: $\frac{\Delta\bar{x}}{\bar{x}} = \frac{0{,}05\,°\mathrm{C}}{39{,}34\,°\mathrm{C}} = 0{,}13\,\%.$

Dieser relative Fehler wird auch auf Meßinstrumenten als **Güteklasse** angegeben. Der Wert ist meistens in einer Ecke der Ableseskala eingedruckt und bezieht sich stets auf den Vollausschlag.

Beispiel:

Auf dem Meßinstrument eines Beatmungsgeräts ist angegeben: Maximaldruck 50 Torr, Güteklasse 1,5.

Dann kann man sich auf jeden angezeigten Druckwert auf $\pm 1{,}5\,\%$ von 50 Torr, also $\pm 0{,}7$ Torr genau verlassen.

Bei der Anwendung einfacher Meßverfahren kann der absolute und der relative Fehler oft leicht abgeschätzt werden:

Beispiel: Mensch

	Größe	Meßinstrument	abs. Fehler	rel. Fehler
Körpergröße	Länge	Bandmaß	± 1 cm	$\frac{1\,\text{cm}}{170\,\text{cm}} \approx 0{,}6\,\%$
Körpermasse	Masse	Waage	± 500 g	$\frac{500\,\text{g}}{70\,\text{kg}} \approx 0{,}7\,\%$

Gehen in ein Meßergebnis mehrere Einzelergebnisse ein, die ihrerseits mit Fehlern behaftet sind, so werden alle Einzelfehler addiert, und zwar bei Produkten die relativen Fehler, bei Summen die absoluten Fehler.

Beispiel:

Der Weg s, den ein Auto mit der Geschwindigkeit v in der Zeit t zurücklegt, wird ausgedrückt durch $s = v \cdot t$. Stimmt die Geschwindigkeitsangabe nur auf $5\,\%$ genau und die Zeitangabe auf $3\,\%$ genau, so kann der Weg nur auf $8\,\%$ genau vorherberechnet werden.

B. Mechanik

1. Länge

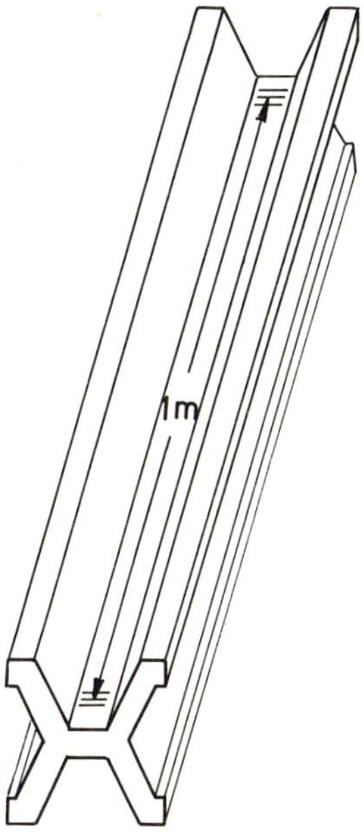

Abb. B-1 Urmeter

Die Beschreibung der Gestalt eines Körpers oder seiner Lage im Raum läßt sich zurückführen auf die Bestimmung einer physikalischen Grundgröße, der **Länge** *l*.
Die **Einheit** der Länge ist **1 Meter** (m). Durch Umrechnen mit Zehnerpotenzen bzw. Verwendung der entsprechenden Vorsilben (wie in der Einleitung besprochen) leitet man daraus die ebenfalls üblichen Einheiten Kilometer (= 1000 m), cm (= $^{1}/_{100}$ m), mm usw. ab. Lichtwellenlängen (vgl. Kap. G. 13) sind dagegen sehr klein, für sie benötigt man die Einheit nm (= 10^{-9} m).

Die Wellenlänge des Lichtes der orangefarbenen Spektrallinie (vgl. Kap. G. 11) des Krypton-Isotops ^{86}Kr (Kap. E. 2) dient heute zur Festlegung (Definition) der Einheit 1 Meter: 1 Meter ist das 1 650 763,73fache dieser Wellenlänge.

Ursprünglich (1791) war die Längeneinheit Meter gedacht als der vierzigmillionste Teil des Erdumfangs und wurde durch den „Internationalen Meterprototyp" in Paris festgelegt, dessen Genauigkeit aber nicht mehr ausreicht.
Zur **Längenmessung** dienen **Maßstäbe,** die gewöhnlich in Millimeter unterteilt sind und an das Meßobjekt angelegt werden. Ist ein direktes Anlegen nicht möglich, muß man über das Meßobjekt hinweg den Maßstab senkrecht anvisieren, um den **parallaktischen Fehler** zu vermeiden; dies wird gewährleistet durch Verwendung eines **Spiegelmaßstabes,** bei dem man Objekt und Bild zur Deckung bringt (vgl. Kap. G. 5, Reflexionsgesetz). Mit solchen Spiegelskalen sind alle besseren Zeigermeßinstrumente ausgerüstet.

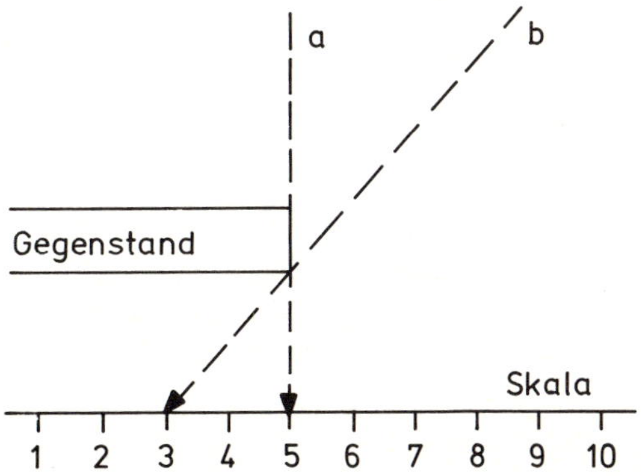

Abb. B-2 Parallaktischer Fehler

Für genauere Messungen kleiner Längen verwendet man **Schieblehren,** mit denen man, wie in Abb. B-3 gezeigt, Innen- und Außenmaße bestimmen kann. Durch Verwendung eines **Nonius** lassen sich hier Längenmessungen auf zehntel Millimeter exakt durchführen. Der Nonius ist ein in zehn Teile geteilter Hilfsmaßstab, dessen Gesamtlänge gleich 9 (oder 11) Teile des Hauptmaßstabes ist (Abb. B-4). Dadurch zeigt derjenige Teilstrich des Nonius, der mit einem Teilstrich des Hauptmaßstabes in Deckung ist, die Anzahl der Zehntelmillimeter an. Messungen sehr kleiner Längen kann man unter dem Mikroskop mit Hilfe eines **Objektmikrometers** durchführen. Das ist ein Objektträger mit einer sehr feinen Strichteilung (z.B. $\frac{1}{100}$ mm Abstand zwischen den Teilstrichen).

Von der Länge lassen sich weitere geometrische Größen ableiten:

Die **Fläche** *A* mit der Dimension (Länge)^2 und der Einheit **Quadratmeter** (m^2). Die Fläche einfacher geometrischer Figuren läßt sich leicht berechnen (z.B. Kreis mit

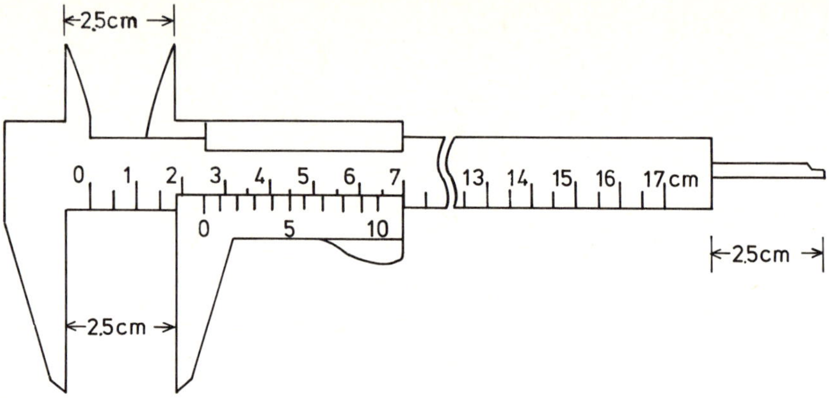

Abb. B-3 Schieblehre

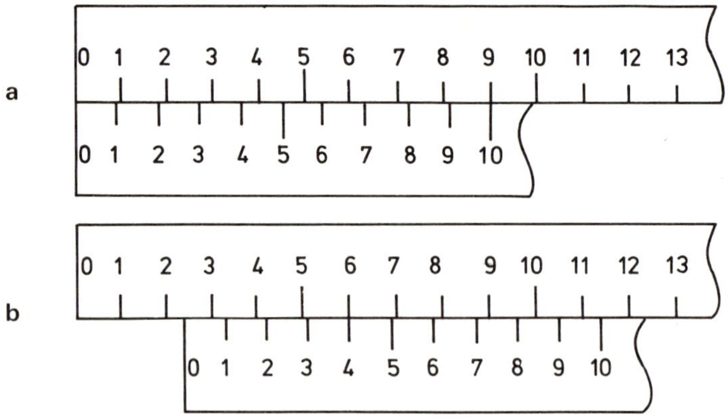

Abb. B-4 Nonius: *a*) Nullstellung *b*) Stellung 2,4

Radius r: $A = \pi \cdot r^2$; Rechteck mit Kanten a und b: $A = a \cdot b$; Dreieck mit Grundseite g und Höhe h: $A = \frac{1}{2} g \cdot h$). Komplizierte Flächen lassen sich mit einem Planimeter ausmessen oder durch Auftragen auf Millimeterpapier (Auszählen der Quadrate) bzw. Wiegen des von der Kurve umschlossenen Papiers bestimmen.

Das **Volumen** V mit der Dimension (Länge)^3 und der Einheit **Kubikmeter** (m^3). Ein Kubikmeter ist der Rauminhalt, den ein Würfel der Kantenlänge 1 m umschließt. Praktische Bedeutung haben daneben die kleineren Einheiten 1 Liter (l) = 10^{-3} m^3 und 1 cm^3 (Kubikzentimeter) = 10^{-6} m^3. Auch das Volumen einfacher Körper läßt sich leicht berechnen (z.B. Kugel mit Radius r: $V = \frac{4}{3} \pi r^3$; Quader mit den Kantenlängen a, b und c: $V = a \cdot b \cdot c$). Das Volumen von Flüssigkeiten mißt man mit Hilfe von Meßzylindern, Pipetten, Büretten, Meßkolben oder Pyknometern (Meßflaschen). Das Volumen von Festkörpern kann man bestimmen, indem man mit Hilfe eines Überlaufgefäßes (Abb. B-5) und eines Meßzylinders bestimmt, welches Wasservolumen der Körper beim Eintauchen verdrängt. Bei bekannter Dichte (vgl. Kap. B. 4) des Festkörpers kann man sein Volumen auch über eine Bestimmung seiner Masse ermitteln.

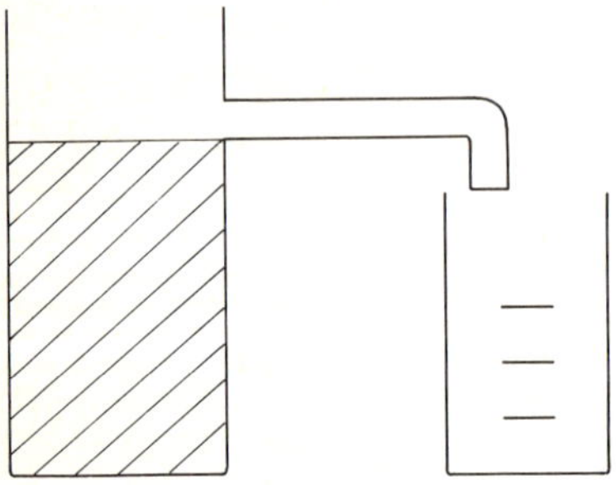

Abb. B-5 Überlaufgefäß

Der **ebene Winkel** ist definiert als Verhältnis der Länge des Kreisbogens zur Länge des Kreisradius (Abb. B-6).

$$\alpha = \frac{b}{r}$$

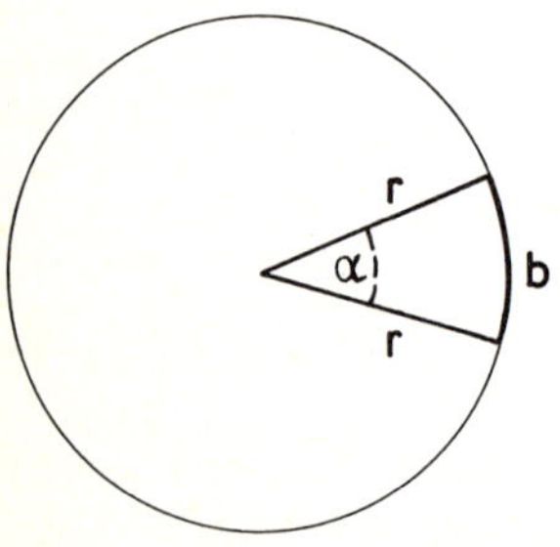

Abb. B-6 Ebener Winkel

ist also eine Verhältnisgröße (so nennt man Quotienten aus zwei gleichartigen Größen) mit der Dimension Eins. Im internationalen Einheitensystem hat der Winkel die Einheit **Radiant** (rad): Für einen Winkel von 1 rad ist die Länge des Kreisbogens gleich dem Kreisradius. Da der Umfang eines Vollkreises $2 \cdot \pi \cdot r$ ist, beträgt der Vollwinkel 2π rad ($\pi = 3{,}14 \ldots$). Im Gradmaß (Symbol: °) ordnet man dem Vollwinkel 360° zu. Damit errechnet man leicht die Beziehungen 1 rad = 57° 17′ 45″ und 1° = 0,01745 rad. Hier wurde die Einteilung in Minuten (′) und Sekunden (″) verwendet: 1° = 60′, 1′ = 60″;

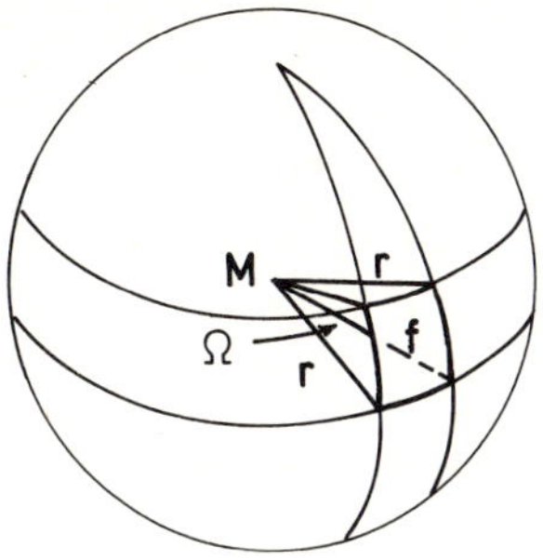

Abb. B-7 Räumlicher Winkel

daneben kann man auch in Zehntel- und Hundertstel-Grad unterteilen. Ebene Winkel werden mit einem Anlage-Winkelmesser gemessen.

Der **räumliche Winkel** ist (Abb. B-7) analog definiert als Verhältnis des Oberflächenstückes f, das er aus einer Kugel herausschneidet, zum Quadrat des Kugelradius: $\Omega = \frac{f}{r^2}$. Seine Einheit ist der **Steradiant** (sr).

Auch der räumliche Winkel hat als Quotient zweier Flächen die Dimension Eins, ist also ebenfalls eine Verhältnisgröße.

2. Zeit

Die zweite Grundgröße der Mechanik, die **Zeit** t, hat im internationalen Maßsystem (SI-System) die Einheit **Sekunde** (s) (manchmal auch sec). 1 Sekunde ist definiert durch die elektromagnetische Strahlung, die bei einem bestimmten Energieübergang (vgl. Kap. E. 1) innerhalb von Atomen des Cäsiumisotops Cs^{133} auftritt: 9192631770 (also über 9 Milliarden) Schwingungen dieser elektromagnetischen Welle dauern eine Sekunde.

Daß die Einheiten der physikalischen Grundgrößen heute so genau festgelegt werden müssen, weil man eben zum Teil schon so genau messen kann, hatten wir bereits bei der Definition des Meter gesehen. Für den täglichen Gebrauch und zum Merken genügt die alte Definition der Sekunde in Anlehnung an astronomische Vorgänge: Ein Tag hat 24 Stunden mit je 60 Minuten, diese wiederum zu je 60 Sekunden, für eine Umdrehung um sich selbst braucht die Erde also 86400 Sekunden. Diese Festlegung ist allerdings nicht ganz genau, da die Drehgeschwindigkeit der Erde sich – in sehr geringem Maße – vermindert.

Zur **Zeitmessung** benutzt man, wie schon aus der Sekundendefinition ersichtlich wird, **periodische** (d.h. sich regelmäßig wiederholende) **Vorgänge.** Dabei kann man die mechanischen Schwingungen eines **Sekundenpendels** oder einer Spiralfeder **(Unruh)** verwenden (vgl. Kap. F. 1), für sehr genaue Messungen auch die elektrischen Schwingungen eines Quarzkristalls. Sehr schnell verlaufende Vorgänge und damit sehr kurze Zeiten kann man in vielen Fällen mit dem Elektronenstrahloszillographen messen (vgl. Kap. D. 16), dessen Elektronenstrahl man die horizontale Richtung periodisch in 10^{-7} Sekunden und weniger durchlaufen lassen kann.

Eng verknüpft mit der physikalischen Größe Zeit ist die **Frequenz** ν. Darunter versteht man die Anzahl periodischer Vorgänge pro Zeiteinheit, also z. B. die Zahl der Schwingungen eines Pendels pro Sekunde oder die Zahl der Umdrehungen eines Motors pro Minute. Die Einheit der Frequenz ist die reziproke Sekunde $s^{-1} = \frac{1}{s}$. Sie wird auch **Hertz** (Hz) genannt:

$$1\,\text{Hz} = \frac{1}{s}.$$

3. Bewegung im Raum

Zusammenhang zwischen Weg und Zeit; Geschwindigkeit

Um einen bestimmten Weg s zurückzulegen, braucht jeder Körper eine bestimmte Zeit t, da es keine unendlich schnelle Fortbewegung gibt. Im einfachsten Falle legt er dabei in einer bestimmten Zeitspanne immer das gleiche Wegstück zurück (z. B. in jeder Sekunde zwei Meter) und bewegt sich dabei geradlinig fort. Man nennt das eine **geradlinige** und **gleichförmige Bewegung.** In diesem Spezialfall kann man die **Geschwindig-**

keit v sehr leicht definieren als das Verhältnis aus zurückgelegtem Weg s zu dafür benötigter Zeit t:

$$v = \frac{s}{t} \quad . \tag{3.1}$$

Für eine geradlinig gleichförmige Bewegung ist dieses Verhältnis, also die Geschwindigkeit v, konstant. Aus Gl. (3.1) ersehen wir sofort als **Einheit** der Geschwindigkeit **1** $\frac{\mathbf{m}}{\mathbf{s}}$. Im täglichen Leben spielt daneben 1 km/h = 0,277 m/s eine Rolle.

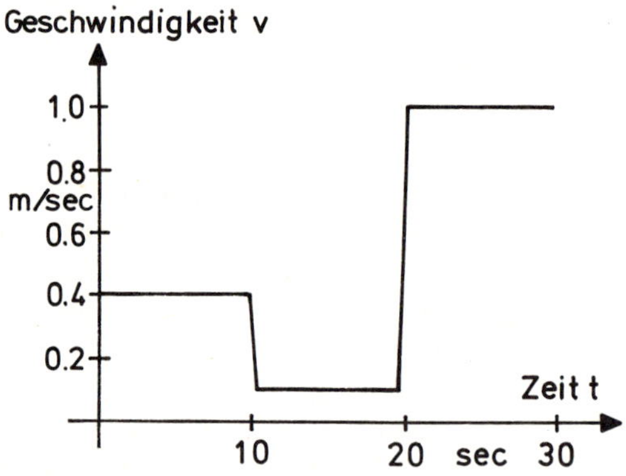

Abb. B-8 Geschwindigkeit-Zeit-Diagramm einer ungleichförmigen Bewegung (Einzelheiten siehe Text).

Im allgemeinen haben wir es mit der Festlegung der Geschwindigkeit nicht so leicht. Betrachten wir als Beispiel einen Wagen, der in 10 Sekunden 4 Meter zurücklegt, dann gebremst wird, in den nächsten 10 Sekunden deshalb nur 1 Meter schafft und schließlich wieder schneller wird, so daß er in den nächsten 10 Sekunden 10 Meter zurücklegt. Insgesamt hat er dann in den betrachteten 30 Sekunden 15 Meter zurückgelegt, demnach wäre seine Geschwindigkeit $v = \frac{15\,\mathrm{m}}{30\,\mathrm{s}} = 0{,}5\,\frac{\mathrm{m}}{\mathrm{s}}$ (Abb. B-8). In den ersten 10 Sekunden hatte er aber die Geschwindigkeit $v = \frac{4\,\mathrm{m}}{10\,\mathrm{s}} = 0{,}4\,\frac{\mathrm{m}}{\mathrm{s}}$, in den nächsten 10 Sekunden $v = \frac{1\,\mathrm{m}}{10\,\mathrm{s}} = 0{,}1\,\frac{\mathrm{m}}{\mathrm{s}}$ und zuletzt $v = \frac{10\,\mathrm{m}}{10\,\mathrm{s}} = 1\,\frac{\mathrm{m}}{\mathrm{s}}$. Die Geschwindigkeit hat sich also mehrfach geändert, wir haben keine gleichförmige Bewegung vorliegen, sondern eine **ungleichförmige.** In diesem Fall kann man einmal eine **mittlere Geschwindigkeit** $\bar{v}$ während des gesamten betrachteten Zeitraums angeben als Verhältnis von insgesamt zurückgelegtem Weg zur gesamten dafür benötigten Zeit. In unserem Beispiel wäre $\bar{v}$ also $0{,}5\,\frac{\mathrm{m}}{\mathrm{s}}$. Daneben können wir lediglich die Geschwindigkeit zu einem bestimmten Zeitpunkt, die **Momentangeschwindigkeit,** angeben. Um für sie einen bestimmten Zahlenwert ermitteln zu können, müssen wir eine Zeitspanne betrachten, während der v konstant bleibt. Im ungünstigsten Fall (wenn sich die Geschwindigkeit dauernd ändert) ist das nur für sehr kleine Zeitspannen dt der Fall, während der entsprechend kleine Wegstücke ds zurückgelegt werden.

Die allgemeine Definition der Geschwindigkeit ist also

$$v = \frac{ds}{dt} = \dot{s} \quad . \tag{3.2}$$

Die Schreibweise $\dot{s}$ ist dabei eine viel verwendete Abkürzung für die Ableitung der Größe s nach der Zeit.

Solch ein Verhältnis unendlich kleiner Größen nennt man einen **Differentialquotienten.** Er spielt in der Mathematik und damit in jeder quantitativen Wissenschaft eine große Rolle als **Ableitung** (hier des Weges nach der Zeit). Näheres darüber (z. B. einige einfache Regeln für den Umgang mit Differentialquotienten oder die Bedeutung der

Ableitung für die **Steigung** der Kurve, die den funktionalen Zusammenhang zweier Größen wiedergibt) ist im Anhang zu finden. Es lohnt sich, diesen Anhang vor Beginn des Studiums dieses Buches einmal gründlich durchzuarbeiten; Mathematik ist gar nicht so schwierig, wie sie vielleicht ausschauen mag, und bietet dem, der sie sich einmal angeeignet hat, ein verläßliches Handwerkszeug.

Auf den ersten Blick erscheinen die beiden Definitionen der Geschwindigkeit nach Gleichung (3.1) (Geschwindigkeit ist Weg durch Zeit) und Gleichung (3.2) (Geschwindigkeit ist die erste Ableitung des Weges nach der Zeit) sehr verschieden. De facto handelt es sich jedoch immer um das Gleiche: Um die Geschwindigkeit v zu bestimmen, mißt man das in der Zeitdifferenz Δt zurückgelegte Wegstück Δs. Physikalisch spielen dabei nur endliche Wegstücke und Zeitdifferenzen eine Rolle. Man hat also immer

$$v = \frac{\Delta s}{\Delta t} , \qquad (3.3)$$

je nach Fall unterscheidet sich aber die Größe, die die betrachteten Intervalle haben dürfen.

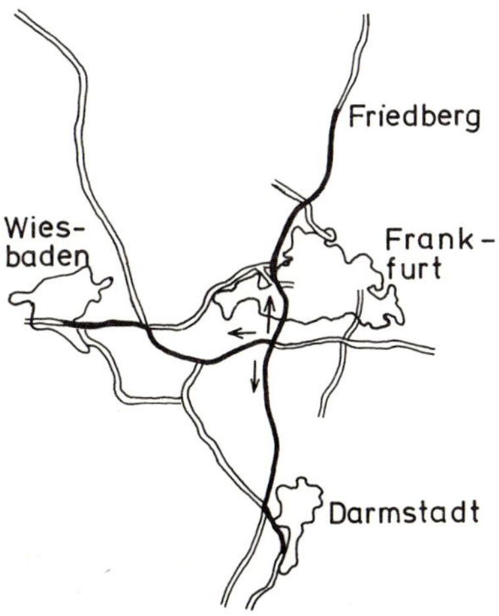

Abb. B-9 Ausschnitt aus einer Karte Hessens

An dieser Stelle ist es sinnvoll, sich mit einem weiteren mathematischen Hilfsmittel der Physik zu beschäftigen. Wenn man in einem Auto sitzt, das vom Frankfurter Kreuz aus mit 120 km/h einmal nach Norden, einmal nach Westen, einmal nach Süden fährt, so ist beim Erreichen von Friedberg, Wiesbaden bzw. Pfungstadt jedesmal ungefähr eine Viertelstunde vergangen (Abb. B-9). Die Zeit ist also unabhängig von der Richtung im Raum. Solche richtungsunabhängigen Größen heißen **Skalare.** Sie werden allein durch Angabe ihres Betrages, d.h. eines Zahlenwertes und einer Maßeinheit, vollständig charakterisiert. Die Orte, die man erreicht, hängen dagegen ganz entscheidend von der Richtung der Geschwindigkeit ab – die Geschwindigkeit (und auch der Weg) ist ein **Vektor.** Solche Größen benötigen zu ihrer vollständigen Charakterisierung neben Maßzahl und Maßeinheit noch die Angabe ihrer Richtung. Vektorgrößen kennzeichnet man (vor allem dann, wenn es auf die Vektoreigenschaft entscheidend ankommt) durch einen Pfeil über dem Buchstabensymbol. Die Definition nach Gleichung (3.1) müßte also vollständig geschrieben werden in der Form

$$\vec{v} = \frac{\Delta \vec{s}}{\Delta t} .$$

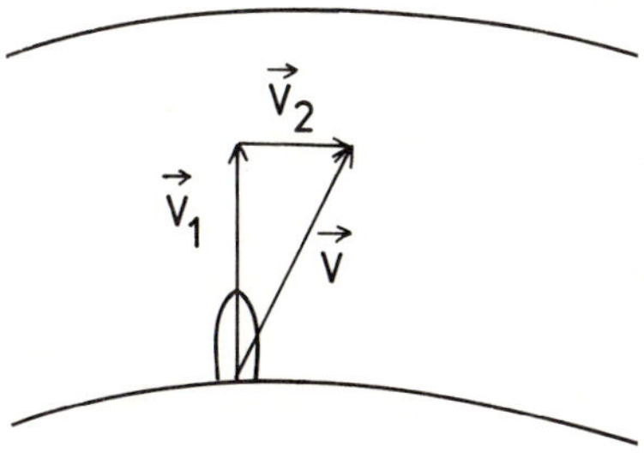

Abb. B-10 Vektorielle Addition zweier Geschwindigkeiten

Die Darstellung eines Vektors geschieht durch einen **Pfeil,** dessen Richtung der **Richtung** der physikalischen Größe und dessen **Länge** ihrem **Betrag** entspricht.

Die Richtungsabhängigkeit der vektoriellen Größen bedingt einige neue Rechenregeln, die ebenfalls im Anhang ausführlich behandelt werden. Die **Addition von Vektoren** wollen wir am Beispiel zweier Geschwindigkeiten betrachten: Ein Boot, das mit der Geschwindigkeit $\vec{v}_1$ einen Fluß überqueren will (Abb. B-10), wird infolge der Strömungsgeschwindigkeit $\vec{v}_2$ abgetrieben und vollführt eine Bewegung mit Richtung und Betrag der Gesamtgeschwindigkeit $\vec{v} = \vec{v}_1 + \vec{v}_2$. Die Ermittlung dieser Gesamtgeschwindigkeit $\vec{v}$ geschieht sehr einfach auf zeichnerische Art, indem man den ersten Vektorpfeil aufzeichnet, den zweiten so verschiebt – Vektoren darf man verschieben, wenn man nur ihre Richtung beibehält –, daß sein Anfang an der Spitze des ersten Vektorpfeils liegt. Der Verbindungspfeil über beide Vektoren ergibt dann Betrag und Richtung des gesuchten Gesamtvektors. Die Reihenfolge der Addition ist dabei gleichgültig. Führt man beide Möglichkeiten aus, erhält man ein **Vektorparallelogramm** (Abb. B-11), dessen eine Diagonale (AC) die gesuchte Summe der beiden Vektoren darstellt. Die zweite Diagonale (BD) stellt die Differenz $\vec{v}_1 - \vec{v}_2$ der beiden Vektoren dar. Die umgekehrte Differenz $\vec{v}_2 - \vec{v}_1 = -(\vec{v}_1 - \vec{v}_2)$ ergibt sich als die gleiche Diagonale, nur mit der Pfeilrichtung von D nach B, da Vorzeichenwechsel bei einem Vektor einfach Richtungsumkehr bedeutet.

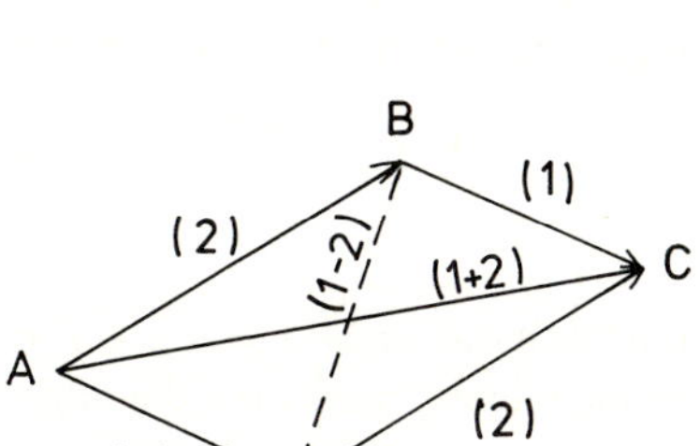

Abb. B-11 Summe und Differenz zweier Vektoren

Genauso, wie man zwei Vektoren zu einem resultierenden Gesamtvektor zusammensetzen kann, kann man einen Vektor in zwei oder mehr Teilvektoren bzw. **Komponenten** zerlegen, deren Richtungen im allgemeinen vorgegeben sind (Abb. B-12a). Meist, aber nicht notwendigerweise, zerlegt man Vektoren in zueinander senkrechte Komponenten, die z.B. parallel zu den Achsen x, y und z eines rechtwinkligen Koordinaten-

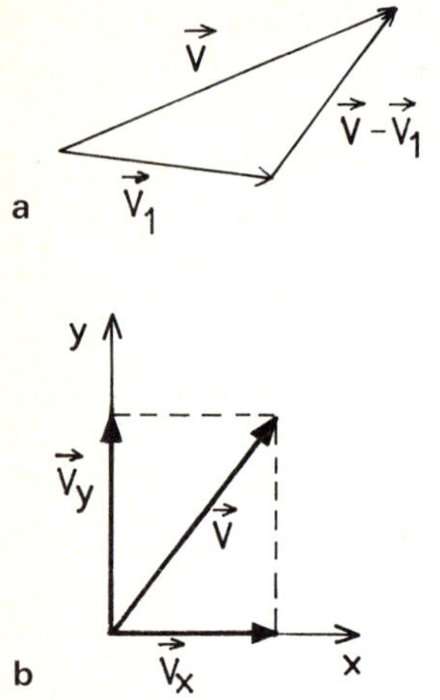

Abb. 12 Komponentenzerlegung eines Vektors:
a) bezüglich eines vorgegebenen Vektors v_1
b) in rechtwinklige Komponenten

systems verlaufen können (Abb. B-12b). Diese Komponenten versieht man dann mit einem Index, also z.B. v_x, v_y und v_z. Bei zueinander senkrechten Komponenten (bzw. zueinander rechtwinkligen Vektoren $\vec{v}_1$ und $\vec{v}_2$) ergibt sich der Betrag des Gesamtvektors zu

$$v = \sqrt{v_x^2 + v_y^2 + v_z^2} \quad \text{bzw.} \quad v = \sqrt{v_1^2 + v_2^2} \quad . \qquad (3.4)$$

Andere Fälle kann man durch geeignete Komponentenzerlegung auf diesen Fall zurückführen (Abb. B-13).

Nachdem wir die Vektoreigenschaft der Geschwindigkeit kennengelernt haben, ist nachträglich auch klar, warum wir zu Anfang des Kapitels den Spezialfall der gleichförmigen geradlinigen Bewegung gewählt haben. Jede Abweichung von der Geradlinigkeit bedeutet ja eine **Richtungsänderung,** und damit ist die **Geschwindigkeit nicht** mehr **konstant** (auch wenn ihr Betrag konstant sein sollte). Diese Tatsache wird uns bei der Kreisbewegung noch beschäftigen.

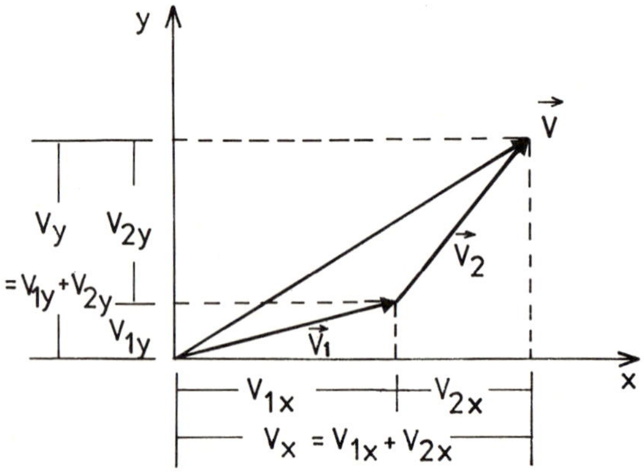

Abb. B-13 Zur rechnerischen Addition von Vektoren

Beschleunigung

Im letzten Abschnitt war bereits mehrfach angeklungen, daß sich Geschwindigkeiten im Lauf der Zeit ändern können. Die Geschwindigkeitsänderung Δv pro Zeitintervall Δt nennt man **Beschleunigung** a

$$\vec{a} = \frac{\Delta \vec{v}}{\Delta t} \quad . \qquad (3.5)$$

Sie ist ebenfalls ein Vektor mit der Richtung der Geschwindigkeitsänderung. Als **Einheit** ermitteln wir aus dieser Definition sofort

$$\frac{\text{m/s}}{\text{s}} = 1\,\frac{\text{m}}{\text{s}^2} \text{ (Meter durch Sekunde zum Quadrat).}$$

Hinsichtlich der Definition (3.5) gelten die gleichen Überlegungen wie bei der Geschwindigkeit. Für **gleichmäßig beschleunigte, geradlinige Bewegungen** können wir wieder einfacher schreiben

$$v = a \cdot t \qquad (3.6)$$

(wenn die Geschwindigkeit v_o zu Beginn der Bewegung Null war, sonst $v = a \cdot t + v_o$); im anderen Extremfall sich dauernd ändernder Beschleunigung muß man die allgemeine Formulierung

$$\vec{a} = \frac{d\vec{v}}{dt} = \dot{\vec{v}} \qquad (3.7)$$

verwenden. Die Beschleunigung ist also die erste Ableitung der Geschwindigkeit nach der Zeit bzw. (da diese wiederum die erste Ableitung des Weges nach der Zeit ist) die zweite Ableitung des Weges nach der Zeit

$$\vec{a} = \frac{d^2\vec{s}}{dt^2} = \ddot{\vec{s}} \quad . \tag{3.8}$$

$\ddot{\vec{s}}$ ist dabei – analog zu (3.2) – die Abkürzung für die zweifache Ableitung des Weges nach der Zeit.

Eine Beschleunigung $\vec{a}$ kann eine Geschwindigkeitsänderung auf zweierlei Arten bewirken: Wirkt sie in Richtung von $\vec{v}$, so ändert sie lediglich den Betrag, nicht aber die Richtung der Geschwindigkeit. Man spricht dann von einer **Bahnbeschleunigung.** Andererseits kann $\vec{a}$ als **Normalbeschleunigung** senkrecht zur Richtung von $\vec{v}$ wirken. Dann ändert sich der Betrag von $\vec{v}$ nicht (da keine Beschleunigungskomponente in Richtung von $\vec{v}$ existiert), sondern nur die Richtung der Geschwindigkeit. Das alleinige Auftreten von Normalbeschleunigungen führt zu Kreisbewegungen.

Beispiele für gleichförmig beschleunigte Bewegungen finden wir im täglichen Leben immer wieder. Das liegt u.a. daran, daß infolge der Erdanziehung (vgl. Kap. B. 6) an der Erdoberfläche eine konstante Beschleunigung wirkt, die **Erd-** oder **Fallbeschleunigung** g. Später werden wir sehen, daß diese Beschleunigung in Wirklichkeit nicht konstant ist, sondern sich mit der Entfernung vom Erdmittelpunkt (also auch mit der Höhe über dem Erdboden) ändert und auch infolge anderer Einflüsse an verschiedenen Stellen der Erde verschiedene Werte besitzt. Für den Bereich des täglichen Lebens können wir aber g hinreichend genau als konstant ansehen.

Als Beispiel für Beschleunigungsmessungen sollen einige Methoden zur Bestimmung der Erd- oder Fallbeschleunigung besprochen werden. Im einfachsten Fall kann man eine Kugel frei fallen lassen und aus **Fallhöhe** und **Fallzeit** g berechnen.

Zur Präzisionsmessung benutzt man die **Schwingungsdauer eines Pendels.** Ein Beispiel dafür, das Fadenpendel, werden wir am Ende dieses Abschnitts besprechen. Wir können aber auch folgende Fallmethode zur Messung verwenden: Ein Motor dreht eine kleine Düse konstant fünfzig mal in einer Sekunde. Aus der Düse tritt Tinte aus, die durch einen Spalt auf einen Papierstreifen spritzen kann. Zwischen zwei aufeinanderfolgenden Tintenspritzern liegt also immer eine Zeitdifferenz $\Delta t = {}^1/_{50}\,\mathrm{s} = 0{,}02\,\mathrm{s}$. Wir befestigen jetzt das Papier auf einem Brett und lassen das frei (und möglichst ohne Reibung) nach unten fallen. Die aufeinanderfolgenden Tintenspritzer treffen das Papier jetzt jedesmal an anderen Stellen, der Abstand solcher Tintenmarkierungen ergibt zusammen mit ihrer zeitlichen Differenz von 0,02 Sekunden die mittlere Geschwindigkeit des fallenden Brettes. Das Ergebnis eines solchen Versuchs zeigt Abb. B-14. In Teil c dieser Abbildung ist dabei eine Meßtabelle aufgetragen, die außer-

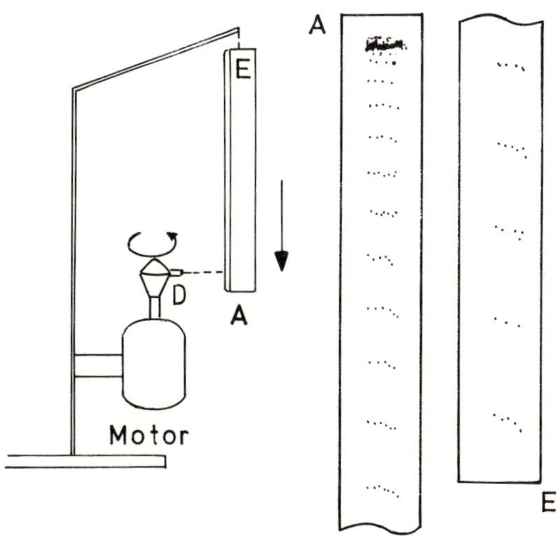

Δs cm	v = Δs/Δt cm/sec	Δv cm/sec
2.1	105	20
2.5	125	20
2.9	145	15
3.2	160	20
3.6	180	20
4.0	200	20
4.4	220	20
4.8	240	20
5.2	260	20
5.6	280	25
6.1	305	10
6.3	315	25
6.8	340	15
7.1	355	20
7.5	375	25
8.0	490	

c

Abb. B-14 Messung der Erdbeschleunigung mit dem Tintenspritzapparat:
a) Apparatur
b) Meßstreifen
c) Auswertung der Meßwerte

dem noch die Geschwindigkeitsänderung Δv auf jedem Teilabschnitt enthält. Man sieht, daß diese im Rahmen des Meßfehlers konstant bleibt – eine Folge der konstanten Erdbeschleunigung. Bildet man den Mittelwert $\overline{\Delta v}$ über diese Geschwindigkeitsänderungen, so erhält man

$$\overline{\Delta v} = 19{,}72 \frac{\text{cm}}{\text{s}}$$

und daraus mit der Definition der Beschleunigung (s. Gl. 3.4) und $t = 0{,}02$ s

$$g = \frac{\overline{\Delta v}}{\Delta t} = \frac{19{,}72\,\text{cm/s}}{0{,}02\,\text{s}} = 986\,\frac{\text{cm}}{\text{s}^2} = 9{,}86\,\frac{\text{m}}{\text{s}^2}.$$

Dieser Wert stimmt schon recht gut mit dem richtigen Wert $g = 9{,}81\,\frac{\text{m}}{\text{s}^2}$ überein – die einzelnen, recht großen Meßfehler sind durch die Mittelung in ihrem Einfluß reduziert worden (vgl. Kap. A., Fehlerrechnung). In Abb. B-15 sind der bei unserem Versuch von dem Brett zurückgelegte Weg und die Geschwindigkeit als Funktion der Zeit aufgetragen. Während zwischen v und t ein linearer Zusammenhang besteht, also v proportional t ist, nimmt der Weg s quadratisch mit der Zeit t zu.

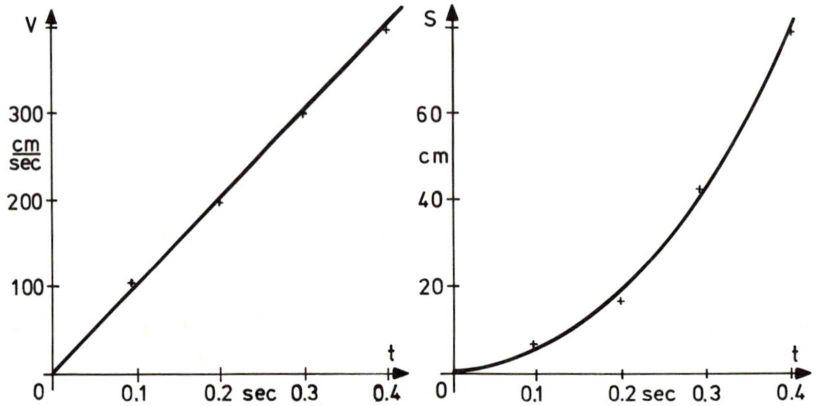

Abb. B-15 Geschwindigkeit-Zeit-Diagramm und Weg-Zeit-Diagramm des in Abb. B-14 beschriebenen Versuchs.

Um diese Zusammenhänge mathematisch herzuleiten, beschreiten wir den umgekehrten Weg wie bisher. Vom Weg s zur Geschwindigkeit v bzw. von v zur Beschleunigung a waren wir gelangt, indem wir diese Größen jeweils nach der Zeit t **differenziert** (d.h. den Differentialquotienten $\frac{ds}{dt}$ bzw. $\frac{dv}{dt}$ gebildet) haben. Dazu mußten wir sie in lauter kleine Teilgrößen dv, ds, dt zerlegen. Um von einem zeitlichen Differentialquotienten (z.B. $\frac{dv}{dt}$) wieder zur Ausgangsgröße (d.h. hier v) zurückzugelangen, integrieren wir ihn über die Zeit – mathematisch:

$$\int \frac{dv}{dt}\,dt = \int dv = v + \text{const.} \tag{3.9}$$

Das Integralzeichen ($\int$) soll dabei im Prinzip nur den Befehl „Summieren" darstellen; wir müssen bei diesem umgekehrten Weg nämlich alle die kleinen Teilgrößen (dv, ds, dt), in die wir beim Differenzieren zerlegt haben, wieder zusammenzählen. Für das Integrieren gibt es ebenfalls einige einfache Rechenregeln, sie sind im mathematischen Anhang zu finden.

Wir wollen das hier für den Fall einer konstanten Beschleunigung a durchführen. Ausgangspunkt ist also

$$\frac{dv}{dt} = a(=\text{const.}) \text{ bzw. } dv = a \cdot dt.$$

Integrieren (Summieren aller dv bzw. dt) macht daraus

$$v = a \cdot t + v_o \quad . \tag{3.10}$$

Das gilt natürlich auch für die konstante Erdbeschleunigung ($a = g$) und drückt genau den linearen Zusammenhang zwischen v und t beim freien Fall (Abb. B-15) aus. Die konstante Anfangsgeschwindigkeit v_o tritt dann auf, wenn der betrachtete Körper zu Beginn des Beschleunigungsvorganges nicht in Ruhe war. In dem Spezialfall, daß er die Bewegung aus einer Ruhelage heraus beginnt, wird das einfacher:

$$v = a \cdot t \quad . \tag{3.11}$$

v ist aber nichts anderes als $\frac{ds}{dt}$; es gilt also

$$\frac{ds}{dt} = a \cdot t \; (+ \, v_o) \text{ bzw. } ds = a \cdot t \cdot dt \; (+ \, v_o \cdot dt).$$

Daraus wird durch Integrieren

$$s = \frac{1}{2} a \cdot t^2 \; (+ \, v_o \cdot t + s_o) \quad . \tag{3.12}$$

Die beiden Anteile in der Klammer treten nur dann in Erscheinung, wenn die Anfangsgeschwindigkeit v_o bzw. der Startort s_o der Bewegung von Null verschieden sind. Beginnen wir mit der Bewegung am Ort $s_o = 0$ und im Ruhezustand, gilt einfach

$$s = \frac{1}{2} a \cdot t^2 \quad . \tag{3.13}$$

Beim freien Fall ist entsprechend $s = \frac{1}{2} g \cdot t^2$.

Diese quadratische Abhängigkeit des zurückgelegten Weges von der Zeit hatten wir ebenfalls bereits in Abb. B-15 kennengelernt. Durch einfaches Umformen erhält man aus der Gleichung (3.13) $t = \sqrt{\frac{2s}{g}}$. Dies eingesetzt in Gleichung (3.11) führt auf $v = g \cdot \sqrt{\frac{2s}{g}} = \sqrt{2gs}$. Nach Durchfallen des Weges s bzw. der Höhe h hat ein Körper (ohne Luftreibung) also die Geschwindigkeit

$$v = \sqrt{2 g \cdot h} \tag{3.14}$$

erreicht. In (3.14) steht keinerlei spezifische Körpereigenschaft:

Im luftleeren Raum fallen alle Körper gleich schnell.

Das Auftreten des Faktors $^1/_2$ bei der zweiten Integration wird unmittelbar einsichtig, wenn man das Problem graphisch betrachtet. Wir beginnen mit dem oberen Teil der Abb. B-16. Dort ist die Beschleunigung über die Zeit aufgetragen. Da g konstant ist, also zu allen Zeiten gleich, ergibt sich eine Gerade parallel zur Zeit-Achse.

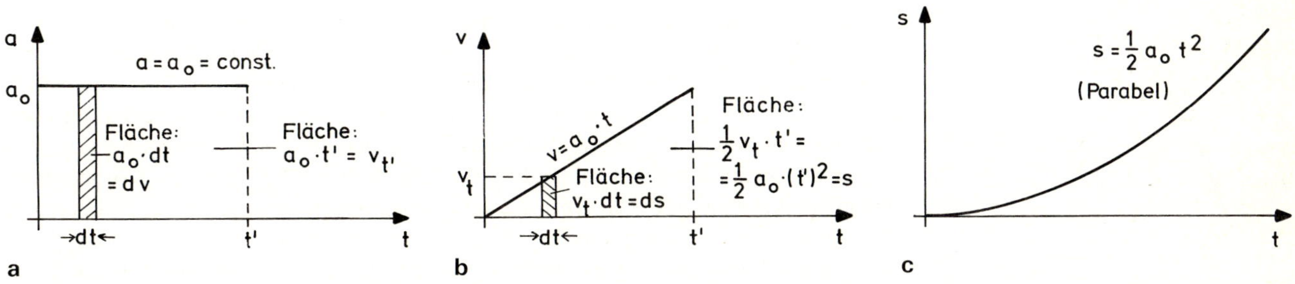

Abb. B-16 Zeitlicher Verlauf von Beschleunigung, Geschwindigkeit und Weg bei gleichförmig beschleunigter Bewegung.

Um die Geschwindigkeit v zu erhalten, müssen wir die Summe über alle Rechtecke $g \cdot dt$ bilden (s. Gl. 3.9) – das ist aber zum Zeitpunkt t' offensichtlich gerade die Fläche $g \cdot t'$ des gesamten Rechtecks. Dieses lineare Anwachsen von v mit t ist im mittleren Diagramm dargestellt – Geschwindigkeit über der Zeit aufgetragen ergibt bei konstanter Beschleunigung g eine Gerade mit der Steigung g. Um daraus den Weg s zu bekommen, müssen wir wegen $ds = v \cdot dt$ über alle Flächenstücke $v \cdot dt$ summieren. Diese Summe ergibt zum Zeitpunkt t' gerade die Fläche des Dreiecks ABC. Die Fläche dieses Dreiecks ist aber $^1/_2 \cdot v \cdot t' = {}^1/_2 \cdot g \cdot (t')^2$. Dieser quadratische Zusammenhang ist im unteren Teil der Abb. B-16 noch einmal aufgetragen.

Die Erdbeschleunigung g bestimmt auch den Bewegungsvorgang beim **Wurf.** Wirft man einen Gegenstand mit einer Anfangsgeschwindigkeit v_o senkrecht nach oben, so wirkt g der Bewegung entgegen, also als Verzögerung. Er erreicht seine Steighöhe h, wenn diese Verzögerung die Anfangsgeschwindigkeit v_o gerade aufgezehrt hat; für sie gilt wieder Gleichung (3.14). Der Körper erreicht also die Höhe $h = v_o^2/2g$. In dieser Höhe ist seine Geschwindigkeit gerade Null geworden, danach kehrt er seine Bewegungsrichtung um und fällt unter dem Einfluß der Erdbeschleunigung wieder nach unten.

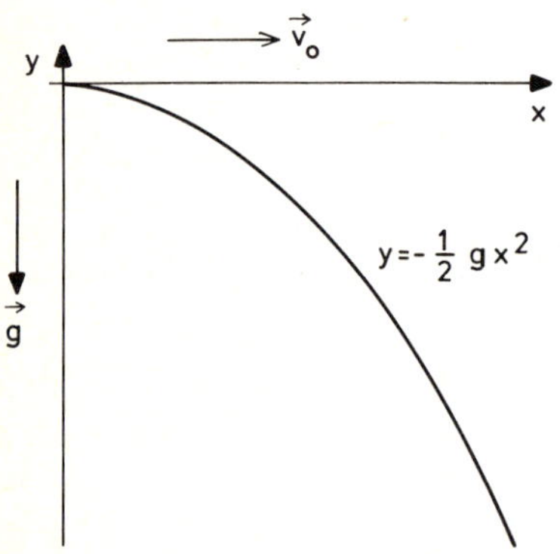

Abb. B-17 Horizontaler Wurf

Wirft man dagegen den Körper waagerecht, so hat die Erdbeschleunigung g keine Komponente in Richtung der Anfangsgeschwindigkeit v_o, kann diese also auch nicht beeinflussen. Der Körper behält daher in horizontaler Richtung seine konstante Geschwindigkeit v_o, in vertikaler Richtung führt er einen freien Fall aus. Zusammen ergibt sich aus diesen beiden Teilbewegungen die parabelförmige $\left(y = \frac{-g \cdot x^2}{2v_o^2}\right)$ Bahnkurve, die in Abb. B-17 dargestellt ist. Den mathematischen Ausdruck für die Bahnkurve erhält man sehr einfach, wenn man aus den beiden Bewegungsgleichungen $x = v_o t$ und $y = -{}^1/_2 \cdot gt^2$ die Zeit t eliminiert.

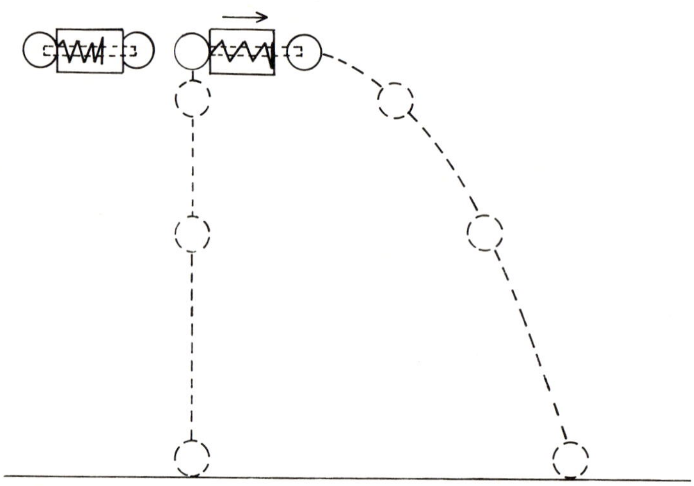

Abb. B-18 Demonstration der gleichen Fallzeit beim horizontalen Wurf.

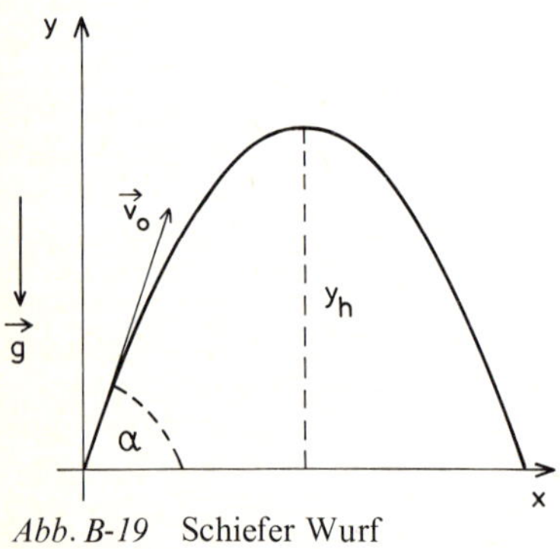

Abb. B-19 Schiefer Wurf

Daß die beiden Teilbewegungen voneinander unabhängig sind und sich zur Gesamtbewegung überlagern (Prinzip von der ungestörten Überlagerung), kann man mit dem einfachen Versuch der Abb. B-18 leicht beweisen. Die eine Kugel führt einen freien Fall aus, die andere wird waagerecht geworfen, aber beide kommen immer zur gleichen Zeit auf dem Boden an, führen also in der Vertikalen die gleiche Bewegung aus.

Der allgemeinste Fall ist schließlich der schiefe Wurf, bei dem der Körper unter einem Winkel α gegen die Horizontale schräg nach oben geworfen wird. Dabei ergibt sich die sogenannte **Wurfparabel** als Bahnkurve (Abb. B-19), bei der man bei gleicher Anfangsgeschwindigkeit v_o am weitesten wirft, wenn man $\alpha = 45°$ wählt (ohne Luftreibung; bei Berücksichtigung der Luftreibung muß man etwas steiler werfen).

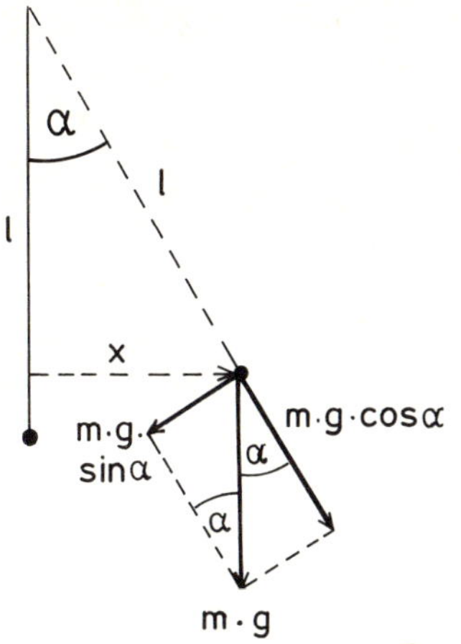

Abb. B-20 Mathematisches Pendel

Zum Schluß dieses Abschnitts soll noch das **mathematische Pendel** besprochen werden. Es besteht aus einem (möglichst punktförmigen) Körper, der an einem Faden der Länge l aufgehängt ist. Entfernt man (Abb. B-20) den Körper aus seiner Ruhelage, stimmen Richtung der Erdbeschleunigung und Fadenrichtung nicht mehr überein. Längs des Fadens (und damit durch die Fadenspannung kompensiert) wirkt nur noch die Komponente $g_1 = g \cdot \cos\alpha$, während tangential zum Kreisbogen $s = l \cdot \alpha$ (vgl. Kap. B. 1) die Bahnbeschleunigung $g_2 = g \cdot \sin\alpha$ wirkt (die Winkelfunktionen Sinus und Kosinus sind im Anhang erläutert).

Für kleine Auslenkungen (kleine Winkel α) kann man $\sin\alpha$ gleich α setzen; wir bekommen dann

$$g_2 = \frac{d^2s}{dt^2} = -g \cdot \alpha = -g \cdot \frac{s}{l} \text{ (wegen } \alpha = \frac{s}{l}\text{, siehe oben).}$$

Das negative Vorzeichen drückt dabei aus, daß die Beschleunigung dem Winkel bzw. der Bogenlänge s entgegengerichtet ist und sie zu verkleinern sucht. So eine Gleichung, die sowohl die Größe s als auch ihre Ableitungen (hier nur d^2s/dt^2) enthält, heißt Differentialgleichung. Differentialgleichungen der Form $\ddot{s} = -\text{const.} \cdot s$ führen dabei immer zu harmonischen (Sinus- bzw. Kosinus-)Schwingungen der Form $s = s_0 \cos 2\pi \cdot t/T$ (vgl. Kap. F. 2). Für die **Schwingungsdauer** T des mathematischen Pendels erhält man, wenn man obige Gleichung löst,

$$T = 2\pi\sqrt{\frac{l}{g}} \quad . \qquad (3.15)$$

Man kann aus ihr also die Erdbeschleunigung g bestimmen.

Kreisbewegung

Von allen möglichen krummlinigen Bewegungen soll hier nur der Spezialfall der Kreisbewegung mit konstanter Umlaufgeschwindigkeit besprochen werden (Abb. B-21).

Wir hatten bereits gesehen, daß bei krummlinigen Bewegungen immer eine Beschleunigung wirken muß, um die Richtungsänderung hervorzurufen. Außerdem kann es sich bei konstanter Umlauf- (also Bahn-)geschwindigkeit nur um eine Normalbeschleunigung senkrecht zur Bahn, also in Richtung auf den Kreismittelpunkt handeln.

Die Größe dieser **Radial-** (in Richtung eines Radius) **beschleunigung** können wir uns mit Hilfe der Abb. B-22 überlegen: Um die Richtung des Geschwindigkeitsvektors $\vec{v}$ um den Winkel $d\alpha$ zu ändern, muß die Radialbeschleunigung in der Zeit dt die Geschwindigkeitsänderung $d\vec{v}$ bewirken. Der neue Geschwindigkeitsvektor $\vec{v} + d\vec{v}$ hat dabei den gleichen Betrag wie $\vec{v}$, nur die Richtung hat sich geändert. Das entstandene Bild erinnert sehr stark an die Winkeldefinition (vgl. Kap. B. 1), vor allem, da für immer kleinere Strecken $d\vec{v}$ der Unterschied zwischen Gerade und Kreisbogen verschwindet. Für kleine $d\alpha$ können wir also setzen $dv = v \cdot d\alpha$ (Bogen = Radius mal Winkel) und erhalten so für den Betrag der gesuchten Radialbeschleunigung

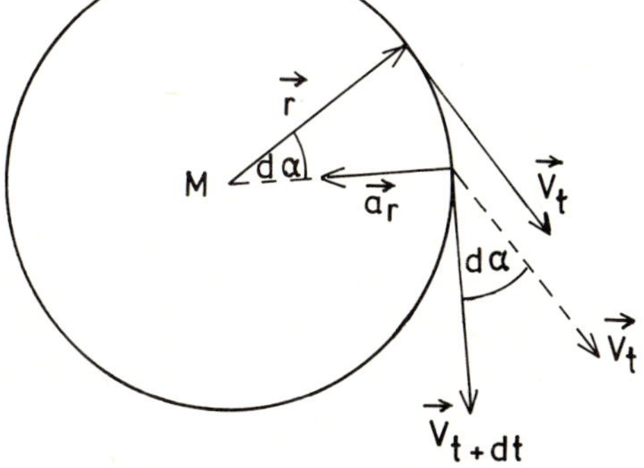

Abb. B-21 Geschwindigkeit und Beschleunigung bei der Kreisbewegung

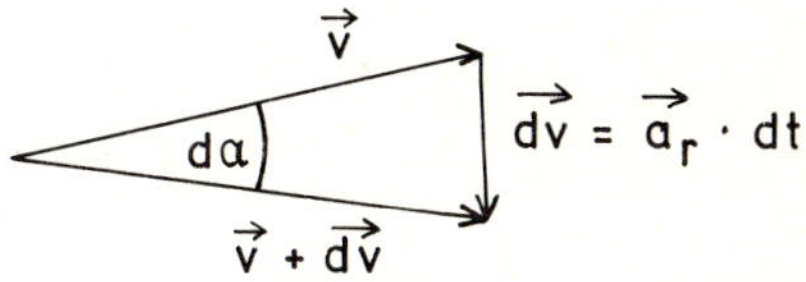

Abb. B-22 Zur Ableitung der Kreisbeschleunigung

$$a_r = \frac{dv}{dt} = v \cdot \frac{d\alpha}{dt} = v \cdot \omega \; . \tag{3.16}$$

Die **zeitliche Änderung** $d\alpha/dt$ **des Winkels** nennt man **Winkelgeschwindigkeit** ω, analog zur Geschwindigkeit als zeitlicher Änderung des Ortes. Die Zeit T, in der der Körper einmal den Kreis durchlaufen hat, nennt man **Umlaufzeit.** Während dieser Zeit T ändert sich der Winkel aber um 2π (bzw. 360°), daher ist

$$\omega = \frac{2\pi}{T} = 2\pi \cdot \nu \; . \tag{3.17}$$

Die Winkelgeschwindigkeit ω hängt also direkt mit der Umlauffrequenz ν zusammen; man bezeichnet sie deshalb auch als **Kreisfrequenz.** Außerdem können wir leicht die **Bahngeschwindigkeit** v angeben. Für einen Kreisumfang ($= 2\pi r$) braucht der Körper die Zeit T, damit ist

$$v = \frac{2\pi \cdot r}{T} = \omega \cdot r \; . \tag{3.18}$$

Setzt man diesen Ausdruck in (3.16) ein, folgt schließlich

$$a_r = \omega^2 \cdot r \tag{3.19}$$

bzw. in vektorieller Schreibweise

$$\vec{a}_r = -\,\omega^2 \cdot \vec{r} \; , \tag{3.20}$$

da der Radiusvektor $\vec{r}$ nach außen positiv gerechnet wird, $\vec{a}_r$ aber nach innen gerichtet ist

4. Masse

Die Bewegung von Körpern, die bisher besprochen wurde, wird maßgeblich beeinflußt durch eine Körpereigenschaft, die in der Mechanik als dritte physikalische Grundgröße auftritt: Die **Masse** m; ihre **Maßeinheit** ist das **Kilogramm** (kg). Durch Verwendung der bekannten Vorsilben entstehen weitere Einheiten, wobei gilt: 10^{-3} Tonnen (t) = 1 kg = 10^3 Gramm (g) = 10^6 Milligramm (mg) = 10^9 Mikrogramm ($\mu g = \gamma$).

Die Bestimmung von Massen geschieht durch Vergleich (über das Gewicht) mit einem Körper bekannter Masse (Normalkilogramm bzw. bestimmte Vielfache oder Bruchteile davon) auf einer **Waage.** Erfahren zwei Körper zur gleichen Zeit und am gleichen Ort die gleiche Gewichtskraft (vgl. Kap. B. 5), so sind ihre Massen gleich. Man kann dabei im wesentlichen zwei Waagetypen verwenden: Die **Federwaage** (vgl. Kap. B. 5) und die **Balkenwaage** (vgl. Kap. B. 8).

Als **Normalkilogramm** sollte ursprünglich die Masse von einem Kubikdezimeter (1000 cm³) reinen Wassers bei der Temperatur 4 °C benutzt werden. Nach dieser Festlegung wurde ein Normkörper (aus 90% Platin und 10% Iridium) angefertigt. Nach internationaler Definition ist 1 Kilogramm die Masse dieses Normkörpers, der bei Paris aufbewahrt wird. Genaue Messungen haben ergeben, daß dieser Normkörper 0,028 g mehr Masse hat als 1 dm³ reinen Wassers bei 4 °C. Für den täglichen Gebrauch kann man dennoch mit hinreichender Genauigkeit sagen:

1 Kilogramm ist die Masse von 1 Liter Wasser.

Bei der Kilogrammdefinition wird eine Masse (1 kg) mit einem bestimmten Volumen (1 dm³) verknüpft. Daß man dazu noch den Stoff (Wasser) spezifizieren muß, liegt daran, daß gleiche Volumina verschiedener Stoffe sehr unterschiedliche Massen haben (1 cm³ Blei hat z.B. die 4,2fache Masse von 1 cm³ Aluminium).

Das Verhältnis von Masse zu Volumen ist eine abgeleitete Größe, man nennt es **Dichte** ϱ

$$\varrho = \frac{m}{V} \quad . \tag{4.1}$$

Als **Einheit** der Dichte folgt aus der Definition sofort **1 kg/m³**. Da $1\,m^3 = 10^3\,dm^3$, hat Wasser die Dichte $1 \cdot 10^3\,kg/m^3$. Handlichere Zahlen erhält man bei der Verwendung der Einheit g/cm^3. Man rechnet leicht um, daß die Dichte von Wasser dann $1\,g/cm^3$ ist. Metalle haben eine größere Dichte (Eisen z.B. $7{,}86\,g/cm^3$), Flüssigkeiten meist eine etwas kleinere (Alkohol z.B. $0{,}79\,g/cm^3$), Gase eine sehr viel kleinere (Luft bei Normaldruck und 0 °C $1{,}3 \cdot 10^{-3}\,g/cm^3$).

Die feste Relation zwischen Masse und Volumen, die die Dichte ausdrückt, bleibt über weite Bereiche erhalten: Wenn man das Volumen halbiert, halbiert man auch die Masse des Körpers. Diese Teilbarkeit gerät erst an eine Grenze, wenn man zur Größe der elementaren Bausteine der Materie, der **Atome** und **Moleküle** kommt. Der Durchmesser der Atome liegt im Bereich $10^{-10}\,m = 1\,Å$ (Ångström-Einheit). Sehr große (organische) Moleküle, die einige 100000 Atome enthalten können, erreichen immerhin Durchmesser von einigen Nanometern (10^{-8}–10^{-9} m, vgl. Kap. E. 1), die üblichen Moleküle (Wasser, Kohlendioxid usw.) bestehen aber nur aus wenigen Atomen und haben daher auch Durchmesser von einigen Å. Die Masse eines einzelnen Atoms hängt von seiner chemischen Identität ab. Jedes Element hat eine charakteristische **relative Atommasse.** Die Begriffe relative Atom- bzw. Molekülmasse, Stoffmenge und Mol sowie Teilchenzahl sind in Kapitel C. 3 ausführlich erklärt und sollten dort nachgeschlagen werden.

In festen Körpern sind die Atome oder Moleküle an feste Plätze in Abständen von einigen Ångström gebunden, um die sie infolge der Wärmebewegung (vgl. Kap. C. 11) herumschwingen. Innerhalb von Flüssigkeiten können sich die Atome bzw. Moleküle bewegen, das Flüssigkeitsvolumen als Ganzes wird aber zusammengehalten und bildet eine Oberfläche (vgl. Kap. B. 15). In Gasen treten Wechselwirkungskräfte zwischen den einzelnen Teilchen nur noch wenig (reale) oder gar nicht (ideale Gase) auf; Gase füllen jedes zur Verfügung stehende Volumen aus. Feste Stoffe (besonders in kristalliner Form) setzen daher jedem Versuch, ihre Gestalt oder ihr Volumen zu ändern, großen Widerstand entgegen. Flüssigkeiten setzen einer Änderung ihres Volumens immer noch erheblichen Widerstand entgegen, passen aber ihre Gestalt je nach Zähigkeit (vgl. Kap. B. 15) der Gestalt des sie begrenzenden Körpers mehr oder weniger schnell an. Gase schließlich besitzen weder feste Eigengestalt noch festes Volumen. Die Ursachen für das Zusammenhalten der Atome und Moleküle werden wir in Kapitel E. 1 näher betrachten.

5. Newtonsche Axiome, Kraft

1. Newtonsches Axiom (Trägheitsaxiom)

Mit seiner Masse ist für jeden Körper die Eigenschaft der Trägheit verbunden. Was wir darunter verstehen wollen, macht ein einfacher Versuch klar. Wir betrachten einen Körper, der sich auf einer Luftkissenbahn praktisch reibungsfrei bewegen kann. Wenn man ihn anstößt, bewegt er sich entlang der Bahn. Dabei können wir seine Geschwindigkeit zu verschiedenen Zeitpunkten messen; sie bleibt gleich, solange wir den Körper nicht erneut anstoßen. Natürlich gilt das nicht beliebig lange, da man die Reibung nie vollständig ausschalten kann. Je besser dies jedoch gelingt, umso länger behält der Körper seine einmal gewonnene Geschwindigkeit bei. Diese Erfahrungstatsache hat Newton in seinem 1. Axiom so zusammengefaßt:

1. Newtonsches Axiom

Jeder Körper (mit der Masse m) verharrt im Zustand der Ruhe oder der gleichförmigen geradlinigen Bewegung, solange keine Kräfte auf ihn einwirken.

Trägheit ist also das Bestreben, den Bewegungszustand (das kann auch der Ruhezustand sein!) beizubehalten. Die Eigenschaft der Trägheit besitzt jede Masse. Diese Erfahrung macht man im täglichen Leben in jedem Autobus beim Anfahren bzw. Bremsen. Man fällt nach hinten bzw. nach vorn; da der Körper bestrebt ist, seinen Bewegungszustand beizubehalten, der Bus aber seinen Bewegungszustand ändert, bewegt man sich relativ zum Autobus.

2. Newtonsches Axiom („Grundgesetz der Mechanik"; Festlegung der Kraft)

Das 1. Newtonsche Axiom läßt sich in Kurzfassung so schreiben: Wenn Kraft $\vec{F} = 0$, dann ist $\vec{v}$ = konstant (im Spezialfall = 0). Ebenso gilt umgekehrt: Wenn $\vec{F} \neq 0$, dann ändert sich die Geschwindigkeit mit der Zeit. Eine zeitliche Änderung der Geschwindigkeit haben wir aber (Kap. B. 3) als Beschleunigung bezeichnet. Also:

Die Ursache jeder Beschleunigung ist eine Kraft.

Wir wissen aber aus der täglichen Erfahrung, daß eine Kraft nicht immer eine Beschleunigung hervorruft: zieht man z.B. mit einer bestimmten Kraft $\vec{F}$ an einer Spiralfeder (Abb. B-23), so stellt sich ein Gleichgewichtszustand ein, bei dem sich die Feder von ihrer ursprünglichen Länge x um das Stück Δx auf die Länge $x + \Delta x$ ausgedehnt

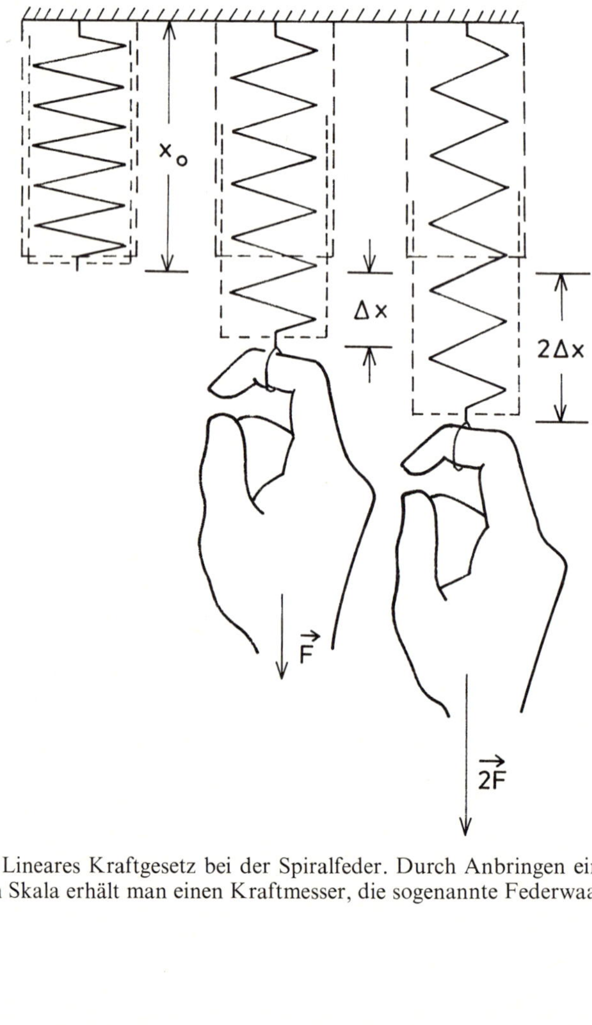

Abb. B-23 Lineares Kraftgesetz bei der Spiralfeder. Durch Anbringen einer Hülse und einer beweglichen Skala erhält man einen Kraftmesser, die sogenannte Federwaage.

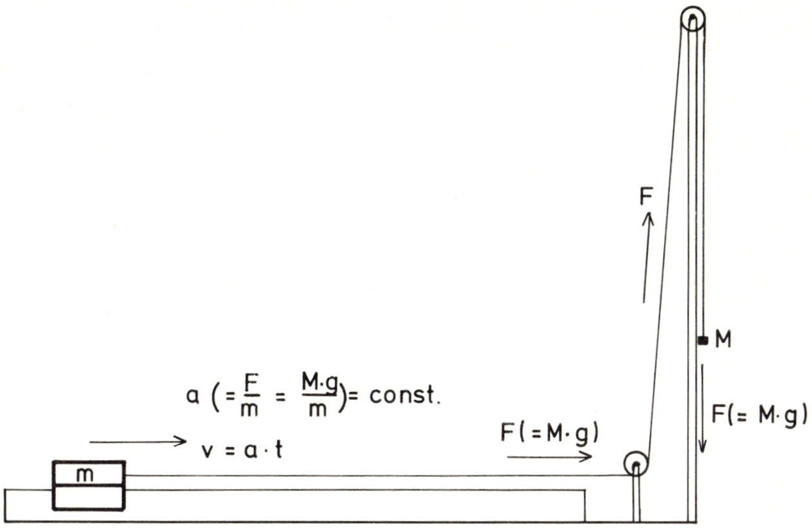

Abb. B-24 Beschleunigungsversuche auf der Luftkissenbahn.

hat. Dann tritt keine Beschleunigung mehr auf, weil die Kraft $\vec{F}$ durch eine Gegenkraft $\vec{F}_H$, mit der die Feder an der Hand zieht, kompensiert wird. Zieht man mit der doppelten Kraft, wird die Längenänderung Δx doppelt so groß – Spiralfedern folgen über einen weiten Kraftbereich einem **linearen Kraftgesetz,** bei dem die Längenänderung Δx proportional der angreifenden Kraft $\vec{F}$ ist. Die Größe der Längenänderung hängt dabei von der Art der Feder ab; das drückt man durch eine für die jeweilige Feder charakteristische Proportionalitätskonstante, die Federkonstante D aus

$$\vec{F} = D \cdot \Delta \vec{x} \quad . \tag{5.1}$$

Die Gegenkraft F_H, die die Feder ausübt, ist entsprechend der Ausdehnung Δx entgegengerichtet (sie möchte diese Ausdehnung rückgängig machen):

$$\vec{F}_H = -D \cdot \Delta \vec{x} \quad . \tag{5.2}$$

Das ist eine spezielle Formulierung des **Hookeschen Gesetzes,** das wir in Kap. B. 13 noch ausführlicher kennenlernen werden.

Wir kennen jetzt also zwei Wirkungen, an denen wir **Kräfte erkennen:** Eine Kraft kann eine **dynamische Wirkung** haben, d.h. einen Bewegungszustand ändern (Beschleunigung) oder sie kann eine **statische Wirkung** haben, d.h. eine Deformation bewirken. Es fehlt aber noch eine exakte Definition des Kraftbegriffs. Um diese zu gewinnen, können wir mit Hilfe einer Luftkissenfahrbahn den Zusammenhang zwischen Kraft, Masse und Beschleunigung untersuchen. In dem Experiment der Abb. B-24 lassen wir zunächst auf den reibungsfrei gleitenden Körper der Masse m die konstante Kraft $\vec{F}$ wirken. Wir messen die Geschwindigkeit v zu verschiedenen Zeiten und stellen fest, daß sie linear mit der Zeit t zunimmt – der Körper führt also eine gleichförmig beschleunigte Bewegung aus (vgl. Kap. B. 3) – konstante Kraft ergibt konstante Beschleunigung. Die Beschleunigung a können wir dann aus $s = {}^1\!/_2\, at^2$ bestimmen. Verdoppeln wir die Kraft F, so registrieren wir die doppelte Beschleunigung: aus m, $2F$ erhält man $2a$. Verdoppeln wir dagegen bei wirkender Kraft $\vec{F}$ die Masse m des Gleiters, so erhalten wir nur die halbe Beschleunigung: aus $2m$, $\vec{F}$ erhält man ${}^1\!/_2\, a$. Man findet bei solchen Versuchen immer wieder, daß die Beschleunigung a proportional der Kraft $\vec{F}$ und umgekehrt proportional der Masse m ist. Das kann man zusammenfassen zu

$$\vec{F} \sim m \cdot \vec{a} \tag{5.3}$$

Dieser Zusammenhang wurde bereits von Newton formuliert; er setzte die Proportionalitätskonstante, die bei dieser Beziehung noch offen ist, gleich Eins.

2. Newtonsches Axiom:

Kraft = Masse mal Beschleunigung

$\vec{F} = m \cdot \vec{a}$ (5.4)

Wegen seiner fundamentalen Bedeutung nennt man dieses Axiom auch das **Grundgesetz der Mechanik.** Durch dieses 2. Newtonsche Axiom haben wir jetzt auch die exakte **Kraftdefinition** gefunden. Als **Einheit der Kraft** folgt aus den Einheiten von Masse (kg) und Beschleunigung (m/s^2) **1 kg m/s² = 1 Newton** (N). Die Kraft 1 N verleiht also einem Körper der Masse 1 kg die Beschleunigung 1 m/s^2.

Zur **Kraftmessung** kann man einmal die resultierende Beschleunigung, zum anderen die bereits beschriebene Federdehnung (5.1) verwenden. Kalibrierte Federn, die eine direkte Ablesung der Kraft aus ihrer Dehnung ermöglichen, heißen **Federwaagen.**

Schaut man sich Gleichung (5.4) genauer an, so sieht man für den Fall $\vec{F} = 0$ als Ergebnis sofort $a = 0$ (die Masse m ist ja eine Körpereigenschaft, die auch ohne wirkende Kraft vorhanden ist); $a = 0$ heißt aber nach (3.7) $\frac{dv}{dt} = 0$. Die Geschwindigkeit ändert sich zeitlich nicht, sondern bleibt konstant. Das 1. Newtonsche Axiom ist also als Spezialfall im 2. Axiom mit enthalten.

Da die Erdbeschleunigung g eine zentrale Bedeutung für Vorgänge auf der Erde besitzt, gibt man der Kraft

$$\vec{G} = m \cdot \vec{g} \quad . \qquad (5.5)$$

den besonderen Namen **Gewichtskraft** oder kürzer **Gewicht:**

Gewicht ist Masse mal Erdbeschleunigung

Im täglichen Sprachgebrauch werden die Begriffe Masse und Gewicht oft durcheinandergeworfen, physikalisch sind es zwei völlig verschiedene Größen. Eine wichtige Konsequenz aus Gleichung (5.5) ist, daß sich die Masse eines Körpers zwar nicht ändert, wenn man ihn z.B. auf den Mond bringt, sein Gewicht dort aber nur ein Sechstel des Gewichts auf der Erde beträgt (weil die Schwerebeschleunigung auf dem Mond sechsmal kleiner ist als auf der Erde). Da g auch an verschiedenen Punkten der Erdoberfläche verschieden ist, hängt das Gewicht eines Körpers immer vom Ort ab. Trotzdem kann man mit Hilfe von Federwaagen durch Gewichtsvergleich Massen bestimmen; zwei Massen von je 1 kg wiegen zwar in Hamburg jede 9,814 N, in Rom dagegen jede nur 9,803 N, am gleichen Ort haben gleiche Massen aber stets das gleiche Gewicht. Zum Merken genügt aber:

Die Masse 1 kg hat an der Erdoberfläche das Gewicht 9,81 N

Der Zusammenhang $\vec{F} = m \cdot \vec{a}$ gilt allgemein, also auch für die Radialbeschleunigung $\vec{a}_r = -\omega^2 \cdot \vec{r}$ (s. Gl. 3.20) bei der Kreisbewegung. Um einen Körper auf einer Kreisbahn zu halten, muß also stets eine **Zentralkraft** (zum Zentrum des Kreises hin gerichtet)

$$\vec{F} = -m \cdot \omega^2 \cdot \vec{r} \qquad (5.6)$$

wirken, die man auch **Zentripetalkraft** nennt. Für ihren Betrag erhält man mit den Umrechnungen aus Kapitel B. 3 auch

$$F = m \cdot \omega^2 \cdot r = m \cdot \frac{v^2}{r} = m \cdot \frac{4\pi^2}{T^2} \cdot r = m \cdot 4\pi^2 \cdot \nu^2 \cdot r \quad .$$

3. Newtonsches Axiom (Kraft und Gegenkraft)

Die Erfahrung, die wir beim Ziehen an einer Feder machen (s. oben) – daß nämlich die Feder der Kraft, mit der wir an ihr ziehen, eine entgegengesetzt gerichtete Kraft entgegenstellt, mit der sie an unserer Hand zieht – hat Newton in seinem 3. Axiom verallgemeinert:

> Zu der Kraft, die ein Körper *A* auf einen Körper *B* ausübt, gehört stets eine gleich große, entgegengesetzt gerichtete Kraft, die der Körper *B* auf den Körper *A* ausübt: $\vec{F}_{AB} = -\vec{F}_{BA}$.
> Kürzer formuliert:
> Jede Kraft erzeugt eine gleich große Gegenkraft, actio = reactio.

Dieses 3. Newtonsche Axiom ist ein an der Erfahrung überprüfbares Gesetz, es wird uns später auf den wichtigen Satz von der Erhaltung des Impulses führen.

Ein besonders wichtiges Beispiel für actio = reactio ist die Gegenkraft zu der oben beschriebenen Zentripetalkraft. Wirkt auf einen Körper (z.B. durch einen Faden) eine solche Zentralkraft, die ihn auf eine Kreisbahn zwingt, so übt der Körper seinerseits über den Faden auf das Drehzentrum eine nach außen gerichtete Gegenkraft aus. Der Betrag dieser Gegenkraft ist nach dem 3. Newtonschen Gesetz genauso groß wie der der Zentralkraft (Gl. 5.6), ihre Richtung entgegengesetzt, also ist

$$\vec{F} = m \cdot \omega^2 \cdot \vec{r} \tag{5.7}$$

radial nach außen gerichtet.

Trägheitskräfte

Die Drehbewegung bietet gleichzeitig ein Beispiel für das Auftreten von **Trägheitskräften.** Trägheitskräfte sind Kräfte, die in beschleunigten Systemen auf einen Körper wirken, die also nur ein in diesem System mitbewegter Beobachter wahrnimmt. Wir wollen uns das am Beispiel eines Reisenden in einem Zug klarmachen. Nehmen wir zur besseren Verdeutlichung noch an, dieser stehe auf Rollschuhen im Gang eines Waggons und wir beobachten ihn jeweils vom Bahnsteig aus. Beim Anfahren – wir registrieren das von unserem Standpunkt aus als beschleunigte Bewegung des Zuges – rollt der Passagier in dem Waggon nach hinten. Er registriert also, daß er bezüglich des Zuges entgegengesetzt zur Fahrtrichtung beschleunigt wird. Für uns sieht es dagegen so aus, daß der Reisende seinen Ort beibehält, der Zug sich unter ihm hindurchbewegt. Vom Bahnsteig aus gesehen behält der Passagier seinen Bewegungszustand bei, nach dem 1. Newtonschen Axiom wirkt dann keine Kraft auf ihn. In der Umgebung, nach der er sich orientiert, seinem Bezugssystem Zug, erfährt er aber eine Beschleunigung $-\vec{a}$ (entgegengesetzt gleich der Beschleunigung $\vec{a}$ des Zuges) und damit nach Gl. (5.4) eine Trägheitskraft $\vec{F} = -m \cdot \vec{a}$. Solche Trägheitskräfte sind uns allen wohlbekannt, sie pressen uns beim schnellen Anfahren in den Sitz bzw. lassen uns beim Abbremsen nach vorn fallen. Besonders bei Unfällen sind sie von großer Bedeutung, die Kräfte, die auf die Masse *m* eines Menschen z.B. bei einem Frontalzusammenstoß infolge der plötzlichen Abbremsung wirken (z.B. beim Aufprall auf die Windschutzscheibe) und zu schweren Verletzungen führen können, sind solche Trägheitskräfte. Besonders gefährlich sind sie für das Gehirn des Menschen. Da die Gehirnmasse keineswegs starr mit dem Kopf verbunden ist, erleidet sie bei jeder Beschleunigung oder Abbremsung durch ruckhafte Bewegungen Trägheitskräfte, die (z.B. beim Boxen) leicht zu Schädigungen führen. Man kann solche Trägheitskräfte auch messen. Stellt man sich in einem Fahrstuhl auf eine Federwaage, so zeigt diese im Ruhezustand das Gewicht $G = m \cdot g$ an. Fährt der Aufzug mit der Beschleunigung *a* nach oben, wirkt zusätzlich die Trägheitskraft $m \cdot a$ in entgegengesetzter Richtung, also nach unten genauso wie das Gewicht. Die Waage zeigt jetzt die Kraft $F = m \cdot g + m \cdot a$ an, man fühlt sich schwerer. Beschleunigt der Fahrstuhl dagegen nach unten, resultiert die Kraft $F = m \cdot g - m \cdot a$, das Gewicht wird scheinbar vermindert. Das könnte im Prinzip so weit gehen, daß der Fahrstuhl sich mit der Erdbeschleunigung g nach unten bewegt. Dann würden sich Gewicht und Trägheitskraft gerade aufheben, der mitfahrende Passagier sich schwerelos fühlen. (Von außen betrachtet, wirkt natürlich weiterhin sein Gewicht auf ihn und erteilt ihm die Beschleunigung g nach unten. Er merkt nur so lange nichts davon, bis er unten aufprallt.)

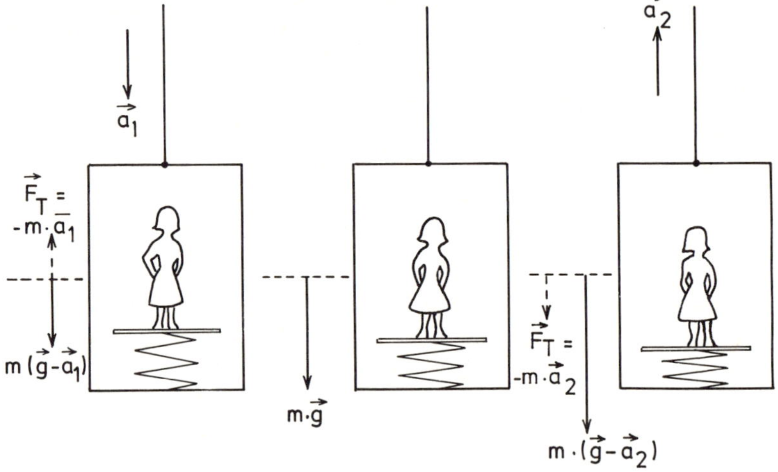

Abb. B-25 Zur Trägheitskraft in beschleunigten Bezugssystemen.

Bei der Drehbewegung als beschleunigter Bewegung greift natürlich auch eine Trägheitskraft an der beschleunigten Masse an. Sie wirkt ebenfalls der Beschleunigung (vgl. Gl. 3.19) entgegen, also radial nach außen. Diese Trägheitskraft nennt man **Zentrifugal- bzw. Fliehkraft**

$$\vec{F}_{\text{Flieh}} = m \cdot \omega^2 \cdot \vec{r} \quad . \tag{5.8}$$

Sie ist gleich groß und gleich gerichtet wie die Gegenkraft zur Zentripetalkraft (s. 3. Newtonsches Axiom). Den Namen Zentrifugalkraft reserviert man aber allein für die an der bewegten Masse angreifende Trägheitskraft (Abb. B-26). Die Fliehkraft hat jeder schon im Karussell oder bei schneller Kurvenfahrt im Auto kennengelernt. Technisch macht man sie sich z. B. in der **Zentrifuge** zunutze. Da in Gleichung (5.8) die Masse als Faktor eingeht, wirken bei schneller Drehung auf schwerere Teilchen größere Fliehkräfte; die schwereren Teilchen (z. B. in einer Flüssigkeit) werden daher stärker nach außen getrieben als die leichteren und können so von diesen getrennt werden. Ultrazentrifugen erreichen dabei heute leicht 1000 Umdrehungen pro Sekunde, die dabei auftretenden Radialbeschleunigung ist dann fast 300000mal so groß wie die Erdbeschleunigung g.

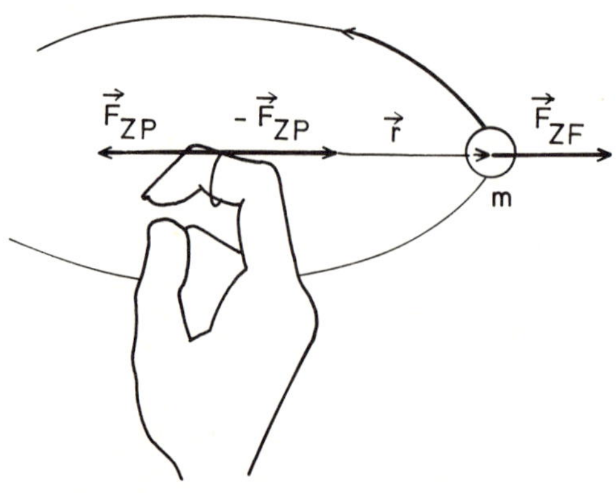

Abb. B-26 Kräfte bei der Kreisbewegung [zur Erläuterung von Zentralkraft (Zentripetalkraft), Kraft und Gegenkraft, Trägheitskraft (Zentrifugalkraft).

6. Gravitation, Himmelsmechanik

Das Gewicht, das alle Körper auf der Erde haben, ist ein Spezialfall der allgemeinen Massenanziehung oder **Gravitation:** Zwei Körper der Massen m_1 und m_2, die sich im Abstand r voneinander befinden, ziehen sich gegenseitig mit der Kraft

$$\vec{F} = -\gamma \cdot \frac{m_1 \cdot m_2}{r^2} \frac{\vec{r}}{r} \tag{6.1}$$

an. Die Kraft wirkt dabei längs der Verbindungslinie $\vec{r}$ beider Körper und hat den Betrag

$$F = \gamma \frac{m_1 \cdot m_2}{r^2} \quad . \tag{6.2}$$

Die Gravitationskonstante ist eine Naturkonstante mit dem Wert $\gamma = 6{,}67 \cdot 10^{-11}$ $\mathrm{Nm^2/kg^2}$. An der Erdoberfläche, also im Abstand $R = 6370\,\mathrm{km}$ (Erdradius) vom Massenmittelpunkt der Erde, ist diese Kraft $F = \gamma \cdot m \cdot m_{\mathrm{Erde}}/R^2$, das Gewicht andererseits $F = m \cdot g$. Da das Gewicht der Masse m durch die Erdanziehung bewirkt wird, ist also

$$g = \gamma \cdot m_{\mathrm{Erde}}/R^2 \quad . \tag{6.3}$$

Daraus kann man die Erdmasse zu $m_{\mathrm{Erde}} = 6 \cdot 10^{24}\,\mathrm{kg}$ ausrechnen. Aus Gleichung (6.3) ersieht man sofort die Erklärung, daß g vom Ort auf der Erdoberfläche, nämlich von seinem Abstand vom Erdmittelpunkt abhängt.

Die Gravitation stellt daneben diejenige Zentralkraft dar, die die Planeten auf annähernde Kreisbahnen (Abweichung vom exakten Kreis maximal 2%) um die Sonne zwingt. Daß die Planeten nicht auf die Sonne stürzen, liegt an der Zentrifugalkraft $F = m\omega^2 r = mv^2/r$, die sie auf Grund ihrer Trägheit erfahren und die der Gravitation die Waage hält. Von diesem Ausgangspunkt her lassen sich die **Gesetzmäßigkeiten der Planetenbewegungen** vollständig formulieren. Kepler hat sie in drei Gesetzen niedergelegt:

1. Die Planetenbahnen sind Ellipsen, in deren einem Brennpunkt die Sonne steht.
2. Der von der Sonne nach dem Planeten gezogene Lichtstrahl überstreicht in gleichen Zeiten gleiche Flächen.
3. Die Quadrate der Umlaufzeiten zweier Planeten verhalten sich wie die dritten Potenzen der großen Halbachsen ihrer Bahnen.

Die Ellipsen sind dabei, wie schon gesagt, fast Kreise. In Abb. B-27 ist so eine Planetenbahn stark übertrieben gezeichnet.

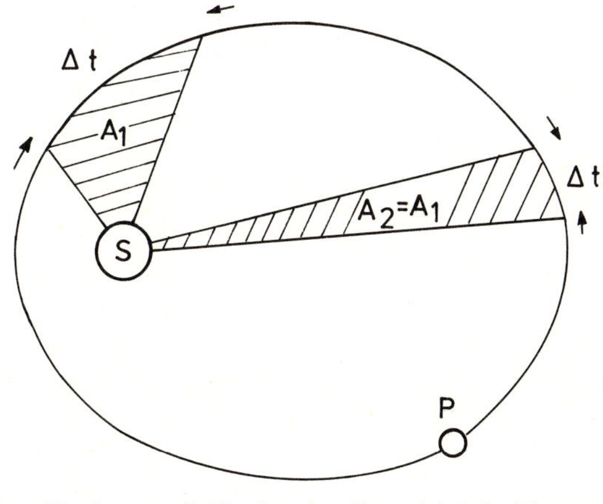

Abb. B-27 Zum Flächensatz (2. Keplersches Gesetz) bei der Planetenbewegung.

Das 3. Keplersche Gesetz ist auch bedeutsam für künstliche Satelliten. Deren Umlaufzeit T auf einer stationären Kreisbahn ist ebenfalls fest mit ihrem Bahnradius verknüpft – für einen bestimmten Radius ist das Gleichgewicht zwischen Gravitation und Fliehkraft nur für eine bestimmte Winkelgeschwindigkeit $\omega = \frac{2\pi}{T}$ erfüllt. Insbesondere kann man daraus errechnen, daß ein Satellit, der sich immer mit der Erde mitdreht (Synchronsatellit mit $T = 24\,\text{h}$), in 36000 km Höhe über der Erdoberfläche kreist. In dem beschriebenen Gleichgewichtszustand heben sich Anziehungskraft der Erde und Zentrifugalkraft gerade auf, ein mitfliegender Astronaut spürt daher keine resultierende Kraft, er fühlt sich schwerelos, so lange ihm seine Rakete keine Bahnbeschleunigung verleiht.

7. Reibungskräfte

Die Planetenbewegung bietet die seltene Gelegenheit, das Wirken mechanischer Kräfte über lange Zeiträume ungestört zu beobachten. Schon bei künstlichen Erdsatelliten ist das nicht mehr uneingeschränkt der Fall, da sie auf ihren Bahnen mit Teilchen der dort noch merklichen Erdatmosphäre wechselwirken. Dabei tritt ein Verlust an mechanischer Energie (vgl. Kap. B. 8) ein, diese wird teilweise in die Energieform Wärme (Kap. C. 5) umgewandelt. Alle Vorgänge, bei denen ein solcher Verlust an mechanischer Energie auftritt, faßt man unter dem Begriff **Reibung** zusammen. Man unterscheidet dabei innere Reibung (von Atomen oder Molekülen eines Stoffes bei der Bewegung gegeneinander) – sie wird uns noch in Kapitel B. 15 beschäftigen – und äußere Reibung bei der Bewegung zweier verschiedener Körper gegeneinander. Die Auswirkungen der Reibung können durch eine Kraft beschrieben werden, die der Bewegung entgegenwirkt und diese hemmt. Quantitativ läßt sich diese Reibungskraft nicht vollständig fassen, da sie von einer Reihe von Gegebenheiten (z.B. Oberflächenbeschaffenheit o.a.) abhängt. In vielen Fällen ist sie aber **proportional der Geschwindigkeit** der Bewegung (siehe z.B. Stokessches Reibungsgesetz, Kap. B. 15). Die Reibungskraft F_R ist außerdem in den meisten Fällen proportional der Kraft F_N (Normalkraft senkrecht zur Oberfläche), mit der die beiden Körper gegeneinander drücken:

$$F_R = \mu \cdot F_N \quad . \tag{7.1}$$

Als Proportionalitätskonstante tritt dabei der **Reibungskoeffizient** μ auf, der stark von der Art der reibenden Körper, von der Beschaffenheit ihrer Oberfläche, der Temperatur und anderen Einflüssen abhängig ist. Außerdem kann man im wesentlichen drei Reibungsarten unterscheiden:

Unter **Haftreibung** versteht man die Reibungskraft, die schon im Ruhezustand zwischen den beiden Körpern herrscht und verhindert, daß schon eine beliebig kleine Kraft zu einer Bewegung führt. Diese Haftreibungskraft (und damit den Haftreibungskoeffizienten μ_H) kann man messen über die größte Kraft F, die den Körper K gerade noch nicht auf der Unterlage U in Bewegung zu setzen vermag (Abb. B-28).

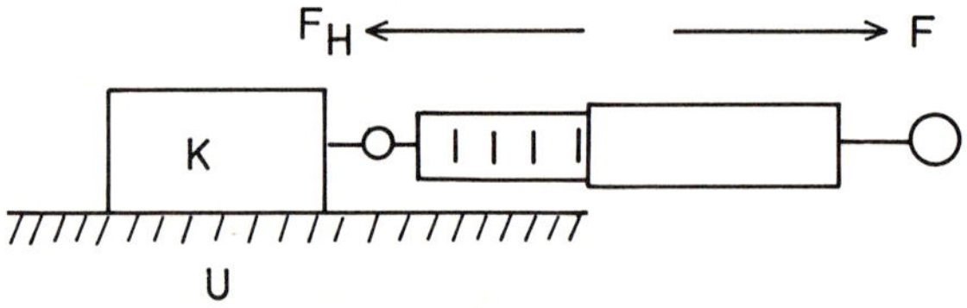

Abb. B-28 Haftreibung

Ist die Haftreibung erst einmal überwunden, wirkt sich nur noch die schwächere **Gleitreibung** aus. Diese kann man messen durch die Kraft, die man benötigt, um den Körper mit konstanter Geschwindigkeit über eine horizontale Fläche zu ziehen (ohne

Reibung wäre diese Kraft Null). Am schwächsten ist schließlich die **Rollreibung,** die auftritt, wenn ein runder Körper auf einer Unterlage abrollt. Die Kleinheit der Rollreibung ist ein Grund für die große Bedeutung, die die Erfindung des Rades für die Menschheit hatte.

Bei allen nachteiligen Folgen (z.B. im menschlichen Körper Sehnenscheidenentzündungen bei Überlastung), die man durch möglichst gute Schmierung zu vermindern sucht, hat die Reibung auch gute Seiten. Unsere Fortbewegung wäre ohne sie nicht denkbar, wer es nicht glaubt, begebe sich auf Glatteis (zum Vergleich: Haftreibungskoeffizient eines Gummireifens auf trockener Straße $\approx 0{,}8$, auf Glatteis $\approx 0{,}05$).

8. Arbeit, Energie, Energiesatz der Mechanik

Mit Hilfe der drei Newtonschen Axiome und mit Berücksichtigung der Reibung lassen sich im Prinzip alle mechanischen Vorgänge behandeln. In den folgenden Kapiteln werden wir aber einige weitere physikalische Größen (Arbeit, Energie, Leistung, Impuls, Drehmoment, Drehimpuls) kennenlernen, die in vielen Fällen eine angemessenere und leichtere Behandlung des Problems erlauben. Da für einige von ihnen (Energie, Impuls, Drehimpuls) Erhaltungssätze gelten, stellen diese Größen heute in der Physik eigentlich die zentralen Größen dar.

Arbeit, Energie

Um einen beladenen Handwagen gegen die Reibungskraft auf einer horizontalen Straße ein Wegstück s zu bewegen, muß man arbeiten, und zwar um so mehr, je schwerer der Wagen (je größer also die Reibungskraft) ist und je weiter man ihn bewegen will. In der Physik definiert man allgemein:

Arbeit ist Kraft mal Weg

Aus zwei Gründen ist sofort klar, daß diese Definition noch genauer erläutert werden muß: Einmal sind Kraft und Weg Vektoren, wir brauchen also noch eine Vorschrift, wie Vektoren zu multiplizieren sind bzw. eine Antwort auf die Frage, ob die resultierende Größe Arbeit ebenfalls ein Vektor oder ein Skalar ist. Zum anderen muß die Definition noch berücksichtigen, daß man sich bei obigem Beispiel erheblich mehr anstrengen muß, wenn man statt horizontal schräg nach oben an dem Wagen zieht und schließlich gar keine horizontale Bewegung mehr erhält, wenn man die Kraft senkrecht nach oben wirken läßt.

Beides zusammen leistet die Definition

Arbeit ist das Skalarprodukt aus äußerer Kraft und Weg $W = (\vec{F}_a \cdot \vec{s})$	(8.1)

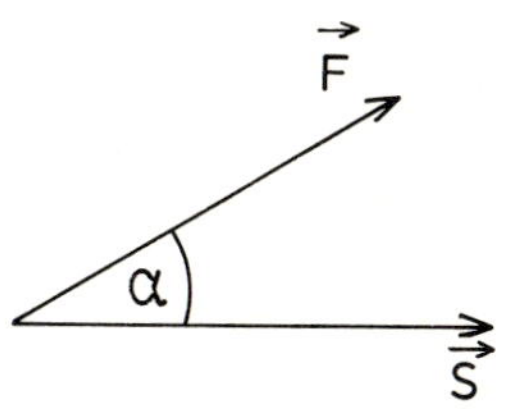

Abb. B-29 Zum Skalarprodukt

Der Name Skalarprodukt sagt schon, daß die **Arbeit** W eine **skalare Größe** ist. Für ihren Betrag gibt die Mathematik die Beziehung

$$W = F \cdot s \cdot \cos\alpha \quad . \tag{8.2}$$

Dabei ist α der Winkel zwischen den beiden Vektoren (Abb. B-29). Die einfache Definition Kraft mal Weg gilt also nur, wenn die Kraft in Richtung des Weges wirkt ($\alpha = 0°$, $\cos 0° = 1$). Steht $\vec{F}$ senkrecht auf $\vec{s}$, ist $W = 0$ (da $\cos 90° = 0$).

Nach dem 3. Newtonschen Axiom setzt das System, an dem die äußere Kraft $\vec{F}_a$ angreift, dieser eine entgegengesetzt gleiche Kraft $\vec{F}_i = -\vec{F}_a$ entgegen. Es gilt also auch

$$W = -(\vec{F}_i \cdot \vec{s}) \quad . \tag{8.3}$$

Ist der Weg der Kraft $\vec{F}_i$ entgegengerichtet ($\alpha = 180°$, $\cos 180° = -1$), erhält man $W = + F_i \cdot s$. Das Vorzeichen drückt dann aus, daß man Arbeit aufwenden muß, wenn man den Weg gegen die Richtung der inneren Kraft eines Systems zurücklegt. Geschieht die Bewegung aber in Richtung dieser Kraft, holt man aus dem System Arbeit heraus bzw. muß „negative Arbeit“ aufwenden.

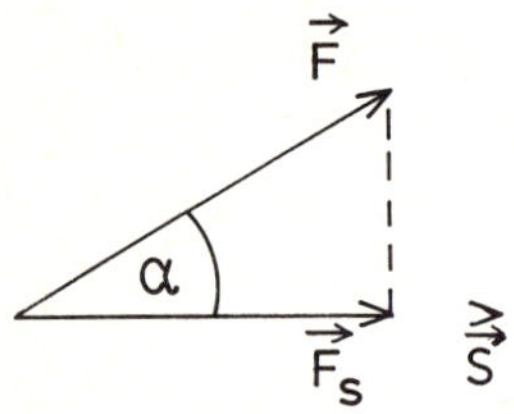

Abb. B-30 Kraftkomponente in Richtung des Weges

Den Sachverhalt der Gleichung (8.2) kann man auch so ausdrücken: Arbeit ist das Produkt aus Kraftkomponente in Richtung des Weges und dem Weg:

$$W = F_s \cdot s = (F \cdot \cos\alpha) \cdot s \tag{8.4}$$

(vgl. Abb. B-30).

Bisher haben wir außerdem stillschweigend eine konstante Kraft F vorausgesetzt. Ändert sich die Kraft längs des Weges, müssen wir die Variablen wieder (wie in Kap. B. 3 ausführlich besprochen) in kleine Teilstücke zerlegen und aufsummieren (integrieren). Im allgemeinsten Fall gilt daher

$$W = -\int \vec{F}_i \cdot d\vec{s} = \int F_s \cdot ds \quad . \tag{8.4}$$

Die Arbeit ist das Wegintegral der Kraft.

Die **Einheit** der Arbeit läßt sich aus jeder der gegebenen Definitionen sofort ablesen: Kräfte mißt man in Newton (N), Wege in Meter (m), die Arbeit also in **Newtonmeter** (Nm). Die Einheit **1 Nm** nennt man auch **1 Joule** (J).

Im SI-System hat man die Einheit Volt so festgelegt, daß 1 Nm = 1 V · A · s = 1 Ws (vgl. Kap. D. 4) ist, damit vermeidet man Umrechnungsfaktoren beim Übergang zwischen mechanischen und elektrischen Einheiten.

Potentielle Energie

Die Arbeit, die man beim horizontalen Schieben eines Wagens verrichtet, ist kein gutes Beispiel – Arbeit gegen Reibungskräfte erzeugt (vgl. Kap. B. 7) Wärme, damit verlassen wir eigentlich das Gebiet der Mechanik. Hebt man dagegen einen Körper der Masse m gegen die Schwerkraft um die Höhe h an, so kann man ihn anschließend wieder herunterfallen lassen, wobei er am Boden Arbeit verrichten (z.B. einen anderen Körper hochschleudern) kann. Durch die Arbeit, die man hineingesteckt hat, hat der Körper selbst die Fähigkeit gewonnen, Arbeit zu verrichten. Diese Fähigkeit nennt man **Energie;** man verwendet für sie ebenfalls das Symbol W. In der angehobenen Lage besitzt der Körper lediglich die Möglichkeit, Arbeit zu verrichten (er verrichtet sie ja erst, nachdem er losgelassen wird). Man nennt deshalb diese **Energie der Lage** auch **potentielle Energie.** Potentielle Energie besitzt ein Körper z.B., wenn man Hubarbeit an ihm verrichtet hat (siehe obiges Beispiel).

Die Kraft, gegen die dabei Arbeit verrichtet wird, ist das Gewicht $m \cdot g$ des Körpers, der zurückgelegte Weg die Höhe h. Für nicht zu großes h ist g noch konstant, also die Hubarbeit

$$W_{\text{Hub}} = m \cdot g \cdot h \quad . \tag{8.5}$$

Ein Körper, der von seinem Ausgangspunkt um die Höhe h gehoben wurde, besitzt also gegenüber dieser Ausgangslage die potentielle Energie

$$W_{\text{pot}} = m \cdot g \cdot h \quad . \tag{8.6}$$

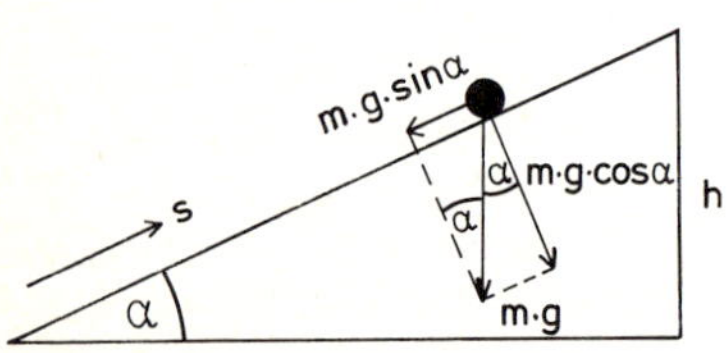

Abb. B-31 Schiefe Ebene

Wir wollen jetzt den Körper nicht einfach heben, sondern ihn eine schiefe Ebene (Abb. B-31) reibungsfrei hinaufschieben. Die Kraftkomponente in Richtung des Weges ist dann nur noch $m \cdot g \cdot \sin\alpha$. Zwischen Weg s und Höhe h besteht die Beziehung $h = s \cdot \sin\alpha$, also $s = \frac{h}{\sin\alpha}$. Für das Produkt $W = F_s \cdot s = m \cdot g \cdot \sin\alpha \cdot \frac{h}{\sin\alpha} =$ $= m \cdot g \cdot h$ erhalten wir dabei nichts Neues. Für die Hubarbeit bzw. die dabei gewonnene potentielle Energie kommt es nur auf die überwundene Höhe an. Dieses Ergebnis gilt für alle mechanischen Maschinen: Für die zu verrichtende Arbeit kommt es nur auf Anfangs- und Endpunkt der Bewegung an. Man kann keine Arbeit sparen, wenn man zwischen ihnen einen anderen Weg benutzt. Wohl aber kann man Kraft einsparen, wie das Beispiel der schiefen Ebene zeigt: Hier brauchen wir nur die kleinere Kraft $m \cdot g \cdot \sin\alpha$ aufzuwenden ($\sin\alpha < 1$), müssen dabei aber den größeren Weg $s = \frac{h}{\sin\alpha}$ zurücklegen. Dieser Sachverhalt wird oft als **„Goldene Regel der Mechanik"** bezeichnet:

> Was man an Kraft spart, muß man am Weg zusetzen. Das Produkt aus beiden, die Arbeit, bleibt konstant.

Ein weiteres wichtiges Beispiel für Arbeit und potentielle Energie ist die Spannarbeit an einer Feder. Dort hängt die Kraft F, gegen die man beim weiteren Dehnen Arbeit verrichten muß, vom zurückgelegten Weg x ab: $F_i = -D \cdot x$ (vgl. Gl. (5.2)). Hier müssen wir also wieder integrieren:

$$W_{\text{Spann}} = -\int F_i \cdot dx = \int D \cdot x \cdot dx = \frac{1}{2} D x^2 \quad . \tag{8.7}$$

(Dieses Integral und seine Lösung hatten wir schon in Abschnitt B. 3 kennengelernt. Zur Übung zeigt Abb. B-32 noch einmal, wie man die Lösung durch graphische Integration als Fläche unter der Kurve erhalten kann.)

Im menschlichen Körper wird Arbeit durch Muskeln (z.B. das Herz) verrichtet. Dabei wird chemische Energie in mechanische Energie umgewandelt.

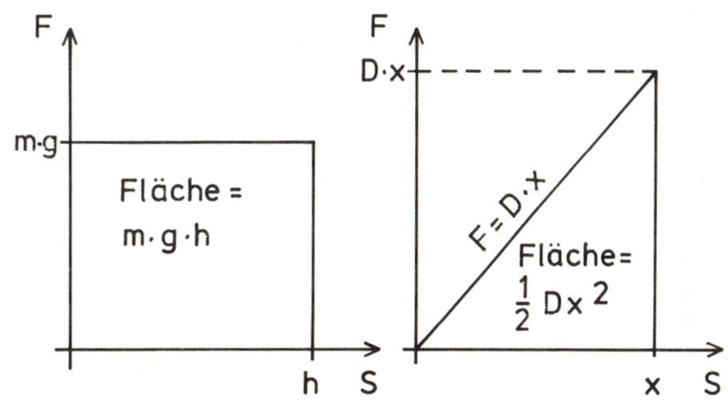

Abb. B-32 Graphische Herleitung von Hub- und Spannarbeit

Kinetische Energie

Um einem Körper der Masse m die Beschleunigung a zu erteilen, benötigt man nach dem 2. Newtonschen Axiom eine Kraft. Der Körper legt dabei einen Weg x zurück, d.h. man muß eine Arbeit

$$W = \int F_a \cdot dx = \int m \cdot a \cdot dx \tag{8.8}$$

aufbringen, die man als **Beschleunigungsarbeit** bezeichnet. Mit Gleichung (8.8) kann man noch etwas weiter rechnen. Da $a = \frac{dv}{dt}$ und $\frac{dx}{dt} = v$ ist, erhält man

$$\boldsymbol{W} = \int m \cdot a \cdot dx = \int m \cdot \frac{dv}{dt} \cdot dx = \int m \cdot dv \cdot \frac{dx}{dt} = \int m \cdot v \cdot dv = \frac{1}{2} \boldsymbol{m} \cdot v^2 \tag{8.9}$$

Arbeit, die man an dem Körper verrichtet, verleiht diesem Energie – da er sie nach einer Beschleunigungsarbeit auf Grund seines Bewegungszustandes besitzt, spricht man von **kinetischer** bzw. **Bewegungsenergie.**

Die quadratische Abhängigkeit der kinetischen Energie von der Geschwindigkeit sollte man sich merken. Wenn ein Auto mit doppelter Geschwindigkeit gegen einen Baum fährt, wird an ihm die vierfache Abbremsarbeit verrichtet, entsprechend fallen die Schäden aus.

Bei einer Geschwindigkeit von 72 km/h hat ein Personenwagen (Masse $m = 1000$ kg) die kinetische Energie

$$W = \frac{1}{2} m \cdot v^2 = \frac{1}{2} \cdot 1000\,\text{kg} \cdot 72^2\,\frac{\text{km}^2}{\text{h}^2} = \frac{1}{2} \cdot 1000\,\text{kg} \cdot 20^2\,\frac{\text{m}^2}{\text{s}^2} = 2 \cdot 10^5\,\text{Nm} \approx 0{,}06\,\text{kWh}.$$

Damit er die gleiche potentielle Energie besitzt, muß man ihn um die Höhe

$$h = \frac{W}{m \cdot g} \approx \frac{2 \cdot 10^5\,\text{Nm}}{1000\,\text{kg} \cdot 10\,\frac{\text{m}}{\text{s}^2}} = 20\,\text{m}$$

heben.

Energiesatz der Mechanik

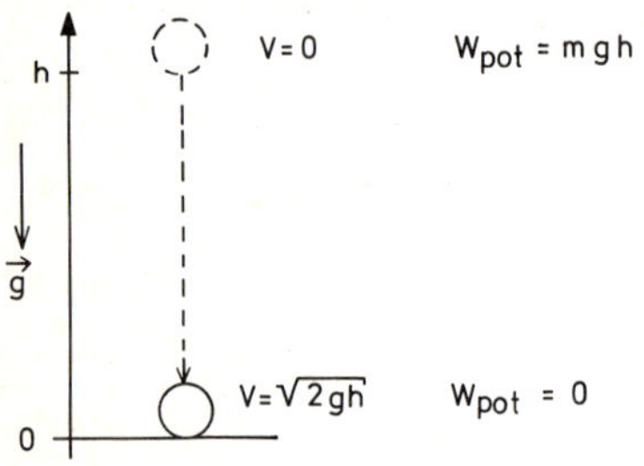

Abb. B-33 Umwandlung von potentieller in kinetische Energie beim freien Fall

Potentielle und kinetische Energie sind die beiden Energieformen der Mechanik. Bei allen Experimenten, die man durchführt, stellt man fest, daß beide nicht unabhängig voneinander sind, sondern ineinander umgewandelt werden. Wir wollen das am Beispiel des freien Falls betrachten (Abb. B-33). Der Körper (Masse m) befinde sich zu Anfang in der Höhe h über dem Erdboden, besitzt also bezüglich diesem die potentielle Energie

$$W_{\text{pot}} = m \cdot g \cdot h. \tag{8.10}$$

Hat er die ganze Höhe h bis zum Erdboden durchfallen, so ist seine potentielle Energie Null (da dann $h = 0$), dafür hat er (vgl. Gl. 3.14) dann die Geschwindigkeit $v = \sqrt{2gh}$, also die kinetische Energie

$$W_{\text{kin}} = \frac{1}{2} m \cdot v^2 = \frac{1}{2} \cdot m \cdot 2g \cdot h = m \cdot g \cdot h. \tag{8.11}$$

Seine ursprüngliche potentielle Energie hat sich in gleich große kinetische Energie umgewandelt, oder anders ausgedrückt:

Die Summe aus potentieller und kinetischer Energie bleibt erhalten

Einschränkend muß man dazu vermerken, daß hierbei keine Umwandlung in andere Energieformen in Betracht gezogen wird. Nimmt man diese hinzu, kommt man zu dem allgemeinen **Satz von der Erhaltung der Energie:**

In einem abgeschlossenen System (das mit der Umgebung in keiner Wechselwirkung steht) bleibt die Gesamtenergie (Summe aus mechanischer, chemischer, elektrischer Energie usw.) konstant.

Mit Hilfe des mechanischen Energiesatzes lassen sich viele Probleme besonders einfach behandeln. So weiß man sofort, daß ein Körper, der die schiefe Ebene der Abb. B-31 herabgerollt ist, an ihrem Fuß die kinetische Energie $mv^2/2$ hat, die gleich seiner potentiellen Energie mgh am oberen Ausgangspunkt ist. Er besitzt also immer eine Geschwindigkeit

$$v^2 = \frac{m \cdot g \cdot h}{{}^1\!/_2\, m} = 2g \cdot h, \quad \text{d.h.} \quad v = \sqrt{2g \cdot h} \tag{8.12}$$

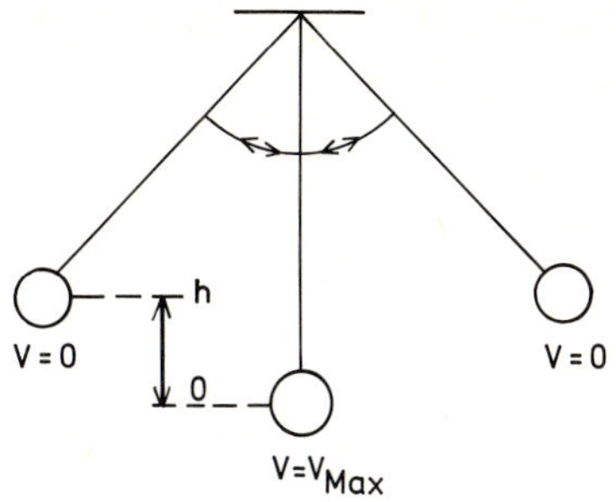

Abb. B-34 Wechsel zwischen potentieller und kinetischer Energie beim Pendel.

so, als ob er frei heruntergefallen wäre – egal, wie groß der Neigungswinkel bzw. die Länge s der schiefen Ebene ist.

Besondere Bedeutung besitzt der Energiesatz auch für alle Schwingungen. Dort findet (vgl. Abb. B-34 und Kapitel F. 1) ein periodischer Wechsel zwischen potentieller und kinetischer Energie statt.

9. Leistung

Bei der Bestimmung der verrichteten Arbeit gehen nur Kraft und Weg ein. In vielen Fällen interessiert man sich außerdem dafür, in welcher Zeit diese Arbeit verrichtet wurde. Das wird durch die physikalische Größe Leistung gemessen:

Leistung ist Arbeit durch Zeit

$$P = \frac{W}{t} \tag{9.1}$$

Einheit der Leistung ist entsprechend $\mathbf{1\,\frac{Nm}{s} = 1\,W}$. Früher war noch die Einheit PS (Pferdestärke) in Gebrauch, wobei 1 PS = 736 W ist. Im Ruhezustand verrichtet das Herz eines Menschen bei jedem Schlag eine Arbeit von etwa 0,8 Nm (wir werden diese Arbeit in Kapitel B. 14 ausrechnen), bei normaler Herzfrequenz (70 Schläge pro Minute) dauert ein solcher Arbeitsvorgang ungefähr 0,86 Sekunden, die Leistung des Herzens beträgt dann $P = \frac{0{,}8\,\text{Nm}}{0{,}86\,\text{s}} = \frac{0{,}8\,\text{Ws}}{0{,}86\,\text{s}} \approx 1\,\text{W}$. Bei Belastung steigt die Herzleistung bis auf das Zehnfache dieses Wertes an.

10. Impuls

Das Produkt aus Kraft und Weg bzw. allgemeiner das Wegintegral $\int F ds$ der Kraft nennt man in der Physik Arbeit. Das Produkt aus Kraft und Einwirkungsdauer (Stoßzeit) bzw. allgemeiner das Zeitintegral $\int F dt$ der Kraft bekommt den Namen **Kraftstoß.** Wir setzen wieder $F = m \cdot a = m \cdot \frac{dv}{dt}$ ein (Gl. 5.4), das ergibt

$$\int_{\text{Anfang}}^{\text{Ende}} F dt = \int_{\text{Anfang}}^{\text{Ende}} m \cdot \frac{dv}{dt} \cdot dt = \int_{\text{Anfang}}^{\text{Ende}} m dv = m(v_{\text{Ende}} - v_{\text{Anfang}}) =$$

$$= m \cdot v_{\text{Ende}} - m \cdot v_{\text{Anfang}}\,. \tag{10.1}$$

Das Produkt

$$\vec{p} = m \cdot \vec{v}$$

nennt man Bewegungsgröße oder **Impuls** $\vec{p}$.

Der Kraftstoß ist also gleich der Differenz zwischen Impuls nach dem Stoß und Impuls vor dem Stoß, d.h. gerade gleich der Änderung des Impulses:

$$\int F dt = \Delta p \tag{10.2}$$

War zu Anfang die Geschwindigkeit v und damit der Impuls p Null, gilt einfacher

$$\int F dt = m \cdot v = p \tag{10.3}$$

Natürlich kann man Gl. (10.3) wieder nach der Zeit differenzieren und erhält

$$F = \frac{dp}{dt} = \frac{d(m \cdot v)}{dt} \quad . \qquad (10.4)$$

Die auf einen Körper ausgeübte Kraft ist gleich der zeitlichen Änderung seines Impulses.

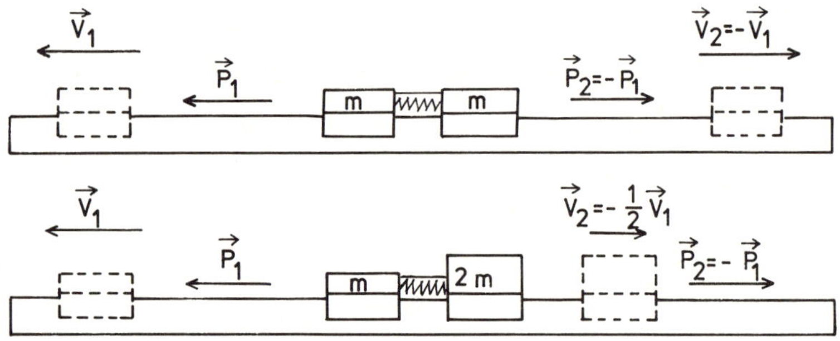

Abb. B-35 Zur experimentellen Demonstration des Impulssatzes.

Wir betrachten jetzt folgendes Experiment: Auf der bereits beschriebenen Luftkissenbahn befinden sich zwei Gleiter der gleichen Masse m, die durch einen Faden verbunden sind. Zwischen ihnen befindet sich eine zusammengedrückte Spiralfeder (Abb. B-35). Nach dem Gesetz von actio und reactio (vgl. Kap. B. 5) ist dabei die Kraft $\vec{F}_1$ auf den Gleiter 1 entgegengesetzt gleich der Kraft $\vec{F}_2$ auf den Gleiter 2. Das bleibt auch nach dem Durchtrennen des Fadens so, nur daß diese Kräfte jetzt zu einer Beschleunigung der beiden Gleiter führen, bis sich die Feder entspannt hat. Jeder der beiden Gleiter erfährt daher einen Kraftstoß. Da die Beträge der beiden Kräfte und die Wirkungsdauer T der Feder für beide gleich sind, gilt dabei

$$m_2\vec{v}_2 = \int_0^T \vec{F}_2\,dt = \int_0^T (-\vec{F}_1)\,dt = -\int_0^T \vec{F}_1\,dt = -m_1\vec{v}_1 \qquad (10.5)$$

d.h. $$\vec{p}_2 = -\vec{p}_1 \quad . \qquad (10.6)$$

Die beiden Gleiter bewegen sich nach dem Kraftstoß mit entgegengesetzt gleichem Impuls auseinander, in unserem Spezialfall gleicher Massen daher auch mit entgegengesetzt gleichen Geschwindigkeiten.

Formt man die Gleichung (10.6) so um, daß beide Impulse auf einer Seite der Gleichung stehen, erhält man $\vec{p}_2 + \vec{p}_1 = 0$. Vor dem Kraftstoß waren die Impulse der beiden Gleiter und damit auch ihre Summe ebenfalls Null (da beide die Geschwindigkeit Null hatten) – die Summe der Impulse ist also gleich geblieben, obwohl sich die einzelnen Impulse geändert haben. Wir haben hier an einem Spezialfall den allgemein gültigen **Impulserhaltungssatz** kennengelernt:

In einem abgeschlossenen System (in das von außen keine Kräfte einwirken) bleibt der Gesamtimpuls (die Summe aller einzelnen Impulse) nach Betrag und Richtung erhalten.

Bei vielen Vorgängen merkt man von dieser Impulserhaltung nichts. Ein Mensch, der auf den Erdboden herabspringt, ändert beim Aufprall seine Geschwindigkeit und damit seinen Impuls, ohne daß er irgendwo einen entgegengerichteten gleichgroßen Impuls beobachtet. Die Erklärung ist einfach: Die Masse der Erde ist im Vergleich zu seiner Masse so riesig groß, daß die Geschwindigkeitsänderung der Erde gemäß der Beziehung

$$v_{\text{Erde}} = \frac{m_{\text{Mensch}}\, v_{\text{Mensch}}}{m_{\text{Erde}}} \quad . \qquad (10.7)$$

unmeßbar klein ausfällt.

Bei vergleichbaren Massen (etwa, wenn man aus einem Boot springt), aber auch bei hohen Geschwindigkeiten wie beim Abschießen einer Gewehrkugel merkt man dagegen die Impulserhaltung sehr deutlich an dem auftretenden **Rückstoß** – ein Prinzip, auf dem alle Schubtriebwerke und damit z. B. die gesamte Weltraumfahrt mit Raketen beruhen.

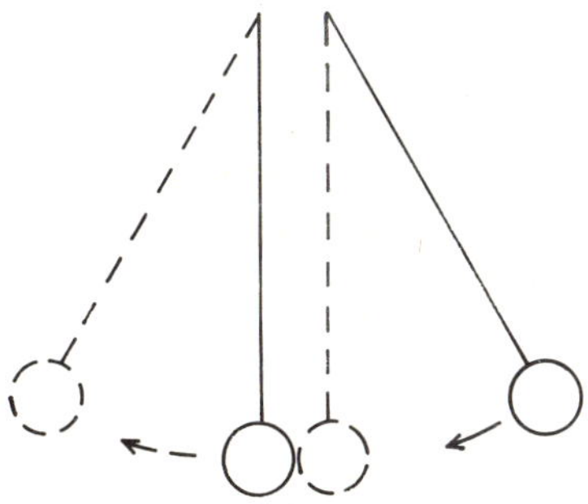

Abb. B-36 Elastischer Stoß zweier Kugeln

Sehr deutlich wird die Impulserhaltung bei Stoßvorgängen. Läßt man z. B. zwei Kugeln gleicher Masse an langen Fäden nebeneinander hängen, lenkt die eine aus und läßt sie mit der Geschwindigkeit v auf die ruhende zweite Kugel stoßen, so fliegt diese mit der Geschwindigkeit v weg, die erste Kugel bleibt stehen (Abb. B-36), danach kehrt sich der Vorgang um. Man spricht von einem **elastischen Stoß,** Impuls und kinetische Energie der einen Kugel werden jeweils in Impuls und kinetische Energie der anderen Kugel umgewandelt. Interessant ist der Fall, daß eine Kugel (z. B. ein Gummiball) elastisch auf eine feste Wand (sehr großer Masse m) stößt. Wegen ihrer großen Masse bleibt dabei die Wand praktisch in Ruhe ($v_{\text{Wand}} = 0$), ihre kinetische Energie $\frac{1}{2} m v^2$ ist damit vor und nach dem Stoß Null. Auf Grund des Energiesatzes muß dann aber der Ball seine kinetische Energie ebenfalls behalten – der Betrag seiner Geschwindigkeit bleibt beim Stoß gleich. Seine Richtung kehrt sich aber bei senkrechtem Aufprall gerade um – der Ball wird an der Wand elastisch reflektiert. Für die Impulse heißt das

$$\vec{p}_{\text{Ball}} = \vec{p}'_{\text{Wand}} + \vec{p}'_{\text{Ball}} \,. \tag{10.8}$$

Die gestrichenen Impulse beziehen sich dabei auf den Zustand nach dem Stoß. Der Impuls des Balles kehrt sich um, d. h. $\vec{p}_{\text{Ball}} = -\vec{p}'_{\text{Ball}}$ bzw.

$$\vec{p}_{\text{Wand}} = 2 \cdot \vec{p}_{\text{Ball}} \,. \tag{10.9}$$

> Beim elastischen Stoß eines Körpers auf eine starre Wand überträgt dieser keine kinetische Energie, aber seinen doppelten Impuls auf die Wand (Abb. B-37).

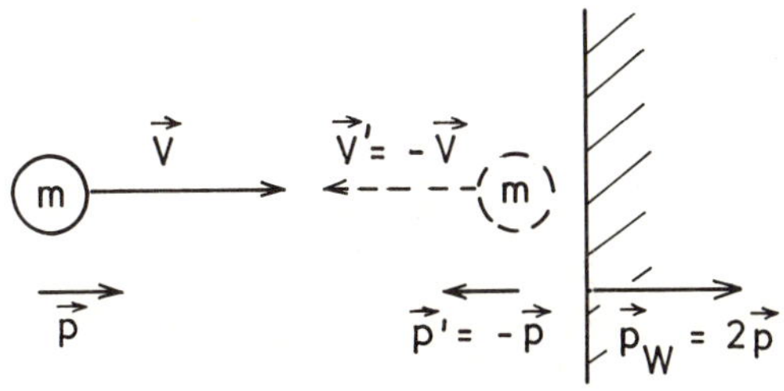

Abb. B-37 Elastische Stoß auf eine Wand

Bringt man zwischen die beiden Kugeln der Abbildung B-36 eine sehr leicht deformierbare Substanz (z. B. Wachs), so bleibt die mechanische Energie nicht mehr vollständig erhalten – ein Teil wird zur Deformation des Wachses verbraucht (dabei tritt Wärme auf). Um diesen **unelastischen Stoß** zu berechnen, stehen uns also nicht mehr mechanischer Energie- und Impulssatz zur Verfügung, sondern nur noch der Impulssatz. Dafür fliegen aber nach einem völlig unelastischen Stoß (keine Rückwirkung der gestoßenen Kugel auf die stoßende) beide Kugeln zusammen mit der gemeinsamen Geschwindigkeit v weiter, der Impulssatz liefert für ihren Betrag

$$m_1 v_1 = (m_1 + m_2) v, \tag{10.10}$$

also

$$v = \frac{m_1}{m_1 + m_2} v_1 \,. \tag{10.11}$$

Sind die Kugelmassen gleich ($m_1 = m_2$), bewegen sich beide mit der halben Geschwindigkeit der ankommenden Kugel.

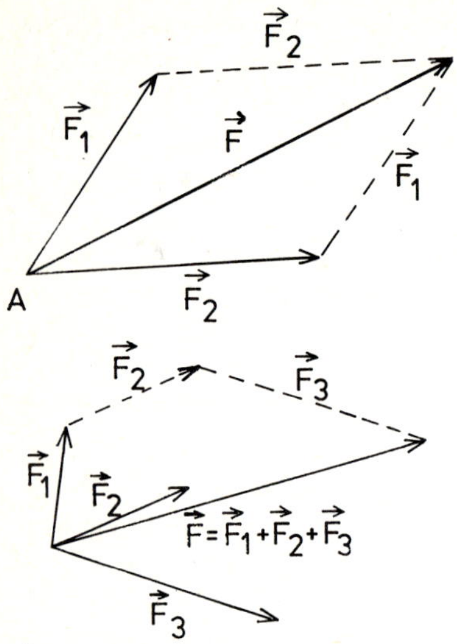

Abb. B-38 Kräfteparallelogramm

11. Kräfte am starren Körper, Schwerpunkt

Bisher haben wir stillschweigend stets angenommen, daß die auftretenden Kräfte immer am gleichen Punkt eines Körpers angreifen. Die bisherigen Gesetzmäßigkeiten gelten deshalb bevorzugt für den Idealfall einer in einem Punkt vereinigten Masse, man spricht von der Mechanik des **Massenpunktes.** Wir werden noch in diesem Kapitel sehen, daß man sie auch auf beliebige Körper anwenden kann.

Bei ausgedehnten Körpern können Kräfte prinzipiell an verschiedenen Punkten angreifen. Um die resultierende Kraftwirkung zu ermitteln, muß man die Einzelkräfte vektoriell addieren – im Falle des gleichen Angriffspunktes führt das auf die einfache Konstruktion aus Kapitel B.3 (Abb. B-10), man erhält ein **Kräfteparallelogramm** (Abb. B-38). Sind die Angriffspunkte der Kräfte verschieden, macht man von der wichtigen Tatsache Gebrauch, daß es bei starren Körpern zulässig ist, den Angriffspunkt einer Kraft beliebig längs ihrer **Wirkungslinie** (Gerade längs der Kraftrichtung durch den tatsächlichen Angriffspunkt) verschoben zu denken. Mit dieser Konstruktion kann man zwei Kräfte immer dann zu einer Resultierenden vereinigen, wenn sich ihre Wirkungslinien schneiden (Abb. B-39).

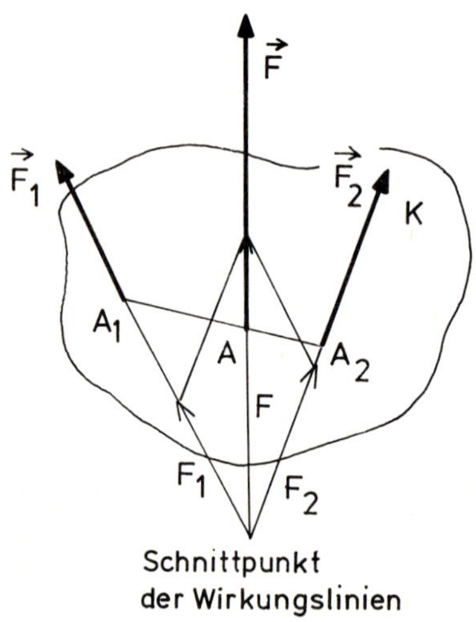

Abb. B-39 Kräfte am starren Körper. Resultierende zweier Kräfte, die nicht am gleichen Punkt angreifen.

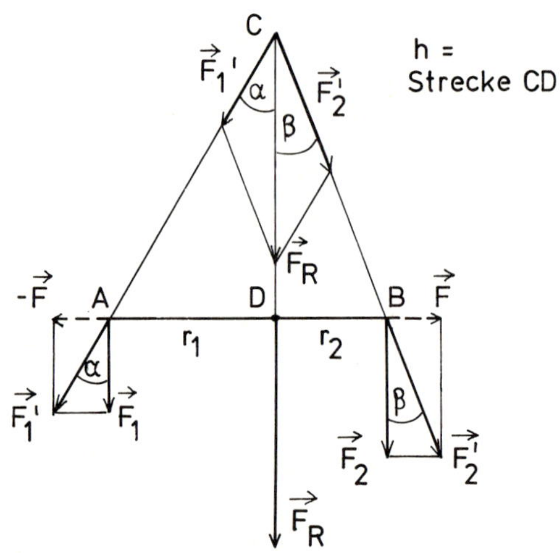

Abb. B-40 Kräfte am starren Körper. Resultierende zweier paralleler Kräfte.

Die Wirkungslinien paralleler Kräfte schneiden sich erst im Unendlichen, hier muß man andere Konstruktionen vornehmen. Den Fall antiparalleler Kräfte werden wir im nächsten Kapitel besprechen. Haben beide Kräfte die gleiche Richtung, aber verschiedene Angriffspunkte, kann man zu ihnen die Kräfte $\vec{F}$ und $-\vec{F}$ längs ihrer Verbindungslinie hinzuaddieren (insgesamt heben diese sich heraus), man erhält die neuen Kräfte $\vec{F}_1{}'$ und $\vec{F}_2{}'$ (Abb. B-40). Diese kann man verschieben und wieder addieren, man bekommt die resultierende Kraft $\vec{F}_R$, die man schließlich in den Angriffspunkt D auf der Verbindungslinie verschiebt. Mit der Winkelfunktion Tangens (Gegenkathete dividiert durch Ankathete) kann man dieses Problem leicht berechnen: Es ist $\tan\alpha = F/F_1$, $\tan\beta = F/F_2$, damit $\tan\alpha/\tan\beta = F_2/F_1$. Außerdem ist $\tan\alpha = r_1/h$, $\tan\beta = r_2/h$, also $\tan\alpha/\tan\beta = r_1/r_2$. Als Resultat erhält man

$$\frac{r_1}{r_2} = \frac{F_2}{F_1}. \tag{11.1}$$

Der Angriffspunkt der resultierenden Kraft teilt die Verbindungslinie zwischen den beiden Kräften in deren umgekehrtem Verhältnis. Der Betrag F_R der resultierenden Kraft ist natürlich gleich der Summe $F_1 + F_2$ der Einzelbeträge – die Komponenten von $\vec{F}_1{}'$ bzw. $\vec{F}_2{}'$ bezüglich $\vec{F}_R$ sind ja wieder F_1 bzw. F_2.

Wenden wir dieses Ergebnis auf den Fall der Schwerkraft auf zwei Massen m_1 und m_2 (verbunden durch eine dünne Stange) an. Dann ist $F_1 = m_1 \cdot g$, $F_2 = m_2 \cdot g$, d.h.

$$\frac{r_1}{r_2} = \frac{m_2 \cdot g}{m_1 \cdot g} = \frac{m_2}{m_1}. \tag{11.2}$$

> Die Wirkung einer Kraft auf räumlich getrennte Massen kann man zusammenfassen, indem man eine resultierende Kraft an einem Punkt angreifen läßt, der die Verbindungslinie zwischen den Massen in ihrem umgekehrten Verhältnis teilt.

Als Gesamtkraft wirkt in unserem Beispiel

$$F = F_1 + F_2 = m_1 g + m_2 g = (m_1 + m_2) g,$$

– wir können also das Problem so behandeln, als ob die beiden Massen in diesem Punkt vereinigt wären. Diesen speziellen Punkt nennt man **Schwerpunkt** bzw. **Massenmittelpunkt.** Bei mehreren Massen ist die Bestimmung des Schwerpunkts etwas komplizierter, da die Abstände r_i der einzelnen Massen m_i verschiedene Richtungen haben können; man muß deshalb vektoriell addieren. Als Bedingung für den Schwerpunkt erhält man dann

$$\Sigma m_i \vec{r}_i (= m_1 \vec{r}_1 + m_2 \vec{r}_2 + \ldots) = 0.$$

Abb. B-41 Stabiles, indifferentes, labiles Gleichgewicht

Einfacher als diese Berechnung ist die experimentelle Bestimmung des Schwerpunktes, da dieser immer bestrebt ist, die tiefstmögliche Lage (Lage der geringsten potentiellen Energie) einzunehmen. Man braucht daher einen Körper lediglich an verschiedenen Stellen zu halten, ihn jedesmal sein **stabiles Gleichgewicht** (die Lage, die er von selbst anstrebt) einnehmen zu lassen, und vom Unterstützungspunkt jedesmal eine Linie senkrecht nach unten anzubringen. Alle diese Senkrechten schneiden sich im Schwerpunkt.

Daneben kann sich ein Körper (z.B. eine Kugel auf einer ebenen Fläche) im **indifferenten Gleichgewicht** befinden. Dabei bleibt der Schwerpunkt in jeder Lage in gleicher Höhe, der Körper in Ruhe.

Schließlich kann man ein **labiles Gleichgewicht** dadurch erreichen, daß man einen Körper genau senkrecht unter seinem Schwerpunkt unterstützt (Abb. B-41). Diese Lage verläßt der Körper aber beim kleinsten Anstoß. Beachten muß man bei solchen Gleichgewichtsbetrachtungen, daß der Schwerpunkt auch außerhalb des Körpers liegen kann, z.B. bei einem Gummireifen.

Die Einführung des Schwerpunkts erlaubt uns, bei allen drehungsfreien Bewegungen auch ausgedehnte Körper als einen Punkt zu behandeln, in dem ihre ganze Masse vereinigt ist, und damit weiter Mechanik des Massenpunktes zu betreiben (die Besonderheiten der Drehbewegungen werden im nächsten Kapitel erläutert).

Seine Lage bestimmt schließlich auch die **Standfestigkeit.** Wandert das von ihm aus gefällte Lot aus der Unterstützungsfläche heraus, kippt der Körper um (Abb. B-42).

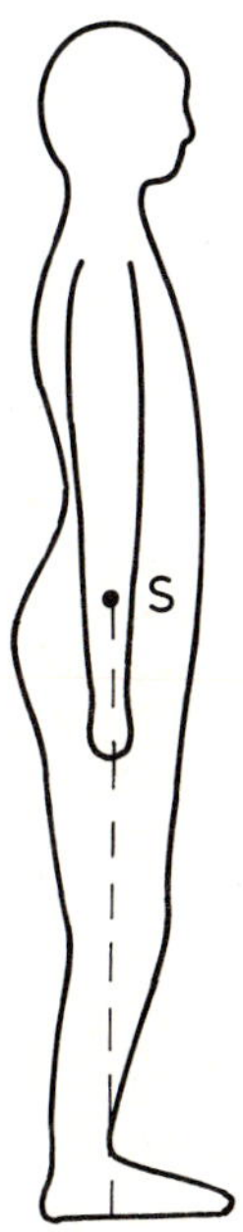

Abb. B-42 Zur Standfestigkeit des menschlichen Körpers.

12. Drehbewegungen

Drehmoment

Wir kehren noch einmal zum Beispiel der Abbildung B-40 zurück. Aus Gleichung (11.1) erhielten wir als Bedingung für den Punkt D (den Schwerpunkt)

$$r_1 F_1 = r_2 F_2. \tag{12.1}$$

Wenn man die ganze Anordnung im Punkt D unterstützt, so daß die resultierende Gesamtkraft F_R von der Unterlage aufgenommen wird, befindet sich das System folglich in Ruhe. Als Bedingung für dieses Gleichgewicht hat man aber nicht mehr, daß die Kraftbeträge F_1 und F_2 gleich sind, sondern daß die Produkte aus Kraft und Abstand vom Unterstützungspunkt betragsmäßig gleich sind. Dieses Produkt aus Kraft und Abstand nennt man **Drehmoment** T. Die Bezeichnung ist sehr einsichtig: Verschwindet eine der beiden Kräfte (z.B. F_1, wenn man die Masse m_1 von der Stange abschneidet), fängt das System an, sich zu drehen. Es dreht sich dabei – wie jeder leicht nachprüfen kann – so lange, bis die Masse m_2 senkrecht unter dem Drehpunkt D hängt. Offensichtlich spielt also nicht nur das Produkt aus Kraft F und Abstand Drehpunkt-Angriffspunkt r eine Rolle, sondern – ähnlich wie bei der Arbeit – auch noch der Winkel α zwischen beiden. Hier ist die Drehwirkung aber gerade Null, wenn beide parallel sind, und gleich $r \cdot F$, wenn beide senkrecht aufeinander stehen. Der Betrag des Drehmomentes ist daher

$$T = r \cdot F \cdot \sin\alpha \quad . \qquad (12.2)$$

Als **Einheit** des Drehmoments folgt sofort aus dem Produkt der Längen- und der Krafteinheit **1 Newtonmeter,** die gleiche Einheit wie für Arbeit und Energie. Das Drehmoment ist aber eine ganz anders geartete Größe, wie am Beispiel sofort klar wird. Schneidet man nämlich statt der Masse m_1 die Masse m_2 ab, wirkt also nur noch das Produkt $r_1 \cdot F_1$, dreht sich das ganze System gerade anders herum. Das Drehmoment hat also Vektorcharakter, es kann verschiedene Drehrichtungen bewirken. Genauer als in (Gl. 12.2) wird das Drehmoment daher definiert als das **Vektorprodukt** aus Kraftarm $\vec{r}$ und Kraft $\vec{F}$

$$\vec{T} = \vec{r} \times \vec{F} \quad . \qquad (12.3)$$

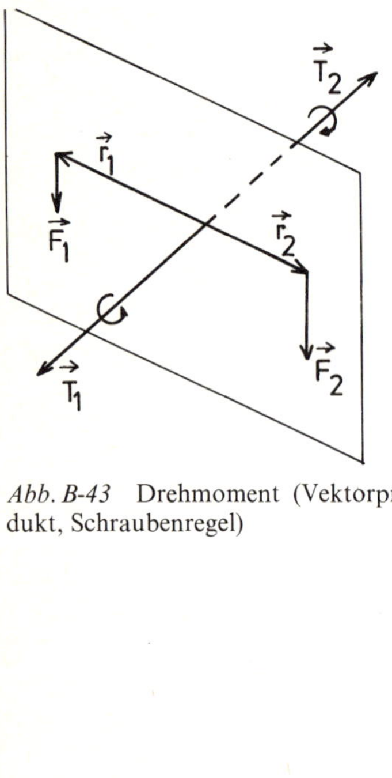

Abb. B-43 Drehmoment (Vektorprodukt, Schraubenregel)

Zur leichteren Unterscheidung vom Skalarprodukt schreibt man dabei das Multiplikationszeichen meist als $\times$.

Ein solches Vektorprodukt – seinen Betrag hatten wir bereits in (12.2) kennengelernt als Produkt der Beträge der beteiligten Vektoren multipliziert mit dem Sinus des Winkels zwischen ihnen – hat eine Richtung, die immer senkrecht auf den Richtungen der Ausgangsvektoren steht. Liegen also, wie in Abbildung B-43, $\vec{r}$ und $\vec{F}$ in der Papierebene, muß $\vec{T}$ senkrecht ins Papier hinein oder aus dem Papier heraus gerichtet sein. Welche dieser beiden Richtungen zutrifft, kann man mit Hilfe der **Schraubenregel** (Korkenzieherregel) entscheiden: Die Richtung des Vektorprodukts ist gleich der Richtung, in die sich eine Schraube (mit Rechtsgewinde!) bewegt, wenn man mit ihr den ersten Vektor des Produkts in die Richtung des zweiten Vektors dreht.

In unserem Beispiel dreht sich die Schraube im Falle $\vec{r}_2 \times \vec{F}_2$ im Uhrzeigersinn, also ins Papier hinein, im Falle $\vec{r}_1 \times \vec{F}_1$ dagegen gegen den Uhrzeigersinn aus dem Papier heraus. Die beiden Drehmomente sind entgegengesetzt gerichtet, betragsmäßig gleich, heben sich also auf – das System bleibt in Ruhe.

> Als Bedingung für einen Gleichgewichtszustand müssen alle wirkenden Kräfte und alle wirkenden Drehmomente sich insgesamt aufheben.

Eine um einen Punkt (bzw. eine Achse) drehbare Stange, an der außerhalb des Drehpunkts Kräfte angreifen, nennt man einen **Hebel.** Beim zweiarmigen Hebel greifen die beiden Kräfte auf verschiedenen Seiten vom Drehpunkt an, beim einarmigen Hebel auf der gleichen Seite. Um am Hebel das Gleichgewicht zu halten, muß in jedem Fall $F_1 \cdot r_1 = F_2 \cdot r_2$, das Produkt aus Kraft und Kraftarm gleich dem Produkt aus Last und Lastarm sein ($\sin\alpha$ fällt hier heraus, da sich der starre Hebel auf beiden Seiten um den gleichen Winkel dreht). Macht man daher den Kraftarm genügend groß, kann man mit wenig Kraft erheblich größere Lasten (an entsprechend kleinem Lastarm) heben. Auch damit kann man aber keine Arbeit sparen; um die Last um die Höhe h_1 zu heben, muß man am Kraftarm eine entsprechend größere Höhe h_2 bewältigen.

Im menschlichen Körper findet man Hebel im gesamten Bewegungsapparat. Bei diesen einarmigen Hebeln ist aber immer der Kraftarm erheblich kürzer als der Lastarm (Abb. B-44), der Muskel bringt lieber mehr Kraft auf, kommt dafür aber mit kleinen Längenänderungen aus.

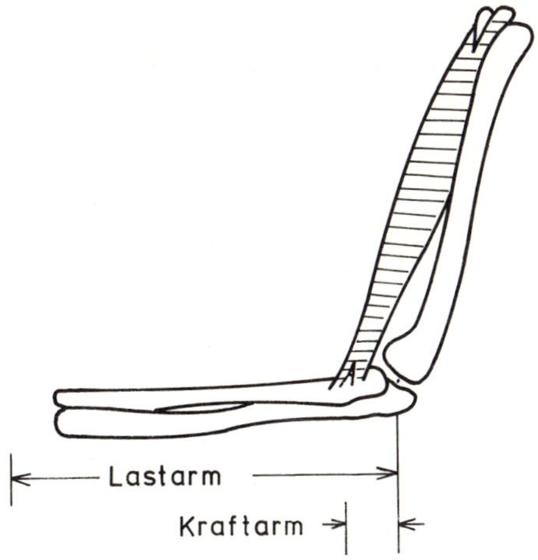

Abb. B-44 Hebel im menschlichen Körper

Eine wichtige Anwendung des Hebels findet man bei den **Balkenwaagen** (Abb. B-45). Dort verwendet man meist gleicharmige Hebel ($r_1 = r_2 = r$) und vergleicht über die Drehmomente $m_1 \cdot g \cdot r$ und $m_2 \cdot g \cdot r$, die auf den beiden Seiten der Waage wirken, das Gewicht einer unbekannten Masse m_1 mit dem einer bekannten Masse (z. B. Gewichtsstücken) m_2. Da hier die Erdbeschleunigung auf beiden Seiten eingeht, also insgesamt herausfällt, führt man letztlich einen Massenvergleich durch; er funktioniert an jeder beliebigen Stelle der Erde (oder z. B. auch auf dem Mond). Bei der Waage kommt gegenüber dem einfachen Hebel ein weiteres Drehmoment hinzu, da hier der Schwerpunkt immer unter den Drehpunkt gelegt wird. Neigt sich die Waage, wird der Schwerpunkt aus dem stabilen Gleichgewicht herausgedreht und dadurch ein rücktreibendes Drehmoment erzeugt.

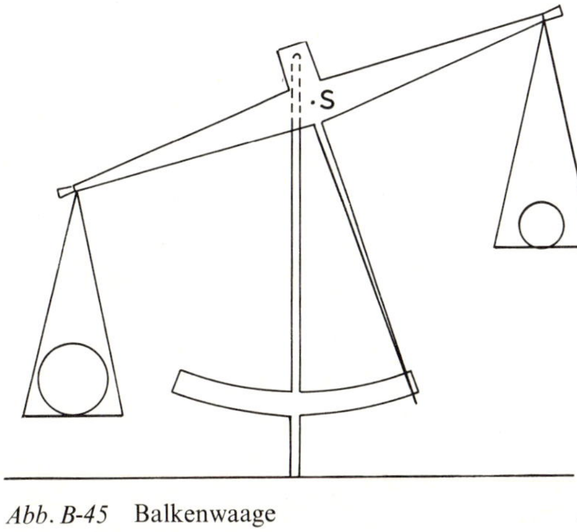

Abb. B-45 Balkenwaage

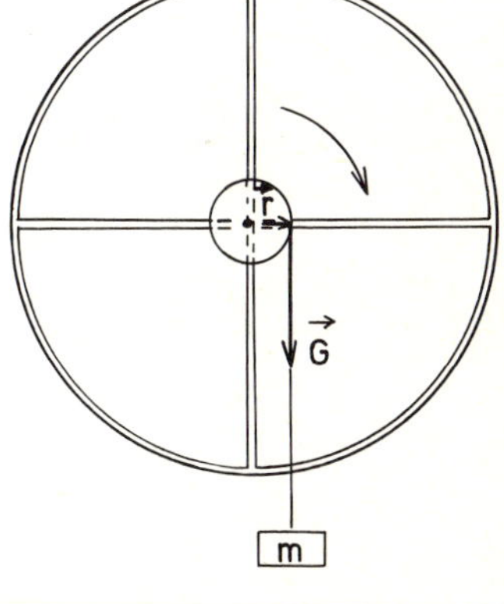

Abb. B-46 Beschleunigte Drehbewegung

Wirkt auf einen Körper ein konstantes **Drehmoment,** z. B. in Abbildung B-46 dadurch, daß ein Gewicht über eine aufgewickelte Schnur dauernd auf die Achse eines Rades wirkt, dreht sich das Rad immer schneller; man erhält eine **beschleunigte Drehbewegung.** Das Drehmoment spielt also für Drehbewegungen die gleiche Rolle wie die Kraft für eine geradlinige Bewegung. In Kapitel B. 3 hatten wir bereits gesehen, daß bei einer konstanten Drehbewegung nur noch die Winkelgeschwindigkeit ω und der Drehwinkel α für alle Teile eines Körpers gleich sind, während ihre Geschwindigkeit v und der zurückgelegte Weg s von ihrem Abstand r vom Drehpunkt abhängen (vgl.

Gl. 3.18). Entsprechendes gilt für die Beschleunigung; man verwendet daher zur Beschreibung von Drehbewegungen lieber die Winkelbeschleunigung

$$\dot{\omega} = \frac{d\omega}{dt} = \frac{d^2\alpha}{dt^2} \quad . \tag{12.4}$$

Die auftretende Winkelbeschleunigung ist proportional zum wirkenden Drehmoment T (analog zu $F \sim a$)

$$T \sim \dot{\omega} \quad . \tag{12.5}$$

Als maßgebende dritte Größe hatten wir beim 2. Newtonschen Axiom die Masse m. Da bei Drehbewegungen immer der Abstand vom Drehpunkt eine Rolle spielt, tritt an ihrer Stelle auch hier eine abstandsabhängige Größe auf, das **Trägheitsmoment** I. Es gilt die Beziehung

$$T = I \cdot \dot{\omega} \quad . \tag{12.6}$$

Trägheitsmoment

Ein starrer Körper, der aus vielen einzelnen Massenpunkten m_i ($i = 1, 2, \ldots, n$) zusammengesetzt ist, soll sich geradlinig fortbewegen **(Translation).** Dann haben alle diese Massepunkte die gleiche Geschwindigkeit v und die kinetische Energie $\frac{m_i}{2} v^2$. Die gesamte kinetische Energie des Körpers setzt sich additiv aus den kinetischen Energien aller Einzelmassen zusammen, ist also

$$W = \sum \frac{m_i}{2} v^2 = \frac{1}{2} M v^2 \quad . \tag{12.7}$$

Dreht sich derselbe Körper um eine Achse, ist eine solche Angabe seiner Energie über seine Gesamtmasse M nicht mehr möglich, da die einzelnen Massepunkte m_i je nach ihrem Abstand r_i vom Drehpunkt verschiedene Geschwindigkeiten v_i haben, mit

$$v_i = \omega \cdot r_i . \tag{12.8}$$

Bei der **Rotation** haben wir also für die kinetische Energie

$$W_{\text{kin}} = \sum \frac{m_i}{2} v_i^2 = \frac{1}{2} \omega^2 \cdot \sum m_i r_i^2 = \frac{1}{2} I \cdot \omega^2 \quad . \tag{12.9}$$

Vergleichen wir dieses Ergebnis mit Gl. (12.7): Neben der Winkelgeschwindigkeit ω, die bei Drehbewegungen an die Stelle der Geschwindigkeit v tritt, ist an die Stelle der Gesamtmasse M des Körpers der Ausdruck

$$I = \sum m_i r_i^2 \tag{12.10}$$

getreten; diese Größe nennt man das **Trägheitsmoment** des Körpers **bezüglich dieser Drehachse** (da die Abstände r_i von der Drehachse gemessen werden, ändert sich I natürlich, wenn man den Körper um eine andere Achse dreht). Es hat die **Maßeinheit kg · m²**. Während die Masse eine feste Körpereigenschaft ist, kann sich sein Trägheitsmoment in erheblichem Maße ändern. Dreht sich z. B. ein Eisläufer, der zwei 10 kg-Hanteln in den Händen hält, mit angelegten Armen um seine Längsachse (Abb. B-47), besitzt er ein Trägheitsmoment von ca. 2,5 kgm², streckt er beide Arme mit den Hanteln seitlich aus, erhöht es sich auf etwa 22,5 kgm². Man sieht, daß alle achsenfernen Teile besonders große (r^2!) Beiträge zum Trägheitsmoment liefern.

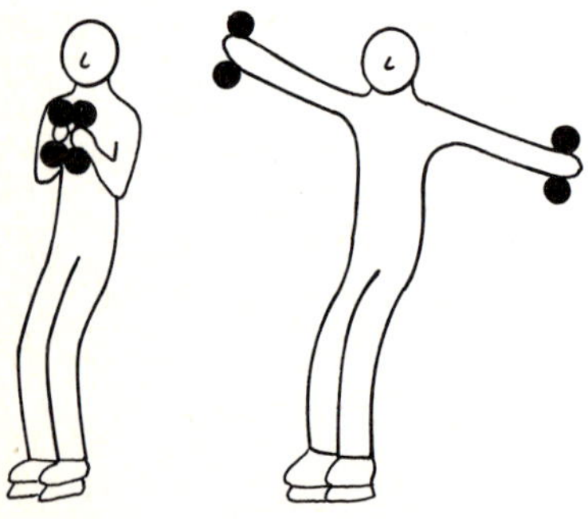

Abb. B-47 Zum Trägheitsmoment

Zum Schluß noch eine etwas exaktere Definition des Trägheitsmoments. Ein größeres Massestück m_i hat ja selbst eine gewisse Ausdehnung, d.h. man kann dafür eigentlich gar keinen konstanten Abstand angeben – der eine Rand des Massestücks ist weiter von der Drehachse entfernt als der andere. Man muß daher genaugenommen in ganz kleine Masseelemente dm zerlegen und dann integrieren:

$$I = \int r^2 \, dm \quad . \tag{12.11}$$

Größen der Drehbewegung, Drehimpuls

Ganz allgemein lassen sich fortschreitende (Translations-) und Dreh-(Rotations-)Bewegungen durch die gleichen Gesetzmäßigkeiten beschreiben, wenn man beim Übergang von der einen zur anderen jeweils die folgenden entsprechenden Größen einsetzt

Translation	Rotation
Strecke s	Winkel α
Geschwindigkeit v	Winkelgeschwindigkeit $\omega = \frac{d\alpha}{dt}$
Beschleunigung a	Winkelbeschleunigung $\frac{d\omega}{dt}$
Masse m	Trägheitsmoment $I = \int r^2 \, dm$
Kraft F	Drehmoment T
Translationsenergie $\frac{1}{2} mv^2$	Rotationsenergie $\frac{1}{2} I\omega^2$
Impuls $p = m \cdot v$	Drehimpuls $L = I \cdot \omega$

Für die Größe **Drehimpuls** $\vec{L}$ ($\vec{L} = I \cdot \vec{\omega} = \Sigma m_i \cdot \vec{r}_i \times \vec{v}_i$), die dabei an die Stelle des Impulses tritt, gelten ganz entsprechende Aussagen wie für p: Zunächst ist (vgl. Gl. 10.4)

$$T = \frac{dL}{dt} \quad . \tag{12.12}$$

Ein Drehmoment bewirkt eine zeitliche Änderung des Drehimpulses. Ebenso gilt ein **Satz von der Erhaltung des Drehimpulses:**

In einem abgeschlossenen System (in das von außen keine Drehmomente einwirken) bleibt der Gesamtdrehimpuls (Summe aller einzelnen Drehimpulse) nach Betrag und Richtung erhalten.

Die Bedeutung dieses Erhaltungssatzes wollen wir uns am Beispiel des Eisläufers (Abb. B-47) noch etwas klarmachen: Wenn er sich mit ausgestreckten Armen, d.h. großem Trägheitsmoment I_1 durch Abstoßen auf dem Eis eine Winkelgeschwindigkeit ω_1 und damit einen Drehimpuls $L = \omega_1 I_1$ verleiht, dann durch Heranziehen der Arme sein Trägheitsmoment auf den Wert I_2 verkleinert, muß – da L erhalten bleibt – seine Winkelgeschwindigkeit auf einen entsprechend höheren Wert ω_2 steigen; ein Vorgang, den man bei jeder Pirouette beobachten kann. Dieses eine Beispiel, wie stark Drehimpuls- (und Impuls-)Erhaltung alle Bewegungsvorgänge bestimmen, soll an dieser Stelle genügen.

13. Verformung fester Körper

Im Kapitel B. 4 hatten wir bereits einiges über den Aufbau fester, flüssiger und gasförmiger Stoffe kennengelernt. In den festen Körpern werden danach die einzelnen Atome bzw. Moleküle durch wechselseitige Kräfte zwischen ihnen in einer geordneten Struktur gehalten. Diese Kräfte können verschiedener Natur sein (elektrostatische Coulomb-Kräfte, quantenmechanische Austauschkräfte, van-der-Waals-Kräfte o.a.). Sie werden zum Teil im Abschnitt Atomphysik (E. 1) noch erläutert. Insgesamt kann man sich ihre Wirkung aber recht gut so vorstellen, als ob zwischen den einzelnen Atomen Federn gespannt seien; bewegt sich ein solches Atom aus seiner Ruhelage heraus, wirken rücktreibende Federkräfte (vgl. Kap. B. 5). Infolge der stets vorhandenen Wärmebewegung führen die Atome also letztlich Federschwingungen (vgl. Kap. F. 1) um ihre Gitterplätze aus.

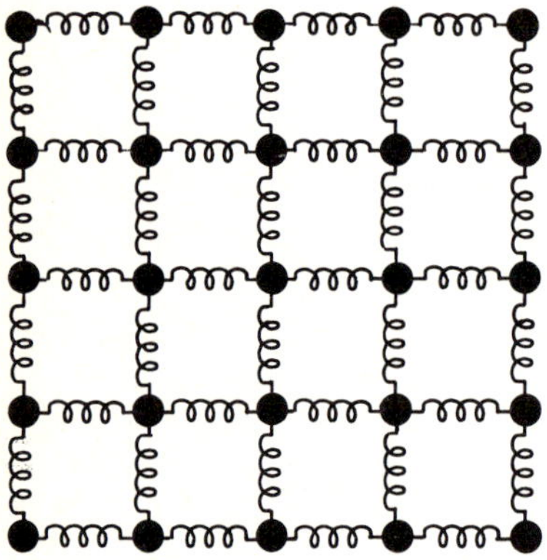

Abb. B-48 Federmodell des Festkörpers

Federn sind elastisch; man kann sie in gewissen Grenzen zusammendrücken oder auseinanderziehen – nach Ende der Belastung gehen sie in ihre ursprüngliche Form zurück. Dieses Verhalten überträgt sich auf den gesamten Festkörper. Die gesamte auf ihn wirkende Kraft verteilt sich auf lauter solche gedachte kleine Federn und staucht oder streckt jede um ein kleines Stück x (gemäß $F = D \cdot x$; vgl. Gl. 5.1). Je länger der Körper ist, desto mehr solcher Federn befinden sich in dieser Längsrichtung; umso mehr kleine Längenänderungen x kommen dadurch zusammen. Die gesamte Längenänderung Δl des Körpers ist also proportional zu seiner Länge l. Je größer dabei die Fläche A des Körpers ist, desto mehr solcher Federreihen liegen nebeneinander, die Gesamtkraft unterteilt sich in mehr und damit kleinere Einzelkräfte (vgl. Abb. B-40). Das bedeutet, daß jede einzelne Feder und so der ganze Körper bei größerer Fläche A weniger gedehnt bzw. gestaucht wird. Insgesamt tritt also beim Wirken einer Kraft senkrecht zur Oberfläche eines Körpers eine **Längenänderung** Δl auf, die proportional zur Länge l, zur Kraft F und umgekehrt proportional zur Fläche A ist:

$$\Delta l = \alpha \cdot \frac{F}{A} \cdot l = \frac{1}{E} \cdot \frac{F}{A} \cdot l \quad . \qquad (13.1)$$

Die Proportionalitätsfaktoren (Dehnungsgröße α bzw. Elastizitätsmodul E; mit $\alpha = \frac{1}{E}$) hängen vom Material ab. Bei Metallen ist dieser Elastizitätsmodul ziemlich groß (ungefähr 10^{11}–10^{12} N/m^2), bei Kunststoffen ein bis zwei Größenordnungen kleiner.

Den Quotienten aus Kraft und Fläche nennt man allgemein Spannung. Wirkt die Kraft senkrecht zur Fläche, nennt man den Quotienten $\sigma = \frac{F_N}{A}$ je nach Richtung der Kraft **Normal-Zugspannung** oder **Normal-Druckspannung,** kürzer oft **Zug** bzw. **Druck.** Formt man Gleichung (13.1) noch etwas um, erhält man

$$\varepsilon = \frac{\Delta l}{l} = \alpha \cdot \sigma = \frac{1}{E} \cdot \sigma \quad . \qquad (13.2)$$

Dieses **Gesetz** wurde zuerst **von Hooke** formuliert:

> Die Verzerrungen ε (z.B. die relativen Längenänderungen) sind proportional den Spannungen

Der Gültigkeitsbereich des Hookeschen Gesetzes hängt ebenfalls stark vom Material ab; manche Stoffe gehen nach einer Dehnung überhaupt nicht mehr in ihre Ausgangslage zurück (Plastizität). Aber auch bei elastischen Körpern gilt die Proportionalität zwischen Spannung und Dehnung nur bei relativ kleinen Dehnungen. Oberhalb dieses Bereichs, nach Überschreiten der Proportionalitätsgrenze P (Abb. B-49), ist das Material zwar immer noch elastisch, die auftretende Dehnung nimmt jetzt aber stärker zu als die Spannung; die elastischen Kräfte sind kleiner geworden. Schließlich wird der elastische Bereich verlassen, es treten dauerhafte Veränderungen im Material auf. Dabei beginnt dieses zunächst ähnlich wie eine sehr zähe Flüssigkeit zu fließen (Fließgrenze F), verfestigt sich dann wieder und erreicht eine maximale elastische Spannung (Punkt M). Danach setzt bei weiterer Dehnung eine starke Querschnittsverminderung ein, bis das Material zerreißt (Punkt Z). Je spröder ein Material ist, desto dichter liegen Elastizitäts- und Zerreißgrenze beieinander.

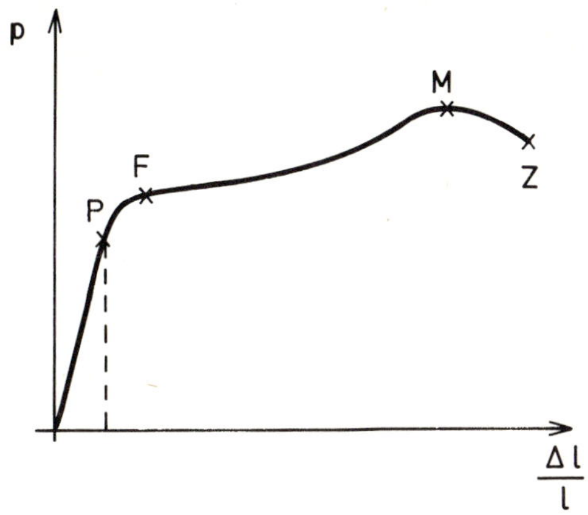

Abb. B-49 Spannungs-Dehnungs-Diagramm eines Festkörpers

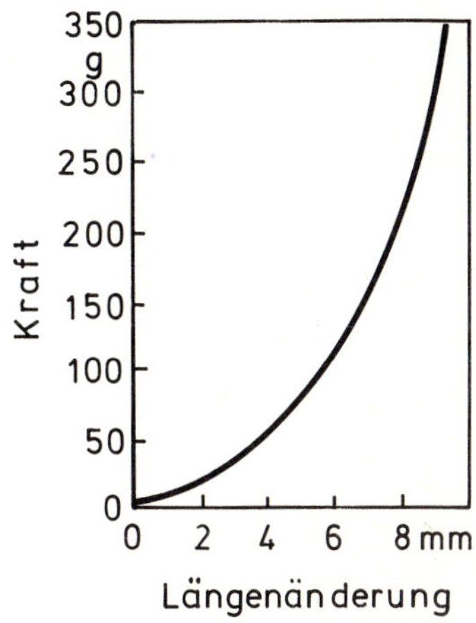

Abb. B-50 Spannungs-Dehnungs-Diagramm des Muskels (Nach Schütz: „Physiologie", 13./14. Auflage; Abb. 150, S. 201, München 1972).

Zum Vergleich zeigt Abbildung B-50 die Ruhedehnungskurve eines Muskels. Diese aus einem medizinischen Lehrbuch übernommene Figur zeigt einmal, daß hier das Hookesche Gesetz überhaupt keine Gültigkeit besitzt. Zum anderen wird hier ein häufiger Fehler deutlich: Die Kraft wird in Gramm, statt der relativen Längenänderung (Dehnung $= \frac{\Delta l}{l}$!) die tatsächliche Längenänderung aufgetragen. Natürlich weiß man, wie es gemeint ist; trotzdem sollte man nur korrekte Bezeichnungen verwenden.

Das elastische Verhalten verschiedener Materialien spielt nicht nur in der Technik, sondern auch im menschlichen Körper eine große Rolle. So ist z. B. die Elastizität der Wände der Blutgefäße von erheblicher Bedeutung für eine gleichmäßige Blutströmung (Windkesselfunktion), aber auch für die Ausbreitungsgeschwindigkeit einer Pulswelle. Dabei kommt es allerdings nicht so sehr auf die Längen-, sondern auf die **Volumenänderung** an. Dafür findet man entsprechend

$$\frac{\Delta V}{V} = \frac{1}{K} \cdot p \quad . \qquad (13.3)$$

Die relative Volumenänderung ist dem wirkenden Druck proportional. Die Proportionalitätskonstante $\frac{1}{K}$ (K Kompressionsmodul) hängt wieder vom Material ab.

Dehnung und Stauchung spielen auch eine Rolle bei einer anderen Verformungsart, der **Biegung.** Aus Abbildung B-51 ist leicht zu erkennen, daß dabei die Oberseite eines Stabes gedehnt, die Unterseite gestaucht wird. Dazwischen liegt eine Schicht, die ihre ursprüngliche Länge beibehält; man nennt sie neutrale Faser.

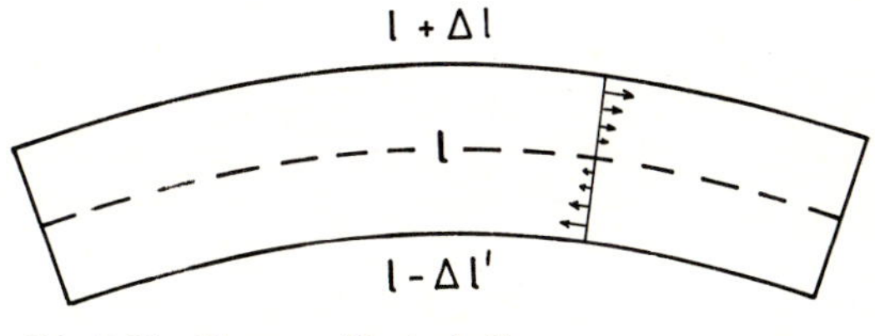

Abb. B-51 Biegung: Neutrale Faser

Die Stärke der Durchbiegung hängt außer vom Elastizitätsmodul von der Form (genauer vom Querschnitt) ab. In der Technik verwendet man daher oft Doppel-T-Profile; die Natur verwendet (z.B. bei Vogelknochen) Hohlrohre, die große Festigkeit mit geringem Gewicht verbinden.

Als zweiter Fall ist eine Kraft denkbar, die parallel zur Fläche A am Körper angreift (alle anders gerichteten Kräfte lassen sich ja in Komponenten senkrecht und parallel zur Fläche zerlegen). Den Quotienten $\tau = \frac{F_T}{A}$ aus Kraft F_T parallel zur Fläche und Fläche A nennt man Tangential- oder **Schubspannung** (einfacher **Schub**). Unter ihrer

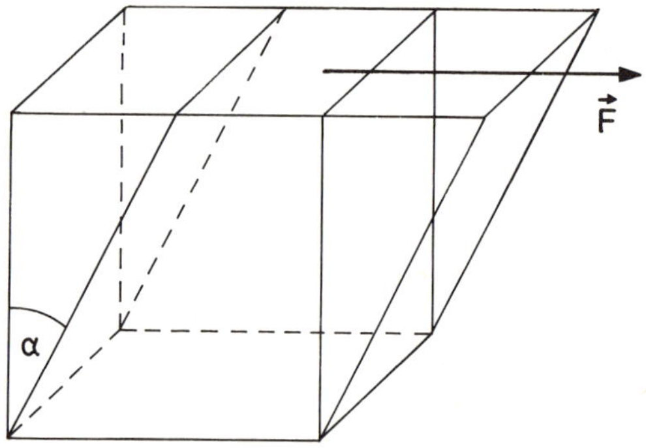

Abb. B-52 Scherung eines Würfels

Wirkung tritt eine reine **Gestaltsänderung** ein (vgl. Abb. B-52), dabei ist nach dem Hookeschen Gesetz der **Scherungswinkel** α proportional der Schubspannung (zumindest für kleine Winkel, genauer müßte man $\tan \alpha$ verwenden):

$$\alpha = \beta \cdot \tau \quad . \tag{13.4}$$

Die Materialkonstante β heißt Schubgröße; oft wird ihr Kehrwert $G = \frac{1}{\beta}$, genannt Schubmodul, verwendet.

Solche Schubspannungen treten auch auf, wenn ein Stab verdrillt wird und dabei seine einzelnen Querschnitte um kleine Winkel gegeneinander verschoben werden. Für das elastische Verhalten von Körpern bei **Torsion** ist daher ebenfalls der Schubmodul G zuständig, den man deshalb auch als Torsionsmodul bezeichnet.

Verdrillte Drähte führen **Torsionsschwingungen** aus, eine präzise Meßmethode für den Torsionsmodul. Den Elastizitätsmodul eines gegebenen Materials bestimmt man dagegen aus den bereits beschriebenen Biegeversuchen. Dabei muß man allerdings berücksichtigen, daß viele Materialien anisotrop sind, die elastischen Konstanten in verschiedenen Richtungen daher verschiedene Werte haben.

14. Druck in Flüssigkeiten und Gasen

Definition und Einheit

Die Charakteristika von Flüssigkeiten und Gasen (keine Bindung der Moleküle an feste Ruhelagen, bei Gasen nicht einmal an ein festes Volumen) kennen wir bereits aus Kapitel B.4. Die fehlende Gestaltselastizität – Flüssigkeiten nehmen ja immer die Form des Behälters an, abgesehen von sehr kleinen Flüssigkeitsmengen, bei denen sich die Oberflächenspannung (vgl. Kap. B. 16) bemerkbar macht – führt dazu, daß in Flüssigkeiten und Gasen keine Schubspannungen existieren (genaugenommen gilt das allerdings nur für ideale, d.h. reibungsfreie Flüssigkeiten; infolge der Zähigkeit treten doch wieder Tangentialspannungen auf), sondern nur Normalspannungen. Diese hatten wir bereits kürzer als **Druck** bezeichnet

$$\text{Druck } p = \frac{\text{Kraft } F \text{ (senkrecht zur Fläche)}}{\text{Fläche } A} \quad . \qquad (14.1)$$

Daraus folgt im SI-System die **Einheit 1 Pascal** (Pa) = **1** $\frac{N}{m^2}$. Dieser gesetzlichen Einheit stehen noch eine Reihe anderer gebräuchlicher Druckeinheiten gegenüber, die am Ende dieses Kapitels zusammengestellt sind.

Druck in ruhenden Flüssigkeiten

Übt man auf eine ruhende, ansonsten kräftefreie Flüssigkeit eine Kraft aus (Abb. B-53), so verteilt sich der dadurch erzeugte hydrostatische Druck durch die ganze Flüssigkeit nach allen Seiten mit gleicher Stärke. Er ist also an jeder Stelle der Flüssigkeit gleich groß und übt auf jede die Flüssigkeit begrenzende Fläche A die Kraft $F = p \cdot A$ senkrecht zu dieser Fläche aus.

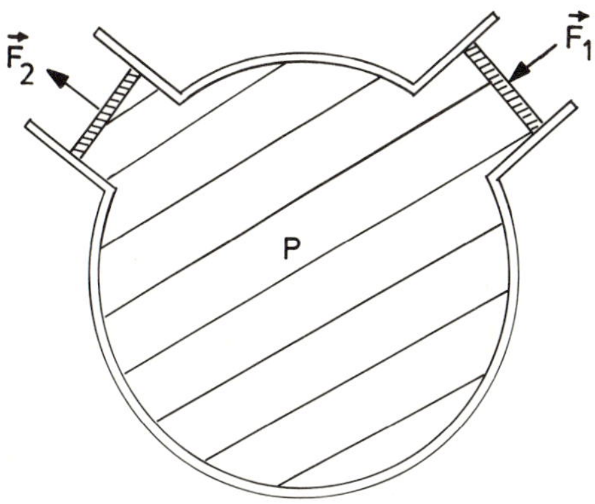

Abb. B-53 Zur Allseitigkeit des Drucks in einer Flüssigkeit.

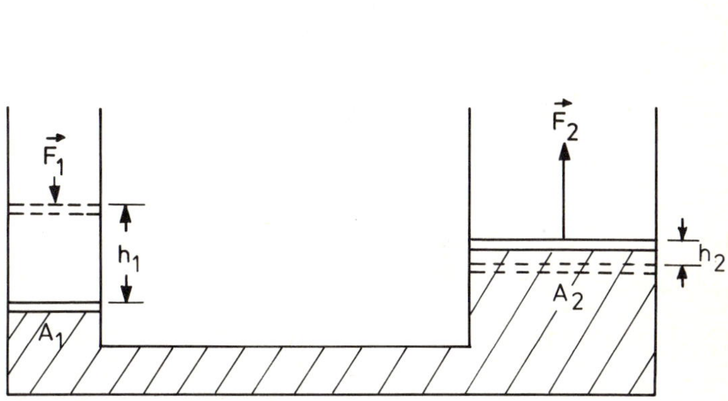

Abb. B-54 Hydraulische Presse

Die **Allseitigkeit des Drucks** wird durch die leichte Verschiebbarkeit der Moleküle erklärt: Drückt man in einen Berg von Glaskugeln, werden diese auch nach allen Seiten und nicht nur in der Richtung weggedrückt, in der die Kraft wirkt. Die allseitige Ausbreitung des Druckes und der Zusammenhang $F = p \cdot A$ werden technisch häufig ausgenutzt. Einmal kann man damit (wie bereits aus Abb. B-53 ersichtlich) Kraftwirkungen in andere Richtungen verlegen, was bei hydraulischen Antrieben ausgenutzt wird. Zum anderen lassen sich mit der **hydraulischen Presse** (Abb. B-54) Kraftwirkungen verstärken bzw. hohe Drucke erreichen: Da der Druck in der ganzen Flüssigkeit gleich ist, gilt $\frac{F_1}{A_1} = p = \frac{F_2}{A_2}$, d.h.

$$F_2 = \frac{A_2}{A_1} \cdot F_1 \quad . \qquad (14.2)$$

Macht man also die Fläche A_2 hundertmal größer als A_1, kann man mit einer Kraft von ca. 100 N (dem Gewicht einer Masse von 10 kg) eine Kraft von 10000 N erzeugen und damit z.B. ein Auto heben (Hebebühne). Allerdings kann man auch mit dieser Maschine keine Arbeit sparen: Drückt man den Stempel 1 mit der Kraft F_1 den Weg h_1 hinunter, verschiebt man dabei das Flüssigkeitsvolumen $V = A_1 \cdot h_1$. Das gleiche Flüssigkeitsvolumen wird, da die Flüssigkeit praktisch kaum zusammengedrückt wird, auf der anderen Seite nach oben gedrückt, dazu gehört wegen der größeren Fläche A_2 eine entsprechend kleinere Hubhöhe h_2. Es ist $V = A_2 \cdot h_2 = A_1 \cdot h_1$, also

$$h_2 = \frac{A_1}{A_2} \cdot h_1 \quad . \qquad (14.3)$$

Berechnet man auf beiden Seiten die Arbeit W, erhält man aus Gl. (14.2) und Gl. (14.3)

$$W_2 = F_2 \cdot h_2 = \frac{A_2}{A_1} \cdot F_1 \cdot \frac{A_1}{A_2} \cdot h_1 = F_1 \cdot h_1 = W_1 \quad . \qquad (14.4)$$

Man kann also auf der einen Seite nur soviel Arbeit verrichten, wie man auf der anderen Seite hineingesteckt hat. Auch hier muß man wieder an Weg zusetzen, was man an Kraft gespart hat (goldene Regel der Mechanik).

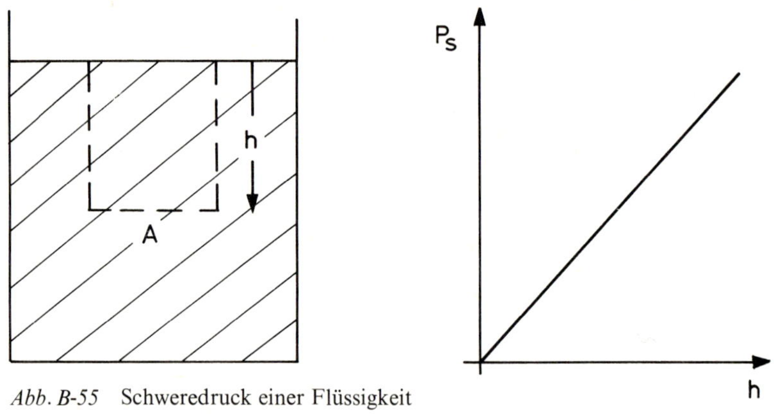

Abb. B-55 Schweredruck einer Flüssigkeit

Bisher hatten wir kräftefreie Flüssigkeiten (und Gase) betrachtet und nur den **Stempeldruck** behandelt. Auf der Erde sind die Flüssigkeitsmoleküle aber nicht kräftefrei, sondern unterliegen der Schwerkraft. Dadurch stellt sich eine freie Flüssigkeitsoberfläche horizontal, d.h. senkrecht zur wirkenden Kraft ein (bei großen Wasserflächen wie den Meeren resultiert dabei eine gekrümmte Oberfläche, da die zum Erdmittelpunkt weisende Schwerkraft an weit auseinanderliegenden Punkten verschiedene Richtungen hat). Daneben erzeugt die Flüssigkeit infolge der Schwerkraft in ihrem Innern selbst einen Druck, den **Schweredruck.** Sein Zustandekommen macht man sich anhand der Abb. B-55 leicht klar: Wir denken aus der Flüssigkeit eine Säule der Höhe h und der Grundfläche A herausgeschnitten. Sie hat ein Volumen $V = A \cdot h$, also eine Masse $m = A \cdot h \cdot \varrho$ (ϱ Dichte) und damit ein Gewicht $G = m \cdot g = A \cdot h \cdot \varrho \cdot g$. Diese Gewichtskraft erzeugt auf der Fläche A einen Schweredruck

$$p_s = \frac{G}{A} = \varrho \cdot g \cdot h \quad . \qquad (14.5)$$

Dazu kann ein Druck p_o an der Oberfläche kommen; er kann durch einen Stempel erzeugt werden, ist aber auch bei offenen Gewässern in Form des Luftdrucks vorhanden.

Wasser hat eine Dichte von ca. 10^3 kg/m^3, g ist ungefähr 10 m/s^2; in 10 m Wassertiefe herrscht also ein Schweredruck

$$p_s = 10^3 \,\text{kg/m}^3 \cdot 10 \,\text{m/s}^2 \cdot 10 \,\text{m} = 10^5 \,\text{N/m}^2 = 10^5 \,\text{Pa}. \qquad (14.6)$$

Der Gesamtdruck hat sich dort gegenüber der Oberfläche (Luftdruck $p_o \approx 10^5$ Pa) bereits verdoppelt (in 20 m verdreifacht usw.). Auch für die Körperflüssigkeiten spielt der Schweredruck eine große Rolle; z.B. ergibt sich durch ihn bei stehenden Personen in den Füßen und Beinen ein höherer Blutdruck. Die medizinischen Folgen lassen sich u.a. bei Verkäuferinnen oft beobachten.

Bei der Herleitung des Schweredrucks hatten wir einen Flüssigkeitszylinder betrachtet. Mißt man in verschieden geformten Gefäßen mit gleicher Grundfläche A (Abb. B-56) die Kraft, die die Flüssigkeit infolge des in ihr herrschenden Druckes auf die Bodenfläche ausübt, erhält man bei gleicher Flüssigkeitshöhe in allen Gefäßen das gleiche Ergebnis. Der Druck in einer Flüssigkeit hängt also überhaupt nicht von der Form des Gefäßes ab **(hydrostatisches Paradoxon),** sondern nur von ihrer Dichte,

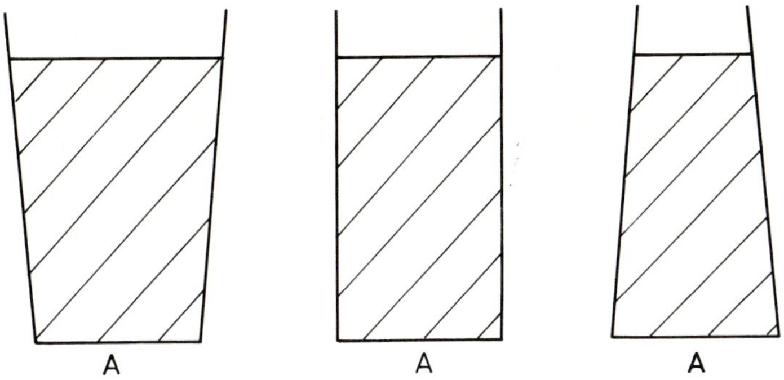

Abb. B-56 Zum hydrostatischen Paradoxon. Alle Gefäße haben die gleiche Grundfläche.

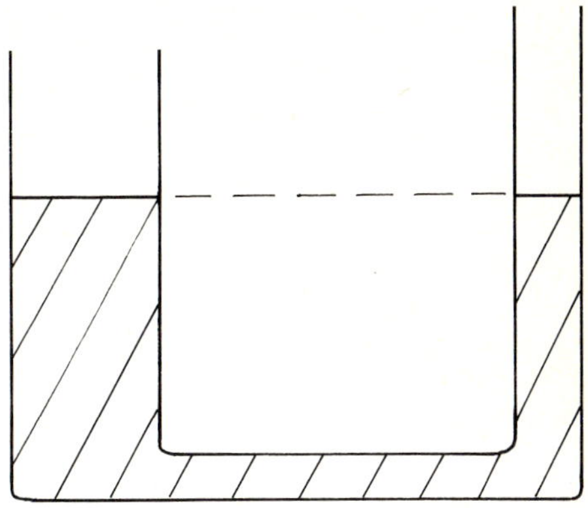

Abb. B-57 Kommunizierende Röhren

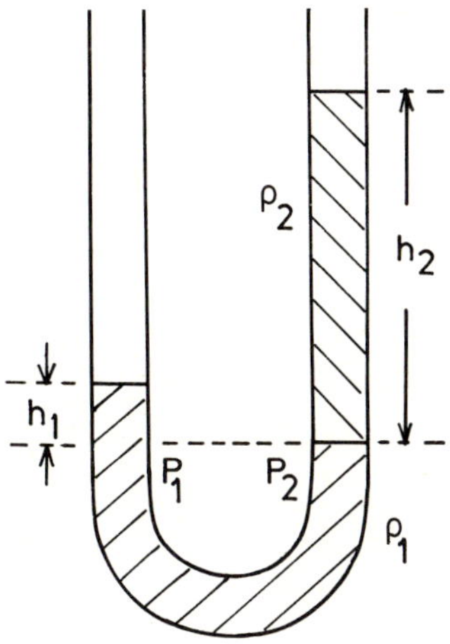

Abb. B-58 Zur Dichtemessung über den Schweredruck.

von g und vom Abstand h bis zur Oberfläche. Das führt dazu, daß in verbundenen Gefäßen die Flüssigkeit überall gleich hoch steht (Abb. B-57); täte sie es nicht, wären die Drucke p_1 und p_2 verschieden, die Flüssigkeit würde sich verschieben. Mit solchen **kommunizierenden Röhren** kann man sehr gut die Horizontale bestimmen.

Füllt man zwei verschiedene Flüssigkeiten (mit den Dichten ϱ_1 und ϱ_2) ein, kann man – wenn sie sich nicht durchmischen – aus ihren Steighöhen h_1 und h_2 direkt die Dichten bestimmen: Druckgleichheit verlangt hier (Abb. B-58)

$$p_1 = h_1 \cdot \varrho_1 \cdot g = h_2 \cdot \varrho_2 \cdot g = p_2 \quad . \tag{14.7}$$

Also ist

$$\frac{h_1}{h_2} = \frac{\varrho_2}{\varrho_1} \quad , \tag{14.8}$$

für Wasser und Quecksilber z.B. 13,6 : 1.

Druck in Gasen

Bei der Betrachtung des Schweredrucks in Flüssigkeiten haben wir stillschweigend angenommen, daß die Dichte konstant, d.h. unabhängig vom Druck ist. Diese Annahme ist in weiten Grenzen gerechtfertigt, da Flüssigkeiten wenig kompressibel sind: Die Kompressibilität $1/K$ (vgl. Gl. 13.3) von Wasser beträgt z.B. nur ca. $5 \cdot 10^{-10}\ \text{Pa}^{-1}$, d.h. beim 1000-fachen Luftdruck (10^8 Pa) verändert sich das Volumen und damit die Dichte nur um 5%. Diese geringe Kompressibilität der Flüssigkeiten hat ihre Ursache darin, daß die Moleküle dort immer noch ziemlich eng beieinander liegen (in Festkörpern ist die Kompressibilität noch geringer).

Ganz anders ist die Situation bei Gasen. Hier bewegen sich die einzelnen Moleküle weitgehend unabhängig voneinander (vgl. Kap. C. 11), zwischen ihnen ist viel Platz. Entsprechend besitzen Gase eine große Kompressibilität (in eine Stahlflasche mit dem Volumen 50 Liter kann man unter Anwendung des 200-fachen Luftdrucks ($2 \cdot 10^7$ Pa) die Menge Heliumgas hineinkomprimieren, die bei 1 bar das Volumen 10000 Liter einnimmt). Solange die Temperatur konstant bleibt, ist dabei das Produkt aus Druck und Volumen konstant:

$$p \cdot V = \text{const.} \qquad (\text{bei } T = \text{const.}) \,. \tag{14.9}$$

Dieses **Boyle-Mariottesche Gesetz** begegnet uns in Kap. C. 3 wieder. Rechnet man Volumen in Dichte um ($V = m/\varrho$), kann man (14.9) auch in der Form

$$\frac{p \cdot m}{\varrho} = \text{const.} \tag{14.10}$$

schreiben, d.h. Druck und Dichte sind einander proportional. Hat man also am Erdboden den Druck p_o und die Dichte ϱ_o, so ist ihr Verhältnis gleich dem Quotienten aus dem Druck $p(h)$ und der Dichte $\varrho(h)$ in der Höhe h über dem Erdboden:

$$\frac{p_o}{\varrho_o} = \text{const.} = \frac{p(h)}{\varrho(h)} \ . \tag{14.11}$$

Betrachten wir jetzt die Lufthülle der Erde. Durch das Gewicht der weiter oben liegenden Luftschichten wird die Luft am Erdboden zusammengedrückt, Dichte und Druck sind dort relativ groß. Je höher man kommt, desto weniger Luftschichten befinden sich noch oberhalb. Durch deren entsprechend geringeres Gewicht nimmt die Kompression der Luft und damit ihre Dichte mit zunehmender Höhe h ab. Bei einer kleinen Höhenänderung dh erhalten wir aus der Formel (14.5) für die zugehörige Änderung dp des Schweredrucks

$$dp = -\,\varrho(h) \cdot g \cdot dh. \tag{14.12}$$

Dabei steht ein Minuszeichen, weil der Druck mit zunehmender Höhe abnimmt; $\varrho(h)$ drückt aus, daß die Dichte jetzt von der Höhe abhängt. Aus (14.11) erhalten wir

$$\varrho = \frac{\varrho_o}{p_o} \cdot p \tag{14.13}$$

und damit

$$dp = -p \cdot \frac{\varrho_o g}{p_o} \cdot dh \quad \text{bzw.} \quad \frac{dp}{p} = -\,\frac{\varrho_o g}{p_o} \cdot dh \ . \tag{14.14}$$

Diese Gleichung kann man integrieren, das ergibt

$$\ln \frac{p}{p_o} = -\,\frac{\varrho_o g}{p_o} \cdot h$$

bzw.

$$p = p_o \cdot e^{-\frac{\varrho_o g}{p_o} \cdot h} \ . \tag{14.15}$$

Der **Luftdruck** nimmt mit wachsender Höhe nach einer Exponentialfunktion ab, dargestellt in Abbildung B-59. Wegen der mathematischen Einzelheiten der Herleitung dieser Exponentialfunktion sei auf den mathematischen Anhang verwiesen.

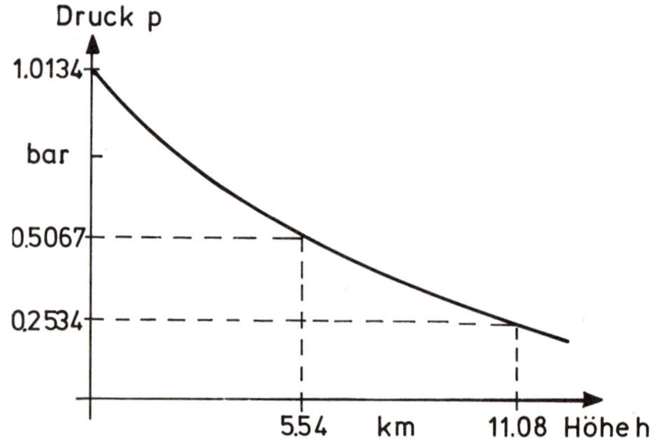

Abb. B-59 Abhängigkeit des Luftdrucks von der Höhe

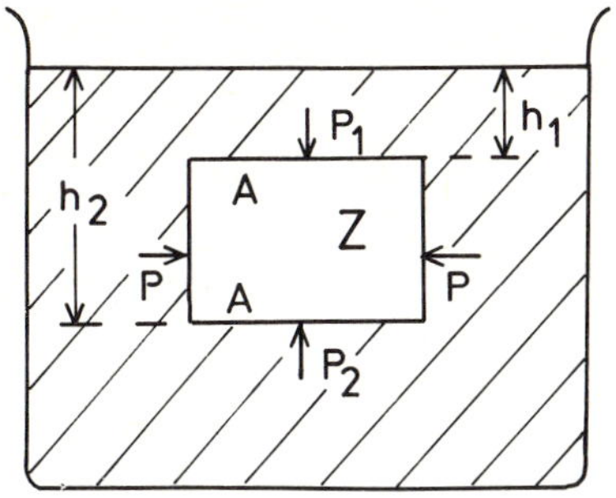

Abb. B-60 Zur Entstehung des Auftriebs

Auftrieb, Prinzip von Archimedes

Die Zunahme des Schweredrucks mit der Tiefe, in der man sich unter der obersten Schicht der Flüssigkeit (oder des Gases) befindet, hat eine für das tägliche Leben wichtige Folge. Wir wollen uns das am einfachen Beispiel eines Zylinders klarmachen (Abb. B-60): Auf die Fläche A des Zylinderdeckels wirkt der Druck $p_1 = \varrho \cdot g \cdot h_1$ und damit die Kraft

$$\vec{F}_1 = \varrho \cdot \vec{g} \cdot h_1 \cdot A,$$

auf die gleichgroße Fläche A des Zylinderbodens der Druck $p_2 = \varrho \cdot g \cdot h_2$ und die Kraft

$$\vec{F}_2 = -\varrho \cdot \vec{g} \cdot h_2 \cdot A.$$

Die Drucke und damit die Kräfte auf die Seitenflächen heben sich paarweise auf. Weil h_2 größer ist als h_1, überwiegt also die nach oben gerichtete Kraft F_2. Auf den Körper wirkt in der Flüssigkeit eine **Auftriebskraft**

$$\vec{F}_A = -\varrho \cdot \vec{g} \cdot (h_2 - h_1) \cdot A$$

seinem Gewicht $\vec{G} = m_K \cdot \vec{g}$ entgegen. Dieses Ergebnis können wir noch etwas umformen: $(h_2 - h_1)$ ist ja gerade die Höhe h_Z des Zylinders, Grundfläche A mal Höhe h_Z ergibt sein Volumen V. Dieses ist natürlich genauso groß wie das Volumen der Flüssigkeit, die vorher an seiner Stelle war und die er beim Eintauchen verdrängt hat. Für den Betrag der Auftriebskraft finden wir also

$$F_A = \varrho \cdot V \cdot g = m_{Fl} \cdot g = G_{Fl} \quad . \tag{14.16}$$

Die Auftriebskraft ist gleich dem Gewicht der verdrängten Flüssigkeits-(Gas-)menge

Diese Aussage bezeichnet man als das **Archimedische Prinzip.** Es gilt genauso für unregelmäßig geformte Körper und beim Eintauchen in Gase, wie z. B. in der uns umgebenden Luft.

Die Dichte des menschlichen Körpers beträgt ungefähr $10^3\ kg/m^3$ ($1\ g/cm^3$), bei einer Masse $m = 70\ kg$ hat er dann ein Volumen $V = 0{,}07\ m^3 = 70\ l$. Das gleiche, von ihm verdrängte Luftvolumen hat die Masse $m_L = \varrho_L \cdot V \approx 1{,}3\ kg/m^3 \cdot 0{,}07\ m^3 = 0{,}091\ kg$ und damit das Gewicht $G_L = m_L \cdot g = 0{,}091\ kg \cdot 9{,}81\ m/s^2 \approx 0{,}89\ N$. Das Gewicht dieses Menschen ($70\ kg \cdot 9{,}81\ m/s^2 \approx 687\ N$) wird also durch den Auftrieb um mehr als ein Promille verringert.

Der Auftrieb bietet eine sehr genaue Möglichkeit zur Messung von Dichten. Nach unseren vorherigen Überlegungen ist er gleich der Differenz des wahren Gewichts G eines Körpers (im Vakuum, hinreichend genau aber auch in Luft) und seinem scheinbaren Gewicht G′, wenn er in eine Flüssigkeit (z. B. Wasser) eintaucht. Außerdem ist der Auftrieb gleich dem Gewicht G_{Fl} der verdrängten Flüssigkeit. Das gibt

$$G_{Fl} = G - G' \quad \text{bzw} \quad \varrho_{Fl} \cdot V \cdot g = m \cdot g - m' \cdot g .$$

Mit $V = m/\varrho$ erhält man so

$$\varrho = \frac{m}{m - m'} \cdot \varrho_{Fl} \quad . \tag{14.17}$$

Die Dichte von Flüssigkeiten mißt man auf ähnliche Weise mit der **Mohrschen Waage** (Abb. B-61). Sie wird ins Gleichgewicht gebracht, während der Glaskörper K in Wasser eintaucht. Das veränderte Gewicht G' dieses Glaskörpers beim Eintauchen in eine andere Flüssigkeit wird mit Reitergewichten kompensiert und daraus die Dichte dieser Flüssigkeit bestimmt.

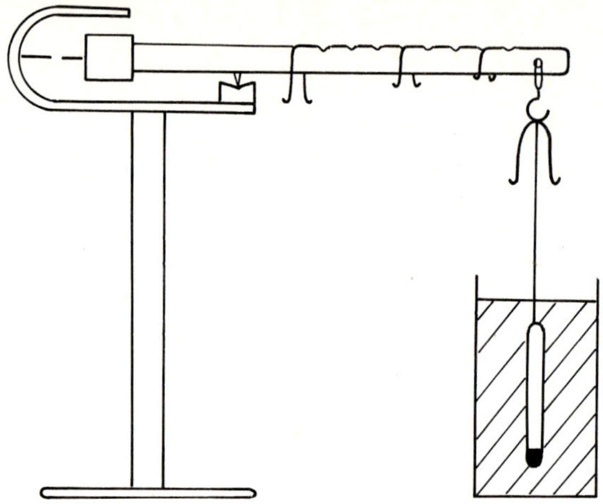

Abb. B-61 Mohrsche Waage

Der Auftrieb entscheidet darüber, ob ein Körper in einem umgebenden Medium M **sinkt, schwebt,** an der Oberfläche **schwimmt** oder in ihm aufsteigt (z.B. warme Luft). Nach Gleichung (14.16) wirkt auf den Körper die Kraft $F = G - A$, d.h.

$$\vec{F} = \varrho \cdot V \cdot \vec{g} - \varrho_M \cdot V \cdot \vec{g} = V \cdot \vec{g} \cdot (\varrho - \varrho_M) \quad . \tag{14.18}$$

Daraus lassen sich drei Fälle sofort ablesen: Ist die Dichte ϱ des Körpers größer als die Dichte ϱ_M des Mediums, resultiert eine Kraft $\vec{F}$ in Richtung der Erdbeschleunigung $\vec{g}$, der Körper sinkt nach unten. Sind beide Dichten gleich, schwebt der Körper in jeder beliebigen Lage im Medium (Gesamtkraft $\vec{F} = 0$). Ist ϱ kleiner als ϱ_M, ist die resultierende Kraft der Erdbeschleunigung entgegengerichtet, der Körper steigt nach oben (Beispiel: Heliumgefüllter Ballon in Luft). Dabei kann als vierter Fall eintreten, daß er die Oberfläche des Mediums erreicht. Dann taucht nicht mehr sein ganzes Volumen V in das Medium ein; sondern nur noch ein Bruchteil V'. Der Körper schwimmt dann (Gesamtkraft ist Null) in einer Lage, bei der

$$F = \varrho \cdot V \cdot g - \varrho_M \cdot V' \cdot g = 0, \quad \text{d.h.} \quad \varrho \cdot V = \varrho_M \cdot V'$$

bzw.

$$\varrho_M = \varrho \cdot \frac{V}{V'} \tag{14.19}$$

ist. Diese Beziehung nutzt man beim **Aräometer** aus, um aus der Eintauchtiefe einer Meßspindel die Dichte von Flüssigkeiten zu bestimmen (Abb. B-62). Manche dieser Meßgeräte sind in Prozenten eines bestimmten Stoffes kalibriert, dessen Gehalt in der Flüssigkeit man messen will. Sie heißen dann entsprechend Alkoholometer, Säuremesser, Laktometer, Urometer o.ä.

Die Dichte des menschlichen Körpers liegt, wie bereits erwähnt, nahe bei der von Wasser. Ein Mensch kann daher mit nur geringem (in stark salzhaltigem Wasser größerer Dichte sogar ganz ohne) Aufwand schwimmen („Toter Mann").

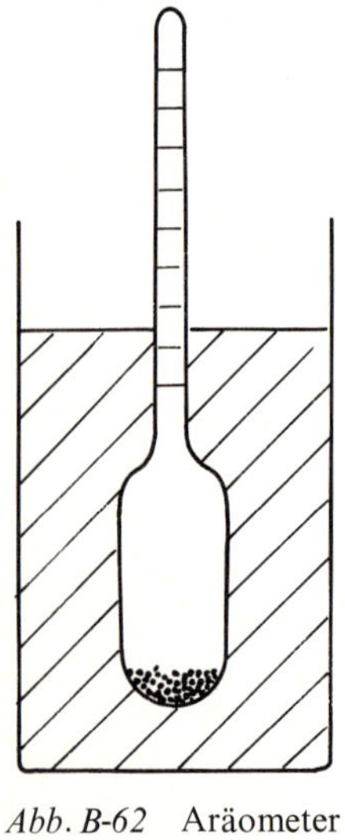

Abb. B-62 Aräometer

Druckmessung, Druckeinheiten

Der Schweredruck der Lufthülle der Erde (Luftdruck) lastet auf jedem Körper an der Erdoberfläche, so auch auf der Anordnung, die in Abb. B-63 gezeigt ist. Taucht dabei (Teil a) ein offenes Rohr in eine Quecksilberschale ein, ergibt sich eine einheitliche Flüssigkeitsoberfläche (hinsichtlich der Ränder vgl. aber Kap. B.16), da überall der gleiche (Luft-)Druck herrscht. Verschließt man dagegen das eine Rohrende und entfernt sorgfältig alle Luft aus dem Rohr, kann auf die Flüssigkeitsoberfläche im Rohr

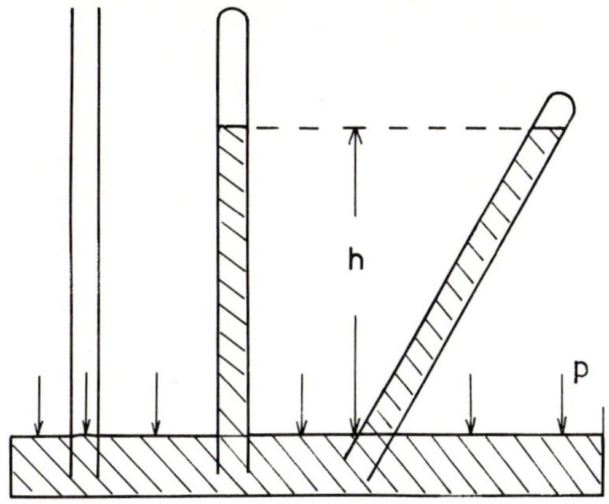

Abb. B-63 Zum Torricellischen Versuch.

der Luftdruck nicht mehr wirken – auf die Flüssigkeit außen wirkt daher eine größere Kraft, die Quecksilber in das Rohr hineindrückt. Dabei steigt die Flüssigkeit bis zur Höhe h, bei der der Schwerdruck der entstehenden Flüssigkeitssäule gleich dem äußeren Luftdruck ist:

$$p_s = \varrho \cdot g \cdot h = p_L \quad . \tag{14.20}$$

Auf Meereshöhe steigt das Quecksilber dabei ungefähr um 76 cm (abhängig von Temperatur und Wetterlage). Dabei ist sein Schweredruck (da die Dichte von Quecksilber $13{,}6 \cdot 10^3\,\mathrm{kg/m^3}$ beträgt)

$$p_s = 13{,}6 \cdot 10^3\,\mathrm{kg/m^3} \cdot 9{,}81\,\mathrm{m/s^2} \cdot 0{,}76\,\mathrm{m} \approx 101\,400\,\mathrm{N/m^2} = 101\,400\,\mathrm{Pa}.$$

Diesen Wert des mittleren Luftdrucks bezeichnet man als eine **physikalische Atmosphäre** (atm). Ganz genau gilt

$$1\,\mathrm{atm} = 101\,325\,\mathrm{Pa} \quad .$$

Um nicht immer mit so großen Zahlen hantieren zu müssen, verwenden die Meteorologen oft die Druckeinheit **bar:**

$$1\,\mathrm{bar} = 10^5\,\mathrm{Pa} \quad .$$

Außerdem wird sich sicher auch die in der Physik (und in der Medizin) meistgebrauchte Druckeinheit **Torr** (nach dem italienischen Physiker Torricelli, der den Versuch aus Abb. B-63 1643 zuerst ausführte) noch für eine gewisse Zeit neben der gesetzlichen Einheit Pascal behaupten: Ein Torr ist der Schweredruck einer Quecksilbersäule der Höhe 1 mm (deshalb spricht man auch oft von Millimeter Quecksilbersäule oder **mm Hg**). Der mittlere Luftdruck auf Meereshöhe beträgt demnach 760 Torr. Zur Umrechnung kann man sich merken:

$$1\,\mathrm{Torr} = 1\,\mathrm{mm\,Hg\text{-}Säule} = 133{,}32\,\mathrm{Pa}, \quad 100\,\mathrm{Torr} = 13{,}332\,\mathrm{kPa}.$$

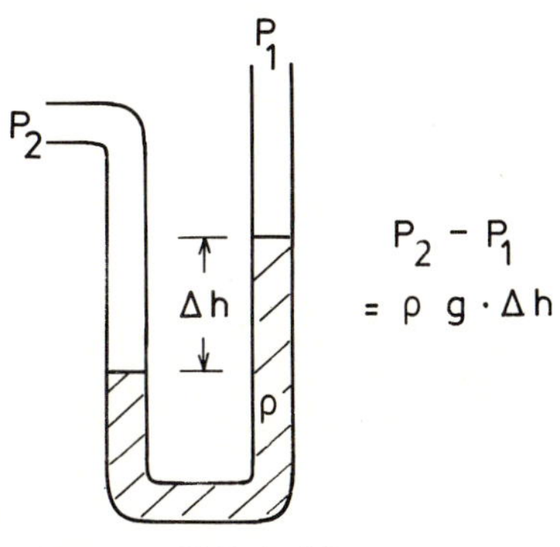

Abb. B-64 U-Rohr-Manometer

Zur **Druckmessung** kann man **Flüssigkeits- oder Metallmanometer** verwenden. Flüssigkeitsmanometer nutzen den Schweredruck einer Flüssigkeit aus. Wegen seiner großen Dichte wird dabei meist Quecksilber verwendet (um einen Schweredruck von 760 Torr zu erzeugen, braucht man eine Quecksilbersäule von 76 cm Höhe, aber eine Wassersäule von 10 m Höhe!). Als Ausführungsformen kommen das **Torricellische Rohr** (Abb. B-63) oder ein **U-Rohr-Manometer** (Abb. B-64) in Frage; in beiden Fällen ermittelt man die Druckdifferenz aus der Höhendifferenz zweier Flüssigkeitsoberflächen.

Bei den **Metallmanometern** handelt es sich dagegen um eine indirekte Meßmethode, sie müssen daher immer durch Vergleich mit einem Flüssigkeitsmanometer kalibriert werden. Im Prinzip bestehen sie immer aus einem Hohlkörper aus Metall (z.B. einer Dose), deren Inneres luftleer gepumpt wurde (Abb. B-65). Der äußere Luftdruck drückt daher die Dose mehr oder weniger stark zusammen; von innen wirkt dem eine Feder entgegen. Je nach Größe des äußeren Drucks stellt sich ein Gleichgewicht ein, die dabei auftretende Durchbiegung des Dosendeckels wird auf einen Zeiger übertragen.

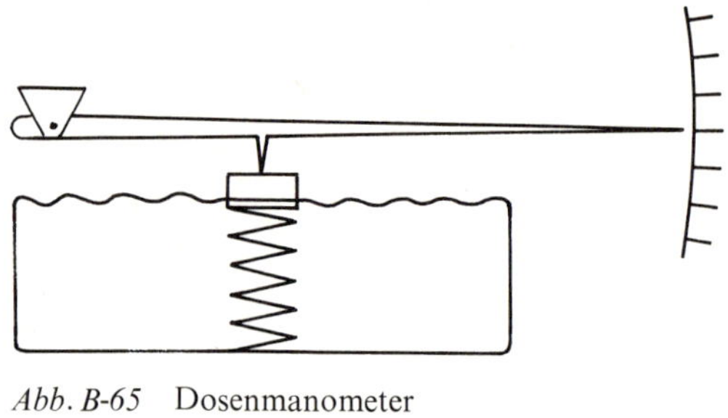

Abb. B-65 Dosenmanometer

Etwas anders arbeitet die **Bourdon-Röhre.** Dort wird ein elliptisches Rohr zu einem Kreis gebogen und luftleer gepumpt. Da bei dieser Anordnung die Rohrfläche außen größer ist als innen, wirkt bei gleichem Druck auf die Außenfläche eine größere Kraft, die Röhre wird daher umso stärker gekrümmt, je größer der Druck ist (die Gegenkraft liefert hier die Elastizität des Materials). – Beide Manometer kann man natürlich auch so betreiben, daß der zu messende Druck (einer Flüssigkeit oder eines Gases) auf das Doseninnere wirkt; dann registriert man seine Differenz zum äußeren Luftdruck.

Zur Druckmessung ist im allgemeinen der direkte Kontakt des Manometers mit dem Medium nötig, dessen Druck gemessen werden soll. In vielen Fällen ist das mit Schwierigkeiten verbunden. Hier greift man oft zu indirekten Methoden. So erzeugt man z.B. bei der **Blutdruckmessung** in einer Manschette, die am Oberarm anliegt und über ein Ventil aufgepumpt bzw. entleert werden kann, einen Druck, der um einige mm Hg über dem maximalen (systolischen) Blutdruckwert liegt. Dann kann zu keiner Zeit Blut in die Extremität fließen, da die Arterie durch den äußeren Druck zusammengepreßt wird. Erniedrigt man den Manschettendruck wieder, kann immer dann Blut durch die Arterie fließen, wenn der pulsierende Blutdruck den äußeren Druck übersteigt. Es strömt also immer kurzzeitig Blut (Abb. B-66); dazu muß die Blutsäule jedesmal im Pulsrhythmus beschleunigt werden. Dabei treten Turbulenzen auf (vgl. Kap. B. 15), die die sogenannten **Korotkoff-Töne** verursachen, die man über ein Stethoskop hören kann. Sinkt schließlich der Manschettendruck so weit, daß auch der minimale (diastolische) Blutdruckwert stets darüber liegt, bleibt die Arterie dauernd geöffnet, die Korotkoff-Töne verschwinden.

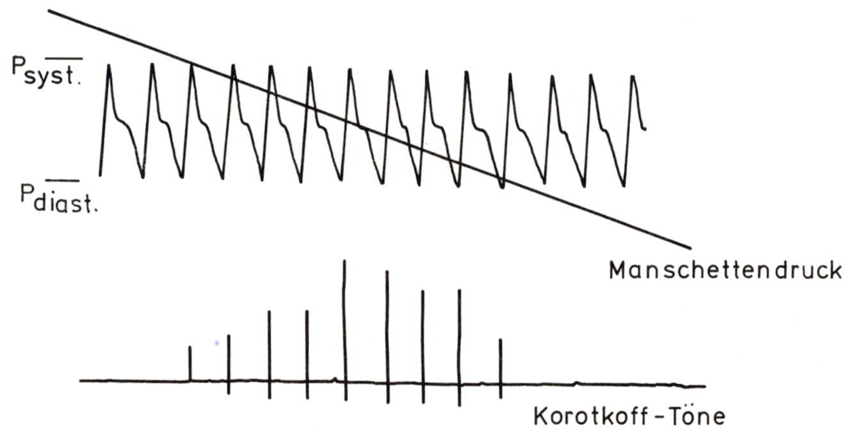

Abb. B-66 Zur indirekten Blutdruckmessung. Die Korotkoff-Töne wurden dabei über ein Mikrofon direkt registriert. Original Gauer und Penrod. Nach Gauer, Kramer, Jung: Physiologie des Menschen, Band 3, Abb. 70, S. 21, München 1972.

Druckerzeugung durch Pumpen

Zur Aufrechterhaltung des Blutdrucks und zum Transport eines ausreichenden Blutvolumens durch den Körper bedarf es der Pumpwirkung des Herzens. Dieses arbeitet nach dem Prinzip einer **Kolben-** bzw. **Membranpumpe** (Abb. B-67), d.h. der Innenraum eines Gefäßes (hier der Hohlmuskeln, die die beiden Herzkammern bilden) wird abwechselnd verkleinert und vergrößert; dabei strömt Flüssigkeit unter erhöhtem (durch die Muskelkontraktion bewirktem) Druck aus, in der anschließenden Ausdehnungsphase neue Flüssigkeit ein. Damit nicht nur Flüssigkeit hin- und hergepumpt wird, muß durch Einbau von **Ventilen** ein gerichteter Strom erzielt werden. Beim Herzen geschieht dies durch die Herzklappen.

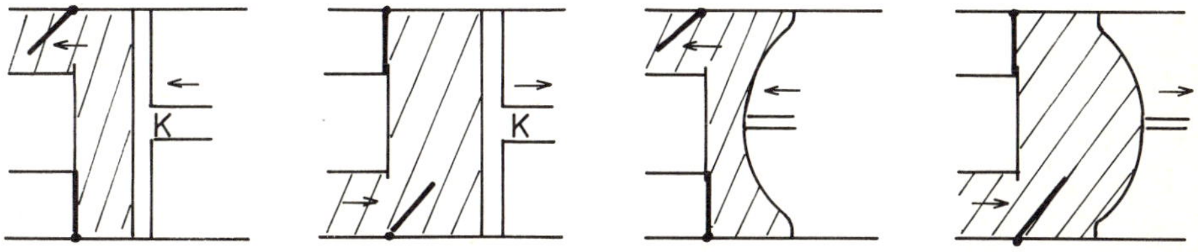

Abb. B-67 Prinzip der Kolben- bzw. Membranpumpe (mit Ventilen)

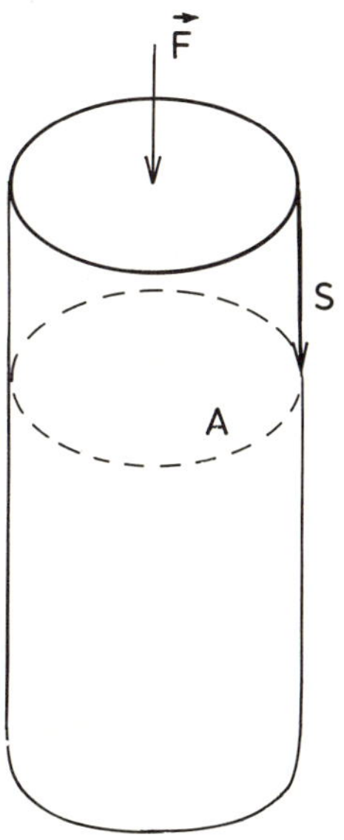

Abb. B-68 Zur Herleitung des Zusammenhangs $F \cdot s = p \cdot V$.

Es ist an dieser Stelle vielleicht ganz interessant, sich einmal die Leistung bzw. die Arbeit des menschlichen Herzens auszurechnen: Arbeit ist Kraft mal Weg (vgl. Kap. B. 8). Für den einfachen Fall des Zylinders (Abb. B-68) sieht man sofort die folgende Beziehung ein:

$$W = F \cdot s = \frac{F}{A} \cdot A \cdot s = p \cdot V \quad ,$$

die in der Form

$$W = F \cdot \Delta s = p \cdot \Delta V$$

für hinreichend kleine Änderungen allgemein gültig ist (vgl. Kap. C. 6).

Der Aortendruck, den das Herz beim Herausbefördern seines Schlagvolumens überwinden muß, beträgt etwa 13 kPa ($= 13000\ \mathrm{N/m^2}$), das Schlagvolumen etwa 60 $\mathrm{cm^3}$ ($= 6 \cdot 10^{-5}\ \mathrm{m^3}$). Die Druckarbeit der linken Herzkammer pro Herzschlag ist also

$$1{,}3 \cdot 10^4\ \mathrm{N/m^2} \cdot 6 \cdot 10^{-5}\ \mathrm{m^3} \approx 0{,}8\ \mathrm{Nm}.$$

Die Druckarbeit der rechten Herzkammer beträgt nur etwa ein Fünftel dieses Wertes, da der Druck in der Lungenarterie entsprechend geringer ist; dazu kommt noch ein geringer Arbeitsanteil zur Beschleunigung des Schlagvolumens (auf eine Geschwindigkeit von ca. 0,5 m/sec), so daß das Herz pro Schlag in etwa eine Arbeit von 1 Nm verrichtet. Bei einer Herzfrequenz von 70 Schlägen pro Minute ergibt das an einem Tag immerhin ungefähr 100000 Nm, d.h. die Arbeit, die man benötigt, um 10 Tonnen

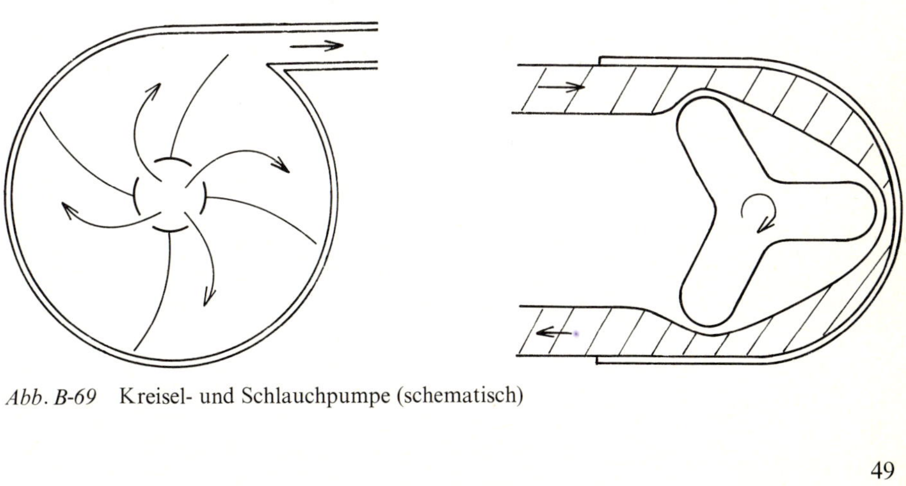

Abb. B-69 Kreisel- und Schlauchpumpe (schematisch)

102 cm hoch zu heben. Die Leistung des Herzens ($P = \frac{W}{t} \approx 1$ Watt, vgl. Kap. B. 9) ist dabei vergleichsweise gering.

Technisch werden zur Förderung von Flüssigkeiten neben den erwähnten Kolben- und Membranpumpen häufig **Kreisel-** und **Schlauchpumpen** (Abb. B-69) eingesetzt, bei denen bereits durch den Pumpmechanismus ein gerichteter Strom erzielt wird.

Auf Anwendung und Arten von Pumpen zur Erzeugung von Vakuum soll hier nicht eingegangen werden.

15. Strömung von Flüssigkeiten (und Gasen)

Strömung idealer Flüssigkeiten

Mit dem letzten Abschnitt haben wir uns bereits von den bisher behandelten ruhenden Flüssigkeiten und Gasen etwas abgewendet. Die Gesetzmäßigkeiten, die bei ihrer Bewegung auftreten, sollen im Folgenden näher untersucht werden.

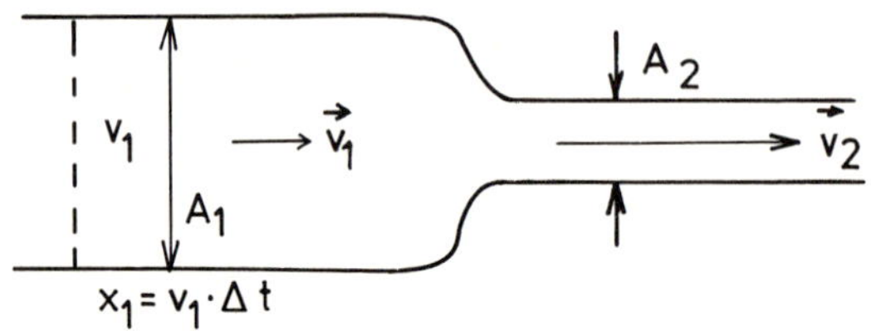

Abb. B-70 Zur Kontinuitätsgleichung

Dabei gehen wir zunächst von der bereits festgestellten Tatsache aus, daß Flüssigkeiten (vgl. Kap. B. 14) praktisch **inkompressibel** sind. Betrachten wir jetzt ein Rohr, dessen Querschnitt sich ändert (Abb. B-70). Das Flüssigkeitsvolumen V_1, das in einer bestimmten Zeitspanne Δt durch den Querschnitt A_1 strömt, umfaßt alle Flüssigkeitsmoleküle, die zu Beginn nicht weiter als die Strecke $x_1 = v_1 \cdot \Delta t$ von ihm entfernt sind, denn diese Entfernung können sie während dieser Zeitspanne auf Grund ihrer Geschwindigkeit v_1 maximal zurücklegen. Es ist also

$$V_1 = x_1 \cdot A_1 = v_1 \cdot \Delta t \cdot A_1 . \qquad (15.1)$$

Das gleiche Volumen muß aber in der gleichen Zeitspanne dafür Platz gemacht haben. Da wir ein geschlossenes System betrachten und die Flüssigkeit nicht zusammengedrückt wird, muß also durch den Querschnitt A_2 das gleiche Volumen

$$V_1 = v_2 \cdot \Delta t \cdot A_2 \qquad (15.2)$$

fließen. Daraus folgt sofort die **Kontinuitätsgleichung**

$$A_1 \cdot v_1 = A_2 \cdot v_2 . \qquad (15.3)$$

Das heißt:

die Strömungsgeschwindigkeiten verhalten sich umgekehrt wie die Querschnitte

Herrscht über den Querschnitt A keine konstante Geschwindigkeit, sondern eine Geschwindigkeitsverteilung, gilt diese Aussage entsprechend für deren Mittelwert.

Für die Geschwindigkeit hatten wir (vgl. Kap. B. 3) $v = ds/dt$, im Spezialfall gleichförmiger Bewegung $v = s/t$ gefunden. Statt $A \cdot v$ können wir daher auch

$$\frac{A \cdot ds}{dt} = \frac{dV}{dt}\left(\text{bzw. analog } \frac{V}{t}\right)$$

schreiben. Diesem Ausdruck gibt man den Namen **(Volumen-)Stromstärke**

$$I = \frac{dV}{dt} \quad \left(\text{im Spezialfall: } I = \frac{V}{t}\right) \quad . \tag{15.4}$$

Die Gültigkeit der Kontinuitätsgleichung bedeutet also gleiche mittlere Stromstärke an allen Stellen des Rohres.

Die höhere Strömungsgeschwindigkeit in dem engeren Querschnitt A_2 bedeutet aber auch höhere kinetische Energie $mv^2/2$, wobei jedoch nach dem Energiesatz die Summe aus potentieller und kinetischer Energie im ganzen Rohr konstant bleiben muß. Das bedeutet (vgl. Kap. B. 14, $W = p \cdot V$) für ein horizontales Rohr

$$p_1 \cdot V + \frac{m}{2} v_1^2 = p_2 \cdot V + \frac{m}{2} v_2^2 . \tag{15.5}$$

Wegen der Inkompressibilität ändert sich die Dichte nicht; zur gleichen Masse m gehören gleiche Volumina V. Da $v_2 > v_1$ ist, muß deshalb $p_2 < p_1$ sein.

In der Verengung ist der statische Druck p geringer.

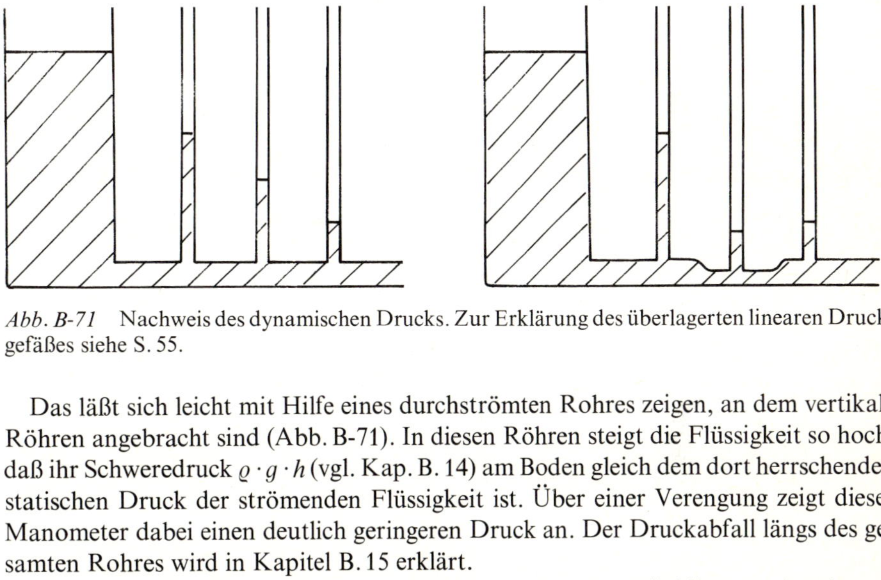

Abb. B-71 Nachweis des dynamischen Drucks. Zur Erklärung des überlagerten linearen Druckgefäßes siehe S. 55.

Das läßt sich leicht mit Hilfe eines durchströmten Rohres zeigen, an dem vertikale Röhren angebracht sind (Abb. B-71). In diesen Röhren steigt die Flüssigkeit so hoch, daß ihr Schweredruck $\varrho \cdot g \cdot h$ (vgl. Kap. B. 14) am Boden gleich dem dort herrschenden statischen Druck der strömenden Flüssigkeit ist. Über einer Verengung zeigt dieses Manometer dabei einen deutlich geringeren Druck an. Der Druckabfall längs des gesamten Rohres wird in Kapitel B. 15 erklärt.

Gleichung (15.5) können wir noch durch das Volumen V dividieren; mit $m/V = \varrho$ folgt

$$p + \frac{\varrho}{2} v^2 = \text{const.} \quad . \tag{15.6}$$

Bei nicht horizontal verlaufenden Rohren kommt dazu noch der bereits oben erwähnte Schweredruck p_s, so daß die **Bernoulli-Gleichung** in vollständiger Form lautet

$$p_s + p + \frac{\varrho}{2} v^2 = \text{const.} = p_0 \quad . \tag{15.7}$$

Die Summe aus Schweredruck, statischem Druck und dem sogenannten dynamischen Druck (oder Staudruck) ist konstant und gleich dem Gesamtdruck p_0, der als Summe aus statischem und Schweredruck in der ruhenden Flüssigkeit herrscht.

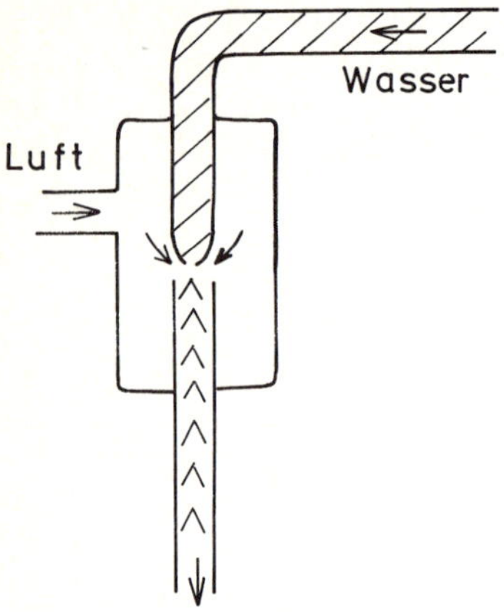

Abb. B-72 Wasserstrahlpumpe

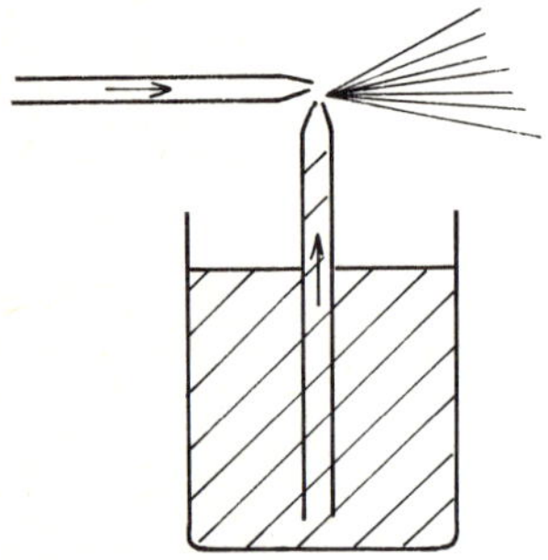

Abb. B-73 Zerstäuber

Diese Gesetzmäßigkeit, wie auch die Kontinuitätsgleichung, gelten auch für strömende Gase, solange deren Kompressibilität noch vernachlässigt werden kann. Das ist solange der Fall, wie die Strömungsgeschwindigkeit nicht in die Nähe der Schallgeschwindigkeit in diesem Gas kommt.

Die Anwendungen der Bernoulli-Gleichungen sind zahlreich, beruhen aber immer darauf, daß an Stellen hohen dynamischen Drucks ein geringerer statischer Druck, gegenüber der Umgebung also ein Unterdruck entsteht. Auf diese Weise kann man mit der **Wasserstrahlpumpe** (Abb. B-72) ein angeschlossenes Gefäß bis auf Drucke von ca. 20 Torr (2,7 kPa) evakuieren bzw. mit einem **Zerstäuber** (Abb. B-73) Flüssigkeit ansaugen und zerstäuben.

Schließlich bietet die Bernoulli-Gleichung eine Möglichkeit zur Messung der Strömungsgeschwindigkeit. Dazu verwendet man das **Prandtlsche Staurohr** (Abb. B-74). Dort wird an der vorderen Öffnung der Gesamtdruck p_0 wirksam, da hier die Strömungsgeschwindigkeit durch das abgeschlossene Rohr auf Null herabgesetzt wird. An der seitlichen Öffnung, die sich in der Strömung befindet, wirkt dagegen der statische Druck p. Das Manometer registriert daher die Differenz $p_0 - p$, also den Staudruck $1/2 \cdot \varrho v^2$. Auf diese Weise wird zum Beispiel die Geschwindigkeit von Flugzeugen relativ zur umgebenden Luft gemessen.

Querschnittsänderungen und damit Änderungen der Strömungsgeschwindigkeit treten auch im Kreislauf des Blutes an vielen Stellen auf. Ihre Größe und die daraus resultierenden lokalen Druckänderungen sind aber im allgemeinen zu gering, um für den Kreislauf eine wesentliche Bedeutung zu haben.

Zähigkeit (Viskosität) von Flüssigkeiten

Im vorigen Kapitel haben wir Wechselwirkungen der Flüssigkeitsmoleküle untereinander ganz außer acht gelassen, obwohl wir ja bereits wissen (vgl. Kap. B. 4, B. 13), daß sie aufeinander und auf andere Moleküle, z. B. in der Wand, Kräfte ausüben (s. auch Kap. E. 1).

Die Auswirkung dieser Kräfte kann man sich in einem einfachen Experiment verdeutlichen. Dazu bringt man in ein Glasgefäß (Abb. B-75) übereinander gefärbtes und ungefärbtes Glyzerin. Zieht man die eingetauchte Glasplatte langsam heraus, sieht man, daß die Flüssigkeit infolge der oben erwähnten Wechselwirkungskräfte am Glas haftet und mitgezogen wird. Je weiter man von der Platte wegrückt, desto weniger wird die Flüssigkeit verschoben. Die Randschichten haften schließlich an der Außenwand, behalten also die Geschwindigkeit Null. Wir haben also weder an der Platte noch an der Gefäßwand eine relative Bewegung des festen Körpers gegen die Flüssigkeit (wie bei der bisher besprochenen äußeren Reibung, Kap. B. 7). Es bewegen sich aber die einzelnen Flüssigkeitsteile gegeneinander. Man spricht deshalb hier von **innerer Reibung.**

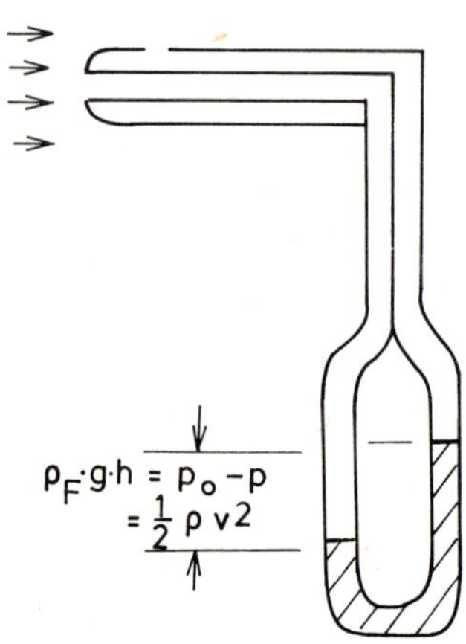

Abb. B-74 Prandtlsches Staurohr

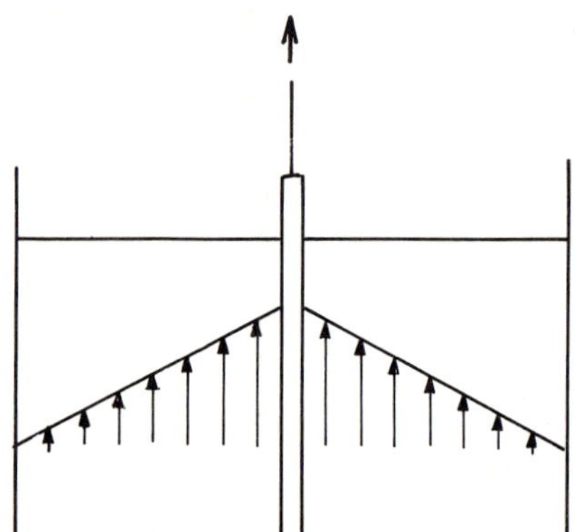

Abb. B-75 Geschwindigkeitsverteilung bei Bewegung in einer zähen Flüssigkeit.

Sie führt in unserem Versuch dazu, daß einzelne Schichten der Flüssigkeit (parallel zur Platte) mit unterschiedlicher Geschwindigkeit aneinander vorbeigleiten, ohne sich zu vermischen. Man spricht daher von **Schicht-** bzw. **Laminarströmung.** Dabei wechselwirkt jede Schicht mit der benachbarten auf Grund der inneren Reibung in der Art, daß die schnellere Schicht gebremst, die langsamere beschleunigt wird. Für die dabei wirkende Reibungskraft gilt das **Newtonsche Gesetz**

$$F_R = \eta \cdot A \cdot \frac{dv}{dx} \quad . \qquad (15.8)$$

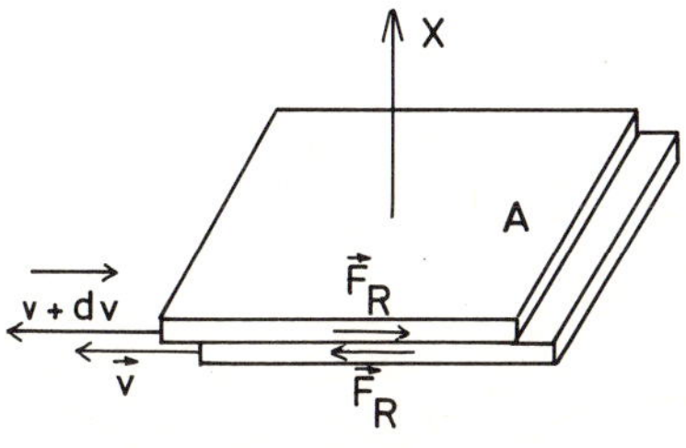

Abb. B-76 Reibungskraft bei geschichteter Strömung

A ist dabei die Größe der Flächen, die aneinander vorbeigleiten (siehe Abb. B-76), dv/dx das Geschwindigkeitsgefälle zwischen zwei (im Prinzip unendlich dünnen) Schichten.

Da die Reibungskraft **parallel zur Fläche** wirkt, erzeugt sie eine **Tangential-** bzw. **Schubspannung** (vgl. Kap. B. 13). Wichtig ist weiter, daß sie nicht von der Größe der Geschwindigkeit selbst, sondern nur vom Geschwindigkeitsgefälle senkrecht zur Strömungsrichtung abhängt.

Den Proportionalitätsfaktor η nennt man den Koeffizienten der inneren Reibung. Allgemein sind dafür auch die Bezeichnungen **dynamische Viskosität** und **Zähigkeit** üblich. Ihre **Einheit** ergibt sich aus

$$\eta = \frac{F\,dx}{A\,dv} \text{ zu } \frac{(\text{kg m}^2/\text{sec}^2)\cdot \text{m}}{\text{m}^2 \cdot (\text{m/sec})} \text{ bzw. } \mathbf{kg\,m^{-1}\,sec^{-1}}.$$

Häufig werden der zehnte Teil dieser Einheit, $1/10\,\text{kg m}^{-1}\,\text{sec}^{-1} = 1\,\text{g cm}^{-1}\,\text{sec}^{-1} =$ 1 **Poise** (P) und 1 **Centipoise** (cP) benutzt. Wasser hat bei 20 °C die Zähigkeit $\eta = 1{,}002$ cP, Glyzerin 1480 cP, Rizinusöl 990 cP, Diäthyläther 0,24 cP; die Viskosität von Blut liegt bei etwa 5 Centipoise, hängt aber von einigen Faktoren ab. Gase haben eine erheblich geringere Viskosität (Luft 0,018 cP, Helium 0,020 cP, Wasserstoff 0,009 cP). Die Temperaturangabe ist bei diesen Zahlen unbedingt erforderlich, weil die Viskosität stark temperaturabhängig ist. Da die ungeordnete thermische Bewegung (vgl. Kap. C. 11) den zwischenmolekularen Kräften entgegenwirkt, nimmt die innere Reibung von Flüssigkeiten mit wachsender Temperatur sehr stark ab, und zwar annähernd exponentiell (die Zähigkeit von Wasser nimmt z. B. von 290 K bis 340 K um das Zweieinhalbfache ab). Zur Messung kann man die Gesetze von Hagen–Poisseuille und Stokes ausnutzen (s. unten).

Gesetzmäßigkeiten der laminaren Strömung

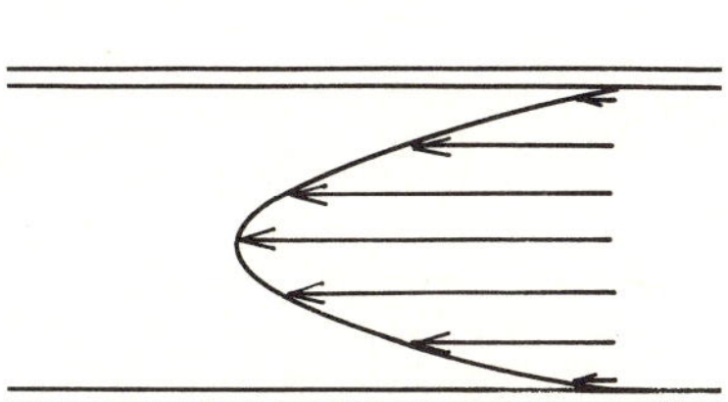

Abb. B-77 Geschwindigkeitsprofil bei laminarer Strömung in einem zylindrischen Rohr.

Die im vorigen Abschnitt beschriebene laminare Strömung spielt im Kreislauf eine bedeutende Rolle – man kann z. B. das hellrote Blut der Nierenvenen als deutlich abgesetzten Teilstrom im dunkleren Blut der Hohlvene bis in den rechten Vorhof hinein beobachten. Dabei liegen allerdings keine rechteckigen Gefäßdimensionen vor wie in der Anordnung der Abbildung B-75, sondern näherungsweise **zylindrische Röhren.** Auch dort haftet die Flüssigkeit an der Wand; in der Rohrmitte ergibt sich entsprechend die größte Strömungsgeschwindigkeit. Wie ein Ausströmversuch mit gefärbtem Glyzerin zeigt, erhält man als **Geschwindigkeitsprofil** dabei ein **Rotationsparaboloid** (Abb. B-77).

Das kann man sich auch relativ leicht überlegen. Nehmen wir (im linken Teil der Abb. B-78) die Flüssigkeit in einen inneren Zylinder (Radius r) und den äußeren Rest

Abb. B-78 Zur Ableitung des Hagen-Poiseuilleschen Gesetzes

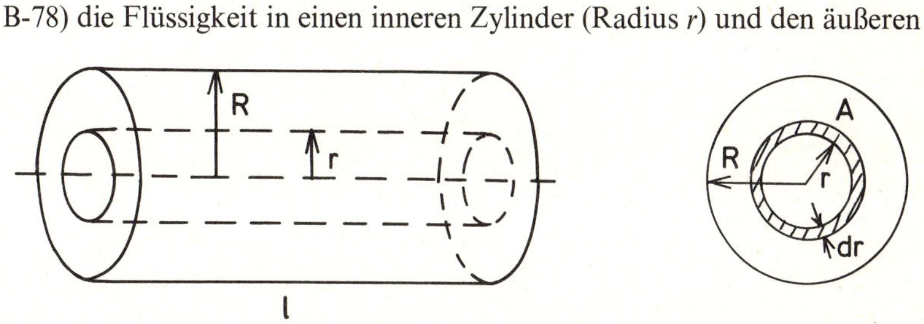

zerlegt an. Auf den Zylinder wirkt bei einer Druckdifferenz Δp über seine Länge l eine Kraft

$$F = \Delta p \cdot A = \Delta p \cdot \pi \cdot r^2.$$

Bei der Bewegung der Mantelfläche A_M dieses Zylinders gegen die äußere Flüssigkeitsschicht wirkt infolge des radialen Geschwindigkeitsgefälles dv/dr eine Reibungskraft

$$F_R = \eta \cdot A_M \cdot \frac{dv}{dr} = \eta \cdot 2\pi \cdot r \cdot l \cdot \frac{dv}{dr}.$$

Im Fall einer stationären, nicht beschleunigten Strömung muß die Summe beider Kräfte Null sein, d.h.

$$\pi \cdot r^2 \cdot \Delta p + 2\eta \cdot \pi \cdot r \cdot l \cdot \frac{dv}{dr} = 0$$

bzw.

$$dv = -\frac{\Delta p}{2\eta l} \cdot r\,dr.$$

Diese Betrachtung kann man mit dem innersten, ganz dünnen Zylinder beginnen und sich in kleinen Schritten dr zum Rand hin bewegen. Das Gesamtergebnis erhält man dann wieder, indem man alle Teilergebnisse aufaddiert, also durch das Integral

$$v(r) = -\int \frac{\Delta p}{2\eta \cdot l} \cdot r\,dr = -\frac{\Delta p}{4\eta \cdot l} r^2 + \text{Konstante}.$$

Die Konstante ergibt sich sofort aus der Bedingung des Haftens an der Rohrwand, was ja $v(R) = 0$ bedeutet. Aus $v(R) = -(\Delta p/4\eta \cdot l)\, R^2 + \text{Konstante} = 0$ folgt Konstante $= (\Delta p/4\eta \cdot l)\, R^2$, so daß wir für das Geschwindigkeitsprofil

$$v(r) = \frac{\Delta p}{4\eta \cdot l}(R^2 - r^2) \qquad (15.9)$$

erhalten, also die erwähnte quadratische Abhängigkeit vom Radius. Infolge der Rotationssymmetrie ergibt sich daraus das beschriebene Paraboloid.

Im Folgenden wollen wir überlegen, welches **Volumen** auf Grund dieser Geschwindigkeit **in der Zeit *t* durch einen bestimmten Querschnitt** A fließt. Analog zu Gl. (15.1) erhalten wir $V = A \cdot v \cdot t$, wobei v jetzt aber vom Abstand r von der Rohrmitte abhängt. Wir können daher wieder nur die Teilvolumina dV ausrechnen, die durch einen Ring des Umfangs $2\pi r$ und der Breite dr fließen (Abb. B-78, rechter Teil). Dafür erhalten wir

$$dV = A \cdot \frac{\Delta p}{4\eta \cdot l}(R^2 - r^2) \cdot t = $$
$$= 2\pi r\,dr \cdot \frac{\Delta p}{4\eta \cdot l}(R^2 - r^2) \cdot t.$$

Das Gesamtvolumen ist daher gegeben durch

$$V = \frac{\pi \cdot \Delta p \cdot t}{2\eta \cdot l} \cdot \int_0^R (R^2 r - r^3)\,dr = \frac{\pi \cdot \Delta p \cdot R^4 \cdot t}{8\eta \cdot l}. \qquad (15.10)$$

Das ist das **Hagen-Poiseuillesche Gesetz:**

> Die Stromstärke $I = V/t$ durch ein zylindrisches Rohr mit dem Durchmesser $2R$ ändert sich mit der vierten Potenz des Durchmessers.

Die Bedeutung dieses Sachverhalts sieht man, wenn man als Beispiel eine Ader betrachtet. Erweitert sich ihr Durchmesser nur um 20 %, verdoppelt sich die Stromstärke bereits; bei einer Halbierung des Durchmessers reduziert sie sich auf ein Sechzehntel ihres ursprünglichen Wertes.

Die Ursache der Strömung ist die Druckdifferenz Δp (analog der elektrischen Spannung; vgl. Kap. D. 9), daraus resultiert eine bestimmte Stromstärke I. Ihr Verhältnis

$$W = \frac{\text{Druckdifferenz}}{\text{Volumenstromstärke}} = \frac{\Delta p}{I} \qquad (15.11)$$

nennt man den **Strömungswiderstand.**

Für den oben betrachteten Fall (Beispiel: Wasser strömt durch ein zylindrisches Rohr) erhalten wir den Strömungswiderstand

$$W_{H-P} = \frac{8\eta \cdot l}{\pi \cdot R^4}\,, \qquad (15.12)$$

also einen linearen Zusammenhang zwischen Stromstärke und Druckdifferenz. Die Steigung des entsprechenden Graphen hängt stark vom Radius des Rohres ab (Abb. B-79a).

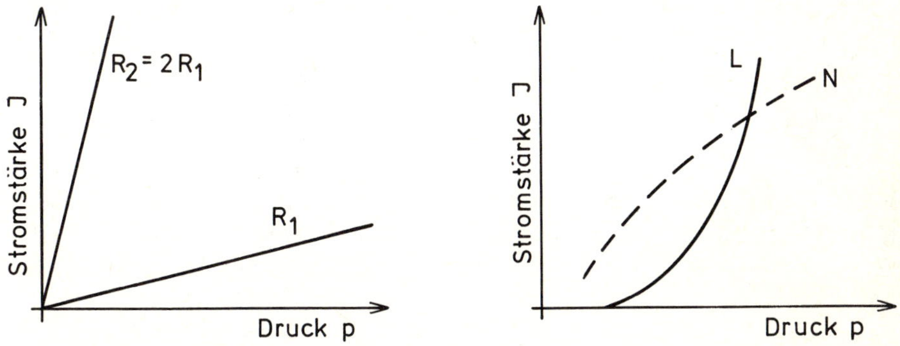

Abb. B-79 Stromstärke-Druckdifferenz-Diagramm bei Hagen-Poiseuille-Strömung:
a) Abhängigkeit vom Rohrradius
b) Abweichung vom linearen Verlauf bei druckabhängiger Veränderung des Radius
(Nach Gauer, Kramer, Jung: Physiologie des Menschen, Band 3; Abb. 54, S. 184, München 1972)

Im Organismus findet man häufig Abweichungen von diesem Verlauf (Abb. B-79b), weil sich die Gefäße mit zunehmendem Druck passiv dehnen (Beispiel: Lungenkreislauf L) oder kontrahieren (Beispiel: Nierenkreislauf N).

Daneben hängt der Strömungswiderstand von der Viskosität η ab – ideale Flüssigkeiten haben keinen Reibungswiderstand. Der lineare Druckabfall in Abbildung B-71 wäre bei einer wirklich idealen Flüssigkeit gar nicht zu beobachten (dort würde bei allen Manometerröhren die Höhe Null resultieren).

Ein linearer Zusammenhang zwischen I und Δp, d.h. ein konstanter Strömungswiderstand W existiert nur, wenn die Viskosität nicht vom Druck abhängt. Ist diese

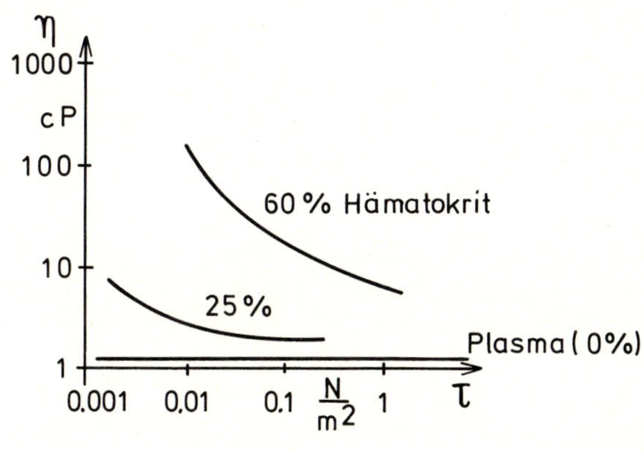

Abb. B-80 Abhängigkeit der Blutviskosität von der Schubspannung; Parameter: Hämatokritgehalt (Nach Gauer, Kramer, Jung: Physiologie des Menschen, Band 3; Abb. 55, S. 187, München 1972).

Bedingung erfüllt (das ist bei homogenen Flüssigkeiten, wie z. B. Wasser, Honig, Blutplasma der Fall), spricht man von **Newtonschen Flüssigkeiten.** Bei heterogenen Flüssigkeiten (wie z. B. Blut oder Emulsionen wie Majonnaise) hängt η dagegen von der Schubspannung $\tau = F/A$ ab (Abb. B-80).

Die bereits oben angesprochene Analogie zum elektrischen Widerstand erstreckt sich auch auf die Verknüpfung von Widerständen (vgl. Kap. D. 10). Auch für Strömungswiderstände gilt:

Bei Hintereinanderschalten von Gefäßen addieren sich ihre Strömungswiderstände zum Gesamtströmungswiderstand:

$$W_{\text{Ges.}} = W_1 + W_2 + W_3 + \ldots + W_n = \sum_{l=1}^{n} W_l \qquad (15.13)$$

Bei Parallelschaltung addieren sich die Kehrwerte der Strömungswiderstände zum Kehrwert des Gesamtströmungswiderstandes:

$$\frac{1}{W_{\text{Ges.}}} = \frac{1}{W_1} + \frac{1}{W_2} + \frac{1}{W_3} + \ldots + \frac{1}{W_n} = \sum_{l=1}^{n} \frac{1}{W_l} \qquad (15.14)$$

Durch Parallelschaltung wird der Gesamtwiderstand also immer kleiner als der kleinste Einzelwiderstand! Das wirkt sich beispielsweise sehr deutlich aus beim Übergang von den Endarterien zu den Arteriolen im menschlichen Körper. Der Widerstand einer Arteriole, deren Durchmesser ungefähr 30mal kleiner ist als der der Arterie, ist nach dem Hagen-Poiseuilleschen Gesetz ungefähr 30^4 (= 810000) mal so groß wie der arterielle Widerstand. Da hinter jeder Arterie aber über 20000 Arteriolen parallel liegen (deren Länge auch geringer ist), ergibt sich insgesamt für das Arteriolensystem nur ein etwa sieben- bis achtmal höherer Widerstand.

Das Hagen-Poiseuillesche Gesetz bietet über seine Abhängigkeit von η eine einfache Möglichkeit, die **Viskosität** einer Flüssigkeit zu messen. Dazu läßt man ein bestimmtes Volumen der Flüssigkeit durch eine Kapillare genau bekannten Durchmessers laufen und mißt die dafür benötigte Zeit.

Eine andere Meßmethode ist mit Hilfe des **Stokesschen Gesetzes** gegeben: Auf eine Kugel vom Radius r wirkt eine Reibungskraft

$$F_R = 6\pi \cdot \eta \cdot r \cdot v \,, \qquad (15.15)$$

wenn sie sich mit der Geschwindigkeit v in einer Flüssigkeit der Viskosität η bewegt. Läßt man also eine Kugel bekannten Durchmessers in die Flüssigkeit fallen, wird sie durch ihr (um den Auftrieb vermindertes) Gewicht nach unten beschleunigt. Mit wachsender Geschwindigkeit wird aber die der Bewegung entgegengerichtete Reibungskraft immer größer. Schließlich stellt sich ein Gleichgewichtszustand ein, bei dem sich beide Kräfte gerade aufheben (Abb. B-81). Dann bewegt sich die Kugel unbeschleunigt, d. h. mit konstanter Geschwindigkeit weiter. Aus dieser leicht meßbaren Geschwindigkeit läßt sich dann η berechnen.

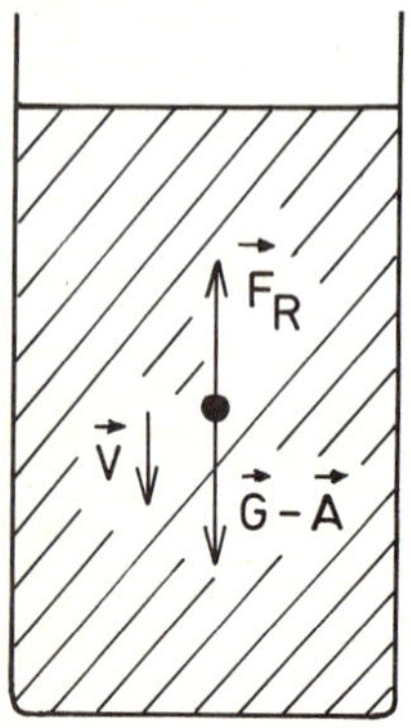

Abb. B-81 Kräfte bei der Bewegung einer Kugel in einer zähen Flüssigkeit

Diese Methode liegt auch der Bestimmung der **Blutsenkung**sgeschwindigkeit zugrunde. Dabei beobachtet man die Sedimentationsgeschwindigkeit der Erythrozyten im Plasma, die man am Wandern der Trennungslinie zwischen bereits geklärter Flüssigkeit und dem Teil, der noch Erythrozyten enthält, ablesen kann. Abweichungen von den Normwerten sind auf eine veränderte Viskosität des Blutes zurückzuführen und lassen Rückschlüsse auf Krankheiten zu.

Turbulente Strömung

Das Hagen-Poiseuillesche Gesetz, das trotz aller Einschränkungen durch variable Blutviskosität und veränderliche Gefäßweite im Kreislauf erhebliche Bedeutung besitzt, gilt nur für laminare Strömung mit ihren parallel zueinander, deutlich getrennt verlaufenden Stromfäden. Solche Bewegungen erhält man nur, wenn die Bewegung entscheidend durch die innere Reibung beeinflußt wird, und auch dann nur bei hinreichend kleinen Geschwindigkeiten. Ein Kriterium für den Übergang von laminarer zu turbulenter Strömung erhält man nach Reynolds, wenn man (unter Weglassung von Zahlenfaktoren) rein dimensionsmäßig Beschleunigungsarbeit ($W_B = {}^1/_2\, m \cdot v^2$, vgl. Kap. B. 8) und Reibungsarbeit ($W_R = F_R \cdot s = \eta \cdot A \cdot v$) zueinander ins Verhältnis setzt. Daraus erhält man wegen $m \cdot v^2 = \varrho \cdot V \cdot v^2 = \varrho \cdot A \cdot s \cdot v^2$

$$Re = \frac{\varrho \cdot s \cdot v}{\eta} \quad ; \tag{15.16}$$

s ist dabei eine die Größe des Körpers bestimmende Länge, z. B. der Rohrradius.

Übersteigt diese **Reynoldsche Zahl** einen kritischen Wert (bei Hagen-Poiseuille-Strömung Re = 1160), muß mit dem Auftreten von **Turbulenz,** also einer **Durchwirbelung der laminaren Stromfäden** gerechnet werden. Das ist vom energetischen Standpunkt aus ungünstiger, da turbulente Strömung zu höherem Strömungswiderstand (ungefähr proportional v^2) führt und dadurch mehr Bewegungsenergie in Wärme umgewandelt wird. Im menschlichen Kreislauf tritt Turbulenz (abgesehen vom Herzen und dem Anfang der Aorta) allenfalls in großen Gefäßen, die in der Achse hohe Strömungsgeschwindigkeiten aufweisen, und bei krankhaft herabgesetzter Blutviskosität auf.

Das Phänomen typischer Strömungsgeräusche infolge von Turbulenzen hatten wir bereits bei den Korotkoff-Tönen (Kap. B. 14) kennengelernt.

16. Grenzflächen; spezifische Oberflächenenergie = Oberflächenspannung

Die zwischenmolekularen Kräfte, die die innere Reibung bewirken (Kap. B. 15), sind natürlich auch in ruhenden Flüssigkeiten vorhanden, obwohl wir sie dort bisher ganz vernachlässigt haben. Ihre wesentlichsten Auswirkungen sollen in diesem letzten Kapitel der Mechanik besprochen werden.

Dazu zunächst zwei Begriffe: Die Wechselwirkung zwischen den Molekülen ein und desselben Stoffes nennt man **Kohäsion,** die Wechselwirkung zwischen den Molekülen verschiedener Stoffe **Adhäsion.** Die Kohäsion bewirkt zunächst einmal einen gewissen Zusammenhalt der Flüssigkeit, eine **Zerreißfestigkeit.** Auf ihr beruht unter anderem der Flüssigkeitsheber (Abb. B-82): Nachdem man einmal eine zusammenhängende Flüssigkeitsschicht hergestellt hat, fließt die Flüssigkeit über den Berg hinweg in das Gefäß mit dem niedrigeren Niveau. Gasblasen bewirken ein Zerreißen und stoppen damit den Vorgang.

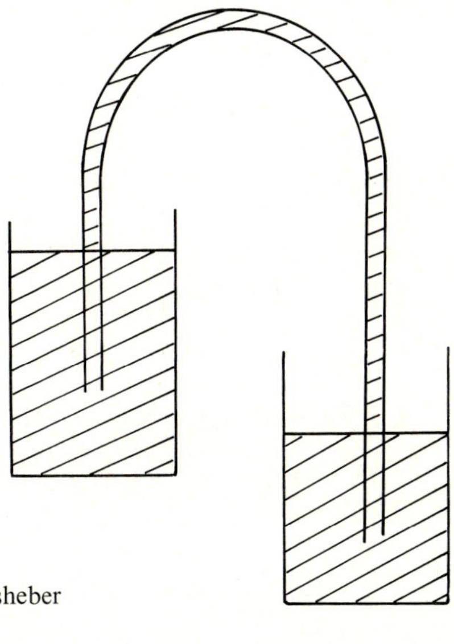

Abb. B-82 Flüssigkeitsheber

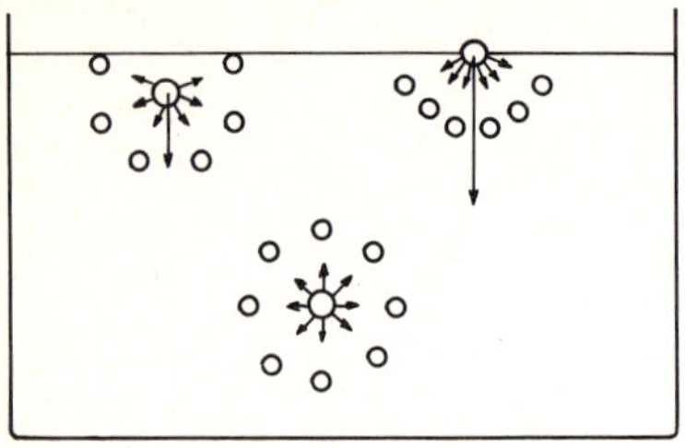

Abb. B-83 Modell zur Erklärung der Oberflächenspannung

Außerdem ist die Kohäsion verantwortlich für die Ausbildung einer Flüssigkeitsoberfläche. Dazu betrachten wir etwas vergrößert Moleküle in einer Flüssigkeit (Abb. B-83): Moleküle mitten in der Flüssigkeit sind ringsum gleichmäßig von anderen Molekülen umgeben, werden also auch von allen Seiten gleichmäßig angezogen. Die resultierende Kraft ist Null. Für ein Molekül in der Oberfläche finden sich oberhalb keine weiteren Moleküle mehr; die Anziehungskräfte parallel zu der (ebenen) Oberfläche heben sich zwar weiterhin auf, aber die in die Flüssigkeit hinein wirkenden Kräfte werden nicht mehr kompensiert, sondern ergeben eine resultierende Kraft auf das Molekül.

Gegen diese Kraft muß man Arbeit leisten, wenn man ein Molekül an die Oberfläche bringen will, also bei jeder Vergrößerung der Oberfläche. Daraus folgt, daß die Oberflächenmoleküle gegenüber den Molekülen im Innern potentielle Energie besitzen. Diese Oberflächenenergie wächst mit der Zahl der Oberflächenmoleküle, nimmt also mit wachsender Oberfläche zu. Bezogen auf die Flächeneinheit ist sie aber, wie wir später noch sehen werden, konstant. Man nennt sie dann **spezifische Oberflächenenergie** σ (historisch bedingt auch **Oberflächenspannung**). Sie ist definiert als die Arbeit ΔW zur Vergrößerung der Oberfläche um ΔA, geteilt durch die Flächenzunahme ΔA:

$$\sigma = \frac{\Delta W}{\Delta A} \quad . \tag{16.1}$$

Dieser Widerstand gegen eine Oberflächenvergrößerung wirkt sich als zusammenhaltende Kraft längs der Fläche aus.

Da es beim Zustandekommen der Oberflächenspannung darauf ankommt, daß die Flüssigkeitsmoleküle sich an einer Grenze befinden, jenseits derer praktisch gar keine oder aber andere Anziehungskräfte wirken, spricht man auch von **spezifischer Grenzflächenenergie.**

Als **Einheit** für σ folgt aus der Definition (16.1) $\mathrm{J/m^2} = \mathrm{Nm/m^2} = \mathbf{N/m}$.

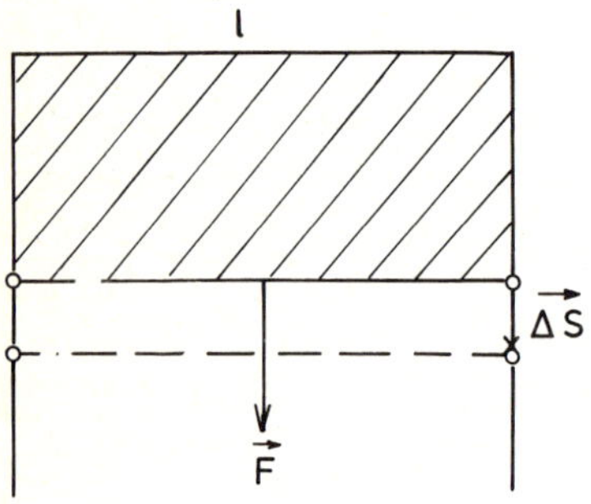

Abb. B-84 Drahtbügelmethode zur Messung der Oberflächenspannung.

Zur Messung der Oberflächenspannung kann man einen U-förmig gebogenen Draht benutzen, an dem ein Querbügel der Länge l gleitet (Abb. B-84). Durch Eintauchen in eine Seifenlösung bildet sich eine Flüssigkeitslamelle zwischen Draht und Querbügel. Bei völlig frei verschiebbarem Bügel beobachtet man dabei, daß sich die Seifenlamelle ganz zusammenzieht. Um dieser zusammenziehenden Kraft F bei endlicher Lamellengröße das Gleichgewicht zu halten, muß man auf den Bügel eine entgegengesetzt gerichtete, gleich große Kraft ausüben, die man z. B. mit einer Federwaage messen kann. Verschiebt man den Bügel um die Strecke Δs, muß man gegen diese Kraft F die Arbeit $\Delta W = F \cdot \Delta s$ verrichten. Dabei wird die Oberfläche um $\Delta A = 2 \cdot l \cdot \Delta s$ vergrößert (die Lamelle hat 2 Oberflächen!), also ergibt sich nach obiger Definition

$$\sigma = \frac{\Delta W}{\Delta A} = \frac{F \cdot \Delta s}{2 \cdot l \cdot \Delta s} = \frac{F}{2l} \quad . \tag{16.2}$$

Die vergrößerte Lamelle wird wieder von der **gleichen** Kraft im Gleichgewicht gehalten;

σ ist unabhängig von der Größe der Oberfläche

(im Gegensatz z. B. zu einer Gummimembran, dort ist die Spannung von der Dehnung abhängig).

Dieser Modellversuch ist zur tatsächlichen Messung allerdings relativ schlecht geeignet. Besser geht das mit einem an einer Federwaage aufgehängten Ring. Die Länge l des Bügels (hier die scharfe Unterkante des Rings) beträgt in diesem Fall $2 \cdot \pi \cdot r$ (r = Radius des Rings). Taucht man den Ring in die Flüssigkeit ein und zieht ihn langsam nach oben, zieht er einen Flüssigkeitsfilm mit sich, der infolge der Oberflächenspannung von der restlichen Flüssigkeit mit der Kraft

$$F = 2l \cdot \sigma = 4\pi \cdot r \cdot \sigma \tag{16.3}$$

festgehalten wird (auch hier wirken 2 Oberflächen). Erst wenn die Kraft, mit der man nach oben zieht, diese Kraft übersteigt, reißt der Ring von der Flüssigkeit ab. Aus diesem Grenzwert kann man wieder σ bestimmen.

Bei 20 °C erhält man dabei (reine Flüssigkeit vorausgesetzt) für Wasser $72{,}9 \cdot 10^{-3}$ N/m, für Äther $18 \cdot 10^{-3}$ N/m, für Quecksilber $500 \cdot 10^{-3}$ N/m.

Die Zusätze „bei reinen Flüssigkeiten" und „bei 20 °C" zeigen bereits, daß die Oberflächenspannung sich mit jeder Verunreinigung verändert und stark von der Temperatur abhängt. Aus den gleichen Gründen wie bei der inneren Reibung (Kap. B. 15) nimmt sie mit wachsender Temperatur ab. Auf der Herabsetzung der Oberflächenspannung durch Zusätze beruht die Wirkung von Waschmitteln, auf der Temperaturabhängigkeit die Methode, mit zwei Löschblättern und einem heißen Bügeleisen Fettflecke zu entfernen: Am weiter vom Bügeleisen entfernten Löschblatt ist das Fett kälter, daher seine Oberflächenspannung größer. Dadurch wird das Fett in dieses Löschblatt gezogen.

Eine ganz wichtige Rolle spielt die Oberflächenspannung bei der **Tropfenbildung.** Tritt die Flüssigkeit aus einem Rohr aus (Abb. B-85), wird der Tropfen zunächst von der Oberflächenspannung zusammengehalten. Erst wenn er so weit gewachsen ist, daß sein Gewicht gerade gleich der zusammenhaltenden Kohäsionskraft wird, erfolgt das Abreißen, also (wie beim Ring) für

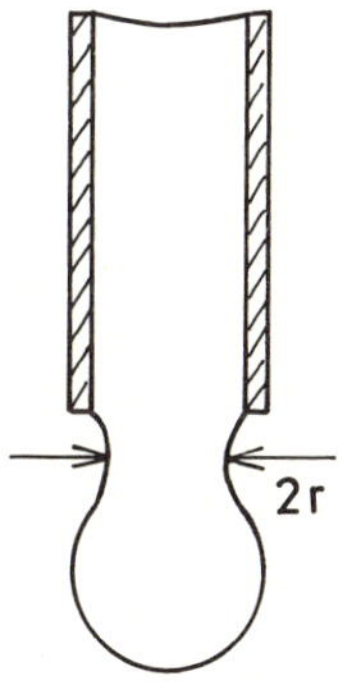

Abb. B-85 Tropfenbildung

$$G = 2\pi \cdot r \cdot \sigma \tag{16.4}$$

(hier fehlt der Faktor 2, da ein massiver Tropfen nur eine Oberfläche hat). So kann man aus der Messung von G und r ebenfalls σ bestimmen; ein entsprechendes Gerät nennt man Stalagmometer.

Auf diesem Abreißen des Tropfens bei einem definierten Gewicht beruht die Dosierung von Arzneimitteln aus einer **Tropfflasche** mittels Tropfenzählung. Eine weitere Folge dieser Beziehung ist, daß für kleinere Oberflächenspannung die entstehenden Tropfen kleiner sind; diesen Unterschied sieht man beim Vergleich von Wasser und Äther sehr deutlich.

Schließlich wollen wir den Druck ausrechnen, der infolge der Oberflächenspannung in einem solchen Tropfen herrscht. Das geht am einfachsten über den Energiesatz: Will man den Radius r des Tropfens um den kleinen Betrag dr vergrößern, muß man die Oberfläche A um dA vergrößern. Da bei einer Kugel $A = 4\pi r^2$ ist, wird $dA = 8\pi r\, dr$ (siehe Differentiationsregeln im Anhang). Man muß also die Arbeit

$$dW = \sigma \cdot dA = \sigma \cdot 8\pi \cdot r\, dr$$

leisten. Andererseits gilt (vgl. Kap. B. 14) $dW = p \cdot dV$. Bei einer Kugel ist wegen $V = {}^4/_3\pi \cdot r^3$, $dV = 4\pi \cdot r^2 \cdot dr$

$$dW = p \cdot dV = p \cdot 4\pi \cdot r^2 \cdot dr.$$

Gleichsetzen beider Ausdrücke für dW liefert

$$\sigma \cdot 8\pi \cdot r \cdot dr = p \cdot 4\pi \cdot r^2 \cdot dr$$

bzw.

$$p = \frac{2\sigma}{r} \;. \tag{16.5}$$

Überraschenderweise ist der Druck in kleineren Tropfen größer!

Daß dies tatsächlich so ist, kann man mit Hilfe von zwei miteinander in Verbindung stehenden Seifenblasen zeigen (hier ist der Druck allerdings $4\sigma/r$, da wieder eine innere und eine äußere Oberfläche vorliegen): Infolge des größeren Drucks in der kleineren Seifenblase bläst diese die größere noch weiter auf.

Eine weitere wichtige Folge der Oberflächenenergie ist die Ausbildung von **Minimalflächen.** Der Zustand geringster potentieller Energie (er ist in der Natur immer der stabilste, da jeder andere unter Abgabe von Energie in ihn übergehen kann) ist derjenige, bei dem sich am wenigsten Moleküle in der Oberfläche befinden, die Oberfläche also möglichst klein ist. Bei gegebenem Volumen ist die geometrische Anordnung mit der kleinsten zugehörigen Oberfläche die Kugel – kann man die Schwerkraft ausschließen, so daß nur die Oberflächenspannung wirkt, nehmen Tropfen **Kugelgestalt** an. Das kann man erreichen, indem man Öltropfen in ein übereinandergeschichtetes Wasser-Alkohol-Gemisch bringt, wo die Dichte nach oben (zum Alkohol) hin kontinuierlich abnimmt. Die Tropfen schweben dort, wo ihr Gewicht gerade durch den Auftrieb kompensiert wird (d.h. die Dichte des Gemischs gleich der Dichte des Öls ist). In diesem von äußeren Kräften freien Zustand nehmen sie tatsächlich reine Kugelgestalt an.

Das gleiche Prinzip der Minimalfläche bewirkt, daß eine geschlossene Fadenschlinge, wenn man die zwischen ihr befindliche Flüssigkeitslamelle zerstört, zum Kreis gespannt wird, weil die außen befindliche Flüssigkeit eine möglichst geringe Oberfläche einnehmen möchte. Erzeugt man in einer Glasschale durch Ausschütten viele kleine Quecksilbertröpfchen, so schließen sie sich zu immer größeren Tropfen und schließlich zu einem einzigen zusammen, da dann die gesamte Oberfläche am kleinsten ist.

Bisher haben wir praktisch immer die Grenzfläche Flüssigkeit – Luft betrachtet; dafür gelten auch die angegebenen Werte der Oberflächenspannung. Jetzt wollen wir auch andere Fälle betrachten; zunächst nochmals die Grenzfläche Flüssigkeit – Gas. Hier ist die Oberflächenspannung positiv (immer auf die Flüssigkeit bezogen!); sonst müßte jedes Flüssigkeitsmolekül in den Gasraum gezogen werden, die Flüssigkeit würde vollständig verdampfen. Stoßen zwei Flüssigkeiten aneinander, kann es zur Ausbildung einer Grenzschicht kommen. In diesem Fall muß die Oberflächenspannung ebenfalls positiv sein, d.h. die wechselseitige Anziehung der verschiedenen Flüssigkeitsmoleküle an der Grenzfläche muß kleiner sein als die der arteigenen Moleküle untereinander. Im anderen Fall findet eine Durchmischung der beiden Flüssigkeiten statt. Bei der Grenzfläche Flüssigkeit – Festkörper kann auch eine negative Grenzflächenspannung auftreten (d.h. die Oberflächenspannung des Festkörpers kleiner als die der Flüssigkeit, $\sigma_{\text{Festk.}} - \sigma_{\text{Flüssigk.}} < 0$) sein.

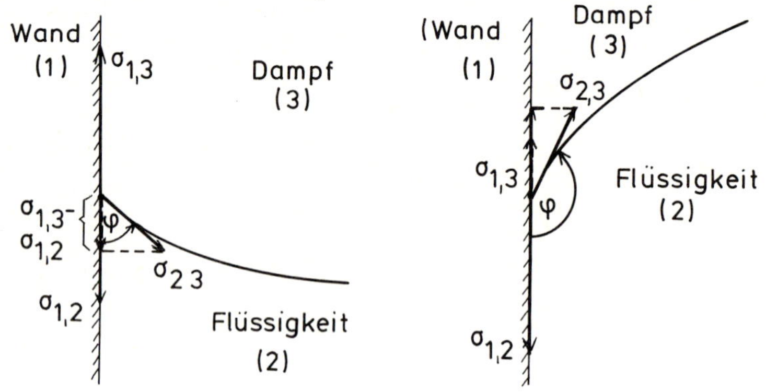

Abb. B-86 Randwinkel an Grenzflächen

Diese verschiedenen Möglichkeiten führen dazu, daß sich an der Grenzfläche verschiedene **Randwinkel** ausbilden. Betrachten wir in (Abb. B-86) das System Flüssigkeit an einer festen Wand, darüber Dampf (vgl. auch Kap. C. 7): Es wirkt die Grenzflächenspannung σ_{1-2} zwischen Festkörper und Flüssigkeit so, daß sie die Flüssigkeit an der Festkörperoberfläche entlangzieht. Daneben wirkt die Grenzflächenspannung σ_{1-3} zwischen Festkörper und Dampf. Die Resultierende zieht die Flüssigkeitsoberfläche nach oben, bis die Grenzflächenspannung σ_{2-3} (Flüssigkeit gegen Dampf) die weitere Vergrößerung der Oberfläche verhindert. Dieses Gleichgewicht ist erreicht für

$$\sigma_{1-2} + \sigma_{2-3} \cdot \cos\varphi = \sigma_{1-3}.$$

Es stellt sich also ein Randwinkel φ so ein, daß

$$\cos\varphi = \frac{\sigma_{1-3} - \sigma_{1-2}}{\sigma_{2-3}} \tag{16.6}$$

ist.

Ist σ_{1-3} größer als σ_{1-2}, stellt sich ein spitzer Randwinkel ein (linker Teil der Abb. B-86), ist σ_{1-3} kleiner als σ_{1-2}, tritt ein stumpfer Randwinkel auf (zwischen 90° und 180°, rechter Teil der Abb. B-86), die Flüssigkeitsoberfläche wird nach unten gezogen. Das beobachtet man z.B. bei Quecksilbertropfen oder bei Wassertropfen auf einem gewachsten Auto. Auf einer (verunreinigten) Glasplatte bilden Wassertropfen dagegen spitze Randwinkel.

Wird im Grenzfall $\sigma_{1-3} - \sigma_{1-2} = \sigma_{2-3}$, so resultiert der Randwinkel 0. Für noch größere Differenzen gilt Gleichung (16.6) nicht mehr (der Kosinus kann keine Werte größer als Eins annehmen). In diesem Fall **benetzt** die Flüssigkeit den festen Körper vollständig, indem sie ihn mit einer dünnen Schicht überzieht (z.B. Wasser auf einer sehr reinen Glasoberfläche).

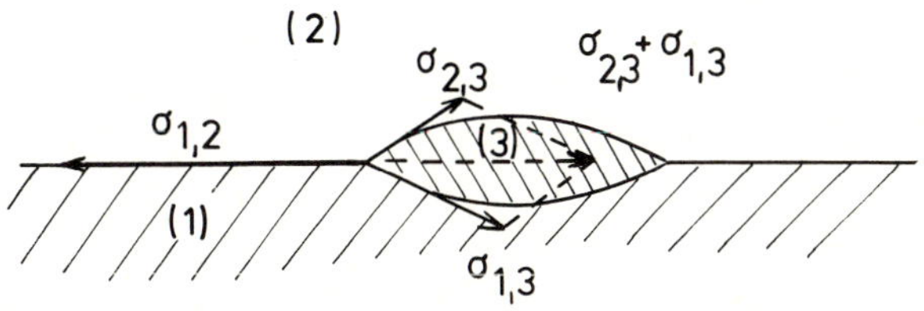

Abb. B-87 Öltropfen auf einer Wasseroberfläche

Wir wollen jetzt noch einen speziellen Fall zweier Grenzflächen herstellen, indem wir einen Öltropfen auf Wasser bringen (zur besseren Sichtbarmachung kann man dieses vorher mit Bärlappsamen bestreuen). Hier ist ein Gleichgewicht erreicht (siehe Abb. B-87), wenn die vektorielle Addition von σ_{1-2} sowie σ_{1-3} und σ_{2-3} Null ergibt. Das ist nur möglich, wenn σ_{1-2} betragsmäßig kleiner ist als die Summe der Beträge von σ_{1-3} und σ_{2-3} (Satz v. Pythagoras, s. Anhang). Im anderen Fall, der bei dem System Öl–Wasser eintritt (da $\sigma_{\text{Wasser-Luft}}$ $73 \cdot 10^{-3}$ N/m, $\sigma_{\text{Öl-Luft}}$ $32 \cdot 10^{-3}$ N/m, $\sigma_{\text{Wasser-Öl}}$ $18 \cdot 10^{-3}$ N/m), wird das Öltröpfchen zu einer vollständig benetzenden Schicht ausgebreitet, solange die Menge reicht. Dabei bildet sich eine **monomolekulare Ölschicht** auf dem Wasser.

Daraus hat Agnes Pockels 1891 den **Moleküldurchmesser** bestimmt, der in diesem Fall in etwa der Höhe der Ölschicht entspricht. Diese Höhe kann man zwar nicht messen, aber aus dem Volumen des Öltröpfchens und der Fläche, über die er sich verbreitet, ausrechnen ($h = V/A$). Als Ergebnis erhält man einige Ångström (10^{-10} m).

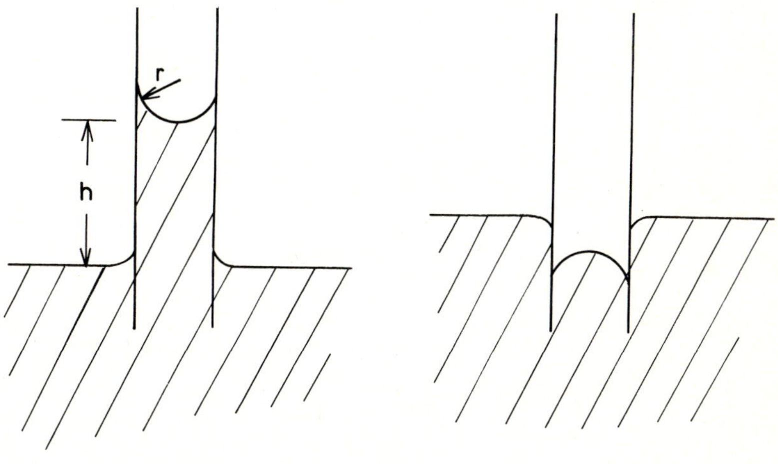

Abb. B-88 Kapillaraszension und -depression

Wir hatten oben schon gesehen, daß die Flüssigkeit sich an einer Wand hebt oder senkt. In engen Röhren führt das zur Erscheinung der **Kapillarität** (Abb. B-88). Es bildet sich entsprechend dem Randwinkel ein **Meniskus** aus; ist φ gerade Null, ergibt sich eine Kugel mit dem Radius r des Rohres. Dort erzeugt die Oberflächenspannung einen Kohäsionsdruck (wie beim Tropfen überlegt)

$$p = \frac{2\sigma}{r}.$$

Die Flüssigkeit steigt solange in dem Rohr hoch, bis dieser Druck durch den hydrostatischen Druck

$$p_s = \varrho g h$$

kompensiert wird. Es ergibt sich also eine **Steighöhe**

$$h = \frac{2\sigma}{\varrho \cdot g \cdot r} \quad . \tag{16.7}$$

Ist der Randwinkel von Null verschieden, erhält man als exaktes Ergebnis

$$h = \frac{2\sigma}{\varrho \cdot g \cdot r} \cdot \cos\varphi \quad . \tag{16.8}$$

Die Flüssigkeit steigt also umso höher, je dünner die Kapillare ist.

Auch mit Hilfe des kapillaren Anstiegs läßt sich die Oberflächenspannung messen.

Für die Grenzfläche Quecksilber – Glas erhält man einen stumpfen Randwinkel (siehe oben), also einen negativen Wert für $\cos\varphi$. Damit ergibt sich eine negative Steighöhe, man beobachtet eine **Kapillardepression** (Abb. B-88, rechter Teil).

C. Wärmelehre

1. Temperatur

In der Wärmelehre wird zu den bisherigen drei Grundgrößen, nämlich der Länge, der Zeit und der Masse, die **Temperatur** als neue Grundgröße eingeführt, hauptsächlich weil sie einer Messung sehr leicht zugänglich ist. Wir werden später bei einer atomistischen Betrachtung der Wärme (vgl. Kap. C. 11) sehen, daß sie auf die mechanischen Grundgrößen zurückzuführen ist. Diese Betrachtungsweise basiert auf der ungeordneten Bewegung der einzelnen Moleküle.

Grundlage für die Messung der Temperatur ist der „0. Hauptsatz" der Wärmelehre: Befindet sich ein Körper A im thermodynamischen Gleichgewicht mit einem Körper B und der Körper B mit einem Körper C, dann haben die Körper A, B und C die gleiche Temperatur. Die Messung der Temperatur mit Hilfe von **Thermometern** kann nur indirekt geschehen, nämlich unter Ausnutzung der Temperaturabhängigkeit von Stoffeigenschaften oder von physikalischen Effekten. So bildet die Tatsache, daß sich Körper unter Wärmezufuhr ausdehnen, die Grundlage der **Ausdehnungsthermometer.** Es kann z. B. aus einem abgeschlossenen und mit Flüssigkeit gefüllten Glasrohr bestehen. Beim Erwärmen steigt die Flüssigkeit in die Höhe, da sie sich in stärkerem Maße ausdehnt als das Glas. Der Stand des Flüssigkeitsspiegels im Glasrohr ist demnach vom Wärmegrad und mithin der Temperatur abhängig, so daß er zu ihrer Bestimmung verwendet werden kann. Als die meist gebräuchliche Flüssigkeit hat sich das Quecksilber erwiesen. Es befindet sich beim sogenannten **Quecksilberthermometer** in einem engen Glasrohr von überall gleichem Querschnitt, das am unteren Ende zu einem erweiterten Gefäß aufgeblasen ist. Der oberhalb des Quecksilbers angrenzende Raum des geschlossenen Rohres ist luftleer. Die Verwendbarkeit solcher Thermometer wird auf den Temperaturbereich zwischen dem Siedepunkt (+357 °C) und dem Erstarrungspunkt (−39 °C) von Quecksilber eingeschränkt. Mit organischen Flüssigkeiten (z. B. Alkohol, Toluol, Pentan) kann der Meßbereich in Richtung tieferer Temperaturen, infolge des tieferen Erstarrungspunktes, erweitert werden.

Das **Fieberthermometer** ist ebenfalls ein Ausdehnungsthermometer mit Quecksilber als Thermometersubstanz. Durch eine Verengung der Kapillare zwischen dem Glasrohr und dem Quecksilbergefäß oder durch einen in diese Verengung hineinragenden Stift wird verhindert, daß das Quecksilber beim Abkühlen wieder in das Gefäß zurückfließt. Der Quecksilberfaden reißt demnach beim Abkühlen ab und man kann so die Anzeige der maximal gemessenen Temperatur festhalten (Maximalthermometer). Zur erneuten Messung muß deshalb die Flüssigkeit erst in das Vorratsgefäß zurückgeschleudert werden.

Bei dem **Bimetallthermometer** wird die Ausdehnung fester Körper ausgenutzt. Zwei verschiedene Metallstreifen werden zu einem Streifen aufeinandergeschweißt, der sich auf Grund der unterschiedlich starken thermischen Ausdehnung beider Materialien bei Temperaturerhöhung zu krümmen beginnt und so eine Anzeige ermöglicht.

Das Auftreten einer elektrischen Spannung an den freien Enden eines Leiterkreises, bestehend aus zwei verschiedenen Metallen (z. B. Kupfer und Eisen), dem sogenannten **Thermoelement,** deren Kontaktstellen sich auf verschiedenen Temperaturen befinden, wird neben den Ausdehnungsthermometern und über deren Grenzen hinaus zur Temperaturmessung benutzt (vgl. Kap. D. 19).

Die Abhängigkeit einer anderen elektrischen Größe von der Temperatur, nämlich des elektrischen Widerstandes (vgl. Kap. D. 9), wird bei den **Widerstandsthermometern** verwandt. Die Zunahme des Widerstandes mit steigender Temperatur ist dabei sehr genau meßbar.

Weit weniger genau ist die Temperaturmessung mit Hilfe von **Temperaturmeßfarben** (Thermocolore), deren Prinzip auf temperaturabhängigen Farberscheinungen basiert. Die gute Überwachung großflächiger Bereiche ist dabei der wesentlichste Vorteil.

Zur indirekten Messung hoher Temperaturen benutzt man die Abhängigkeit der Wellenlänge des Maximums der emittierten Strahlung von der Temperatur, die durch das Wiensche Verschiebungsgesetz beschrieben wird (vgl. Kap. G. 2). Die dazu verwendeten Meßinstrumente, die sogen. **Pyrometer,** registrieren entweder die gesamte oder die spektrale Strahlung (wenn man die Farbtemperatur ermitteln will) von Körpern, die sich im thermodynamischen Gleichgewicht befinden.

Die **Temperaturskala** kann willkürlich mittels sogenannter **Fixpunkte** festgelegt werden. Zwei einfach herstellbare Temperaturen als Fixpunkte sind die Schmelztemperatur ϑ_1 von Eis und die Siedetemperatur ϑ_2 von Wasser (bei einem äußeren Luftdruck von 760 Torr = 1013 mbar). Betrachtet man das Quecksilberthermometer und teilt den Abstand der zu den Fixpunkten gehörenden Flüssigkeitsniveaus in 100 Teile, so erhält man die **Celsius-Skala.** Der Abstand zweier benachbarter Teile, nämlich ein Skalenteil, heißt ein Grad Celsius (1 °C) und den Temperaturen ϑ_1 bzw. ϑ_2 werden die Werte 0 °C bzw. 100 °C zugeordnet. Diese Skala wird zu höheren und tieferen Temperaturen extrapoliert, wobei im letzteren Falle negative Werte eingeführt werden. Eine andere Temperaturskala, die **Fahrenheit-Skala,** benutzt als Fixpunkte eine besondere Kältemischung aus Eis und Salmiak und die normale Körpertemperatur, denen ebenfalls die Werte 0 und 100 °F (Grad Fahrenheit) zugeordnet werden (Tab. C-1).

Auf Grund der unterschiedlichen Ausdehnung anderer Substanzen ist die Celsius-Skala an Quecksilber gebunden. Jene Temperaturskala, die von den thermischen Eigenschaften der thermometrischen Stoffe unabhängig ist, wird als **thermodynamische Temperaturskala** bezeichnet. Die Temperatur T, deren Angabe in **Einheiten Kelvin** (K) geschieht, ist dort auf den absoluten Nullpunkt (0 K) bezogen, weshalb sie auch **absolute Temperatur** genannt wird. Celsius- und Kelvin-Skala sind additiv um 273,2 verschoben:

$$T/\mathrm{K} = \vartheta/^\circ\mathrm{C} + 273{,}2 \quad . \tag{1.1}$$

Die Umrechnung wird durch Tabelle C-1 verdeutlicht.

Tab. C-1 Vergleich verschiedener Temperaturskalen.

	absoluter Nullpunkt	Schmelztemp. von Eis	Körpertemp.	Siedetemp. von H_2O
Celsius-Skala (°C)	−273,2	0	37	100
Fahrenheit-Skala (°F)	−490	32	100	212
Kelvin-Skala (K)	0	273,2	310	373,2

2. Thermische Ausdehnung

Die **thermische Ausdehnung** von festen und flüssigen Körpern, die bei den Thermometern ihre Anwendung fand, kann quantitativ erfaßt werden. Ein Stab, der bei 0 °C die Länge l_0 besitzt, dehnt sich bei Erwärmung auf die (Celsius-)Temperatur ϑ auf die Länge

$$l_\vartheta = l_0(1 + \alpha^* \cdot \vartheta) \tag{2.1}$$

aus. α^* ist der **lineare Ausdehnungskoeffizient,** der beispielsweise bei Aluminium $23 \cdot 10^{-6}$ Grad^{-1} und bei Eisen $12 \cdot 10^{-6}$ Grad^{-1} beträgt.

In Erweiterung des linearen Gebildes wird der Würfel mit der Kantenlänge l_0 (bei 0 °C) betrachtet, bei dem sich alle drei Kanten durch Erwärmung ausdehnen. Daher gilt für die Volumenausdehnung

$$\frac{V_\vartheta}{V_0} = \frac{l_\vartheta^3}{l_0^3} = (1 + \alpha^* \cdot \vartheta)^3 = 1 + 3\alpha^* \cdot \vartheta + 3\alpha^{*2} \cdot \vartheta^2 + \alpha^{*3} \cdot \vartheta^3. \quad (2.2)$$

Bei Vernachlässigung kleiner Glieder folgt allgemein für den festen Körper

$$V_\vartheta = V_0 (1 + 3\alpha^* \cdot \vartheta) \; , \quad (2.3)$$

so daß der **kubische Ausdehnungskoeffizient** α das Dreifache des linearen Ausdehnungskoeffizienten α^* beträgt.

Die Volumenänderung von Flüssigkeiten mit der Temperatur kann ebenfalls durch kubische Ausdehnungskoeffizienten beschrieben werden, die jedoch im allgemeinen größer (etwa hundertfach) als die von festen Körpern sind. Außerdem können ungewöhnliche Verhältnisse auftreten, wie z.B. beim Wasser zwischen den Temperaturen 0 °C und 4 °C. In diesem Temperaturbereich bewirkt eine Erwärmung des Wassers eine Volumenverkleinerung und entsprechende Dichtezunahme **(Anomalie des Wassers).** Erst bei weiterer Temperaturerhöhung dehnt es sich wieder aus (Abb. C-1). Diese Anomalie erschwert das Ausfrieren von Gewässern bis hinab zum Grunde, da das Wasser mit einer Temperatur unter 4 °C infolge der abnehmenden Dichte nicht mehr zum Boden abzusinken und die tieferen Wasserschichten durch Wärmekonvektion (vgl. Kap. C. 9) abzukühlen vermag. Die weitere Abkühlung erfolgt dann nur noch durch die viel langsamere Wärmeleitung.

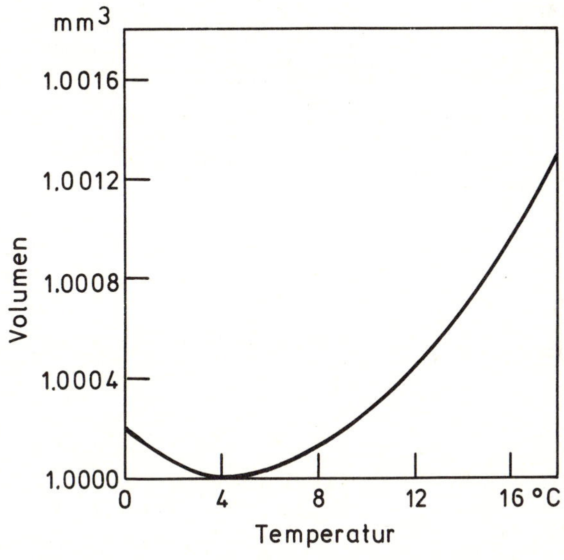

Abb. C-1 Volumenänderung von 1 g Wasser bei Erwärmung.

Die Erwärmung von Gasen hat sowohl eine Änderung des Volumens als auch des Druckes zur Folge. Falls man den Druck p während der Erwärmung konstant hält, etwa durch Einschließen des Gases in einen Zylinder mit verschiebbarem Kolben, so gilt für die Volumenausdehnung eines Gasvolumens V_0 (bei 0 °C) das **Gesetz von Gay-Lussac**

$$V_\vartheta = V_0 (1 + \alpha \cdot \vartheta) \qquad (p = \text{const.}). \quad (2.4)$$

Diese Zustandsänderung entspricht im p-V-Diagramm einem horizontalen Übergang (Abb. C-2b). Der Ausdehnungskoeffizient α ist wesentlich größer als der von festen und flüssigen Körpern. Er hat für alle Gase ungefähr den gleichen Wert (Tab. C-2).

Tab. C-2 Ausdehnungskoeffizient einiger Gase zwischen 0 °C und 100 °C.

	$\alpha \cdot K$
Luft	0,003675
H_2	0,003662
He	0,003660
Ar	0,003676
CO_2	0,003726

3. Ideales Gas

Beim idealen Gas werden das Volumen der einzelnen Moleküle und intermolekulare Wechselwirkungskräfte vernachlässigt. Der Ausdehnungskoeffizient hat genau den Wert

$$\alpha = 0{,}00366 \frac{1}{\mathrm{K}} = \frac{1}{273{,}2} \frac{1}{\mathrm{K}} \quad . \tag{3.1}$$

Setzt man Gleichung (3.1) und (1.1) in Gleichung (2.4) ein, so erhält man für die Volumenausdehnung eines idealen Gases

$$V_\vartheta = V_0 \frac{T}{273{,}2} \qquad (p = \text{const.}), \tag{3.2}$$

mit der absoluten Temperatur T. Beim Erwärmen von einem Grad dehnt sich das ideale Gas um 1/273,2 seines Volumens V_0 bei $T_0 = 273{,}2$ K aus, falls der Druck gleich bleibt. Demnach verschwindet das Volumen am absoluten Nullpunkt ($T = 0$ K).

Neben der **Temperatur** ϑ und dem **Volumen** V tritt der **Druck** p (vgl. Kap. B. 14) als weitere wichtige **Zustandsgröße** auf, deren Gesamtheit ein thermodynamisches System beschreibt.

Wenn das Volumen eines in einem Zylinder mit verschiebbarem Kolben eingeschlossenen Gases verkleinert werden soll, so muß die auf den Kolben von außen wirkende Kraft vergrößert werden. Da die Kolbenfläche unverändert bleibt, bedeutet dies ebenso ein Anwachsen des Druckes vom Kolben auf das Gas wie umgekehrt, nach dem Gesetz actio gleich reactio, vom Gas auf den Kolben. Der Zusammenhang zwischen den beiden Zustandsgrößen Volumen V und Druck p bei gleichbleibender Temperatur ϑ wird durch das **Gesetz von Boyle-Mariotte** beschrieben (s. Kapitel B. 14)

$$p \cdot V = \text{const.} \qquad (\vartheta = \text{const.}), \tag{3.3}$$

dem das ideale Gas streng genügt. Bei einer gegebenen Temperatur kann man also entweder p oder V durch entsprechende experimentelle Anordnung frei wählen, die andere Zustandsgröße ist dadurch automatisch festgelegt.

Die Gesetze von Gay-Lussac und Boyle-Mariotte lassen sich zusammenfassen zu dem **allgemeinen Gasgesetz,** das die Abhängigkeit der Zustandsgrößen untereinander angibt

$$p_\vartheta \cdot V_\vartheta = p_0 \cdot V_0 (1 + \alpha \cdot \vartheta) \quad . \tag{3.4}$$

Dieses Gesetz erhält man, wenn man von dem Zustand $(p, V)_\vartheta$ bei konstanter Temperatur ϑ (also z. B. auf der Isotherme T_3 in Abb. C-2d) durch Druckänderung zu einem Zustand $(p_0, V')_\vartheta$ übergeht, wobei nach Boyle-Mariotte $p_\vartheta \cdot V_\vartheta = p_0 \cdot V'$ ist. In einem zweiten Schritt geht man dann bei konstantem Druck p_0 (in Abb. C-2d also horizontal) durch Temperaturänderung auf $\vartheta = 0\,°\mathrm{C}$ zum Zustand $(p, V)_0$ (z. B. auf der Isotherme T_2) über, wobei gilt $V' = V_0(1 + \alpha\vartheta)$.

Hält man bei Temperaturänderung oder Druckänderung das Volumen des idealen Gases konstant, indem man den frei beweglichen Stempel im Zylinder arretiert, so ergibt sich nach Gleichung (3.4) mit $V_\vartheta = V_0 = \text{const.}$

$$p_\vartheta = p_0 (1 + \alpha\vartheta) \qquad (V = \text{const.}), \tag{3.5}$$

eine andere Form des Gay-Lussacschen Gesetzes, das **Gesetz von Amontons.** Diese Zustandsänderung entspricht im p-V-Diagramm einem vertikalen Übergang (Abb. C-2c). Der Spannungskoeffizient α ist demnach beim idealen Gas exakt gleich dem Volumenausdehnungskoeffizienten. Beim Erwärmen um ein Grad nimmt der Druck des idealen

Gases um 1/273,2 seines Druckes p_0 bei $T_0 = 273{,}2\,\mathrm{K}$ zu, falls das Volumen gleich bleibt.

Mit Hilfe der absoluten Temperatur (Gl. 3.1) kann das allgemeine Gasgesetz (Gl. 3.4) umgeschrieben werden zu

$$p_T V_T = p_0 V_0 \frac{T}{T_0} \qquad (T_0 = 273{,}2\,\mathrm{K}) \qquad \text{oder}$$

$$\frac{p_T V_T}{T} = \frac{p_0 V_0}{T_0} = \text{const.} \quad . \tag{3.6}$$

Diese Gleichung wird als **Zustandsgleichung für ideale Gase** bezeichnet. Dabei ist die Konstante ($= p_0 V_0 / T_0$) sowohl von der Menge des Gases wie von der Art abhängig. Bezieht man dagegen den Ausdruck auf ein Mol eines Stoffes, so verschwinden die Abhängigkeiten und man erhält die sogenannte **universelle Gaskonstante** R

$$R = \frac{p_0 V_{0,\mathrm{Mol}}}{T_0} \quad , \tag{3.7}$$

Boltzmann-Konstante! $\frac{R}{N_A} = k_{Boltz.}$

mit dem Molvolumen $V_{0,\mathrm{Mol}} = 22{,}4\,\mathrm{l}$ bei $273{,}2\,\mathrm{K}$ und $760\,\mathrm{Torr}$ ($\approx 1\,\mathrm{bar}$) **(Normalbedingungen).**

Zum Verständnis des Molvolumens müssen die Begriffe relative Molekülmasse (bzw. relative Atommasse) und Mol geklärt werden. Die **relative Molekülmasse** – früher Molekulargewicht genannt – ist die Molekülmasse bezogen auf $^1/_{12}$ (d.h. „geteilt durch 12") der Masse des Kohlenstoffnuklids ^{12}C. Sie trägt demnach keine Einheit, sondern ist eine reine (Verhältnis-)Zahl. Bei der Bildung der relativen Molekülmassen hat man die **relativen Atommassen** der Atome, aus denen das Molekül besteht, zu addieren. Beispiel: Die relative Atommasse von atomarem Sauerstoff (O) beträgt 16; die relative Molekülmasse von molekularem Sauerstoff (O_2) beträgt 32.

Das **Mol** ist nun diejenige Menge eines Stoffes, die aus ebensovielen Einzelteilchen besteht wie Atome in 12 g des Kohlenstoffnuklids ^{12}C enthalten sind. Seine **Einheit** ist **mol.** Die Anzahl der Teilchen wird als **Avogadro-Konstante** (früher Loschmidt-Zahl) bezeichnet und beträgt

$$N_A = 6{,}022 \cdot 10^{23} \, \frac{1}{\mathrm{mol}} \quad .$$

Der Molbegriff kann sich auf beliebige Teilchenarten oder Gruppen solcher Teilchen genau angegebener Zusammensetzung beziehen und stellt eine weitere Grundgröße dar.

Die Avogadrosche Regel besagt, daß alle idealen Gase bei gleichem Druck p, gleicher Temperatur T und mit gleich vielen kleinsten Teilchen auch gleiche Volumina erreichen. Für ein Mol eines beliebigen Gases ergibt sich somit unter Normalbedingungen ein Volumen von **22,4 l,** das sog. **Molvolumen** $V_{0,\mathrm{Mol}}$. Mit diesem Molvolumen erhält man nach Gleichung (3.7) eine stoff- und mengenunabhängige Gaskonstante

$$R = \frac{1\,\mathrm{atm} \cdot 22{,}4\,\mathrm{l}}{273{,}2\,\mathrm{K} \cdot \mathrm{mol}} = 0{,}0821 \, \frac{\mathrm{l} \cdot \mathrm{atm}}{\mathrm{K} \cdot \mathrm{mol}},$$

oder

$$R = 8{,}3144 \, \frac{\mathrm{J}}{\mathrm{K} \cdot \mathrm{mol}} \approx 2 \, \frac{\mathrm{cal}}{\mathrm{K} \cdot \mathrm{mol}} .$$

Die **Zustandsgleichung eines idealen Gases** lautet dann für n **Mole**

$$p \cdot V = n \cdot R \cdot T \quad . \tag{3.8}$$

Die Gleichung (3.8) beschreibt den Zustand eines idealen Gases insofern, als bei zwei vorgegebenen Zustandsgrößen wie z. B. dem Druck und der Temperatur die dritte Zustandsgröße, das Gasvolumen, nicht mehr beliebig gewählt werden kann.

Wenn sich der Druck, die Temperatur oder das Volumen eines Gases ändern, ohne daß es kondensiert oder chemisch reagiert, so spricht man von einer Zustandsänderung. Bei einem stetigen Verlauf der **Zustandsänderung** (quasistationäre Zustandsänderung), kann die Zustandsgleichung in jedem beliebigen Zeitpunkt Auskunft über die drei Zustandsgrößen geben. Das bedeutet, daß dann in einem Diagramm, das durch zwei der drei Größen aufgespannt wird, eine stetige Kurve gezeichnet werden kann (Abb. C-2a). In Wirklichkeit wird eine solche Änderung, die durch Gleichgewichtszustände beschrieben werden kann, nur mehr oder minder gut erreicht (vgl. Kap. C. 6, 2. Hauptsatz).

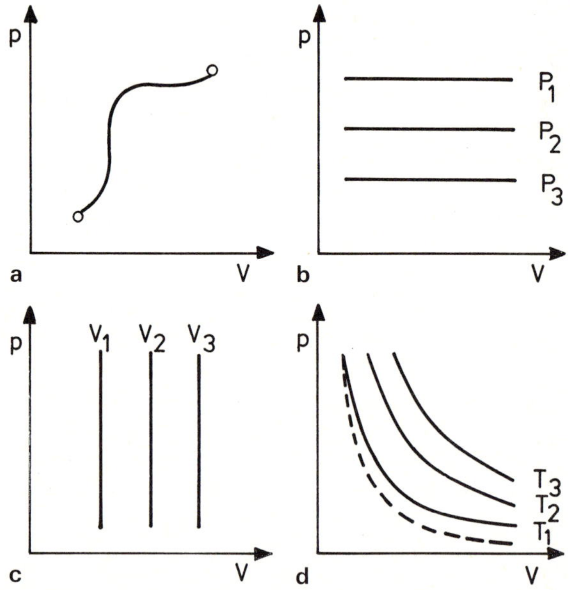

Abb. C-2 *a*) Quasistationäre Zustandsänderung (A = Anfangspunkt, E = Endpunkt)
b) Isobare Zustandsänderungen bei verschiedenem Druck p ($p_1 < p_2 - p_3$)
c) Isochore Zustandsänderungen bei verschiedenem Volumen V ($V_1 < V_2 < V_3$)
d) Isotherme Zustandsänderungen bei verschiedener Temperatur T ($T_1 < T_2 < T_3$); (– – – –): adiabatische Zustandsänderung

Einige Zustandsänderungen sind durch besondere Bedingungen gekennzeichnet. Bei **isobaren Vorgängen** bleibt der Druck konstant, so daß das Volumen linear mit der absoluten Temperatur anwächst (Abb. C-2b). Man kann dies z. B. dadurch verwirklichen, daß man ein Gas in einem Zylinder erwärmt, dessen Druck durch den Druck eines beweglichen Kolbens zuzüglich des Luftdruckes konstant gehalten wird. Wird der Kolben unbeweglich, so vergrößert sich der Druck proportional zur Temperatur. Man spricht dann von **isochoren Vorgängen,** wo das Volumen konstant bleibt (Abb. C-2c). **Isotherme Vorgänge** erfolgen bei konstant gehaltener Temperatur (Abb. C-2d), so daß das Produkt aus Druck und Volumen konstant bleibt. Dabei wird der Zylinder in ein Wasserbad gesetzt, das den sofortigen Ausgleich einer Temperaturänderung infolge einer Druckänderung gewährleistet. Erfolgt kein Wärmeaustausch mit der Umgebung, so geschieht ein **adiabatischer Vorgang.** Demnach muß der Zylinder gegenüber seiner Umgebung wärmeisoliert werden. Beim Zusammendrücken des Gases steigt der Druck einmal infolge der Volumenabnahme, zum anderen auf Grund der dabei auftretenden Temperaturerhöhung (Abb. C-2d).

Verschiedene Gase, die chemisch nicht miteinander reagieren, bilden ein **Gasgemisch.** Sein thermischer Zustand wird ebenfalls durch Gleichung (3.8) beschrieben, wobei als Molzahl die Summe aller Molzahlen der einzelnen Gasarten einzusetzen ist. Auf Grund des atomistischen Bildes (Kap. C. 11) hat jede Gasart entsprechend ihrer Anzahl von Molekülen einen **Teildruck (Partialdruck).** Dieser Partialdruck p_k der k-ten Gasart eines Gasgemisches ist dabei der Druck, den das Gas haben würde, wenn es allein bei derselben Temperatur in demselben Volumen vorhanden wäre, so daß nach (Gl. 3.8) gilt

$$p_k = n_k \frac{R \cdot T}{V}. \tag{3.9}$$

Der gesamte Druck des Gasgemisches ist dann die Summe der Partialdrucke (Gesetz v. Dalton). Man kann sich das auch so vorstellen, daß jede Gasart unter demselben Druck steht, aber ein **Teilvolumen (Partialvolumen)** einnimmt. Dieses Partialvolumen V_k der k-ten Gasart eines Gasgemisches ist das Volumen, das das Gas allein bei gleichem Druck und gleicher Temperatur einnehmen würde, so daß wieder nach (Gl. 3.8) gilt

$$V_k = n_k \frac{R \cdot T}{p}. \tag{3.10}$$

Das gesamte Volumen des Gasgemisches ist dann die Summe der Partialvolumina (Gesetz v. Amagat).

Als Beispiel dazu sei das Gasgemisch in der Lunge eines Menschen am Erdboden ($p = 760$ Tor $= 1013$ mbar) erwähnt. Dort berechnet sich der CO_2-Gehalt aus vorgegebenem Partialdruck von 4 Torr nach Gl. (3.9) und (3.10) zu $V_k = 5{,}3\,\%$ vom gesamten Volumen. Die Atemgase sind demnach erheblich reicher an CO_2 als die trockene Außenluft, die sich aus 78,09 % N_2, 20,95 % O_2, 0,93 % Edelgasen und 0,03 % CO_2 bezogen auf das gesamte Volumen zusammensetzt.

Da Gasvolumina temperatur- und druckabhängig sind und unterschiedliche Mengen Wasserdampf enthalten, der den Anteil der übrigen Gase und deren Partialdrucke vermindert, werden Volumen-Messungen auf Standardbedingungen bezogen. Die in der Physiologie gebräuchlichen Standardbedingungen sind

a) 0 °C, 760 Torr, ohne Wasserdampf (**St**andard **T**emperature and **P**ressure, **D**ry = **STPD**)

b) 37 °C, 760 Torr, wasserdampfgesättigt (vgl. Kap. C. 7; **B**ody **T**emperature and **P**ressure, **S**aturated = **BTPS**)

c) Umgebungstemperatur, 760 Torr, wasserdampfgesättigt (**A**mbient **T**emperature and **P**ressure, **S**aturated = **ATPS**).

4. Reale Gase

Beim realen Gas müssen die intermolekularen Wechselwirkungskräfte zwischen den Molekülen und das Eigenvolumen der Moleküle berücksichtigt werden. Die Zustandsgleichung (3.8) ist für reale Gase nur bei hohen Temperaturen bzw. niedrigen Drucken näherungsweise gültig.

Bei tiefen Temperaturen und hohen Drucken kommt es infolge der eintretenden Gasverflüssigung zu einem vom idealen Gas abweichenden Verhalten. Dies findet seinen Ausdruck im Verlauf der Isothermen (Abb. C-3), wobei im schraffierten Bereich sowohl die gasförmige wie die flüssige Phase vorliegt. Verfolgt man z. B. die 0 °C-Isotherme von Kohlendioxid, so ergibt sich, ausgehend von einem großen Volumen V_1, der bereits bekannte zunächst annähernd hyperbolische Verlauf der Isothermen eines idealen Gases, wie man es nach dem Boyle-Mariotteschen Gesetz erwartet. Bei konstanter Temperatur steigt mit sinkendem Volumen der Druck. Im Punkt A ist jedoch der Sättigungsdampfdruck des Kohlendioxids erreicht (vgl. Kap. C. 7) und jede weitere Volumenverringerung führt nun nicht zu einer Druckerhöhung, sondern zu einer partiellen Verflüssigung des Gases. Im Punkt B liegt schließlich nur noch flüssiges Kohlendioxid vor. Danach steigt die Isotherme sehr steil zu hohen Drucken, entsprechend der geringen Kompressibilität von Flüssigkeiten.

Außerdem entnimmt man dem Diagramm, daß es einen Punkt K, den sogenannten kritischen Punkt gibt, wo die gasförmige Phase von der flüssigen nicht mehr zu unterscheiden ist und demnach die Dichten von Gas und Flüssigkeit gleich sind. Dieser

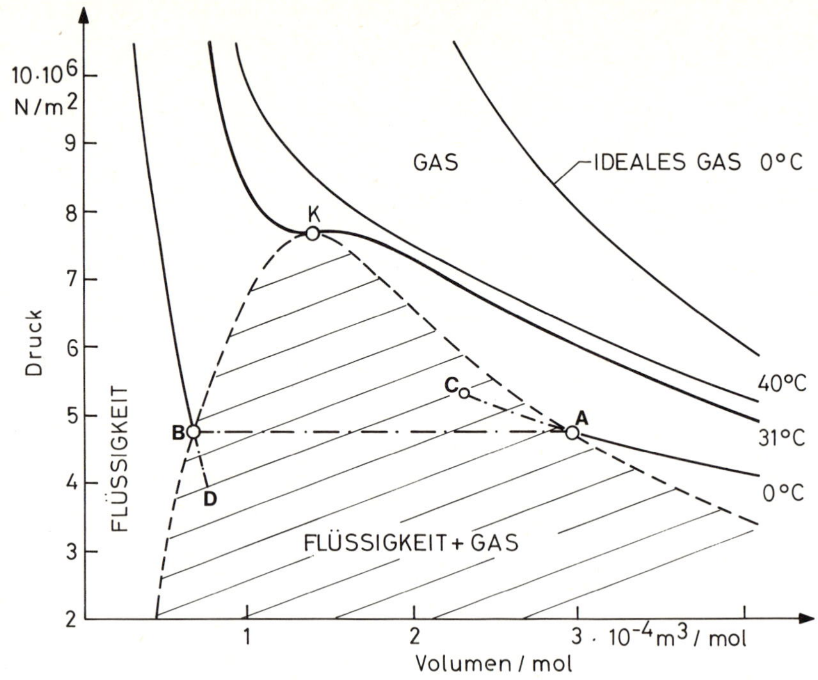

Abb. C-3 Isothermen von Kohlendioxyd

Punkt wird durch die **kritische Temperatur** T_k (bei CO_2 31,4 °C, bei H_2O 374,2 °C) und den **kritischen Druck** p_k (bei CO_2 $7{,}4 \cdot 10^6$ N/m² ≈ 73 atm, bei H_2O 221 atm) bestimmt. Oberhalb der durch K gehenden **kritischen Isothermen** kann das Gas nicht mehr durch Druckerhöhung verflüssigt werden.

Alle realen Gase zeigen ein dem hier beschriebenen Kohlendioxyd qualitativ ähnliches, von dem der idealen Gase abweichendes Verhalten. Auf Grund der van der Waals-Kräfte (Kap. E. 1) ziehen sich die Teilchen gegenseitig an, was eine scheinbare Erhöhung des äußeren Druckes zur Folge hat. In der Zustandsgleichung kann dies dadurch berücksichtigt werden, daß der äußere Druck um den **Binnendruck** a/V^2 erweitert wird. Außerdem verringert sich das Volumen durch den Platzbedarf der einzelnen Moleküle. Die Volumenverminderung b beträgt etwa das vierfache **Eigenvolumen.** Mit diesen Korrekturgrößen erhält man die **van der Waalssche Zustandsgleichung** für n Mole, die die Isothermen eines realen Gases außer im schraffierten Bereich von Abb. C-3 in guter Näherung beschreibt:

$$\left(p + \frac{a \cdot n^2}{V^2}\right) \cdot (V - n \cdot b) = n \cdot R \cdot T \quad . \tag{4.1}$$

Die Konstanten a bzw. b betragen z.B. bei CO_2 $a = 7{,}4 \cdot 10^6\ \mathrm{Nm^4/mol^2}$ bzw. $b = 4{,}3 \cdot 10^{-5}\ \mathrm{m^3/mol}$.

Bezieht man das Volumen V auf die Stoffmenge n durch Einführung des Molvolumens $V_{\mathrm{Mol}} = V/n$, so nimmt die van der Waals-Gleichung die folgende Form an

$$\left(p + \frac{a}{V_{\mathrm{Mol}}^2}\right) \cdot (V_{\mathrm{Mol}} - b) = RT \quad . \tag{4.2}$$

5. Wärmemenge und Wärmekapazität

Der Begriff Temperatur allein reicht nicht aus, um alle mit Temperaturänderungen verknüpften Vorgänge zu beschreiben. Vielmehr braucht man eine Größe, die quantitativ die Wärme beschreibt. Bringt man z.B. zwei Körper verschiedener Temperatur und Beschaffenheit in enge Berührung, so daß die beteiligten Stoffe keine chemische Umwandlung oder Phasenänderung erfahren, dann wird von dem heißeren Körper eine Wärmemenge an den kälteren abgegeben. Diese übertragene Wärmemenge hängt dabei sowohl von der Masse des Stoffes wie von seiner Art und von der Differenz seiner Anfangs- und Endtemperatur ab. Demnach muß einem Körper der Masse m bei einer Erhöhung seiner Temperatur von T_1 auf T_2 die **Wärmemenge**

$$Q = C \cdot (T_2 - T_1) \tag{5.1}$$

zugeführt werden. Da es sich bei der Wärmemenge um Energie handelt, ist ihre gesetzliche **Einheit Joule** (J). Die alte Einheit ist die Kalorie (cal) als diejenige Wärmemenge, die 1 g Wasser von 14,5 °C auf 15,5 °C (bei 760 Torr) erwärmt. Dabei gilt (vgl. Kap. C. 6)

$$1\,\text{cal} = 4{,}186\,(\approx 4{,}2)\,\text{J}. \tag{5.2}$$

Der Proportionalitätsfaktor C in Gl. (5.1) heißt Wärmekapazität. Die **Wärmekapazität** C ist demnach das Verhältnis von zugeführter Wärmemenge Q zu der dadurch hervorgerufenen Temperaturdifferenz $(T_2 - T_1)$

$$C = \frac{Q}{T_2 - T_1}. \tag{5.3}$$

Um eine von der Masse m des Körpers unabhängige Wärmekapazität zu erhalten, führt man die **spezifische Wärmekapazität** oder kürzer die **spezifische Wärme** ein

$$c = \frac{C}{m}. \tag{5.4}$$

Ihre Maßeinheit ergibt sich aus den Gleichungen (5.1) und (5.4) zu 1 J/gK.

Führt man der Masse m eines Körpers, der die spezifische Wärmekapazität c besitzt, die Wärmemenge Q zu, erhält man also eine Temperaturerhöhung ΔT (bei Abwesenheit von Phasenumwandlungen), wobei gilt

$$Q = c \cdot m \cdot \Delta T. \tag{5.5}$$

Gemäß der Definition der Kalorie hat Wasser die spezifische Wärmekapazität $c_{H_2O} = 1\,\text{cal/gK}$, bzw. 4,2 J/gK. Die spezifischen Wärmen der festen Stoffe liegen etwa zwischen 0,13 und 1,7 J/gK, die der Flüssigkeiten etwa zwischen 0,84 und 2,1 J/gK Wasser hat also eine sehr große spezifische Wärmekapazität und eignet sich daher sehr gut als Wärmespeicher.

Die Messung von Wärmemengen bzw. spezifischen Wärmen wird als **Kalorimetrie** bezeichnet. Dort werden Gefäße, sogenannte **Kalorimeter** verwendet, deren Wände nach außen hin wärmeisoliert sein sollen, was nur angenähert zu verwirklichen ist. Im Mischungskalorimeter befindet sich eine bestimmte Menge Wasser mit der Masse m_{H_2O}, die zusammen mit dem Kalorimeter die Temperatur T_1 haben möge. Bringt man nun einen Körper mit der Masse m_K, der unbekannten spezifischen Wärme c_K und der Temperatur T_K in das Wasser, so stellt sich eine Mischtemperatur T_2 ein. Für den Fall, daß keine Wärme nach außen abgeführt wird, gilt die Gleichheit der Wärmeaufnahme (bzw. Abgabe) des Wassers und des Kalorimeters mit der Wärmeabgabe (bzw. Aufnahme) des zu untersuchenden Körpers (vgl. Kap. C. 6, 1. Hauptsatz):

$$c_{H_2O} \cdot m_{H_2O} \cdot (T_2 - T_1) + c_{\text{Kalor.}} \cdot m_{\text{Kalor.}} \cdot (T_2 - T_1) = c_K \cdot m_K \cdot (T_K - T_2). \tag{5.6}$$

Das Produkt $c_{\text{Kalor.}} \cdot m_{\text{Kalor.}}$ ist nach Gleichung (5.4) die Wärmekapazität des Kalorimeters und wird als dessen **Wasserwert** W bezeichnet. Die zu bestimmende spezifische Wärme ergibt sich dann aus Gleichung (5.6) zu

$$c_K = \frac{(c_{H_2O} \cdot m_{H_2O} + W) \cdot (T_2 - T_1)}{m_K \cdot (T_K - T_2)} \,. \tag{5.7}$$

Die **molare Wärmekapazität** (oder **Molwärme**) C_{Mol} einer Substanz ist diejenige Wärmekapazität, die die Masse eines Mols M, d.h. eine der Avogadrokonstanten N_A entsprechende Anzahl ihrer Teilchen besitzt (vgl. Kap. C. 3)

$$C_{\text{Mol}} = M \cdot c \,. \tag{5.8}$$

Die **molaren Wärmekapazitäten der festen Körper** C_{Mol} betragen bei nicht zu tiefen Temperaturen etwa das Dreifache der Gaskonstanten

$$C_{\text{Mol}} = 3\,R = 6\,\frac{\text{cal}}{\text{K} \cdot \text{mol}} \approx 25\,\frac{\text{J}}{\text{K} \cdot \text{mol}} \,, \tag{5.9}$$

was als **Gesetz von Dulong-Petit** bezeichnet wird. Im Falle der Gase hängt die zur Erwärmung erforderliche Wärmemenge von den Bedingungen ab, die bei der Temperaturerhöhung erfüllt werden. Man unterscheidet zwischen den **molaren Wärmekapazitäten bei konstantem Volumen** $C_{\text{Mol},V}$ bzw. **konstantem Druck** $C_{\text{Mol},p}$ entsprechend der Wärmezufuhr bei konstantem Volumen bzw. konstantem Druck. Die Größe der so eingeteilten Wärmekapazitäten ist außer von der Temperatur auch von den Bewegungsmöglichkeiten der Gasatome bzw. Moleküle, den sog. Freiheitsgraden der Bewegung abhängig, was die kinetische Gastheorie erklärt. In jedem Falle ergibt die Differenz der molaren Wärmekapazitäten bei konstantem Druck und konstantem Volumen annähernd die Beziehung

$$C_{\text{Mol},p} - C_{\text{Mol},V} = R = 8.3\,\frac{\text{J}}{\text{K} \cdot \text{mol}} \,, \tag{5.10}$$

die von den idealen Gasen exakt erfüllt wird.

6. Wärme und Energie

Durch Zu- oder Abfuhr von Wärme Q kann der Zustand eines betrachteten Systems und damit die ihn kennzeichnenden Zustandsgrößen geändert werden. Daneben gelingt eine Zustandsänderung auch dadurch, daß Arbeit W vom System oder am System verrichtet wird. Ein Beispiel dafür ist die **Arbeit durch Volumenänderung (Volumenarbeit),** die insbesondere bei Anwesenheit von Gasen oder Dämpfen zu berücksichtigen ist. Betrachtet man ein in einem Zylinder eingeschlossenes Gas mit dem Druck p, so wirkt auf einen beweglichen Kolben mit der Fläche A die Kraft $F = p \cdot A$. Wird nun das Gas mit einer äußeren Kraft um das Volumen $\Delta V = -A \cdot \Delta s$ zusammengedrückt (Δs = Ortsänderung des Kolbens), so muß dabei (vgl. Kap. B. 10) die Arbeit

$$W = F \cdot \Delta s = p \cdot A \cdot \Delta s \qquad \text{oder}$$

$$W = -p \cdot \Delta V \tag{6.1}$$

aufgebracht werden. Für den Fall, daß keine Wärme mit der Umgebung ausgetauscht wird **(adiabatischer Vorgang),** hat die dabei auftretende Zustandsänderung eine Temperaturerhöhung zur Folge. Im atomistischen Bild werden die an dem Kolben reflektierten Gasmoleküle durch dessen entgegengesetzte Bewegung beschleunigt, so daß die durchschnittliche kinetische Energie der Moleküle erhöht wird.

Bei einer Volumenabnahme ($\Delta V < 0$) erhält man nach Gleichung (6.1) für die am Gas geleistete Arbeit $W > 0$. Entsprechend gilt bei Volumenzunahme ($\Delta V > 0$) für die am Gas geleistete Arbeit $W < 0$. Verläuft die Entspannung dabei adiabatisch, so ist die Zustandsänderung entsprechend den obigen Erklärungen durch eine Temperaturerniedrigung gekennzeichnet.

Außer durch mechanische Arbeit kann eine Zustandsänderung auch durch Zu- oder Abfuhr z.B. elektrischer oder magnetischer Energie bewirkt werden. Da Wärme eine Energieform darstellt, kann diese in andere Energieformen wie mechanische oder elektrische Energie umgewandelt werden. Bei der vollständigen Umwandlung treten immer die gleichen Energiemengen auf. Werden die Energieformen in unterschiedlichen Einheiten angegeben, wie es früher der Fall war, so bleibt der Quotient von zwei Energieformen konstant und bildet den Äquivalentfaktor.

Eine historische Bedeutung hat dabei die Umwandlung von mechanischer Energie, gemessen in Newtonmeter, in Wärmeenergie, gemessen in Kalorien.

Die Bestimmung des **mechanischen Wärmeäquivalents** $= \dfrac{\text{Wärmeenergie}}{\text{mech. Energie}}$ geschieht bei der unelastischen Verformung fester Körper oder bei der äußeren und inneren Reibung von Flüssigkeiten und Gasen. So wird beispielsweise beim Jouleschen Versuch ein Rührwerk bewegt, das sich unter starker Reibung in einer Flüssigkeit (z.B. Hg) dreht. Die Drehbewegung selbst wird durch eine Masse verursacht, die auf Grund der Schwerkraft nach unten sinkt. Bei einer kleinen Sinkgeschwindigkeit kann die kinetische Energie vernachlässigt werden und die gesamte potentielle Energie wird in Reibungswärme umgewandelt. Die Messung in den früher verwendeten Einheiten ergibt:

$$1\,\text{Nm} = 0{,}2386\,\text{cal} \quad . \tag{6.2}$$

Bei der Umwandlung von elektrischer Energie in Wärme tritt das **elektrische Wärmeäquivalent** auf. Da im MKSA-System die Maßeinheit der elektrischen Spannung (1 Volt) so festgelegt ist (vgl. Kap. D.4), daß 1 Nm einer Wattsekunde (1 Ws = 1 VAs) entspricht, folgt nach Gl. (5.2) bzw. (6.2)

$$1\,\text{Ws} = 0{,}2386\,\text{cal} \qquad \text{bzw.} \qquad 1\,\text{cal} = 4{,}186\,\text{Ws} \quad . \tag{6.3}$$

Unter Einbeziehung der Wärme als eine besondere Energieform kann der Energiesatz der Mechanik (vgl. Kap. B.10) über seinen Gültigkeitsbereich hinaus erweitert werden. Die gesamte Energie eines thermodynamischen Systems, die dann in Wärme und Arbeit aufgeteilt wird, heißt **innere Energie** U. Sie bleibt in einem abgeschlossenen System, wo keine Wechselwirkung mit der Umgebung stattfindet, konstant ($\Delta U = 0$). Die Änderung der inneren Energie ΔU, die eine Änderung der Zustandsgrößen bedeutet, kann nur dadurch geschehen, daß dem System von außen Energie in irgendeiner Form zu- oder weggeführt wird. Teilt man z.B. die zugeführte Energie in Arbeit W und Wärme Q auf, so wird der verallgemeinerte Energiesatz durch den **1. Hauptsatz der Wärmelehre** formuliert

$$\Delta U = W + Q \quad . \tag{6.4}$$

In der Technik wird die vom System geleistete Arbeit ($-W$) genutzt, die sich nach dem 1. Hauptsatz ($-W = Q - \Delta U$) aus der von außen zugeführten Wärme und der Abnahme der inneren Energie zusammensetzt.

Wenn z.B. die dem System zugeführte Energie nur in Form von Wärme besteht ($W = 0$), so geschieht der Energieumsatz nach Gleichung (6.1) bei konstantem Volumen **(isochore Zustandsänderung,** $\Delta V = 0$). Die Änderung der inneren Energie wird demnach allein durch den Wärmeumsatz bestimmt

$$\Delta U = Q . \tag{6.5}$$

Der andere Sonderfall, wo der Energieumsatz ohne Wärme vonstatten geht ($Q = 0$), geschieht z. B. bei den adiabatischen Vorgängen oder bei den galvanischen Elementen, wo an Stelle der mechanischen die elektrische Energie W umgesetzt wird

$$\Delta U = W. \tag{6.6}$$

Wenn das System aus Gasen oder Dämpfen besteht, so muß berücksichtigt werden, daß diese bei einem Energieumsatz eine Volumenänderung ΔV erleiden und nach Gleichung (6.1) z.B. eine Volumenarbeit gegen den Atmosphärendruck zu leisten vermögen. Die Änderung der Volumenenergie wird mit der inneren Energie zusammengefaßt und als **Enthalpie** H bezeichnet

$$H = U + p \cdot V \quad . \tag{6.7}$$

Betrachtet man Zustandsänderungen bei konstantem Druck **(isobare Zustandsänderung,** $\Delta p = 0$), so ist der Wärmeumsatz Q gleich der Enthalpieänderung ΔH nach Gleichung (6.4)

$$\Delta H = \Delta U + p \cdot \Delta V = Q. \tag{6.8}$$

Beispiele dafür sind die Wärmemengen bei einer im offenen Gefäß ablaufenden (isobaren) chemischen Reaktion und beim isobaren Schmelzen. Für eine vernachlässigbare Volumenänderung ($\Delta V \approx 0$) erhält man nach Gleichung (6.8) für die Änderung der inneren Energie ΔU

$$\Delta U \approx \Delta H. \tag{6.9}$$

Der allgemeine Energiesatz, der über die Äquivalenz von Arbeit und Wärme hinaus den Massenerhaltungssatz auf Grund der Relativitätstheorie (siehe Kap. E. 2) beinhaltet, kann nicht darüber entscheiden, in welcher Richtung ein Naturprozeß und damit eine Zustandsänderung verläuft. Diese Entscheidung jedoch ist notwendig, wie man am Beispiel der Reibungswärme erkennt. Ein Körper, der nach dem freien Herabfallen aus einer gewissen Höhe und Aufprall auf dem Boden dort seine kinetische Energie in Deformationsenergie und Wärme umwandelt, vermag durchaus nicht dem Boden die entsprechende Wärme zu entziehen, um nach oben zu fliegen, was der Energieerhaltung zufolge erlaubt ist. Die Frage danach, ob ein Vorgang umkehrbar ist, d.h. durch Gleichgewichtszustände geht, so daß für jeden Augenblick z.B. die Zustandsvariablen Druck p und Temperatur T angebbar sind und somit ein stetiges Zustandsdiagramm gezeichnet werden kann, oder danach, ob ein Vorgang wenigstens reversibel ist, d.h. der Ausgangszustand mit beliebigen, hinterher unverändert gebliebenen Hilfsmitteln erreicht wird, kann durch den **2. Hauptsatz der Wärmelehre** beantwortet werden. Ein reversibler Vorgang geschieht z.B. beim ungedämpften Federpendel (vgl. Kap. F. 1), wo eine wiederholte Umwandlung von potentieller in kinetische Energie und umgekehrt stattfindet. Dagegen sind nach dem 2. Hauptsatz die folgenden drei Vorgänge irreversibel: a) Erzeugung von Reibungswärme; b) Ausdehnung von Gasen; c) Wärmeaustausch. Mit der Irreversibilität gleichbedeutend gilt die Tatsache, daß es keine periodisch arbeitende Maschine gibt, die unter Abkühlung nur eines einzigen Wärmebehälters Arbeit leistet (Perpetuum Mobile 2. Art). Es muß demnach einen zweiten Wärmebehälter mit niedriger Temperatur geben, der einen Teil der Wärme aufnimmt. Dieser Teil geht verloren, so daß eine periodisch arbeitende Maschine Wärmeenergie nicht vollständig in Arbeit umzuwandeln vermag. Die Energieumwandlung wird umso unvollständiger, je kleiner die Temperaturdifferenz der Wärmebehälter ist, was eine weitere mögliche Formulierung des 2. Hauptsatzes darstellt.

Der 2. Hauptsatz bedingt die Einführung einer neuen Zustandsfunktion, der sogenannten **Entropie** S, die als Maß für die Irreversibilität angesehen werden kann. Bei einer reversiblen Zustandsänderung ist die Änderung der Entropie ΔS gegeben durch

$$\Delta S = \left(\frac{Q}{T}\right)_{\text{rev}} \quad . \tag{6.10}$$

In einem abgeschlossenen System bleibt die Entropie während eines reversiblen Vorganges konstant, so daß die Entropieänderung verschwindet. Dagegen wird während eines irreversiblen Vorganges die Entropie im abgeschlossenen System zunehmen. Die Entropieerzeugung, als Kennzeichen für die Irreversibilität, kann an zwei Beispielen verdeutlicht werden. Beim ersten irreversiblen Vorgang wird Reibungswärme erzeugt, etwa durch das Abbremsen eines Körpers. Setzt man voraus, daß die gesamte kinetische Energie reversibel in Wärme Q verwandelt und an die Umgebung abgegeben wird und demnach keine Temperaturerhöhung stattfindet, so gilt nach Gleichung (6.10) für die Entropieänderung im gesamten System

$$\Delta S = \frac{Q}{T}, \tag{6.11}$$

die auf Grund der positiven Wärmemenge ($Q > 0$) angewachsen ist ($\Delta S > 0$). Die Entropievermehrung ergibt sich aus dem Überschuß des Entropieabflusses über den Entropiezufluß, der in diesem Beispiel nicht vorhanden ist. Geschieht die Erzeugung der Reibungswärme darüber hinaus noch irreversibel, also mit einer Temperaturerhöhung, wie man in Wirklichkeit beobachtet, so wächst die Entropie weiter an und es gilt an Stelle von Gleichung (6.11)

$$\Delta S > \frac{Q}{T}. \tag{6.12}$$

Das zweite irreversible Beispiel betrifft zwei Wärmebehälter mit konstanten Temperaturen, die miteinander im Wärmeaustausch stehen. Dabei soll der Übergang einer Wärmemenge Q von dem Behälter mit der höheren Temperatur T_o nach dem Behälter mit der niedrigeren Temperatur T_u reversibel geschehen, so daß die Entropieänderung ΔS vereinfacht aus der Bilanz von Entropiezufluß und Entropieabfluß berechnet werden kann

$$\Delta S = Q \cdot \left(\frac{1}{T_u} - \frac{1}{T_o}\right). \tag{6.13}$$

Daraus ergibt sich eine Entropievermehrung ($\Delta S > 0$), wie es der 2. Hauptsatz für einen irreversiblen Vorgang fordert.

Schließlich sei eine letzte Formulierung des 2. Hauptsatzes erwähnt: Die Natur strebt aus einem unwahrscheinlicheren einem wahrscheinlicheren Zustand zu. Dies findet seinen Ausdruck in der Beziehung

$$\Delta S = k_B \cdot \ln w \tag{6.14}$$

(k_B = Boltzmann-Konstante), welche die Entropieänderung mit der Wahrscheinlichkeit w des thermodynamischen Zustands verknüpft.

Als **3. Hauptsatz der Wärmelehre** (Nernstsches Wärmetheorem) gilt die Aussage, daß es nicht möglich ist, durch irgendeinen Prozeß die absolute Temperatur eines Systems in einer endlichen Zahl von Arbeitsschritten auf Null abzusenken. Eine engere Fassung des Satzes fordert, daß sowohl die Entropieänderung wie die Entropie selbst bei Annäherung an den Zustand größter Ordnung, den absoluten Temperaturnullpunkt, verschwindet.

7. Aggregatzustände

Materie kann (vgl. Kap. B. 4) im **gasförmigen, flüssigen** oder **festen Aggregatzustand** auftreten. Der Begriff Aggregatzustand beschreibt demnach einen physikalischen Zustand und nicht etwa die chemische Zusammensetzung und Eigenschaften eines Stoffes.

Auf Grund der Tatsache, daß manche Stoffe innerhalb des festen oder flüssigen Aggregatzustandes in mehreren chemisch und physikalisch homogenen und durch

Trennflächen abgegrenzten Zustandsformen existieren können, wird ein System allgemeiner in **Phasen** eingeteilt. Die Mischbarkeit der Gase dagegen, die immer zu einem homogenen System führt, bedingt das Auftreten nur einer einzigen gasförmigen Phase.

Zwei Phasen (d.h. auch Aggregatzustände) eines Stoffes können sich bei einer festen Temperatur ineinander umwandeln, wobei eine gewisse Wärmemenge, die sogenannte **Umwandlungswärme** frei oder verbraucht wird. Da diese Wärmemenge nicht (wie nach (Gl. 5.1) zu erwarten) zu einer Temperaturänderung führt, nennt man sie auch **latente Wärme.**

Die Umwandlung von der festen zur flüssigen Phase **(Schmelzen)** geschieht unter sonst konstanten chemischen und physikalischen Bedingungen bei einer bestimmten Temperatur, der Schmelztemperatur oder dem **Schmelzpunkt.** Dieser Punkt ist bei reinen Stoffen, die nur aus einer Sorte von Atomen oder Molekülen (einer Komponente) bestehen, gleichzeitig der **Erstarrungspunkt,** da sich der Stoff bei dieser Temperatur während des Abkühlens von der flüssigen in die feste Phase umwandelt **(Erstarren).**

Die Umwandlung von der flüssigen zur gasförmigen Phase geht im allgemeinen bei jeder Temperatur vor sich **(Verdampfen).** Sie geschieht umso schneller, je höher die Temperatur ist. Bei Temperaturerhöhung erreicht man schließlich einen Punkt, der während des Umwandlungsvorganges konstant bleibt **(Siedepunkt)** und wo sich die Flüssigkeit heftig unter Blasenbildung umwandelt **(Sieden).** Die entgegengesetzte Umwandlung, die statt dessen durch Wärmeabgabe bei der gleichen Umwandlungstemperatur **(Kondensationstemperatur)** gekennzeichnet wird, heißt **Kondensation.**

Die direkte Umwandlung von der festen zur gasförmigen Phase wird als **Sublimation** bezeichnet. Ihr Auftreten wird nicht von stofflichen Eigenschaften, sondern von den thermodynamischen Zustandsvariablen Druck und Temperatur festgelegt. Auch diese Umwandlung ist mit dem Auftreten einer Umwandlungswärme (Sublimationswärme) verbunden, die dem System bei konstanter Temperatur zugeführt wird. Die entgegengerichtete Umwandlung **(Kondensation)** dagegen läßt Wärme frei werden.

Wenn ein Stoff in nur einer einzigen Phase vorliegt, so kann er bei einem bestimmten Druck verschiedene Temperaturen annehmen. Man spricht dabei von einem System mit zwei Freiheitsgraden, weil z.B. Druck und Temperatur willkürlich gewählt werden können. Anders verhält es sich bei Koexistenz zweier Phasen. Das System nimmt dort bei einem vorgegebenen äußeren Druck eine davon abhängige, nicht mehr frei wählbare Temperatur an und besitzt demnach nur einen Freiheitsgrad. Die Abhängigkeit der beiden Zustandsgrößen wird im **vollständigen Phasendiagramm** (p-T-Diagramm) vermittelt (Abb. C-4). Jeder Punkt einer Kurve **(Koexistenzlinie)** bestimmt ein zusammengehöriges Wertepaar von Druck und Temperatur, bei dem zwei Phasen des Stoffes nebeneinander beständig sind. Die feste und flüssige Phase kann nur bei der Schmelztemperatur gleichzeitig anwesend sein. Oberhalb dieser Temperatur ist der Stoff nur flüssig; unterhalb dagegen nur fest. Die Schmelztemperatur als Funktion des Druckes ergibt die sogenannte **Schmelzdruckkurve** (Sch), die das Gleichgewicht zwischen fester und flüssiger Phase beschreibt. Entsprechend wird das Gleichgewicht zwischen flüssiger und gasförmiger Phase durch die **Dampfdruckkurve** (D) gekennzeichnet, die sich aus der Abhängigkeit des über der Flüssigkeit herrschenden Dampfdruckes von der Temperatur ergibt. Die Koexistenz von fester und gasförmiger Phase geschieht bei Werten der **Sublimationsdruckkurve** (S), die den Dampfdruck der festen Phase als Funktion der Temperatur darstellt. Alle drei Phasen gleichzeitig können nur in einem Punkt des Diagramms bestehen, dem sogen. **Tripelpunkt** (Tr). Er ergibt sich als Schnittpunkt der Koexistenzlinien. Die spezifischen Volumina sind dort jedoch in den drei Phasen verschieden. Am **kritischen Punkt** (K) endet die Trennung zwischen der flüssigen und gasförmigen Phase (vgl. Kap. C.4).

Die Phasenumwandlung geschieht auf Grund einer inneren Umwandlung eines Stoffes. Sie ist demnach durch eine Umwandlungstemperatur T_U und **Umwandlungswärme** Q_U gekennzeichnet. Die Umwandlungstemperatur bleibt während der Dauer der Umwandlung konstant. Die Umwandlungswärme dient der Energielieferung oder Energieabgabe und wird z.B. als **Verdampfungs-, Sublimations-** oder **Schmelzwärme** bezeichnet. Der isobare Vorgang erlaubt die Berechnung der umgesetzten Wärme aus der Enthalpieänderung (vgl. Kap. C. 6, Gl. (6.9)). Demnach kann sie in einen inneren

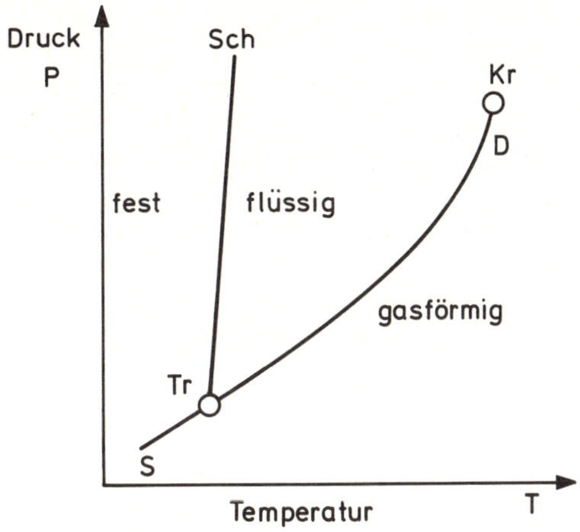

Abb. C-4 Schematisches Phasendiagramm (D = Dampfdruckkurve, Sch = Schmelzdruckkurve, S = Sublimationsdruckkurve, Kr = kritischer Punkt, Tr = Tripelpunkt)

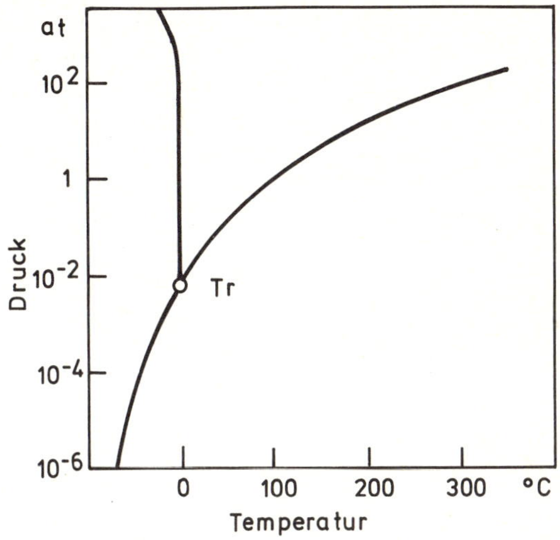

Abb. C-5 Phasendiagramm des Wassers

und einen äußeren Anteil zerlegt werden. Der äußere Anteil entspricht der Arbeit durch Volumenänderung ($p \cdot \Delta V$) und ergibt einen meist vernachlässigbar kleinen Wert. So beträgt er beim Verdampfen von Wasser weniger als 10 % der gesamten Verdampfungswärme. Der innere Anteil, der weitaus größer ist, wird durch die Änderung der molekularen Wechselwirkung verursacht. Die Abhängigkeit der Umwandlungswärme vom Druck wird allgemein bei isobaren, isothermen Phasenumwandlungen durch die **Gleichung von Clausius-Clapeyron** ausgedrückt:

$$Q_U = (V_2 - V_1) \cdot T_U \cdot \frac{dp}{dT} \quad . \tag{7.1}$$

Dabei bedeuten V_1 und V_2 die Volumina des Stoffes in der ersten und zweiten Phase. Die Ableitung dp/dT ist für die Koexistenzlinie der beiden Phasen (Abb. C-4) zu berechnen.

Beim Übergang vom festen zum flüssigen Zustand, dem Schmelzen, vermögen mit Annäherung an die Schmelztemperatur immer mehr Bausteine sich von ihren festen Gitterplätzen fort zu bewegen. Diese Beweglichkeit zerstört den Zusammenhalt der Bausteine und die regelmäßige Ordnung. Die zur Lockerung des Gefüges notwendige Energie ist die Schmelzwärme. Im allgemeinen tritt beim Schmelzen eine Volumenvergrößerung ein ($V_2 > V_1$), so daß sich nach Gleichung (7.1) die Steigung (dp/dT) der Koexistenzlinie positiv ergibt (Abb. C-4). Anders verhält es sich beim Übergang von Eis zu Wasser. Dort tritt eine Volumenverkleinerung ($V_2 < V_1$) bzw. Dichtezunahme ein, was durch das Schwimmen von Eis auf Wasser demonstriert wird **(Anomalie des Wassers,** vgl. Kap. C. 2). Die Steigung der Schmelzdruckkurve (dp/dT) verläuft hier negativ (Abb. C-5), so daß sich nach Gleichung (7.1) wieder eine positive Schmelzwärme ergibt. Bei 0 °C und 1 Atm bewirkt eine Druckerhöhung von 133 Atm eine Erhöhung der Schmelztemperatur von 1 Grad, so daß Eis unter erhöhtem Druck schmilzt. Die dabei notwendige Schmelzwärme entzieht es sich selbst, wodurch seine Temperatur erniedrigt und der Schmelzvorgang wieder beendet wird (Regelation des Eises). Beim umgekehrten Übergang, wo die Erstarrungswärme frei wird, gibt die Volumenvergrößerung des Eises zur Sprengwirkung Anlaß.

Die druckabhängige Schmelztemperatur ist für einen bestimmten Stoff charakteristisch und genau angebbar. Das Überschreiten dieser Temperatur gelingt erst nach Beendigung der Phasenumwandlung. Anders dagegen beim Unterschreiten des Schmelz- bzw. Erstarrungspunktes, wo die Phasenumwandlung zum festen Körper nicht notwendig ist. Insbesondere bei sehr reinen Stoffen kann der Phasenwechsel behindert sein, wobei sogenannte **unterkühlte Flüssigkeiten** auftreten, deren Dampfdruckkurve diejenige der normalen Flüssigkeit fortsetzt. Submikroskopische Fremdkörper und Körnchen der festen Phase (Kerne) begrenzen die Möglichkeit der Unterkühlung. Beim Erstarren erwärmt sich der feste Körper wieder bis zum normalen Schmelzpunkt.

Beim Wechsel von der flüssigen zur gasförmigen Phase gelangen die Moleküle aus dem Innern der Flüssigkeit durch die Oberfläche nach außen. Die zur Überwindung der molekularen Anziehungskräfte notwendige Arbeit ist in der Verdampfungswärme enthalten. Da die Moleküle bei ihrer thermischen Bewegung keine einheitliche Energie bzw. Geschwindigkeit besitzen, sondern sich auf verschiedene Energien verteilen (vgl. Kap. C. 11), vermögen nur die energiereichsten bzw. schnellsten die Flüssigkeit zu verlassen und über der Flüssigkeit als Dampf zu existieren. Dadurch verarmt die Flüssigkeit an schnellen Molekülen, die mittlere Molekülgeschwindigkeit sinkt. Dies hat eine Abnahme der Temperatur zur Folge (vgl. Kap. C. 11), so daß jede freistehende Flüssigkeit durch Verdampfen abkühlt. Ein allgemein bekanntes Beispiel dazu liefert die Abkühlung des menschlichen Körpers nach dem Schwitzen. Falls die Temperatur konstant gehalten werden soll, muß demnach Wärme zugeführt werden. Bei Temperaturerhöhung nimmt die mittlere Energie der Moleküle zu, so daß die Anzahl derer, die die Flüssigkeit verlassen können, wächst. Über jeder Flüssigkeit herrscht demnach je nach Temperatur ein charakteristischer **Dampfdruck.**

Umgekehrt treten Dampfmoleküle beim Auftreffen auf die Oberfläche wieder in die Flüssigkeit ein (Kondensation). Im Gleichgewichtszustand, bei dem pro Zeiteinheit ebenso viele Moleküle von der Flüssigkeit in den Dampfraum austreten wie umgekehrt, bildet sich ein bestimmter Druck des Dampfes über der Flüssigkeit aus, der als **Sättigungsdampfdruck** bezeichnet wird. Ein **gesättigter Dampf** steht demnach mit seiner Flüssigkeit im Gleichgewicht. Dieser Sättigungsdampfdruck ist von der Temperatur abhängig und charakteristisch für die Flüssigkeit (Abb. C-6). Er ist dagegen unabhängig vom Volumen über der Flüssigkeit.

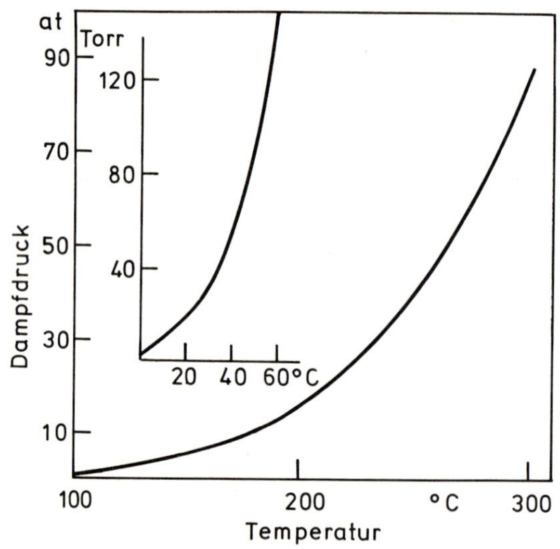

Abb. C-6 Dampfdruckkurve des Wassers

Wird der Dampfdruck gleich dem äußeren Druck, unter dem die Flüssigkeit steht, dann tritt Dampfentwicklung nicht nur an der Oberfläche, sondern auch im Innern der Flüssigkeit auf. Dabei entstehen Dampfblasen und die Flüssigkeit siedet. Auf Grund der Temperaturabhängigkeit des Dampfdruckes ist umgekehrt die Siedetemperatur vom äußeren Druck abhängig. Beim Sieden in Luft muß der Druck des gesättigten Dampfes gleich dem Luftdruck sein. Nimmt man einen Luftdruck von 760 Torr (1 Atm), so erhält man aus der Dampfdruckkurve von Wasser eine Siedetemperatur von 100 °C (Abb. C-5). Eine Änderung des Druckes um etwa 3,5% (27 Torr) hat dort eine Änderung der Siedetemperatur um 1 K zur Folge. Falls nur die gasförmige Phase vorhanden ist, so spricht man vom **ungesättigten** oder **überhitzten Dampf.**

In der atmosphärischen Luft ist der Gehalt an Wasserdampf und damit der Dampfdruck einer ständigen Änderung unterworfen. Die Ursache hierfür ist der häufige Temperaturwechsel, der entweder den Gleichgewichtszustand, nämlich das Erreichen des Sättigungsdampfdruckes, zeitlich verhindert, oder sogar ermöglicht, daß die Atmosphäre übersättigt ist. Ein Maß für den Gehalt an Wasserdampf sind die absolute und relative Feuchte. Die **absolute Feuchte** ϱ_{H_2O} ist definiert als die im Volumen V der feuchten Atmosphäre enthaltene Wasserdampfmasse m_{H_2O}

$$\varrho_{H_2O} = \frac{m_{H_2O}}{V}, \text{ mit der Einheit kg/m}^3. \tag{7.2}$$

Demnach ist die absolute Feuchte mit der Dichte des Wasserdampfes in der feuchten Luft identisch. Nach der Gleichung für ideale Gase erhält man für die Masse des Wasserdampfes

$$m_{H_2O} = \frac{RT}{p_{H_2O}} \frac{m_{H_2O,Mol}}{V}, \tag{7.3}$$

so daß sich mit Gleichung (7.2) der einfache Zusammenhang zwischen absoluter Feuchte und Partialdruck p_{H_2O} des Wasserdampfes ergibt:

$$\varrho_{H_2O} = p_{H_2O} \frac{m_{H_2O,Mol}}{RT} \quad . \tag{7.4}$$

Die **relative Feuchte** φ ist definiert als das Verhältnis von absoluter Feuchte ϱ_{H_2O} zur maximal möglichen absoluten Feuchte

$$\varphi = \frac{\varrho_{H_2O}}{\varrho_S} \quad . \tag{7.5}$$

Aus diesem Zahlenwert (z.B. 0,6) macht man durch Multiplikation mit 100% eine prozentuale Angabe (z.B. 60%). Die größte absolute Feuchte wird erreicht, wenn der Partialdruck des Wasserdampfes bei einer bestimmten Temperatur gerade gleich dem dazugehörigen Sättigungsdruck wird, so daß mit Gleichung (7.4) die relative Feuchte durch das Verhältnis der Partialdrucke gegeben ist

$$\varphi = \frac{p_W}{p_S}. \tag{7.6}$$

Sowohl der Übergang von der flüssigen zur gasförmigen Phase wie der umgekehrte Phasenwechsel kann behindert werden. Der erste Fall, wo die Flüssigkeit langsam über ihre Siedetemperatur erwärmt wird, ohne daß sie siedet **(Siedeverzug),** kann durch Zusatz von kleinen scharfkantigen Körpern und nicht zu saubere Gefäße vermieden werden. Im zweiten Fall der **unterkühlten Dämpfe** kann der Phasenwechsel ebenfalls durch geeignete Kerne (z.B. Ionen) eingeleitet werden. Die isotherme Verflüssigung von Gasen geschieht z.B. gewöhnlich bei jenem Druck, der dem Dampfdruck der Flüssigkeit entspricht (Abb. C-3, Punkt A). Wird der Phasenwechsel behindert, so erreicht das Gas einen Druck, der den Sättigungsdruck übertrifft **(übersättigter Dampf).** Die dabei auftretenden Zustände können im Zustandsdiagramm auf der Isothermen von Abb. C-3 ausgehend von Punkt A in Richtung Punkt C gezeichnet werden. Umgekehrt kann beim Siedeverzug die Flüssigkeit unter einem geringeren Druck als dem Sättigungsdampfdruck stehen, so daß die Zustände auf der Isothermen von Punkt B in Richtung D realisierbar sind.

Der endliche – wenngleich auch geringe – Dampfdruck der meisten festen Stoffe ermöglicht die direkte Umwandlung von der festen zur gasförmigen Phase, die sogenannte Sublimation. Die Neigung der Sublimationsdruckkurve im Phasendiagramm (Abb. C-4) ist sehr gering, so daß im Gegensatz zur Verdampfung aus der flüssigen Phase sehr kleine Druckänderungen genügen, um eine große Änderung der Sublimationstemperatur zu bewirken. Die umgekehrte Umwandlung, nämlich die Kondensation der gasförmigen in die feste Phase geschieht z.B. bei der Reifbildung oder bei dem Auftreten von Schneekristallen in den kalten oberen Luftschichten.

8. Reaktionswärme

Chemische Reaktionen führen sowohl zu einem Umsatz an Materie wie an Energie. Das bedeutet, daß die Energieinhalte der Reaktionsprodukte von denen der Ausgangsprodukte verschieden sind. Bei **exogenen Reaktionen,** die Energie frei werden lassen, ist die potentielle Energie der beteiligten Atome in den Reaktionsprodukten kleiner als in den ursprünglich vorhandenen Stoffen. Im Gegensatz dazu ist bei **endogenen Reaktionen** die Differenz der potentiellen Energien von Ausgangs- und Endzustand negativ, so daß die Reaktion erst durch Energiezufuhr ermöglicht wird. Diese Bilanz bedeutet jedoch keinen Verstoß gegen den verallgemeinerten Energiesatz (1. Hauptsatz, vgl. Kap. C-6), da das betrachtete System nicht abgeschlossen ist. Ein Beispiel für eine exogene Reaktion ist die Verbrennungserscheinung, wo die Energie in Form von Licht und Wärme frei werden kann. Allgemein wird dabei die als Wärme auftretende Energie mit **Bildungswärme** (Wärmetönung) oder **Reaktionswärme** bezeichnet. Die Möglichkeit der Wärmeaufnahme oder Wärmeabgabe läßt die chemischen Umwandlungen in **endotherme** und **exotherme** Reaktionen einteilen.

Die umgesetzte Reaktionswärme ist unabhängig davon, ob die Reaktion indirekt über mehrere Stufen oder direkt geschieht. Sie wird nur durch den Anfangs- und Endzustand bestimmt (Hessscher Satz). Das ist eine Folge des 1. Hauptsatzes.

Im Falle einer Oxydation (Verbrennung) wird die dabei entwickelte Wärme als **Verbrennungswärme** bezeichnet. Sie tritt z.B. bei der Verbrennung von Nahrungsmitteln auf und liefert dort die für das menschliche Leben notwendige Energie. Genauer betrachtet ist die Verbrennungswärme die Enthalpiedifferenz der Ausgangs- und Endstoffe bei konstanter Temperatur, d.h. jene Wärme, die nach der Reaktion abgeführt werden muß, damit das System wieder die Ausgangstemperatur erreicht. Die Menge der Verbrennungswärme wird trotz der Beteiligung des Sauerstoffes auf die Masse des verbrennenden Stoffes bezogen. Man erhält dann die **spezifische Verbrennungswärme (Heizwert).**

Ihre Einheit ist J/g. Bei der Verbrennung von 1 g Wasserstoff (H_2) mit der entsprechenden Masse Sauerstoff (8 g O_2) zu Wasser (H_2O) erhält man eine Verbrennungswärme von 143 kJ. Daneben gibt es die **molare Verbrennungswärme** als jenen Energieumsatz, der sich auf einen der chemischen Reaktionsgleichung entsprechenden Molumsatz an Materie bezieht und ebenfalls in kJ angegeben wird. So wird z.B. bei der Verbrennung von Wasserstoff nach der Gleichung

$$H_2 + {}^1/_2\,O_2 \rightarrow H_2O + 286\,\text{kJ}$$

1 mol Wasserstoff (= 2,016 g) und $^1/_2$ mol Sauerstoff (= 15,9999 g) zu 1 mol Wasser (= 18,015 g) umgesetzt und die molare Verbrennungswärme von 286 kJ frei. Die Angabe dieses Energiewertes setzt einen festen Bezugspunkt voraus, da der Energieinhalt von den Zustandsgrößen abhängig ist. Im obigen Fall wird die molare Verbrennungswärme auf 25 °C, 1 Atm, gasförmige Ausgangsstoffe und flüssiges Endprodukt bezogen. Die Definition der Verbrennungswärme macht diese spezifisch für den Brennstoff und unabhängig davon, ob mit reinem Sauerstoff, mit Luft oder mit hohem oder niedrigem Luftüberschuß verbrannt wird.

9. Wärmeübertragung

Wärme kann durch drei voneinander verschiedene Prozesse übertragen werden, nämlich durch die **Wärmeleitung,** die **Wärmeströmung (Konvektion)** und die **Wärmestrahlung.** Während die ersten beiden Transportvorgänge nur in Verbindung mit Materie möglich sind, geschieht letzterer auch im materiefreien Raum.

Der Beschreibung der Wärmeleitung wird folgende Anordnung zu Grunde gelegt. An den Enden eines Stabes der Länge l und des Querschnitts A herrschen unterschiedliche Temperaturen ($T_1 < T_2$). Infolge dieser Temperaturdifferenz tritt ein Wärmestrom durch den Stab auf. Wird das Temperaturgefälle konstant gehalten, etwa durch die Berührung der Stabenden mit zwei sehr großen Wärmebehältern, so stellt sich für den Wärmestrom $Q/\Delta t$ (Wärmemenge pro Zeiteinheit) nach einer gewissen Zeit ein stationärer Wert ein, der gegeben ist durch

$$\frac{Q}{\Delta t} = \lambda \cdot A \cdot \frac{T_2 - T_1}{l} \tag{9.1}$$

und durch die **Wärmeleitfähigkeit (Wärmeleitvermögen)** λ, eine Materialkonstante mit der Einheit J/m s K oder W/m K, bestimmt wird.

Tab. C-3 Wärmeleitfähigkeit einiger Stoffe

Stoff	Wärmeleitfähigkeit · m s K/J
Ag	423
Cu	395
Al	262
Pb	34,7
Glas	0,42–0,84
Styropor	0,034
Wasser	0,601
Benzol	0,147
H_2	0,174
He	0,144
N_2	0,0244
CO_2	0,0143

In Tabelle C-3 sind die Wärmeleitfähigkeiten einiger Stoffe aufgeführt, woraus zu ersehen ist, daß Metalle gute Wärmeleiter sind. Im allgemeinen gilt die Aussage, daß gute elektrische Leiter auch gute thermische Leiter darstellen. Dieser Zusammenhang findet seinen Ausdruck im **Wiedemann-Franz-Gesetz**

$$\frac{\text{Wärmeleitfähigkeit } \lambda}{\text{Elektrische Leitfähigkeit } \sigma} = \text{const.} \cdot T \quad , \tag{9.2}$$

wobei die Konstante sowohl vom Metall wie von der Temperatur unabhängig ist. Das Gesetz beschreibt die Wärmeleitung vereinfacht durch freie Elektronen des Metalls. Berücksichtigt man zudem die Wechselwirkung der Gitterbausteine, so gilt das obige Gesetz nur in gewissen Temperaturbereichen und nur bei reinen Metallen.

Die Wärmeleitfähigkeit von Flüssigkeiten ist, abgesehen von metallischen Schmelzen, klein und liegt etwa in der Größenordnung von der fester Isolatoren. Das Wärmeleitvermögen von Gasen ist noch erheblich geringer und nimmt mit wachsender Molekülmasse ab (Tab. C-3). Es ist ferner unabhängig vom Gasdruck. Erst bei sehr niedrigen Drucken, wo die mittlere freie Weglänge der Moleküle (vgl. Kap. C. 11) die Größe der Gefäßdimension erreicht, nimmt die Wärmeleitfähigkeit ab, um im absoluten Vakuum ganz zu verschwinden.

Die unterschiedliche Wärmeleitfähigkeit verschiedener Stoffe wird in der Praxis viel genutzt. So ist z. B. der Stiel einer Bratpfanne aus einem Material geringer Wärmeleitfähigkeit wie Holz oder Kunststoff gefertigt, damit die Pfanne auch im heißen Zustand angefaßt werden kann. Die Davysche Sicherheitsgrubenlampe nutzt das hohe Wärmeleitvermögen von Kupfer. Ihre Funktionsweise kann durch den Versuch mit einem Bunsenbrenner und einem waagrecht darüber angeordneten Kupferdrahtnetz verdeutlicht werden. Die Flamme brennt entweder nur unterhalb oder nur oberhalb des Netzes. Das Kupfer entzieht dem Gas genügend Wärme, so daß die Flamme nicht auf die andere Seite des Netzes durchschlagen kann.

Auf der geringen Wärmeleitfähigkeit von Gasen beruht die Erscheinung, daß Wassertropfen selbst auf einer sehr heißen Herdplatte längere Zeit herumtanzen, ohne sofort zu verdampfen (Leidenfrostsches Phänomen). Eine Schicht aus Wasserdampf zwischen Wassertropfen und Metallfläche führt dem Tropfen infolge der schlechten Leitfähigkeit nur wenig Wärme von der Platte zu, so daß die Temperatur des Tropfens unter dem Siedepunkt bleibt. In den doppelwandigen Dewar-Gefäßen ist der Zwischenraum zwischen den Wandungen evakuiert, wodurch die Wärmeübertragung sowohl durch Wärmeleitung wie durch Konvektion unterbunden wird.

An jenen Stellen, wo zwei verschiedene Medien mit unterschiedlicher Temperatur aneinanderstoßen, treten alle drei Wärmetransportvorgänge auf. Während bei hohen Temperaturen die Wärmestrahlung den wesentlichen Anteil ausmacht, wird bei großen Gasgeschwindigkeiten die Wärmekonvektion überwiegen. Im allgemeinen erfolgt der Übergang durch Wärmeleitung, wobei der Wärmestrom an der Grenzfläche beider Körper einen Widerstand überwinden muß. Betrachtet man zwei Schichten mit unterschiedlichen Temperaturen ($T_2 > T_1$), die auf der Fläche A aneinander grenzen, so ergibt sich der Wärmestrom zu

$$\frac{Q}{\Delta t} = \alpha A (T_2 - T_1) \quad . \tag{9.3}$$

Der **Wärmeübergangswert (Wärmeübergangszahl)** α ist wesentlich von der Oberflächenbeschaffenheit abhängig und hat die Einheit $J/sm^2\,K$ oder $W/m^2\,K$. Als Beispiel sei die Tatsache erwähnt, daß die menschlichen Finger eine niedrigere Temperatur (ca. 30 °C) besitzen als die Hand (ca. 34 °C). Der Grund hierfür liegt einmal darin, daß die Oberfläche der Finger bezogen auf das Volumen mehr als doppelt so groß ist wie die der Hand. Zum anderen wird durch den kleineren Zylinderradius der Finger ein größerer Wärmestrom verursacht. Durch das Aneinanderpressen der Körper und Beine von Schiffbrüchigen, die im Wasser treiben, wird letztlich beabsichtigt, die Oberfläche und mithin die abgegebene Wärme zu vermindern. Die Abhängigkeit des Wärmeübergangswertes von den Strömungsverhältnissen im angrenzenden Medium kann beispielhaft an der Tatsache veranschaulicht werden, daß im Wasser Treibende durch Schwimmbewegungen rascher auskühlen.

Die **Wärmekonvektion** stellt eine Wärmeübertragung in Verbindung mit Materietransport dar. Sie hat z. B. bedeutenden Einfluß auf Klima und Witterung der Erde. Man kann dabei zwischen freier und erzwungener Konvektion unterscheiden. Bei der ersten Art erfolgt der Wärme- und Materietransport allein auf Grund des Temperaturunterschiedes innerhalb des materiellen Trägers. Als Beispiel sei heiße Luft erwähnt, die spezifisch leichter ist als Kaltluft und daher nach oben steigt. Bei der erzwungenen Konvektion ist zum Wärme- bzw. Materietransport eine äußere Kraft notwendig. So wird z. B. beim Automotor das Kühlwasser mit Hilfe einer Wasserpumpe durch das Kühlsystem des Wagens gepumpt oder Luft von einem starken Gebläse an dem heißen Zylinder der Maschine vorbeigeblasen. Um möglichst viel Wärme mit dem Träger transportieren zu können, soll dieser eine hohe spezifische Wärmekapazität (vgl. Kap. C. 5) aufweisen. Wasser wird deshalb häufig als Wärmetransportmittel wie bei der Warmwasserheizung oder im entgegengesetzten Sinne bei der Wasserkühlung eingesetzt. Die Konvektion ist ebenfalls die Ursache dafür, daß die den menschlichen Körper umgebende Luft abkühlend wirkt. Die Kleidung vermag dies zu verhüten, indem sie die Luft festhält und den Materietransport vermindert. Die sehr kleine Wärmeleitfähigkeit der Luft schließlich behindert auch den Übergang infolge Wärmeleitung, so daß der Körper gewissermaßen isoliert ist.

Zwischen Körpern unterschiedlicher Temperatur erfolgt eine Wärmeübertragung auch dann, wenn keine Materie zwischen ihnen vorhanden ist, nämlich durch **Wärmestrahlung.** Das für uns wichtigste Beispiel ist die Strahlung der Sonne durch den Weltraum. Der Temperaturunterschied zwischen zwei Körpern ist nicht notwendige Voraussetzung für die Strahlung. Bei Temperaturgleichheit emittiert und absorbiert jeder Körper gleich viel Strahlungsenergie. Wärmestrahlung ist ihrer Natur nach elektromagnetische Strahlung und schließt sich an das sichtbare Spektrum nach längeren Wellen hin an (vgl. Kap. G. 13). Man nennt daher diesen Wellenlängenbereich das Infrarot.

Die von einem Körper ausgehende Wärmestrahlung hängt stark von der Temperatur und der Oberfläche ab. Ein sogen. **„schwarzer Strahler“** besitzt das höchste Emissionsvermögen und wird deshalb schwarz genannt, weil er alle Wellenlängen der Temperaturstrahlung völlig absorbiert. Für diesen Strahler wächst die **Strahlungsleistung,** d. h. jene Energie, die pro Zeiteinheit von einer Flächeneinheit in alle Richtungen emittiert wird, mit der vierten Potenz der absoluten Temperatur T **(Stefan-Boltzmann-Gesetz)**

$$S = \sigma \cdot T^4 \quad , \qquad (9.4)$$

wobei die Proportionalitätskonstante σ den Wert $5{,}67\,W/m^2\,K^4$ hat. Berücksichtigt man auch die von der (auf der Temperatur T_0 befindlichen) Umgebung zurückgestrahlte Leistung, so wird netto nur die Strahlungsleistung

$$\Delta S = \sigma (T^4 - T_0^4) \qquad (9.5)$$

abgegeben.

10. Stoffgemische

Bisher wurden nur physikalische Umwandlungen eines einzigen, chemisch einheitlichen Stoffes betrachtet. Bei Mehrstoffsystemen bzw. **Lösungen** wird die unterschiedliche Beteiligung der einzelnen Substanzen an den Umwandlungen wesentlich kompliziertere Vorgänge erwarten lassen. Die Lösung kann im festen (feste Lösungen), im flüssigen und im gasförmigen (Gasgemische) Aggregatzustand bestehen.

Gase sind beliebig mischbar. Ihre Partialdrucke addieren sich zum Gesamtdruck. Flüssigkeiten zeigen unterschiedliches Verhalten. Wasser und Alkohol z.B. sind beliebig mischbar. Dagegen mischen sich nicht Wasser und Öl. Es läßt sich lediglich nach gutem Durchrühren eine Emulsion bilden, die aus winzigen Öltröpfchen im Wasser besteht.

Bei den Lösungen fester Stoffe in Flüssigkeiten kann man gemäß der Größe der Festkörperteilchen eine dreifache Einteilung vornehmen. In der Aufschwemmung oder **Suspension** sind die Teilchen mit dem Auge oder wenigstens mit dem normalen Lichtmikroskop noch zu beobachten. Läßt eine feinere Aufteilung des gelösten Stoffes die Teilchen nur noch mit dem Ultramikroskop wahrnehmen, so liegt eine **kolloidale Lösung** vor. Schließlich ist eine kleinste Aufspaltung in Moleküle (z.B. Zuckerlösung) oder Ionen (z.B. Kochsalzlösung) möglich, wodurch die **echten Lösungen** entstehen. Eine Lösung heißt **gesättigt,** falls eine maximale Menge an Substanz gelöst ist, die bei einer bestimmten Temperatur aufgenommen werden kann.

Die Konzentration einer Lösung ist ein Maß für die Menge des von dem Lösungsmittel aufgenommenen Stoffes. Dabei gibt es verschiedene Angaben, denen willkürliche Bezugsmengen bzw. Definitionen zu Grunde liegen:

Massengehalt; er gibt die Masse (in g) des gelösten Stoffes in 100 g Lösung an. Die Angabe erfolgt in Gew.-% **(Gewichtsprozent).**

Volumengehalt; er gibt das Volumen (in ml) des gelösten Stoffes in 100 ml Lösung an. Die Angabe erfolgt in Vol.-% **(Volumenprozent).**

Stoffmengengehalt; er ist das Verhältnis der Anzahl Mole n_1 des gelösten Stoffes zur gesamten Anzahl Mole Materie in 1 l Lösung **(Molenbruch** x**):** $x_1 = \frac{n_1}{n_1 + n_2}$, mit der Anzahl Mole n_2 des Lösungsmittels in 1 l Lösung. Entsprechend kann man den Molenbruch x_2 bilden und damit die Beziehung aufstellen

$$x_1 + x_2 = 1.$$

Massenkonzentration; sie gibt die Masse (in g) des gelösten Stoffes in 100 ml Lösung an.

Stoffmengenkonzentration; sie gibt entweder die Anzahl Mole oder die Anzal Val (= Grammäquivalent) des gelösten Stoffes in 1000 ml Lösung an, wobei ein Val jene Stoffmenge bedeutet, die man aus dem Mol durch Division mit der Wertigkeit des entsprechenden Ions (vgl. Kap. D. 18) erhält. Die erste Angabe wird mit **Molarität,** die zweite mit **Normalität** bezeichnet. In einer ein-molaren (1 m) Lösung sind demnach 1 mol Stoff in 1 l Lösung enthalten, also unabhängig von der Stoffart die gleiche Zahl (Avogadro-Konstante) an gelösten Teilchen. Die Zahl der Lösungsmittelmoleküle dagegen ändert sich auf Grund unterschiedlicher Molekülgröße und der Tatsache, daß die Bezugsmenge der Konzentrationsangabe die gesamte Lösung darstellt. Schließlich kann die Anzahl Mole des gelösten Stoffes in 1000 g reinen Lösungsmittels angegeben werden, was als **Molalität** bezeichnet wird.

Gemäß obigen Definitionen lassen sich folgende Umrechnungen durchführen:

$$\text{Stoffmengengehalt (Molenbruch)} = \frac{\text{Massengehalt (Gew.-\%)}}{\text{rel. Molekülmasse } (n_1 + n_2)}$$

$$\text{Stoffmengenkonzentration (Molarität)} = \frac{\text{Volumengehalt (Vol.-\%)} \cdot 10}{\text{rel. Molekülmasse der Lösung}}$$

Man kann einen gelösten Stoff in einem flüssigen Lösungsmittel mit einem Gas vergleichen, das den vom Lösungsmittel angebotenen Raum einnimmt. Demnach ist der Vorgang des Lösens analog zu dem der Sublimation oder Verdampfung (vgl. Kap. C-7) und mit dem Auftreten einer **Lösungswärme** verbunden. Beim Trennen der Moleküle oder Atome vom Kristallverband des zu lösenden Stoffes muß Arbeit gegen die Gitterkräfte aufgewandt werden, so daß Wärme verbraucht und sich die Lösung abkühlen wird. Ein für die Energiebilanz gegenläufiger Prozeß ist die Anlagerung der Moleküle des Lösungsmittels an die gelösten Teilchen, was als **Solvatation** oder im Falle von H_2O-Molekülen bei wässrigen Lösungen als **Hydratation** bezeichnet wird. Die Bildung einer solchen Solvathülle, die auch beim Mischen zweier Flüssigkeiten möglich ist, geschieht auf Grund elektrostatischer Wechselwirkung und läßt Energie in Form von Wärme frei werden, so daß sich die auftretende Lösungswärme als Differenz beider Wärmen ergibt. Bezieht man die Lösungswärme auf 1 g bzw. 1 mol des zu lösenden Stoffes bei unendlicher Verdünnung, so spricht man von **spezifischer** bzw. **molarer Lösungswärme.**

Bei der Lösung von Gasen in Flüssigkeiten bestimmt das Verhältnis des Volumens eines in Lösung gegangenen Gases zum Flüssigkeitsvolumen den sogenannten **Löslichkeitskoeffizienten.** Er nimmt mit wachsender Temperatur ab, so daß durch Erwärmen einer Flüssigkeit die in ihr gelösten Gase teilweise befreit werden können. Die Menge des gelösten Gases bei Sättigung ist dem Partialdruck des ungelöst bleibenden Gases über der Flüssigkeit proportional **(Henry-Daltonsches Gesetz).** Bei Verringerung des Gasdruckes wird demnach weniger Gas gelöst. Daher entweicht z. B. die in manchen Getränken gelöste Kohlensäure (CO_2), wenn die Flasche geöffnet und damit der Gasdruck über ihr erniedrigt wird. Nachdem die in einem Gasvolumen enthaltene Molmenge dem Druck gemäß dem Gasgesetz (Gl. (3.8)) proportional ist, fordert obiges Gesetz, daß das in einer bestimmten Flüssigkeitsmenge gelöste Volumen eines Gases bei einer gegebenen Temperatur unabhängig von dessen Druck ist. Bei einem Gasgemisch wird die gelöste Menge der einzelnen Gase allein durch deren Partialdrucke bestimmt. Demnach vermag eine Flüssigkeit keine größere Menge eines bestimmten Gases zu lösen, wenn über ihr der Partialdruck eines anderen Gases erhöht wird. Die Partialdrucke z. B. von Sauerstoff (O_2) und Stickstoff (N_2) in der atmosphärischen Luft verhalten sich wie deren Volumenanteile 1 : 4. Berücksichtigt man zudem die unterschiedlichen Löslichkeitskoeffizienten, deren Verhältnis sich zu etwa 2 : 1 ($O_2 : N_2$) ergibt, so ist das gelöste Volumenverhältnis von Sauerstoff und Stickstoff in Wasser etwa 1 : 2. Die in Wasser gelöste Luft ist also wesentlich sauerstoffreicher als die atmosphärische Luft, was für die in Wasser lebenden Organismen notwendig ist.

Ist in einem Lösungsmittel ein Stoff gelöst, so erniedrigt sich der Dampfdruck der Lösung. Im vollständigen Phasendiagramm (vgl. Kap. C. 7) bedeutet dies eine Parallelverschiebung der Koexistenzlinien zu kleineren Drucken (Abb. C-7). Eine Folge davon ist, daß die Temperatur des Siedepunktes, wo der Dampfdruck der Lösung einen äußeren, vorgegebenen Druck erreicht, höher liegt als beim reinen Lösungsmittel. Für diese **Siedepunktserhöhung** ΔT_S gilt **(Raoultsches Gesetz)**

$$\Delta T_S = K_S \cdot n \quad , \tag{10.1}$$

wobei n die Molalität (= Anzahl der Mole in 1000 g Lösungsmittel) bedeutet (K_S = Konstante). Andererseits wird bei einem bestimmten Druck der Gleichgewichtswert von fester und flüssiger Phase bereits mit einer niedrigeren Temperatur erreicht als im Falle des reinen Lösungsmittels (Abb. C-7). Für diese **Gefrierpunktserniedrigung** ΔT_G gilt analog zu Gleichung (10.1)

$$\Delta T_G = K_G \cdot n \quad . \tag{10.2}$$

Die Konstanten K_S und K_G sind nur von der Art des Lösungsmittels und nicht vom gelösten Stoff abhängig (Tabelle C-4).

Tab. C-4 Einige Werte der Gefrierpunktserniedrigung bzw. Siedepunktserhöhung

Lösungsmittel	K_G mol/K	K_S mol/K
Wasser	1,86	0,515
Benzol	5,07	2,64
Tetrachlorkohlenstoff	29,8	4,88

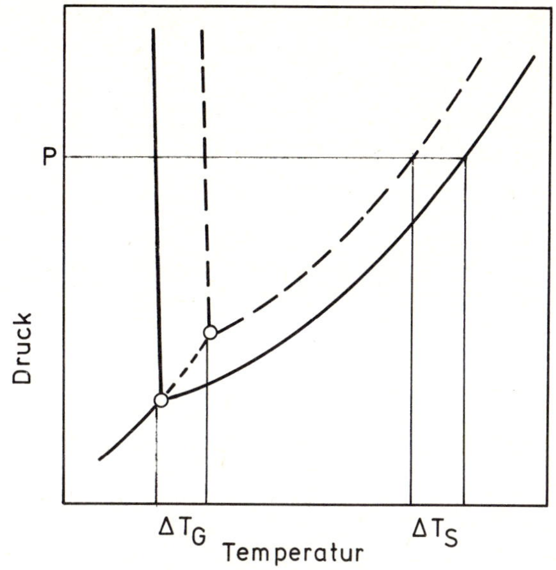

Abb. C-7 Schematisches Phasendiagramm der Lösung (———) und des Lösungsmittels (- - - -)

Die Abhängigkeit der Siedepunktserhöhung bzw. Gefrierpunktserniedrigung von der Zahl der Teilchen ist wesentlich bei der Betrachtung von Lösungen mit dissoziierenden Stoffen. Dort verursacht die Aufspaltung in Ionen (vgl. Kap. D. 18) und damit die Erhöhung der Teilchenzahlendichte eine Vergrößerung der Temperaturänderung. Es muß daher in einem solchen Fall der Dissoziationsgrad der Lösung, d. h. der Bruchteil der zerfallenen Moleküle, bekannt sein. Die praktischen Anwendungen der Siedepunktserhöhung bzw. Gefrierpunktserniedrigung liegen in der Ermittlung der relativen Molekülmassen nach Gleichung (10.1) bzw. (10.2) bei bekannten Konstanten. Ferner wird die Erzeugung tiefer Temperaturen ermöglicht.

11. Kinetische Theorie der Wärme

Betrachtet man ein Gas oder eine Flüssigkeit unter dem Mikroskop, so kann man eine Bewegung kleinster Teilchen erkennen, deren Geschwindigkeitsbetrag und Richtung sich ständig ändern **(Brownsche Bewegung).** Die Energie der ungeordneten Bewegung von Molekülen und Atomen ist mit der Wärmeenergie gleichzusetzen. Dies ist die Gundlage der kinetischen Theorie der Wärme. Einem Stoff Wärmeenergie zuführen und seine Temperatur erhöhen, heißt demnach die mechanische Energie der kleinsten Teilchen vergrößern. Dabei setzt sich die mechanische Energie nicht nur aus der **Translationsenergie** zusammen. Betrachtet man die Masseteilchen als starren Körper, so führt die Möglichkeit der Rotation um den Massenmittelpunkt zum Auftreten einer **Rotationsenergie.** Beim Festkörper können sich die Gitterbausteine um Gleichgewichtslagen verschieben, so daß die **Schwingungsenergie** einen Beitrag zur Wärmeenergie liefert.

Bei einem Gas, dessen Moleküle eine endliche Größe besitzen, ergibt sich die Möglichkeit eines Zusammenstoßes untereinander. Die Größe, die angibt, wie oft ein Molekül in der Zeiteinheit mit einem anderen zusammenstößt, heißt **Stoßzahl**

$$Z = \text{Zahl der Stöße / Zeit.}$$

Sie beträgt unter Normalbedingungen etwa 10^9 bis $10^{10}\,s^{-1}$ und ist sowohl der Geschwindigkeit der Moleküle als auch der Dichte proportional. Die **freie Flugzeit,** innerhalb derer kein Stoß geschieht, ergibt sich demnach als die reziproke Stoßzahl

$$\tau = 1/Z. \tag{11.1}$$

Die Strecke, die ein Molekül geradlinig zwischen zwei aufeinanderfolgenden Zusammenstößen zurücklegt, heißt freie Weglänge. Sie ist abhängig von der Geschwindigkeit der Moleküle, die sehr unterschiedliche Werte annehmen kann (s. unten). Ordnet man allen Gasmolekülen eine mittlere Geschwindigkeit $\bar{v}$ zu, so erhält man die **mittlere freie Weglänge**

$$\Lambda = \bar{v} \cdot \tau \quad . \tag{11.2}$$

Sie ist nicht direkt abhängig von der relativen Molekülmasse sowie von der Temperatur, sondern wird vielmehr vom Molekülquerschnitt beeinflußt.

Betrachtet man nur eine Geschwindigkeitskomponente v_x in x-Richtung, so ist die Frage nach der Häufigkeitsverteilung der Geschwindigkeit gleichbedeutend mit der Frage nach der Zahl der Moleküle ΔN, deren Geschwindigkeitskomponente in einem bestimmten Intervall, zwischen v_x und $v_x + \Delta v_x$ liegt. Bei einer Gesamtzahl von N Molekülen ergibt die statistische Rechnung (Boltzmann-Statistik)

$$\Delta N \sim N \cdot e^{-\frac{m \cdot v_x^2}{2k_B \cdot T}} \Delta v_x \tag{11.3}$$

(k_B = Boltzmann-Konstante; m = Masse des Moleküls).

Trägt man die Anzahl der Teilchen ΔN mit der Geschwindigkeitskomponente v_x (pro Geschwindigkeitsintervall Δv_x) über der Geschwindigkeitsachse v_x auf, so erhält man qualitativ die Häufigkeitsverteilung in einer Richtung (Abb. C-8). Die Kurve ist symmetrisch zur Geschwindigkeit Null, was bedeutet, daß gleich viele Moleküle des gleichen Geschwindigkeitsbereiches nach rechts wie nach links laufen. Ferner erkennt man, daß auch größte Geschwindigkeiten vorkommen, wenngleich mit geringer Wahrscheinlichkeit. Am häufigsten ist die Geschwindigkeitskomponente Null.

Ähnliche statistische Überlegungen gelten bei der Betrachtung der drei-dimensionalen Bewegungen. Man erhält dort für die Anzahl der Teilchen ΔN mit den verschiedenen Komponenten in den drei Geschwindigkeitsintervallen die Proportionalität

$$\Delta N \sim N \cdot e^{-\frac{m}{2}\frac{(v_x^2 + v_y^2 + v_z^2)}{k_B T}} \quad \Delta v_x \cdot \Delta v_y \cdot \Delta v_z \,. \tag{11.4}$$

Betrachtet man an Stelle eines Würfels $\Delta v_x \cdot \Delta v_y \cdot \Delta v_z$ eine Kugelschale $4\pi v^2 \, \Delta v$ im „Geschwindigkeitsraum", und führt im Exponent von Gleichung (11.4) den Betrag der Geschwindigkeit v ein ($v_x^2 + v_y^2 + v_z^2 = v^2$), so erhält man die Zahl der Moleküle ΔN mit dem Geschwindigkeitsbetrag zwischen v und $v + \Delta v$

$$\Delta N \sim N \cdot v^2 \cdot e^{-\frac{m \cdot v^2}{2k_B \cdot T}} \cdot \Delta v \quad . \tag{11.5}$$

Diese **Maxwellsche Geschwindigkeitsverteilung,** die in Abb. C-9 qualitativ dargestellt ist, beinhaltet, daß die Zahl der ruhenden Moleküle ($v = 0$) und solcher mit unendlich hoher Geschwindigkeit ($v = \infty$) verschwindet. Auf Grund der Asymmetrie der Verteilung fällt die mittlere Geschwindigkeit $\bar{v}$ nicht mit der häufigsten Geschwindigkeit zusammen, sondern liegt etwas höher. Mit wachsender Temperatur verschiebt sich das Maximum der Kurve zu höheren Geschwindigkeiten, was eine Zunahme der häufigsten (oder wahrscheinlichsten) Geschwindigkeit bedeutet. Außerdem weist die Verbreiterung und Verflachung der Kurve darauf hin, daß mehr Moleküle mit verhältnismäßig hohen Geschwindigkeiten auftreten und die häufigste Geschwindigkeit weniger deutlich hervortritt. Die häufigste bzw. mittlere Geschwindigkeit von Heliumatomen bei Raumtemperatur beträgt beispielsweise 1116 m/s bzw. 1260 m/s.

Berechnet man das mittlere Geschwindigkeitsquadrat einer Komponente $\overline{v_x^2}$ unter Berücksichtigung der möglichen Geschwindigkeitsverteilung nach Gleichung (11.3), so erhält man bei einer vorgegebenen Temperatur

$$\overline{v_x^2} = \frac{k_B \cdot T}{m}. \tag{11.6}$$

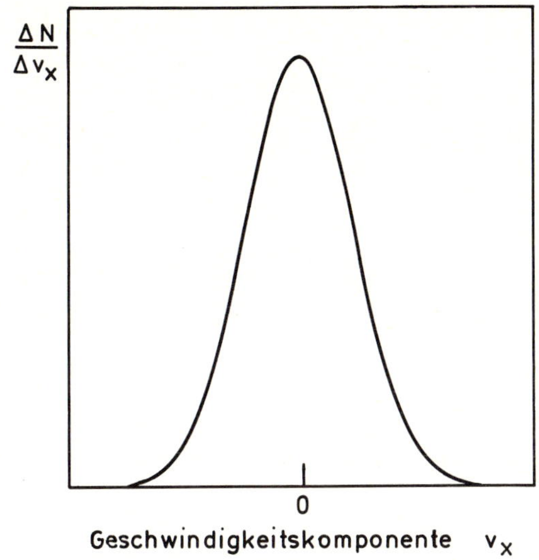

Abb. C-8 Gaußsche Verteilung einer Molekülgeschwindigkeitskomponente

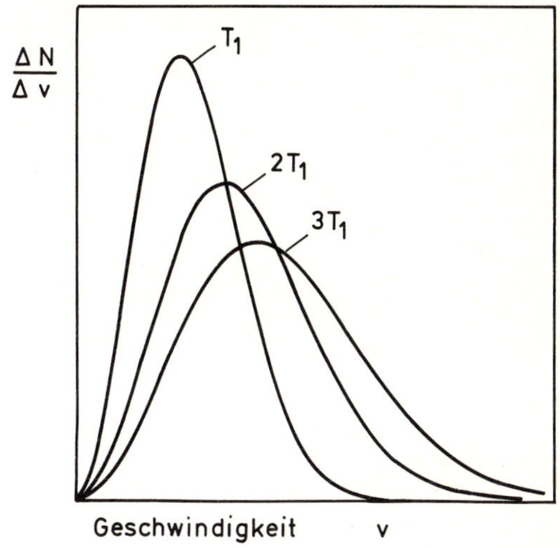

Abb. C-9 Maxwellsche Geschwindigkeitsverteilung von Gasmolekülen

Damit ergibt sich die mittlere kinetische Energie bezogen auf ein Molekül und auf einen Freiheitsgrad der Translationsbewegung

$$\bar{w}_x = \frac{m}{2}\overline{v_x^2} \tag{11.7}$$

zu

$$\bar{w}_x = \frac{1}{2}k_B \cdot T \quad . \tag{11.8}$$

Gemäß der drei möglichen Geschwindigkeitskomponenten gibt es drei Freiheitsgrade der Translation, so daß die gesamte mittlere Energie eines Moleküls den Wert

$$\bar{w} = \frac{3}{2}k_B \cdot T \tag{11.9}$$

annimmt.

Die absolute Temperatur ist ein Maß für die Bewegungsenergie der Moleküle.

Bei der atomistischen Betrachtung eines Gases sind außer den Zusammenstößen der ungeordnet umherfliegenden Moleküle untereinander auch deren Aufprall auf die begrenzende Wand zu berücksichtigen, wo sie nach den Gesetzen des elastischen Stosses reflektiert werden. Jedes Molekül der Masse m überträgt dabei an die Wand einen seiner Geschwindigkeit entsprechenden Impuls (vgl. Kap. B. 10). Da alle Geschwindigkeitswerte möglich sind, muß gemäß deren Häufigkeitsverteilung von Gl. (11.5) eine mittlere Geschwindigkeit $\bar{v}$ bzw. ein mittlerer Impuls berechnet werden. Der Druck p eines Gases auf die Wand ergibt sich dann als das Produkt des mittleren Impulses eines Moleküls und der Zahl der Moleküle, die in einer Zeiteinheit auf eine Flächeneinheit stoßen, zu

$$p = \frac{1}{3}n \cdot m \cdot \overline{v^2} \quad , \tag{11.10}$$

wobei n die Molekülzahldichte (Anzahl der Moleküle/Einheitsvolumen) bedeutet. Der Druck eines Gases wird durch die Molekülzahldichte, die Masse eines Moleküls und das mittlere Geschwindigkeitsquadrat bestimmt. Mit der mittleren kinetischen Energie eines Moleküls $\bar{w} = m/2 \cdot \overline{v^2}$ läßt sich Gl. (11.10) umformen zu

$$p = \frac{2}{3} n \cdot \bar{w}. \tag{11.11}$$

Multipliziert man beide Seiten von Gleichung (11.11) mit dem Molvolumen V_{Mol} des Gases, so erhält man

$$p \cdot V_{\mathrm{Mol}} = \frac{2}{3} n \cdot \bar{w} \cdot V_{\mathrm{Mol}}. \tag{11.12}$$

Da im Molvolumen (22,4 l) $N_A = 6{,}022 \cdot 10^{23}$ Moleküle enthalten sind (vgl. Kap. C. 3), kann man das Produkt $n \cdot V_{\mathrm{Mol}}$ durch die Avogadro-Konstante N_A ersetzen, und Gleichung (11.12) läßt sich schreiben als

$$p \cdot V_{\mathrm{Mol}} = \frac{2}{3} N_A \cdot \bar{w}, \tag{11.13}$$

wobei $N_A \cdot \bar{w}$ die kinetische Energie aller Moleküle im Molvolumen bedeutet. Mit der Zustandsgleichung für ein ideales Gas

$$p \cdot V_{\mathrm{Mol}} = R \cdot T \tag{11.14}$$

erhält man schließlich aus Gleichung (11.13) für die mittlere Energie eines Moleküls

$$\bar{w} = \frac{3}{2} \frac{R}{N_A} \cdot T\;. \tag{11.15}$$

Der Vergleich mit Gleichung (11.9) als dem Ergebnis aus der statistischen Überlegung ergibt für die Boltzmann-Konstante

$$k_B = \frac{R}{N_A} \left(= 1{,}3804 \cdot 10^{-23} \, \frac{\mathrm{Ws}}{\mathrm{K}} \right). \tag{11.16}$$

Drückt man in Gleichung (11.9) bzw. (11.15) die kinetische Energie durch das mittlere Geschwindigkeitsquadrat aus ($\bar{w} = m\overline{v^2}/2$), so erhält man die Proportionalität des Geschwindigkeitsquadrates zur absoluten Temperatur. Es ist außerdem von der relativen Molekülmasse unabhängig.

Die kinetische Theorie bildet die Grundlage für die Erklärung von Ausgleichsvorgängen, wie die innere Reibung der Gase, die Diffusion und die Wärmeleitung in Gasen. Betrachtet man z. B. zwei Gasschichten, die sich relativ zueinander bewegen, so sind diese nicht unabhängig voneinander, sondern vielmehr durch eine Geschwindigkeitskomponente der Gasmoleküle senkrecht zur Gasströmung miteinander verzahnt. Die Moleküle einer Gasschicht fliegen durch die Trennfläche hindurch und können so auf die Moleküle der anderen Gasschicht einen Impuls in Strömungsrichtung oder dazu entgegengesetzt übertragen. Dadurch wird der Geschwindigkeitsunterschied der beiden Schichten allmählich ausgeglichen. Dieser Vorgang der inneren Reibung von Gasen nimmt mit wachsender Temperatur zu. Der Grund dafür liegt in dem Anwachsen der Energie bzw. der Geschwindigkeit der Gasmoleküle nach Gleichung (11.9), das ein Überfliegen der Trennfläche häufiger werden läßt und die Verzahnung beider Schichten verstärkt.

Bei der Diffusion von Gasen ist weniger der Transport des Impulses als der der Masse von Bedeutung. Der Energietransport schließlich sorgt bei der Wärmeleitung in Gasen für einen Temperaturausgleich. Diejenigen Gasmoleküle, die von einer heißen, begrenzenden Fläche zusätzlich Energie aufnehmen, vermögen diese durch Zusammenstoß an benachbarte Moleküle abzugeben. Darüber hinaus besitzen die energiereicheren Moleküle auf Grund ihrer höheren Geschwindigkeit eine größere Eindringtiefe. Die Energie wird so ins Innere des Gases befördert, bis die Maxwellsche Geschwindigkeitsverteilung und damit (s. oben) eine einheitliche Temperatur erreicht ist (thermodynamisches Gleichgewicht).

12. Diffusion und Osmose

Die Moleküle eines Gases sind auf Grund ihrer thermischen Bewegung (vgl. Kap. C. 11) bestrebt, sich über einen vorgegebenen Raum auszubreiten. Es ist demnach eine Durchmischung räumlich getrennter Molekülsorten möglich. Ist diese Durchmischung allein eine Folge der molekularen Wärmebewegung, so spricht man von **Diffusion.** Sie ist von der Konvektion zu unterscheiden, wo eine Strömung infolge lokaler Druck- bzw. Dichteunterschiede die Durchmischung veranlaßt. Der Diffusionsvorgang findet, wenngleich viel langsamer, auch bei mischbaren Flüssigkeiten statt.

Die Diffusion ist umso schneller, je größer die mittlere freie Weglänge ist, also jene Strecke, die jedes einzelne Molekül ohne Zusammenstoß zurückzulegen vermag. Daneben wird die Diffusion mit zunehmender Molekülgeschwindigkeit anwachsen. Da die mittlere freie Weglänge nicht direkt von der Temperatur und der relativen Molekülmasse bestimmt wird, bedeutet die Abhängigkeit der Diffusion von der Molekulargeschwindigkeit nach Gleichung (11.9), daß sie umso größer ist, je kleiner die relative Molekülmasse und je höher die absolute Temperatur sind.

Der bei der Diffusion stattfindende Konzentrationsausgleich wird durch ein Dichtegefälle $\Delta\varrho/\Delta x$ (bzw. Druckgefälle $\Delta p/\Delta x$) verursacht. Der dabei auftretende Massentransport pro Zeit $\Delta m/\Delta t$ ist diesem Gefälle proportional und wird durch das **1. Ficksche Gesetz** beschrieben

$$\frac{\Delta m}{\Delta t} = -D \cdot A \cdot \frac{\Delta\varrho}{\Delta x}\,, \qquad (12.1)$$

wobei A die betrachtete Fläche und D die **Diffusionskonstante** bedeuten. Das negative Vorzeichen bedeutet, daß die Massen in Richtung des Gefälles, also in Richtung der Konzentrationsabnahme transportiert werden. Die Diffusionskonstante hat die Einheit m^2/s. Falls die örtlichen Konzentrationen auch noch zeitabhängig sind, haben wir einen nicht stationären Zustand. Die dafür gültige Diffusionsgleichung formuliert den Zusammenhang zwischen der örtlichen und zeitlichen Änderung der Konzentration **(2. Ficksches Gesetz)**

$$\frac{\partial c}{\partial t} = D \cdot \frac{\partial^2 c}{\partial x^2}\,, \qquad (12.1\,\mathrm{a})$$

wobei die Teilchenkonzentration gegeben ist durch $c = \varrho/M_r$ (M_r = relative Molekülmasse).

Die Diffusion spielt in der Natur und vor allem in der Biologie (Zellchemie) eine bedeutende Rolle. Die Zellwände z. B. stellen semipermeable Wände dar, deren Porendurchmesser in der Größenordnung der Moleküldurchmesser liegt. Der Mensch besitzt z. B. ca. 6000 m^2 semipermeable Wand in seinem Zellaufbau.

Der physikalische Vorgang der Diffusion von Lösungsmittelmolekülen durch eine solche semipermeable Wand heißt **Osmose.** Dabei werden die meist größeren Moleküle des gelösten Stoffes zurückgehalten. Taucht man ein mit einer Lösung gefülltes Volumen Z, welches durch eine semipermeable Wand W abgeschlossen ist, eine sogenannte Pfeffersche Zelle (Abb. C-10), in reines Lösungsmittel, so können die Moleküle des Lösungsmittels, nicht jedoch die des gelösten Stoffes durch die Wand diffundieren. Ein Konzentrationsausgleich kann daher nur dadurch erfolgen, daß Lösungsmittelmoleküle durch die Membran in Z eindringen und darin den **osmotischen Druck** π erzeugen. Der Flüssigkeitsspiegel der Zelle steigt im Steigrohr S bis zur Höhe h. Dann ist der statische Druck $\varrho_{\text{Lösung}} \cdot g \cdot h$ der Säule gleich dem osmotischen Druck π der Lösung, wodurch im Mittel das Eindringen weiterer Lösungsmittelmoleküle durch W verhindert wird. Dabei handelt es sich – wie beim Dampfdruck – um ein dynamisches Gleichgewicht.

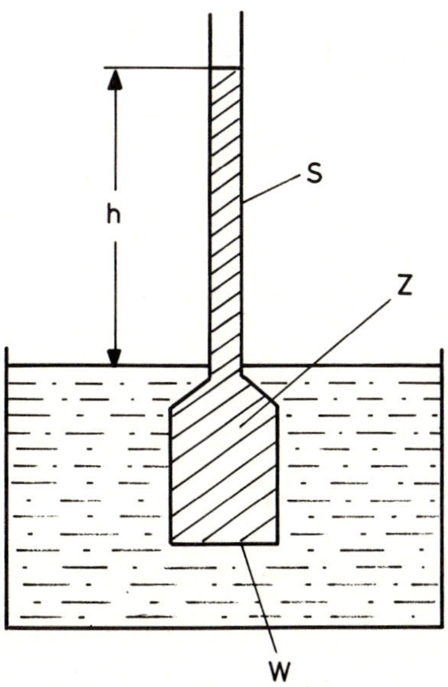

Abb. C-10 Pfeffersche Zelle (Osmotischer Druck)

Bei verdünnten Lösungen gilt für den osmotischen Druck π das **Gesetz von van't Hoff**

$$\pi \cdot V = n \cdot R \cdot T \quad , \tag{12.2}$$

wobei n die Anzahl der im Volumen V gelösten Mole bedeutet (R = allgemeine Gaskonstante). Die Abhängigkeit des Druckes von der gelösten Stoffmenge ist wesentlich bei der Betrachtung dissoziierender Stoffe, wo sich infolge der Aufspaltung in Ionen die Teilchenzahldichte und damit die Zahl der Mole n erhöht.

Das Gesetz besitzt die gleiche Form wie die allgemeine Gasgleichung (vgl. Gl. 3.8). Man kann den osmotischen Druck demnach als jenen Druck deuten, den die gelöste Substanz als Gas nach Entfernung des Lösungsmittels bei gleichem Volumen V und gleicher Temperatur T auf die Wände ausüben würde.

D. Elektrizitätslehre

Im Abschnitt B. 6 haben wir festgestellt, daß sich zwei Körper auf Grund ihrer Masse anziehen, wobei die anziehende Kraft aber relativ klein ist. In der Elektrizitätslehre treffen wir auf eine andere, stärkere Wechselwirkung. Sie beruht auf einer Eigenschaft, die die meisten elementaren Bausteine der Materie besitzen:

1. Elektrische Ladung

Ihre **Maßeinheit** ist das **Coulomb** (C). Elektrische Ladungen erkennt man an der Kraftwirkung, die sie auf andere elektrische Ladungen ausüben. Es gibt zwei verschiedene Arten von elektrischer Ladung, die einander entgegengesetzt sind. Man unterscheidet daher in **positive** und **negative Ladung.**

Aus dem Millikan-Versuch (Beobachtung der Bewegung geladener Öltröpfchen im elektrischen Feld eines Kondensators) ergibt sich die Existenz einer kleinsten elektrischen Ladung, der **Elementarladung**

$$e_0 = 1{,}602 \cdot 10^{-19}\,\mathrm{C} \quad .$$

Von den wesentlichen Bausteinen der Atome trägt das Proton eine positive, das Elektron eine negative Elementarladung. Der dritte wichtige Baustein, das Neutron, ist ungeladen, also elektrisch neutral.

Elektrische Ladungen haben zwei wichtige Eigenschaften:

a. Sie sind stets mit einer Masse verbunden, z. B. beim Elektron mit $m_e = 9{,}108 \cdot 10^{-28}$ g, beim Proton mit $m_p = 1{,}67 \cdot 10^{-24}$ g.

b. In einem abgeschlossenen System („in das nichts hinein und aus dem nichts herausgeht“) bleibt die Summe der positiven und negativen Ladungen konstant. Im einzelnen Atom ist dabei die Summe der positiven gleich der Summe der negativen Ladungen, das ganze Atom deshalb elektrisch neutral.

Entfernt man (durch Energiezufuhr) Elektronen aus dem Atom, bleiben positiv geladene **Ionen** zurück; fügt man Elektronen hinzu, erhält man negative Ionen. Auch die makroskopische Aufladung von Körpern beruht darauf, daß man einen Überschuß einer Sorte geladener Teilchen erzeugt, was meist durch Abtrennen oder Hinzufügen von Elektronen geschieht. Dafür bleibt auf einem anderen Körper die gleiche Menge entgegengesetzter Ladungen zurück. Man kann also einzelne Ladungen nicht erzeugen, sondern nur trennen.

2. Kräfte zwischen Ladungen

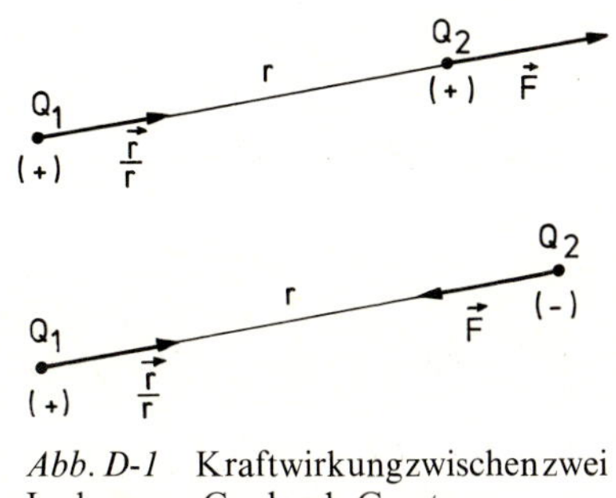

Abb. D-1 Kraftwirkung zwischen zwei Ladungen; Coulomb-Gesetz.

Zwei voneinander getrennte Ladungen Q_1 und Q_2, die den Abstand r haben, üben aufeinander die Kraft

$$\vec{F} = \frac{1}{4\pi \cdot \varepsilon_0} \cdot \frac{Q_1 \cdot Q_2}{r^2} \cdot \frac{\vec{r}}{r} \qquad (2.1)$$

aus **(Coulomb-Gesetz)** (vgl. B-6.1 und B-6.2).

Denken wir uns die Ladung Q_1 festgehalten und betrachten die von ihr auf Q_2 ausgeübte Kraft (wegen actio = reactio ist sie entgegengesetzt gleich der Kraft, die Q_2 auf Q_1 ausübt), so drückt Gleichung (2.1) folgendes aus: $\frac{\vec{r}}{r}$ mit dem Betrag eins und der Richtung von Q_1 nach Q_2 bedeutet, daß die an Q_2 angreifende Kraft längs der Verbindungslinie zwischen beiden Ladungen wirkt. Haben Q_1 und Q_2 gleiches Vorzeichen **(„gleichnamige" Ladungen),** ist ihr Produkt immer positiv. Die Kraft auf Q_2 hat die Richtung von $\frac{\vec{r}}{r}$, Q_2 wird also **abgestoßen.** Bei **ungleichnamigen Ladungen** ist $\vec{F}$ entgegengesetzt zu $\frac{\vec{r}}{r}$ gerichtet, wirkt also **anziehend.**

Die Struktur des Coulomb-Gesetzes ist ähnlich wie beim Gravitationsgesetz (vgl. Kap. B. 6).

Der Betrag der Coulomb-Kraft ist zum Produkt der Ladungen proportional und zum Quadrat des Abstandes r umgekehrt proportional

(bei Verdreifachung des Abstandes sinkt er also auf ein Neuntel usw.). Eine weitere Analogie besteht in der unendlichen Reichweite (der Betrag der Coulomb-Kraft wird erst im Unendlichen Null) und dem Auftreten einer Fundamentalkonstanten als Proportionalitätsfaktor. Man nennt

$$\varepsilon_0 = 8{,}854 \cdot 10^{-12} \frac{As}{Vm}$$

die Influenzkonstante oder **elektrische Feldkonstante.**

Wirken mehrere „Punktladungen", deren räumliche Ausdehnung klein gegen ihre Abstände ist, aufeinander, erhält man die resultierende Gesamtkraft auf eine von ihnen durch vektorielle Addition der Einzelkräfte.

Die Kraftwirkung zwischen Ladungen kann man zur **Ladungsmessung** verwenden. Die dazu benutzten **Elektrometer** enthalten je nach Bauart ein oder zwei bewegliche Metall-Zeiger (Braunsches), -Blättchen (Goldblatt-) oder -Fäden (Ein- und Zweifadenelektrometer). Beim Aufbringen einer Ladung tritt eine Auslenkung gegenüber der gleichnamig aufgeladenen Umgebung auf (Coulomb-Kraft!), die ein Maß für die Ladung darstellt.

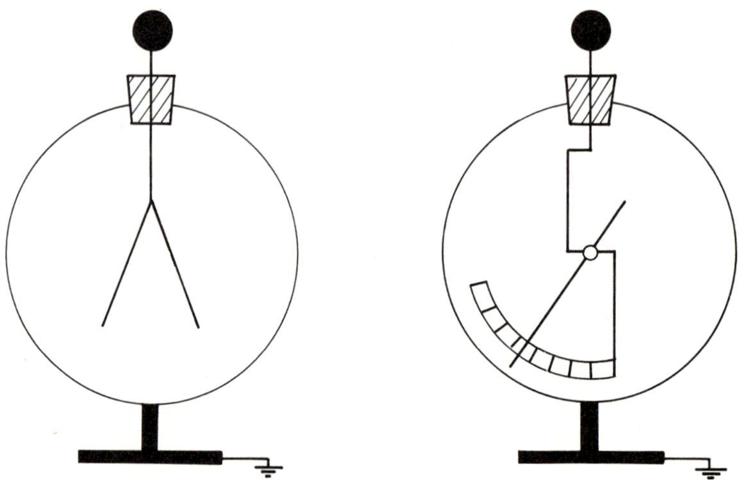

Abb. D-2 Elektrometer

Daneben sind Ladungsmessungen u.a. mit dem ballistischen Galvanometer und elektronischen Integrierverstärkern möglich.

Man könnte über die Coulomb-Kraft die Ladung als **vierte Grundgröße** neben der Masse, der Länge und der Zeit festlegen und die anderen Größen der Elektrizitätslehre von ihr ableiten. Im MKSA-System wählt man dafür aber den **elektrischen Strom** I **(Einheit: A = Ampere,** vgl. Kap. D. 7), d.h. die pro Zeitintervall transportierte Ladung:

$$I = \frac{\Delta Q}{\Delta t} \quad .$$

Für die Einheit der abgeleiteten Größe Ladung ergibt sich dann:

$$1\,\mathrm{C} = 1\,\mathrm{A\,s} \quad .$$

3. Elektrisches Feld

Wir denken uns eine einzelne Ladung Q_1 an einem Punkt P_1 des Raumes. Auf diese Ladung wirken, wenn sonst keine Ladungen vorhanden sein sollen, keine Kräfte. Bringen wir jetzt aber eine zweite Ladung Q in einen Punkt P des Raumes (Abstand $PP_1 = r$), so wirkt auf Q in P die Coulomb-Kraft

$$\vec{F} = Q \frac{1}{4\pi \cdot \varepsilon_0} \frac{Q_1}{r^2} \cdot \frac{\vec{r}}{r}. \tag{3.1}$$

Durch die Ladung Q_1 hat sich also der Zustand des Raumes im Punkt P so verändert, daß dort auf die Ladung Q die Kraft

$$\vec{F} = Q \cdot \vec{E} \tag{3.2}$$

ausgeübt wird.

Man beschreibt diesen neuen Zustand des Raumes als **elektrisches Feld** mit der **Feldstärke**

$$\vec{E} = \frac{1}{4\pi \varepsilon_0} \cdot \frac{Q_1}{r^2} \cdot \frac{\vec{r}}{r} \quad , \tag{3.3}$$

das die Punktladung Q_1 in allen Punkten P des Raumes erzeugt. Erst im Unendlichen ($r = \infty$) verschwindet die Feldstärke. Die **Einheit** der elektrischen Feldstärke ist $\frac{\mathbf{V}}{\mathbf{m}}$.

Jede elektrische Ladung umgibt sich also mit einem **Kraftfeld,** in dem auf andere Ladungen Kräfte ausgeübt werden. Die Kraftwirkung auf eine bestimmte Probeladung Q dient einmal zum Nachweis eines bestehenden elektrischen Feldes, zum anderen nach Gleichung (3.2) zur Messung der elektrischen Feldstärke $\vec{E}$: $\vec{E}$ ist ein Vektor (das elektrische Feld also ein **Vektorfeld**), dessen Richtung am betrachteten Ort gleich der Richtung der Kraft ist, die eine positive Ladung Q dort erfährt. Die Kraft auf eine negative Ladung ist der Feldstärke entgegen gerichtet. Der Betrag der Feldstärke ergibt sich aus dem Quotienten der Beträge von Kraft und Ladung:

$$E = \frac{F}{Q} \quad .$$

Zur Veranschaulichung elektrischer Felder bedient man sich der **Feldlinien.** Das sind gedachte Linien, deren Richtung man in jedem betrachteten Raumpunkt gleich der Richtung der dort auf eine positive Ladung ausgeübten Kraft wählt. Elektrische Feldlinien gehen deshalb stets von positiven Ladungen aus und enden an negativen Ladungen. Die Dichte der Feldlinien, d.h. ihre Anzahl pro Einheitsfläche senkrecht zur Feldrichtung, gibt ein Maß für den Betrag der Feldstärke. An Orten großer Feldstärke zeichnet man also viele Feldlinien, bei geringer Feldstärke weniger. Die Feld-

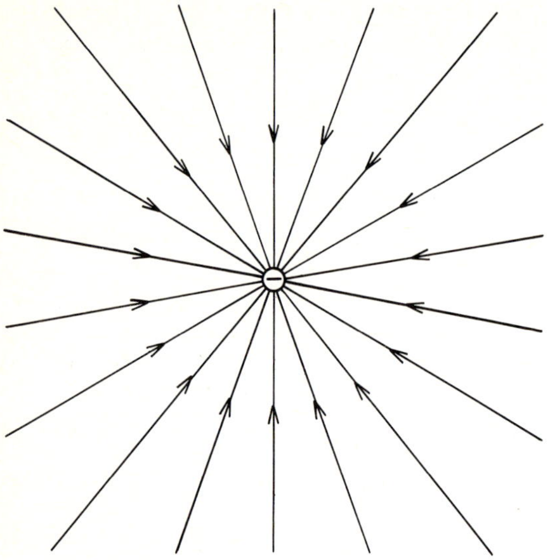

Abb. D-3 Elektrische Feldlinien einer negativen Punktladung.

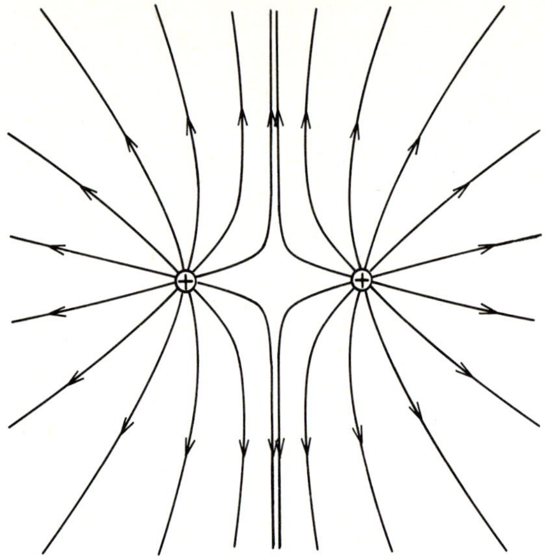

Abb. D-4 Elektrische Feldlinien zweier gleichnamiger Ladungen.

linienbilder einiger einfacher Ladungsanordnungen, wie man sie z.B. durch Anlegen genügend starker elektrischer Felder an ein Gefäß mit Rhizinusöl, das Grieskörner enhält, demonstrieren kann, zeigen die folgenden Abbildungen: Die Feldlinien einer einzelnen (negativen) Punktladung verlaufen zu dieser radial von außen (Abb. D-3). Abb. D-4 zeigt das Feldlinienbild zweier gleichnamiger (positiver) Ladungen.

Den speziellen Fall zweier gleich großer, entgegengesetzter elektrischer Ladungen Q, die voneinander den Abstand l haben sollen, nennt man einen **elektrischen Dipol.** Die Größe

$$\vec{p} = Q \cdot \vec{l} \tag{3.4}$$

nennt man sein **elektrisches Dipolmoment.** Es hat den Betrag $p = Q \cdot l$ und die Richtung der Verbindungslinie beider Ladungen. Das Feldlinienbild eines Dipols zeigt Abb. D-5. Der Betrag seiner Feldstärke ist in Punkten P, deren Abstand r groß ist gegenüber l und deren Verbindungslinie zur Dipolmitte mit der Richtung des Dipols den Winkel φ bildet (vgl. Abb. D-6), gegeben durch

$$E = \frac{Q \cdot l}{4\pi \cdot \varepsilon_0 \cdot r^3} \sqrt{3\cos^2\varphi + 1} \quad . \tag{3.5}$$

Bringt man solch einen Dipol in ein elektrisches Feld, so werden auf ihn Kräfte ausgeübt. Dabei sind im wesentlichen drei Fälle zu unterscheiden (Abb. D-7):

Im **homogenen Feld** (wo die elektrische Feldstärke überall die gleiche Größe und Richtung hat) wird, wenn das Dipolmoment $\vec{p}$ und die Feldstärke $\vec{E}$ parallel zueinander stehen, auf den Dipol die Gesamtkraft $\vec{F} = 0$ ausgeübt, da die Coulomb-Kräfte auf seine beiden Ladungen entgegengesetzt gleich groß sind und sich deshalb aufheben.

Bilden das Dipolmoment $\vec{p}$ und die Feldstärke $\vec{E}$ des homogenen Feldes einen Winkel φ miteinander, dann üben die an den Ladungen $+Q$ und $-Q$ angreifenden Coulomb-Kräfte F ein **Drehmoment** $\vec{T} = \vec{r} \times \vec{F}$ um den Dipolmittelpunkt aus. Da $\vec{r} = l/2$ und $\vec{F} = 2Q \cdot \vec{E}$ ist, resultiert $\vec{T} = Q \cdot \vec{l} \times \vec{E} = \vec{p} \times \vec{E}$. Der Betrag $T = p \cdot E \sin\varphi$ dieses Drehmoments wird Null, wenn der Winkel φ Null wird ($\sin 0° = 0$), d.h. der Dipol in Feldrichtung gedreht ist.

Im **inhomogenen Feld** (etwa einer Punktladung), in dem das Dipolmoment die Richtung einer Feldlinie haben soll, wirken an den Orten der beiden Ladungen $+Q$ und

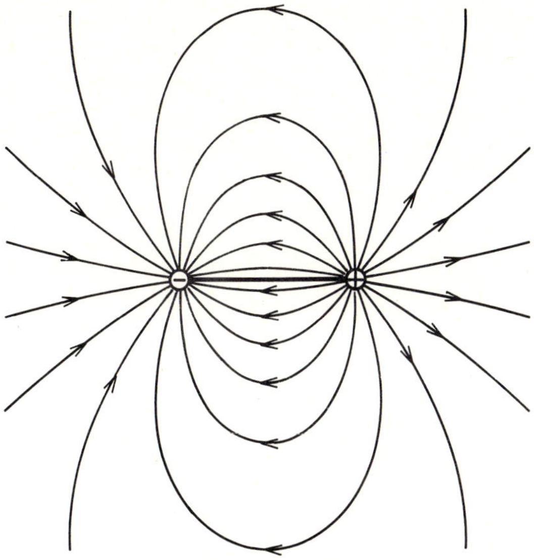

Abb. D-5 Elektrische Feldlinien eines Dipols.

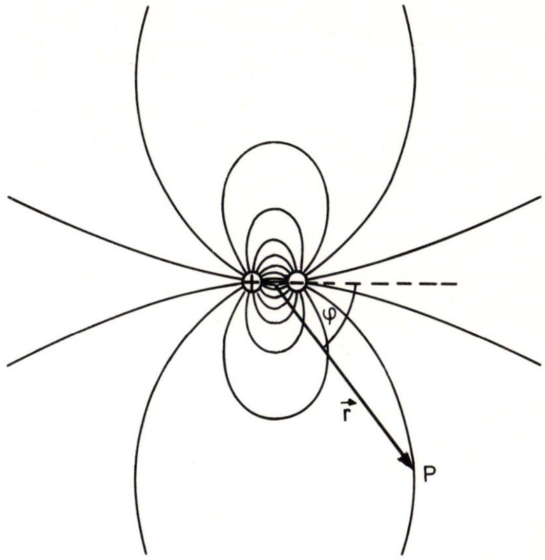

Abb. D-6 Idealisierter Dipol.

$-Q$ verschiedene Feldstärken $\vec{E}$ und $(\vec{E} + \Delta\vec{E})$. Die **resultierende Kraft** $\vec{F}$ ist dann die Summe der beiden Coulomb-Kräfte:

$$\vec{F} = -Q\vec{E} + Q\cdot(\vec{E} + \Delta\vec{E}) = Q\cdot\Delta\vec{E} \quad .$$

Ersetzt man $Q = \frac{p}{l}$, so folgt $\vec{F} = \frac{p}{l}\cdot\Delta\vec{E}$ (wegen der Parallelität von $\vec{p}$ und $\vec{E}$ treten nur die Beträge p und l auf) bzw. wenn l sehr klein ist,

$$\vec{F} = p\cdot\frac{d\vec{E}}{dr} \quad .$$

Die Kraft ist also umso größer, je stärker sich $\vec{E}$ längs des kleinen Wegstücks dr ändert, je inhomogener also das Feld ist.

Bilden Dipolmoment $\vec{p}$ und Feldrichtung $\vec{E}$ miteinander den Winkel φ, so erhält man

$$\vec{F} = p\cdot\frac{d\vec{E}}{dr}\cdot\cos\varphi .$$

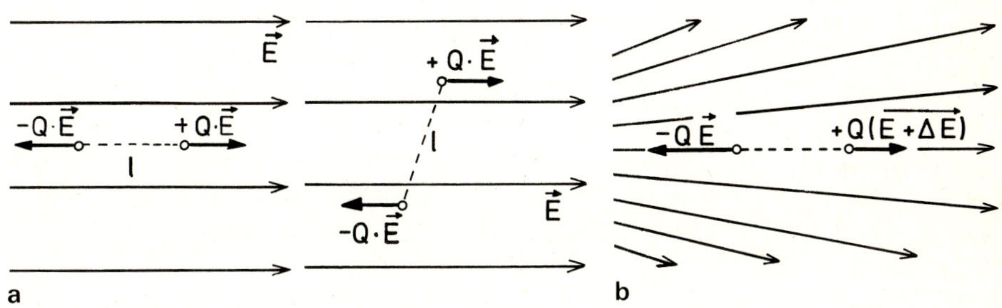

Abb. D-7 Elektrischer Dipol im homogenen (*a*) und inhomogenen Feld (*b*).

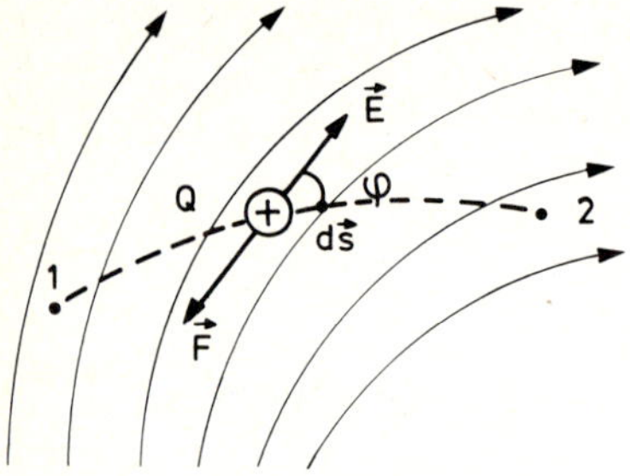

Abb. D-8 Arbeit bei Verschiebung einer Ladung im elektrischen Feld.

4. Potential, Spannung

Die Verschiebung einer Ladung Q, auf die in einem elektrischen Feld $\vec{E}$ die Kraft $\vec{F} = Q \cdot \vec{E}$ wirkt, um eine kleine Strecke ds erfordert (vgl. Gl. B-8.3) die Arbeit

$$dW = -\vec{F}_i \cdot d\vec{s} = -Q \cdot \vec{E} \cdot d\vec{s}. \tag{4.1}$$

Verschiebt man eine positive Ladung in Richtung des elektrischen Feldes, wird dW negativ. Es wird dann also (vgl. Kap. B. 8) Energie aus dem elektrischen Feld gewonnen. Zur Verschiebung einer positiven Ladung gegen die Feldrichtung muß man dagegen Energie aufwenden, da das Skalarprodukt $\vec{E} \cdot d\vec{s} (= E \cdot ds \cdot \cos\varphi, \text{mit } \varphi = 180°) = -E\,ds$ negativ ist und somit nach Gleichung (4.1) dW positiv wird.

Analog zur Mechanik erhält man die gesamte, zur Verschiebung einer Ladung Q von einem Ort 1 nach einem Ort 2 in einem elektrischen Feld $\vec{E}$ benötigte Arbeit W durch Aufsummieren aller Beiträge dW auf den Teilstücken ds des Weges von 1 nach 2:

$$W = -Q \int_1^2 \vec{E} \cdot d\vec{s} \quad . \tag{4.2}$$

Wegen der Unmöglichkeit eines Perpetuum mobiles 1. Art (vgl. Kap. C. 6) muß dieses Integral unabhängig von dem speziellen Weg sein, auf dem man von Ort 1 nach Ort 2 gelangt; anderenfalls könnte man beim Durchlaufen verschiedener geeigneter Wege von 1 nach 2 und zurück dauernd Energie gewinnen. Die zur Verschiebung von Q benötigte Arbeit W hängt deshalb nur vom (Anfangs-)Ort 1 und (End-)Ort 2 und den dort herrschenden Feldstärken E_1 und E_2 ab.

Pro Ladung Q, die man aus dem Unendlichen, wo die Feldstärke verschwindet, an den Ort P bringt, benötigt man die Arbeit

$$\frac{W}{Q} = -\int_\infty^P \vec{E} \cdot d\vec{s} = \phi_P \quad . \tag{4.3}$$

Die Größe ϕ_P nennt man das **Potential** des elektrischen Feldes im Punkt P.

Durch die Definitionsgleichung (4.3) ist das Potential nur bis auf eine additive Konstante festgelegt. Diese wird meist so gewählt, daß $\phi(\infty) = 0$ ist; man kann aber z. B. auch der Erdoberfläche das Potential 0 zuordnen. Für die physikalisch wichtige **Potentialdifferenz** $\phi_2 - \phi_1$ zwischen zwei Punkten ist diese additive Konstante belanglos, da sie bei der Differenzbildung verschwindet. Diese Potentialdifferenz nennt man die elektrische **Spannung** U zwischen den Punkten 1 und 2:

$$U_{21} = \phi_2 - \phi_1 \quad . \tag{4.4}$$

Mit Hilfe der Rechenregeln für bestimmte Integrale $\left(\int_A^B f(x) \cdot dx = \int_C^B (f(x) \cdot dx - \int_C^A f(x) \cdot dx \right)$ erhält man aus (4.3)

$$U_{21} = -\int_1^2 \vec{E} \cdot d\vec{s} \quad . \tag{4.5}$$

Außerdem folgt durch Vergleich mit (4.2)

$$U = \frac{W}{Q} \quad . \tag{4.6}$$

Die elektrische Spannung U ist gleich der Arbeit W, die zur Verschiebung der Ladung Q im elektrischen Feld benötigt wird, geteilt durch die Ladung Q.

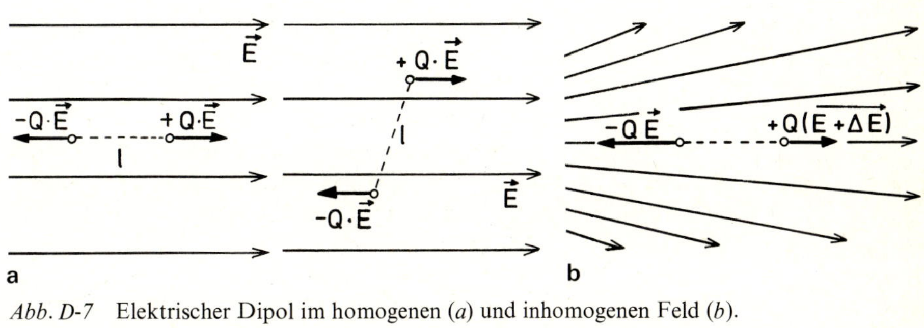

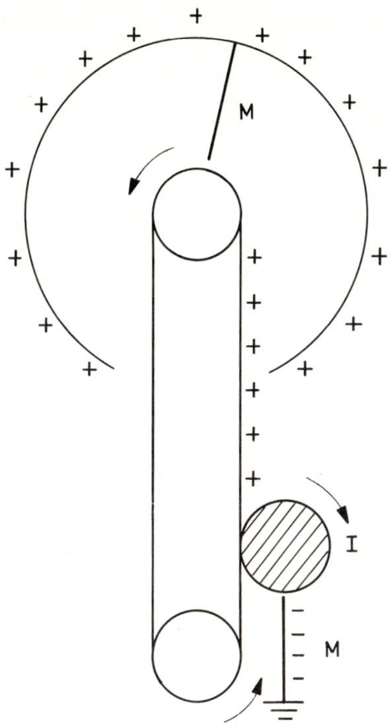

Abb. D-9 Bandgenerator (I = Isolator, M = Metallspitze).

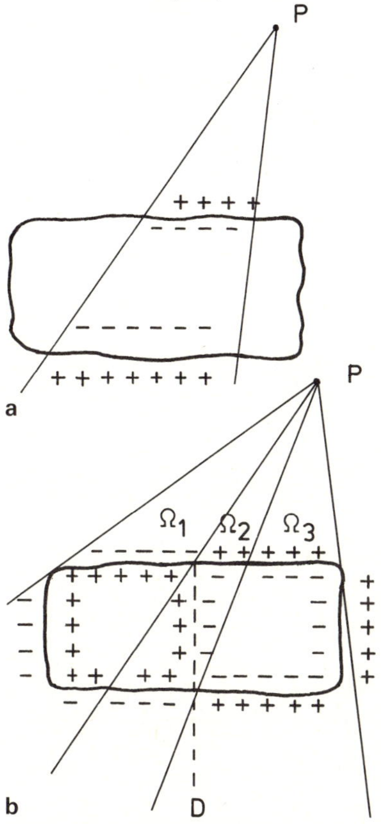

Abb. D-10 Elektrisches Potential von Zellen: *a)* Ruhende Faser, *b)* Erregte Faser: Dipolfläche D erzeugt ein endliches Potential im Punkt P (Nach Gauer, Kramer, Jung: Physiologie des Menschen, Band 3; Abb. 29, S. 55; München 1972).

Dabei wird die **Maßeinheit** der Spannung, das **Volt** (V) so festgelegt, daß die Beziehung

$$1\,\mathrm{V} = \frac{1\,\mathrm{Nm}}{1\,\mathrm{C}} = \frac{1\,\mathrm{Joule}}{1\,\mathrm{As}}$$

gilt.

Spannung und Potential sind im Gegensatz zur elektrischen Feldstärke skalare Größen.

Alle Punkte in einem elektrischen Feld, deren Potential gleich ist, bilden jeweils eine **Äquipotentialfläche.** Gemäß der Definition (4.4) herrscht zwischen allen Punkten einer Äquipotentialfläche die Spannung $U = 0$. Deshalb ist auch für zwei solche Punkte 1 und 2, die um das Wegstück ds getrennt auf einer Äquipotentialfläche liegen,

$$U_{21} = -\int_1^2 \vec{E} \cdot d\vec{s} = -\int_1^2 E \cdot ds \cdot \cos\varphi = 0. \tag{4.7}$$

Daraus folgt $\cos\varphi = 0$, d.h. für den Winkel φ zwischen $\vec{E}$ und $d\vec{s}$ ergibt sich 90°. Da ds in der Äquipotentialfläche liegt, steht also die Richtung des elektrischen Feldes **senkrecht** auf den Äquipotentialflächen. Mathematisch läßt sich dieser Zusammenhang zwischen E und ϕ in die Form $\vec{E} = -\operatorname{grad}\phi$ bringen. (Der Gradient einer Funktion f ist ein Vektor mit den kartesischen Komponenten $\frac{df}{dx}, \frac{df}{dy}, \frac{df}{dz}$).

Das Auftreten einer elektrischen Spannung ist mit einem elektrischen Feld und daher mit dem Überschuß einer Ladungssorte verknüpft. In **Spannungsquellen** benötigt man deshalb Mechanismen zur Ladungstrennung. Besondere technische Bedeutung haben dabei die **Induktion** (vgl. Kap. D. 12) und **elektrochemische Vorgänge** (Kap. D. 18 u. D. 19), daneben spielen **thermoelektrische Effekte,** der **photoelektrische Effekt** und die Reibungselektrizität (Bandgenerator, Abb. D-9) eine Rolle. Durch elektromagnetische Induktion erzeugen Generatoren Wechselspannungen von einigen Zehntausend Volt, aus denen man durch Transformation einige Hunderttausend Volt auf Überlandleitungen bzw. 220 V im üblichen Verbrauchernetz gewinnt. Elektrochemische Vorgänge werden in Batterien ausgenutzt zur Erzeugung von Gleichspannungen von einigen Volt wie etwa beim Blei-Akkumulator (2 V). Sie bilden auch die Grundlage der im Organismus auftretenden Spannungen, wie sie z.B. im **Elektrokardiogramm** in der Größenordnung von einigen Millivolt registriert werden. Wie solche Spannungen im Körper erzeugt werden, wird in Kapitel D. 19 ausführlicher besprochen. Hier sollen am Beispiel des EKGs ihre Auswirkungen an der Körperoberfläche und die Möglichkeiten ihrer Registrierung kurz besprochen werden.

An irgendeinem Punkt P an der Körperoberfläche registriert man ein elektrisches Feld (und damit ein Potential; vgl. Kap. D. 4), das sich aus den elektrischen Feldern der einzelnen getrennten Ladungen im Körper zusammensetzt. Solche voneinander getrennte Ladungen treten, wie wir in Kapitel D. 19 noch sehen werden, zu beiden Seiten der Zellmembranen der Herzmuskelfasern auf. Im Ruhezustand befinden sich dabei im Inneren der Zellen mehr negative, außen mehr positive Ladungen; bei Erregung der Faser kehrt sich diese Ladungsverteilung um. In beiden Fällen aber heben sich die resultierenden Felder im Punkt P – wie in Abb. D-10a schematisch dargestellt – auf. Anders ist das bei der Stelle, die gerade von der Erregung erreicht wird. Wie aus Abb. D-10b ersichtlich, tritt dort zusätzlich näherungsweise die Ladungsverteilung eines Dipols auf. Das von diesem erzeugte Feld wird durch keinen anderen Ladungsbeitrag kompensiert und führt so zu einem meßbaren Potential an der Körperoberfläche.

Durch Gleichung (3.5) ist das elektrische Feld eines Dipols am Punkt P beschrieben. Sein Potential im Punkt P ist entsprechend

$$\phi_P = \frac{1}{4\pi \cdot \varepsilon_0} \cdot \frac{Q \cdot l}{r^2} \cdot \cos\varphi \quad . \tag{4.8}$$

Es hängt also vom Abstand der gerade von der Erregung erreichten Muskelfaser zum Meßpunkt an der Körperoberfläche und von der Ladung Q des Dipols ab. Damit ist es auch ein Maß für die in der Zelle auftretenden Ruhe- und Aktionspotentiale. Wichtig ist dabei, daß nur der Wechsel zwischen beiden bei gerade einsetzender oder verschwindender Erregung registriert wird. Daneben ist es vom Winkel φ (vgl. dazu Abb. D-6) abhängig und damit von der Lage der Zelle zum Meßpunkt P.

Bei der gebräuchlichsten Ableitung (Messung) dieser Potentiale, der **Einthovenschen Extremitätenableitung,** wählt man als Meßpunkte die beiden Arme und das linke Bein und mißt jeweils die Potentialdifferenz zwischen zwei dieser Punkte. Die drei Meßpunkte liegen annähernd an den Ecken eines gleichseitigen Dreiecks, das man **Einthovensches Dreieck** nennt. Die Abhängigkeit der so registrierten Differenzableitungen von der jeweiligen Richtung und der zeitlichen Folge der Erregungsausbreitung ist schematisch in Abb. D-11 dargestellt. Diese vektorielle (Pfeil-)Darstellung (wobei man mit der Pfeillänge die Größe der auftretenden Potentialdifferenzen charakterisiert) ist sehr beliebt; man spricht dann von einem Summenvektor des EKGs, den man nach den Gesetzen der Vektoraddition aus den einzelnen Extremitätenableitungen zusammensetzen kann. Dieser Summenvektor läuft infolge der Erregungsausbreitung im Einthovenschen Dreieck um. Dabei sollte man aber nicht vergessen, daß dies nur eine bequeme Darstellungsform ist und die registrierten Potentiale bzw. Potentialdifferenzen (d.h. Spannungen) keine Vektoren, sondern Skalare sind.

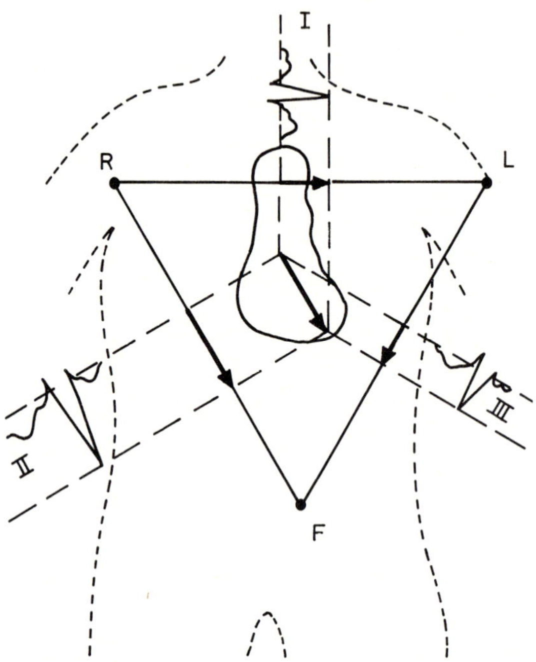

Abb. D-11 Ableitungsdreieck nach Einthoven (Nach Schütz: Physiologie, 13./14. Auflage; Abb. 27, S. 28, München 1972).

In elektrischen **Leitern** (wie Metallen und Elektrolyten) sind elektrische Ladungen – im Gegensatz zu den Verhältnissen in **Isolatoren** (z.B. Quarz, Bernstein) – nicht fest an einen Ort gebunden, sondern unter der Wirkung elektrischer Kräfte leicht verschiebbar. Deshalb ist

im statischen Zustand im Innern eines Leiters die Feldstärke Null

(andernfalls würden sich unter dem Einfluß der Kraft $\vec{F} = Q \cdot \vec{E}$ die Ladungen so lange verschieben, bis ein Gleichgewichtszustand erreicht ist). Damit folgt aus den Gleichungen (4.3) und (4.4), daß in diesem Fall alle Punkte des Leiters gleiches Potential haben und zwischen zwei Punkten eines Leiters keine Spannung herrscht. (Man beachte aber die geänderten Verhältnisse, wenn ein Strom fließt; vgl. Kap. D. 9.) Die leichte Verschiebbarkeit der Ladungen im Leiter führt außerdem dazu, daß sich alle (überschüssigen) Ladungen an seiner Oberfläche befinden, da sie sich wegen der abstoßenden Coulomb-Kraft (Gl. 3.1) der anderen gleichnamigen Ladungen möglichst weit voneinander anordnen.

5. Erzeugung elektrischer Felder

Zur Erzeugung eines elektrischen Feldes bestimmter Größe und Richtung benötigt man eine geeignete geometrische Anordnung isolierter elektrischer Ladungen. Diese kann man im Prinzip auf Isolatoren bringen, die sich an entsprechenden Punkten des Raumes befinden. Einfacher gestaltet sich die Felderzeugung mit elektrischen Leitern (speziell metallischen Körpern). Da sich auf ihnen wegen der leichten Verschiebbarkeit die Ladungen gleichmäßig verteilen (s.o.), kann man durch geeignete Formgebung des Körpers das gewünschte Feld leicht erzeugen.

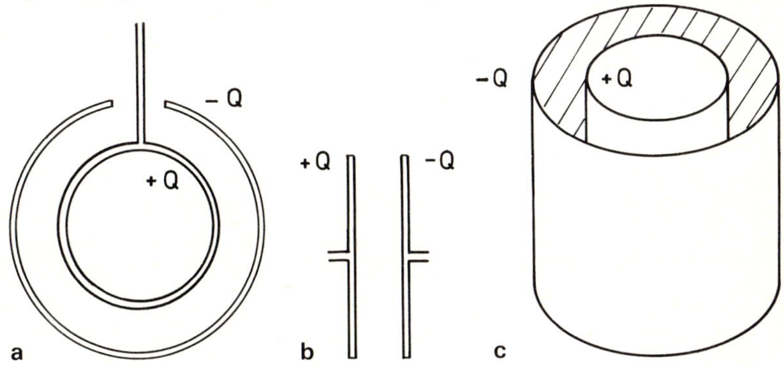

Abb. D-12 Kugelkondensator (*a*), Plattenkondensator (*b*), Zylinderkondensator (*c*).

Eine der wichtigsten Anordnungen dieser Art ist der **Kondensator** (Kugel-, Platten-, Zylinderkondensator usw., Abb. D-12), der im wesentlichen aus zwei metallischen Flächen (Kugeln, Platten, Zylindern) definierter Größe besteht, die einen bestimmten Abstand d voneinander haben und entgegengesetzte Ladungen tragen. Im Spezialfall eines Kondensators aus zwei gleichgroßen parallelen Platten erhält man nebenstehendes Feldlinienbild (Abb. D-13). Wegen der gleichmäßigen Verteilung der Ladungen auf beiden Platten stehen sich überall entsprechende positive und negative Ladungen gegenüber; man erhält als Feldlinien parallele Geraden. Diesen Fall, in dem das Feld überall gleiche Größe und Richtung hat, nennt man ein **homogenes Feld.** Die Abweichungen von diesem Verhalten an den Rändern des Kondensators werden durch die Ladungen auf den Plattenrückseiten bewirkt; dieses Randfeld stellt ebenso wie z.B. das Feld einer Punktladung (vgl. Kap. D. 3) ein **inhomogenes Feld** dar.

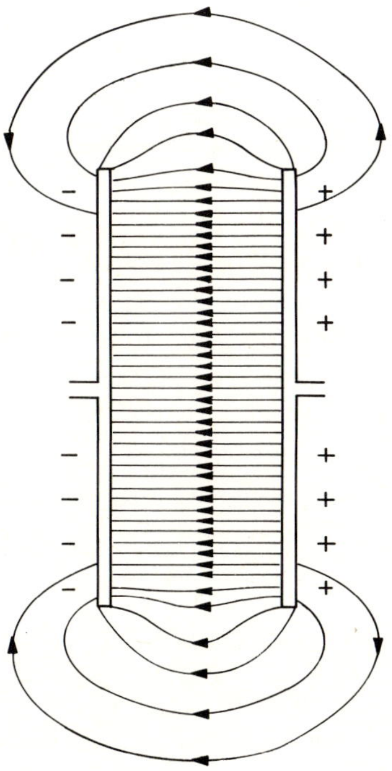

Abb. D-13 Feldlinienverlauf im Plattenkondensator.

Im Innern eines Plattenkondensators existiert also ein **homogenes elektrisches Feld.** Herrscht zwischen beiden Platten die Spannung U, so folgt aus Gleichung (4.5) bei einem Plattenabstand d

$$E = \frac{U}{d} \quad , \qquad (5.1)$$

da für ein Feld konstanter Größe E, das überall die gleiche Richtung wie $d\vec{s}$ hat,

$$\int_0^d \vec{E} \cdot d\vec{s} = \int_0^d E \cdot ds \cdot \cos 0^\circ = E \int_0^d ds = E \cdot d$$

ist.

Befindet sich auf den Platten mit der Fläche A insgesamt die Ladungsmenge Q, so resultiert eine elektrische Feldstärke $E = \frac{Q}{\varepsilon_0 \cdot A}$. (Allgemein gilt $E_n = \frac{1}{\varepsilon_0} \cdot \sigma$ – die Normalkomponente des elektrischen Feldes senkrecht zur Fläche A ist proportional zur **Flächenladungsdichte** $\sigma = \frac{Q}{A}$. Davon kann man sich experimentell leicht überzeugen, eine Herleitung würde hier aber zu weit führen.) Damit wird aus Gleichung (5.1)

$$U = \frac{d}{\varepsilon_0 \cdot A} \cdot Q$$

bzw. $$Q = C \cdot U \quad . \tag{5.2}$$

Die (für eine gegebene Kondensatorgeometrie konstante) Größe $C = \frac{\varepsilon_0 \cdot A}{d}$ nennt man die **Kapazität** des Plattenkondensators. Ihre **Einheit** ist **1 Farad** (F) $= \frac{1\,\text{As}}{1\,\text{V}}$. Sie wird bei einem Plattenkondensator allein durch Plattenfläche und -abstand sowie durch die elektrische Feldkonstante ε_0 bestimmt.

Die Beziehung $Q = C \cdot U$ gilt allgemein für alle Kondensatoren, wobei sich aber, je nach Geometrie des Kondensators, für C verschiedene Ausdrücke ergeben. Bei einem Kugelkondensator, bei dem der Durchmesser D der inneren Kugel sehr viel kleiner als der der äußeren ist, erhält man z.B. $C = 4\pi \cdot \varepsilon_0 \cdot R$. Daraus kann man u.a. die Kapazität der Erde ausrechnen. Man erhält

$$C_{\text{Erde}} = 708 \cdot 10^{-6}\,\text{F} = 708\,\mu\text{F}.$$

Man sieht aus diesem Beispiel, daß das Mikrofarad bereits eine recht große Einheit darstellt. Technisch übliche Kondensatoren haben Kapazitäten zwischen etwa 1 pF ($= 10^{-12}$ F) und 1 mF ($= 10^{-3}$ F).

Aus der Formel für die Kapazität eines Kugelkondensators, dessen zweite Kugel unendlich entfernt gedacht wird, und $Q = C \cdot U$ folgt $Q = 4\pi\,\varepsilon_0 \cdot R \cdot U$. Die Oberfläche einer Kugel ist $A = 4\pi \cdot R^2$. Für die Flächenladungsdichte erhält man also $\sigma = Q/A = \varepsilon_0\, U/R$. Auf Kugeln, die sich auf gleicher Spannung U befinden, sitzen die Ladungen daher dichter, wenn der Radius R kleiner ist. Nach unseren Vorstellungen aus Kap. D. 3, wonach jede einzelne Ladung Ausgangs- bzw. Endpunkt von Feldlinien ist, sind dann an der kleineren Kugel auch die Feldlinien dichter, d.h. die Feldstärke ist dort größer. Eine Spitze kann man als Kugel oder Halbkugel mit sehr kleinem Radius ansehen, daraus folgt:

An Spitzen ist die elektrische Feldstärke hoch

(Abb. D-14). Darauf ist besonders bei Hochspannungsanlagen zu achten, um Spannungsüberschläge zu vermeiden (Kugelform beim Bandgenerator).

Den **Energieinhalt** des elektrischen Feldes in einem Plattenkondensator kann man errechnen, indem man von zunächst ungeladenen Platten ausgeht und ihn dadurch auf seine Gesamtladung Q auflädt, daß man nacheinander kleine Ladungsmengen dQ von der einen Platte zur anderen bringt. Hat man dabei zu einem gewissen Zwischenzeitpunkt t die Ladung Q_t auf den Kondensator gebracht, herrscht zwischen den Platten die Spannung $U_t = \frac{Q_t}{C}$. Zum Transport der nächsten Ladung dQ über den Plattenabstand d gegen das Feld der bereits vorhandenen Ladung Q_t benötigt man die Arbeit

$$dW = dQ \cdot E_t \cdot d = dQ \cdot U_t = \frac{Q_t \cdot dQ}{C} \text{ (mit Gleichung (4.2), (5.1) und (5.2)).}$$

Die gesamte Arbeit W erhält man durch Summation über alle diese Beiträge:

$$W = \int_0^Q \frac{Q_t \cdot dQ}{C} = \frac{1}{2}\frac{Q^2}{C} = \frac{1}{2} C U^2 = \frac{1}{2} Q \cdot U \quad . \tag{5.3}$$

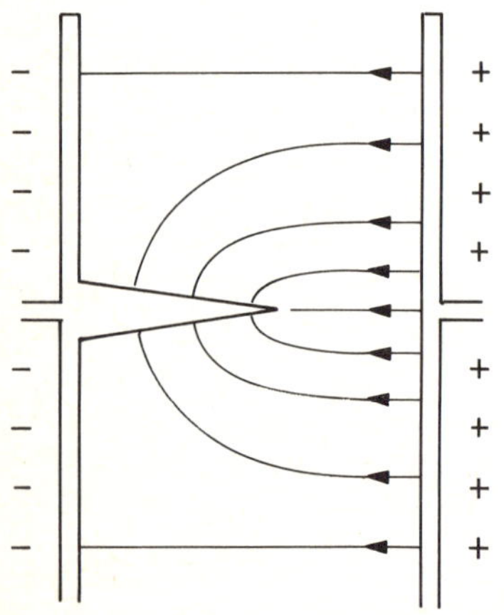

Abb. D-14 Feldlinienverlauf an leitenden Spitzen.

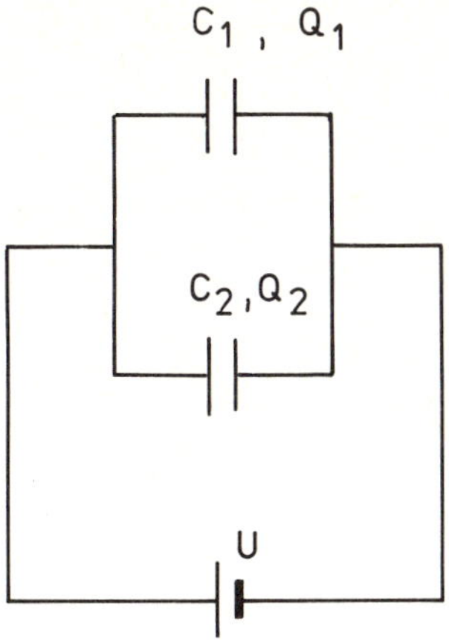

Abb. D-15 Parallelschaltung von Kapazitäten

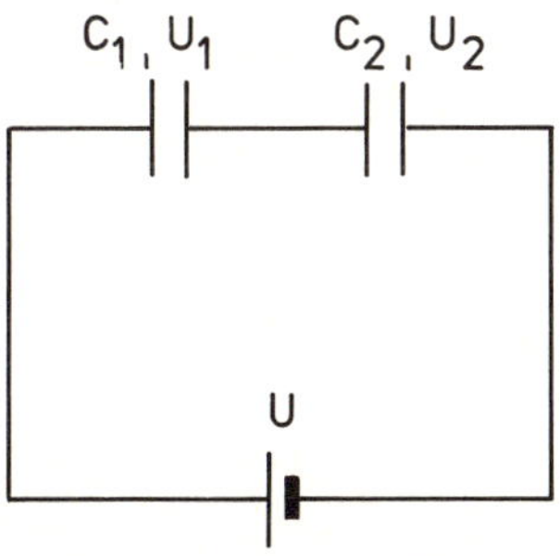

Abb. D-16 Hintereinanderschaltung von Kapazitäten.

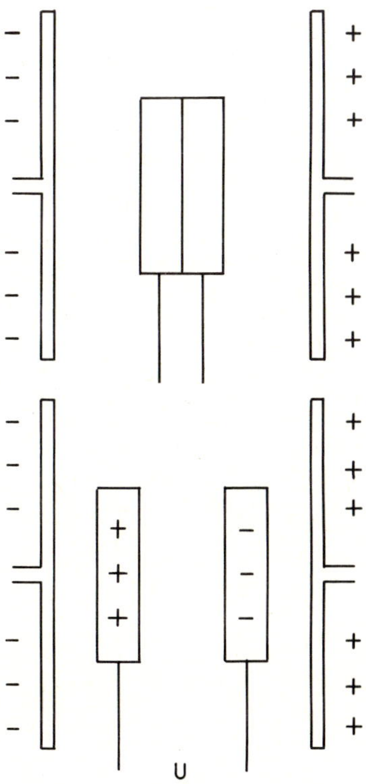

Abb. D-17 Influenzwirkung

Diese hineingesteckte Arbeit enthält das elektrische Feld als potentielle Energie. Die Form $W = \frac{1}{2} CU^2$ ergibt mit Gleichung (5.1) $W = \frac{1}{2} C \cdot E^2 \cdot d^2$. Da die Kapazität eines Plattenkondensators $C = \frac{\varepsilon_0 \cdot A}{d}$ ist, folgt weiter

$$W = \frac{1}{2} \varepsilon_0 E^2 \cdot A \cdot d = \frac{1}{2} \varepsilon_0 \cdot E^2 \cdot V, \tag{5.4}$$

mit dem Volumen V zwischen den Platten. Diese für den Spezialfall abgeleitete Proportionalität zum Quadrat des Feldstärkebetrags gilt allgemein für die **Energiedichte** (Energie in einem bestimmten Volumen V) des elektrischen Feldes im Vakuum:

$$\frac{W}{V} = \frac{1}{2} \varepsilon_0 \cdot E^2 \quad . \tag{5.5}$$

Zwei (oder mehrere) Kondensatoren kann man auf zweierlei Art und Weise leitend miteinander verbinden: Entweder durch eine Verbindung der Platten, die gleichnamige Ladungen tragen **(Parallelschaltung)**, oder durch Verbindung – bezüglich der jeweils zugehörigen zweiten Kondensatorplatte – entgegengesetzt geladener Platten **(Hintereinander-** oder **Serienschaltung)** (Abb. D-15, D-16).

Bei **Parallelschaltung** müssen wegen der leitenden Verbindung beide Kondensatoren die gleiche Spannung U haben. Kondensator 1 trägt die Ladung $Q_1 = C_1 \cdot U$, Kondensator 2 die Ladung $Q_2 = C_2 \cdot U$. Insgesamt erhält man $Q = Q_1 + Q_2 = (C_1 + C_2) U = = C_{\text{Gesamt}} \cdot U$.

In diesem Fall addieren sich die Einzelkapazitäten zur Gesamtkapazität:

$$C = C_1 + C_2 (+ \ldots + C_n) \quad . \tag{5.6}$$

Bei **Hintereinanderschaltung** setzt sich die Spannung U zwischen A und B aus den Spannungen U_1 und U_2 der beiden Kondensatoren zusammen. Wegen der leitenden Verbindung sind jetzt die Ladungen Q auf beiden Kondensatoren gleich (vgl. Kap. D. 4); man erhält $U = U_1 + U_2 = Q\left(\frac{1}{C_1} + \frac{1}{C_2}\right) = \frac{Q}{C_{\text{Gesamt}}}$. In diesem Fall addieren sich die Kehrwerte der Einzelkapazitäten zum Kehrwert der Gesamtkapazität

$$\frac{1}{C_{\text{Gesamt}}} = \frac{1}{C_1} + \frac{1}{C_2}\left(+ \ldots + \frac{1}{C_n}\right) \quad . \tag{5.7}$$

6. Influenz und Polarisation

Bringt man einen insgesamt ungeladenen Leiter in ein elektrisches Feld, so übt dieses auf die in ihm leicht beweglichen Ladungen Kräfte aus und verschiebt sie. Als Beispiel betrachten wir eine Metallplatte, die sich zwischen den Platten eines Kondensators befindet, ohne diese zu berühren. Die positiv geladene Kondensatorplatte zieht die negativen Ladungen an; die negativ geladene Kondensatorplatte bewirkt das Gegenteil (Abb. D-17). Dadurch befinden sich auf der Plattenseite gegenüber der positiven Kondensatorplatte mehr negative, auf der anderen Plattenseite mehr positive Ladungen. (In Wirklichkeit sind im Metall nur die negativen Ladungen leicht beweglich, das ändert aber insgesamt an dem beschriebenen Vorgang nichts.) Allgemein stellt man fest, daß ein geladener Körper an der ihm zugewandten Seite eines isoliert aufgestellten Leiters eine entgegengesetzte, an der ihm abgewandten Seite eine gleichnamige Ladung **influenziert.**

Entfernt man den Leiter aus dem Feld, so verteilen sich die influenzierten Ladungen wieder gleichmäßig und er erscheint insgesamt ungeladen. Zum Nachweis dieser in-

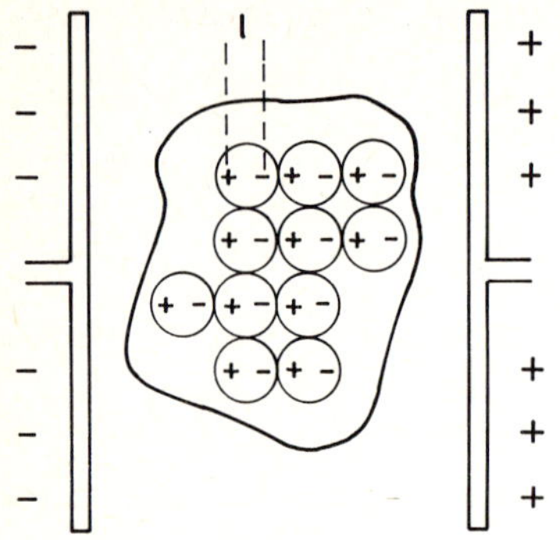
Abb. D-18 Verschiebungspolarisation

fluenzierten Ladungen benutzt man zwei gleiche, ungeladene Metallplatten an sehr gut isolierenden Stielen, die man aneinandergedrückt in ein elektrisches Feld bringt und dort trennt, ohne andere leitende Teile zu berühren. Nach Entfernen aus dem Feld findet man die beiden Platten gleich stark und entgegengesetzt geladen, da durch die Trennung der Ladungsausgleich hier verhindert wurde.

Benutzt man statt der Metallplatte eine Platte aus einem Isolatormaterial **(Dielektrikum),** hat man keine frei beweglichen Ladungen zur Verfügung. Die in den einzelnen Atomen oder Molekülen befindlichen positiven und negativen Ladungen werden aber durch das äußere elektrische Feld um eine kleine Strecke l gegeneinander verschoben (Abb. D-18) und bilden dadurch Dipole (vgl. Kap. D. 3) mit dem **elektrischen Dipolmoment**

$$\vec{p} = \alpha \vec{E} \quad . \tag{6.1}$$

Diesen Vorgang nennt man **Verschiebungspolarisation.** α heißt **Polarisierbarkeit,** sie hängt vom verwendeten Stoff ab.

In manchen Isolatoren (z.B. Wasser) liegen zusätzlich schon ohne äußeres Feld solche atomaren bzw. molekularen Dipole mit dem elektrischen Dipolmoment p_0 vor. Ihre Größenordnung kann man sich leicht überlegen: Die Abstände der Atome in Molekülen sind von der Größenordnung 10^{-10} m (= 1 Å), die Ladungen (eine oder mehrere) Elementarladungen, so daß $p_0 = l \cdot e_0$ also etwa $10^{-10}\,\text{m} \cdot 1{,}6 \cdot 10^{-19}\,\text{A s} = 1{,}6 \cdot 10^{-29}\,\text{A s m}$ beträgt. Tatsächlich findet man bei Wasser ein permanentes Dipolmoment $p_0 = 6{,}33 \cdot 10^{-30}\,\text{A s m}$. Diese werden durch ein äußeres elektrisches Feld in Feldrichtung ausgerichtet (vgl. Kap. D. 3); man spricht deshalb von **Orientierungspolarisation** (Abb. D-19). Sie tritt additiv zur Verschiebungspolarisation hinzu. Da die Ausrichtung gegen die Wärmebewegung geschieht, ist die Orientierungspolarisation umgekehrt proportional zur Temperatur T.

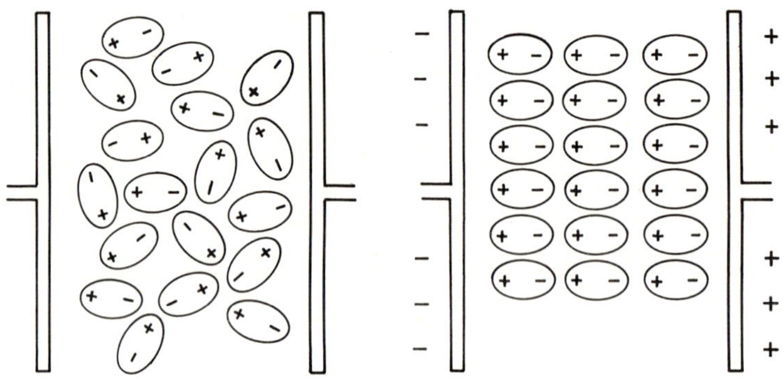
Abb. D-19 Orientierungspolarisation

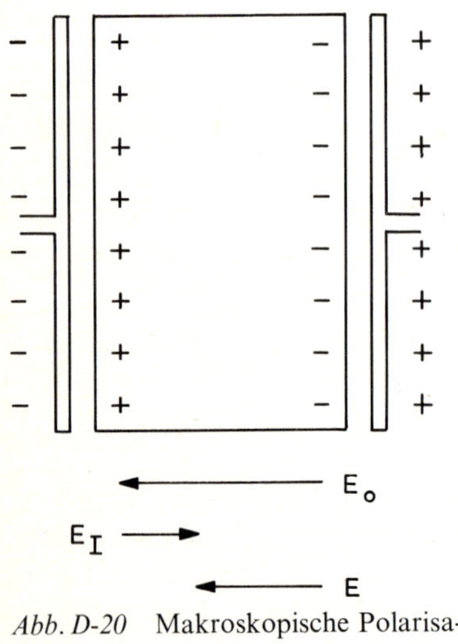

Abb. D-20 Makroskopische Polarisation

Wie wirken sich nun Influenz und Polarisation auf die Kapazität des Kondensators aus, in den wir die jeweilige Platte gebracht hatten? Die durch die Polarisation verschobenen Ladungen erzeugen in dem Isolator ein zusätzliches elektrisches Feld E_I, das dem äußeren Feld entgegengesetzt gerichtet ist (Abb. D-20); in Metallen ist dieses durch die influenzierten Ladungen erzeugte Feld entgegengesetzt gleich dem äußeren Feld, da (nach Kap. D. 4) im Inneren von Leitern die Feldstärke Null ist. Diese entgegengesetzten Felder E_I führen zu einer reduzierten Gesamtfeldstärke, wodurch man wegen

$$C = \frac{Q}{U} = \frac{Q}{E \cdot d} \tag{6.2}$$

eine größere **Kapazität des Plattenkondensators**

$$C = \varepsilon \cdot \varepsilon_0 \cdot \frac{A}{d} \tag{6.3}$$

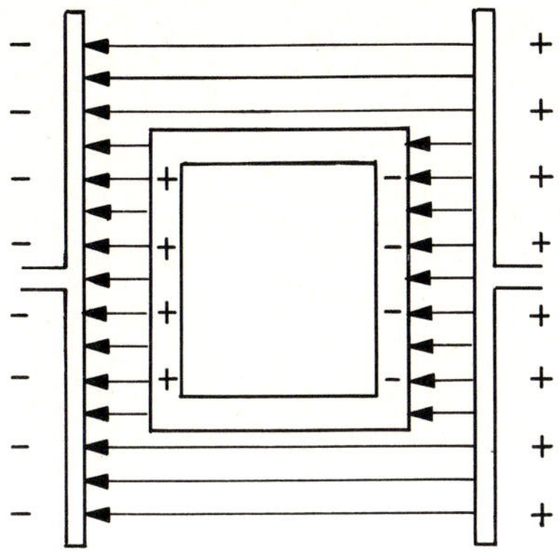

Abb. D-21 Faraday-Käfig

erhält (s. Gl. 5.2). ε nennt man die **Dielektrizitätskonstante** des in den Kondensator eingebrachten Stoffes.

Für Vakuum gilt per Definition $\varepsilon = 1$, für alle anderen Stoffe ist ihr Wert größer (Luft: $\varepsilon = 1{,}00059$; Wasser: $\varepsilon = 81$). Metallischen Leitern wäre in der Elektrostatik der Wert unendlich zuzuordnen.

Die Polarisierbarkeit α ist mit der Dielektrizitätskonstanten ε über die Gleichung von Clausius-Mossotti verknüpft

$$\alpha = \frac{M}{N_A \cdot \varrho} \cdot 3\varepsilon_0 \cdot \frac{\varepsilon - 1}{\varepsilon + 2}. \qquad (6.4)$$

Tritt noch Orientierungspolarisation hinzu, gilt

$$\frac{p_0^2}{3k_B \cdot T} + \alpha = \frac{M}{N_A \cdot \varrho} \cdot 3\varepsilon_0 \cdot \frac{\varepsilon - 1}{\varepsilon + 2}. \qquad (6.5)$$

(M = Molmasse, N_A = Avogadro-Zahl, ϱ = Dichte, k_B = Boltzmann-Konstante).

Auf der Influenzwirkung beruht eine wichtige Anordnung zur Abschirmung elektrischer Felder, nämlich der **Faraday-Käfig** (Abb. D-21). In den Wänden eines metallischen Hohlkörpers (z.B. einer Blechschachtel) erzeugt ein äußeres elektrisches Feld Influenzladungen. Das von ihnen hervorgerufene Gegenfeld kompensiert im Innern des Hohlkörpers das äußere Feld, so daß dort ein feldfreier Raum entsteht. Für praktische Zwecke können die Wände auch kleine Öffnungen haben oder aus einem engmaschigen Drahtnetz bestehen. Auf diesem Effekt beruht u.a. die bekannte Schutzwirkung des Autos gegen Blitzschlag.

7. Elektrischer Strom

Bisher hatten wir festgestellt, daß sich in einem elektrischen Feld die Ladungen in einem Leiter so verschieben, daß ein stationärer Zustand eintritt, bei dem im Inneren des Leiters keine Feldstärke herrscht. Stört man dieses Ladungsgleichgewicht fortwährend dadurch, daß man die beiden Enden eines Leiters mit einer Spannungsquelle verbindet, die zwischen ihnen eine Spannung U und damit ein elektrisches Feld $\vec{E}$ aufrechterhält, so werden unter seiner Kraftwirkung ständig Ladungen in dem Leiter verschoben.

Die Ladungsmenge dQ, die dabei pro Zeiteinheit dt durch einen beliebigen Querschnitt des Leiters hindurchtritt, nennt man den **elektrischen Strom** I

$$I = \frac{dQ}{dt}. \qquad (7.1)$$

Für zeitlich konstante Ströme ergibt sich daraus die einfachere Form

$$I = \frac{Q}{t}. \qquad (7.2)$$

Man spricht in diesem Fall von einem konstanten Gleichstrom. Die **Maßeinheit** des elektrischen Stromes ist das **Ampere** (A):

$$1\,\mathrm{A} = \frac{1\,\mathrm{C}}{1\,\mathrm{s}}.$$

Im internationalen MKSA-Maßsystem ist der elektrische Strom eine Grundgröße, das Ampere eine Basiseinheit. Die Festlegung des Ampere geschieht über die Kraft, mit der sich zwei dünne, gerade, stromdurchflossene Metalldrähte infolge ihres Magnetfeldes (vgl. Kap. D. 12) anziehen (Abb. D-22). Bei einer Stromstärke von 1 A wirkt auf einen Meter dieses Doppelleitersystems eine Kraft von $2 \cdot 10^{-7}$ N.

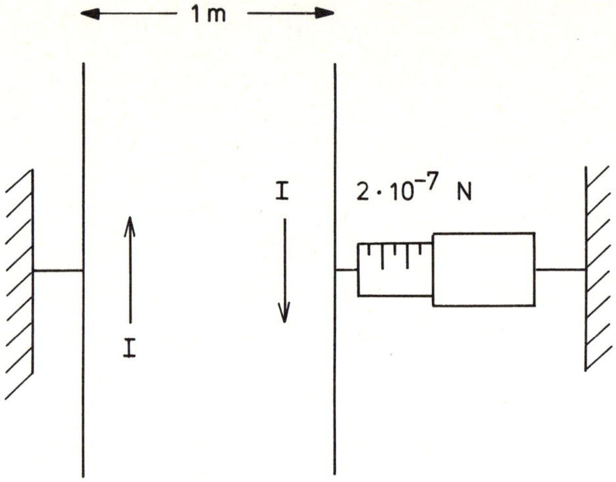

Abb. D-22 Definition der Stromstärke 1 A.

Die Ursache eines elektrischen Stromes ist eine elektrische Spannung bzw. ein elektrisches Feld. Diese werden (vgl. Kap. D. 4) in Spannungsquellen unter Aufwendung von Arbeit durch Mechanismen zur Ladungstrennung erzeugt. Verbindet man die beiden Stellen (Pole) der Spannungsquelle, an denen die getrennten Ladungen angesammelt sind (vgl. Kap. D. 12 u. D. 18) über einen Leiter, so tritt ein elektrischer Strom und damit ein Ausgleich dieser entgegengesetzten Ladungen auf. In der Spannungsquelle werden die Ladungen dann erneut getrennt, solange der entsprechende Mechanismus wirkt, d. h. die dafür benötigte Energie vorhanden ist. Infolge dieses Kreislaufs spricht man von einem **Stromkreis.**

In einem solchen **einfachen Stromkreis** (ohne Verzweigungen!) ist – ähnlich wie bei der Kontinuitätsbedingung (vgl. Kap. B. 15) – die Stromstärke überall gleich, da sich sonst an einer Stelle Ladungen ansammeln würden.

Die Stromrichtung im Kreis wird konventionell vom Plus- zum Minuspol festgelegt,

also von der Stelle, wo positive Ladungen überwiegen, zu der mit einem Überschuß negativer Ladungen. Sie entspricht damit der Richtung, in der sich positive Ladungen im Stromkreis bewegen.

Bei der Betrachtung der technisch besonders bedeutenden metallischen Leitung führt diese Wahl der Stromrichtung zu einer Komplikation. In Kap. B. 4 hatten wir den atomaren Aufbau der festen Körper kennengelernt. In Metallen geben die an sich elektrisch neutralen Atome teilweise Elektronen ab, die sich dann ziemlich frei im ganzen System bewegen können. Diese Elektronen sind die Träger des elektrischen Stromes bei metallischer Leitung. Infolge ihrer negativen Ladung bewegen sie sich aber gerade entgegengesetzt zur konventionellen Stromrichtung.

Die Elektronen führen im Metallgitter schnelle thermische Bewegungen aus, die sich statistisch auf alle Richtungen verteilen und bei denen sie immer wieder Zusammenstöße erleiden. Durch ein elektrisches Feld erfahren sie eine zusätzliche Kraft längs einer Vorzugsrichtung, wodurch insgesamt eine Ladungsverschiebung in dieser Richtung, d.h. ein Strom resultiert. Infolge der dauernden Wechselwirkung mit dem Gitter erfolgt diese gerichtete Bewegung – ähnlich dem Stokesschen Gesetz (vgl. Kap. B. 15) – mit einer konstanten mittleren Driftgeschwindigkeit $\vec{v}_D$.

Die Kraft auf eine Ladung Q im elektrischen Feld $\vec{E}$ war nach Gleichung (3.2)

$$\vec{F} = Q \cdot \vec{E}.$$

Die **Driftgeschwindigkeit** $\vec{v}_D$ wird deshalb mit wachsender Feldstärke größer

$$\vec{v}_D = b \cdot \vec{E} \quad . \tag{7.3}$$

Die verknüpfende Größe b heißt **Beweglichkeit** mit der Einheit $\frac{m^2}{V\,s}$ bzw. $\frac{cm^2}{V\,s}$. Sie hängt vom Material und von der Temperatur ab. Für Kupfer findet man bei Zimmertemperatur $b \approx 40\,cm^2/Vs = 4 \cdot 10^{-3}\,m^2/Vs$. In einem Kupferdraht des Querschnitts $A = 1\,mm^2$, der von einem Strom von 6 A durchflossen wird, beträgt die Feldstärke $E = 0{,}1\,V/m$. Das ergibt eine Driftgeschwindigkeit $v_D = 0{,}4\,mm/s$ für die Elektronen! Das elektrische Feld, das die Bewegung der Ladungsträger verursacht (also praktisch den Marschbefehl übermittelt), breitet sich dagegen mit Lichtgeschwindigkeit aus.

Legt man eine Wechselspannung (vgl. Kap. D. 12) an die Enden des Leiters, ändert sich die Feldrichtung und damit die Bewegungsrichtung der Elektronen periodisch. Die Ladungsträger driften dann nicht mehr durch den Leiter, sondern schwingen im Metallgitter hin und her.

Freie Ladungsträger treten außer in Metallen auch in Elektrolyten (vgl. Kap. D. 18) auf, man nennt diese Leiter 2. Art. In Halbleitern (vgl. Kap. D. 15) kann man thermisch eine gewisse Menge freier Ladungsträger erzeugen und dadurch einen Strom ermöglichen. In Nichtleitern (Isolatoren) sind die Elektronen so fest gebunden, daß ein äußeres elektrisches Feld – abgesehen von Spannungsdurchbrüchen bei sehr hohen Feldstärken – keinen Ladungstransport bewirken kann. Der Übergang zwischen diesen drei Stoffklassen ist fließend, deshalb ist eine scharfe Zuordnung nicht immer möglich.

Einen elektrischen **Strom** erkennt man an seinen **Wirkungen;** sie bestehen aus der Erzeugung eines **Magnetfeldes,** von **Wärme** und **chemischen Wirkungen.**

Die **magnetische Wirkung** tritt **immer** auf, sie wird in Kap. D. 12 näher besprochen. Die Wärmewirkung ist an das Vorhandensein eines Widerstandes gebunden (vgl. Kap. D. 14), chemische Wirkungen (vgl. Kap. D. 18) treten in Leitern 2. Art (Elektrolyten) auf. Auf Grund dieser Wirkungen stellt der elektrische Strom eine Gefahr für den menschlichen Körper dar. Dabei ist zwischen unspezifischen, rein energetischen Stromeffekten infolge der Wärmeentwicklung und spezifischen Stromeffekten infolge einer Reizwirkung auf erregbare Gewebe zu unterscheiden.

Der Widerstand von $1\,cm^2$ menschlicher Haut beträgt – je nach Feuchtigkeit – etwa 10–100 kΩ. Bei Spannungen von einigen hundert Volt und mehr wird dieser Isolator durchschlagen. Der restliche Körperwiderstand beträgt dann noch ungefähr 1 kΩ. Daraus kann man bei bekannter Spannung die Gesamtstromstärke aus $U = R \cdot I$ (siehe Kap. D. 9) abschätzen (bei 10000 V immerhin 10 A). Dieser Strom erzeugt die Wärmemenge $Q = R \cdot I^2 \cdot t$ (siehe Kap. D. 14) und kann so zur Zerstörung von Körpergewebe führen (irreversible Schädigungen treten bereits oberhalb 50 °C auf). Dabei ist allerdings zu berücksichtigen, daß sich die gesamte Stromstärke auf die verschiedenen Strombahnen im Körper (Blutgefäße, Knochen, Muskulatur usw.) verteilt.

Daneben treten elektrochemische Wirkungen auf (Elektrolytverschiebung in den zahlreichen Flüssigkeitsräumen des Organismus). Spezifische Reizeffekte auf Nerven und Muskeln, besonders auf das Herz, treten schon bei viel geringeren Stromstärken auf (Empfindungsschwelle der Haut für Gleichstrom ungefähr 5 mA, für Wechselstrom ungefähr 1 mA). Bei Spannungen zwischen 100 V und 380 V ergeben dabei Gleichströme bis zu 80 mA (Wechselströme bis 25 mA) auch bei unbegrenzter Einwirkungsdauer im allgemeinen keine überdauernden Effekte; zwischen 80 und 3000 mA (25–80 mA Wechselstrom) treten reversibler Herzstillstand und Arrhythmien, bei längerer Einwirkung (> 25 sec) auch Kammerflimmern auf. Dasselbe gilt für Ströme zwischen 300 mA und einigen Ampere (bzw. 80 mA und einigen Ampere Wechselstrom), wobei es aber dann schon bei sehr viel kürzerer Einwirkung (> 0,3 sec) zum Kammerflimmern kommen kann. Bei Spannungen von einigen tausend Volt und Strömen von mehr als 5A treten Herzstillstand und langanhaltende Arrhythmien auf, daneben kommt es zu den bereits besprochenen Verbrennungen.

Begleitet werden elektrische Unfälle außerdem schon bei Strömen oberhalb 20 mA von Muskelverkrampfungen (Festkleben an der Leitung) verbunden mit starkem Blutdruckanstieg.

Auch beim Umgang mit den 220 V Wechselspannung des täglichen Gebrauchs ist also erhebliche Vorsicht geboten!

8. Messung des elektrischen Stroms

Die drei Wirkungen des elektrischen Stromes kann man zu seiner Messung verwenden. Dabei besitzen die elektrochemische Wirkung (Abscheidung einer bestimmten Stoffmenge in einer bestimmten Zeit durch einen bestimmten Strom, vgl. Kap. D. 18) und die Wärmewirkung (Messung des Stromes über die thermische Längenausdehnung beim Hitzdrahtamperemeter – vgl. Kap. C. 2) heute kaum noch technische Bedeutung. Die wichtigsten Strommeßinstrumente beruhen auf der magnetischen Wirkung des Stromes, die in Kap. D. 12 ausführlicher besprochen wird.

Beim **Weicheiseninstrument** wird ein Eisenkern in das Magnetfeld (bzw. in die Gebiete größerer Magnetfeldstärke) hineingezogen, das der zu messende Strom in einer Spule erzeugt. Diese Bewegung wird auf einen Zeiger übertragen (Abb. D-23).

Beim **Drehspulinstrument** befindet sich die stromdurchflossene Spule zwischen den Polen eines Dauermagneten. Bei Stromfluß sucht sich die Spule senkrecht zum Feld des Permanentmagneten zu stellen; ihre Drehung ist dem Strom proportional (Abb. D-24).

Besonders empfindliche (an dünnen Torsionsfäden aufgehängte) Drehspulinstrumente nennt man **Drehspulgalvanometer,** mit ihnen kann man sehr kleine Ströme bis hinab zu Picoampere (10^{-12} A) messen. Mit Weicheisen- (und Hitzdraht-) Instrumenten kann man Gleich- und Wechselströme messen, Drehspulinstrumente sind nur für Gleichstrom geeignet (für Wechselstrom nach Gleichrichtung, vgl. Kap. D-15).

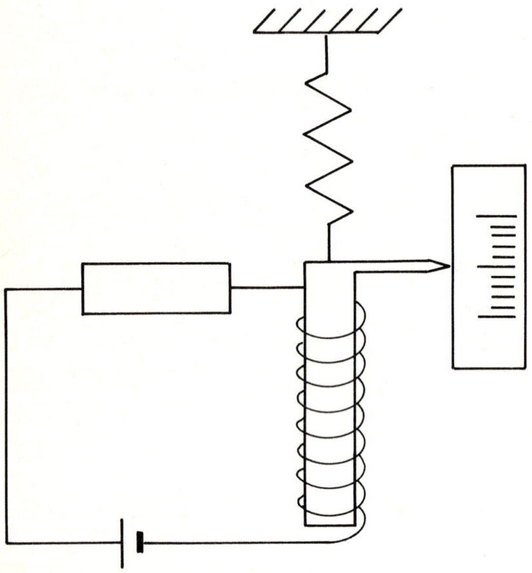

Abb. D-23 Weicheiseninstrument

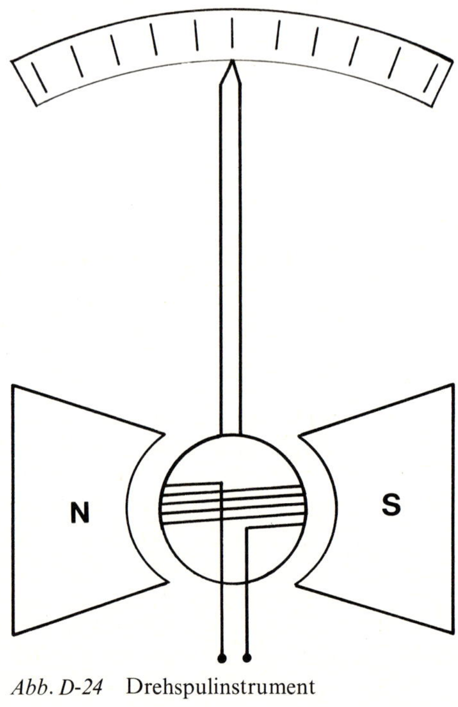

Abb. D-24 Drehspulinstrument

9. Widerstand

Definition und Einheit

Legt man an den Enden eines Leiters eine Spannung U an, so fließt durch ihn ein bestimmter Strom I. Das Verhältnis von Spannung zu Strom nennt man den **elektrischen Widerstand** R des Leiters

$$R = \frac{U}{I} \quad . \tag{9.1}$$

Seine **Einheit** ist **1 Ohm** (Ω) $= \frac{1\,\mathrm{V}}{1\,\mathrm{A}}$.

Beispiele für Widerstandswerte: 1 m Cu-Draht von 1 mm Durchmesser: $R = 0{,}022\,\Omega$; 1 cm^2 Haut: $R \approx 10\,000$–$100\,000\,\Omega$; Körperwiderstand: $R \approx 1000\,\Omega$. Ein Leiter hat demnach den Widerstand $R = 1\,\Omega$, wenn durch ihn bei einer Spannung von 1 V ein Strom der Stärke 1 A fließt. Je größer sein Widerstand, desto geringer ist bei gleicher angelegter Spannung die Stromstärke bzw. desto größer muß die Spannung sein, um den gleichen Strom zu verursachen.

Der Kehrwert $L = 1/R$ des Widerstandes heißt elektrischer Leitwert. Er hat die Einheit 1 Siemens (S) $= \frac{1}{1\,\Omega}$.

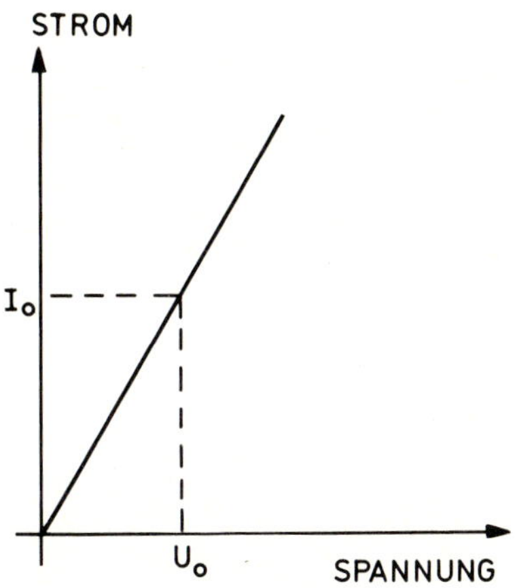

Abb. D-25 Strom-Spannungs-Kennlinie für Ohmschen Leiter.

Ohmsches Gesetz

Für viele Leiter (besonders für die Metalle) ist der in (9.1) definierte Widerstand bei konstanter Temperatur T eine von Strom und Spannung unabhängige Konstante. Für diese Leiter gilt das **Ohmsche Gesetz** (G.S. Ohm 1825)

$$I \sim U \quad (\text{bei } T = \text{const.}) \tag{9.2}$$

bzw.

$$R = \frac{U}{I} = \text{const.} \quad .$$

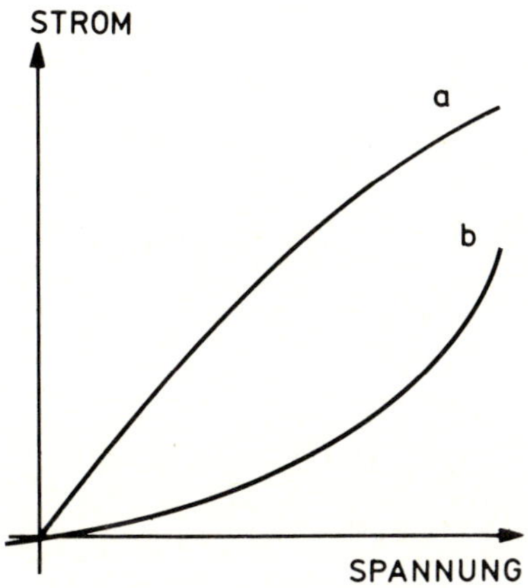

Abb. D-26 Strom-Spannungs-Kennlinien nicht Ohmscher Leiter.

Strom-Spannungs-Kennlinien

Trägt man die Stromstärke I als Funktion der angelegten Spannung U auf, erhält man die **Charakteristik** oder **Kennlinie** des Leiters. Für Ohmsche Leiter, für die das Ohmsche Gesetz (9.2) gilt, ist diese Kurve eine Gerade (Abb. D-25). Bei ihnen lassen sich der Widerstand R bzw. der Leitwert L aus der Steigung der Geraden $U \sim I$ bzw. $I \sim U$ bestimmen. Dazu bildet man, da die Gerade durch den Nullpunkt verläuft, für einen willkürlichen Punkt der Geraden den Quotienten U_0/I_0 bzw. I_0/U_0.

Daneben gibt es Leiter, bei denen R nicht konstant, sondern eine Funktion $R(I)$ des Stroms ist (Abb. D-26a). Das gilt z.B. für Gleichrichterelektronenröhren (Dioden, vgl. Kap. D. 16), deren Kennlinie Abb. D-26b zeigt. Das nicht-Ohmsche Verhalten äußert sich in der Abweichung der Kennlinie von der Geradenform.

Bei diesen Leitern ist die Angabe eines statischen Widerstandes R immer nur für eine bestimmte Stromstärke und Spannung möglich. Die Steigung dU/dI der Kennlinie ergibt hier nicht mehr den statischen Widerstand R, sondern es folgt aus $U = I \cdot R(I)$ durch Differentiation

$$\frac{dU}{dI} = R(I) + I \cdot \frac{dR(I)}{dI} \,. \tag{9.3}$$

Diese Größe nennt man den **differentiellen Widerstand** des Leiters. Bei Ohmschen Leitern ist er gleich dem statischen Widerstand. Bei manchen Leitern (z. B. Kohlebogenentladung) sinkt der Widerstand mit zunehmender Stromstärke. Dann wird der differentielle Widerstand bei genügend hoher Stromstärke negativ; man spricht von einer **fallenden Kennlinie.** Systeme mit fallender Kennlinie benötigen zur Strombegrenzung immer einen Vorwiderstand; sie sind besonders wichtig für die Schwingungserzeugung.

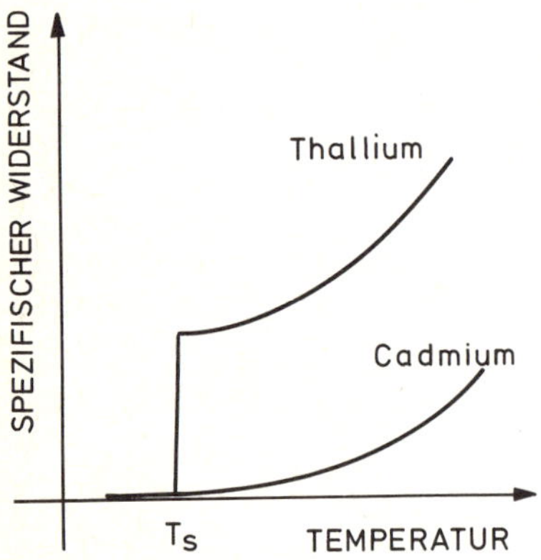

Abb. D-27 Spezifischer Widerstand als Funktion der Temperatur bei Supraleiter (T_S = Sprungtemperatur).

Temperaturabhängigkeit

Bei Metallen nimmt der elektrische Widerstand mit steigender Temperatur zu (der Leitwert also ab). Dabei folgt er im Bereich gewöhnlicher Temperaturen ϑ ungefähr der Beziehung $R = R_0(1 + a\vartheta)$. Der Widerstandsbeiwert a ist für einigermaßen reine Metalle ca. $4 \cdot 10^{-3}$/K. Diese Widerstandszunahme ist eine Folge der mit wachsender Temperatur zunehmenden Wechselwirkung der Ladungsträger mit den Gitterschwingungen (vgl. Kap. D. 15).

Bei Halbleitern (vgl. Kap. D. 15) und Elektrolyten (vgl. Kap. D. 18) nimmt dagegen der Widerstand mit wachsender Temperatur ab.

Technisch bedeutsam sind einige Legierungen (z. B. Konstantan), deren Widerstand im gängigen Temperaturbereich praktisch temperaturunabhängig ist.

Bei sehr tiefen Temperaturen (einer jeweils charakteristischen Sprungtemperatur T_S) geht der Widerstand vieler Metalle und Legierungen sprunghaft auf Null zurück. Dieser Effekt der **Supraleitung** ist auf das Auftreten gekoppelter Elektronenpaare zurückzuführen und tritt nur in Festkörpern auf (Abb. D-27).

Spezifischer Widerstand

Für einen geraden Draht mit der Länge l und dem Querschnitt A erhält man den Widerstand R aus der Beziehung

$$R = \varrho \cdot \frac{l}{A} \quad . \tag{9.4}$$

Der **spezifische Widerstand** ϱ ist dabei eine Materialkonstante mit der **Einheit** $\Omega \cdot$ m; er wird auch als **Resistivität** bezeichnet. Sein Kehrwert $\sigma = 1/\varrho$ heißt **elektrische Leitfähigkeit.** Mit dieser Leitfähigkeit σ kann man den allgemeinen Zusammenhang

$$\vec{j} = \sigma \cdot \vec{E} \tag{9.5}$$

zwischen der Stromdichte j $\left(= \text{Strom durch Querschnittsfläche} = \frac{I}{A}\right)$ und der elektrischen Feldstärke formulieren, den man für den Spezialfall (9.4) leicht durch Einsetzen aus (9.1) erhält. Bei konstanter Leitfähigkeit stellt diese Formulierung nur eine andere Schreibweise des Ohmschen Gesetzes (9.2) dar, da wegen $U = -\int E\,ds$ (4.5) und $j = \frac{I}{A}$ dann wieder $\frac{U}{I}$ = const. resultiert.

Die Werte der spezifischen Widerstände verschiedener Materialien überstreichen den riesigen Bereich von $0{,}016 \cdot 10^{-6}$ Ωm beim sehr gut leitenden Metall Silber bis 10^{18} Ωm beim sehr guten Isolator Bernstein.

Innenwiderstand von Spannungsquellen

In einem geschlossenen Stromkreis fließt der Strom nicht nur im äußeren Leiterkreis, sondern auch durch die Spannungsquelle hindurch. Den Widerstand, den er dort vorfindet, bezeichnet man als **Innenwiderstand** der Spannungsquelle. Seine Konsequenzen macht man sich mit Hilfe der Definitionsgleichung (9.1) des Widerstands leicht klar:

Sei U_0 die Leerlaufspannung der Spannungsquelle (d.h. die Spannung zwischen ihren Polen, wenn zwischen ihnen kein Strom fließt), R_i der Innenwiderstand und R_a der Gesamtwiderstand im Außenkreis. Dann ist

$$U_0 = R \cdot I = (R_a + R_i) \cdot I = R_a \cdot I + R_i \cdot I = U_a + U_i,$$

da sich die hintereinandergeschalteten Widerstände R_a und R_i (wie wir in Kap. D. 10 sehen werden) zum Gesamtwiderstand R des Stromkreises addieren. Im Außenkreis steht dann nur noch die Spannung („Klemmenspannung")

$$U_a = U_0 - U_i = U_0 - R_i \cdot I$$

zur Verfügung, die mit wachsendem Strom immer kleiner wird. Man spricht davon, daß die Spannung bei starker Belastung der Spannungsquelle „zusammenbricht". Dieser Effekt ist umso geringer, je kleiner R_i ist; für Spannungsquellen ist also ein möglichst geringer Innenwiderstand vorteilhaft.

Der Innenwiderstand bestimmt auch den Kurzschlußstrom $I_{max} = U_0/R_i$, der der Spannungsquelle maximal entnommen werden kann (bei $R_a = 0$ und damit $U_a = 0$). Solche Ströme führen aber leicht zur Zerstörung der Spannungsquelle.

10. Netzwerke

Für den einfachen Stromkreis (vgl. Kap. D. 7) lassen sich Angaben über Strom und Spannung sehr leicht machen: Der Strom ist im ganzen Kreis derselbe, die Spannung zwischen Anfangs- und Endpunkt des äußeren Kreises gleich der Generator-(= Spannungsquellen)spannung. Beide sind über den Gesamtwiderstand R des äußeren Kreises nach der Beziehung $U = R \cdot I$ verknüpft.

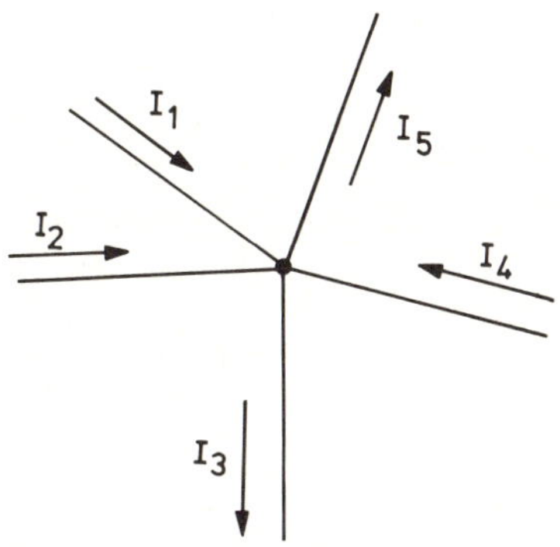

Abb. D-28 Knotenregel

Für kompliziertere Stromkreise (mit Verzweigungen) sind die **Kirchhoffschen Regeln** der Stromverzweigung von grundlegender Bedeutung. Sie sind uns bereits in der mechanischen Strömungslehre begegnet (vgl. Kap. B. 15) und lauten

> 1. An jeder Verzweigungsstelle eines Stromkreises ist die Summe der zufließenden gleich der Summe der abfließenden Ströme.

Ein solcher Verzweigungspunkt (Abb. D-28) wird oft als Knoten, diese Kirchhoffsche Regel entsprechend als **Knotenregel** bezeichnet. Versieht man alle am Knoten ankommenden Ströme mit positivem, alle von ihm wegfließenden mit negativem Vorzeichen, kann man die Knotenregel bei n Verzweigungen auch in der Form

$$\sum_{l=1}^{n} I_l = 0 \qquad (10.1)$$

schreiben.

> 2. In einem beliebigen Stromkreis können Spannungen infolge von Spannungsquellen und an stromdurchflossenen Widerständen auftreten

(zwischen den Endpunkten eines Widerstandes R, der vom Strom I durchflossen wird, herrscht nach Gleichung (9.1) die Spannung $U = R \cdot I$, wobei die Polarität durch die Stromrichtung gegeben ist).

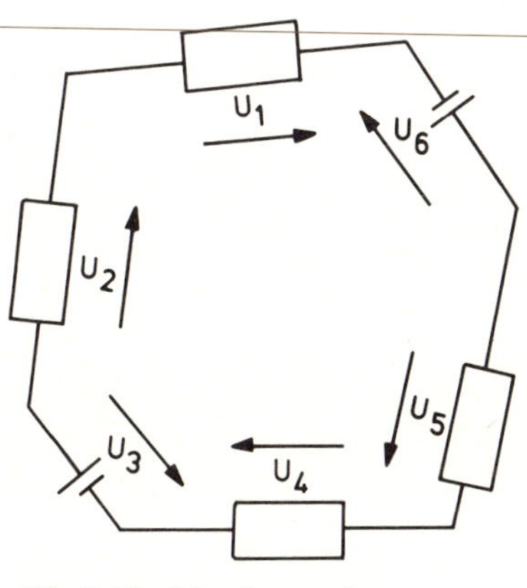

Abb. D-29 Maschenregel

Zählt man in einem geschlossenen Leiterkreis (einer Schleife oder Masche; Abb. D-29) alle diese Spannungen bei einem Umlauf vorzeichenrichtig zusammen, so ergibt ihre Summe Null:

$$\sum_{l=1}^{n} U_l = 0 \qquad (10.2)$$

heißt **Maschenregel.**

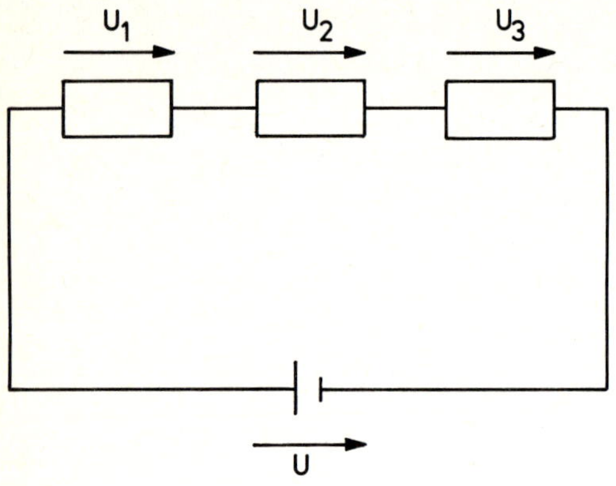

Abb. D-30 Hintereinanderschaltung von Widerständen.

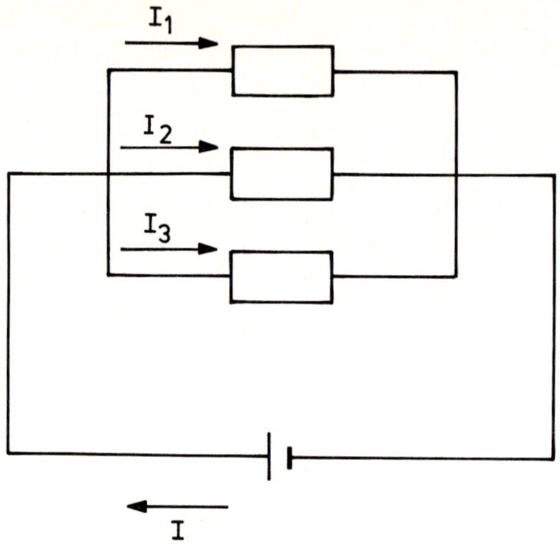

Abb. D-31 Parallelschaltung von Widerständen.

Mit Hilfe dieser beiden Regeln wollen wir die einfachsten Fälle der Serien-(Hintereinander-)Schaltung und Parallelschaltung von Widerständen betrachten. Bei der **Serienschaltung** (Abb. D-30) fließt an jeder Stelle des Stromkreises der gleiche Strom I. Das folgt in einfacher Weise aus der Knotenregel für den verzweigungsfreien Fall: Der gleiche Strom, der vom vorhergehenden Punkt des Leiters ankommt, muß zum nachfolgenden Punkt weiterfließen. Nach der Maschenregel ist außerdem die Generatorspannung U (wir wollen der Einfachheit halber hier nur eine Spannungsquelle annehmen) betragsmäßig gleich der Summe der Spannungen $U_l = I \cdot R_l$ über den n Widerständen R_l im Stromkreis:

$$U = \sum_{l=1}^{n} U_l = \sum_{l=1}^{n} I \cdot R_l = I \sum_{l=1}^{n} R_l = I \cdot R \qquad (10.3)$$

3. Der Gesamtwiderstand R des Stromkreises ergibt sich bei Hintereinanderschaltung aus der Summe der Einzelwiderstände.

Bei der **Parallelschaltung** (Abb. D-31) teilt sich (nach der Knotenregel) der ankommende Strom I so in Teilströme I_l durch die n Parallelzweige auf, daß deren Summe gleich dem Gesamtstrom ist:

$$I = I_1 + I_2 + \ldots + I_n = \sum_{l=1}^{n} I_l \qquad (10.4)$$

Zwischen den Verzweigungspunkten, d.h. über jedem Parallelzweig, liegt die gleiche Spannung U, es ist also $U = I_1 R_1 = I_2 R_2 = \ldots = I_n R_n$. Daraus folgt z.B. wegen $I_1 R_1 = I_2 R_2$

$$\frac{I_1}{I_2} = \frac{R_2}{R_1}. \qquad (10.5)$$

4. Die Ströme durch die einzelnen Zweige verhalten sich umgekehrt wie die dort vorhandenen Widerstände.

Statt des Gesamtwiderstandes R in dieser Anordnung berechnet man einfacher den Gesamtleitwert $L = \frac{1}{R}$. Mit $L = \frac{I}{U}$ folgt aus Gl. (10.4)

$$L = \frac{I_1}{U} + \frac{I_2}{U} + \ldots + \frac{I_n}{U} = L_1 + L_2 + \ldots + L_n = \sum_{l=1}^{n} L_l. \qquad (10.6)$$

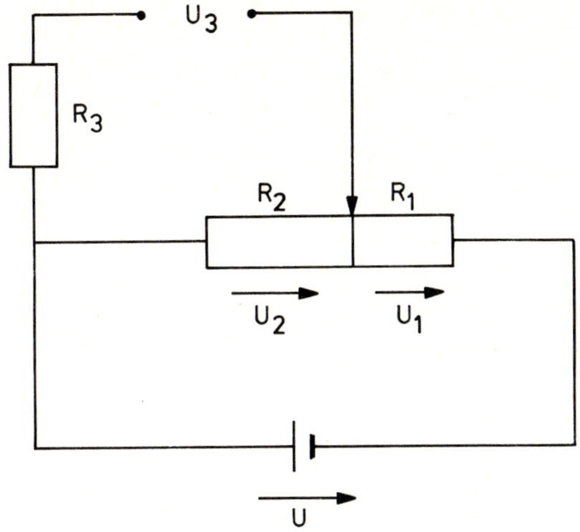

Abb. D-32 Potentiometerschaltung

5. Bei Parallelschaltung addieren sich die Einzelleitwerte – d.h. die Kehrwerte der Einzelwiderstände – zum Gesamtleitwert (Kehrwert des Gesamtwiderstandes).

$$\frac{1}{R} = \sum_{i=1}^{n} \frac{1}{R_i}.$$

Die Beziehung (10.3) verwendet man bei der **Potentiometerschaltung** (Abb. D-32) zur Spannungsteilung. Dabei stellt man durch einen verschiebbaren Schleifer einen leitenden Kontakt mit einem beliebigen Punkt des Widerstandes R her. Dadurch wird R in die zwei (veränderlichen) Teilwiderstände R_1 und R_2 unterteilt, über denen die Teilspannungen $U_1 = I \cdot R_1$ und $U_2 = I \cdot R_2$ abfallen. Durch Verschieben des Schleiferkontakts kann man so jede Spannung zwischen 0 und der Gesamtspannung U einstellen. Belastet man diese variable Spannungsquelle, indem man durch den Widerstand R_3 einen Strom fließen läßt, so addieren sich die Kehrwerte von R_2 und R_3. Die beschriebene lineare Spannungsteilung erhält man dann (angenähert) nur noch, wenn R hinreichend klein gegenüber R_3 ist. Das bedeutet, daß bei einer Potentiometerschaltung (wegen 10.5) der Hauptteil des Stromes durch das Potentiometer und nur ein kleiner Teil durch den eigentlichen Verbraucher (hier R_3) fließen muß.

11. Messung von Spannung und Widerstand

Zur Spannungsmessung kann man einmal die in Kap. D. 2 beschriebenen **Elektrometer** benutzen, bei denen die Spannung über die Kraftwirkung des elektrischen Feldes auf leicht bewegliche Teile bestimmt wird. Das gleiche Prinzip wird bei der Spannungswaage verwendet, wo die Kraft gemessen wird, mit der sich zwei Kondensatorplatten anziehen, zwischen denen die Spannung U herrscht.

Bei den meisten technischen Anwendungen wird aber die Spannungsmessung über das Ohmsche Gesetz (Gl. 9.2) auf eine Strommessung zurückgeführt, indem man den Strom durch einen genau bekannten Widerstand mißt, d.h.

Spannungsmesser sind meist umgeeichte Strommesser.

Ein Strommesser wird immer in den Stromkreis geschaltet, dessen Strom I gemessen werden soll (Abb. D-33). Da I über die Beziehung $U = I \cdot R$ vom Gesamtwiderstand des Stromkreises abhängt, muß der Eigenwiderstand des Meßgerätes möglichst klein

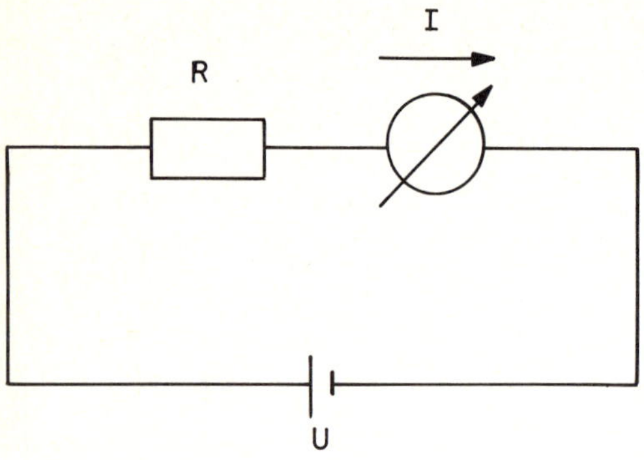

Abb. D-33 Schaltung zur Strommessung.

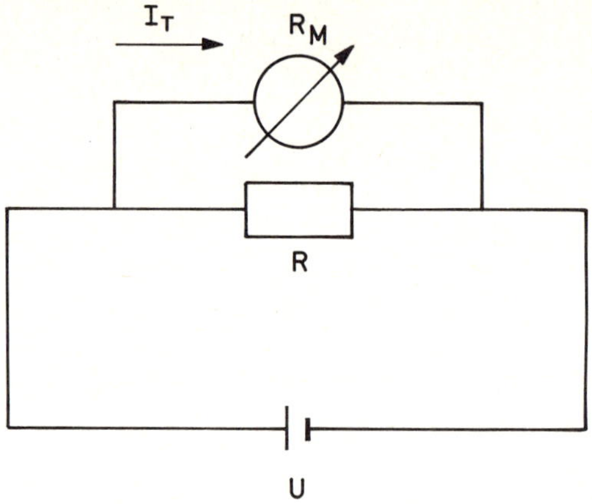

Abb. D-34 Schaltung zur Spannungsmessung.

gehalten werden, um das Ergebnis nicht zu sehr zu verfälschen. Spannungsmesser schaltet man dagegen parallel zum Stromkreis an die zwei Punkte, zwischen denen man die Spannung bestimmen will (Abb. D-34). Dann fließt ein Teilstrom I_T durch diesen Parallelzweig, der nach Gleichung (10.5) umgekehrt proportional zum Eigenwiderstand R_M des Spannungsmessers ist. Damit weiterhin möglichst der gesamte Strom durch den eigentlichen Stromkreis fließt, müssen Spannungsmesser einen großen Eigenwiderstand haben.

Besonders empfindlich kann man Spannungen mit der **Kompensationsmethode** messen (Abb. D-35). Dazu verwendet man eine bekannte Spannung U_0 und eine Potentiometerschaltung (vgl. Kap. D. 10), bei der der Gesamtwiderstand R durch den verschiebbaren Schleifer in die variablen Teilwiderstände R_1 und R_2 unterteilt wird. Die zu messende Spannung U legt man mit entgegengesetzter Polung über R_1 an, in diesem Stromkreis befindet sich zusätzlich ein empfindlicher Strommesser. Durch geeignete Wahl des Verhältnisses von R_1 und R_2 kann man den über R_1 abfallenden Teil der Spannung U_0 entgegengesetzt gleich U machen (Voraussetzung: $U_0 > U$), dann fließt durch den Strommesser kein Strom. Diesen Fall kann man sehr empfindlich messen.

Den Meßbereich eines Strommessers kann man erweitern, indem man nur noch den Teil des Stromes durch das Meßgerät fließen läßt, den dieses verträgt. Dazu schaltet

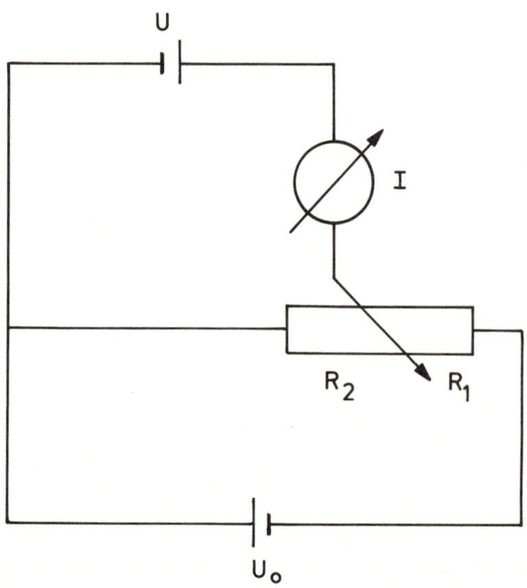

Abb. D-35 Kompensationsmethode zur Messung kleiner Spannungen

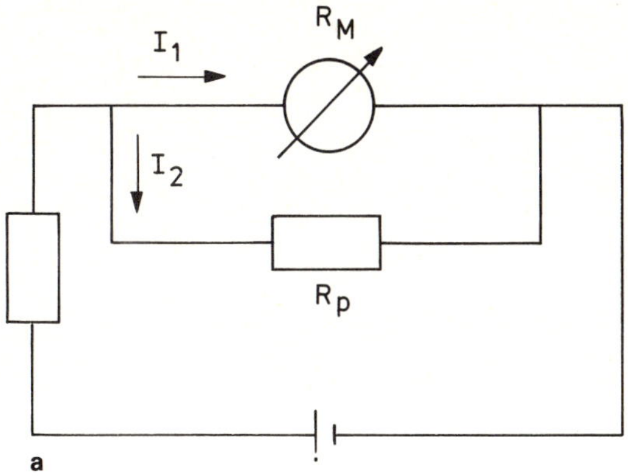

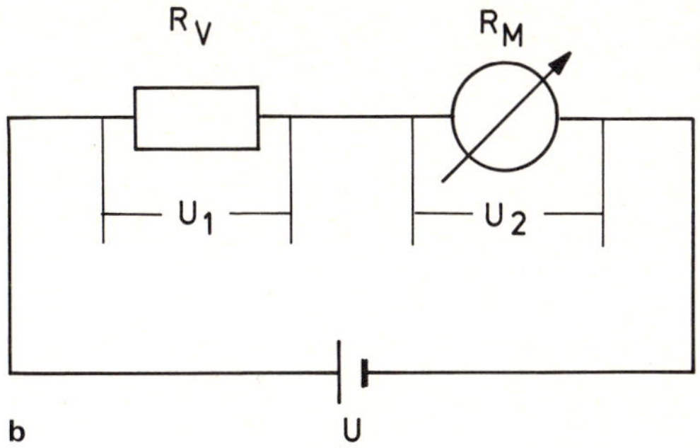

Abb. D-36 a) Meßbereichserweiterung bei Strommessung b) Meßbereichserweiterung bei Spannungsmessung

man einen definierten Widerstand R_P parallel zum Eigenwiderstand R_M des Meßgeräts (Abb. D-36a). Aus den Gesetzen der Stromverzweigung kennt man dann bei Messung des Teilstroms durch das Meßgerät auch den Gesamtstrom. Bei Spannungsmessern erweitert man den Meßbereich durch einen Vorwiderstand R_V, der bei gegebener Spannung U den Strom I nach $U = R \cdot I = (R_V + R_M) \cdot I$ auf den für das Meßgerät zulässigen Wert herabsetzt (Abb. D-36b). Für eine Erweiterung des Meßbereichs um den Faktor 10 muß beim Strommesser der parallelgeschaltete Widerstand $R_P = \frac{1}{9} R_M$, beim Spannungsmesser der vorgeschaltete Widerstand $R_V = 9\,R_M$ sein (bei einem Faktor 10^n: $R_P = R_M/(10^n - 1)$ bzw. $R_V = (10^n - 1) \cdot R_M$).

Eine **Widerstandsmessung** kann im einfachsten Fall über die grundlegende Beziehung $U = R \cdot I$ auf eine Strom- und eine Spannungsmessung zurückgeführt werden. Dazu schaltet man den unbekannten Widerstand R in einen Stromkreis und mißt den dort fließenden Strom sowie die über R abfallende Spannung.

Sehr viel genauer läßt sich eine Widerstandsmessung mit der **Wheatstoneschen Brückenschaltung** durchführen. Dazu schaltet man den unbekannten Widerstand R_X – wie in Abb. D-37 gezeigt – in Reihe mit einem genau bekannten Widerstand R_V. Parallel dazu schaltet man einen Widerstand R, der in die variablen Teilwiderstände R_1 und R_2 unterteilt wird (z.B. einen homogenen Meßdraht, dessen Gesamtwiderstände $R_1 = \varrho \frac{l_1}{A}$ und $R_2 = \varrho \frac{l_2}{A}$ proportional zu den Teilstücken l_1 und l_2 aufgeteilt

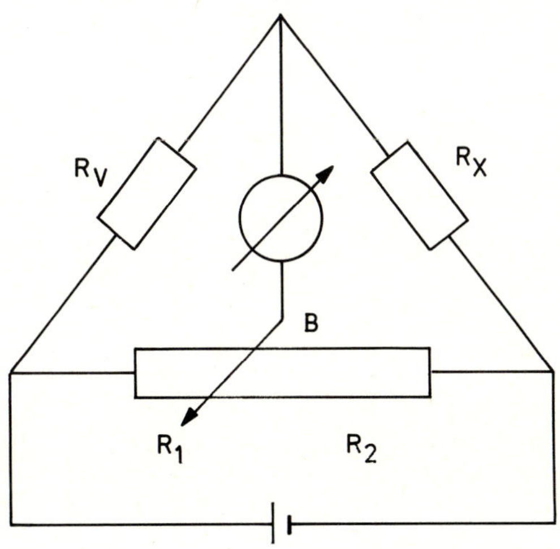

Abb. D-37 Wheatstonesche Brückenschaltung zur Widerstandsmessung.

wird). Über beiden Zweigen liegt die gleiche Spannung U. Wird sie von R_X und R_V bzw. R_1 und R_2 in gleicher Weise geteilt, dann liegt zwischen den Punkten A und B die Spannung 0. Ein zwischen diese Punkte geschalteter Strommesser zeigt daher den Strom 0 an, wenn die Brückenbedingung

$$\frac{R_1}{R_2} = \frac{R_X}{R_V} \tag{11.1}$$

erfüllt ist. Daraus läßt sich R_X bestimmen.

12. Magnetfeld

Magnetfeld stromdurchflossener Leiter

Magnetfelder werden durch elektrische Ströme (also bewegte elektrische Ladungen) erzeugt. Ein gerader elektrischer Leiter, der vom Strom I durchflossen wird, umgibt sich mit kreisförmigen, konzentrischen magnetischen Feldlinien (Abb. D-38). Ihre Richtung – magnetische Feldlinien verlaufen definitionsgemäß vom Nord- zum Südpol eines Magneten – erhält man aus der Rechte-Hand-Regel: Zeigt der Daumen der rechten Hand in Richtung des Stromes, so geben die Finger die Richtung der magnetischen Feldlinien an.

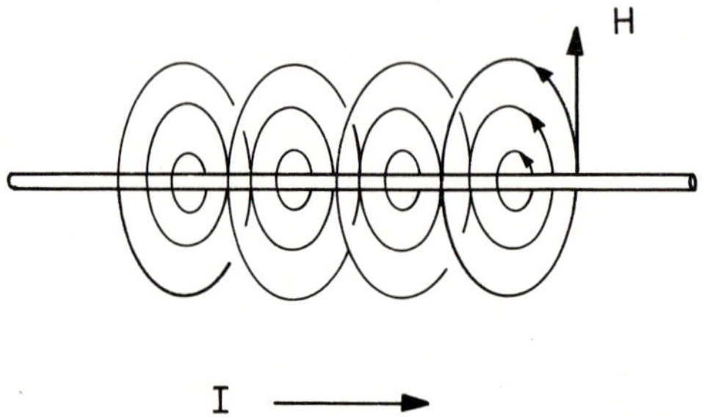

Abb. D-38 Magnetische Feldlinien eines stromdurchflossenen Leiters.

Die **magnetische Feldstärke** H, die ein durch einen dünnen, geraden Leiter fließender Strom I erzeugt, ist umgekehrt proportional zum Abstand r von diesem Leiter:

$$H = \frac{I}{2\pi \cdot r} \quad . \tag{12.1}$$

Daraus folgt als **Einheit** der magnetischen Feldstärke $\frac{\mathrm{A}}{\mathrm{m}}$. Die früher oft benutzte Einheit 1 Oe (Oersted) entspricht 79,59 $\frac{\mathrm{A}}{\mathrm{m}}$.

Technische Bedeutung besitzen vor allem elektrische Leiter, die zu langen (d.h. Länge l groß gegen Durchmesser) zylindrischen Spulen gewickelt sind. Im Innern einer solchen Spule mit N Windungen erzeugt ein elektrischer Gleichstrom I ein homogenes Magnetfeld (Abb. D-39) der Stärke

$$H = \frac{N \cdot I}{l} \quad . \tag{12.2}$$

Damit lassen sich (in wassergekühlten Spulen) Magnetfelder bis zu $10^7 \frac{\mathrm{A}}{\mathrm{m}}$ erzeugen $\left(\text{zum Vergleich: Die Feldstärke des Erdmagnetfeldes beträgt an der Erdoberfläche etwa } 15 \frac{\mathrm{A}}{\mathrm{m}}\right)$.

Magnetische Flußdichte, Induktion

Physikalisch grundlegender, weil meßbar, aber mit der magnetischen Feldstärke H eng verknüpft, ist die **magnetische Flußdichte** B (= magnetische Induktion):

$$\vec{B} = \mu\mu_0 \vec{H} \, , \tag{12.3}$$

mit der **Einheit Tesla** $\left(\mathrm{T} = \frac{\mathrm{Vs}}{\mathrm{m}^2}, \text{ alte Einheit 1 Gauß} = 10^{-4} \frac{\mathrm{Vs}}{\mathrm{m}^2}\right)$

$\mu_0 = 4\pi \cdot 10^{-7}$ Vs/Am heißt **Induktionskonstante** (magnetische Feldkonstante).

Die **Permeabilität** μ ist eine Materialgröße, vergleichbar der Dielektrizitätskonstanten ε. Auch hier ist per Definition für Vakuum $\mu = 1$; für Luft kann man in allen praktischen Fällen ebenfalls mit $\mu = 1$ rechnen (exakt $\mu = 1{,}000\,000\,03$). Im Gegensatz zu den Dielektrika treten aber Stoffe mit $\mu < 1$ – diese nennt man **diamagnetisch** – und **paramagnetische** Stoffe mit $\mu > 1$ auf (in beiden Fällen liegt aber μ sehr dicht bei 1). In diamagnetischen Stoffen werden durch das Magnetfeld magnetische Momente (durch seine Kraftwirkung auf die Elektronenhüllen der Atome) erzeugt, die dem äußeren Feld entgegengerichtet sind; diese Stoffe werden deshalb aus den Gebieten hoher Feldstärke herausgedrängt. In paramagnetischen Stoffen sind zusätzlich zu diesem Effekt bereits permanente magnetische Momente („Elementarmagnete", gekoppelt an ungepaarte Elektronen) vorhanden, die – wie bei der Orientierungspolarisation (vgl. Kap. D. 6) – durch das äußere Feld ausgerichtet werden. Die Permeabilität paramagnetischer Stoffe ist deshalb ebenfalls umgekehrt proportional zur Temperatur.

Die dritte bedeutende Materialgruppe sind die **ferromagnetischen** Stoffe. Sie besitzen sehr hohe Permeabilitäten (Größenordnung 10^2–10^4), die aber keine eigentlichen Materialkonstanten mehr sind, sondern von der äußeren Feldstärke, der Vorbehandlung usw. abhängen. In Ferromagneten sind ebenfalls permanente Elementarmagnete vorhanden, die aber schon über größere Bereiche (Weißsche Bezirke) parallel ausgerichtet sind. Im äußeren Magnetfeld werden dann nur noch diese Bezirke ausgerichtet.

Durch skalare Multiplikation der magnetischen Flußdichte $\vec{B}$ mit der Fläche $\vec{A}$ (deren räumliche Lage durch den senkrecht auf ihr stehenden Normalvektor gekennzeichnet ist) erhält man den **magnetischen Kraftfluß** ϕ **(Einheit:** Vs), der durch diese Fläche tritt (Abb. D-40):

$$\phi = \vec{B} \cdot \vec{A} \, . \tag{12.4}$$

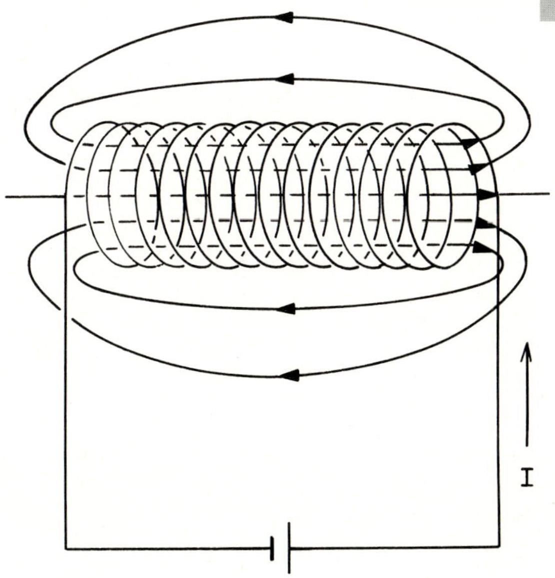

Abb. D-39 Magnetfeld einer stromdurchflossenen, langen Zylinderspule.

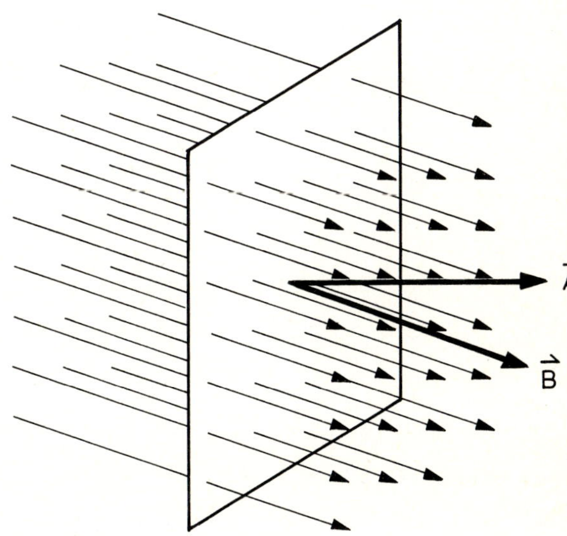

Abb. D-40 Magnetischer Kraftfluß ϕ.

Stellt man sich z.B. eine Kreisfläche her, indem man einen Metalldraht zu einem Kreisring biegt, so tritt bei jeder zeitlichen Änderung des magnetischen Flusses durch diese Fläche an den Enden des Drahtes eine elektrische Spannung auf. Diesen Vorgang bezeichnet man als **Induktion.** Für die **induzierte Spannung** gilt

$$U_{\text{ind}} = -\frac{d\phi}{dt} \quad \text{, für eine Spule mit } N \text{ Windungen}$$

$$U_{\text{ind}} = -N\frac{d\Phi}{dt} \quad . \qquad (12.5)$$

Das negative Vorzeichen ist dabei Ausdruck der **Lenzschen Regel:** Ein auf Grund einer induzierten Spannung fließender elektrischer Strom ist so gerichtet, daß sein Magnetfeld dem induzierenden magnetischen Fluß entgegenwirkt (das umgekehrte Verhalten würde dem Energiesatz widersprechen).

Induzierte Spannungen treten natürlich nicht nur bei Kreisringen auf, sondern immer, wenn sich der magnetische Fluß durch eine Fläche ändert. Bei metallischen Flächen geben sie Anlaß zu **Wirbelströmen.**

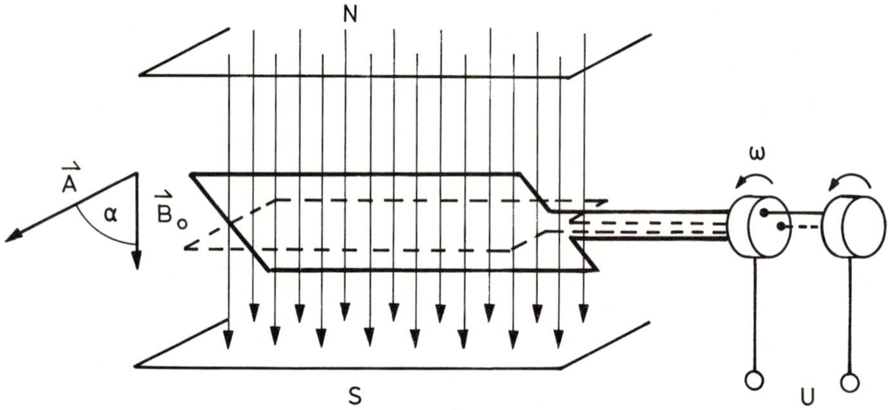

Abb. D-41 Wechselspannungsgenerator auf der Grundlage der Induktion.

Neben der grundlegenden physikalischen Bedeutung – sie besteht u.a. in der engen **Verknüpfung elektrischer und magnetischer Felder** – findet die Induktion zahlreiche technische Anwendungen. Eine der wichtigsten ist dabei der **Wechselspannungsgenerator:** Bringt man den oben beschriebenen Kreisring in ein Magnetfeld mit der konstanten Flußdichte $\vec{B}_0$ und dreht ihn mit einer bestimmten Kreisfrequenz ω um seine Achse (Abb. D-41), so erhält man einen zeitlich veränderlichen magnetischen Fluß $\phi = \vec{B}_0 \cdot \vec{A} = B_0 \cdot A \cdot \cos\alpha = B_0 \cdot A \cdot \cos\omega t$ (weil sich der Winkel α zwischen der Richtung von B_0 und der Fläche A zeitlich ändert, vgl. Kap. B. 3) und damit eine induzierte Spannung (Abb. D-42)

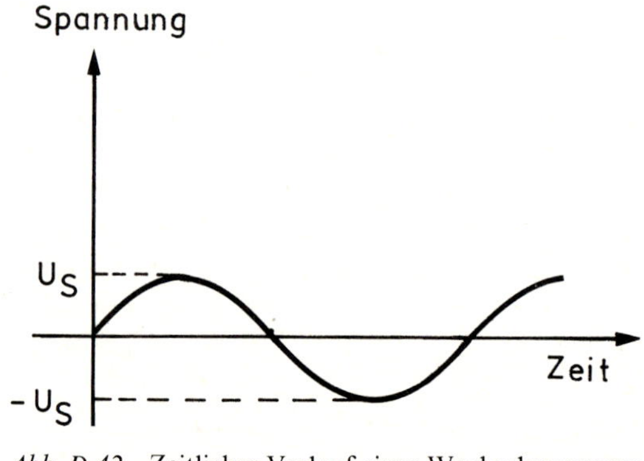

Abb. D-42 Zeitlicher Verlauf einer Wechselspannung.

$$U = U_S \cdot \sin \omega t \tag{12.6}$$

(U_S = Scheitelspannung).

Diese Umsetzung mechanischer (Dreh-)Energie in elektrische Energie mit Hilfe der Induktion bildet die Grundlage unserer Versorgung mit 220 V-Wechselspannung durch die Elektrizitätswerke. Bei den tatsächlichen technischen Ausführungen verwendet man dabei große, turbinengetriebene Spulen mit vielen Windungen, da bei N Kreisringen der Fläche A die N-fache Spannung auftritt.

Lorentz-Kraft

Benutzt man als Induktionsschleife ein Rechteck (Abb. D-43), dessen eine Seite ein verschiebbarer Drahtbügel bildet und das senkrecht von einer konstanten Flußdichte B durchsetzt wird, so kann man den Fluß ϕ zeitlich ändern, indem man den Drahtbügel mit konstanter Geschwindigkeit $v = \frac{\Delta x}{\Delta t}$ verschiebt (und damit die Fläche A ändert).

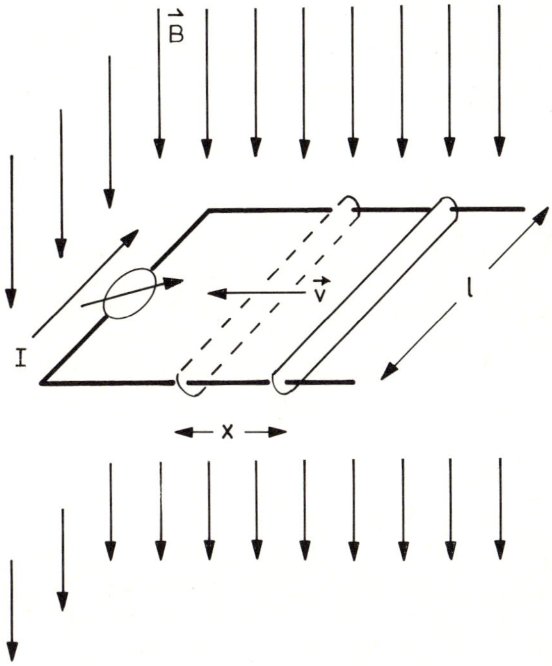

Abb. D-43 Zusammenhang zwischen Induktion und Lorentz-Kraft.

Man erhält dann eine induzierte Spannung des Betrags

$$U_{\text{ind}} = \frac{\Delta \phi}{\Delta t} = \frac{\Delta (B \cdot A)}{\Delta t} = B \cdot \frac{\Delta A}{\Delta t} = B \cdot l \cdot \frac{\Delta x}{\Delta t} = B \cdot l \cdot v. \tag{12.7}$$

Diese Spannung erzeugt in der Leiterschleife einen Strom I (d.h. es werden Ladungen Q verschoben), dabei resultiert (s. Gl. (4.6)) eine elektrische Arbeit $W_{\text{el}} = U_{\text{ind}} \cdot Q = U_{\text{ind}} \cdot I \Delta t = B \cdot l \cdot v \cdot I \Delta t$.

Beim Verschieben des Leiterbügels muß die mechanische Arbeit $W_{\text{mech}} = F \cdot \Delta x = F \cdot v \Delta t$ geleistet werden (v = const. vorausgesetzt). Beide müssen nach dem Energiesatz gleich sein; aus $W_{\text{mech}} = W_{\text{el}}$ folgt

$$F = B \cdot l \cdot I \,. \tag{12.8}$$

Diese Kraft wird auf einen geraden, vom Strom I durchflossenen Leiter der Länge l im homogenen Magnetfeld mit der Flußdichte B ausgeübt. Die Richtung von F erhält man aus der 3-Fingerregel der linken Hand: Bilden Daumen, Zeigefinger und Mittelfinger der linken Hand jeweils einen rechten Winkel miteinander und zeigt der Zeigefinger in Richtung von B, der Mittelfinger in Richtung von I, so wirkt F in Richtung des Daumens.

Die in Gleichung (12.8) für einen Spezialfall abgeleitete Kraft $F = B \cdot l \cdot I = B \cdot l \cdot Q/t = B v \cdot Q$ wirkt allgemein auf jede mit der Geschwindigkeit v durch ein Magnetfeld bewegte Ladung Q. In der allgemeinsten Schreibweise gilt für diese sogenannte **Lorentz-Kraft**

$$\vec{F} = Q \cdot \vec{v} \times \vec{B} \quad . \tag{12.9}$$

Als Resultat eines Vektorprodukts wirkt die Lorentz-Kraft immer senkrecht zur Bewegungsrichtung der geladenen Teilchen und führt daher als Zentralkraft (vgl. Kap. B. 5) zu Kreisbahnen.

Die Kraftwirkung (Gl. (12.8)), die ein stromdurchflossener Leiter in einem Magnetfeld erfährt, wird in Elektromagneten technisch ausgenutzt. In **Drehspulinstrumenten** verwendet man sie in etwas abgewandelter Form zur Strommessung (vgl. Kap. D. 8): Man bringt eine stromdurchflossene Schleife in ein Magnetfeld. Die Teile der Schleife, in denen I parallel zu B fließt, erfahren keine Kräfte (bei $\vec{v} \parallel \vec{B}$, also $\alpha = 0$, ist $\vec{v} \times \vec{B} = v \cdot B \cdot \sin\alpha = 0$), die anderen entgegengesetzt gleich große Kräfte (umgekehrte Richtung von I). Es wirkt also ein Kräftepaar (vgl. Kap. B. 12) und damit ein Drehmoment, mit dem man einen Zeigerausschlag proportional zum fließenden Strom erzeugen kann.

Selbstinduktion

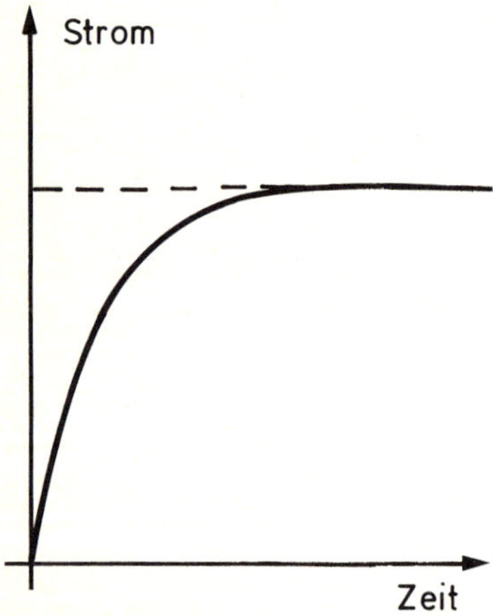

Abb. D-44 Ansteigen des Stromes beim Einschalten auf Grund der Selbstinduktion.

Eine Induktionsspannung tritt bei jedem Leiter auf, der eine von einem veränderlichen magnetischen Fluß durchsetzte Fläche umschließt. Läßt man durch eine Zylinderspule den Strom I fließen, so ändert sich das Magnetfeld (und entsprechend der magnetische Fluß durch die Spule) von $H = 0$ auf $H = N \cdot I/l$ (s. Gl. (12.2)). Während dieses Einschaltvorgangs wird deshalb auch in der Magnetfeldspule selbst eine Spannung induziert; sie ist nach der Lenzschen Regel der Spannung entgegengerichtet, die den Strom I verursacht. Diese Induktion im eigenen Leiter nennt man **Selbstinduktion.** Energetisch betrachtet ist die Selbstinduktion die Folge des Aufbaus eines Magnetfeldes. Da Magnetfelder Drehmomente ausüben, mit ihrer Kraftwirkung Körper verschieben, also Arbeit verrichten können, enthalten sie Energie. Diese Energie muß beim Aufbau des Magnetfeldes hineingesteckt werden; sie wird aus der elektrischen Energie $W = U_S \cdot I \cdot t$ der Spannungsquelle bezogen. Diese steht daher so lange nicht voll als elektrische Energie im Stromkreis zur Verfügung, wie noch das Magnetfeld aufgebaut wird – man beobachtet während des Einschaltvorgangs im Stromkreis eine um die Induktionsspannung verminderte Generatorspannung und einen langsam ansteigenden Strom (Abb. D-44).

Umgekehrt zerfällt beim Abschalten des Stroms das Magnetfeld wieder, seine Energie wird in Form elektrischer Energie freigesetzt. Dadurch treten hohe Spannungsspitzen (Generatorspannung vermehrt um die Induktionsspannung) auf, gegen deren u. U. schädliche Folgen (z. B. Lichtbogen über dem Ausschalter) man geeignete Schutzmaßnahmen ergreifen muß.

In unserem anfangs betrachteten Spezialfall der Zylinderspule ist $H = \frac{N \cdot I}{l}$, also $B = \mu\mu_0 \cdot \frac{N \cdot I}{l}$. Die Spule habe die Fläche A. Ändert sich der magnetische Fluß ϕ nur infolge einer Stromänderung (alle anderen Größen seien zeitlich konstant), dann wird in den N Spulenwindungen die Spannung

$$U_{\text{ind}} = -N \frac{d\phi}{dt} = -\frac{N^2 \cdot A \cdot \mu\mu_0}{l} \cdot \frac{dI}{dt} = -L \frac{dI}{dt} . \tag{12.10}$$

induziert. In dem **Selbstinduktionskoeffizienten** bzw. der **Induktivität** L faßt man dabei die Größen zusammen, die im wesentlichen von der Geometrie der Spule abhängen. Die **Einheit** von $L\left(1\,\frac{\mathrm{Vs}}{\mathrm{A}} = 1\,\Omega\,\mathrm{s}\right)$ nennt man **Henry** (Hy). Für andere Leiterformen (auch ein gerader Draht hat ein – wenn auch kleines – L) läßt sich die Induktivität meist nicht so einfach berechnen, dort wird sie zweckmäßigerweise experimentell bestimmt.

13. Wechselstrom und -spannung

In Stromkreisen, die eine Induktivität enthalten, können sich die elektrischen Größen aus den im vorigen Kapitel erwähnten Gründen nicht verzögerungsfrei (d.h. mit Lichtgeschwindigkeit) auf einen neuen Betriebszustand einstellen. Das gleiche gilt für Kapazitäten (vgl. Kap. D. 5, speziell Gleichung (5.3)), wo jede Änderung der Spannung mit der beim Auf- bzw. Abbau eines elektrischen Feldes beteiligten Energie verbunden ist. Aus $Q = C \cdot U$ (s. Gl. (5.2)) erhält man durch Differenzieren nach der Zeit die zu Gleichung (12.10) analoge Beziehung

$$I = C \cdot \frac{dU}{dt}. \tag{13.1}$$

In beiden Fällen kann man I und U über einen Ohmschen Widerstand verknüpfen (s. Gl. (9.1)), man erhält dann Abhängigkeiten $I = -\frac{L}{R}\frac{dI}{dt}$, $I = -RC\frac{dI}{dt}$ usw. Solche Verknüpfungen einer Größe mit ihrer zeitlichen Änderung führen immer auf eine **Exponentialfunktion,** z. B.

$$U = U_0\, e^{-\frac{1}{RC}t} \tag{13.2}$$

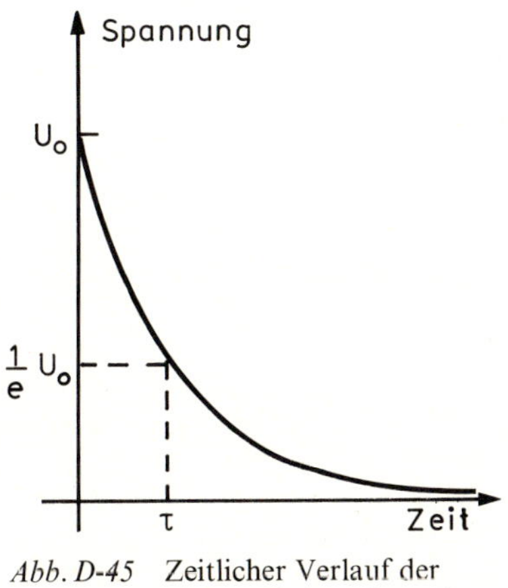

Abb. D-45 Zeitlicher Verlauf der Spannung beim Entladen eines Kondensators.

für die Entladung eines Kondensators (Abb. D-45). Die Zeit $\tau = RC$, bei der der Exponent der e-Funktion 1 wird (so daß U auf $\frac{1}{e} \cdot U_0$ abgesunken ist), nennt man die **Zeitkonstante** des Einstellvorgangs. Für ein System aus Spule und Ohmschem Widerstand erhält man als Zeitkonstante $\tau = \frac{L}{R}$. Das verzögerte Einstellen der elektrischen Größen in Gleichstromkreisen mit Kapazitäten und (oder) Induktivitäten folgt Exponentialfunktionen mit charakteristischen Zeitkonstanten.

Besondere Bedeutung besitzen Kapazitäten und Induktivitäten in Stromkreisen mit Wechselspannungen und -strömen, da diese sich nach Betrag und Vorzeichen dauernd zeitlich ändern. Technisch treten meist **sinusförmige Wechselspannungen** auf (vgl. Kap. D.12), deren zeitliche Abhängigkeit durch

$$U = U_0 \sin \omega t$$

beschrieben wird. U gibt dabei die momentane Amplitude an; sie schwankt periodisch zwischen den Extremwerten **(Scheitel- oder Spitzenspannung)** $\pm\, U_S$. Die Häufigkeit der Schwankung in einer Zeiteinheit wird durch die Kreisfrequenz ω bzw. die Frequenz $\nu = \frac{\omega}{2\pi}$ beschrieben (vgl. Kap. B. 2 u. F. 2). Die Periodendauer (Schwingungszeit) $T = \frac{1}{\nu}$ ergibt sich als (kleinster) zeitlicher Abstand gleicher Schwingungszustände, also z. B. aus dem zeitlichen Abstand zweier benachbarter Spannungsmaxima $U = U_0$.

Nicht sinusförmige Wechselspannungen lassen sich mit Hilfe der Fourier-Analyse in eine Reihe sinusförmiger Spannungen verschiedener Frequenz und Amplitude zerlegen (vgl. Kap. F. 4).

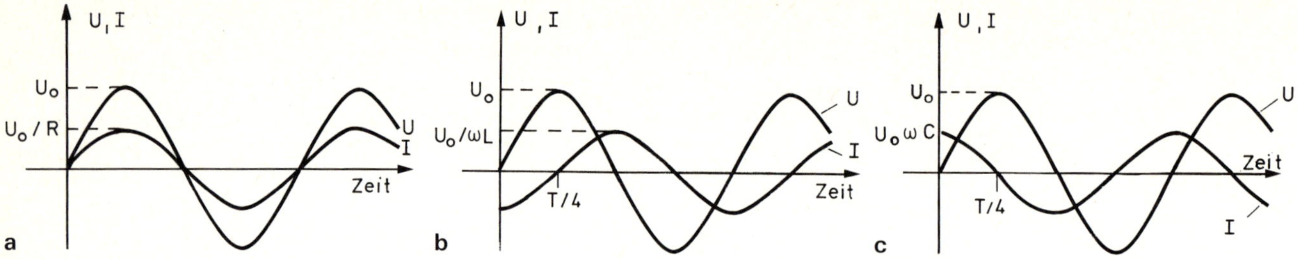

Abb. D-46 Zeitlicher Verlauf der Spannung und des Stromes im Stromkreis mit a) einem Ohmschen Widerstand, b) einem induktiven Widerstand, c) einem kapazitiven Widerstand.

Solange im Stromkreis nur ein Ohmscher Widerstand R vorhanden ist, folgt der durch die Wechselspannung (Gl. (12.6)) hervorgerufene Strom zeitlich der gleichen Sinusfunktion (Abb. D-46a)

$$I = \frac{U}{R} = \frac{U_0}{R} \cdot \sin \omega t. \tag{13.3}$$

Strom und Spannung sind phasengleich, d.h. sie haben das gleiche Argument in der Winkelfunktion.

Befindet sich dagegen im Stromkreis eine Induktivität L, so wird in dieser eine Spannung $U_L = -L\frac{dI}{dt}$ induziert. Nach der Maschenregel (10.2) ist dann die Summe aus der angelegten Wechselspannung $U_0 \sin \omega t$ und dieser induzierten Spannung Null (im Stromkreis sei kein Ohmscher Widerstand):

$$U_0 \cdot \sin \omega t - L\frac{dI}{dt} = 0$$

oder $$\frac{dI}{dt} = \frac{U_0}{L} \cdot \sin \omega t.$$

Diese Bedingung für $\frac{dI}{dt}$ ist erfüllt, wenn I der Beziehung

$$I = -\frac{U_0}{\omega \cdot L} \cdot \cos \omega t = \frac{U_0}{\omega \cdot L} \cdot \sin\left(\omega t + \frac{\pi}{2}\right) \tag{13.4}$$

gehorcht (wie man mit Hilfe der Differentiationsregeln leicht nachprüft).

Die **Phasenverschiebung** von $\pi/2$, die im Ausdruck für den Strom gegenüber der Spannung (s. Gl. (12.6)) hinzugekommen ist, bedeutet, daß der Strom zeitlich um ein Viertel der Periodendauer T hinter der Spannung zurückbleibt – infolge der induzierten Gegenspannung U_{ind} kann der Strom der Generatorspannung nur mit zeitlicher Verzögerung folgen (Abb. D-46b).

An Stelle des vom Gleichstrom her bekannten Ausdrucks $I = U/R$ tritt jetzt die Beziehung $I = \frac{U}{\omega \cdot L}$ auf (die Sinusfunktion „moduliert" nur). Als erster **Wechselstromwiderstand** begegnet uns hier der **induktive Widerstand**

$$R_L = \omega \cdot L \quad . \tag{13.5}$$

Er steigt linear mit der Kreisfrequenz ω (bzw. der Frequenz ν) an – für Gleichstrom mit $\omega = \nu = 0$ ist $R_L = 0$ – und hängt von der Induktivität des Bauelements ab.

Auf ganz ähnliche Weise kann man sich die Verhältnisse klarmachen in Stromkreisen, die eine Kapazität C enthalten. Hier lautet die Ausgangsgleichung (s. Gl. (5.2)) $U_0 \cdot \sin \omega t - \frac{Q}{C} = 0$, woraus durch Ableitung nach der Zeit mit $\frac{dQ}{dt} = I$ für den Strom

$$I = \omega \cdot C \cdot U_0 \cdot \cos \omega t = \omega \cdot C \cdot U_0 \cdot \sin\left(\omega t - \frac{\pi}{2}\right) \quad (13.6)$$

resultiert. Die Phasenverschiebung ist entgegengesetzt gleich groß wie bei Induktivitäten: bei kapazitiv belasteten Stromkreisen eilt der Strom der Spannung um eine Viertelperiode voraus (Abb. D-46c). Als Wechselstromwiderstand tritt hier der **kapazitive Widerstand**

$$R_C = \frac{1}{\omega \cdot C} \quad (13.7)$$

auf. Er ist umgekehrt proportional zur Frequenz. Für Gleichstrom ($\omega = 0$, $R_C = \infty$) stellt ein Kondensator eine Unterbrechung dar.

Im allgemeinen tritt daneben – vor allem bei Spulen – auch noch ein Ohmscher Widerstand R auf, so daß sich der gesamte Wechselstromwiderstand Z (auch **Impedanz** genannt) je nach Schaltung aus R, R_C und R_L zusammensetzt. Wegen der auftretenden unterschiedlichen Phasenverschiebungen kann man diese aber nicht einfach addieren. Hier hilft für beliebige Fälle das Rechnen in der komplexen Zahlenebene **(Zeigerdiagramm.** s. Abb. D-47). Wir wollen uns hier mit dem relativ einfachen Fall einer Hintereinanderschaltung von R, R_L und R_C begnügen. Trägt man den Phasenwinkel φ entgegen dem Uhrzeigersinn von der reellen Achse aus auf (Abb. D-47) und wählt den Zeiger für den gemeinsamen Strom I durch alle Widerstände parallel zu dieser Achse, liegt der Zeiger für U_R ebenfalls in dieser Richtung (Phasenverschiebung 0, vgl. (13.3)).

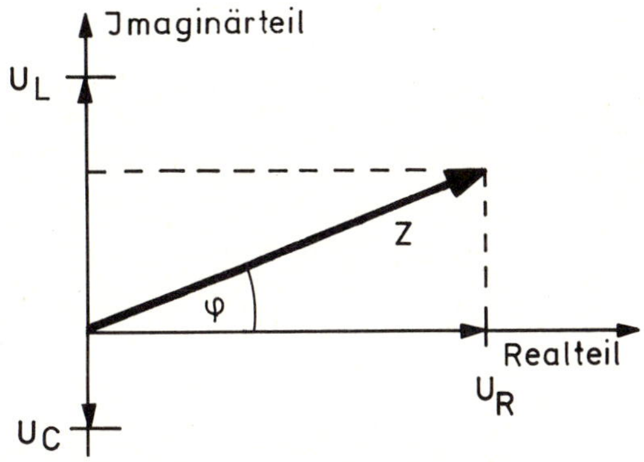

Abb. D-47 Ohmscher, induktiver und kapazitiver Widerstand in der komplexen Zahlenebene; Zeigerdiagramm. (Z = Gesamtwiderstand).

Der Zeiger für U_L ist dann aber um $\varphi = 90° \left(= \frac{\pi}{2}\right)$, der Zeiger für U_C um $\varphi = -90°$ bzw. $+270° \left(= -\frac{\pi}{2}\right)$ dagegen verschoben (vgl. Gl. (13.4) und (13.6)). Für den Betrag der Gesamtspannung erhält man dann nach Pythagoras

$$|U_G| = \sqrt{U_R^2 + (U_L - U_C)^2} \quad (13.8)$$

und für den Betrag der Impedanz über $U = Z \cdot I$

$$|Z| = \left|\frac{U_G}{I}\right| = \frac{1}{|I|}\sqrt{I^2 R^2 + \left(I \cdot \omega \cdot L - I \cdot \frac{1}{\omega \cdot C}\right)^2} = \sqrt{R^2 + \left(\omega \cdot L - \frac{1}{\omega \cdot C}\right)^2} \quad (13.9)$$

Die zweite für die Impedanz bestimmende Größe, die resultierende Phasenverschiebung φ zwischen Strom und Spannung, erhält man in diesem Fall aus

$$\tan\varphi = \frac{\omega \cdot L - \frac{1}{\omega \cdot C}}{R} . \quad (13.10)$$

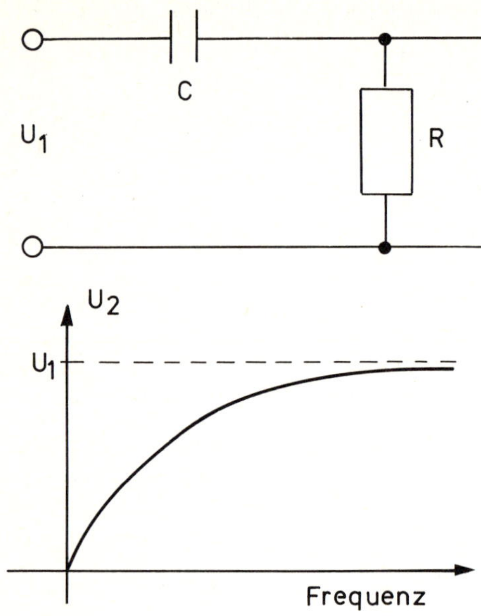

Abb. D-48 *RC*-Hochpaß

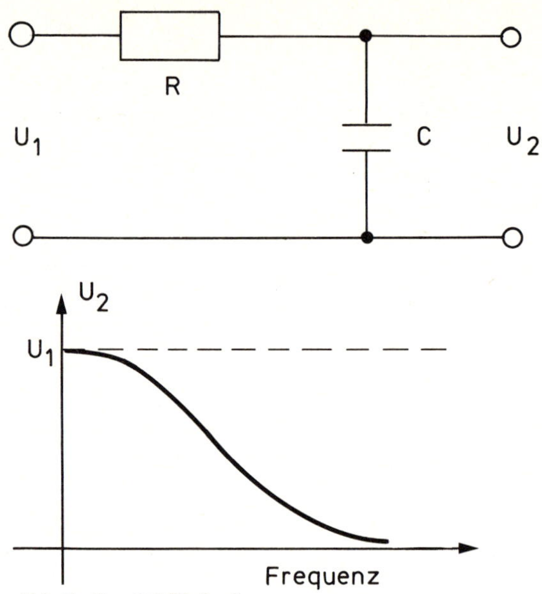

Abb. D-49 *RC*-Tiefpaß

Für $\omega \cdot L = \frac{1}{\omega \cdot C}$ bzw. $\omega = \sqrt{\frac{1}{L \cdot C}}$ heben sich kapazitiver und induktiver Widerstand in (13.9) gerade auf, für diese Frequenz durchläuft $|Z|$ ein Minimum.

Die Benutzung des Zeigerdiagramms in der komplexen Ebene kommt erst voll zum Tragen, wenn man die komplexen Widerstandsoperatoren $R_C = \frac{1}{i\omega C}$ und $R_L = i\omega L$ verwendet ($i = \sqrt{-1}$ = imaginäre Einheit, wobei $i^2 = -1, 1/i = -i$). Dabei ist zu berücksichtigen, daß eine komplexe Zahl sich aus Realteil Re (alle Anteile ohne den Faktor i) und Imaginärteil Im (alle Anteile, die den Faktor i enthalten) zusammensetzt und ihr Betrag sich aus $\sqrt{(\mathrm{Re})^2 + (\mathrm{Im})^2}$ ergibt. Dann kann man alle Wechselstromkreise einfach nach den Kirchhoffschen Regeln berechnen, wobei man nur bei Parallelschaltungen (gleiche Spannung über allen Zweigen, vgl. Kap. D. 10) die Spannung als gemeinsamen Zeiger parallel zur reellen Achse verwenden muß. Das Verfahren verliert viel von seiner scheinbaren Kompliziertheit, wenn man es ein paarmal geübt hat.

Infolge der Frequenzabhängigkeit des kapazitiven und induktiven Wechselstromwiderstandes arbeiten elektronische Schaltungen (z.B. Verstärker) nicht unabhängig von der Frequenz, sondern besitzen einen irgendwie gearteten **Frequenzgang** (d.h. verschiedene Verstärkung bei verschiedenen Frequenzen o.ä.). Dieser Frequenzgang muß je nach Anwendung berücksichtigt werden. Er läßt sich durch geeignete Schaltungen beeinflußen, im einfachsten Fall durch Kombinationen aus Widerstand und Kondensator. Diese ***RC*-Glieder** wirken je nach Schaltung als **Hochpaß,** der hohe Frequenzen unverändert durchläßt, tiefe abschwächt, oder als **Tiefpaß** mit umgekehrtem Verhalten (Abb. D-48 und D-49).

Eines der wichtigsten Geräte der Wechselspannungstechnik ist der **Transformator** (Trafo, Abb. D-50), bei dem mit Hilfe der Induktion aus einer Wechselspannung gegebener Amplitude U_1 eine andere Wechselspannung U_2 beliebiger Amplitude hergestellt werden kann. Dazu legt man die Primärspannung U_1 an eine Spule der Windungszahl N_1, die sich gemeinsam mit einer zweiten Spule der Windungszahl N_2 auf einem geschlossenen Eisenkern hoher Permeabilität μ befindet. Der infolge der Wechselspannung U_1 in der Primärspule fließende Wechselstrom I_1 erzeugt dort einen periodisch veränderten Fluß, wobei

$$U_1 = N_1 \frac{d\phi}{dt} \qquad (13.10)$$

ist. Auf Grund des geschlossenen Eisenkerns tritt derselbe Fluß (im Idealfall, bei dem

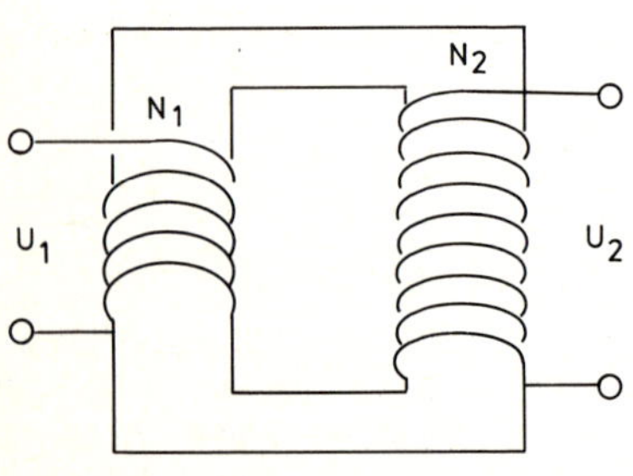

Abb. D-50 Transformator

man von Streuverlusten absehen kann) auch durch die zweite Spule und induziert dort eine Spannung des Betrags

$$U_2 = N_2 \frac{d\phi}{dt}. \tag{13.11}$$

Daraus ergibt sich beim idealen Transformator

$$\frac{U_1}{U_2} = \frac{N_1}{N_2}, \tag{13.12}$$

die Spannungen verhalten sich wie die Windungszahlen der beiden Spulen. Da im Transformator keine Energie gewonnen werden kann, müssen die elektrischen Energien bzw. Leistungen $U \cdot I$ (vgl. Kap. D. 14) im Idealfall auf beiden Seiten gleich sein. Aus

$$U_1 \cdot I_1 = U_2 \cdot I_2 \tag{13.13}$$

erhält man

$$\frac{U_1}{U_2} = \frac{I_2}{I_1} = \frac{N_1}{N_2}. \tag{13.14}$$

Die beiden wichtigsten Grenzfälle in der Anwendung von Transformatoren sind der **Hochstromtrafo,** bei dem man z. B. mit $U_1 = 220\,\text{V}$, $I_1 = 5\,\text{A}$ bei einem Windungsverhältnis $\frac{N_1}{N_2} = 20$ auf der Sekundärseite $U_2 = 11\,\text{V}$, $I_2 = 100\,\text{A}$ erhält, und der **Hochspannungstrafo,** bei dem sekundärseitig sehr hohe Spannungen erzeugt werden (dafür sind dort nur kleine Ströme erreichbar). Daneben ist mit Transformatoren infolge der gleichspannungsmäßigen Trennung beider Seiten sehr leicht eine Überlagerung von Spannungen möglich.

Die medizinische Anwendung von Wechselströmen erstreckt sich zumeist auf das Gebiet der Hochfrequenz ($\nu \approx 1$ Megahertz (MHz) bei der Diathermie, 10–100 MHz bei der Kurzwellentherapie). Solche hochfrequenten Ströme üben keine Reizerscheinungen mehr auf Muskeln und Nerven aus, da sich so schnell keine Konzentrationsänderungen in den Zellen ausbilden können, sondern nur Wärmewirkungen auftreten. Die Erzeugung solcher hochfrequenten Ströme wird in Kapitel F. 8 kurz behandelt.

14. Leistung des elektrischen Stroms

Aus der Mechanik (Kap. B. 9) kennen wir bereits die Definition der Leistung als

$$P = \frac{W}{t}, \tag{14.1}$$

d. h. als Arbeit pro Zeiteinheit. Die elektrische Arbeit ist (s. Gl. (4.6))

$$W = Q \cdot U. \tag{14.2}$$

Daraus ergibt sich mit $I = \frac{Q}{t}$ (7.1) für die **elektrische Leistung**

$$P = U \cdot I. \tag{14.3}$$

Die **Einheit** der elektrischen Leistung ist $1\,\text{V} \cdot \text{A} = 1\,\text{W}$ **(Watt),** die der elektrischen Arbeit entsprechend $1\,\text{V As} = 1\,\text{Ws}$ (s. auch Kap. D. 4). Im täglichen Leben spielen die erheblich größeren Einheiten kW bzw kW h (Kilowattstunde) die bedeutendere Rolle.

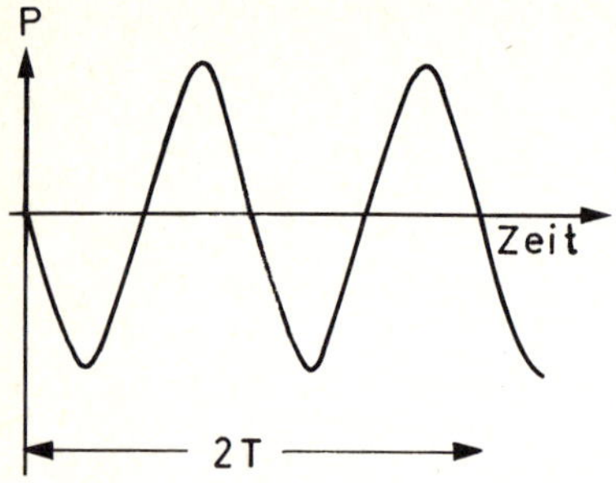

Abb. D-51 Zeitlicher Verlauf der Leistung eines Wechselstromes in einem Stromkreis mit einer Kapazität (ohne Ohmschen Widerstand).

Im stationären Fall eines konstanten Gleichstroms läßt sich die Leistung und die Arbeit dieses Stroms $W = U \cdot I \cdot t$ einfach berechnen. Bei Wechselstrom und -spannung tritt das Problem des Vorzeichens bzw. der Phasenverschiebung auf. Hat man z.B. lediglich einen kapazitiven Widerstand im Stromkreis, so eilt nach Gl. (13.6) der Strom der Spannung voraus. Ihr Produkt wechselt daher periodisch das Vorzeichen (Abb. D-51). Im zeitlichen Mittel erhält man für die Leistung

$$\bar{P} = 0. \tag{14.4}$$

Physikalisch gesehen erfolgt dabei ein periodischer Auf- und Abbau eines elektrischen (oder im analogen Fall einer Induktivität eines magnetischen) Feldes, dessen Energie einmal von der Spannungsquelle bezogen, dann wieder an diese zurückgegeben wird. Im zeitlichen Mittel wird daher von der Spannungsquelle keine Leistung verlangt; man spricht von **Blindleistung** und nennt kapazitiven und induktiven Widerstand **Blindwiderstand.**

Bei einem Ohmschen Widerstand tritt keine Phasenverschiebung zwischen U und I auf, ihr Produkt ist immer > 0. Hier muß die Spannungsquelle auch im zeitlichen Mittel Leistung abgeben, man spricht von **Wirkleistung** und nennt einen Ohmschen Widerstand **Wirkwiderstand.** Für die Leistung im Ohmschen Stromkreis erhält man

$$P = U \cdot I = U_0 \cdot \sin \omega t \cdot I_0 \sin \omega t = U_0 \cdot I_0 \cdot \sin^2 \omega t. \tag{14.5}$$

Das zeitliche Mittel dieser Leistung ist (da $\overline{\sin^2 \omega t} = \frac{1}{2}$ ist)

$$\bar{P} = \frac{1}{2} U_0 \cdot I_0 = \frac{U_0}{\sqrt{2}} \cdot \frac{I_0}{\sqrt{2}} = U_{\text{eff}} \cdot I_{\text{eff}}. \tag{14.6}$$

Die Werte $U_{\text{eff}} = U_0/\sqrt{2}$ $(= 0{,}707\, U_0)$ bzw. $I_{\text{eff}} = I_0/\sqrt{2}$ heißen die **Effektivwerte** der Wechselspannung bzw. des Wechselstromes. Diese Werte werden von Wechselspannungs- und -strommeßgeräten angezeigt.

In Stromkreisen mit zusätzlichem induktiven und/oder kapazitiven Widerstand, bei denen eine Phasenverschiebung φ zwischen Strom und Spannung auftritt (s. Gl. (13.10)), erhält man im zeitlichen Mittel die Leistung

$$\bar{P} = U_{\text{eff}} \cdot I_{\text{eff}} \cdot \cos\varphi \quad ; \tag{14.7}$$

$\cos\varphi$ heißt **Leistungsfaktor.**

Während die elektrische Leistung in Kapazitäten bzw. Induktivitäten elektrische bzw. magnetische Felder hervorruft, erzeugt sie in Ohmschen Widerständen **Joulesche Wärme**

$$P = U \cdot I = R \cdot I^2 \quad . \tag{14.8}$$

Sie steigt bei gegebenem Widerstand mit dem Quadrat der Stromstärke an und wird in zahlreichen Geräten technisch angewendet (Schmelzsicherung, Glühlampe, Heizofen usw.). Diese Wärmeentwicklung kommt dadurch zustande, daß die Ladungsträger mit wachsender Stromstärke – bei gegebenem Querschnitt also steigender Stromdichte – zunehmend häufiger untereinander und mit den um ihre Ruhelagen schwingenden Gitterbausteinen zusammenstoßen und dabei die aus dem elektrischen Feld aufgenommene Energie in kinetische Energie der ungeordneten Bewegung dieser Stoßpartner umgewandelt wird. Das führt zu einer Temperaturerhöhung (vgl. Kap. C. 11).

15. Elektrizitätsleitung in Metallen und Halbleitern

Das bereits an mehreren Stellen (vgl. Kap. D. 7, D. 9 u. D. 14) erwähnte Bild des **„Elektronengases“**, in dem die Elektronen quasifreie, ungeordnete thermische Bewegungen – ähnlich wie die Moleküle in einem Gas – im Festkörper ausführen, vermag die Elektrizitätsleitung in Metallen gut zu erklären. Dabei wird in sehr gut leitenden Metallen (z. B. Kupfer) etwa 1 Elektron pro Atom an das Elektronengas abgegeben.

Schwieriger wird die Erklärung bei **Halbleitern** (wie Silizium, Germanium, Galliumarsenid u. a.), die sich eigentlich nur mit Hilfe der Quantentheorie richtig beschreiben lassen. Stark vereinfacht kann man sich jedoch folgender Vorstellung bedienen. Quasifreie Elektronen treten hier nicht von vornherein auf, da die Valenzelektronen der Gitteratome für die (vorwiegend homöopolare, Kap. E. 1) Bindung verbraucht werden. Durch thermische Zufuhr von Energie können aber teilweise Elektronen aus diesen Bindungen befreit werden und zur elektrischen Leitung beitragen. Deshalb sinkt der Widerstand der Halbleiter mit steigender Temperatur. Gleichzeitig kann unter dem Einfluß eines äußeren elektrischen Feldes ein Elektron eines benachbarten Atoms in das entstandene Loch in der Bindung übergehen – das Loch (bzw. das in einer Bindung fehlende Elektron) wandert so immer weiter zur negativen Elektrode hin. Dadurch kommt ein Beitrag wie von **positiv** geladenen Elektronen zur Elektrizitätsleitung hinzu; man spricht von **Löcherleitung.**

In reinen Halbleitern werden bei genügender Energiezufuhr solche praktisch frei beweglichen Elektronen und Löcher paarweise erzeugt und führen zur **Eigenleitung** des Materials. Der Festkörper bleibt dabei insgesamt neutral. In **Photoelementen** (z. B. Solarzellen) bzw. **Photowiderständen** erzeugt man die Ladungsträger mit Hilfe der Lichtenergie (vgl. Kap. D. 16, Photoeffekt) und nutzt den dabei entstehenden Strom bzw. den infolge der veränderten Zahl freier Ladungsträger veränderten Widerstand technisch aus (z. B. bei Belichtungsmessern).

Technisch wichtiger als die Eigenleitung ist die **Störstellenleitung,** bei der man das Überwiegen von Löcher-(p-)Leitung oder Elektronen-(n-)Leitung durch gezieltes Verunreinigen des Halbleitermaterials (technisch werden hauptsächlich Germanium und Silizium benutzt) herbeiführt. Dazu bringt man z. B. in das Kristallgitter aus vierwertigem Germanium oder Silizium eine kleine Menge eines fünfwertigen Elements wie Phosphor oder Antimon (Abb. D-52). Diese Atome haben ein Valenzelektron mehr zur Verfügung als ihre Nachbarn. Das zusätzliche Elektron wird thermisch sehr

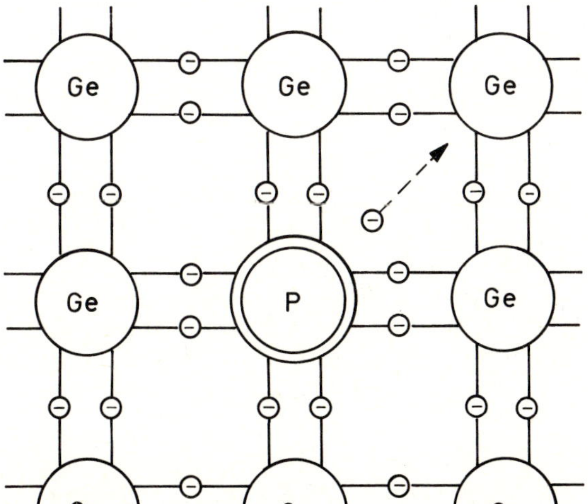

Abb. D-52 *n*-Halbleiter

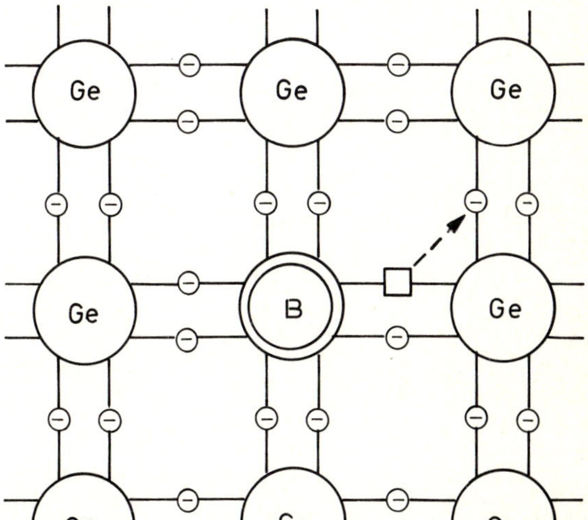

Abb. D-53 *p*-Halbleiter

leicht abgetrennt (fünfwertige Elemente wirken als **Donatoren**) und trägt zur *n*-Leitung des so dotierten Halbleiters bei. Im Gegensatz zur Eigenleitung tritt hier nicht gleichzeitig Löcherleitung auf, da das Fehlen des Elektrons an dem eingebauten Fremdatom lokalisiert bleibt (alle Germanium- oder Siliziumatome haben ja ihre üblichen vier Valenzelektronen behalten). Umgekehrt nehmen dreiwertige Elemente wie Bor oder Gallium, wenn man sie in Silizium- oder Germaniumkristalle einbaut (Abb. D-53), sehr leicht das ihnen im Vergleich zu ihren Nachbarn fehlende Elektron auf **(Akzeptoren).** Das dadurch im Grundgitter entstehende Loch (den Germanium- bzw. Siliziumatomen fehlt dann ja dieses Elektron) trägt zur *p*-Leitung bei; hier fehlt dafür die Elektronenleitung, da die freigesetzten Elektronen an den Akzeptoren gebunden werden.

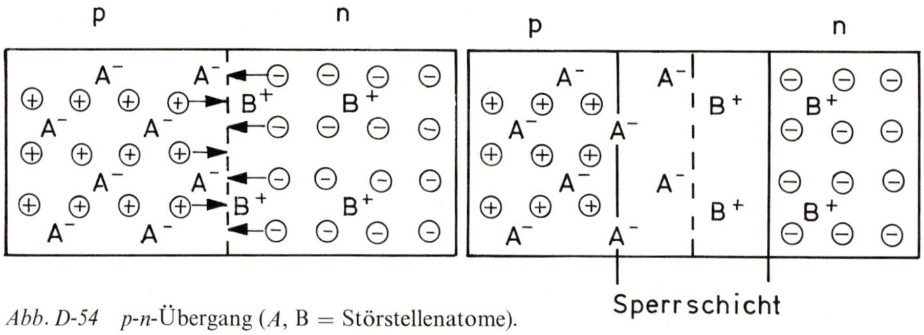

Abb. D-54 *p*-*n*-Übergang (*A*, B = Störstellenatome).

Stellt man sich einen Halbleiterkristall her, der sowohl einen *n*-leitenden als auch einen *p*-leitenden Teil enthält (durch geeignete Dotierungsverfahren ist das technisch möglich), so entsteht eine Randschicht, wo beide zusammenstoßen – ein **p-n-Übergang** (Abb. D-54). In dieser Randschicht stoßen die beweglichen Löcher aus dem *p*- und Elektronen aus dem *n*-leitenden Gebiet zusammen und rekombinieren miteinander. Dadurch verarmt die Randschicht an frei beweglichen Ladungsträgern. Ein *p*-*n*-Übergang wirkt deshalb als Sperrschicht mit hohem Widerstand.

Die Breite dieser Sperrschicht und damit den Stromfluß durch den Halbleiter kann man nun durch ein elektrisches Feld, d.h. durch Anlegen einer Spannung verändern. Das kann man sich in unserem einfachen Bild der Halbleiter folgendermaßen vorstellen: Legt man an den *p*-leitenden Teil des Halbleiters eine positive Spannung, an den *n*-leitenden Teil eine negative, so erfahren sowohl die Löcher als auch die Elektronen eine Kraftwirkung in Richtung auf die Randschicht zu. Damit steigt dort die Ladungsträgerkonzentration, wegen des so sinkenden Widerstands kann ein größerer Strom durch den *p*-*n*-Halbleiter fließen. Bei umgekehrter Polarität der Spannung nimmt dagegen die Breite der Sperrschicht und damit der Widerstand des Halbleiters zu, es kann nur wenig Strom fließen (Abb. D-55).

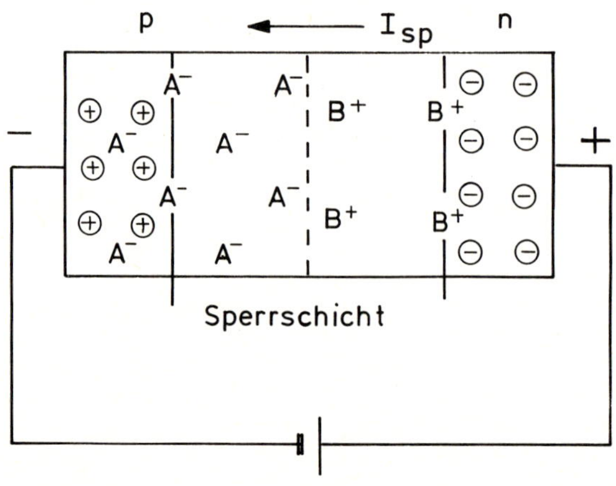

Abb. D-55 *p*-*n*-Übergang in Sperrichtung (*A*, *B* = Störstellenatome).

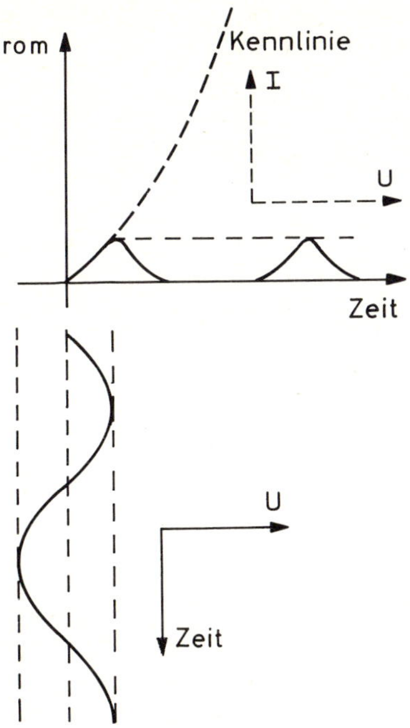

Abb. D-56 Gleichrichterwirkung eines *p-n*-Überganges bei Wechselspannung.

Diese starke Abhängigkeit des Stromflusses von der Polarität der angelegten Spannung bewirkt eine **Gleichrichterwirkung** des *p-n*-Übergangs. Legt man z.B. eine sinusförmige Wechselspannung an, so kann nur während der einen Halbwelle mit richtiger Spannungspolarität ein nennenswerter Strom fließen; während der anderen Halbwelle sperrt der Halbleiter den Stromfluß (Abb. D-56). Dieser Effekt wird in den **Halbleiterdioden** technisch ausgenutzt.

Bringt man schließlich zwei *p-n*-Übergänge in umgekehrter Reihenfolge hintereinander (*p-n-p* oder *n-p-n*), so erhält man einen **Transistor** (Abb. D-57). Die mittlere, sehr dünne Schicht nennt man **Basis,** sie bildet mit der einen anders dotierten Schicht, dem **Emitter,** einen *p-n*-Übergang, der in Durchlaßrichtung gepolt wird, mit der zweiten anders dotierten Schicht, dem **Kollektor,** einen *p-n*-Übergang in Sperrichtung. Dadurch fließt bei Anlegen einer Basis-Emitter-Spannung ein Strom durch die Basisschicht zum Emitter, die Ladungsträgerkonzentration in der Sperrschicht steigt und der Widerstand der Kollektor-Emitter-Strecke sinkt – es fließt ein höherer Strom durch den Transistor. Man kann so mit kleinen Basisströmen erheblich größere Kollektor-Emitter-Ströme steuern. Diese Verstärkerwirkung des Transistors hat heute überragende technische Bedeutung erlangt.

Außerdem wird die Temperaturabhängigkeit der Leitfähigkeit von Halbleitern bei der Temperaturmessung ausgenutzt.

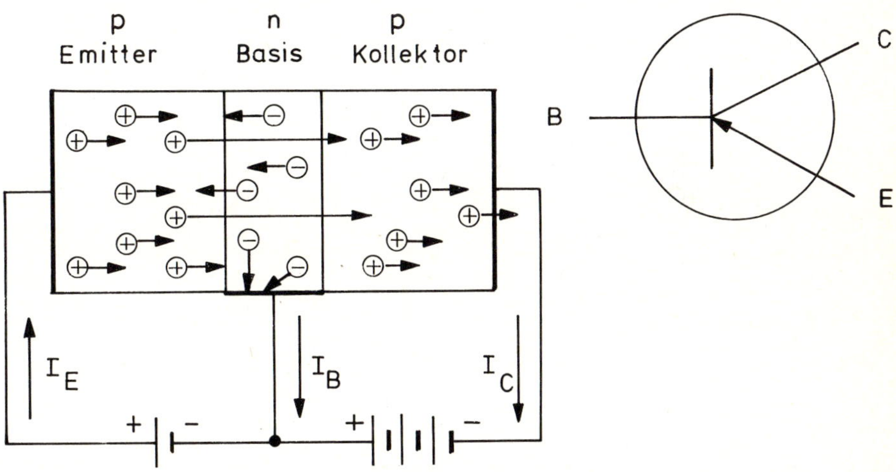

Abb. D-57 *pnp*-Transistor in Emitterschaltung und Schaltzeichen.

16. Elektrizitätsleitung im Vakuum

Thermisch oder optisch kann man den Elektronen eines Festkörpers, besonders eines Metalls, u.U. so viel Energie zuführen, daß sie den Festkörper verlassen können. Man spricht dann von **Glühemission** bzw. dem **lichtelektrischen** oder **Photoeffekt.** Die Mindestenergie A, die man den Elektronen dabei zuführen muß, heißt **Austrittsarbeit.** Diese Energie $h \cdot \nu$ muß ein Lichtquant (vgl. Kap. G. 19) wenigstens besitzen, um ein Elektron aus dem Festkörper herauszulösen; den Rest bekommt das Elektron als kinetische Energie mit

$$W_{kin} = h\nu - A \quad . \tag{16.1}$$

Barium hat eine Austrittsarbeit $A = 2{,}1\,\text{eV}$ (die Energieeinheit 1 Elektronenvolt $= 1{,}602 \cdot 10^{-19}\,\text{As} \cdot \text{V} = 1{,}602 \cdot 10^{-19}\,\text{Ws} = 1{,}602 \cdot 10^{-19}\,\text{Nm}$ erhält ein Elektron beim Durchlaufen einer Potentialdifferenz von 1 V – s. Gl. (4.3) und (4.6)). Das charakteristische gelbe Licht von Natriumdampf hat eine Wellenlänge λ von ungefähr 590 nm, also Lichtquanten der Energie

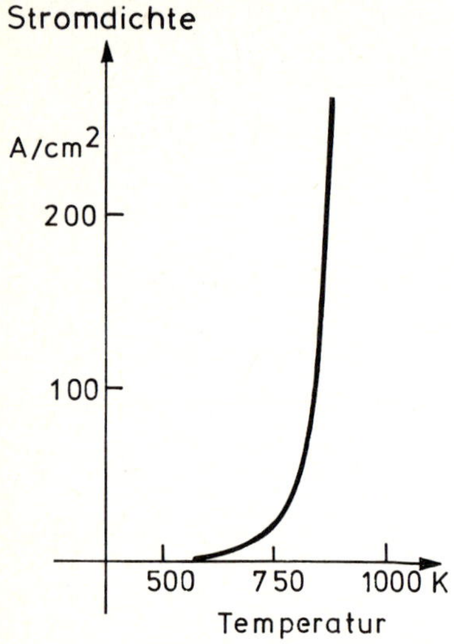

Abb. D-58 Glühemission als Funktion der Temperatur (Richardson-Gesetz).

$$W = h \cdot \nu = h \cdot \frac{c}{\lambda} = \frac{6{,}625 \cdot 10^{-34}\,\text{Nm} \cdot \text{s} \cdot 2{,}998 \cdot 10^{8}\,\text{m/s}}{590 \cdot 10^{-9}\,\text{m}} = 2{,}1\,\text{eV},$$

vermag also gerade Elektronen aus Barium auszulösen. Rotes Licht ($\lambda \approx 700\,\text{nm}$) hat dagegen nur 1,8 eV und reicht dazu nicht aus. Bei Bestrahlung mit blauem Licht ($\lambda \approx 500\,\text{nm}$, $W = 2{,}5\,\text{eV}$) erhalten die ausgelösten Elektronen noch zusätzliche kinetische Energie von 0,4 eV.

Thermisch können diejenigen Elektronen die Austrittsarbeit aufbringen, die innerhalb ihrer gegebenen Geschwindigkeitsverteilung (vgl. Kap. C. 11) genügend hohe Geschwindigkeit (und damit kinetische Energie) besitzen. Da sich das Maximum der Geschwindigkeitsverteilung mit steigender Temperatur zu höheren Geschwindigkeiten verschiebt, steigt die Zahl n dieser Elektronen mit der Temperatur T an. Quantitativ gilt das **Richardsonsche Gesetz** (Abb. D-58)

$$n = \text{const.} \cdot T^2 \cdot e^{-\frac{A}{k_B \cdot T}} \qquad (16.2)$$

(Boltzmann-Konstante $k_B = 1{,}38 \cdot 10^{-23}\,\frac{\text{Ws}}{\text{K}}$).

Im Vakuum (leergepumpte Glaskolben o. ä.) können sich die so emittierten Elektronen unter dem Einfluß elektrischer Felder frei bewegen. Bringt man dabei der geheizten Elektrode **(Kathode)** eine zweite kalte Elektrode **(Anode)** gegenüber, so erhält man als einfachste Elektronenröhre die **Diode.** Legt man an die Anode eine gegenüber der Kathode positive Spannung, so fließen die durch Glühemission aus der Kathode austretenden Elektronen zur Anode, es findet eine Elektrizitätsleitung durch das Vakuum statt (tatsächliche Stromrichtung wieder entgegen der konventionellen Stromrichtung). Die Stromstärke wird dabei zunächst von der angelegten Spannung bestimmt ($I \sim U^{3/2}$, Schottky-Langmuir), bei höherer Spannung (wenn alle emittierten Elektronen zur Anode gelangen) erreicht sie dann den durch das Richardsonsche Gesetz gegebenen Sättigungswert

$$I_S \sim T^2 \cdot e^{-\frac{A}{k_B \cdot T}}. \qquad (16.3)$$

Kehrt man die Spannung an der Diode um (Anode negativ gegen Kathode), so kann kein Strom fließen, da aus der kalten Elektrode praktisch keine Elektronen austreten können. Man hat also wieder – wie bei der Halbleiterdiode (vgl. Kap. D. 15) – eine **Gleichrichterwirkung,** die auch technisch ausgenutzt wird. Bringt man zwischen Kathode und Anode als dritte Elektrode **(Gitter)** ein weitmaschiges Netz, so kann man damit durch Anlegen einer Gitterspannung die Potentialverhältnisse zwischen Anode und Kathode und dadurch den Strom in der Röhre verändern. Mit einer solchen **Triode** kann man ebenfalls – wie mit dem Transistor – eine (hier spannungsgesteuerte) **Verstärkungswirkung** erzielen (Abb. D-59).

An den aus der Glühkathode einer Diode austretenden Elektronen mit der Ladung e_0 (Elementarladung) verrichtet das elektrische Feld zwischen Anode und Kathode (zwischen denen die Spannung U herrsche) die Arbeit (s. Gl. (4.6))

$$W = e_0 \cdot U. \qquad (16.4)$$

Diese Arbeit führt zu einer Beschleunigung der Elektronen; sie wird in die kinetische Energie $W = \frac{1}{2} m \cdot v^2 = e_0 \cdot U$ umgewandelt. Beim Auftreffen auf die Anode werden die Elektronen wieder abgebremst. Ihre kinetische Energie wird dabei hauptsächlich in Wärme überführt, erhitzt also die Anode (bei Hochleistungsröhren muß man diese daher zusätzlich kühlen). Bei hohen Spannungen wird aber ein kleiner Teil in **Strahlungsenergie** umgewandelt; von der Anode geht elektromagnetische Strahlung aus. Das wird in der **Röntgen-Röhre** (s. Kap. G. 20) ausgenutzt.

Läßt man den Elektronenstrahl in einer mit Hochspannung (etwa 1000–20000 V) betriebenen **Elektronenstrahlröhre** mittels einer entsprechenden Formgebung (z. B. kleines Loch) durch die Anode hindurchtreten, so fliegen die Elektronen infolge ihrer Bewegungsenergie bis zur Glaswand weiter und können dort aufgetragene geeignete

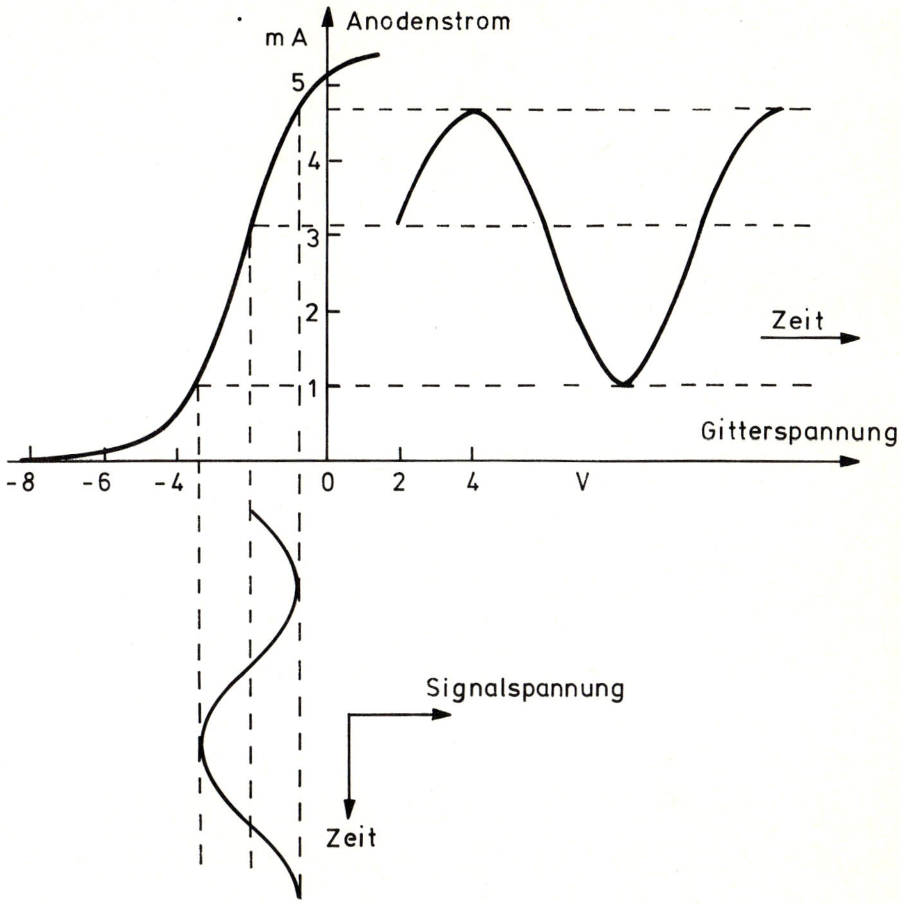

Abb. D-59 Strom-Spannungs-Kennlinie und Verstärker-Wirkung einer Triode.

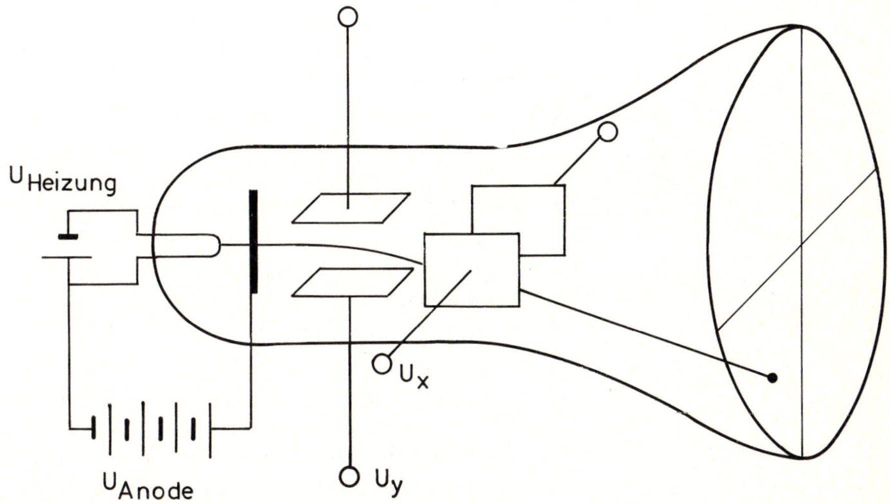

Abb. D-60 Oszillographenröhre

Leuchtstoffe (z. B. Zinksulfid) zum Leuchten (Lumineszenz) anregen. Lenkt man dabei den Elektronenstrahl durch elektrische oder magnetische Felder in seiner Richtung ab (zur Erinnerung: Kraft auf Ladung im elektrischen Feld: $\vec{F} = Q \cdot \vec{E}$; Kraft auf bewegte Ladung im Magnetfeld: $\vec{F} = Q\, \vec{v} \times \vec{B}$), kann man so auf Leuchtschirmen schreiben und – wenn das, gemessen am zeitlichen Auflösungsvermögen des Auges, schnell genug geschieht – stehende Bilder erzeugen. Dieses Verfahren wird beim Fernsehen und beim Oszillographen benutzt.

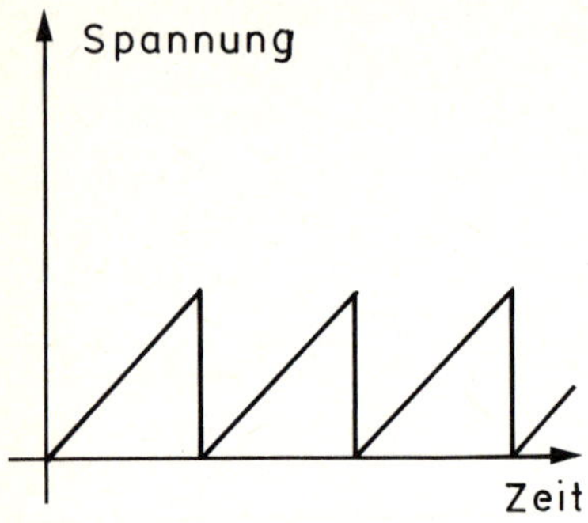

Abb. D-61 Sägezahnspannung

Beim **Oszillographen** läßt man den Elektronenstrahl durch zwei senkrecht zueinander angeordnete Plattenkondensatoren treten (Abb. D-60). In dem Kondensator für die Horizontalablenkung sorgt eine Sägezahnspannung (Abb. D-61) für ein immer wieder linear mit der Zeit ansteigendes elektrisches Feld, also für eine zeitlineare Ablenkung. An den zweiten Kondensator legt man die zu messende Spannung (die je nach Bedarf vorher noch verstärkt wird); die vertikale Auslenkung des Elektronenstrahls gibt so den zeitlichen Verlauf der zu messenden Spannung wieder. Den Zeitpunkt, bei dem die Horizontalablenkung jedesmal einsetzt, kann man elektrisch durch Vergleich mit einer gegebenen Spannung (z.B. einem Maximumsdurchgang der Netzspannung o.a.) bestimmen **(Triggerung).** Statt einer zeitlinearen Spannung kann man zur Horizontalablenkung natürlich auch andere Spannungen benutzen und so den funktionalen Zusammenhang physikalischer Größen bildlich darstellen.

17. Gasentladungen

Wenn eine Elektronenröhre nicht genügend leergepumpt (evakuiert) ist, können die Elektronen nicht mehr ungehindert von der Kathode bis zur Anode laufen, sondern stoßen auf diesem Weg umso häufiger mit Gasatomen oder -molekülen zusammen, je mehr von diesen vorhanden sind, je höher also der Gasdruck ist. Dabei geben die Elektronen ihre im elektrischen Feld gewonnene Bewegungsenergie (s. Gl. (16.4)) an die Gasteilchen ab.

Wenn diese übertragene Energie groß genug ist, um die Ionisierungsenergie (vgl. Kap. E. 1) der Gasatome aufzubringen, erzeugt das primäre Elektron beim Stoß ein weiteres freies Elektron und ein positives Gasion. Die Zahl der Ladungsträger wird also vermehrt. Diesen Vorgang nennt man **Stoßionisation.** Die neu gebildeten Ladungsträger bewegen sich ebenfalls unter dem Einfluß des elektrischen Feldes, die positiven Ionen langsam (wegen ihrer viel größeren Masse m ist $v = \sqrt{\frac{2e_0 \cdot U}{m}}$ entsprechend klein) zur Kathode hin, die Elektronen gemeinsam mit den Primärelektronen zur Anode. Auf diesem Weg können sie weitere Gasatome ionisieren; die Zahl der Ladungsträger steigt so unter geeigneten Bedingungen lawinenartig an. Dieser Effekt wird noch verstärkt durch die positiven Ionen, die beim Auftreffen auf die Kathode dort zusätzliche Elektronen auslösen, die dann ebenfalls durch das Gas laufen und ionisieren.

Für die Erzeugung der primären Ladungsträger in der Gasstrecke gibt es zwei Möglichkeiten. Einmal können – wie wir es bei der Elektrizitätsleitung im Vakuum im vorigen Kapitel kennengelernt haben – Elektronen durch Glühemission oder Photoeffekt aus der Kathode ausgelöst werden. Unter dem Einfluß des herrschenden elektrischen Feldes wandern sie zur Anode – umso langsamer, je geringer die Spannung U und damit ihre kinetische Energie ist. Auf diesem Weg stoßen sie mit entsprechender Häufigkeit mit Gasatomen zusammen. Das elektrische Feld dieser zwischen Kathode und Anode befindlichen negativen Ladungen **(Raumladung)** wirkt dem Fließen weiterer Elektronen entgegen. Im anderen Fall können durch **ionisierende Strahlung,** deren Quantenenergie größer ist als die Ionisierungsenergie des Gases (z.B. ultraviolettes Licht, Röntgen-Strahlen u.a. – vgl. Kap. G. 19), im gesamten Gasvolumen positive Ionen und Elektronen erzeugt werden (Volumenionisation). Die Elektronen lagern sich meist sehr schnell an ein neutrales Gasteilchen an, so daß letztlich paarweise positive und negative Ionen entstehen, die zur jeweiligen Elektrode wandern. Dieser Stromfluß wird dadurch behindert, daß solche Ionenpaare beim Zusammentreffen wieder zu neutralen Gasteilchen rekombinieren.

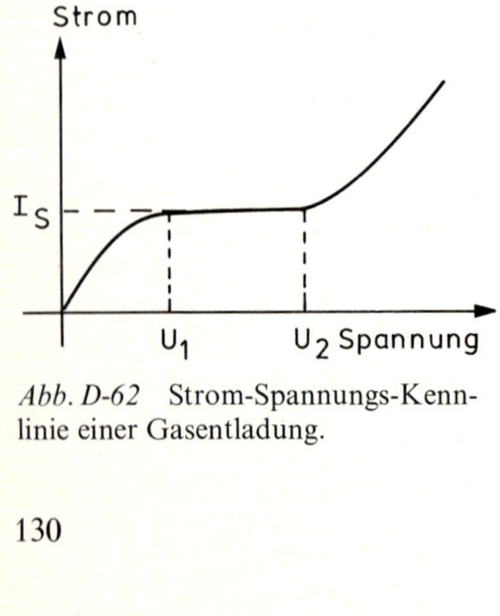

Abb. D-62 Strom-Spannungs-Kennlinie einer Gasentladung.

In beiden Fällen ist die Behinderung des Stromflusses umso kleiner, je schneller sie sich zur jeweiligen Elektrode bewegen, je weniger Zeit also für die Behinderung bleibt. Mit steigender Spannung U (man denke immer an $m \cdot v^2/2 = e_0 U$) wächst daher der Strom I in der Gasentladung zunächst an, wie die in Abb. D-62 aufgetragene Strom-Spannungs-Abhängigkeit **(Kennlinie)** zeigt. Wird die Spannung so hoch, daß die geschilderten Behinderungen sich nicht mehr auswirken können, erreichen alle primär erzeugten Ladungen die Elektroden. Ihre Zahl ist durch die Temperatur der Kathode (s. Gl. 16.2) bzw. die Dosis der einfallenden Strahlung bestimmt, aber nicht abhängig von der Spannung U. Der Strom erreicht also bei einer bestimmten Spannung U_1 einen konstanten Sättigungswert I_S, der sich bei weiterer Spannungserhöhung nicht ändert (Plateau). Erst bei einer noch höheren Spannung U_2 setzt die bereits beschriebene **Stoßionisation** ein; es werden sekundäre Ladungsträger erzeugt, und der Strom steigt weiter an.

Vom Einsetzen der Stoßionisation an kann die Gasentladung **selbständig** verlaufen (Stationaritätsbedingung: Jeder Ladungsträger muß durch Stoßionisation für seinen eigenen Ersatz sorgen), d.h. man kann, wenn die Entladung einmal gezündet hat, den primären Mechanismus der Ladungsträgererzeugung abschalten. Gasentladungen, die ohne einen solchen primären Mechanismus nicht stattfinden, nennt man **unselbständig.**

Sowohl die selbständige als auch die unselbständige Gasentladung finden technisch viele Anwendungen. Selbständige Gasentladungen werden vielfach zu Beleuchtungszwecken verwendet (Leuchtstoffröhren, Kohlebogen usw.). Je nach Stromdichte (typische Werte: 10^{-12}–10^{-6} A/cm^2, 10^{-3}–10^{-1} A/cm^2, größer als 1 A/cm^2) erzeugt die Gasentladung unterschiedliche Helligkeit (Dunkel-, Glimm-, Bogenentladung). Das lawinenartige Anwachsen des Stromes verhindert man durch einen Vorwiderstand, den man so wählt, daß gerade die Stationaritätsbedingung erfüllt ist.

Wichtige Anwendungen der Gasentladung stellen daneben die **Ionisationskammer** und das **Geiger-Müller-Zählrohr** dar, die zur Dosismessung ionisierender Strahlung verwendet werden (s. Kap. E. 4).

18. Elektrolytische Leitung

Die Elektrizitätsleitung in Gasen und Festkörpern spielt technisch eine große Rolle. Im menschlichen Körper sind dagegen elektrische Vorgänge in Flüssigkeiten von ausschlaggebender Bedeutung.

Um diese Vorgänge verstehen zu können, müssen wir zunächst nach der Natur der Ladungsträger in Flüssigkeiten fragen. Dabei stellt man zunächst fest, daß viele Flüssigkeiten (wenn sie chemisch rein sind) sehr gute Isolatoren sind, d.h. den Strom nur sehr schlecht leiten. Davon kann man sich z.B. bei sehr reinem (destilliertem) Wasser leicht überzeugen, indem man zwei Platinbleche hineinbringt und den Strom zwischen ihnen mißt (Abb. D-63) – es fließt praktisch keiner. Daran ändert sich auch nichts, wenn man Zuckerkristalle im Wasser löst. Bringt man dagegen eine Säure, eine Base oder ein Salz hinein, erhöht sich die Leitfähigkeit – die Flüssigkeit ist zum **Elektrolyten** (= elektrisch leitende Flüssigkeit) geworden. Man bezeichnet Elektrolyte als Leiter zweiter Klasse, ihre Leitfähigkeit liegt einige Größenordnungen unter der der Metalle.

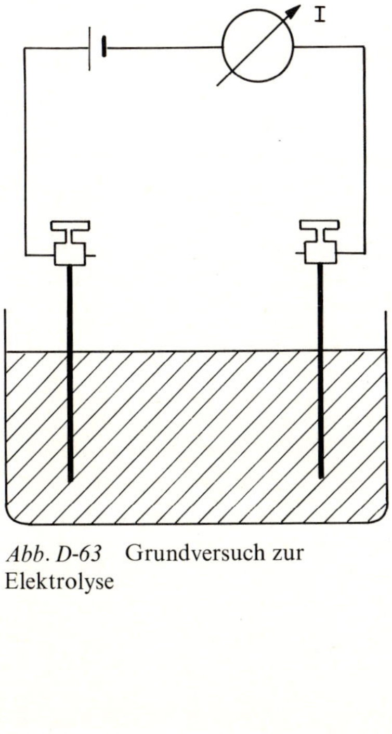

Abb. D-63 Grundversuch zur Elektrolyse

Wenn man sehr empfindlich mißt, stellt man auch bei destilliertem Wasser schon eine geringe Leitfähigkeit fest. Das liegt daran, daß auch destilliertes Wasser zum einen chemisch nicht völlig rein ist, zum anderen zu einem kleinen Bruchteil in der Form $H^+ + OH^-$, also in positiven und negativen Ionen vorliegt.

Die Zerlegung eines Moleküls in seine Bestandteile – hier speziell von H_2O in die Ionen H^+ und OH^- (chemische Reaktionsgleichung $H_2O \rightarrow H^+ + OH^-$) – nennt man allgemein **Dissoziation** (bei Beteiligung von Wasser speziell **Hydrolyse**). Sie bildet die Grundlage der elektrolytischen Leitung, da durch sie in der Flüssigkeit Ionen gebildet werden und diese Ladungsträger einen Strom ermöglichen.

Das Auftreten der Dissoziation in Ionen hängt von der Art des gelösten Stoffes ab (siehe oben); sie ist auf solche Stoffe beschränkt, deren chemische Bindung durch elektrische Kräfte bewirkt wird (heteropolare Bindung, vgl. Kap. E. 1). Daneben hängt sie vom verwendeten Lösungsmittel ab – Wasser zeigt z.B. eine sehr große Dissoziationswirkung. Das hängt mit der Polarität der Flüssigkeiten zusammen – jedes Wassermolekül hat z.B. (vgl. Kap. D. 6) ein permanentes Dipolmoment, d.h. räumlich

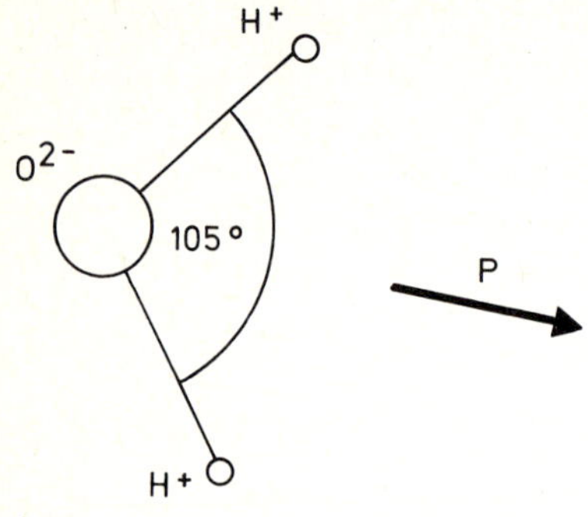

Abb. D-64 Wassermolekül ($\vec{p}$ = Dipolmoment).

voneinander getrennte positive und negative Ladungsschwerpunkte (Abb. D-64, auch Kap. D. 3). Diese führen in der unmittelbaren Umgebung der Wassermoleküle zu starken elektrischen Feldern, die auf die geladenen Bestandteile des gelösten Stoffes (z. B. Na^+ und Cl^- in Kochsalz) Kräfte ausüben und dadurch die Bindung zerstören. Außerdem sind sie für die Hydratation verantwortlich (vgl. Kap. C. 10).

Daß nicht alle Wassermoleküle dissoziiert sind, sondern nur ein Bruchteil, liegt daran, daß chemische Reaktionen in beide Richtungen verlaufen können. Wir müssen deshalb die Reaktionsgleichung richtiger

$$H_2O \underset{\longleftarrow}{\rightarrow} H^+ + OH^- \tag{18.1}$$

$$(\text{korrekter: } 2H_2O \underset{\longleftarrow}{\rightarrow} H_3O^+ + OH^-)$$

schreiben, wobei sich (abhängig von Druck und Temperatur) für alle beteiligten Teilchensorten Gleichgewichtskonzentrationen einstellen. Die unterschiedliche Pfeillänge soll dabei andeuten, daß das Gleichgewicht weit auf der Seite des undissoziierten Wassers liegt.

Solange man die infolge ihrer Ladung auftretende Wechselwirkung der Ionen untereinander vernachlässigen kann, ist die Wahrscheinlichkeit ihres Zusammentreffens und damit die Häufigkeit ihrer Reaktion proportional zur Konzentration der Reaktionspartner und es gilt das **Massenwirkungsgesetz.** Es sagt für eine allgemeine Reaktion $A + B \rightleftarrows C + D$ aus, daß

$$\frac{[C]\cdot[D]}{[A]\cdot[B]} = \text{const.} = K \quad , \tag{18.2}$$

d.h. das Verhältnis der Produkte der molaren Konzentrationen ([ ]) bei gegebenen Temperatur- und Druckverhältnissen konstant ist.

Wendet man das Massenwirkungsgesetz auf die Dissoziation an (mit den oben genannten einschränkenden Voraussetzungen), erhält man eine Dissoziationskonstante K_D:

$$K_D = \frac{[A^+]\cdot[B^-]}{[AB]} \quad . \tag{18.3}$$

Statt dessen kann man auch den **Dissoziationsgrad** α angeben; das ist der Bruchteil der vorhandenen Moleküle, der in Ionen zerfallen ist

$$\alpha = \frac{\text{Zahl der dissoziierten Moleküle}}{\text{Zahl d. dissoz.} + \text{Zahl d. undissoz. Moleküle}} \quad . \tag{18.4}$$

Er liegt zwischen 0 (gar keine) und 1 (vollständige Dissoziation).

Die Dissoziationskonstante K_D von reinem Wasser ist bei 25 °C gleich $1{,}8 \cdot 10^{-16}$ ($[H_2O] = 18\,\text{cm}^3/1000\,\text{cm}^3$), das bedeutet (vgl. Gl. (18.3)), daß $[H^+]\cdot[OH^-] = 10^{-14}$ bzw. daß pro Liter Wasser 10^{-7} mol H^+ und 10^{-7} mol OH^- vorhanden sind. Den negativen dekadischen Logarithmus der H^+-Konzentration (also $-\lg[H^+]$) nennt man den **pH-Wert** der Lösung. Reines Wasser hat demnach bei 25 °C den pH-Wert 7.

Bringt man eine Säure (z. B. H_2SO_4) hinzu, erhöht sich infolge deren Dissoziation in $2H^+ + SO_4^{2-}$ die Konzentration der H^+-Ionen, man erhält pH-Werte < 7 (dabei bleibt $[H^+]\cdot[OH^-] = 10^{-14}$, die Zahl der OH^--Ionen nimmt also ab); umgekehrt führt die Zugabe einer Base (z. B. NaOH) zu pH-Werten > 7.

Die durch Dissoziation in einer Flüssigkeit gebildeten Ionen ermöglichen das Fließen eines elektrischen Stromes. Dabei wandern die positiven Ionen zur negativen Elektrode, der **Kathode;** man nennt sie daher **Kationen.** Die negativen **Anionen** wandern entsprechend zur positiven Elektrode, der **Anode.** Auf diesem Wege werden sie durch die übrigen Flüssigkeitsmoleküle behindert (vgl. Kap. D. 7, Bewegung der Elektronen im Metall), die bewegungshemmenden Kräfte führen wieder zu einer **konstanten Driftgeschwindigkeit** v. Wie in Kapitel D. 7 kann man wieder eine **Beweglichkeit** $b = v/E$ definieren. Wegen der von Ion zu Ion unterschiedlichen Behinderung der Bewegung treten im allgemeinen verschiedene Beweglichkeiten b_+ und b_- für die positiven und negativen Ionen auf. Die Verhältnisse $n_+ = \frac{b_+}{b_+ + b_-}$ und $n_- = \frac{b_-}{b_+ + b_-}$ nennt man die **Überführungszahlen** der positiven bzw. negativen Ionen.

Im restlichen Teil des Stromkreises, den Elektroden und ihren Zuführungen zur Spannungsquelle, liegt metallische Leitung vor. An den Elektroden tritt also ein Wechsel des Leitungsmechanismus auf; die positiven und negativen Ionen, die den Stromtransport im Elektrolyten bewirken, nehmen dort Elektronen auf bzw. geben Elektronen ab und bleiben elektrisch neutral zurück. Die dabei an der Anode abgegebenen Elektronen nehmen an der metallischen Leitung im Draht teil und werden im Kreislauf wieder an der Kathode zur Verfügung gestellt. Der Strom im Stromkreis wird also insgesamt durch Elektronen bewirkt, die aber in der Flüssigkeit die Ionen praktisch als Träger benutzen.

Ob die an den Elektroden durch Entladen der Ionen **(Primärreaktion)** entstehenden neutralen Teilchen dort abgeschieden werden oder in der Lösung weitere chemische Reaktionen (sogen. **Sekundärreaktionen**) ausführen, hängt von den vorliegenden Verhältnissen ab. Beim Stromdurchgang durch verdünnte Schwefelsäure (H_2SO_4 mit H_2O) erhält man z.B. zunächst eine Zerlegung in $2H^+$ und SO_4^{2-}. Die H^+-Ionen wandern zur Kathode, nehmen dort ein Elektron auf und werden als neutrales H_2-Gas abgeschieden (Entwicklung von Gasblasen). Das durch Abgabe von zwei Elektronen an der Anode gebildete neutrale SO_4 reagiert dagegen weiter mit dem vorhandenen Wasser nach der Reaktion $H_2O + SO_4 \rightarrow H_2SO_4 + O$. An der Anode wird also infolge einer Sekundärreaktion Sauerstoff (infolge sofortiger O_2-Molekülbildung) abgeschieden.

In jedem Fall wird aber durch die **Elektrolyse** das Gleichgewicht in der Flüssigkeit gestört, es findet ein **Stofftransport** zu den Elektroden statt. Da das elektrische Feld an den Ladungen der Ionen angreift, hängt die zu den Elektroden transportierte Stoffmenge m von der mit ihr verbundenen Ladung Q ab:

$$m = k \cdot Q \quad . \tag{18.5}$$

In diesem **1. Faradayschen Gesetz,** das aussagt, daß mit jedem Ladungstransport auch Massentransport verknüpft ist, bedeutet k eine für jede Ionenart charakteristische Konstante, gegeben durch das Verhältnis der Masse m_I des Ions zu seiner Ladung Q_I. Diese Ladung besteht aus z Elementarladungen (z = Wertigkeit des Ions), also ist

$$k = \frac{m_I}{z \cdot e_0} . \tag{18.6}$$

Aus Kapitel B. 4 bzw. C. 3 wissen wir, daß in der Masse M von 1 mol eines Stoffes die Zahl N_A (Avogadro-Zahl $= 6{,}022 \cdot 10^{23}$) seiner Teilchen enthalten ist. Dann hat 1 Teilchen die Masse $m_I = \frac{1}{N_A} \cdot M$ und wir erhalten

$$k = \frac{M}{z \cdot N_A \cdot e_0} = \frac{M}{z \cdot F} \quad . \tag{18.7}$$

Das ist die Aussage des **2. Faradayschen Gesetzes;**

$$F = N_A \cdot e_0 = 96491{,}2 \ \frac{\mathrm{As}}{\mathrm{mol}} \tag{18.8}$$

heißt **Faraday-Konstante.** Aus ihr kann man e_0 oder N_A bestimmen, wenn die andere dieser beiden Naturkonstanten bekannt ist. Dieses Verfahren wird heute als Präzisionsmethode zur Bestimmung von e_0 benutzt.

Wenn durch den Elektrolyten die Ladung $Q = 96491{,}2\,\mathrm{C}$ geflossen ist, sind von den vorliegenden Ionen $\frac{1}{\text{Wertigkeit}}$ Mole zu den jeweiligen Elektroden transportiert worden (bei dreiwertigen Ionen z.B. $\frac{1}{3}$ mol).

Führt man einen solchen Elektrolyseversuch z. B. mit zwei gleichen Platinelektroden in verdünnter Schwefelsäure durch und schaltet nach einer gewissen Zeit den Strom ab, so beobachtet man zwischen den beiden Elektroden eine Spannung, die man als **Polarisationsspannung** bezeichnet. Das System aus den zwei Elektroden und dem Elektrolyten ist durch **Abscheidungspolarisation** zur Spannungsquelle geworden. Auf der einen Elektrode hat sich nämlich bei der Elektrolyse Wasserstoffgas, auf der anderen Sauerstoffgas abgesetzt (siehe oben) und dadurch die Grenzfläche zwischen Elektrode und Elektrolyt verändert. Die elektrischen Erscheinungen an Grenzflächen werden im nächsten Kapitel ausführlich behandelt.

Eine Polarisationsspannung kann man auch dann beobachten, wenn an den Orten der beiden Elektroden der Elektrolyt verschiedene Konzentrationen des gelösten Stoffes oder verschiedene gelöste Stoffe enthält. In diesem Fall spricht man von **Konzentrationspolarisation.**

19. Elektrische Erscheinungen an Grenzflächen

Eine Anordnung, in der die zuletzt beschriebene Konzentrationspolarisation auftritt, kann man sich z. B. dadurch herstellen, daß man über eine konzentrierte Kupfersulfatlösung (mit der Konzentration c_1) eine verdünnte Kupfersulfatlösung (mit der Konzentration c_2) schichtet. Bringt man in beide Lösungsteile je eine Kupferelektrode, so registriert man zwischen ihnen eine Spannung U. Verbindet man die beiden Elektroden leitend miteinander, so fließt zwischen ihnen ein Strom; der Konzentrationsunterschied zwischen den beiden Lösungen gleicht sich dabei aus.

Die Spannung U, die über einem solchen **Konzentrationselement** auftritt, kann man sich mit Hilfe des Energiesatzes relativ leicht überlegen. Dazu betrachten wir gerade den umgekehrten Vorgang wie oben. Wir nehmen an, daß wir von der weniger konzentrierten Lösung noch zusätzlich Cu^{2+}-Ionen in die konzentriertere Lösung bringen. In den beiden Lösungen herrschen (vgl. Kap. C. 12) osmotische Drucke p_1 und p_2, die durch das van't Hoffsche Gesetz $p \cdot V = n \cdot R \cdot T$ gegeben sind. Sie hängen also – außer von der Temperatur – von der Zahl n der im Volumen V gelösten Mole des Stoffes, d. h. von seiner **Konzentration** c ab:

$$p_{\mathrm{Os}} = c \cdot R \cdot T. \tag{19.1}$$

In der Lösung mit der größeren Konzentration c_1 liegt daher ein größerer osmotischer Druck p_1 vor, in der Lösung der geringeren Konzentration c_2 ein niedrigerer Druck p_2. Diesen Druckunterschied müssen wir überwinden, wenn wir Ionen in die konzentriertere Lösung bringen. Die Arbeit, die dazu benötigt wird, kann man (wenn der Ionentransport bei konstanter Temperatur T stattfindet) aus

$$-dW = p\,dV \tag{19.2}$$

ausrechnen (Minuszeichen, wenn wir Arbeit hineinstecken). Für n Mole gilt

$$pV = n \cdot R \cdot T \quad \text{bzw.} \quad V = \frac{n \cdot R \cdot T}{p}. \tag{19.3}$$

Wenn wir diese letzte Gleichung nach dem Druck ableiten (differenzieren), erhalten wir nach den dafür gültigen Rechenregeln $\frac{dV}{dp} = -\frac{n \cdot R \cdot T}{p^2}$ bzw., wenn wir beide Seiten mit $p \cdot dp$ multiplizieren,

$$p\,dV = -n \cdot R \cdot T \frac{dp}{p}. \tag{19.4}$$

Das ergibt beim Einsetzen in Gl. (19.2)

$$dW = n \cdot R \cdot T \frac{dp}{p}. \tag{19.5}$$

Die gesamte Arbeit W erhält man wieder, indem man alle die Beiträge dW aufaddiert (wir müssen auch hier wieder mit der bereits bekannten Zerlegung in lauter ganz kleine Schritte arbeiten, weil sich die Druckverhältnisse mit jedem einzelnen Ion ändern, das von der einen in die andere Lösung gebracht wird):

$$W = \int_{\text{Anfangszustand}}^{\text{Endzustand}} dW = n \cdot R \cdot T \int_{p_2}^{p_1} \frac{dp}{p} = n \cdot R \cdot T\,(ln p_1 - ln p_2) = n \cdot R \cdot T\, ln \frac{p_1}{p_2}. \quad (19.6)$$

Die Arbeit, die wir aufwenden müssen, um n Mole dieser Ionen gegen das osmotische Druckgefälle zu transportieren, hängt also vom Logarithmus des Verhältnisses der Drucke p_1 und p_2 ab.

Andererseits haben wir infolge des Transports der Ionen Ladungen in der konzentrierteren Lösung angehäuft und so nach unseren bisherigen Kenntnissen (vgl. Kap. D. 4) eine Spannungsquelle gebildet. Nach der Definition (4.6) ist deren Spannung U gleich der Arbeit W zur Verschiebung der Ladungen, die wir ja oben ausgerechnet haben, geteilt durch die verschobenen Ladungen. Deshalb ist hier

$$U = \frac{n \cdot R \cdot T}{Q} \cdot ln \frac{p_1}{p_2}. \quad (19.7)$$

Diese Gleichung kann man noch etwas umformen; einmal verhalten sich nach Gl. (19.1) die Drucke wie die Konzentrationen, d.h. es ist

$$\frac{p_1}{p_2} = \frac{c_1}{c_2} \text{ und damit auch } ln \frac{p_1}{p_2} = ln \frac{c_1}{c_2}.$$

Zum anderen tragen n Mole eines z-wertigen Ions die Ladung $Q = n \cdot z \cdot F$ (s. Gl. (18.5) und (19.7)). Insgesamt erhalten wir

$$U = \frac{n \cdot R \cdot T}{Q} \cdot ln \frac{c_1}{c_2} = \frac{R \cdot T}{z \cdot F} \cdot ln \frac{c_1}{c_2}. \quad (19.8)$$

Diese **Nernstsche Gleichung** kann man für Körpertemperatur (37 °C, d.h. 310 K) und einwertige Ionen (sonst ist noch durch deren Wertigkeit z zu teilen) noch in eine handlichere Form bringen, wenn man den ersten Faktor ausrechnet und den natürlichen Logarithmus (ln) in den dekadischen Logarithmus umrechnet. Dann erhält man

$$U = 61{,}51 \text{ mV} \cdot \lg \frac{c_1}{c_2}. \quad (19.9)$$

Natürlich gilt der Zahlenfaktor nur für diese eine Temperatur (bei 20 °C wäre er z.B. 58,14 mV). Die logarithmische Abhängigkeit vom Verhältnis der beiden Konzentrationen wollen wir uns noch etwas verdeutlichen. Da $\lg 1 = 0$, $\lg 10 = 1$, $\lg 100 = 2$, $\lg 1000 = 3$ ist, erhalten wir bei gleichen Konzentrationen natürlich $U = 0$; für $c_1 : c_2 = 10$ ist $U = 61{,}51$ mV, bei $c_1 : c_2 = 100$ ist $U = 123{,}02$ mV usw. – wenn das Verhältnis der Konzentrationen um einen Faktor 10 größer wird, erhöht sich das Konzentrationspotential um 61,51 mV (bei 37 °C!). Wegen $\lg 1/10 = -1$ erhält man natürlich eine entgegengesetzt gerichtete Spannung, wenn die Ionen auf der anderen Seite des Konzentrationselements angereichert werden, also c_2 größer ist.

In unserem Beispiel haben wir bis jetzt nur die Cu^{2+}-Ionen betrachtet, obwohl ja auch noch $SO_4{}^{2-}$-Ionen vorliegen. Für diese (und jede weitere Ionensorte, die eventuell noch vorhanden ist) gelten genau die gleichen Überlegungen. Als Ergebnis erhalten wir eine Gesamtspannung, die aus der Summe der Konzentrationspotentiale gebildet wird, hier z.B.

$$U = \frac{R \cdot T}{z_{Cu} \cdot F} \cdot ln\left(\frac{c_1}{c_2}\right)_{Cu} + \frac{R \cdot T}{z_{SO_4} \cdot F} \cdot ln\left(\frac{c_1}{c_2}\right)_{SO_4}. \quad (19.10)$$

Da das Vorzeichen der auftretenden Konzentrationsspannungen dadurch bestimmt wird, ob negativ oder positiv geladene Ionen transportiert werden, erhält man das richtige Ergebnis, wenn man die Wertigkeiten der Ionen mit ihrem Vorzeichen versieht (d.h. $z_{Cu} = +2$, $z_{SO_4} = -2$).

Läßt man die anfangs erwähnte überschichtete Kupfersulfatlösung ohne äußeren Eingriff stehen, gleichen sich die Konzentrationsunterschiede natürlich infolge der Diffusion (vgl. Kap. C. 12) im Lauf der Zeit aus, die Konzentrationsspannung verschwindet. Das kann man verhindern, indem man zwischen die beiden Lösungsteile eine Membran (vgl. Kap. C. 12) bringt; man spricht dann vom Auftreten einer **Membranspannung.** Solche Membranspannungen, die im wesentlichen durch Konzentrationsunterschiede von K^+- bzw. Na^+-Ionen innerhalb und außerhalb der Zellen bewirkt werden, spielen im menschlichen Körper eine große Rolle, da sie die Ruhepotentiale (beim Herzmuskel von Hunden z. B. 80–90 mV, Zellinneres negativ gegen Äußeres) und Erregungspotentiale von Nerven- und Muskelzellen bilden. Änderungen dieser Membranpotentiale und damit eine Reizleitung werden dadurch möglich, daß die Zellmembranen nicht nur für die einzelnen Ionensorten unterschiedlich durchlässig sind **(ionensensitive Membran),** sondern sich auch ihre Permeabilität für ein und dieselbe Ionenart verändern kann. Die Energie, die zur Erzeugung von Konzentrationsunterschieden benötigt wird, indem Ionen entgegen ihrem Konzentrationsgefälle transportiert werden **(Ionenpumpe),** müssen Stoffwechselvorgänge liefern.

Der zeitliche Verlauf einer solchen Zellerregung ist schematisch in Abb. D-65 dargestellt: Das Membranpotential der unerregten Nervenzelle (Ruhepotential) beträgt etwa −70 mV (innen negativ), K^+-Ionen überwiegen innerhalb, Na^+-Ionen außerhalb der Zelle. Durch Erregung tritt eine **Depolarisation** (Abnahme) des Membranpotentials ein, die bis zur Ausbildung eines entgegengesetzt gerichteten Aktionspotentials führt. Bevor die Nervenzelle wieder in den Ausgangszustand zurückkehrt, schwingt das Membranpotential etwas über (d. h. es erreicht eine höhere Spannung als das Ruhepotential). Diesen Zustand nennt man **Hyperpolarisation.**

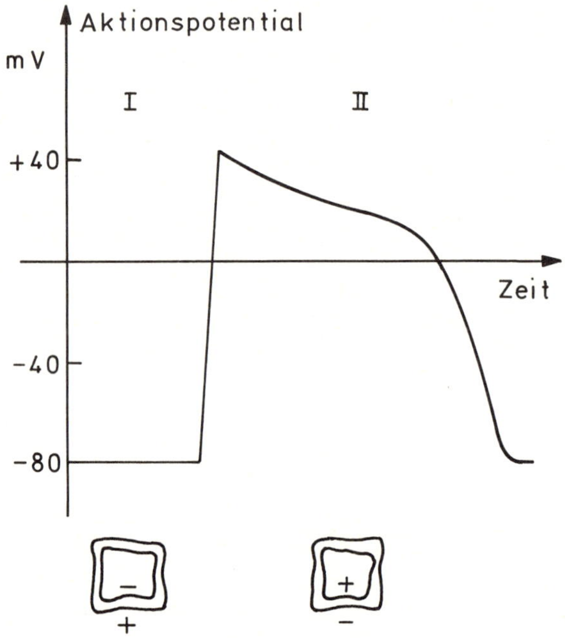

Abb. D-65 Zeitlicher Verlauf einer Membranerregung; I: Ruhezustand, II: Erregungszustand.

Nachdem das Auftreten einer Membranspannung als Folge von Konzentrationsunterschieden verständlich ist, wollen wir noch einmal zu dem am Anfang dieses Kapitels betrachteten Konzentrationselement aus konzentrierter und verdünnter Kupfersulfatlösung zurückkehren. Dort spielt sich nämlich ein weiterer Prozeß ab, der zum Auftreten einer Potentialdifferenz führt: Anionen (SO_4^{2-}) und Kationen (Cu^{2+}) diffundieren zunächst unabhängig voneinander von der konzentrierteren Seite der Lösung in die weniger konzentrierte. Da die einzelnen Ionensorten (infolge ihrer unterschiedlichen Größen) unterschiedlich beweglich sind, eilen die schneller diffundierenden den anderen (entgegengesetzt geladenen) Ionen voraus. Dadurch tritt eine Trennung der elektrischen Ladungen auf und infolgedessen ein elektrisches Feld (bzw. eine Spannung). Dieses Feld ist, wie man sich leicht überlegt, so gerichtet, daß es die anfangs langsameren Ionen beschleunigt, die schnelleren abbremst. Die beiden gegenläufigen Prozesse führen zu einem Gleichgewichtszustand, bei dem beide Ionensorten gleich schnell diffundieren und eine **Diffusionsspannung**

$$U = \frac{b_+/z_+ - b_-/z_-}{b_+ + b_-} \frac{R \cdot T}{F} \cdot ln \frac{c_1}{c_2} \tag{19.11}$$

herrscht, da im Gleichgewicht immer noch eine Ladungstrennung vorhanden ist. Als wesentlich Neues tritt hier lediglich die Abhängigkeit von den Ionenbeweglichkeiten b_+ und b_- (vgl. Kap. D. 18) auf. Natürlich wirken sich dabei auch die Ladung z_+ des positiven bzw. z_- des negativen Ions aus. In dieser etwas vereinfachten Formel für das Diffusionspotential ist außerdem vorausgesetzt, daß beide Ionensorten die gleichen Konzentrationen c_1 (auf der konzentrierten) und c_2 (auf der verdünnten) Lösungsseite besitzen.

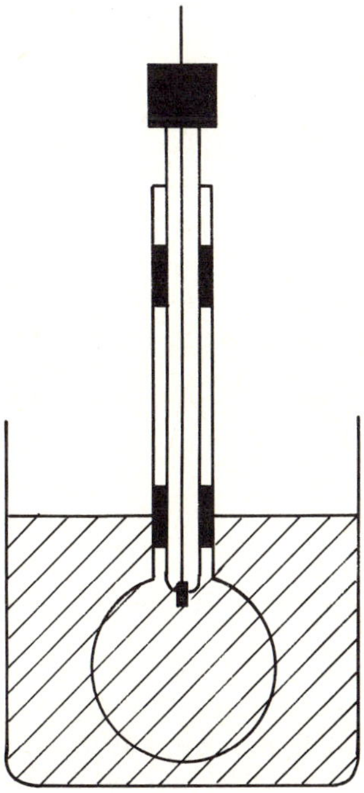

Abb. D-66 Glaselektrode

Das Auftreten einer Diffusionsspannung nutzt man in der **Glaselektrode** (Abb. D-66) praktisch aus. Dabei taucht man eine dünne Kugel aus Spezialglas, in der sich eine Elektrode und eine Vergleichslösung mit dem pH-Wert 7 befinden, in die zu untersuchende Lösung ein. Die Glaskugel ist so beschaffen, daß lediglich H^+-Ionen (wegen ihrer geringen Größe) durch sie diffundieren können. Hat die unbekannte Lösung einen höheren pH-Wert als 7, also eine geringere Konzentration von H^+-Ionen als die Vergleichslösung, treten H^+-Ionen aus der Glaselektrode aus, für pH < 7 diffundieren zusätzliche H^+-Ionen in sie hinein. Da hier nur die Beweglichkeit der positiven Ionen eine Rolle spielt (die anderen können nicht diffundieren), erhalten wir aus (19.11) eine Spannung

$$U = \frac{RT}{F} ln \frac{[H^+]_{\text{innen}}}{[H^+]_{\text{außen}}}.$$

Den Zahlenfaktor (für die Temperatur 20 °C) hatten wir bereits bei der Nernstschen Formel (19.9) ausgerechnet, so daß sich sofort ergibt

$$U = 58{,}14\,\text{mV} \cdot \lg \frac{[H^+]_{\text{innen}}}{[H^+]_{\text{außen}}} = 58{,}14\,\text{mV}\,(\lg [H^+]_{\text{innen}} - \lg [H^+]_{\text{außen}}).$$

In der Klammer steht aber (vgl. Kap. D. 18) nichts anderes als die Differenz der pH-Werte außen und innen. Mit der Glaselektrode kann man also sehr genau pH-Werte messen.

Als nächsten Schritt wollen wir den konzentrierten Lösungsteil unseres Ausgangsexperiments noch konzentrierter machen – wir nehmen einfach ein Metall. Taucht man z.B. einen Kupferstab in eine Kupfersulfatlösung (in der die Kupferionen natürlich immer in geringerer Konzentration vorliegen als im Metall), so haben die Metallionen eine bestimmte Tendenz, in die Lösung überzutreten – ähnlich wie aus einer Flüssigkeit immer ein Teil der Flüssigkeitsmoleküle verdampft, bis ihr Sättigungsdampfdruck erreicht ist (vgl. Kap. C. 7). Dieser Lösungsdruck soll für jedes Metall charakteristisch sein und unabhängig von dem Elektrolyten, in den es eintaucht. Liegen in dem Elektrolyten noch gar keine Metallionen vor, werden viele Metallionen in Lösung gehen, liegen gerade so viele Metallionen in Lösung vor, daß ihr osmotischer Druck gleich dem Lösungsdruck ist, treten im Mittel keine Ionen zwischen Metall und Lösung über (atomistisch betrachtet gibt es natürlich ein dauerndes Hin und Her, aber im zeitlichen Mittel in beiden Richtungen mit gleicher Häufigkeit); sind schließlich noch mehr Ionen in Lösung, überwiegt der osmotische Druck und es treten Ionen von der Lösung ins Metall über.

Zu diesem Vorgang tritt noch ein weiterer hinzu: Die geladenen Ionen lassen beim Übertritt in die Lösung das Metall entgegengesetzt geladen zurück; wir erhalten wieder eine Ladungstrennung und als deren Folge eine Spannung bzw. ein elektrisches Feld. Dieses Feld erschwert den Übertritt weiterer Ionen zusätzlich, es stellt sich schließlich ein Gleichgewichtszustand und eine Gleichgewichtsspannung zwischen Metallelektrode und Lösung ein. Diese Spannung nennt man **Galvani-Spannung.**

Die Größe dieser Spannung (und ihr Vorzeichen) hängt nach dieser Vorstellung also von dem charakteristischen Lösungsdruck des verwendeten Metalls und von der Konzentration des entsprechenden Ions in der Lösung ab. Ihre direkte Messung ist nicht möglich, weil dazu ja eine zweite Elektrode in die Lösung eintauchen müßte, die selber auch eine Galvani-Spannung erzeugt. Man benutzt deshalb als Bezugspunkt für alle Galvani-Spannungen eine sogen. Normalwasserstoffelektrode, eine spezielle, wasserstoffumspülte Platinelektrode, die in eine Säure eintaucht, deren Gehalt an Wasserstoffionen genau 1 g pro Liter (wegen der Konzentrationsabhängigkeit) beträgt. Ordnet man die Metalle nach den so gemessenen speziellen Galvani-Spannungen, die man als Normalpotentiale bezeichnet, so erhält man die folgende

Spannungsreihe:

Li	K	Zn	Ni	Pb	H_2	Cu	Ag	Hg	Au
−3,02 V	−2,92 V	−0,76 V	−0,25 V	−0,13 V	0 V	+0,35 V	+0,81 V	+0,86 V	+1,5 V

Bei den Metallen, die sich positiv gegen die Normallösung aufladen (Ag, Hg, Au), ist der Lösungsdruck so gering, daß Ionen aus der Lösung in das Metall übertreten. Das hat zur Folge, daß ein gleichzeitig anwesendes unedleres Metall (d.h. eines, das in der Spannungsreihe weiter links, bei niedrigeren Spannungen steht), die Ionen des edleren Metalls aus der Lösung verdrängt (z.B. gehen beim Eintauchen eines Zinkstabes in Kupfersulfatlösung Zinkionen in Lösung, Kupfer scheidet sich an dem Zinkstab ab).

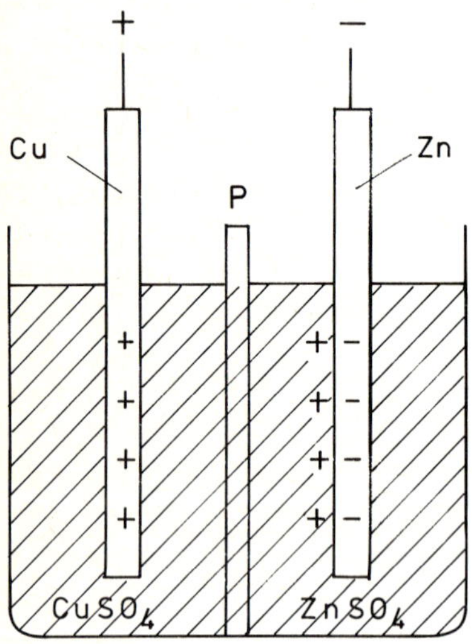

Abb. D-67 Daniell-Element (p = poröse Trennwand).

Bringt man zwei verschiedene Metallelektroden in eine Elektrolytlösung, so bildet sich zwischen ihnen und der Lösung die jeweilige Galvani-Spannung aus. Insgesamt herrscht zwischen den beiden Elektroden dann eine Spannung, die sich aus der Differenz ihrer Normalpotentiale ergibt, bei einer Kupfer- und einer Zinkelektrode z.B. 0,35 V−(−0,76 V) = 1,11 V. Solche Spannungsquellen nennt man **galvanische Elemente.**

Zum Abschluß wollen wir noch betrachten, was an der Grenzfläche zwischen zwei Metallen geschieht. In den einzelnen Metallen sind die Elektronen verschieden stark gebunden. Das äußert sich u.a. darin, daß ihre Austrittsarbeit A (d.h. die Energie, die man aufbringen muß, um sie aus dem Metall zu befreien, vgl. Kap. D. 16) unterschiedlich groß ist. Bringt man nun zwei Metalle in engen Kontakt (z.B. durch Zusammenlöten), so können aus dem Metall mit der geringeren Austrittsarbeit leichter (und damit bei gleicher Temperatur mehr) Elektronen aus- und in das zweite Metall übertreten als umgekehrt. Durch diese Ladungsverschiebung tritt im Metall mit der größeren Austrittsarbeit ein Überschuß, im Metall mit der kleineren Austrittsarbeit ein Mangel an negativen Ladungsträgern und so insgesamt wieder eine Grenzflächenspannung auf. Diese Spannung nennt man **Kontaktspannung.** Mit ihr schließt sich in gewisser Weise der Kreis, den wir im Kapitel Elektrizitätslehre aufgespannt haben, denn die ganz zu Anfang in Kap. D. 1 erwähnte Reibungselektrizität beruht auf nichts anderem als dieser Kontaktspannung. Das Reiben dient dabei nur dazu, einen möglichst engen Kontakt zwischen den beteiligten Körpern herzustellen.

Eine wichtige Anwendung dieser Kontaktspannungen stellen die **Thermoelemente** dar. Bei ihnen lötet man zwischen zwei Drähte vom Metall A einen Draht vom Metall B (oft wird z.B. Kupfer und die Metallegierung Konstantan benutzt). An beiden Verbindungsstellen treten dann Kontaktspannungen auf; da diese einmal von A nach B, das andere Mal von B nach A gerichtet sind, haben sie das entgegengesetzte Vorzeichen und heben sich im Normalfall gerade auf. Nun ist aber die Zahl der Elektronen, die die Austrittsarbeit überwinden können, stark von der Temperatur abhängig (vgl. Kap. D. 16). Bringt man also die eine Lötstelle auf eine höhere Temperatur als die andere, so werden die auftretenden Kontaktspannungen verschieden groß und es resultiert insgesamt an dem Thermoelement eine Spannung (thermoelektrischer oder Seebeck-Effekt). Diese Spannung ist ein Maß für die Temperaturdifferenz zwischen beiden Lötpunkten und wird deshalb oft als Thermometer benutzt.

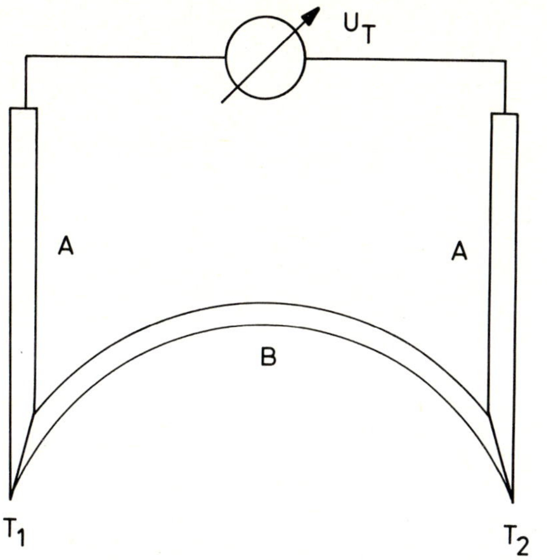

Abb. D-68 Thermoelement; A, B = Metalle, T = Temperatur.

Der Nachteil der Thermoelemente liegt in der Kleinheit des Effekts (100 K Temperaturdifferenz geben bei Kupfer-Konstantan ca. 4 mV), man benötigt also meist Verstärker. Ihr großer Vorteil liegt in ihren kleinen Abmessungen und darin, daß man die Drahtzuführungen zu den eigentlichen Meßpunkten sehr lang wählen, also auch an sonst schlecht zugänglichen Stellen messen kann. Außerdem besitzen sie eine geringe Wärmekapazität (vgl. Kap. C. 5), so daß eine schnelle Einstellzeit und geringe Verfälschung der Messung resultieren.

Die Umkehrung des thermoelektrischen Effekts heißt **Peltier-Effekt.** In diesem Fall läßt man durch die oben beschriebene Anordnung einen Strom fließen, dabei erwärmt sich die eine Lötstelle, die andere kühlt sich ab. Dieser Effekt wird heute technisch für Kühlzwecke ausgenutzt.

E. Atom- und Kernphysik

1. Atom, Molekül und Festkörper

Materie ist aus kleinsten Teilchen aufgebaut, den Atomen. Diese Atome bestehen aus einem elektrisch positiv geladenen Kern und einer negativ geladenen Elektronenhülle. Der Kern selbst wird aus **Protonen** und **Neutronen,** den sogenannten **Nukleonen,** aufgebaut. Wie der Name bereits ankündigt, ist im Kern beinahe die gesamte Masse des Atoms vereinigt. Die gesamte elektrisch positive Ladung des Kerns setzt sich additiv aus kleinsten Ladungen, den sogenannten **Elementarladungen** (vgl. Kap. D. 1) e_0 ($|e_0| = 1{,}602 \cdot 10^{-19}$ C) zusammen. Die Elektronenhülle besteht aus Elektronen mit einer etwa 2000mal kleineren Masse als die der Nukleonen. Sie tragen jeweils eine Elementarladung mit negativem Vorzeichen. Um die positive Kernladung zu neutralisieren, muß entsprechend der Anzahl positiver Ladungen, der sogenannten **Kernladungszahl** (Ordnungszahl), die gleiche Anzahl Elektronen anwesend sein.

Nach einer vereinfachten atomistischen Vorstellung, der **Bohrschen Atomtheorie,** bewegen sich die Elektronen auf diskreten Kreisbahnen um den im Mittelpunkt ruhenden Kern. Der Durchmesser der dabei gebildeten **Atomhülle** ist ein Maß für die Größe eines Atoms und beträgt etwa 10^{-10} m (= 1 Ångström Å). Der Kern selbst hat nur eine Ausdehnung von einigen 10^{-15} m. Obwohl die kreisenden Elektronen harmonische Schwingungen der elektrischen Ladung bedeuten und demnach schwingende Dipole darstellen, wird bei ihrer Bewegung keine Energie in Form elektromagnetischer Strahlung emittiert (vgl. Kap. F. 8). Erst bei einer Änderung der Bahn wird Energie in Form von Lichtquanten (vgl. Kap. G. 19) emittiert oder absorbiert. Beim **Wasserstoffatom,** wo um den Kern nur ein Elektron kreist, werden dessen Geschwindigkeit v und der Radius r der Kreisbahn aus der Gleichheit der Beträge von Coulomb-Kraft (vgl. Kap. D. 2) und Zentrifugalkraft (vgl. Kap. B. 5) berechnet

$$\frac{e_0^2}{4\pi \cdot \varepsilon_0 r^2} = \frac{m \cdot v^2}{r}, \tag{1.1}$$

wobei jene wesentliche Quantisierungsvorschrift zu berücksichtigen ist, daß der Betrag des Drehimpulses (vgl. Kap. B. 12) nur ganzzahlige Vielfache einer Naturkonstanten $\hbar$ annehmen kann:

$$mrv = n \cdot \hbar, \tag{1.2}$$

mit der Hauptquantenzahl n ($n = 1, 2, 3 \ldots$) und $\hbar = h/2\pi$ ($h = 6{,}63 \cdot 10^{-34}$ Ws, **Plancksches Wirkungsquantum**). Die gesamte Energie ergibt sich aus der Summe von kinetischer und potentieller Energie zu

$$W = W_{\text{kin}} + W_{\text{pot}} = -\frac{1}{n^2} \cdot R\ , \tag{1.3}$$

(mit der Rydberg-Konstanten $R = me_0^4/8\pi^3\,\varepsilon_0^2\hbar^2$) und wird demnach durch die Quantenzahl n und damit durch die Bahn bestimmt. Die zum Übergang von einer Elektronenbahn mit der Hauptquantenzahl n zu einer anderen Elektronenbahn mit der Hauptquantenzahl n' notwendigen **Lichtquanten** besitzen eine Energie $h \cdot \nu$, die sich gemäß der Energiebilanz zu

$$W_n - W_{n'} = h \cdot \nu \tag{1.4}$$

berechnet. Trägt man die zu den Bahnen bzw. Quantenzahlen gehörigen Energiewerte in eine vertikale Energieskala ein, so erhält man das **Energietermschema** des Wasserstoffatoms (Abb. E-1). Die Pfeile kennzeichnen die möglichen Bahnübergänge und stellen durch ihre Länge ein Maß für die Energie der Lichtquanten dar. Normalerweise befindet sich das Atom im Zustand niedrigster Energie (Grundzustand), wo das Elektron sich auf der 1. Bohrschen Bahn ($n = 1$) bewegt. Ein durch Energiezufuhr (Licht-, Wärme- oder Teilchenenergie) angeregtes Atom gibt diese zusätzliche Energie im allgemeinen nach etwa 10^{-8} s in Form von Lichtquanten spontan wieder ab und nimmt einen energetisch tieferen Zustand ein, indem ein Elektron von einer äußeren nach einer inneren Bahn wechselt. Will man das Elektron beim Wasserstoffatom im Grundzustand ganz vom Kern trennen (ionisieren), so muß man jene Energie (Ionisierungsenergie) aufbringen, die sich nach Gl. (1.3) und (1.4) beim Übergang vom Zustand mit der Quantenzahl $n = 1$ zum Zustand mit der Quantenzahl $n = \infty$ ergibt

$$W_{\text{Ionisation}} = R = 13{,}6 \text{ eV}.$$

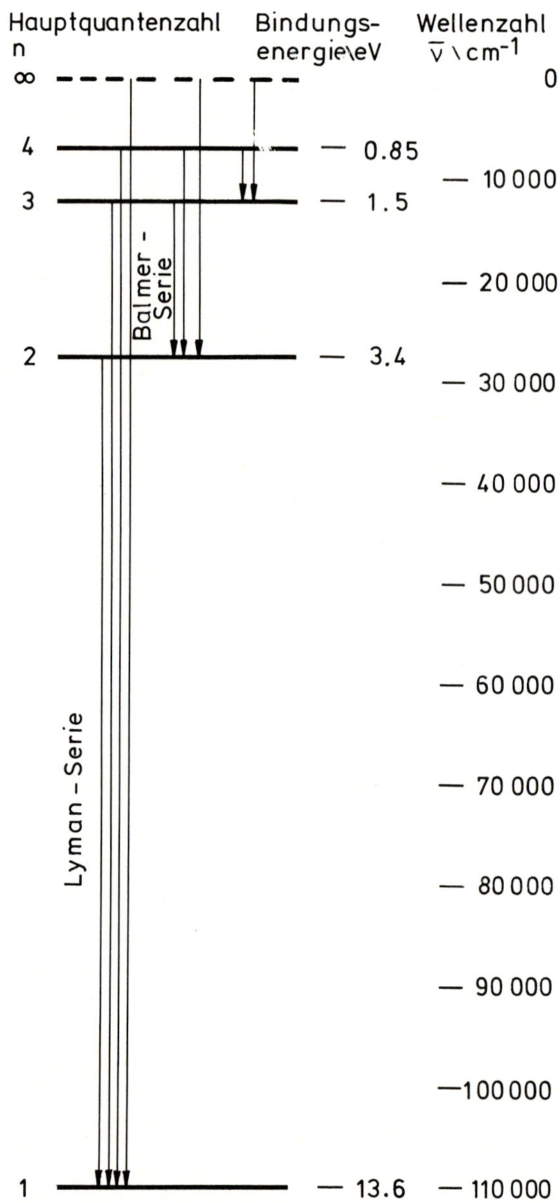

Abb. E-1 Energietermschema des Wasserstoffatoms.

Ein beliebiges Atom besitzt mehrere Elektronen, die sich auf den energetisch unterschiedlichen Bahnen bewegen. Entsprechend den Quantenzahlen **(Hauptquantenzahlen)** $n = 1, 2, 3$ usw. bezeichnet man diese Bahnen auch als K-, L-, M- (usw.) Schale. Daneben gibt es innerhalb jeder Schale energetisch unterschiedliche Unterschalen (s-, p-, d-, f-Schalen), die durch die Existenz von weiteren Quantisierungsbedingungen, beschrieben durch **Nebenquantenzahlen** (Drehimpulsquantenzahlen) $l = 0, 1, 2, 3$, hervorgerufen werden. Bei der Unterteilung der Hauptschalen in Unterschalen muß die Bedingung

$$l \leqq n - 1 \tag{1.5}$$

berücksichtigt werden, so daß z.B. die K-Schale ($n = 1$) nur eine Unterschale ($l = 0$) enthält, die L-Schale ($n = 2$) bereits in zwei Unterschalen ($l = 0$ und 1) und die M-Schalc ($n = 3$) in drei Unterschalen ($l = 0$, 1 und 2) zerfällt. Jede Unterschale mit der Nebenquantenzahl l vermag maximal $2\,(2l + 1)$ Elektronen aufzunehmen, so daß sich die maximal mögliche Anzahl der Elektronen auf einer beliebigen Schale mit der Hauptquantenzahl n (unter Berücksichtigung von Gl. (1.5)) zu $\sum_{l=0}^{n-1} 2(2l+1) = 2n^2$ ergibt.

So kann z.B. die K-Schale ($n = 1$) maximal $2 \cdot 1^2 = 2$ Elektronen, die L-Schale ($n = 2$) $2 \cdot 2^2 = 8$ Elektronen und die M-Schale ($n = 3$) $2 \cdot 3^2 = 18$ Elektronen aufnehmen.

Die Weiterentwicklung der Quantentheorie des Atoms über das Modell hinaus zeigte bald, daß die Vorstellung definierter Kreisbahnen mit der Unschärferelation unvereinbar war. Man kann den Elektronen vielmehr nur Bereiche großer Aufenthaltswahrscheinlichkeit zuordnen (Elektronenwolken oder **Orbitale**). Der Radius des Maximums ihrer Wahrscheinlichkeitsdichte entspricht dann den Kreisbahnen des einfachen Modells. Die Quantenzahlen und der Schalenbegriff behalten ihre Bedeutung bei. So befindet sich z.B. beim H-Atom im Grundzustand das Elektron auf einem 1 s-Orbital, das durch eine Kugel um den Kernmittelpunkt dargestellt werden kann. Fordert man, das Elektron mit einer Wahrscheinlichkeit von 80% in der räumlichen Umgebung des Kerns zu finden, so errechnet sich ein eindeutiger Radius der Kugel. Dieser Radius nimmt ab, je strenger die Forderung nach der Aufenthaltswahrscheinlichkeit gestellt wird.

Ordnet man die Atome nach steigender Kernladungszahl bzw. Elektronenzahl an, so werden im Grundzustand die Elektronen in Richtung wachsender Hauptquantenzahlen und unter Berücksichtigung der maximal aufnehmbaren Anzahl auf die einzelnen Schalen verteilt (Tabelle E-1). So befindet sich beim Wasserstoffatom (H) das Elektron auf der innersten Schale. Das Heliumatom (He) mit der Kernladungszahl 2 besitzt zwei Elektronen, die ebenfalls noch auf der K-Schale Platz finden. Beim Lithiumatom (Li) mit der Kernladungszahl 3 kann das dritte Elektron die K-Schale nicht mehr besetzen, da die maximale Besetzungszahl (2) erreicht ist. Es muß deshalb in die nächste äußere Schale (L-Schale) eingebaut werden. Diese Schale vermag maximal $\sum_{l=0}^{1} 2(2l+1)$, also acht Elektronen aufzunehmen, so daß sie nach acht Elementen, nämlich beim Element Neon (Ne) mit der Kernladungszahl 10, abgeschlossen ist. Weitere Elektronen können dann wieder nur die nächste Schale (M-Schale) besetzen. Beim Element Argon (Ar) sind schließlich wieder die den Nebenquantenzahlen $l = 0$ und $l = 1$ entsprechenden Unterschalen mit insgesamt 8 $(= 2 + 6)$ Elektronen besetzt, wodurch eine stabile Zwischenstufe, die sogenannte Edelgaskonfiguration gebildet wird. Danach wird nicht die 3. Schale (M-Schale) weiter bis zur maximal möglichen Elektronenzahl 18 $\left(\sum_{l=0}^{2} 2(2l+1)\right)$ besetzt, sondern bereits mit dem Aufbau der 4. Schale begonnen, bis beim Krypton (Kr) wieder die ersten beiden Unterschalen ($l = 0$, $l = 1$) voll besetzt sind und erneut eine stabile Edelgaskonfiguration erreicht ist.

Tabelle E-1 Der Aufbau der Elektronenschalen der Elemente.

	Element			1. Schale (s)	2. Schale (s,p)	3. Schale (s,p,d)	4. Schale (s,p,d,f)	5. Schale (s,p,d)	6. Schale (s,p)	7. Schale (s)
1. Periode	1	H	Wasserstoff	1						
	2	He	Helium	2						
2. Periode	3	Li	Lithium	2	1					
	4	Be	Beryllium	2	2					
	5	B	Bor	2	3					
	6	C	Kohlenstoff	2	4					
	7	N	Stickstoff	2	5					
	8	O	Sauerstoff	2	6					
	9	F	Fluor	2	7					
	10	Ne	Neon	2	8					
3. Periode	11	Na	Natrium	2	8	1				
	12	Mg	Magnesium	2	8	2				
	13	Al	Aluminium	2	8	3				
	14	Si	Silicium	2	8	4				
	15	P	Phosphor	2	8	5				
	16	S	Schwefel	2	8	6				
	17	Cl	Chlor	2	8	7				
	18	Ar	Argon	2	8	8				
4. Periode	19	K	Kalium	2	8	8	1			
	20	Ca	Calcium	2	8	8	2			
	31	Ga	Gallium	2	8	18	3			
	32	Ge	Germanium	2	8	18	4			
	33	As	Arsen	2	8	18	5			
	34	Se	Selen	2	8	18	6			
	35	Br	Brom	2	8	18	7			
	36	Kr	Krypton	2	8	18	8			
5. Periode	37	Rb	Rubidium	2	8	18	8	1		
	38	Sr	Strontium	2	8	18	8	2		
	49	In	Indium	2	8	18	18	3		
	50	Sn	Zinn	2	8	18	18	4		
	51	Sb	Antimon	2	8	18	18	5		
	52	Te	Tellur	2	8	18	18	6		
	53	J	Jod	2	8	18	18	7		
	54	Xe	Xenon	2	8	18	18	8		
6. Periode	55	Ca	Caesium	2	8	18	18	8	1	
	56	Ba	Barium	2	8	18	18	8	2	
	81	Tl	Thallium	2	8	18	32	18	3	
	82	Pb	Blei	2	8	18	32	18	4	
	83	Bi	Wismut	2	8	18	32	18	5	
	84	Po	Polonium	2	8	18	32	18	6	
	85	At	Astat	2	8	18	32	28	7	
	86	Rn	Radon	2	8	18	32	18	8	
7. Periode	87	Fr	Francium	2	8	18	32	18	8	1
	88	Ra	Radium	2	8	18	32	18	8	2

Tabelle E-2 Periodensystem der Elemente. Elektronenkonfigurationen

	I	II	III	IV	V	VI	VII		VIII		0
1	1s **H** 1										1s^2 **He** 2
2	He 2s **Li** 3	He 2s^2 **Be** 4	Be 2p **B** 5	Be 2p^2 **C** 6	Be 2p^3 **N** 7	Be 2p^4 **O** 8	Be 2p^5 **F** 9				Be 2p^6 **Ne** 10
3	Ne 3s **Na** 11	Ne 3s^2 **Mg** 12	Mg 3p **Al** 13	**Si** 14	Mg 3p^3 **P** 15	Mg 3p^4 **S** 16	Mg 3p^5 **Cl** 17				Mg 3p^6 **Ar** 18
4	Ar 4s **K** 19	Ar 4s^2 **Ca** 20	Ar 4s^3 3d **Sc** 21	Ar 4s^2 3d^3 **Ti** 22	**V** 23	**Cr** 24	Ar 4s^2 3d^5 **Mn** 25	Ar 4s^2 3d^6 **Fe** 26	Ar 4s^2 3d^7 **Co** 27	Ar 4s^2 3d^8 **Ni** 28	
	Ar 4s 3d^{10} **Cu** 29	Ar 4s^2 3d^{10} **Zn** 30	Zn 4p **Ga** 31	Zn 4p^2 **Ge** 32	Zn 4p^3 **As** 33	Zn 4p^4 **S** 34	Zn 4p^5 **Br** 35				Zn 4p^6 **Kr** 36
5	Kr 5s **Rb** 37	Kr 5s^2 **Sr** 38	Kr 5s^2 4d **Y** 39	Kr 5s^2 4d^2 **Zr** 40	Kr 5s 4d^4 **Nb** 41	Kr 5s 4d^5 **Mo** 42	**Tc** 43	Kr 5s 4d^7 **Ru** 44	Kr 5s 4d^8 **Rh** 45	Kr 4d^{10} **Pd** 46	
	Kr 5s 4d^{10} **Ag** 47	Kr 5s^2 4d^{10} **Cd** 48	Cd 5p **In** 49	Cd 5p^2 **Sn** 50	Cd 5p^3 **Sb** 51	Cd 5p^4 **Te** 52	Cd 5p^5 **J** 53				Cd 5p^6 **X** 54
6	X 6s **Cs** 55	X 6s^2 **Ba** 56	58 bis 71 s.u. **La** 57	X 6s^2 4f^{14} 5d^2 **Hf** 72	X 6s^2 4f^{14} 5d^3 **Ta** 73	X 6s^2 4f^{14} 5d^4 **W** 74	X 6s^2 4f^{14} 5d^5 **Re** 75	X 6s^2 4f^{14} 5d^6 **Os** 76	X 6s^2 4f^{14} 5d^7 **Ir** 77	X 6s 4f^{14} 5d^9 **Pi** 78	
	X 6s 5d^{10} 4f^{14} **Au** 79	X 6s^2 5d^{10} 4f^{14} **Hg** 80	Hg 6p **Tl** 81	Hg 6p^2 **Pb** 82	Hg 6p^3 **B** 83	Hg 6p^4 **Po** 84	Hg 6p^5 **At** 85				Hg 6p^6 **Rn** 86
7	Rn 7s **Fr** 87	Rn 7s^2 **Ra** 88	90 bis 98 s.u. **Ac** 89	**Rf** 104	**Ha** 105						

Lanthaniden	Ba 5d 4f **Ce** 58	Ba 4f^3 **Pr** 59	Ba 4f^4 **Nd** 60	Ba 4f^5 **Pm** 61	Ba 4f^6 **Sm** 62	Ba 4f^7 **Eu** 63	Ba 5d 4f^7 **Gd** 64	Ba 5d 4f^8 **Tb** 65	Ba 4f^{10} **Dy** 66	Ba 4f^{11} **Ho** 67	Ba 4f^{12} **Er** 68	Ba 4f^{13} **Tu** 69	Ba 4f^{14} **Yb** 70	Ba 5d 4f^{14} **Lu** 71
Aktiniden	**Th** 90	**Pa** 91	**U** 92	**Np** 93	**Pu** 94	**Am** 95	**Cm** 96	**Bk** 97	**Cf** 98	**Es** 99	**Fm** 100	**Md** 101	**No** 102	**Lr** 103

Die 10 Elemente zwischen Kalzium (Ca) und Gallium (Ga) mit den Kernladungszahlen von 21 bis 30 halten den Aufbau in der äußersten Schale mit 2 Elektronen an und vervollständigen erst die innere 3. Schale, bis die maximal aufnehmbare Zahl von 18 Elektronen erreicht ist. Nach dem Krypton wird beim Rubidium (Rb) mit der Besetzung der 5. Schale begonnen. Ein Element weiter wird bereits dieser Aufbau wieder beendet und mit wachsender Kernladungszahl erst die innere 4. Schale bzw. deren noch zu besetzende Unterschale mit der Nebenquantenzahl $l = 2$ weiter aufgefüllt. Nach 10 Elementen beim Cadmium (Cd) ist wieder eine stabile Konfiguration erreicht und die Vervollkommnung der 4. Schale, die noch eine leere Unterschale mit der Nebenquantenzahl $l = 3$ besitzt, wird vorläufig unterbrochen. Vielmehr wird bei den nachfolgenden Elementen die äußerste Schale weiter mit Elektronen besetzt, bis beim Xenon (Xe) die ersten beiden Unterschalen wieder mit maximal 8 Elektronen voll sind.

Das Caesium (Cs) und Barium (Ba) beginnen die nächst äußere Hauptschale ($n = 6$) zu besetzen. Danach allerdings wird dieser Aufbau bereits wieder beendet und es folgen Elemente mit der Kernladungszahl 57 bis 80, die sogenannten seltenen Erden (Lanthaniden), die die innere 5. Schale bis insgesamt 18 Elektronen weiter auffüllen und den Aufbau der noch weiter innen liegenden 4. Schale schließlich bis zur maximal aufnehmbaren Elektronenzahl von 32 beenden. Anschließend setzt das Thallium (Tl) den weiteren Aufbau der äußersten 6. Schale fort, bis das Radon (Rn) mit 8 äußeren Elektronen erneut die Besetzung unterbricht.

Es folgen die Elemente Francium und Radium, die je ein Elektron in der 7. Schale aufnehmen. Die letzten 15 Elemente mit der Kernladungszahl 89 bis 104, die sogenannten Actiniden, behalten diese beiden Außenelektronen bei und bauen die neu hinzukommenden Elektronen in die unvollständige 5. und 6. Schale ein.

Der Vergleich mit dem **Periodensystem der Elemente** (Abb. E-2) läßt erkennen, daß nur solche Elemente eine bestimmte **Periode** in horizontaler Anordnung bilden, deren äußerste Elektronen auf einer gemeinsamen Schale eingebaut sind. Entsprechend den sieben besetzbaren Hauptschalen gibt es sieben Perioden. Am Ende jeder Periode steht ein Edelgas mit insgesamt acht Außenelektronen in einer stabilen Konfiguration.

Die vertikale Einteilung des Periodensystems in **Hauptgruppen** (I bis VIII) sortiert jene Elemente, die das neu hinzukommende Elektron in die äußerste Schale einbauen. Innerhalb einer Gruppe befinden sich Elemente mit der gleichen Zahl von Außenelektronen, die so die Gruppennummer bestimmt. Die chemische Verwandschaft der Elemente in einer Hauptgruppe, wie die der Edelgase, Alkalimetalle, Erdalkalimetalle usw. hat ihre Ursache in der gemeinsamen Zahl von Außenelektronen, die einen entscheidenden Einfluß auf die chemische Bindung ausüben und deshalb auch **Valenzelektronen** genannt werden. In den **Nebengruppen** schließlich werden jene Elemente zusammengefaßt, die das neu hinzukommende Elektron in eine innere Schale einbauen.

Werden ein oder mehrere Elektronen von der Hülle entfernt, so erhält man ein ein- oder mehrfach elektrisch positiv geladenes Atom, das als **positives Ion** bezeichnet wird (z.B. Ca^{2+}). Umgekehrt entsteht ein **negatives Ion** (z.B. Cl^-) durch Anlagerung von Elektronen an neutrale Atome. Bei der Wegnahme eines Elektrons vom neutralen Atom, der sogenannten **Ionisation,** muß gegen die für die Bindung verantwortlichen Kräfte Arbeit verrichtet, d.h. die **Ionisierungsenergie** aufgebracht werden (z.B. beim H-Atom 13,6 eV). Sie kann in Form von Lichtquanten (Photoionisation) übertragen werden, wobei die überschüssige Energie dem freien Elektron als kinetische Energie mitgegeben wird.

Freie Atome können sich aneinander binden, wodurch **Moleküle** entstehen. Die Frage danach, ob ein stabiles Molekül gebildet wird, entscheidet die Energiebilanz, die beim Zusammenkommen der getrennten Atome eine Energieabgabe fordert. Demnach muß das Molekül bestrebt sein, einen energetisch günstigeren Zustand bezüglich der Elektronenanordnung einzunehmen, als er bei den getrennten Atomen vorliegt. Eine stabile Anordnung der für die Bindung wesentlichen Außenelektronen (Valenzelektronen) liegt z.B. bei den Edelgasen vor, die deshalb kaum eine chemische Reaktionsfähigkeit zeigen und als freie Atome existieren können im Gegensatz zu den Molekülen Wasserstoff (H_2), Sauerstoff (O_2), Stickstoff (N_2) usw. Entsprechend den für die Bindung verantwortlichen Kräften unterscheidet man verschiedene Arten der Molekülbindung:

Bei der **Ionenbindung** oder **heteropolaren Bindung** wird das Molekül aus positiven und negativen Ionen aufgebaut. Der Zusammenhalt kann klassisch durch die anziehenden Coulomb-Kräfte entgegengesetzt geladener Teilchen (vgl. Kap. D. 2) erklärt werden.

Die Bildung der Ionen aus den ursprünglich freien Atomen fordert die Abgabe bzw. Aufnahme von Elektronen in dem Sinne, daß die entstandenen Ionen die energetisch stabile Elektronenkonfiguration der Edelgase erhalten. Als Beispiel sei das Natriumchlorid(NaCl)-Molekül betrachtet. Das Natrium-Atom wird bei der Molekülbildung sein einzelnes Außenelektron abgeben, um so als einfach positiv geladenes Natrium-Ion (Na^+) die Elektronenkonfiguration vom Neon zu besitzen. Umgekehrt wird das Chlor-Atom zur Bildung der stabilen Elektronenkonfiguration des Argons ein Elektron aufnehmen und so als einfach negativ geladenes Chlor-Ion (Cl^-) im Molekül bestehen (vgl. Tab. E-1).

Die **Atombindung** oder **homöopolare Bindung** fordert nicht die Bildung von Ionen und damit die Abgabe oder Aufnahme von Elektronen, sondern vielmehr die gleichzeitige Inanspruchnahme der Valenzelektronen von seiten der am Molekül beteiligten neutralen Atome. Dabei wird oft die energetisch stabile Elektronenkonfiguration der Edelgase erreicht. Als Beispiel sei das Fluor(F_2)-Molekül betrachtet. Dem freien Fluor-Atom fehlt ein Elektron in der äußersten Schale (L-Schale) zur Konfiguration des Neons (vgl. Tab. E-1). Die Energieabnahme und Stabilisierung des freien Atoms im Molekülverband gelingt dadurch, daß dieses fehlende Elektron vom anderen Atom bereitgestellt wird. Umgekehrt wird auch das andere Atom notwendigerweise ein Elektron aufnehmen, so daß ein Elektronenpaar beiden Atomen zugehörig scheint:

$$:\ddot{\underset{\cdot\cdot}{F}}\cdot \quad + \quad \cdot\ddot{\underset{\cdot\cdot}{F}}: \quad = \quad :\ddot{\underset{\cdot\cdot}{F}}:\ddot{\underset{\cdot\cdot}{F}}:$$

freie Atome — Molekül — (Punkte bedeuten Valenzelektronen)

Eine stengere Formulierung besagt, daß die Wahrscheinlichkeit beider Elektronen, sich am anderen Atom aufzuhalten, endlich ist. Neben diesem Beispiel gibt es die Möglichkeit, daß zwei oder drei Elektronenpaare geteilt werden, wie beim Sauerstoff(O_2)- oder Stickstoff(N_2)-Molekül. Man spricht dann von Doppel- bzw. Dreifachbindung.

Die sog. **van-der-Waals-Kräfte,** die auch für die Kohäsion bzw. Adhäsion verantwortlich sind (vgl. Kap. B.16), geben zur Bildung der **van-der-Waals-Moleküle** Anlaß. Dabei handelt es sich um elektrische Polarisationskräfte, die auf der Wechselwirkung permanenter oder durch Polarisation verursachter elektrischer Dipole basieren (vgl. Kap. D.6) und entscheidend das Verhalten realer Gase beeinflussen (vgl. Kap. C. 4). Sie sind relativ schwach, so daß der Atomabstand groß und das Molekül nur locker gebunden ist.

Schließlich entsteht ein Molekülverband durch die **Wasserstoff(H)-Brückenbindung,** die ebenfalls durch elektrische Polarisationskräfte verursacht wird. Ein Wasserstoffatom (von z.B. einer OH- bzw. NH-Gruppe) gibt sein Elektron an ein anderes Atom oder Molekül ab und vermag dann durch seinen elektrisch positiven Kern benachbarte Moleküle zu polarisieren. Die dabei auftretende elektrostatische Kraftwirkung gibt wieder Anlaß zu einer Bindung.

Bei der Bindung einer großen Anzahl von gleichen Atomen oder Atomgruppen entstehen die sog. **Makromoleküle.** So können sich die einzelnen gleichartigen Bausteine z.B. kettenförmig aneinanderreihen, wobei alle möglichen Formen zwischen der einer gestreckten Kette und der einer Kugel angenommen werden. Besonders große Gestalt zeichnet die Eiweißmoleküle (Proteine) aus, die bereits aus makromolekularen Unterbausteinen bestehen und durch Wasserstoff-Brückenbindung zusammengehalten werden.

Ein **Festkörper** entsteht ebenfalls durch die Bindung einer großen Anzahl von Atomen oder Molekülen. Der zusammenhängende Verband wird durch eine regelmäßige Ordnung charakterisiert, so daß die Periodizität der Lagen benachbarter Bausteine ein räumliches Gitter zu bilden vermag. Die Dichte ist etwa tausendfach größer als beim Gas. Demnach ist der mittlere Abstand der atomaren Bausteine sehr klein, woraus eine gegenseitige Beeinflussung resultiert.

2. Atomkern

Der Atomkern wird von den **Nukleonen** aufgebaut. Man unterscheidet diese in **Protonen** und **Neutronen.** Die Protonen tragen eine positive elektrische Elementarladung (vom selben Betrag wie bei den Elektronen), während die Neutronen elektrisch ungeladen sind. Die Anzahl der Protonen ist mit der Kernladungszahl (Z) identisch und bestimmt demnach die gesamte positive Kernladung. Zusammen mit der Neutronenzahl (N) erhält man die **Massenzahl** (A) zu $A = Z + N$. Der Atomkern eines beliebigen Elements E wird durch das symbolische Zeichen ${}^{A}_{Z}E$ beschrieben (z.B. für das Uran-Isotop 235: ${}^{235}_{92}U$). Daneben findet man bei einem Ion bzw. Molekül noch die Kennzeichnung des Ladungszustandes bzw. Molekülzustandes:

Massenzahl		Ladung des Ions
	Element	
Kernladungszahl		Molekülzustand;

z.B. H^+ (Wasserstoffion), H_2 (Wasserstoffmolekül).

Die Masse der Nukleonen beträgt $1{,}67 \cdot 10^{-24}$ g und ist etwa 2000fach größer als die der Elektronen ($9{,}11 \cdot 10^{-28}$ g). Somit ist praktisch die gesamte Masse eines Atoms im Kern vereinigt. Der Radius der Nukleonen (ca. 10^{-15} m) ist etwa 10000fach kleiner im Vergleich zum Atomradius, der durch die Elektronenhülle bestimmt wird.

Beim Aufbau des Kerns aus seinen Nukleonen werden entsprechend der Elektronenhülle gewisse energetisch unterschiedliche Schalen besetzt. Bei leichten Kernen etwa bis zur Kernladungszahl 20 werden gleich viele Protonen und Neutronen eingebaut.

Danach wächst die Neutronenzahl mit zunehmender Kernladungszahl schneller, so daß auch die Massenzahl bzw. die relative Atommasse bei schweren Kernen schneller steigt. Ein Atomkern mit einer beliebigen Anzahl von Protonen und Neutronen wird allgemein als **Nuklid** bezeichnet.

Diejenigen Kerne, die gleich viel Protonen und damit die gleiche Kernladungszahl (Z = const.), jedoch unterschiedlich viele Neutronen besitzen, werden **Isotope** genannt (z.B. $^{235}_{92}U$ und $^{238}_{92}U$). Kerne mit gleich vielen Nukleonen, d.h. gleicher Massenzahl (A = const.) werden **Isobare** genannt. Die Protonen- und Neutronenzahl ist dabei verschieden (z.B. $^{14}_{6}C$ und $^{14}_{7}N$). Die meisten in der Natur vorkommenden Elemente setzen sich gewöhnlich aus verschiedenen Komponenten von Isotopen, dem sogenannten **Isotopengemisch** zusammen. So besteht das Chlor aus den Isotopen $^{35}_{17}Cl$ und $^{37}_{17}Cl$, deren natürliches Vorkommen 75,4% bzw. 24,6% beträgt. Beim Wasserstoff (H) gibt es die Isotope Deuterium (A = 2) und Tritium (A = 3).

Den Zusammenhalt der Kerne verursachen sehr starke anziehende Kräfte, die auf kleine Abstände zwischen den Nukleonen wirken und den elektrostatisch abstoßenden Kräften zwischen den Protonen überlegen sind. Die großen Bindungsenergien der Atomkerne werden darin merklich, daß die Masse eines Atomkerns kleiner ist als die Masse der den Kern bildenden Nukleonen. Dieser **Massendefekt** wird nach der Äquivalenz von Masse und Energie ($W = m \cdot c_0^2$, Einsteinsches Gesetz) in Bindungsenergie umgewandelt. Die Bindungsenergie wird demnach frei, falls der Kern aus den einzelnen Nukleonen zusammengesetzt wird (Kernfusion). Zu den bisher genannten Elementarteilchen, den Protonen, Neutronen und Elektronen, gehört noch das Photon, um den Bau und die Eigenschaften der Atome zu beschreiben. Weitere Elementarteilchen treten bei der kosmischen Strahlung, beim Zerfall von Elementarteilchen (z.B. β-Zerfall) oder bei Kernreaktionen auf. Alle zusammen können nach ihrer Masse in **Baryonen** (Masse $> 1800\, m_e$), in **Mesonen** (mittelschwer), in **Leptonen** (Ruhemasse $< 250\, m_e$) und **Photonen** (keine Ruhemasse) eingeteilt werden.

3. Radioaktivität

Unter Radioaktivität versteht man den Vorgang der spontanen Emission von Teilchen oder Strahlung aus energetisch angeregten Atomkernen. Ein radioaktives, instabiles Nuklid wird kurz **Radionuklid** genannt. Die Stabilität bezieht sich dabei auf die Nukleonenkonfiguration, deren stabiler Endzustand durch Aufnahme oder Abgabe von ladungstragenden Teilchen erreicht wird.

Im Falle eines Neutronenüberschusses bzw. eines Mangels an positiver Ladung geschieht der Ladungsausgleich durch Emission eines Elektrons e^-, das als β-Teilchen bezeichnet wird. Das β-Teilchen entsteht aus der Umwandlung eines Neutrons n in ein Proton ($n \to p + e^- + \tilde{\nu}$), wobei noch ein weiteres ungeladenes Teilchen, das Antineutrino $\tilde{\nu}$, auftritt. Die möglichen Energien bzw. Geschwindigkeiten der β-Teilchen sind kontinuierlich bis zu einem maximalen Wert verteilt. Beim **β-Zerfall** eines Radionuklids nimmt die Kernladungszahl Z um eine Einheit zu, während die Massenzahl A praktisch gleich bleibt (Abb. E-3a).

Ein Mangel an Neutronen bzw. ein positiver Ladungsüberschuß wird entweder durch die Emission eines Positrons bzw. β^+-Teilchens, durch Einfang eines Hüllenelektrons oder durch die Emission eines α-Teilchens korrigiert. Beim **β^+-Zerfall** geschieht die Umwandlung eines Protons in ein Neutron, ein Positron e^+ und ein Neutrino ν ($p \to n + e^+ + \nu$), so daß die Kernladungszahl Z um eine Einheit abnimmt (Abb. E-3b). Positronenstrahlung tritt nur bei künstlichen radioaktiven Nukliden (s. unten) auf.

Beim **Elektroneneinfang** wird vom Kern wegen der geringen Entfernung überwiegend ein Elektron der K-Schale absorbiert. Die Kernladungszahl wird so um eine Einheit erniedrigt (Abb. E-3c). Auf Grund der entstandenen Lücke in der K-Schale ist das gesamte Atom energetisch angeregt und vermag deshalb Röntgenquanten (durch Übergang von Elektronen auf L-, M- (usw.) Schalen nach der Lücke) oder Elektronen aus weiter außen liegenden Schalen (Auger-Elektronen) zu emittieren.

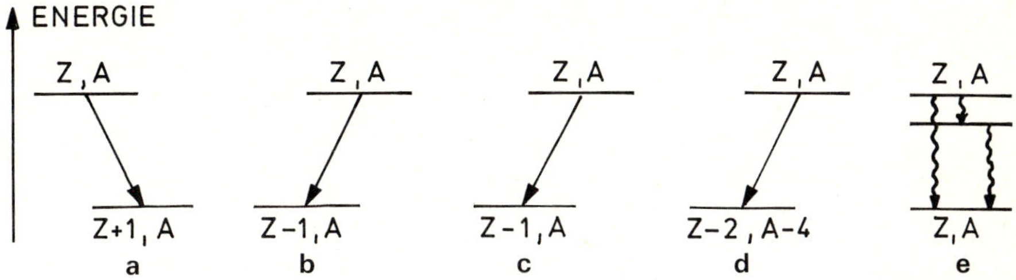

Abb. E-3 Energieniveauschema beim radioaktiven Zerfall; *a)* β^--Zerfall, *b)* β^+-Zerfall, *c)* Elektroneneinfang, *d)* α-Zerfall, *e)* γ-Zerfall.

α-Teilchen sind zweifach positiv geladene Heliumkerne, so daß deren Emission die gesamte Massenzahl eines radioaktiven Elementes um vier Einheiten und die Kernladungszahl um zwei Einheiten reduziert (Abb. E-3d). Sie besitzen einheitliche Energie oder werden in Gruppen einheitlicher Energie emittiert.

Der nach dem α- oder β-Zerfall neu entstandene Kern befindet sich oft in einem angeregten Energiezustand. Die überschüssige Energie kann in Form von sehr kurzwelliger elektromagnetischer Strahlung (vgl. Kap. F. 8), der **γ-Strahlung** (γ-Quanten) abgegeben werden, wobei der Kern in den energetisch stabilen Grundzustand übergeht. Bei Energien von etwa einigen MeV ($= 1{,}602 \cdot 10^{-13}$ J) betragen die Wellenlängen 10^{-12} m ($= 0{,}01$ Å). Kernladungszahl und Massenzahl bleiben bei der γ-Emission unverändert (Abb. E-3e).

All diejenigen Elemente, deren Ordnungszahl größer als 83, nämlich der des Elementes Blei ist, bestehen nur aus radioaktiven Isotopen, den sogenannten **natürlichen Radionukliden.** Sie stellen die beim Zerfall entstehenden Folgeprodukte von langlebigen Muttersubstanzen $^{235}_{98}U$, $^{238}_{92}U$ und $^{232}_{90}Th$ dar. Daneben gibt es noch weitere natürliche Radionuklide (z.B. $^{14}_{6}C$, $^{40}_{19}K$), deren meist verbreitetes, das $^{40}_{19}K$-Isotop, auch den bedeutendsten Beitrag zur natürlichen Strahlenbelastung des Menschen liefert.

Als **künstliche Radionuklide** bezeichnet man jene radioaktiven Isotope, die durch eine erzwungene Kernumwandlung entstanden sind. Dabei wird ein Ausgangsnuklid mit z.B. γ-Strahlung, Elektronen, α-Teilchen, Protonen, Neutronen oder Deuteronen genügend hoher Energie bestrahlt und nach dem Umwandlungsprozeß im allgemeinen wieder ein Teilchen emittiert. Der Umwandlungsvorgang läßt sich durch eine Reaktionsgleichung beschreiben.

Beispiel:

$$^{14}_{7}N + n \rightarrow {}^{14}_{6}C + p \qquad \text{oder in Kurzschreibweise}$$

$$^{14}_{7}N\ (n,p)\ {}^{14}_{6}C\,.$$

Das künstliche Radionuklid $^{14}_{6}C$ zerfällt unter β^--Emission wieder in das Ausgangsnuklid

$$^{14}_{6}C \rightarrow {}^{14}_{7}N + e^-\,.$$

Weitere künstliche Radionuklide bilden die Spaltprodukte, die bei der Kernspaltung entstehen.

Die spontane Umwandlung der Kerne geschieht unabhängig voneinander und unabhängig vom Alter des instabilen Kerns, so daß der Vorgang durch die Gesetze der Statistik beschrieben werden kann. Wenn zu einem gegebenen Zeitpunkt N Atome einer radioaktiven, homogenen Substanz vorliegen, dann ist die zeitliche Abnahme dieser Anzahl von Atomen (negative Änderungsrate $-dN/dt$) proportional der Zahl der Atome selbst

$$-\frac{dN}{dt} = \lambda \cdot N\,, \qquad (3.1)$$

mit der Proportionalitätskonstanten λ **(Zerfallskonstante).** Die Integration von Gleichung (3.1) liefert das **Zerfallsgesetz**

$$N = N_0 \cdot e^{-\lambda \cdot t}, \tag{3.2}$$

mit: N_0 = Anzahl der Ausgangskerne zur Zeit $t = 0$, N = Anzahl der Kerne zur beliebigen Zeit t.

Die Abnahme von N_0 auf den e-ten Teil geschieht nach einer Zeit $\tau = 1/\lambda$, die die **Lebensdauer** genannt wird. Als **Halbwertszeit**

$$T_{\frac{1}{2}} = \frac{1}{\lambda} \ln 2 \tag{3.3}$$

wird jene Zeit bezeichnet, nach der im Mittel die Hälfte der Substanz umgewandelt wird ($1/2\, N_0 = N_0 e^{-\lambda \cdot T_{\frac{1}{2}}}$). Sie ist charakteristisch für ein radioaktives Element und kann somit zu dessen Identifizierung dienen.

Die natürlichen Radionuklide sind Glieder dreier verschiedener **Zerfallsreihen** ($^{235}_{92}$U-, $^{238}_{92}$U- und $^{232}_{90}$Th-Reihe), die innerhalb einer Reihe durch schrittweise Umwandlung zusammenhängen (Abb. E-4). Das Ausgangsnuklid jeder Reihe zerfällt sehr langsam und ist somit sehr langlebig.

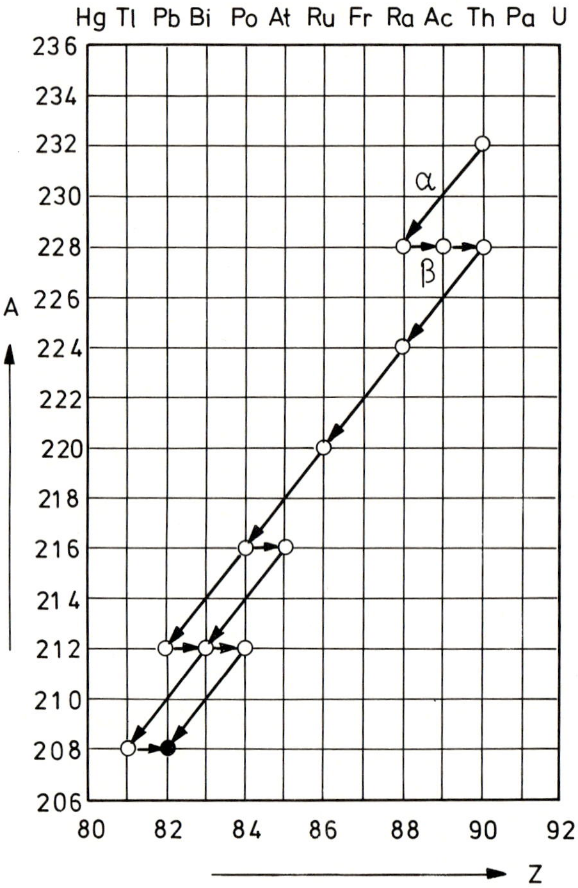

Abb. E-3 Thoriumzerfallsreihe

Das Maß an Strahlungsfähigkeit wird als **Radioaktivität** oder kurz als **Aktivität** bezeichnet. Sie bedeutet die Zahl der Zerfallsakte pro Zeiteinheit. Ihre **Einheit** ist **Bequerel** (Bq, $\hat{=}$ s^{-1}). Die alte Maßeinheit für die Aktivität ist das Curie* (Ci), die durch diejenige Menge eines Radionuklids dargestellt wird, in der die Zahl der Zerfallsvorgänge $3{,}7 \cdot 10^{10}\ s^{-1}$ beträgt.

* Zulässig bis 31.12.1977.

Die **Strahlendosis** ist ein Maß für die Wirkung einer radioaktiven Strahlung auf Materie. Dabei wird zwischen Ionendosis und Energiedosis unterschieden. Die **Ionendosis** I gibt die gesamte elektrische Ladung dQ derjenigen Ionen (eines Vorzeichens) an, die in Luft in einem Volumenelement dV durch die Strahlung direkt oder indirekt gebildet werden

$$I = \frac{dQ}{dm_L} = \frac{dQ}{\varrho_L \cdot dV} \tag{3.4}$$

(dm_L = Massenelement, ϱ_L = Dichte von Luft). Ihre **Einheit** ist **Coulomb pro Kilogramm** (C/kg). Die alte Maßeinheit ist das Röntgen* (R), für die folgende Umrechnung gilt: $1\ \text{R} = 2{,}58 \cdot 10^{-4}\ \text{C/kg}$. Die Ionendosis ist nicht für Neutronenstrahlung gültig.

Die **Energiedosis** D gibt die gesamte Strahlungsenergie dW an, die in einem Material der Masse dm ($= \varrho \cdot dV$) absorbiert wird

$$D = \frac{dW}{dm} = \frac{dW}{\varrho \cdot dV}\,. \tag{3.5}$$

Ihre **Einheit** ist das **Gray** (Gy), das entspricht Joule pro Kilogramm (J/kg). Die alte Maßeinheit ist das Rad* (rd – „radiation-absorbed-dose" –), für die folgende Umrechnung gilt: $1\ \text{rd} = 100\ \text{erg/g} = 10^{-2}\ \text{J/kg}$. Die Energiedosis wird meist indirekt über die Ionendosis ermittelt. Die Umrechnung geschieht durch die Gray-Braggsche Beziehung

$$D = g \cdot I\,. \tag{3.6}$$

Für weiches Gewebe gilt etwa die Äquivalenz $1\ \text{R} \mathrel{\hat{=}} 0{,}96\ \text{rd}$; dagegen für Luft $1\ \text{R} \mathrel{\hat{=}} 0{,}87\ \text{rd}$.

Die unterschiedliche biologische Wirkung von verschiedenen Strahlenarten auf dasselbe biologische System führt zu dem Begriff der **Äquivalentdosis** D_q, die für den Strahlenschutz von Interesse ist. Sie ist das Produkt der Energiedosis D von der betrachteten Strahlenart und eines dimensionslosen (Wirksamkeits-)Faktors q

$$D_q = q \cdot D\,, \tag{3.7}$$

wobei der Faktor q von der Strahlenart wie der Strahlenenergie abhängig ist und durch Erfahrungen bei Bestrahlung eines menschlichen Körpers ermittelt wird. Ihre Einheit ist ebenfalls J/kg, wofür in diesem Fall die Bezeichnung **Sievert** (Sv) verwendet wird. Ausgehend von der alten Energiedosiseinheit Rad wurde die Sonderbezeichnung Rem* (rem: „roentgen-equivalent-man") eingeführt, um die Äquivalenz bezüglich der biologischen Wirkung zu berücksichtigen. Dabei gilt die Umrechnung $1\ \text{rem} = 10^{-2}\ \text{J/kg}$.

Die **Dosisleistung** ist die pro Expositionszeit dt auftretende Dosis. Entsprechend obiger Einteilung gibt es die Ionendosisleistung dI/dt mit der Einheit A/kg und die Energiedosisleistung dD/dt bzw. die Äquivalentdosisleistung dD_q/dt mit der Einheit W/kg. Aus der mit dem Dosimeter gemessenen Dosisleistung und der höchstzulässigen Dosis kann beispielsweise die zulässige Bestrahlungszeit berechnet werden.

4. Wechselwirkung energiereicher Strahlung mit Materie

Energiereiche Strahlung kann im Hinblick auf die Vorgänge bei der Wechselwirkung mit Materie in drei Arten unterschieden werden, nämlich geladene Teilchen-(β-, α-) Strahlung, ungeladene Teilchen-(n-)Strahlung und kurzwellige elektromagnetische (Röntgen-, γ-)Strahlung.

* Zulässig bis 31.12.1977.

Schnelle **geladene Teilchen** treten in Wechselwirkung mit Atomkernen und Hüllenelektronen. Dabei geschehen sowohl elastische wie unelastische Zusammenstöße. β-Teilchen (Elektronen und Positronen) werden im wesentlichen beim Durchgang durch Materie mit Molekülen und Atomen unelastisch zusammenstoßen und diese ionisieren. Die Teilchen verlieren dabei selbst allmählich ihre gesamte kinetische Energie. Daneben gibt es die elastische Streuung an Kernen (Mott-Streuung) und Verluste durch Röntgenbremsstrahlung als eine sehr kurzwellige elektromagnetische Strahlung infolge der Verzögerung eines geladenen Teilchens (vgl. Kap. F. 8, G. 20). Für die Reichweite der Teilchen, die wegen der häufigen Umlenkungen nicht mit der Bahnlänge übereinstimmt, sondern vielmehr einen mittleren, geradlinigen Abstand vom Anfang bis zum weitesten Punkt der Bahn darstellt, erhält man im Festkörper entsprechend den gegebenen Energien und Dichten einige Millimeter (z.B. 2 MeV β-Teilchen in Al 4 mm bzw. in Cu 1 mm).

Für die Abbremsung von **α-Teilchen** sind hauptsächlich Anregung von Hüllenelektronen und Ionisation verantwortlich. Wegen der größeren Masse verläuft ihre Teilchenbahn fast geradlinig, so daß die gesamte Bahnlänge der Reichweite entspricht. In Luft ergeben sich Reichweiten von einigen Zentimetern, in Festkörpern sind sie sehr viel geringer (z.B. $^{210}_{84}$-Po-α-Teilchen mit einer Energie von 5,3 MeV haben eine Reichweite von 3,9 cm in Luft und 0,024 cm in Al).

Die Wechselwirkung von **ungeladenen Neutronen** mit Materie geschieht über Kernkräfte. Langsame bis mittelschnelle Neutronen mit Energien, die kleiner als 1 MeV sind, können dabei elastisch gestreut werden oder vermögen Kernreaktionen (überwiegend vom Typ (n, γ)) und Kernspaltungen einzuleiten. Auf Grund fehlender Coulomb-Wechselwirkung sind die freien Weglängen zwischen zwei elastischen Stößen (in der Größenordnung cm) und mithin die Reichweiten groß im Vergleich zu geladenen Teilchen. Leichte Materialien garantieren eine stärkere Abbremsung wegen der optimalen Energieübertragung. So werden 1 MeV-Neutronen im Mittel etwa nach 18 Stößen in Wasser, aber erst nach 114 Stößen in Kohlenstoff bis auf eine Energie von 0,03 eV abgebremst.

Beim Durchgang von **kurzwelliger elektromagnetischer** Strahlung (γ-Strahlung) sind im wesentlichen drei verschiedene Effekte möglich: der Photoeffekt, der Comptoneffekt und die Paarbildung. Der **Photoeffekt** bedeutet die Absorption von Strahlungsenergie durch die Hüllenelektronen, deren verbleibende kinetische Energie sich nach Abzug ihrer Bindungsenergie berechnet. Die Wahrscheinlichkeit der Absorption ist bis zu einer Strahlenenergie von 200 keV sehr hoch und wächst überproportional mit zunehmender Ordnungszahl der Materialien. Der **Compton-Effekt** bedeutet die elastische Streuung von Quanten an freien Elektronen, wobei Energie und Impuls übertragen werden. Seine Wahrscheinlichkeit ist bei Strahlenenergien zwischen 200 keV und 5 MeV am größten. Die **Paarbildung** geschieht bei Energien, die größer sind als die doppelte Ruheenergie ($2 m_e c_0^2 = 1{,}02$ MeV) eines Elektrons. Aus dem Quant entsteht dabei ein Teilchenpaar, bestehend aus einem Elektron e^- und einem Positron e^+.

Die Intensität I_0 der Strahlung nimmt beim Durchgang durch die Materialschichtdicke d exponentiell auf den Wert I ab

$$I = I_0 \cdot e^{-\mu \cdot d}, \tag{4.1}$$

wobei der Absorptionskoeffizient μ sich additiv aus den einzelnen Komponenten τ für den Photoeffekt, σ für den Compton-Effekt und π für die Paarbildung zusammensetzt:

$$\mu = \tau + \sigma + \pi \,. \tag{4.2}$$

Der Nachweis radioaktiver Strahlung geschieht über deren Wechselwirkung mit Materie. Die Fähigkeit von Elektronen, Protonen und α-Teilchen, beim Eindringen in ein Gas Elektronen und positive Ionen direkt zu erzeugen, wird bei der Ionisationskammer und beim Zählrohr ausgenutzt. An zwei Sammelelektroden, die eine Poten-

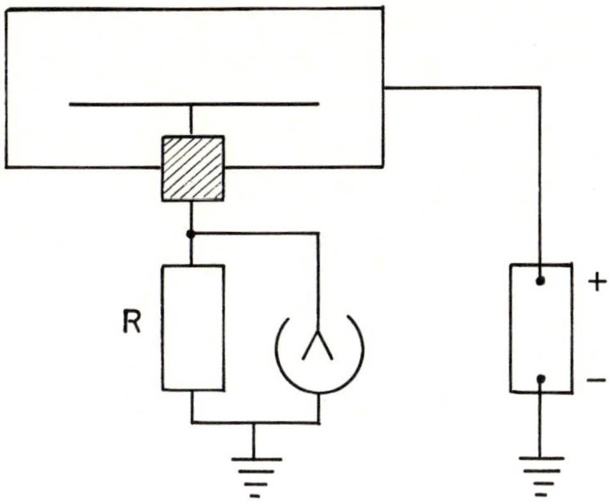

Abb. E-4 Ionisationskammer

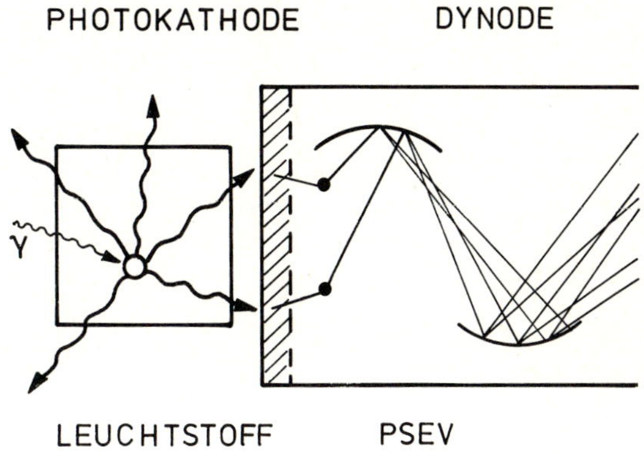

Abb. E-5 Szintillationszähler

tialdifferenz besitzen, kann dabei der Ladungsimpuls abgenommen werden. Die über einen Arbeitswiderstand abfließende Ladung erzeugt einen Spannungsimpuls für jedes ionisierende Teilchen. Bei der **Ionisationskammer** (Abb. E. 5) wird die Spannung zwischen den Sammelelektroden gerade so hoch gewählt, daß alle erzeugten Ionen die Elektroden erreichen, ohne vorher mit den freien Elektronen wieder zu rekombinieren (vgl. auch Kap. D. 17). Die Größe des Ladungsimpulses ist der absorbierten Energie proportional, so daß man zwischen stark (α-Strahlung) und schwach (β-Strahlung) ionisierender Teilchenstrahlung unterscheiden kann. Die Ionisationskammer wird häufig beim Strahlenschutz zur Aktivitätsbestimmung von Standardpräparaten verwendet.

Das **Zählrohr** dient zur Registrierung einzelner energiereicher Teilchen. Dort herrscht ein hohes elektrisches Feld zwischen den Sammelelektroden, von denen die eine oft als Draht in der Mitte einer zylindrischen Kammer ausgebildet ist. Dadurch werden die durch Strahlung primär gebildeten Elektronen zur Anode (Draht) hin beschleunigt. Eine dabei einsetzende Ionisation durch Zusammenstöße mit Gasatomen erzeugt weitere Elektronen und Ionen (vgl. Kap. D. 17), so daß ein verstärkter (10^5-fach) Ladungsimpuls und damit einzelne Teilchen nachgewiesen werden können. Bei nicht zu hohen Feldstärken und vollständiger Abbremsung des ionisierenden Teilchens ist auch hier dessen Energie der Höhe des Spannungsimpulses am Arbeitswiderstand proportional **(Proportionalzähler).** Wird die Spannung an den Elektroden weiter erhöht, so kann auf Grund der anwachsenden Ionenlawinen eine kurzdauernde Gasentladung auftreten. Die Größe des dabei meßbaren Ladungsimpulses ist unabhängig von der Primärionisation und unabhängig von der Art und Energie des Teilchens (**Auslösezähler,** Geiger-Müller-Zählrohr).

Wesentliche Bestandteile des **Szintillationszählers** sind ein geeigneter Leuchstoff (Phosphor) und ein Photosekundärelektronenvervielfacher (PSEV) (Abb. E-6).

Die ionisierende Teilchen- oder γ-Strahlung regt den Leuchtstoff zur Lumineszenz an, wobei die einfallende Energie direkt oder über Sekundärprozesse in Lichtenergie umgewandelt wird. Danach können die auf eine Photokathode einfallenden Photonen infolge des lichtelektrischen Effektes (vgl. Kap. G. 19) Elektronen auslösen. Die Photoelektronen selbst vermögen ebenfalls durch Aufprall auf eine Reihe von Dynoden weitere Sekundärelektronen zu bilden, so daß der an der Kathode auftretende elektrische Impuls sehr hoch verstärkt wird. Als Maß für die Strahlenenergie dient schließlich die Höhe des an einem Arbeitswiderstand hinter der letzten Dynode (Anode) meßbaren Spannungsimpulses.

Das geringe Bremsvermögen der Ionisationskammer gegenüber radioaktiver Strahlung, das die Proportionalität der einfallenden Energie zur Impulshöhe erschwert, wird dadurch umgangen, daß an Stelle der Gasfüllung ein fester Stoff gewählt wird. Bei Verwendung von *n*- und *p*-leitenden Halbleitern erhält man den **Halbleiterzähler** (vgl. Kap. D. 15). Bringt man zwei unterschiedlich dotierte Siliziumhalbleiter zusammen, so wird sich auf Grund der Diffusion freier Elektronen aus dem *n*-Leiter in den *p*-Leiter und eine solche von freien Löchern in umgekehrter Richtung eine Spannungsdifferenz (Diffusionspotential) aufbauen, wodurch die Diffusion beendet wird (Abb. E-7). Beim Eindringen eines energiereichen Teilchens in die Diffusionszone werden freie Elektronen und Löcher durch Ionisation erzeugt. Auf Grund des dort vorhandenen elektrischen Feldes werden die Ladungsträgerpaare auseinander an die Feldgrenze gezogen. Diese Ladungstrennung bewirkt in Richtung eines Sperrstromes einen kurzzeitigen Stromstoß und an einem äußeren Arbeitswiderstand R_a einen entsprechenden Spannungsimpuls ΔV, dessen Höhe ein Maß für die einfallende Energie darstellt.

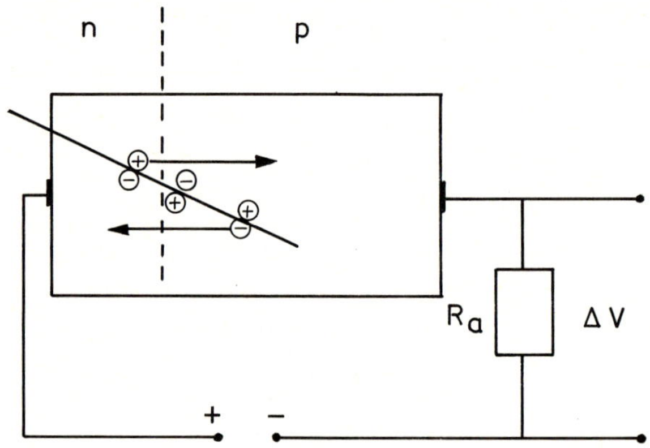

Abb. E-6 Halbleiterzähler

F. Schwingungen und Wellen

1. Mechanische und elektrische Schwinger

Man kann allgemein die Bewegungen einteilen in solche, bei der ein Entfernen von einem festen Ort geschieht, und in jene, bei der der Aufenthalt in der Nähe eines festen Ortes garantiert ist. Letztere Art der Bewegung findet man bei den Schwingungen, wo Systeme in einer bestimmten Umgebung bleiben und um eine Gleichgewichtslage schwingen. Allgemein sind Schwingungen durch eine periodische Zustandsänderung um einen Gleichgewichtszustand herum charakterisiert. Die Abweichung vom Gleichgewichtszustand kann bei den mechanischen Beispielen die Verschiebung von Massen oder deren Geschwindigkeit, bei den elektrischen Beispielen die Stromstärke bzw. Spannung oder das elektrische bzw. magnetische Feld betreffen.

Das **Federpendel** besteht aus einer elastischen Schraubenfeder, an deren unterem Ende ein Körper befestigt ist (Abb. F-1a). Ohne äußere Einwirkung befindet sich die Anordnung in Ruhe und der Körper in einer durch die Federkraft (vgl. Kap. B.5) und Schwerkraft gegebenen Gleichgewichtslage (G). Wenn der Körper beispielsweise nach unten ausgelenkt wird (A), sucht die Federkraft ihn nach oben zu ziehen. Beim Loslassen wird der Körper deshalb nach oben solange beschleunigt, bis er in der Lage G seine maximale Geschwindigkeit erreicht. Danach bewegt er sich infolge der Trägheit weiter nach oben, wodurch sich die Feder zu verkürzen beginnt und nun eine Kraft nach unten wirkt. Es tritt deshalb eine Verzögerung des Körpers auf, bis er zum Stillstand gekommen ist (B) und die Kraft ihren größten Wert erreicht hat. Schließlich wird der Körper wieder nach unten beschleunigt und der Bewegungsablauf wiederholt sich in umgekehrter Richtung, wobei das System Schwingungen vollführt.

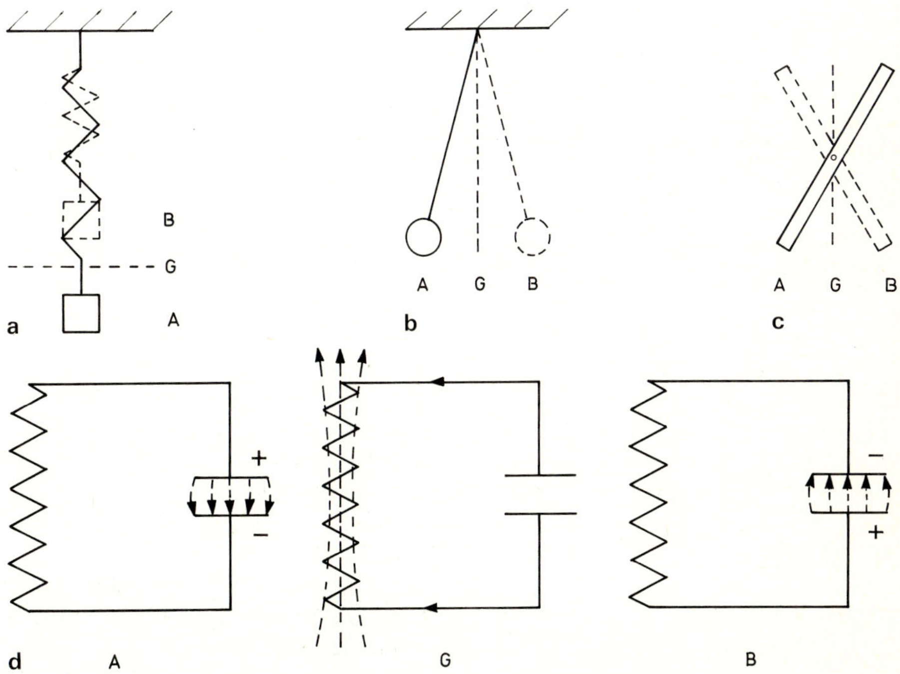

Abb. F-1 Mechanische und elektrische Schwinger; Federpendel (*a*), Fadenpendel (*b*), Drehpendel (*c*) und elektrischer Schwingkreis (*d*). *A*, *B* = Umkehrsituation, *G* = Gleichgewichtssituation.

Ein weiterer mechanischer Schwinger ist das **Fadenpendel** (Abb. F-1b), bei dem ein Körper an einem Faden aufgehängt ist. Wenn man den Körper bei gespanntem Faden um einen bestimmten Winkel auslenkt (A) und losläßt, beschleunigt die Schwerkraft (bzw. deren Komponente tangential zur Kreisbahn) den Körper zur Gleichgewichtslage G hin, die er, wie beim Federpendel, infolge seiner Trägheit mit maximaler Geschwindigkeit passiert. Beim Erreichen der Lage B, wo der Körper infolge der nun verzögernd wirkenden Schwerkraft zum Stillstand kommt, geschieht der Bewegungsablauf wieder in umgekehrter Richtung (vgl. Kap. B. 3).

Beim **Drehpendel** schließlich hängt ein Körper an einem Draht, der verdreht werden kann (Abb. F-1c). Hier ist es ein Drehmoment, das den Körper nach dem Verdrehen in Lage A wieder in die Gleichgewichtslage G zurückzudrehen sucht. Es tritt deshalb nach dem Loslassen eine Winkelbeschleunigung auf, die dem Körper beim Durchgang durch die Gleichgewichtslage eine maximale Winkelgeschwindigkeit erteilt (vgl. Kap. B. 12). Die Umkehrlage B wird schließlich durch die verzögernde Wirkung des verdrehten Drahtes auf die Drehbewegung erreicht und das System ist schwingungsfähig.

Das elektrische Analogon zu den mechanischen Schwingern ist der **Schwingkreis**, der elektrische Schwingungen vollziehen kann. Er besteht im einfachsten Fall aus einer Spule und einem in Reihe geschalteten Kondensator (Abb. F-1d). Geht man vom geladenen Kondensator aus (A), entsprechend dem Auslenken z.B. des Federpendels, wird die Potentialdifferenz zwischen dessen leitend verbundenen Platten den Ladungsunterschied auszugleichen suchen. Während der Entladung des Kondensators wächst der Strom langsam an, infolge einer Induktionsspannung in der Spule, die der ursprünglichen Potentialdifferenz entgegengerichtet ist. Beim Erreichen des maximalen Stromwertes in der Gleichgewichtssituation G verschwindet die Potentialdifferenz zwischen den Kondensatorplatten und das magnetische Feld in der Spule erreicht seinen größten Wert. Danach fließt der Strom in der ursprünglichen Richtung weiter, was durch die Selbstinduktion verursacht wird. Diese Art Trägheit der Elektrizität führt dazu, daß der Kondensator wieder aufgeladen wird, also erneut eine Potentialdifferenz entsteht mit jedoch zur Situation A umgekehrter Polarität. Schließlich verschwindet der Strom infolge dieser zunehmenden Potentialdifferenz, um aus dieser Endsituation B wieder in umgekehrter Richtung in die Ausgangssituation A zurückzuschwingen.

Die mechanischen Schwinger besitzen maximale **potentielle Energie** gerade dort, wo die **kinetische Energie** verschwindet, also in den Ruhe- oder Umkehrsituationen A und B. In der Gleichgewichtssituation G sinkt die potentielle Energie auf ihren kleinsten Wert, während die Geschwindigkeit und damit die kinetische Energie dort maximal sind. Der Schwingungsvorgang von A nach B über G bedeutet demnach eine Umwandlung von potentieller Energie in kinetische Energie und wieder zurück in potentielle Energie, wobei die Zunahme der einen Energieart auf Kosten der anderen stattfindet, d.h. der Energieerhaltungssatz im abgeschlossenen System

$$W_{\text{pot}} + W_{\text{kin}} = \text{const.}$$

erfüllt bleibt.

Beim elektrischen Schwingkreis gilt die analoge Bilanz bezüglich der **elektrischen** und **magnetischen Energie.** Die Situationsänderung von A nach G bedeutet eine Umsetzung der im Kondensator aufgespeicherten elektrischen Energie in magnetische Energie, die auf Grund des Stromflusses im Feld der Spule aufgespeichert wird. Beim darauffolgenden Übergang zur Situation B geschieht eine Abnahme der magnetischen Energie zugunsten der erneuten Zunahme der elektrischen Energie, die auf Grund der anwachsenden Spannung am Kondensator in Situation B wieder ihren maximalen Wert erreicht. Auch hier ist die Summe der beiden Energiearten in jeder Situation während der Schwingung konstant.

Diese einfache Energiebilanz ist nur streng gültig, wenn der **Ohmsche Widerstand** verschwindet. Im realen Fall besitzt ein Stromkreis bereits auf Grund des Vorhandenseins der Spule einen endlichen Widerstand, der Ursache für das Auftreten einer weiteren Energieform ist, nämlich der **Jouleschen Wärme** (vgl. Kap. D. 14). Die Wärmeentwicklung geschieht gemäß der Energieerhaltung auf Kosten der elektrischen und magnetischen Energie, die deshalb zeitlich abnehmen. Diese zeitliche Abnahme verursacht ebenfalls eine zeitliche Abnahme der maximalen Stromstärken in Situation G und maximalen Spannungen in den Situationen A und B, was als **Dämpfung** bezeichnet wird.

Eine Dämpfung tritt auch bei den mechanischen Schwingungen auf infolge der Zunahme von **Wärmeenergie** durch **Reibung.** Die gesamte mechanische Energie verkleinert sich somit und die Schwingungsweiten und Geschwindigkeiten nehmen zeitlich ab. Die Abnahme der mechanischen Energie bzw. der elektromagnetischen Energie, die durch die Größe der Geschwindigkeit bzw. der Stromstärke bestimmt wird, erfolgt nicht gleichmäßig, sondern erreicht bei der Situation G, wo maximale Geschwindigkeit bzw. Stromstärke auftritt, ihren größten Wert.

Die Zeitdauer einer Hin- und Herbewegung, also die Zeitdauer, bis ausgehend von der Situation A diese wieder erreicht wird, bezeichnet man bei der ungedämpften Schwingung als **Eigenschwingungsdauer** T, deren Einheit die Sekunde (s) ist. Die entsprechende **Eigenfrequenz** ν ist nach Kap. B. 2 als die dazu reziproke Größe

$$\nu = \frac{1}{T} \tag{1.1}$$

definiert. Ihre **Einheit** ist **1 Hertz** (Hz) $= 1\,\mathrm{s}^{-1}$. Beispielsweise wird ein periodischer Vorgang mit der Eigenfrequenz von 50 Hz demnach in einer Sekunde 100mal die Situation G und 50mal die Situation A oder B einnehmen.

2. Ungedämpfte und gedämpfte Schwingung

Die mathematische Darstellung der Schwingung geht von der **Bewegungsgleichung** aus. Sie bedeutet z. B. für den Fall des Federpendels mit der Masse m und der Auslenkung um die Strecke x die Gleichheit des Produktes von Masse m und Beschleunigung d^2x/dt^2 mit der Summe aller auftretenden Kräfte F

$$m\frac{d^2x}{dt^2} = F\,, \tag{2.1}$$

wobei im einfachsten Fall, nämlich beim harmonischen ungedämpften Oszillator, nur eine rücktreibende Kraft F_r auftritt, die der Auslenkung x proportional ist (lineares Kraftgesetz)

$$F_r = -Dx\,, \tag{2.2}$$

mit der Federkonstanten D (vgl. Kap. B. 5). Gl. (2.2) eingesetzt in (2.1) ergibt die Bewegungsgleichung

$$m\frac{d^2x}{dt^2} = -D\cdot x\,, \tag{2.3}$$

deren Unbekannte x den zeitlichen Ortsablauf der Masse m beschreibt. Bei den elektrischen Schwingungen erhält man analog dazu eine Gleichung, deren Lösung die Stromstärke oder Spannung als Funktion der Zeit beschreibt.

Die Lösung der Gl. (2.3) lautet

$$x(t) = A\cdot\cos(\omega t + \varphi_0)\,, \quad \text{mit} \quad \omega = 2\pi\cdot\nu = \sqrt{D/m}\,. \tag{2.4}$$

Im Falle des elektrischen Schwingkreises erhält man

$$\omega = \frac{1}{\sqrt{L \cdot C}} \quad \text{(Thomsonsche Schwingungsformel),}$$

woraus sich die Eigenfrequenz

$$\nu = \frac{1}{2\pi \cdot \sqrt{L \cdot C}}$$

errechnet. Dies ist genau jene Frequenz, bei der im Serien-Wechselstromkreis die Impedanz ein Minimum bzw. der Strom ein Maximum erreicht (s. Kap. D. 13).

Da der Kosinus dem Betrage nach maximal den Wert Eins annehmen kann, bedeutet A die maximale Auslenkung oder **Amplitude** der Schwingung. Sie wird in ihrer Größe durch die vorhandene Gesamtenergie festgelegt. Der Momentanwert der Auslenkung zu irgendeinem beliebigen Zeitpunkt liegt zwischen $-A$ und $+A$. Die durch die Bewegungsgleichung bestimmte **Kreisfrequenz** ω (vgl. Kap. B. 3) ist die Zahl der in 2π Sekunden ausgeführten Schwingungen. Das Argument $(\omega t + \varphi_0)$ in der Kosinusfunktion ist die **Phase** der Schwingung, die als lineare Funktion der Zeit die Änderung der Auslenkung bestimmt. φ_0 bedeutet die **Phasenverschiebung,** die den Verhältnissen zu Beginn der Schwingung Rechnung trägt. Als Anfangsbedingung kann ein beliebiger Ausgangsort $x_0 = A \cos \varphi_0$ für die Masse gewählt werden.

Abb. F-2 zeigt den zeitlichen Ortsverlauf bei einer ungedämpften harmonischen Schwingung, z. B. der Masse beim Federpendel, gemäß Gleichung (2.4). Die Periodizität der Kosinusfunktion mit dem Wert 2π bewirkt, daß jeweils nach Fortschreiten der Phase um den Wert 2π eine Wiederholung der Ausgangssituation geschieht. Damit erhält man die Bedingung für die Schwingungsdauer T

$$\omega \cdot T = 2\pi \quad \text{oder}$$

$$\omega = \frac{2\pi}{T} \quad \text{bzw.} \quad \omega = 2\pi \cdot \nu \ . \qquad (2.5)$$

Die Einheit der Kreisfrequenz ist s^{-1}.

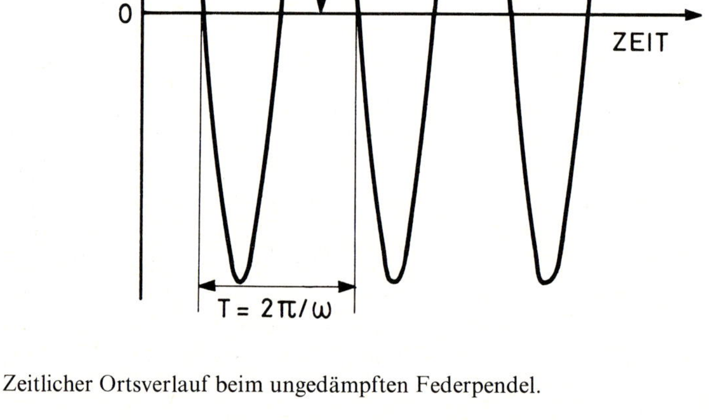

Abb. F-2 Zeitlicher Ortsverlauf beim ungedämpften Federpendel.

Bei Berücksichtigung der Reibung, wie es den realen Verhältnissen entspricht, wird zusätzlich eine Kraft der Bewegung entgegenwirken, die man der Geschwindigkeit dx/dt proportional setzt (vgl. Kap. B. 7). Die Bewegungsgleichung (2.3) wird demnach erweitert zu

$$m \frac{d^2 x}{dt^2} = -R \cdot \frac{dx}{dt} - D \cdot x\,, \tag{2.6}$$

mit der Proportionalitätskonstanten R als Maß für die Reibung. Damit wird die harmonische Schwingung gedämpft und man erhält bei nicht zu starker Reibung **(Schwingfall)** als Lösung von Gl. (2.6) für den zeitlichen Ortsverlauf

$$x(t) = A \cdot e^{-\frac{R}{2m}\cdot t} \cdot \cos\left(\sqrt{\frac{D}{m} - \frac{R^2}{4m^2}} \cdot t + \varphi_0\right), \tag{2.7}$$

der in Abb. F-3 dargestellt ist. $\frac{R}{2m}$ nennt man den **Dämpfungsfaktor.**

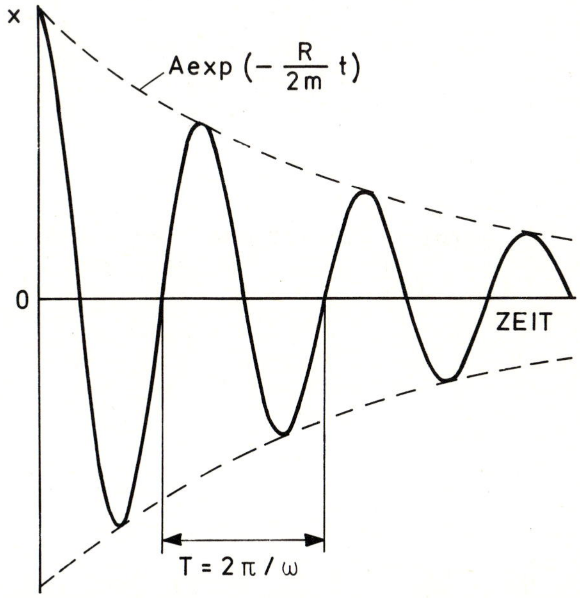

Abb. F-3 Zeitlicher Ortsverlauf beim gedämpften Federpendel (geringe Dämpfung).

Mit fortschreitender Zeit ist nun gemäß der Exponentialfunktion eine Abnahme der maximalen Auslenkung verbunden. Die Kreisfrequenz

$$\omega = \sqrt{\frac{D}{m} - \frac{R^2}{4m^2}} \tag{2.8}$$

ist im Vergleich zu der der ungedämpften Schwingung um einen von der Dämpfung abhängigen Wert kleiner geworden. Für den Fall, daß bei zunehmender Reibung oder abnehmender Federkonstante die Kreisfrequenz gerade verschwindet ($\omega = 0$), tritt keine Schwingung mehr auf und die Masse kehrt in kürzester Zeit von einer vorgegebenen Auslenkung in die Gleichgewichtslage zurück **(aperiodischer Grenzfall).** Bei weiterer Zunahme der Dämpfung wird der Wert der Kreisfrequenz imaginär, was ebenfalls keine Schwingung, sondern ein nun noch langsameres Zurückkehren in die Gleichgewichtslage zur Folge hat **(Kriechfall).**

In der Natur ist eine freie Schwingung jedweder Art ohne Energieverlust und der damit verknüpften Dämpfung nicht denkbar. Um das mehr oder weniger rasche Abklingen zu vermeiden, müssen die Verluste von einem Energiespeicher periodisch ausgeglichen werden. Beim mechanischen Schwingkreis (z. B. Uhrenpendel), wird die Rolle des Energiespeichers von der gespannten Feder oder dem angehobenen Gewicht übernommen, während beim elektrischen Schwingkreis die Verstärkerwirkung von Elektronenröhren bzw. Transistoren zur Entdämpfung herangezogen wird. Darüber hinaus gilt die Forderung, daß die Energiezufuhr in einer geeigneten Phasensituation und mit der Periodizität der Schwingung erfolgt. Eine kontrollierte Steuerung der Energiebilanz gelingt deshalb am einfachsten durch das schwingende System selbst, was als **Rückkopplung** bezeichnet wird.

Beim Vergleich der Energien zweier Schwingungen mit den Werten W_1 und W_2 wird das zehnfache des dekadischen Logarithmus vom Verhältnis angegeben

$$a = 10 \lg \frac{W_1}{W_2} \quad . \tag{2.9}$$

Dieser Wert, das sogenannte **Pegelmaß,** ist keine physikalische Größe, sondern eine reine Zahl, die in Zusammenhang mit dem Namen Dezibel (dB) genannt wird, um an Definition (2.9) zu erinnern.

Bei der harmonischen Schwingung ist die Energie dem Quadrat der Amplitude proportional, so daß das Pegelmaß auch aus dem Quadrat des Amplitudenverhältnisses bestimmt werden kann. Nachdem die Dämpfung maßgebend für die Amplitudenverhältnisse ist, wird umgekehrt durch das Pegelmaß die Größe der Dämpfung beschrieben.

3. Erzwungene Schwingung

Wird ein schwingungsfähiges System periodisch angeregt, so entsteht eine **erzwungene Schwingung.** Die Anregung kann bei mechanischen Systemen durch periodische Kräfte oder Drehmomente und bei elektrischen Systemen durch periodische Wechselspannungen geschehen. Beim harmonischen Federpendel z. B. tritt in der Bewegungsgleichung diese mit der Frequenz ω_f periodisch sich ändernde Kraft F_f additiv hinzu

$$m \frac{d^2 x}{dt^2} = -R \cdot \frac{dx}{dt} - D \cdot x + F_f \cos \omega_f t. \tag{3.1}$$

Läßt man **Einschwingvorgänge** als Folge der Überlagerung von Eigenschwingung und erzwungener Schwingung unberücksichtigt, indem man genügend lange wartet, dann erhält man als Lösung für den zeitlichen Ortsverlauf

$$x(t) = A \cdot \cos(\omega_f t + \varphi) \quad , \tag{3.2}$$

wobei die Amplitude A noch von der anregenden Frequenz abhängig ist

$$A = \frac{F_f / m}{\sqrt{(\omega_0^2 - \omega_f^2)^2 + \frac{R^2}{m^2} \cdot \omega_f^2}} \quad , \tag{3.3}$$

mit der Eigenfrequenz ω_0 des ungedämpften Systems.

Die erzwungene Schwingung (Resonator) ist demnach harmonisch und besitzt dieselbe Kreisfrequenz wie die periodische Störung.

Sie ist jedoch um den Phasenunterschied φ gegen diese verschoben. Abb. F-4 zeigt den Verlauf der maximalen Auslenkung A in Abhängigkeit von der Erregerfrequenz ω_f gemäß Gl. (3.3). Diejenige Frequenz, die die größtmögliche Auslenkung zur Folge hat,

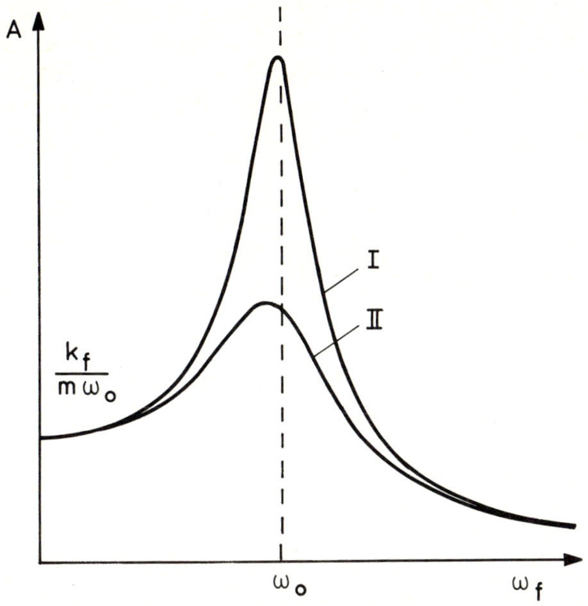

Abb. F-4 Verlauf der maximalen Auslenkung A bei der erzwungenen (schwach gedämpften) Schwingung in Abhängigkeit von der Erregerfrequenz ω_f. Schwingung II ist stärker gedämpft als I. (ω_0 = Eigenfrequenz der ungedämpften Schwingung).

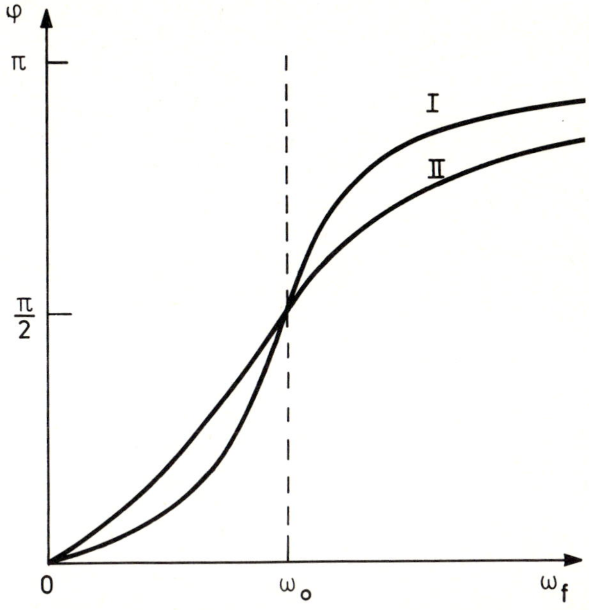

Abb. F-5 Phasenverschiebung φ zwischen angeregter und Erregerschwingung in Abhängigkeit von der Erregerfrequenz ω_f. Schwingung II stärker gedämpft als I. (ω_0 = Eigenfrequenz der ungedämpften Schwingung).

wird als **Resonanzfrequenz** ω_f bezeichnet. Sie liegt mit abnehmend starker Dämpfung näher bei der Eigenfrequenz ω_0. Mit wachsender Erregerfrequenz nimmt schließlich die maximale Amplitude ab und verschwindet asymptotisch.

Die **Phasenverschiebung** φ zeigt ebenfalls eine Abhängigkeit von der Erregerfrequenz, wie sie in Abb. F-5 dargestellt ist. Bei kleinen Erregerfrequenzen sind demnach der Resonator und der Erreger nahezu in Phase. Das bedeutet, daß z. B. deren maximale Auslenkung zu beinahe gleichen Zeiten geschieht. Bei höheren Erregerfrequenzen nähert sich die Phasendifferenz dem Wert π, wodurch nahezu gegenphasiges Verhalten von Erreger und Resonator auftritt. Unabhängig von der Größe der Dämpfung tritt stets bei Gleichheit von Erregerfrequenz ω_f und Eigenfrequenz ω_0 eine Phasenverschiebung von $\pi/2$ auf. Dort nimmt der Erreger beispielsweise die Gleichgewichtssituation G mit maximaler kinetischer Energie in dem Zeitpunkt ein, wo sich der Resonator in einer der Umkehrsituationen A oder B (Abb. F-1) mit maximaler potentieller Energie befindet, so daß bei dieser Phasenverschiebung die maximale Energie vom Erreger auf den Resonator übertragen wird.

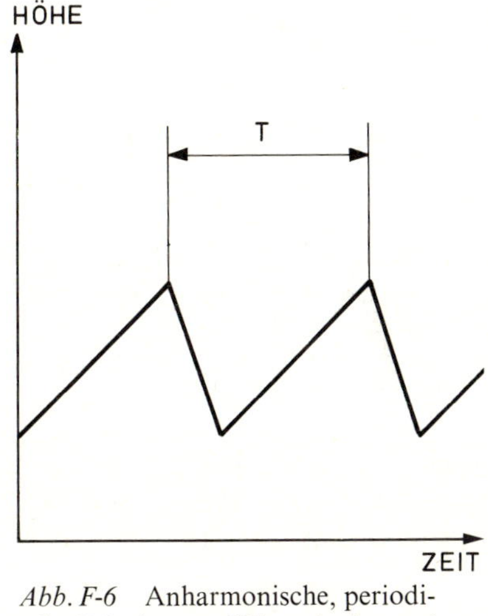

Abb. F-6 Anharmonische, periodische Schwingung (Kippschwingung) der Höhe eines Wasserspiegels.

4. Anharmonische, periodische Vorgänge

Außer den harmonischen Schwingungen, deren zeitlicher Ortsverlauf durch eine Sinus- oder Cosinusfunktion dargestellt werden kann, gibt es periodische Vorgänge, deren Ablauf nicht sinusförmig geschieht. Als Beispiel einer solchen sogenannten **anharmonischen Schwingung** sei die **Kippschwingung** erwähnt, die man durch ein mechanisches Modell verwirklichen kann. Ein Wasserbehälter erhält einen geringen Zufluß von Wasser, so daß der Wasserspiegel langsam ansteigt. Er steigt jedoch nur so lange, bis das Ausflußrohr, das u-förmig nach oben gekrümmt ist, aufgefüllt ist. Danach wirkt das Ausflußrohr als Saugheber (Kap. B. 16), wodurch sich das Gefäß sehr rasch entleert. Verfolgt man die Höhe des Flüssigkeitsspiegels als Funktion der Zeit, so erhält man als anharmonische Schwingung einen sägezahnförmigen Verlauf (Abb. F-6).

Beim künstlichen Herzschrittmacher liefern Reizelektroden rhythmische Spannungsstöße, die ebenfalls nicht harmonisch ablaufen. Ein musikalischer Ton erzeugt Luftdruckschwankungen, deren zeitliche Änderung einen periodischen, anharmonischen Zusammenhang zeigt. Das Elektrokardiogramm, das die Änderung der elektrischen Potentialdifferenz zwischen zwei Punkten auf der Körperoberfläche zeitlich aufzeichnet (vgl. Kap. D.4), besteht aus verschiedenen intensiven Maxima (P-, T-Zacke; Q, R, S-Komplex), die nicht sinusförmig verlaufen, jedoch periodisch wiederkehren.

Schließlich sei der **Einschwingvorgang** zu Beginn der erzwungenen Schwingung erwähnt. Dort wird der anharmonische Verlauf durch die Überlagerung der harmonischen Schwingung des gedämpften, freien Schwingers und der Schwingung des Erregers verursacht. Daran erkennt man, daß anharmonische, periodische Schwingungen durch Überlagerung von harmonischen Schwingungen mit jedoch unterschiedlichen Frequenzen erzeugt werden können.
Als Folge der **Überlagerung** (Superposition) erhält man z.B. für die Beschreibung des zeitlichen Ortsverlaufs x die Form

$$x(t) = A(t) \cdot \cos(\omega t + \varphi(t)). \tag{4.1}$$

Eine solche Schwingung heißt **amplitudenmoduliert,** falls $\varphi = \text{const.}$, und **frequenz-** oder **phasenmoduliert,** falls $A = \text{const.}$

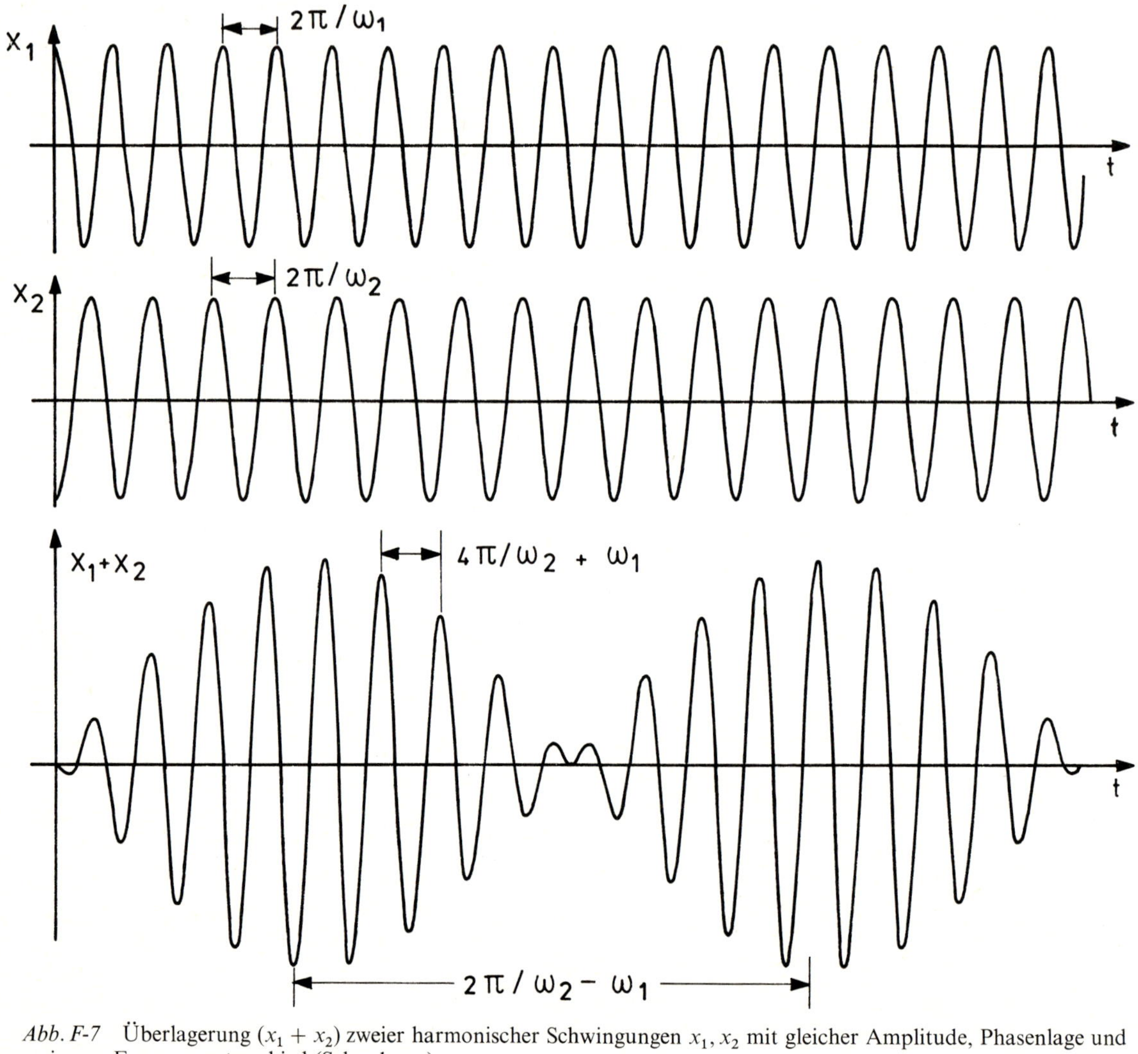

Abb. F-7 Überlagerung $(x_1 + x_2)$ zweier harmonischer Schwingungen x_1, x_2 mit gleicher Amplitude, Phasenlage und geringem Frequenzunterschied (Schwebung).

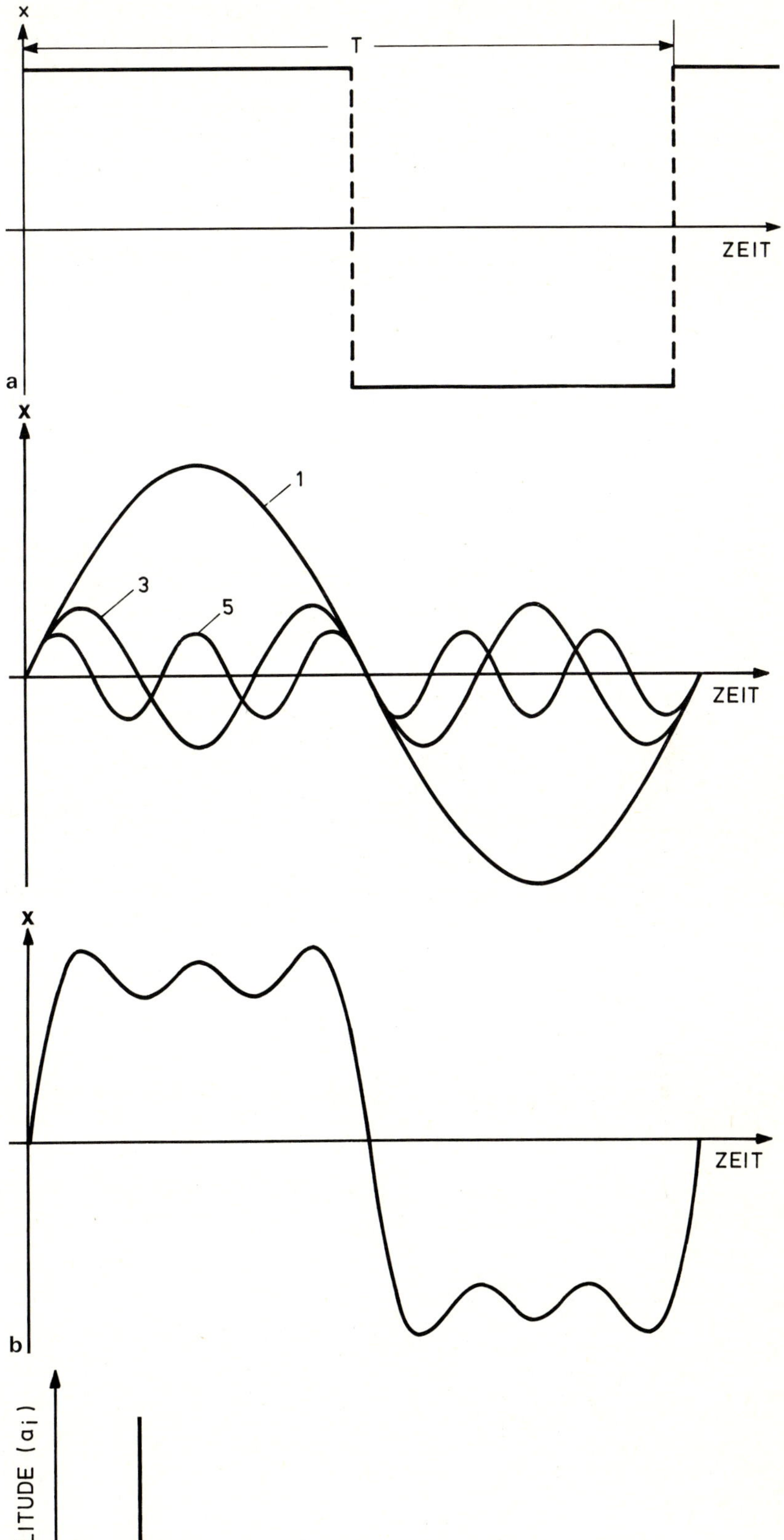

Abb. F-8 *a*) Anharmonisch, periodischer Vorgang (Rechteckfunktion); *b*) Harmonische Analyse der Rechteckfunktion; Darstellung der 1., 3. und 5. Grundschwingung und deren Überlagerung; *c*) Relatives Spektrum der periodischen Rechteckfunktion mit der Grundfrequenz ν ($b_i = 0$).

Ein Beispiel für eine Modulation ist die **Schwebung.** Mit den vereinfachenden Voraussetzungen, daß sowohl die Amplitude A wie die Phasenlage zweier additiv zu überlagernder Schwingungen mit den Frequenzen ω_1 und ω_2 gleich sind, erhält man

$$x(t) = 2A \cdot \cos \frac{\omega_2 - \omega_1}{2} t \cdot \cos \frac{\omega_2 + \omega_1}{2} t. \tag{4.2}$$

Wenn die Frequenzen ω_1 und ω_2 nur wenig voneinander abweichen, bekommt man für die Differenz der beiden Frequenzen einen sehr kleinen Wert und mithin eine sehr große Periodendauer, wohingegen die halbe Summe $(\omega_1 + \omega_2)/2$ in etwa in der Größenordnung der ursprünglichen Frequenzen liegt. Die Amplitude ändert sich demnach periodisch mit der relativ kleinen Frequenz $(\omega_2 - \omega_1)/2$, der sog. **Schwebungsfrequenz** (Abb. F-7). Sie gibt die Zahl der Schwebungen in der Zeiteinheit an und ist um so kleiner, je weniger sich die beiden Frequenzen ω_1, ω_2 unterscheiden.

Anharmonische periodische Schwingungen können grundsätzlich in harmonische Schwingungen zerlegt werden.

Diese Teilschwingungen besitzen Frequenzen, die ganzzahlige Vielfache der Frequenz der anharmonischen Schwingung, der sogenannten **Grundfrequenz,** sind. Allgemein kann man demnach den zeitlichen Verlauf einer Größe x durch die **Fourier-Reihe** als Summe von 1. Grundschwingung, 2. Grundschwingung usw. beschreiben

$$x(t) = \frac{a_0}{2} + \sum_{n=1}^{\infty} (a_n \cdot \sin n\omega t + b_n \cdot \cos n\omega t). \tag{4.3}$$

Die Koeffizienten a_i, b_i, die sogenannten **Fourier-Koeffizienten,** sind ein Maß dafür, wie intensiv die dazugehörige harmonische Schwingung an der Überlagerung beteiligt ist. Die Suche nach den unbekannten Fourier-Koeffizienten bei einer vorgegebenen anharmonischen Schwingung wird als **harmonische Analyse** bezeichnet. Trägt man den Wert der Koeffizienten über die dazugehörigen Grundfrequenzen auf, so erhält man das sogenannte Spektrum der Schwingung, das im Falle eines periodischen Vorganges einzelne Linien aufweist (Abb. F-8). Bei einem aperiodischen oder auch gedämpften Vorgang erhält man in der Zerlegung ein kontinuierliches Spektrum.

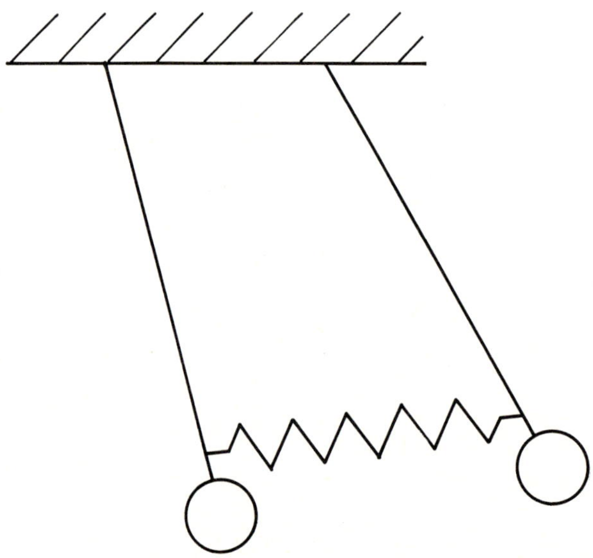

Abb. F-9 Gekoppelte Pendel

5. Gekoppelte Schwinger

Wenn schwingungsfähige Systeme irgendeine Wechselwirkung aufeinander ausüben, so spricht man von **gekoppelten Schwingern.** Der einfachste Fall bei mechanischen Schwingungen wird z.B. durch zwei gleich lange Fadenpendel realisiert, die miteinander durch eine Kopplungsfeder verbunden sind (Abb. F-9). Die Schwingungen des einen Pendels werden dabei auf das andere übertragen. Im Gegensatz zur erzwungenen Schwingung ist der Energievorrat vorgegeben, so daß die Amplitude des einen Pendels nur auf Kosten der des anderen Pendels wachsen kann. Die Energie wird also von einem zum anderen Pendel übertragen und die einzelnen Schwingungsvorgänge können als Schwebungen betrachtet werden.

Daneben gibt es zwei Schwingungsformen, wo keine Schwebung und demnach keine Energieübertragung stattfindet:

a) Die Pendel schwingen in Phase mit gleicher Auslenkung.

b) Die Pendel schwingen gegenphasig (Phasenverschiebung $= \pi$) mit ebenfalls gleicher Amplitude.

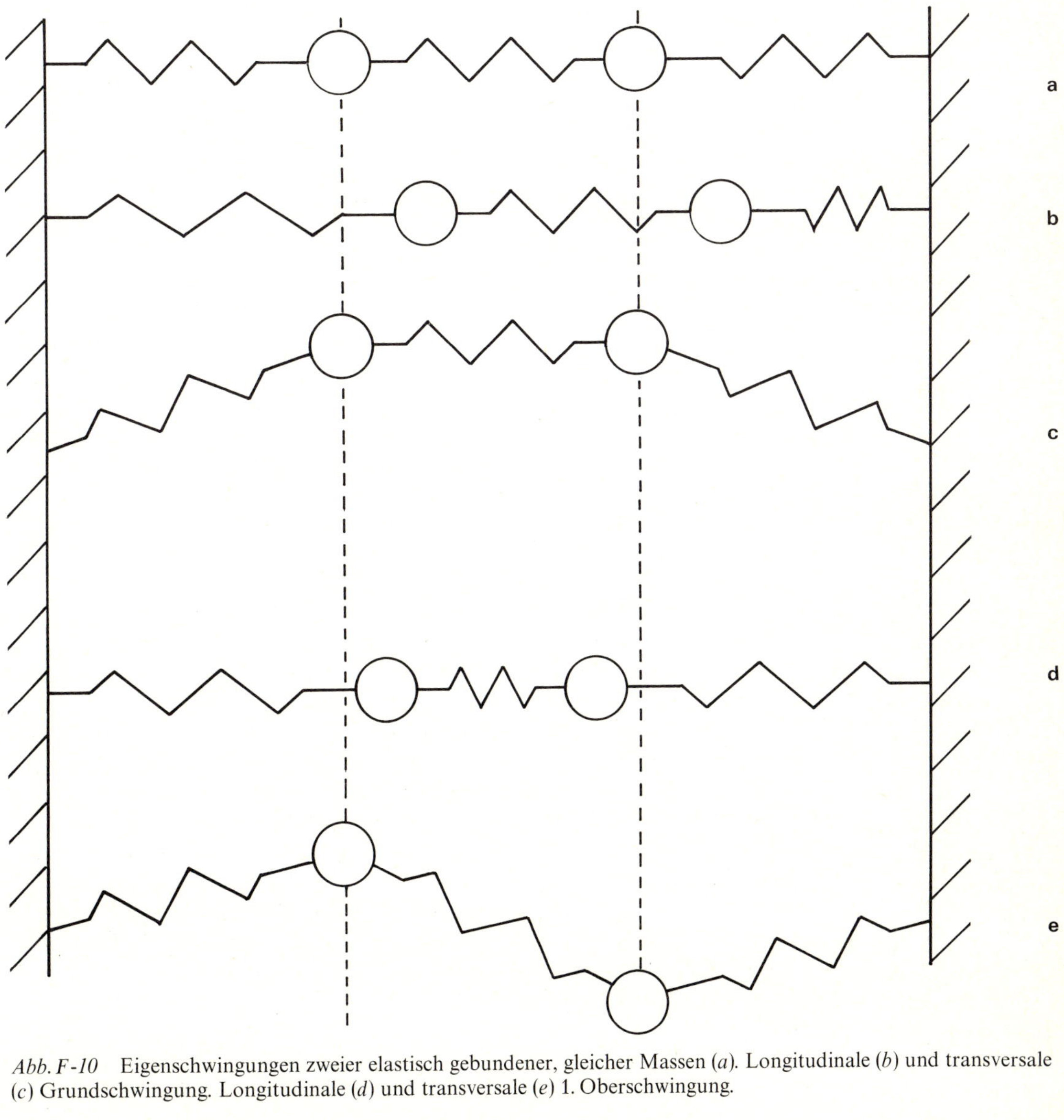

Abb. F-10 Eigenschwingungen zweier elastisch gebundener, gleicher Massen (*a*). Longitudinale (*b*) und transversale (*c*) Grundschwingung. Longitudinale (*d*) und transversale (*e*) 1. Oberschwingung.

Um die möglichen Schwingungsformen deformierbarer Körper besser untersuchen zu können, geht man z.B. von elastisch gebundenen Massen aus. Bei zwei gleichen Massen (Abb. F-10a) ergibt sich die Möglichkeit von longitudinalen Schwingungen (Abb. F-10b u. d), also in Richtung der Feder, und dazu senkrechten transversalen Schwingungen (Abb. F-10c u. e). Bei beiden Schwingungsformen gibt es in diesem besonderen Beispiel Schwingungen mit zwei verschiedenen Frequenzen:

a) Die Massen schwingen gleichphasig in der sogenannten **Grundschwingung** oder **1. Eigenschwingung** (Abb. F-10b u. c).

b) Die Massen schwingen gegenphasig in der sogenannten **1. Oberschwingung** oder **2. Eigenschwingung** (Abb. F-10d u. e).

Charakteristisch für **Eigenschwingungen** ist demnach die zeitliche Konstanz der Amplitude und die Gleichheit der Frequenz bezüglich der Schwingungen einzelner Massen.

Bei drei gekoppelten Massen erhält man drei mögliche Eigenschwingungen. Entsprechend erhält man bei einem ausgedehnten Körper im Sinne des obigen Modells so viele Eigenschwingungen, wie für seinen Zusammenhalt verantwortliche elementare Bausteine (Atome) vorhanden sind (vgl. Kap. B. 13, Abb. B-48).

Die Grundschwingung z.B. einer schwingenden Saite zeigt ein Maximum der Auslenkung in der Mitte (Schwingungsbauch), während die Auslenkung jeweils an den eingespannten Enden verschwindet (Schwingungsknoten). Die n-te Oberschwingung hat dann entsprechend n Schwingungsknoten zwischen den Enden. Die Frequenzen der Oberschwingungen, mit denen die Massenelemente auf der Saite schwingen, stehen im Verhältnis ganzer Zahlen, was als harmonisches Frequenzspektrum bezeichnet wird.

6. Wellen

Eine Schwingung bedeutet eine periodische zeitliche Änderung einer Störung (d.h. einer Abweichung von einem Gleichgewichtszustand), wie z.B. einer mechanischen Auslenkung. Steht das schwingende System in Wechselwirkung mit weiteren schwingungsfähigen Systemen, wird die Störung auf diese übertragen (vgl. auch Kap. F. 5) und pflanzt sich infolgedessen im Laufe der Zeit räumlich fort; man spricht dann von einer **Welle.** Die Ausbreitung von Schwingungen erzeugt demnach die Welle. Im Beispiel des mechanisch aus der Gleichgewichtslage entfernten Teilchens müssen dabei auch räumlich benachbarte Teilchen von dieser Störung erfaßt und mithin nach einer gewissen zeitlichen Verzögerung ebenfalls aus ihrer Gleichgewichtslage entfernt werden, um eine Welle entstehen zu lassen.

Die Störung pflanzt sich bei einer Welle in einem offenen System nach allen Richtungen mit einer bestimmten **Ausbreitungsgeschwindigkeit** fort.

Falls die Störung im ursprünglichen Zentrum beispielsweise eine harmonische Schwingung eines Teilchens um seine Gleichgewichtslage mit der Schwingungsdauer $T = 1/\nu$ darstellt, dann werden bei einer Welle die benachbarten, gekoppelten Teilchen mit derselben Frequenz ν harmonisch schwingen. Die zeitliche Verzögerung bis zum Eintreffen der Störung an benachbarten Teilchen verursacht nun, daß sich dort die Schwingung in einer anderen Phase befindet. Das bedeutet, daß die Wellenform durch den gesetzmäßigen Zusammenhang der Schwingungsphasen erzeugt wird (Abb. F-11). Es gibt in regelmäßigen räumlichen Abständen Teilchen, die in ihrer Schwingungsphase übereinstimmen, also zu einem beliebigen Zeitpunkt die gleiche Auslenkung in Richtung und Betrag vollführen. Die kleinste räumliche Entfernung solcher Teilchen (z.B. Teilchen in Lage A und B von Abb. F-11) nennt man die **Wellenlänge** λ. Verfolgt man zeitlich eine bestimmte Lage der Teilchen, etwa in Abb. F-11 die maximale Auslenkung nach oben (Teilchen A oder B), so wird diese Lage durch die Teilchenreihe hindurchlaufen. Das bedeutet, daß sich die dazugehörige Schwingungsphase bei zeitlicher Änderung räumlich ausdehnt.

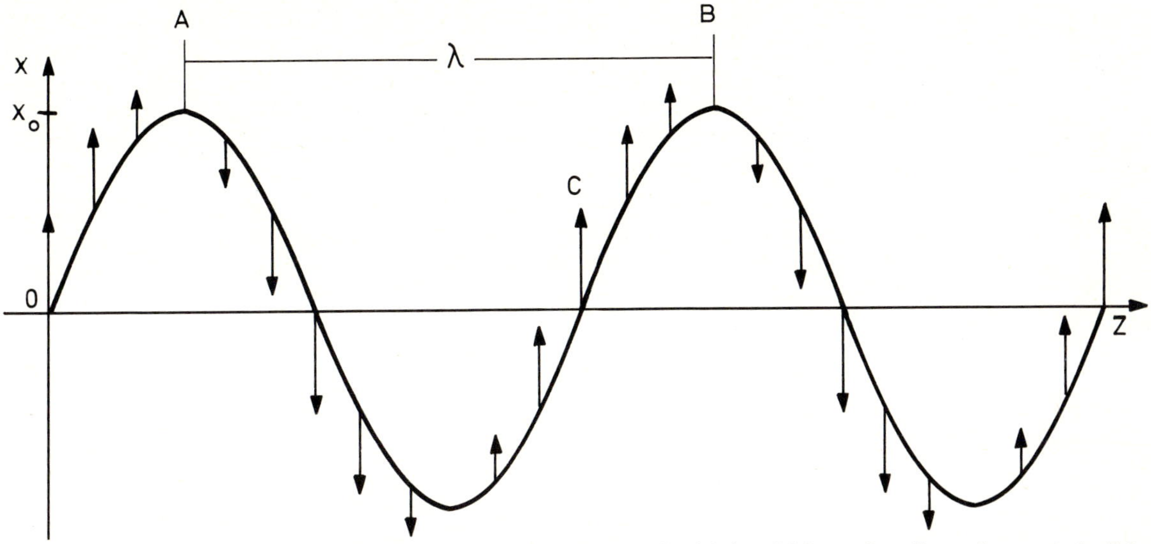

Abb. F-11 Momentanbild einer harmonischen Welle gekoppelter Teilchen, die sich in z-Richtung fortpflanzt; harmonische Schwingung der Teilchen um ihre Gleichgewichtslage in x-Richtung (die Pfeile stellen die Geschwindigkeitsvektoren der Teilchen dar).

In der Welle wandert demnach keine Materie, sondern die Schwingungsphase.

Nach jener Zeit, in der das Störungszentrum (Teilchen O, Abb. F-11) eine volle Schwingung vollführt hat, nämlich nach der Schwingungsdauer T, ist die Störung weiter vorgedrungen bis zum Teilchen C, das die gleiche Schwingungsphase besitzt wie das Zentrum O. Da dieser Abstand der gleichphasig schwingenden Teilchen gerade die Wellenlänge λ ist, ist die Ausbreitungsgeschwindigkeit der Phasenlage, die sogenannte **Phasengeschwindigkeit** gegeben durch

$$c = \frac{\lambda}{T} \quad \text{oder} \quad c = \lambda \cdot \nu . \tag{6.1}$$

Ihre Einheit beträgt $\frac{\text{m}}{\text{s}}$.

Die Beschreibung der harmonischen Störung in Abhängigkeit von der Zeit t und vom Ort z geschieht durch die Gleichung

$$x(z, t) = x_0 \cdot \cos\left[2\pi\left(\nu t - \frac{z}{\lambda}\right)\right] . \tag{6.2}$$

Sie stellt eine doppelt-periodische Funktion dar. Für einen bestimmten Zeitpunkt ($t = \text{const.}$) beschreibt sie die räumliche Verteilung der Schwingungszustände, an einem bestimmten Ort ($z = \text{const.}$) ihren zeitlichen Verlauf. Im ersten Fall ist die Periode durch λ bestimmt, im zweiten Fall durch T. $x(z, t)$ kann dabei irgendeine physikalische Größe (z.B. die magnetische Feldstärke) sein, deren periodische Abhängigkeit von Ort und Zeit beschrieben werden soll.

Fortlaufende Wellen haben die Eigenschaft, daß sie Energie transportieren.

So kann z.B. am Ende der Teilchenkette (Abb. F-11) vom letzten Teilchen Arbeit geleistet werden, obwohl alle Teilchen um ihre Gleichgewichtslage schwingend an ihrem Ort geblieben sind (in der Welle wandert demnach der Bewegungszustand der Teilchen, jedoch nicht das Teilchen selbst). Der **Energietransport** geschieht sowohl bei elastischen Wellen, die an Materie gebunden sind (z.B. Schall-, Erdbeben-, Wasserwellen), wie bei solchen Wellen, deren physikalische Störung ohne materielles Medium – also im Vakuum – auftreten kann (z.B. elektromagnetische Wellen, Gravitationswellen).

Die Lage der Richtung, in der die Störung erfolgt, zur Fortpflanzungsrichtung unterscheidet zwei Grundformen von Wellen:

a) Bei den **Transversalwellen** oder Querwellen geschieht die Störung senkrecht zur Fortpflanzungsrichtung (z. B. Seilwellen, elektromagnetische Wellen).

b) Bei den **Longitudinalwellen** oder Längswellen geschieht die Störung parallel zur Fortpflanzungsrichtung (z. B. Schallwellen).

Die Entscheidung darüber, ob die eine oder andere Form vorliegt, läßt sich durch die Untersuchung der Möglichkeit einer Polarisation treffen (vgl. Kap. G. 17).

Bisher wurden Wellen betrachtet, die sich in eindimensionalen Medien fortpflanzen, wie bei der Teilchenkette (Abb. F-11). In Wirklichkeit jedoch wird die Störung und deren Fortschreiten oft in allen drei Dimensionen auftreten. Die einfachste Welle im Raum ist die **ebene Welle,** wo innerhalb einer Ebene senkrecht zur Ausbreitungsrichtung alle Punkte gleichphasig gestört sind. Das bedeutet, daß bei Ausbreitung der Welle z.B. in z-Richtung die Störung unabhängig von den beiden anderen Raumrichtungen ist. Daneben gibt es die **Kugelwelle,** wo die Fläche gleicher Phasenlage durch Kugelflächen mit dem Störzentrum als gemeinsamen Mittelpunkt gebildet wird. Die Amplitude nimmt dabei proportional zu $1/r$ ab, wenn r den Abstand zum Mittelpunkt bedeutet.

Durch Überlagerung zweier Wellen gleicher Amplitude und Wellenlänge mit entgegengesetzter Ausbreitungsrichtung bilden sich **stehende Wellen** aus. Man kann sie z. B. verwirklichen, indem einer einfallenden Welle die an einem Ende reflektierte Welle überlagert wird. Falls an der Stelle der Reflexion die Phase nicht sprunghaft einen anderen Wert annimmt, sondern konstant bleibt (Reflexion am „freien Ende“), läßt sich die Überlagerung der harmonischen Wellen analytisch beschreiben durch

$$x(z,t) = x_0 \cdot \cos 2\pi \cdot \left(\nu t - \frac{z}{\lambda}\right) + x_0 \cdot \cos 2\pi \cdot \left(\nu t + \frac{z}{\lambda}\right) \quad . \tag{6.3}$$

Nach Umformung mit Hilfe eines trigonometrischen Additionstheorems (vgl. Kap. I. 2) erhält man

$$x(z,t) = 2x_0 \cdot \cos 2\pi\nu t \cdot \text{vos}\, 2\pi \cdot \frac{z}{\lambda} \,. \tag{6.4}$$

Dabei tritt das für die räumliche Ausbreitung der Phase verantwortliche Argument $(\nu t \pm z/\lambda)$ nicht mehr auf. Die Trennung der Zeit t und der Ortskoordinate z in verschiedene Kosinusfaktoren läßt weder die Phase noch die Energie durch den Raum fortschreiten. Es entsteht also ein festes Schwingungsbild mit Orten, wo minimale (Knoten) oder maximale (Bäuche) Störungen unabhängig von der Zeit auftreten (Abb. F-12).

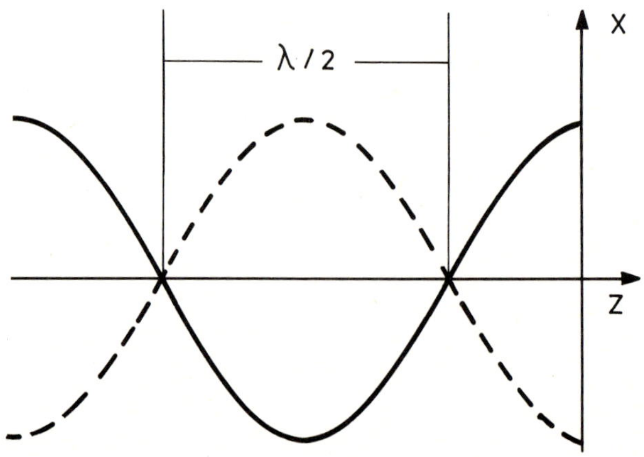

Abb. F-12 Momentanbild einer stehenden Welle infolge der Überlagerung von hinlaufender und ohne Phasensprung reflektierter Welle (———); Schwingungszustand nach der Hälfte der Schwingungsdauer ($T/2$) (– – – – – –).

Der Abstand zweier benachbarter Knoten, wo der Kosinus in Gleichung (6.4) verschwindet, oder zweier Bäuche, wo der Kosinus maximal wird, ist gleich der halben Wellenlänge der überlagerten Wellen. Prinzipiell das gleiche Verhalten tritt auch bei einer Reflexion am „festen Ende" (mit einem Phasensprung um π) auf, allerdings liegen die Knoten und Bäuche dann an anderen Stellen.

Die stehende Welle kann als Eigenschwingung des ausgedehnten Körpers aufgefaßt werden (vgl. Kap. F. 5). Schwingt eine an beiden Enden eingespannte Saite der Länge l in Grundschwingung, so ergibt sich für die auf der Saite entsprechenden fortlaufenden Wellen eine Wellenlänge von $2l$.

7. Schallwellen

Schallwellen sind elastische Wellen in deformierbaren Körpern. Die Störungen sind periodische Schwingungen von Teilchen (Atomen, Molekülen), die im allgemeinen in Richtung der Wellenausbreitung erfolgen, so daß sich **Longitudinalwellen** ausbilden. Im Festkörper (z.B. Knochen) können daneben auch Transversalschwingungen auftreten. Eine einmalige Störung durch eine Schallquelle (z.B. eine mechanische Auslenkung einer Lautsprechermembran oder Stimmgabel) hat eine örtliche Druckerhöhung zur Folge, die sich radial mit der für das Medium charakteristischen Geschwindigkeit ausbreitet.

Die Beziehung zwischen der Bewegung der Teilchen und dem Druck soll am Beispiel stehender Schallwellen in Gasen erörtert werden (Abb. F-13). Auf beiden Seiten eines Schwingungsknotens (Ort ohne Bewegung) bewegen sich die Gasteilchen immer entgegengesetzt, so daß die Knoten der Bewegung die Orte mit der größten Druckänderung sind (Abb. F-13, Ort A). Bei den Schwingungsbäuchen bleibt der Druck konstant (Abb. F-13, Ort B).

Bei der fortlaufenden Schallwelle suchen sich die Druckunterschiede auszugleichen und erzeugen dabei die Wellenbewegung, nämlich die örtliche Änderung der Phasenlage. Bezeichnet man mit $x(z, t)$ hier die Auslenkung der materiellen Teilchen aus der Gleichgewichtslage, so führt diese Vorstellung zur **Wellengleichung**

$$\frac{\partial^2 x}{\partial z^2} = \frac{1}{u^2} \cdot \frac{\partial^2 x}{\partial t^2}, \qquad (7.1)$$

mit der Ausbreitungsgeschwindigkeit u, die bei Gasen gegeben ist durch

$$u = \sqrt{\kappa \cdot \frac{p}{\varrho}}$$

(p = Druck, ϱ = Dichte und $\kappa = c_p/c_v$; vgl. Kap. C. 5). In Flüssigkeiten und festen Körpern sind die Ausbreitungsgeschwindigkeiten meist höher (Tab. F-1).

Die Auslenkung und Bewegung der Teilchen kann durch eine spezielle Lösung der Wellengleichung, nämlich eine fortschreitende harmonische Welle, beschrieben werden:

$$x(z, t) = x_0 \cdot \cos\left[\frac{2\pi}{\lambda}(z - ut)\right]. \qquad (7.2)$$

Tab. F-1 Schallgeschwindigkeiten bei Raumtemperatur

Stoff	$u \cdot \frac{\text{s}}{\text{m}}$
Luft	344
Sauerstoff	324
Wasserstoff	1300
Wasser	1480
Kork	540
Aluminium	6260
Blei	2160

Bei Wellen aller Art beobachtet man eine Änderung der von einer Quelle ausgesandten Frequenz, falls sich der Abstand zwischen Quelle und Beobachter ändert. Diese Erscheinung heißt **Doppler-Effekt.** Die beobachtete Frequenz ist größer bzw. kleiner, wenn sich die Quelle auf den Beobachter hin bzw. von ihm weg bewegt. Im Fall von Schallwellen ist der empfangene Ton bei Abstandsabnahme höher bzw. bei Abstandszunahme tiefer.

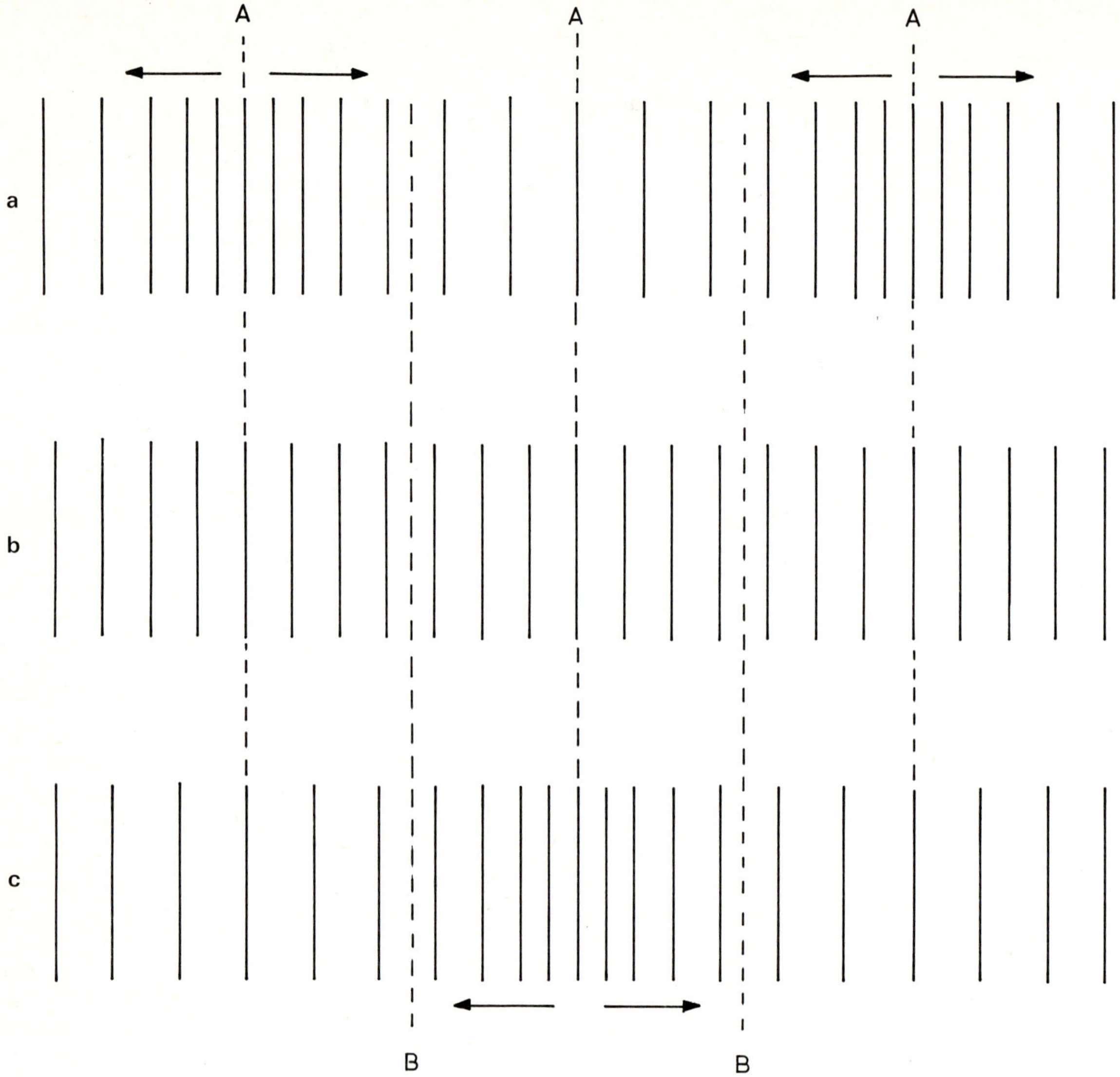

Abb. F-13 Momentanbilder einer stehenden Schallwelle in Gasen zur Zeit $t = 0$(a), $t = T/4$(b) und $t = T/2$(c). A: Knoten der Bewegung, B: Knoten des Druckes.

Bewegt sich der Beobachter auf die ruhende Schallquelle zu, dann laufen an seinem Ohr nicht nur diejenigen Wellenberge bzw. Täler vorbei, die er beim Stillstehen wahrnimmt, sondern er empfindet vielmehr durch seine Bewegung mehr Druckschwankungen in der Zeiteinheit, also eine höhere Frequenz. Bewegt sich eine Quelle, dann verkürzt sich der Abstand der Wellenberge in Richtung der Bewegung (Abb. F-14), so daß auf Grund der nun kleineren Wellenlänge, aber konstanten Geschwindigkeit nach Gleichung (6.1) eine höhere Frequenz auftritt. Eine entsprechende Überlegung im umgekehrten Sinn gilt für die entgegengesetzte Bewegung der Quelle, wo auf Grund der größeren Wellenlänge eine tiefere Frequenz wahrnehmbar ist.

Bezeichnet man mit ν die ausgesandte Frequenz, mit ν' die vom Beobachter wahrgenommene Frequenz und mit u bzw. v die Geschwindigkeiten von Schall bzw. Quelle oder Beobachter, dann gilt bei bewegtem Beobachter (ruhende Schallquelle)

$$\nu' = \nu \cdot \left(1 \pm \frac{v}{u}\right) \tag{7.3}$$

und bei bewegter Schallquelle (ruhender Beobachter)

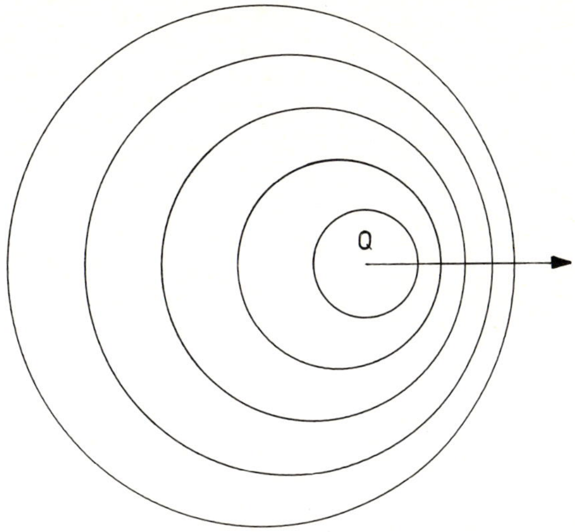

Abb. F-14 Verformung von Schallwellen bei der Bewegung einer punktförmigen Quelle Q; Linien markieren den Ort jener Teilchen, die gleichphasig schwingen.

$$\nu' = \nu \cdot \frac{1}{1 \mp \frac{v}{u}} . \tag{7.4}$$

Das obere Vorzeichen ist gültig für die Abnahme, das untere Vorzeichen für die Zunahme des gegenseitigen Abstandes.

Das **Schallfeld** als jener Raum, den eine Schallwelle durchläuft, wird durch verschiedene physikalische Größen gekennzeichnet. Eine davon ist die maximale Auslenkung der Atome bzw. Moleküle, also die **Amplitude** x_0 (s. Gl. (7.2)). Sie ist äußerst klein und wird deshalb selten direkt gemessen. Man kann sie prinzipiell indirekt im Mikroskop beobachten, wenn man die Bewegung von kleinen Teilchen (z.B. Bärlappsamen) verfolgt, die durch die innere Reibung mitgeführt werden.

Eine weitere Größe des Schallfeldes ist die maximale Bewegungsgeschwindigkeit v_0 der Teilchen, die sogenannte **Schallschnelle,** die nicht mit der Fortpflanzungsgeschwindigkeit der Phase, der Schallgeschwindigkeit zu verwechseln ist. Man erhält sie durch Differentiation von Gl. (7.2)

$$v = \frac{dx}{dt} = 2\pi \cdot \nu \cdot x_0 \cdot \sin 2\pi \cdot \left(\frac{z}{\lambda} - \nu t \right), \tag{7.5}$$

zu $v_0 = 2\pi \cdot \nu \cdot x_0$. Ihre Messung erfolgt mit Hilfe hydrodynamischer Kräfte.

Die maximale Abweichung des Drucks von seinem Wert im ruhenden Medium, die sogenannte **Druckamplitude,** ist gegeben durch

$$p_0 = u \cdot \varrho \cdot v_0 \quad (\varrho = \text{Dichte}). \tag{7.6}$$

Bei harmonischen Schwingungen wird der Schalldruck durch den Effektivwert beschrieben

$$p_{\text{eff}} = \frac{1}{\sqrt{2}} p_0 \quad . \tag{7.7}$$

Zur Messung der Druckamplitude benutzt man Mikrophone, wo eine Membran durch den wechselnden Druck zu erzwungenen Schwingungen angeregt wird. Beim sogenannten Kohlemikrophon wird so der Widerstand einer Kohleschicht hinter der Membran periodisch verändert und damit eine meßbare Stromschwankung erzielt. Beim Kondensatormikrophon bildet die Membran einen Teil eines Kondensators, dessen periodisch veränderliche Kapazität (vgl. Kap. D.5) durch Lade- oder Entladeströme gemessen werden kann.

Der effektive **Schalldruck,** den das menschliche Ohr wahrnehmen kann, liegt etwa zwischen $2 \cdot 10^{-4}$ µbar und 10^2 µbar. Die Angabe eines Schalldruckwertes p_x wird auf den etwa kleinsten, wahrnehmbaren Schalldruck p^* von $2 \cdot 10^{-4}$ µbar bezogen. Man bildet dazu den dekadischen Logarithmus des Quotienten beider Schalldruckwerte und multipliziert ihn mit der Zahl 20

$$L = 20 \lg \frac{p_x}{p^*} . \qquad (7.8)$$

L bedeutet definitionsgemäß den **Schalldruckpegel,** der als reiner Zahlenwert in Einheiten von Dezibel (dB) angegeben wird. Beispielsweise besitzt ein Schall mit dem Schalldruckpegel 80 dB den 10000fachen Schalldruck des Bezugspegels, nämlich 2 µbar. Die Schallschnelle bzw. maximale Auslenkung liegen bei einer Frequenz von 1000 Hz und einem Schalldruckpegel von 90 dB in der Größenordnung von 10^{-1} cm/s bzw. 10^{-5} cm.

Die **Schallkennimpedanz** Z_0 als weitere charakteristische Größe des Schallfeldes ist gegeben durch

$$Z_0 = \frac{p_0}{v_0} . \qquad (7.9)$$

Sie ist beim Übergang des Schalls von einem Medium auf ein anderes von Bedeutung. In Analogie zu den elektromagnetischen Wellen (vgl. Kap. F.8) tritt an der Übergangsstelle keine Reflexion der Wellen und mithin kein Energieverlust auf, wenn die Medien die gleiche Schallkennimpedanz aufweisen. Die optimale Anpassung z.B. der Impedanzen von Luft und dem mit Flüssigkeit gefüllten Innenohr geschieht durch das Mittelohr und das Trommelfell, die somit einen „Impedanzwandler" darstellen.

Die in der Welle **gespeicherte Energie** setzt sich zusammen aus der kinetischen und der elastischen Energie der einzelnen Teilchen. Beide haben ihren maximalen Wert in der Gleichgewichtslage, wo einmal die größte Geschwindigkeit erreicht wird und zum anderen die stärksten Druck- oder Zugkräfte auf die Teilchen ausgeübt werden. Der Energieinhalt W ändert sich räumlich, so daß es zweckmäßig ist, ihn auf das Volumen V zu beziehen. Man erhält so die **Energiedichte** w

$$w = \frac{W}{V} , \qquad (7.10)$$

mit der Einheit $\frac{\mathrm{J}}{\mathrm{m}^3}$. Der zeitliche Mittelwert der Energiedichte $\bar{w}$ ergibt sich bei einer ebenen harmonischen Welle zu

$$\bar{w} = \frac{\varrho}{2} \cdot (2\pi \cdot \nu)^2 \cdot x_0^2 . \qquad (7.11)$$

Schließlich sei die Schallstärke oder **Schallintensität** erwähnt. Sie ist diejenige Energiemenge, die bei fortlaufenden Wellen in der Zeiteinheit durch eine zur Schallausbreitungsrichtung senkrecht stehende Flächeneinheit hindurchtritt. Da die Energiedichte nach Gl. (7.11) dem Quadrat der Amplitude und damit nach Gl. (7.6) und (7.5) dem Quadrat des Druckes p_0 proportional ist, erhält man für die Schallintensität I die gleiche Proportionalität

$$I = \text{const.} \cdot p_0^2 . \qquad (7.12)$$

Ihre Einheit ist $\frac{\mathrm{Watt}}{\mathrm{m}^2}$. Über Gleichung (7.12) kann man auch den sogenannten **Schallintensitätspegel** angeben. Dem Bezugsschalldruck p^* entspricht dann eine

Schallintensität I^* von etwa 10^{-12} Watt/m². Definiert man den Schallintensitätspegel als

$$L = 10 \lg \frac{I_x}{I^*}, \tag{7.13}$$

angegeben in Einheiten von dB, so erhält man Gleichheit mit dem Schalldruckpegel (s. Gl. (7.8)).

Der Hörbereich des menschlichen Ohres liegt etwa zwischen 20 Hz und 20 kHz, wobei die Hörempfindlichkeit nicht im gesamten Bereich konstant ist. Die gerade noch wahrgenommene Schallintensität wird als Reiz- oder Hörschwelle bezeichnet (Abb. F-15, unterste Kurve). Nach großen Werten hin gibt es Intensitäten, die vom Ohr gerade noch schmerzlos ertragen werden können und deshalb als Schmerzgrenze bezeichnet werden. Sie liegt bei einer Frequenz von 1000 Hz etwa um den Faktor 10^{12} bis 10^{13} höher als die Reizschwelle (Abb. F-15, oberste Kurve).

Der allgemein bei Sinnesempfindungen auftretende Unterschied zwischen der Reizstärke, die die Stärke des Reizes im physikalischen Maß bestimmt, und der Empfindungsstärke, die durch unsere Sinnesorgane bestimmt wird, erfordert, beim Hörvorgang zwischen Schallintensität und **Lautstärke** zu unterscheiden. Beide sind einander nicht direkt proportional, sondern es gilt vielmehr allgemein die **Regel von Weber-Fechner,** nämlich die Proportionalität der Empfindungsstärke zum Logarithmus der Reizstärke. Bezeichnet man die Lautstärke mit L_s, so gilt demnach für einen Normalschall, d.h. einen Schall mit der Frequenz von 1000 Hz,

$$L_s = 10 \lg \frac{I}{I^*} \left(\text{oder} = 20 \lg \frac{p}{p^*}\right), \tag{7.14}$$

wobei I^* die Reizschwelle bedeutet ($= 10^{-12}$ W/m²). Die **Einheit der Laustärke** wird mit **phon** bezeichnet. Sie ist keine physikalische Maßeinheit, sondern die Erinnerung

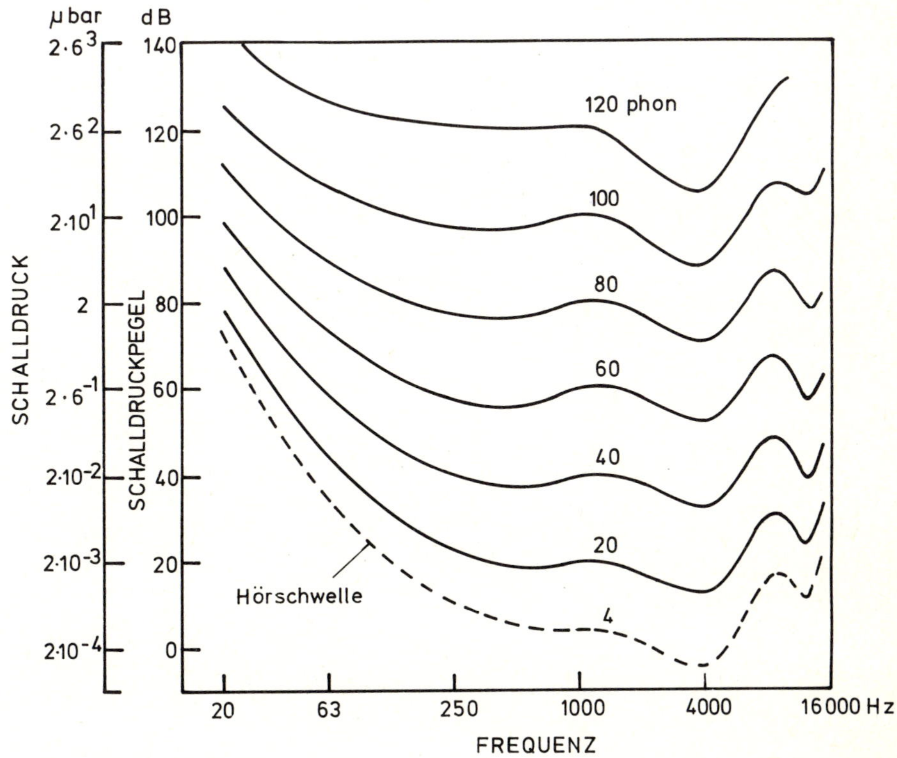

Abb. F-15 Kurven gleicher Lautstärkepegel (Isophone) nach DIN 45630 für beidohriges Hören im freien Schallfeld.

an obige Definition der Lautstärke. Bei einer Schallintensität, die das 100fache der Reizschwelle beträgt und eine Frequenz von 1000 Hz besitzt, würde man z. B. von einer Laustärke 20 phon sprechen. Beim Normalschall, d. h. bei einer Frequenz von 1000 Hz, stimmen Lautstärke und Schallintensitätspegel (bzw. Schalldruckpegel) überein

$$L \text{ (bei 1000 Hz)/dB} = L_s/\text{phon}\,. \tag{7.15}$$

Tab. F-2 Lautstärke einiger Geräusche

Geräusch	Lautstärke/ phon
Hörschwelle	0
Blättersäuseln	10
gedämpfte Unterhaltung	40
Schreibmaschine	60
Preßluftbohrer	90
Flugzeugmotor (3 m Abstand)	120
Schmerzgrenze	130

Bei den übrigen Frequenzen weichen die beiden Größen voneinander ab (Abb. F-15). Dort werden die Lautstärken durch Vergleich mit Normalschall ermittelt. Der Schallintensitätspegel des Normalschalls (1000 Hz), gemessen in Dezibel, wird solange variiert, bis das Ohr einer Versuchsperson ihn mit dem zu untersuchenden Schall als gleich laut empfindet. Stellt die Versuchsperson z. B. den Normalschall auf 50 dB ein, dann beträgt die Lautstärke des von 1000 Hz abweichenden Schalls 50 phon auf Grund von Gleichung (7.15). Die so ermittelten Lautstärken sind in Abb. F-15 als Funktion der Frequenz wiedergegeben, wobei Kurven gleicher Lautstärken (Isophone) gezeichnet sind.

Schallschwingungen, deren Frequenzen über 20 kHz liegen, werden als **Ultraschall** bezeichnet. Ihre Anwendung beruht u. a. auf der Tatsache, daß die relativ kleine Wellenlänge eine leichte Bündelung der Schallstrahlen erlaubt. Solche gebündelte Strahlen werden z. B. bei Echolotmessungen verwendet, die die Reflexion an Hindernissen und damit Entfernung und Beschaffenheit von Gegenständen registrieren, wie es bei der Ultraschalldiagnostik geschieht. Ganz analog verläuft die Orientierung von Fledermäusen.

Eine weitere Anwendung des Ultraschalls ergibt sich auf Grund der von ihm hervorgerufenen Kavitationen, d. h. dem Auftreten von zerstörenden Kräften in Flüssigkeiten (Zerstörung einzelliger Lebewesen, von Hefezellen, roten Blutkörperchen; Sterilisation der Milch). Außerdem spielt die entgasende Wirkung in Flüssigkeiten eine wichtige Rolle. Schließlich treten infolge der großen Energiedichten eines starken Ultraschallfeldes Temperaturerhöhungen auf, was bei der Therapie ausgenutzt wird.

8. Elektromagnetische Wellen

In der klassischen Physik tritt eine **elektromagnetische Welle** (EM-Welle) auf, wenn eine elektrische Ladung beschleunigt wird. Dies geschieht z. B. bei der Dipolantenne, bestehend aus einem Metallstab oder Draht, die als aufgebogener elektrischer Schwingkreis mit einer Kapazität und einer Induktivität aufgefaßt werden kann. Dort kann infolge der elektrischen Schwingungsfähigkeit jedes freie Metallelektron im Leiter harmonische Schwingungen vollführen und dabei beschleunigt werden. Das schwingende Elektron ändert nun ständig sowohl seine Lage wie seine Geschwindigkeit, so daß sich auch die **elektrischen** und **magnetischen Felder,** die es in seiner Umgebung erzeugt, zeitlich ändern. Nach den theoretischen Grundlagen der Elektrodynamik, nämlich den Maxwell-Gleichungen, verursacht die zeitliche Änderung eines magnetischen bzw. elektrischen Feldes ein elektrisches bzw. magnetisches Wirbelfeld (Induktions- bzw. Durchflutungsgesetz), wobei sich die Störung mit **Lichtgeschwindigkeit** fortpflanzt. Die Geschwindigkeit im Vakuum beträgt

$$c_0 = \frac{1}{\sqrt{\varepsilon_0 \cdot \mu_0}} = 2{,}998 \cdot 10^8 \,\frac{\text{m}}{\text{s}}\;, \tag{8.1}$$

mit der elektrischen Feldkonstante ε_0 und der Induktionskonstante μ_0 (vgl. Kap. D. 2 u. D. 12).

Die elektromagnetischen Wellen werden beschrieben durch Gleichungen der Form von Gl. (6.2), wobei als harmonische Störung $x(z, t)$ die elektrische bzw. magnetische Feldstärke ($\vec{E}$ bzw. $\vec{H}$) auftreten. Die Vektoren $\vec{E}$ und $\vec{H}$ des Wellenfeldes stehen in jedem Punkt des Raumes senkrecht aufeinander und liegen in einer Ebene senkrecht zur Ausbreitungsrichtung. Das bedeutet, daß EM-Wellen **Transversalwellen** sind. Abb. F-16 zeigt das Momentanbild einer **linear polarisierten,** ebenen EM-Welle, wo der Vektor der elektrischen bzw. magnetischen Feldstärke in allen Punkten auf Geraden schwingt, die zueinander parallel sind. Die Ebenen, die durch $\vec{E}$ bzw. $\vec{H}$ und die Ausbreitungsrichtung aufgespannt werden, heißen **Schwingungsebene** bzw. **Polarisationsebene.** Jede beliebige ebene Welle läßt sich darstellen durch die Überlagerung zweier linear polarisierter, ebener Wellen, deren Schwingungsebenen zueinander senkrecht sind.

Beim zeitlichen Ablauf bewegt sich das Momentanbild in Abb. F-16 mit Lichtgeschwindigkeit in z-Richtung. Das bedeutet, daß z.B. der Vektor der elektrischen Feldstärke $\vec{E}$, an einem festen Ort betrachtet, harmonische Schwingungen in x-Richtung durchführt. Diese zeitlich sich ändernde Feldstärke kann an ihrem Ort infolge der Coulomb-Kraft (s. Kap. D. 3) elektrische Ladungen auslenken und diese so zu erzwungenen Schwingungen anregen, was z.B. im Dipol einer Empfangsantenne ausgenutzt wird.

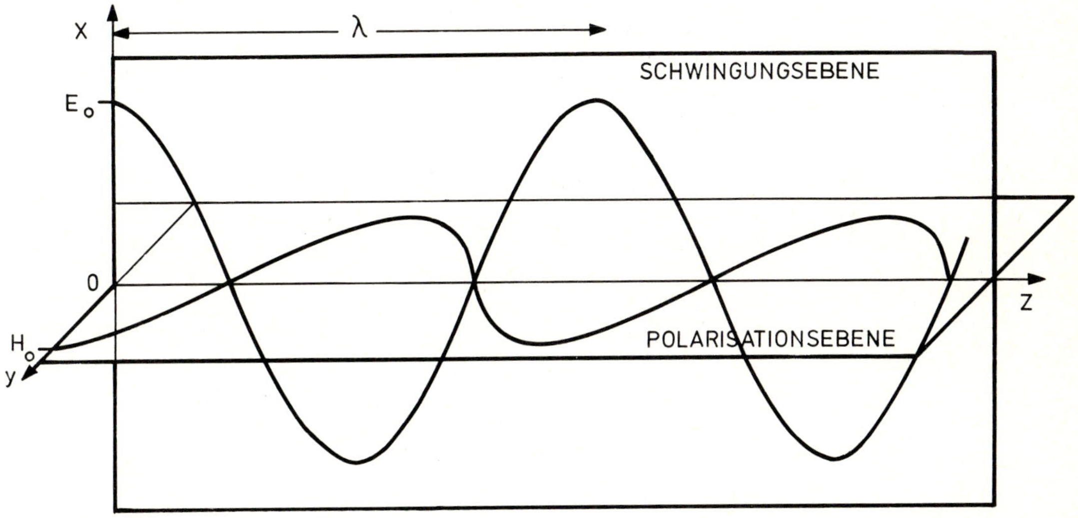

Abb. F-16 Momentanbild einer linear polarisierten, ebenen elektromagnetischen Welle, die sich in z-Richtung mit der Geschwindigkeit $c = \lambda \cdot \nu$ ausbreitet.

Das Feld einer EM-Welle besitzt **Energie,** die mit ihr transportiert wird und z.B. durch die bei der Absorption auftretende Wärme spürbar wird. Man kann diese **Energieströmung** durch einen Vektor $\vec{S}$, den sogenannten Poynting-Vektor, beschreiben, der durch das vektorielle Produkt

$$\vec{S} = \vec{E} \times \vec{H} \tag{8.1}$$

gegeben ist. Seine Einheit ist $\frac{\mathrm{W}}{\mathrm{m}^2}$ oder $\frac{\mathrm{J}}{\mathrm{sm}^2}$. Die Richtung des Vektors $\vec{S}$ gibt die Richtung der Energieströmung an und steht senkrecht auf der von den $\vec{E}$- und $\vec{H}$-Vektoren gebildeten Ebene. Der zeitliche Mittelwert seines Betrages $\bar{S}$, die **Intensität** I der EM-Strahlung, gibt jene Energie an, die in der Zeiteinheit durch eine senkrecht zur Ausbreitungsrichtung aufgestellte Einheitsfläche hindurchtritt

$$I = \frac{1}{T} \int_0^T S \cdot dt\,, \tag{8.2}$$

mit der Zeitdauer T, während der die Mittelung vorgenommen wird. Die Einheit der Intensität ist ebenfalls $\frac{W}{m^2}$ oder $\frac{J}{sm^2}$.

Für die einfache Wellenform, die in Abb. F-16 dargestellt ist, gilt im Vakuum

$$E_0 = \sqrt{\frac{\mu_0}{\varepsilon_0}} \cdot H_0 = c_0 \cdot \mu_0 \cdot H_0, \tag{8.3}$$

mit den Amplituden E_0 und H_0 in x- bzw. y-Richtung. Nach Gleichung (8.2) erhält man dann für die Intensität die wesentliche Proportionalität zum Quadrat der Amplitude des elektrischen bzw. magnetischen Feldes

$$I = \frac{1}{2}\sqrt{\frac{\varepsilon_0}{\mu_0}} \cdot E_0^2 \quad \text{bzw.} \quad I = \frac{1}{2}\sqrt{\frac{\mu_0}{\varepsilon_0}} \cdot H_0^2 . \tag{8.4}$$

Das **elektromagnetische Spektrum** umfaßt einen Frequenzbereich von etwa $5 \cdot 10^5$ Hz bis $5 \cdot 10^{24}$ Hz (vgl. Abb. G-42).

Die Radiowellen werden von schwingenden Elektronen in Antennen aus Metall erzeugt, die von elektrischen Schwingkreisen angeregt werden (vgl. Kap. F. 1 u. F. 2). Spezielle Vakuumröhren ermöglichen die Erzeugung von Wellen mit noch kürzerer Wellenlänge, den sog. Mikrowellen. Die Millimeter- oder Submillimeterwellen lassen sich durch Wärmestrahler erzeugen und gehören zu den längsten Wellen des infraroten Lichtes. Infrarotes Licht ist immer in der Wärmestrahlung vorhanden. Sichtbares oder ultraviolettes Licht wird in den äußeren Elektronenschalen emittierender Atome bzw. Moleküle oder bei der Temperaturstrahlung sehr heißer Körper erzeugt (vgl. Kap. G-2). Röntgen-Strahlen (vgl. Kap. G-20) entstehen beim Abbremsen schneller Elektronen an einer Metallanode oder durch Übergänge in den inneren Elektronenschalen der Atome. Sie werden von Materie weniger absorbiert als längerwellige Strahlung, wie z.B. sichtbares Licht, was die Grundlage der Röntgendurchleuchtung bildet. EM-Wellen mit noch kleinerer Wellenlänge, die γ-Strahlung, wird von angeregten Atomkernen z.B. beim radioaktiven Zerfall ausgesandt. Die Unterscheidung gegenüber den wesensgleichen Röntgen-Strahlen liegt dabei nur in ihrer höheren Energie. Schließlich tritt durch hochenergetische geladene Teilchen aus dem Weltraum noch kosmische Höhenstrahlung auf, die eine noch höhere Frequenz besitzt.

9. Interferenz und Beugung

Bei Wellen jeder Art gilt das **Überlagerungsprinzip,** wonach sich beim Zusammenwirken verschiedener laufender Wellen deren Amplituden addieren, jedoch nicht die Intensitäten, die den Quadraten der Amplituden proportional sind (z.B. Gl. (7.12), (8.4)). Die Erscheinungen, die bei der Überlagerung verschiedener Wellen auftreten, nennt man allgemein **Interferenz.**

Für den Fall, daß zwei ebene Wellen mit den gleichen Amplituden x_0, Frequenzen ν und Wellenlängen λ, jedoch zueinander phasenverschoben, in derselben Richtung durch den Raum laufen, erhält man für die gesamte Amplitude x die Summe zweier harmonischer Schwingungen

$$x(z,t) = x_0 \cdot \cos 2\pi \cdot \left(\frac{z}{\lambda} - \nu t\right) + x_0 \cdot \cos\left[2\pi \cdot \left(\frac{z}{\lambda} - \nu t\right) + \varphi\right],$$

mit der Phasenverschiebung (Phasendifferenz) φ. Nach trigonometrischer Umformung ergibt sich

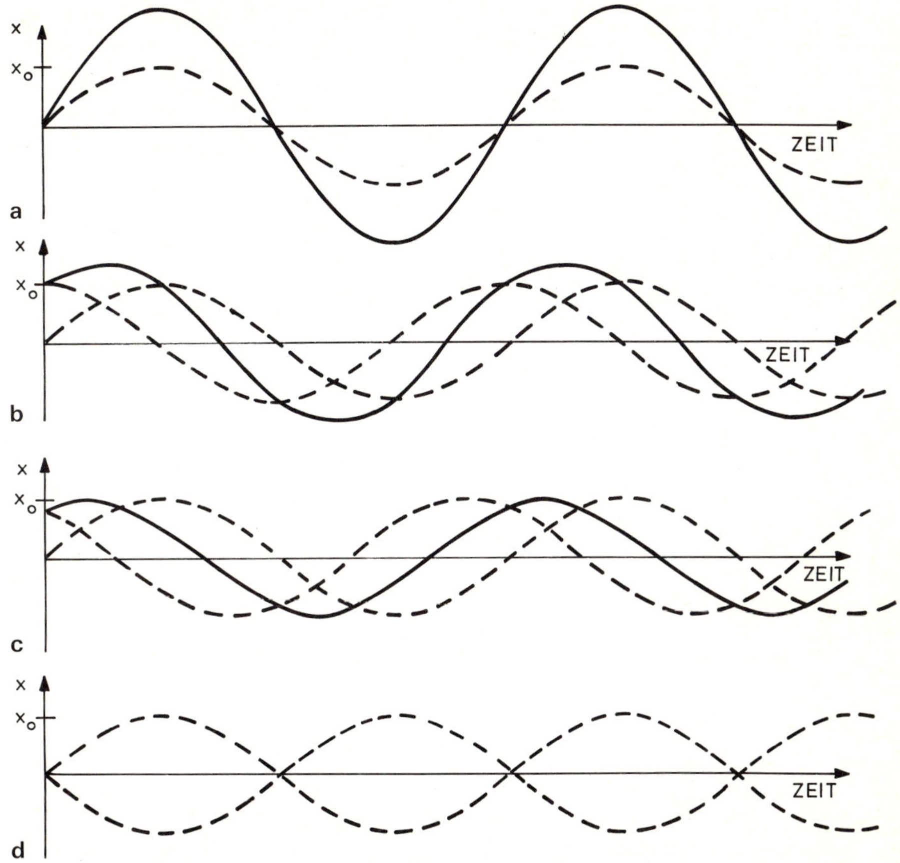

Abb. F-17 Momentanbilder (———) der Überlagerung (Interferenz) zweier harmonischer ebener Wellen (– – – – – –) gleicher Frequenz, Amplitude und Wellenlänge und mit einer Phasenverschiebung von $\varphi = 0$ (a), $\pi/2$ (b), $3/4\,\pi$ (c) und $(2n+1)\pi$ (d) (n = nat. Zahl).

$$x(z,t) = 2x_0 \cdot \cos\varphi \cdot \cos 2\pi \cdot \left(\frac{z}{\lambda} - \nu t\right), \tag{9.1}$$

also eine fortlaufende harmonische Welle, deren Amplitude ($2x_0 \cdot \cos\varphi$) von der konstanten Phasenverschiebung φ, also der momentanen Lage der Schwingungen zueinander abhängig ist und gemäß deren Wert bis zur maximalen Amplitude $2x_0$ verstärkt oder bis zur Auslöschung abgeschwächt wird (Abb. F-17). Läßt man darüber hinaus den Fall ungleicher Amplitude zu, so wird bei gegenphasigen Wellen keine totale Auslöschung, sondern eine mehr oder weniger starke Abschwächung eintreten.

Bei den elektromagnetischen Wellen kann stellvertretend für die Gesamtstörung der elektrische Feldvektor $\vec{E}$ betrachtet werden, der sich bei Überlagerung verschiedener Wellen mit zeitlich konstanten Phasenbeziehungen additiv aus den $\vec{E}$-Vektoren der einzelnen Wellen zusammensetzt. Bei der Überlagerung zweier Wellen im obigen Beispiel wird eine Phasenverschiebung betrachtet, die zu jedem Zeit- und Ortspunkt, also auch zu Beginn und am Wellenursprung den gleichen Wert annimmt. Daneben kann auch bei momentan und ursprünglich gleichphasigen Schwingungen eine feste Phasenverschiebung auftreten, falls bis zu jenem Punkt, wo die Überlagerung betrachtet wird, verschiedene Wege zurückgelegt werden. Die dort konstante Phasenverschiebung, deren Wert sich aus der Wegdifferenz Δz zu $2\pi\,\Delta z/\lambda$ berechnet, kann bei gleichen Amplituden ebenfalls maximale Verstärkung oder Auslöschung verursachen. Abb. F-18 zeigt dies am Beispiel zweier Kugelwellen, die von gleichphasig schwingenden Quellen erzeugt werden. Dabei liegen alle jene Orte, wo der Gangunterschied ein gleichphasiges Schwingen veranlaßt, auf Hyperbeln mit den Quellen als Brennpunkte, ebenso wie diejenigen Orte, wo die Schwingungen gegenphasig sind und demnach Auslöschung eintritt.

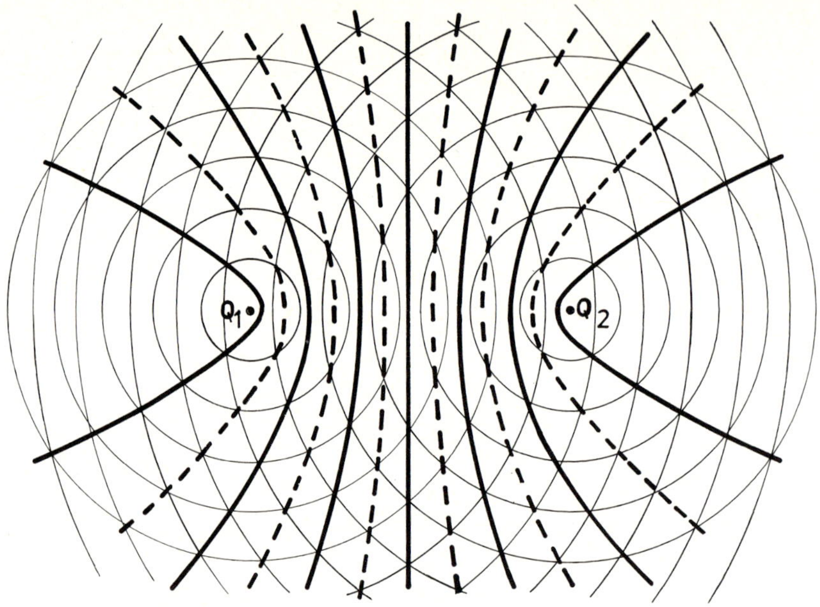

Abb. F-18 Überlagerung zweier Kugelwellen der Quellen Q_1 und Q_2, die zeitlich gleichphasig schwingen. Orte gleichphasiger Schwingung (Verstärkung ——); Orte gegenphasiger Schwingung (Abschwächung – – –).

Bei der Beobachtung des Lichtes wird vom Auge die Intensität wahrgenommen (s. Gl. (8.2)), wobei die Zeitdauer der Mittelwertbildung, also die Beobachtungszeit, nicht weniger als 10^{-2} s beträgt. Zur Beobachtung von Interferenz z. B. zweier Lichtwellen der gleichen Frequenz und der gleichen Amplitude infolge fester ursprünglicher Phasenverschiebungen der $\vec{E}$-Vektoren oder infolge von Gangunterschieden, ist es notwendig, daß sich die Phasenlage zueinander nicht innerhalb dieser Beobachtungszeit ändert, da sonst der Mittelwert über das Quadrat einer Kosinusfunktion (Gl. (8.4)) in keinem Falle verschwindet und demnach keine Auslöschung möglich ist. Diese Bedingung, die sogenannte **Kohärenzbedingung,** beinhaltet einmal die Forderung nach Frequenz- bzw. Wellenlängengleichheit und zum anderen nach Gleichheit der ursprünglichen Phasenverschiebung φ innerhalb der Beobachtungszeit. Letzte Forderung kann von gewöhnlichen Lichtquellen (Glühlampe, Gasentladungsröhre) nicht erfüllt werden, da die Atome innerhalb einer Zeitdauer von 10^{-8} s emittieren und damit die Konstanz der Phasenverschiebung nur innerhalb dieser im Vergleich zur Beobachtungsdauer sehr kurzen Zeit gewährleisten. Die klassische Methode, kohärente Lichtquellen zu erzeugen, besteht darin, daß man aus einem Lichtbündel zwei oder mehrere interferenzfähige Lichtbündel erzeugt. Dies geschieht etwa dadurch, daß Licht einer Lichtquelle auf verschiedene Körper (Spiegel) fällt, so daß kohärentes Streulicht entsteht. Eine andere Möglichkeit, kohärentes Licht zu erzeugen, ist durch den Laser (vgl. Kap. G. 2) gegeben, wo die $\vec{E}$-Vektoren relativ lange Zeiten phasengleich schwingen.

Das Ausbreitungsverhalten von Wellen jeglicher Art läßt sich mit Hilfe des **Huygensschen Prinzips** beschreiben. Jeder direkt erregte oder von einer Welle getroffene Punkt des Raums wird selbst wieder zum Ausgangspunkt einer Elementarwelle (Kreis- oder Kugelwelle). Dabei addieren sich die Amplituden dieser Elementarwellen, so daß der sich weiterhin entwickelnde Wellenvorgang durch Interferenz erklärt werden kann.

Als Beispiel dafür werden ebene Wasserwellen betrachtet, die senkrecht auf eine Wand mit verschieden breiten Öffnungen bzw. – als Komplementärfall – auf verschieden breite Hindernisse laufen. Abb. F-19 zeigt das Wellenfeld hinter der Wandöffnung, das sich durch die Überlagerung der Elementarwellen ergibt. Im ersten Fall (Abb. F-19a), wo die Breite der Öffnung klein ist gegenüber der Wellenlänge, kann man die Öffnung selbst als ein einziges Erregungszentrum ansehen. Gemäß obigem Prinzip erhält man nur eine Elementarwelle (hier Kreiswelle). Im zweiten Fall (Abb. F-19b) ist die Breite der Öffnung mit der Wellenlänge vergleichbar. Ein beliebiger

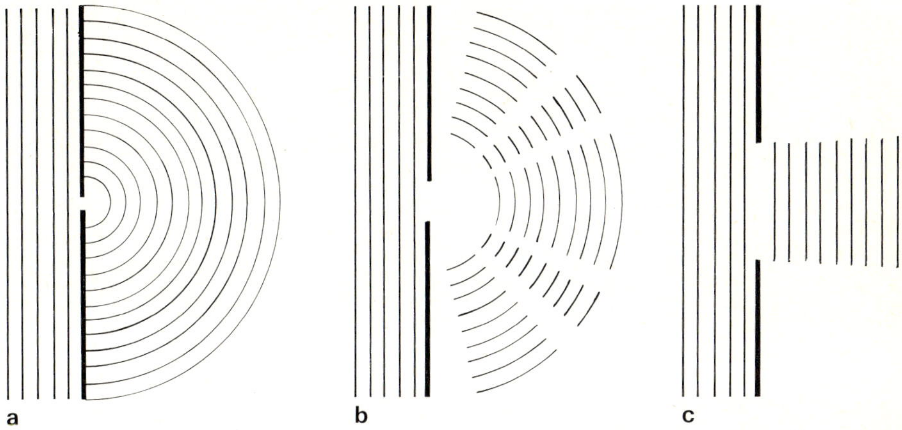

Abb. F-19 Momentanbild des Wellenfeldes von Wasserwellen vor und hinter einer Öffnung: *a)* Öffnungsbreite ≪ Wellenlänge, *b)* Öffnungsbreite ≈ Wellenlänge, *c)* Öffnungsbreite ≫ Wellenlänge.

Punkt im Wellenfeld hinter der Öffnung besitzt eine gesamte Wellenerregung, die sich dort durch Addition aller von den Punkten der Öffnung ausgehenden Elementarwellen ergibt. Dabei kann auf Grund von verschieden langen Laufwegen und mithin von Phasenverschiebungen auch Auslöschung eintreten. Schließlich wird in jenem Fall (Abb. F-19c), wo die Öffnungsbreite groß ist gegenüber der Wellenlänge, ein geradlinig und parallel begrenztes Wellenbündel hindurchgelassen, d.h. die Ränder werfen einen Schatten. Ein solches Wellenfeld in der Form einer ebenen Wasserwelle kommt durch die Interferenz einer großen Zahl von Elementarwellen zustande, die in Zentren längs der Öffnung ihren Ursprung haben. Das gleiche Wellenfeld kann demnach mit einer Reihe von periodisch und phasengleich in Wasser eintauchenden Stiften erzeugt werden (Abb. F-20).

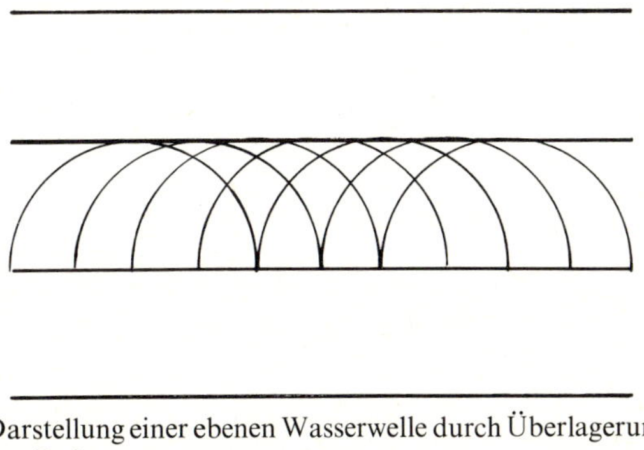

Abb. F-20 Darstellung einer ebenen Wasserwelle durch Überlagerung von mehreren Elementarwellen (Kreiswellen).

Bei den entsprechenden komplementären Fällen, wo auflaufenden ebenen Wellen senkrecht dazu ein lineares Hindernis verschiedener Länge entgegengesetzt wird, senden alle jene Punkte Elementarwellen aus, die auf einer Ebene längs des Hindernisses liegen, jedoch nicht die Punkte des Hindernisses selbst. Man kann hierbei auch so tun, als ob die am Hindernis ungestört vorbeilaufende Wellen von Elementarwellen überlagert werden, die von den Rändern des Hindernisses ausgehen.

Nach dem Huygensschen Prinzip ergibt sich, daß solche Wellenbündel, deren Durchmesser erheblich größer als die Wellenlänge ist, geradlinig begrenzt sind (Abb. F-19c). Erst bei schmaleren Wellenbündeln tritt eine Abweichung von der geradlinigen Begrenzung auf (Abb. F-19a u. b), was allgemein als **Beugung** bezeichnet wird. Diese Erscheinung wird im folgenden an ebenen und monochromatischen Lichtwellen beim Durchgang durch einen schmalen Spalt näher untersucht. Dabei soll die Beobachtung an parallelem Licht, d.h. in unendlichem Abstand vom beugenden Objekt geschehen (Frauenhofer-Beugung), was man dadurch erreicht, daß man den Spalt in die Brennebene einer Linse rückt (vgl. Kap. G. 10).

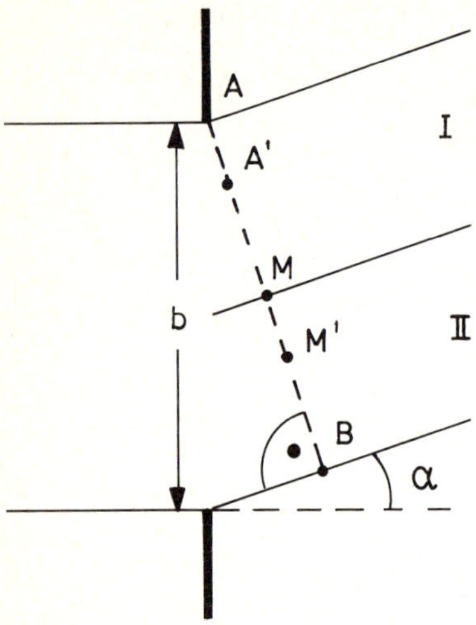

Abb. F-21 Beugung am Spalt. Der Gangunterschied von Elementarwellen der ersten (I) und zweiten (II) Spalthälfte mit dem Abstand $b/2$ beträgt $\lambda/2$. Die Teilbündel I und II löschen sich durch Interferenz aus (1. Interferenzminimum).

Im Falle des Spaltes wird gemäß dem Huygensschen Prinzip jeder Spaltpunkt zum Ursprung einer Elementarwelle. Die Überlagerung aller Elementarwellen ergibt das Wellenfeld hinter dem Spalt, wo bei geeigneter Spaltbreite Verstärkung und Auslöschung der Helligkeit möglich ist. Bei der Suche nach der Helligkeit unter einer bestimmten Blickrichtung, die mit der Achse den Winkel α_1 einschließt (Abb. F-21), halbiert man den Spalt mit der Breite b und betrachtet jeweils die Elementarwellen zweier Spaltpunkte, die um $b/2$ voneinander entfernt liegen (z.B. die Punkte A und M bzw. A' und M' usw.). Solche paarweisen Elementarwellen haben längs der Wellenebene AB senkrecht zur Blickrichtung oder beim Beobachter in unendlicher Entfernung die gleiche Phasenverschiebung auf Grund des geometrischen Gangunterschiedes Δ

$$\Delta = \frac{b}{2} \cdot \sin\alpha_1 \,. \tag{9.2}$$

Wird der Winkel α_1 so gewählt, daß der Gangunterschied eine halbe Wellenlänge beträgt

$$\Delta = \lambda/2 \,, \tag{9.3}$$

so löschen sich diese Elementarwellen durch Interferenz aus. Das gilt dann für alle Elementarwellen in dieser Richtung, da es zu jeder in einer Spalthälfte beliebig gewählten Elementarwelle eine entsprechende in der anderen Hälfte gibt, deren Gangunterschied obiger Gleichung genügt. So erhält man die Bedingung für ein Minimum der Helligkeit **(1. Interferenzminimum)** durch Gleichsetzen von Gl. (9.2) und (9.3)

$$\sin\alpha_1 = \frac{\lambda}{b} \,. \tag{9.4}$$

Daneben ist es möglich, den Spalt in vier gleiche Teile zu zerlegen und entsprechende Elementarwellen miteinander interferieren zu lassen. Hierbei gibt es zu jedem Ausgangspunkt in einem Viertel einen im anderen Viertel um $b/4$ entfernten Punkt derart, daß der Gangunterschied der dazugehörigen Elementarwellen

$$\Delta = \frac{b}{2} \cdot \sin\alpha_2 \tag{9.5}$$

die Bedingung (9.3) erfüllt. Die gleichen Überlegungen gelten für entsprechende Punkte in den übrigen zwei Vierteln, so daß insgesamt ein Minimum der Helligkeit **(2. Interferenzminimum)** bei

$$\sin\alpha_2 = 2 \cdot \frac{\lambda}{b} \tag{9.6}$$

auftreten kann. Allgemein kann man den Spalt in eine gerade Zahl ($2n$) von Teilen zerlegen und wie oben entsprechende Elementarwellen im Abstand $b/2n$ miteinander geeignet interferieren lassen. Dabei erhält man schließlich als Bedingung für Dunkelheit **(n-tes Interferenzminimum)**

$$\sin\alpha_{\min} = n \cdot \frac{\lambda}{b} \qquad (n = 1, 2, 3 \ldots) \,. \tag{9.7}$$

Die Maxima der Helligkeit liegen jeweils zwischen zwei Minima. Die Bedingung dafür kann geometrisch durch eine entsprechende Unterteilung des Spaltes in eine ungradzahlige Menge von Teilen hergeleitet werden.

Beugungserscheinungen treten auch beim Durchgang von Elektronen und Neutronen durch Materie auf, womit die Wellennatur dieser Teilchen nachgewiesen werden kann. Das Bild ist der kleinen Wellenlänge zufolge ähnlich dem der Röntgenbeugung und dient wie diese z.B. der Aufklärung von Molekül- und Kristallstrukturen.

G. Optik

Die Optik ist die Lehre vom **Licht,** also dem kleinen **Teil des elektromagnetischen Spektrums** (vgl. Kap. F. 8 und G. 13), das unser Auge wahrnimmt.

Die Optik behandelt Fragen

- der Lichtentstehung (z. B. Lichtquellen)
- der Lichtwahrnehmung (z. B. Photometrie)
- der Lichtausbreitung (z. B. Reflexion, Brechung, Beugung)
- der Wechselwirkung von Licht mit Materie (z. B. Streuung, Absorption)

Zur Beschreibung von Licht existieren drei Konzepte:

Licht kann (im makroskopischen Bereich) durch sich geradlinig ausbreitende Strahlen beschrieben werden: **Geometrische Optik.**

Bei kleinen räumlichen Abmessungen von Objekten ($\sim {}^{1}/_{1000}$ mm) tritt der Wellencharakter des Lichts stark in Erscheinung: **Wellenoptik.**

Bei Emissions- und Absorptionsprozessen tritt es in Form von Quanten mit ganz definierten Energiebeträgen auf: **Quantenoptik.**

Jeweils nach Ergebnis eines Experiments zeigt sich, welches Modell des Lichts das zur Beschreibung des betreffenden Phänomens adäquate ist.

1. Photometrie

Licht stellt stets eine Energieströmung dar (vgl. Kap. F. 8). Die Registrierung dieses Energieflusses geschieht in der **Photometrie.** Betrachten wir eine Lichtquelle Lq, aus der Licht emittiert wird (Abb. G-1). Ihre „Helligkeit" wird durch die **Lichtstärke** I beschrieben, deren **Einheit** die **Candela** (cd) ist. Eine Lichtstärke von 1 cd hat ein ${}^{1}/_{60}$ cm^2 eines Schwarzen Strahlers (Loch von ${}^{1}/_{60}$ cm^2 Fläche) bei der Temperatur des erstarrenden Platins (2046,7 K). Diese relativ seltsam erscheinende Festlegung wurde so gewählt, daß die Basisgröße Lichtstärke (Candela) ziemlich gut an die früher übliche Größe „Hefnerkerze" anschließt. Eine normale Haushaltskerze besitzt ungefähr die Lichtstärke 1 cd. Wird die Lichtstärke I mit dem Raumwinkel $d\Omega$, in den die Lichtquelle ausstrahlt, multipliziert, so erhält man den **Lichtstrom** $d\Phi$:

$$d\Phi = I \cdot d\Omega \,. \tag{1.1}$$

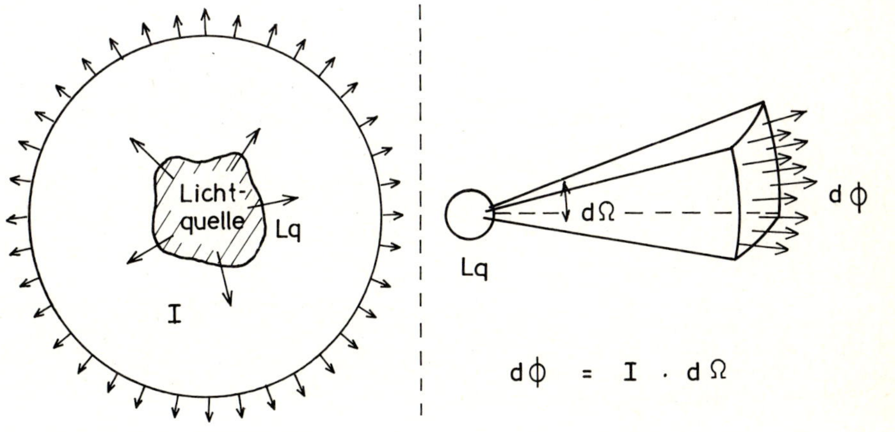

Abb. G-1 Zusammenhang von Lichtstärke I und Lichtstrom Φ einer Lichtquelle Lq. $d\Omega$ = Element des Raumwinkels.

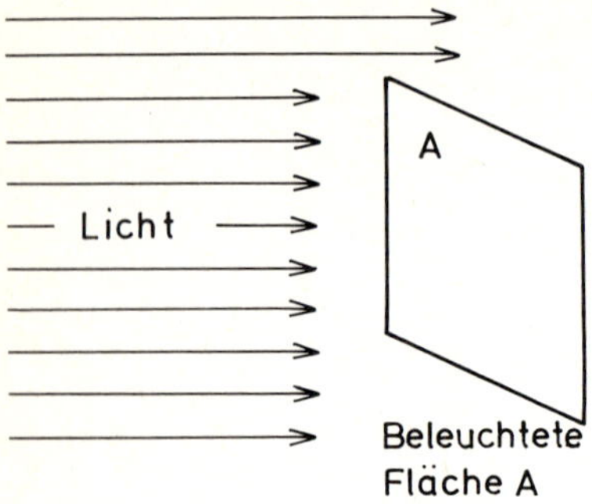

Abb. G-2 Beleuchtungsstärke $E = \frac{\text{Lichtstrom } \Phi}{\text{Beleuchtete Fläche } A}$

Der Lichtstrom wird in der **Einheit Lumen** (lm = cd · sr) angegeben.

Eine weitere aus der Lichtstärke I abgeleitete Größe stellt die **Leuchtdichte** B dar. Dabei wird die Lichtstärke I durch die Fläche A der Lichtquelle dividiert:

$$B = \frac{I}{A} \qquad (1.2)$$

oder genauer, da die Lichtstärke eines Strahlers nicht überall konstant sein muß,

$$B = \frac{dI}{dA}\,. \qquad (1.3)$$

Diese Definition gilt sowohl für beleuchtete als auch für selbstleuchtende Objekte. Die **Einheit** der Leuchtdichte ist **1 cd/m²**. Auf älteren Instrumenten (gesetzlich bis 31.12.1974 zugelassen) findet sich die Einheit **stilb** (sb)

$$1\ \text{sb} = 1\ \frac{\text{cd}}{\text{cm}^2}\,.$$

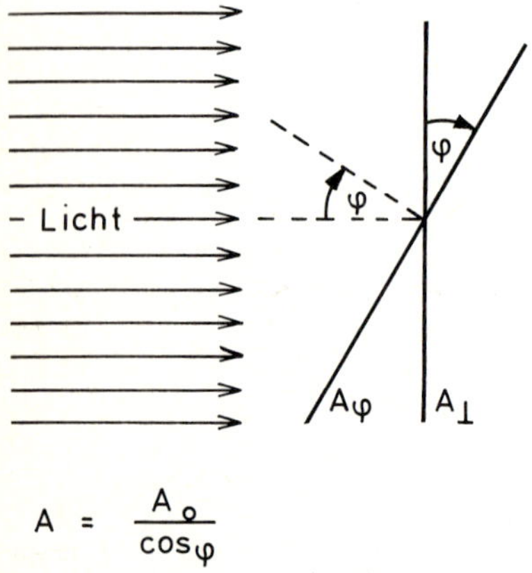

Abb. G-3 Beleuchtungsstärke E bei schiefem Lichteinfall (Einfallswinkel φ)

Speziell zur Beurteilung der „Helligkeit" von Arbeitsplätzen, Autostraßen, Operationstischen usw. ist eine weitere photometrische Größe von Interesse, die **Beleuchtungsstärke** E (Abb. G-2).

Sie wird definiert als Quotient aus auftreffendem Lichtstrom Φ und getroffener Fläche A:

$$\text{Beleuchtungsstärke } E = \frac{\Phi}{A}\,. \qquad (1.4)$$

Die **Einheit** der Beleuchtungsstärke E ist **Lux** (lx): $1\ \text{lx} = \frac{1\ \text{lm}}{1\ \text{m}^2}$.

Sehr häufig geschieht die Beleuchtung eines Objekts aber nicht senkrecht; so strahlen in aller Regel Schreibtischlampen, die Sonne usw. nicht senkrecht auf den Schreibblock oder die Oberfläche unserer Erde. In diesem Fall ist die Beleuchtungsstärke um den Faktor $\cos\varphi$ (φ = Einfallswinkel) vermindert (Herleitung in Abb. G-3).

Außerdem hängt die Beleuchtungsstärke von der Entfernung r zur Lichtquelle ab:

$$E \sim \frac{I}{r^2}\,. \qquad (1.5)$$

Halbierung des Abstands Objekt–Lichtquelle bedeutet also eine Vervierfachung der Beleuchtungsstärke!

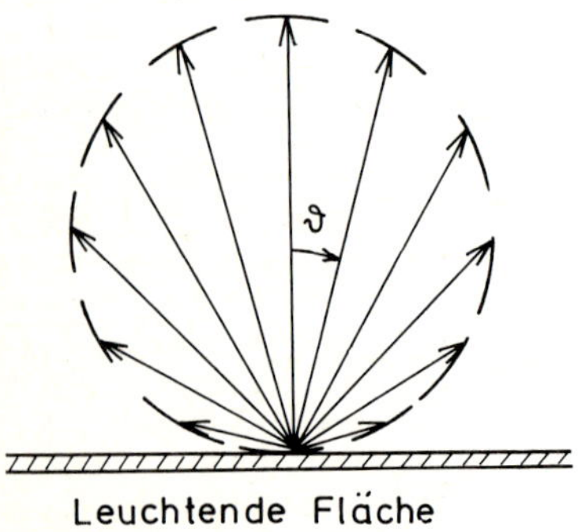

Abb. G-4 Lambertsches Gesetz: Die unter dem Winkel φ emittierte Lichtintensität ist um den Faktor $\cos\varphi$ verringert. ($\cos 0° = 1$, $\cos 90° = 0$) (Maximale Emission erfolgt also senkrecht zur leuchtenden Fläche).

In aller Regel reflektieren beleuchtete Flächen Licht mehr oder weniger gut; d.h. sie senden selbst Licht aus (Fremdleuchter). Eine Zeitung, ein Gesicht, der Mond; sie alle sind Beispiele für **Fremdleuchter. Selbstleuchter** sind alle Körper, die selbst aktiv Licht aussenden: Glühlampe, Sonne, Kerze, Laser, ...

Zwei Beobachtungen:

Unsere Sonne erscheint auch zum Rande hin „gleich hell". Da wir zum Rande hin jedoch auf eine wesentlich größere Fläche schauen, könnte man doch erwarten, daß uns die Sonne nach außen hin immer heller erscheinen würde.

Die Leuchtdichte eines Blattes matten weißen Papiers (z.B. Schreibmaschinenpapier) ist unabhängig von der Betrachtungsrichtung. Ein Blatt erscheint von oben und von schräg immer etwa gleich hell

Die Erklärung liefert das **Lambertsche Gesetz** (Abb. G-4): Der von einem Körper in die Richtung ϑ emittierte Lichtstrom ist proportional zu $\cos\vartheta$:

$$d\Phi_\vartheta = d\Phi_0 \cdot \cos\vartheta\,. \qquad (1.6)$$

Beispiele

Leuchtdichten:	Sonne	bis $1{,}5 \cdot 10^9 \frac{cd}{m^2}$
	Lichtbogenkrater	bis $1{,}8 \cdot 10^8 \frac{cd}{m^2}$
	mattierter Glühlampenkolben	$5–30 \cdot 10^4 \frac{cd}{m^2}$
	Leuchtstofflampe	$3000–7000 \frac{cd}{m^2}$
Lichtstrom:	Glühlampe (220 V) 25 W	215 lm
	60 W	620 lm
	200 W	2900 lm
	Leuchtstofflampe 25 W	1350 lm
Beleuchtungsstärke:	Heller Sonnenschein	10^4–10^5 lx
	Tageslicht (bedeckter Himmel)	900–2000 lx
	Sollwerte:	
	Straßenbeleuchtung	0,5–30 lx
	Arbeitsplatz	
	(grobe Arbeit)	50–100 lx
	(feine Arbeit)	300–1000 lx
	(sehr feine Arbeit)	1000–4000 lx

Photometer

dienen zum Vergleich von Beleuchtungsstärken:

Fettfleck-Photometer: Den prinzipiellen Aufbau eines Fettfleck-Photometers zeigt Abb. G-5.

Sind die beiden von links bzw. rechts erzeugten Beleuchtungsstärken gleich groß, wird der Fettfleck nicht mehr erkennbar. Aus den Abständen r_1 bzw. r_2 lassen sich so die Beleuchtungsstärken E_1 bzw. E_2 relativ zueinander bestimmen

$$\frac{E_1}{E_2} = \frac{r_1^2}{r_2^2}. \tag{1.7}$$

Photozellen: Fast alle handelsüblichen Geräte zur Photometrie arbeiten mit Photozellen. Dabei werden ganz grob folgende Typen unterschieden:

Zellen mit photoempfindlicher Kathode. In einem evakuierten Glaskolben ist eine mit Cs o.ä. überzogene Kathode flächenförmig ausgebildet. Ihr gegenüber steht die positive Anode. Bei Belichtung werden aus der Kathode Elektronen ausgelöst (äußerer Photoeffekt, Hallwachs (1888), Theorie von Einstein (1905)). Diese Elektronen fliegen zur Anode; ein Photostrom fließt.

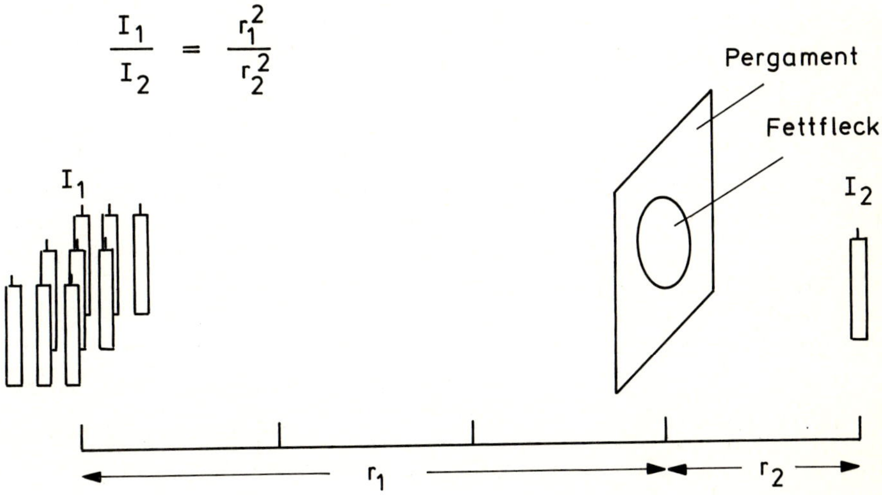

Abb. G-5 Prinzipieller Aufbau eines Fettfleck-Photometers. Durch Variation des Verhältnisses $r_1 : r_2$ läßt sich bei bekannter Intensität I_2 die Lichtstärke (bzw. Beleuchtungsstärke) I_1 bestimmen.

Halbleiter – Photozellen. Gewisse Halbleiter-Bauelemente (z.B. Selen, Si-pn-Übergang, vgl. Kap. D.15) werden bei Lichteinstrahlung elektrisch leitend (innerer Photoeffekt). Legt man eine Spannung an, so ist der registrierte Photostrom ein gutes Maß für die auftretende Beleuchtungsstärke bzw. den Lichtstrom.

Oftmals interessiert der Lichtstrom oder die Lichtstärke (Intensität) in ganz speziellen Wellenlängenbereichen, z.B. im infraroten Spektralbereich. Dann läßt sich durch Wahl geeigneter Materialien bzw. durch Verwendung von Filtern eine entsprechende spektrale Messung erreichen. Dies geschieht z.B. im URAS-Meßgerät zur CO_2-Bestimmung in der Atemluft. Dabei nutzt man aus, daß nach dem Durchgang von Licht durch Materie der Schichtdicke d nur noch der Bruchteil

$$I = I_0 \cdot e^{-k \cdot d} \tag{1.8}$$

der einfallenden Intensität I_0 auftritt **(Lambert-Gesetz).** Die restliche Intensität ist durch die **Extinktion** (sie setzt sich zusammen aus **Absorption** und **Streuung**) aus dem Strahl entfernt worden. k heißt **Extinktionskonstante;** sie hängt von der Wellenlänge λ des Lichts ab:

$$k = k(\lambda) \ .$$

Führt man die Messung also bei einer Wellenlänge durch, bei der ein bestimmter Stoff eine charakteristische Absorption zeigt (CO_2 z.B. bei $\lambda = 4{,}26\ \mu m$ und $\lambda = 14{,}99\ \mu m$), so kann man aus der gemessenen Extinktionskonstanten auf seine Konzentration schließen. Es gilt nämlich innerhalb gewisser Grenzen das **Beersche Gesetz**

$$k = K \cdot c \tag{1.9}$$

d.h. eine Proportionalität zur Konzentration c.

2. Lichtquellen

Licht wird in **Lichtquellen** erzeugt. Nicht nur selbstleuchtende, sondern auch alle beleuchteten Körper sind Lichtquellen (Sonne, Mond, Wolken, Glühlampen, rote Rose,usw.).

Selbstleuchter sind alle Körper, bei denen durch eine Energieumsetzung Licht entsteht, das dann abgestrahlt wird. Die Energieumsetzung verläuft stets nach folgendem Schema (Abb. G-6):

Abb. G-6 Energieumwandlung in einer Lichtquelle. Lichtentstehung *ohne* Energieumsatz ist nicht möglich.

Chemische Energie (z.B. Verbrennen von Wachs in der Kerze, Leuchten eines Glühwürmchens), elektrische Energie (z.B. Glühlampe, Laser, Kohlebogenlampe) oder Kernenergie (z.B. Energieproduktion im Innern der Sonne) werden in Strahlungsenergie umgewandelt. Die Selbstleuchter werden gerne nach ihrer Temperatur in heiße bzw. kalte Lichtquellen untergliedert. Beispiele:

Glühlampe. Ein Draht (oft Wolfram bzw. wolframhaltige Legierung) wird von elektrischem Strom durchflossen. Durch die Wechselwirkung der Leitungselektronen mit den Atomrümpfen des Metalls entsteht Wärme (Joulesche Wärme, Kap. D. 14). Der Draht erhitzt sich. Ab ca. 800 °C ist ein erhitzter Körper sichtbar (tiefrotes Glühen). Übliche Temperaturen in Glühlampen sind 1800 K–2500 K. Bei dieser höheren Temperatur verschiebt sich das Maximum der emittierten Strahlung immer weiter in Richtung blauer Spektralbereich, so daß unserem Auge das Licht zunehmend „weiß" vorkommt (Wiensches Verschiebungsgesetz): $\lambda_{max} \cdot T = 3{,}24\,\text{mm} \cdot \text{K}$.

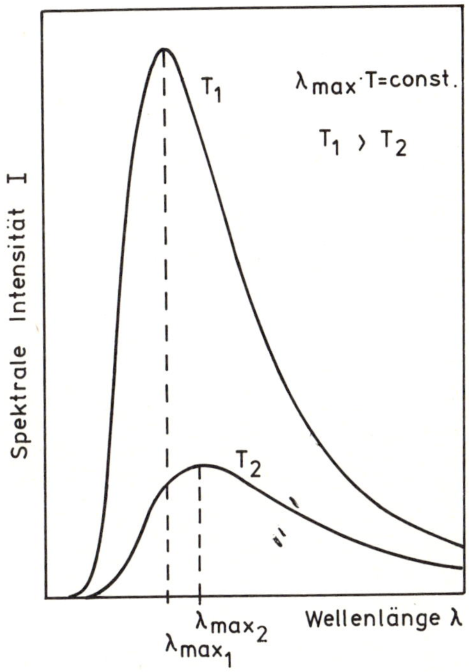

Abb. G-7 Strahlung eines „Schwarzen Körpers". λ = Wellenlänge, T = Temperatur

Halogenlampe. Bedeutend mehr Licht ($S \sim T^4$, Stefan-Boltzmann-Gesetz, vgl. Kap. C. 9) und „weißeres Licht" wird durch die Halogenlampe erhalten. Sie ist weiter nichts als eine übliche Glühlampe, allerdings mit einem Halogenzusatz (z. B. Br_2) im Quarzkolben. Dadurch läßt sich die Drahttemperatur wesentlich steigern. Zwar „dampfen" vermehrt Wolframatome von dem heißen Draht ab; durch eine chemische Transportreaktion mit Brom oder Jod als Träger werden jedoch die Wolframatome wieder zum Draht zurückgebracht.

Bogenlampe. Zwischen zwei Kohleelektroden, die sich meistens unter einem Winkel von ca. 90° und einem Abstand von 1–2 cm gegenüberstehen, liegt eine elektrische Gleichspannung an. Nach dem Zünden der Lampe brennt eine Gasentladung (vgl. Kap. D. 17) mit sehr hoher Teilchendichte und hoher Kratertemperatur der Elektrode. Bogenlampen werden z. B. zu Beleuchtungszwecken in Physik-Vorlesungen verwendet.

Gasentladungslampen. In je nach Verwendungszweck verschieden geformten Glaskolben bzw. -rohren befindet sich neben einem Elektrodenpaar ein Gas, z. B. Ne, Hg, Na, ... Im Betrieb brennt zwischen den Elektroden eine Gasentladung. Je nach Druck und Konsistenz der Gasfüllung ergeben sich verschiedene „Farben" (z. B. gelbe Na-Dampf-Lampe, „blaue" Quecksilber-Dampf-Lampe, „Neonröhre", ...).

Leuchtstoffröhren. Eine Variante der Gasentladungslampen stellen die Leuchtstoffröhren dar. Bei ihnen entsteht im Innern vor allem ultraviolette Strahlung, die dann auf die innere Auskleidung der Röhre mit einem Leuchtstoff trifft. Dieses lumineszierende Material wandelt die ankommende UV-Strahlung in sichtbares Licht um.

Durch geeignete Komposition der Leuchtstoffe lassen sich verschiedene Farbeindrücke erzielen (z. B. „kaltes Weiß" – starker Blauanteil, „warmes Weiß" – stärkerer Rotanteil).

Laser. Der Laser (**L**ight **A**mplification by **S**timulated **E**mission of **R**adiation) ist eine sehr junge (ab 1958 bzw. 1960) Lichtquelle. Ihr kommt in der Medizin insbesondere in der Chirurgie („Laser-Skalpell") und bei der Behandlung von Augenkrankheiten (z. B. „Anheften" der Retina) große Bedeutung zu.

Sonne. In gewisser Näherung kann die Sonne als „Schwarzer Strahler" angesehen werden (vgl. Abb. G-7). Sie ist ein Temperaturstrahler mit einer Oberflächentemperatur von ca. 5800 K; das Licht wird aus einer „hauchdünnen" Schicht, der Photosphäre, emittiert (nur wenige Hundert Kilometer dünn, daher erscheint uns die Sonne auch so scharf berandet). Die Photosphäre selbst wird durch die aus dem Innern der Sonne (Temperatur ca. 20 Millionen Grad) stammenden γ-, Röntgen- und Teilchenstrahlen angeregt. Die Sonne erhält ihre Energie durch Kernfusion – letztlich werden 2 Protonen und 2 Neutronen zu einem Heliumkern (s. Kap. E. 2) verschmolzen.

Kerze. Die Kerze – ebenso verbrennendes Holz usw. – stellt keinen Temperaturstrahler dar. Vielmehr leuchten einige Teilchen der Flamme. Die Farbe der Flamme erlaubt also keinen einfachen Rückschluß auf die Temperatur.

Lumineszenzdiode (LED). Fließt ein elektrischer Strom durch gewisse dotierte Halbleiter, so kann es zur Emission von Licht kommen. Besonders geeignet sind dotierte III-V-Halbleiter, z. B. InP oder GaAs. Solche Leuchtdioden werden gerne zur optischen Anzeige verwendet; ihr Wirkungsgrad ist noch sehr viel geringer als der einer Glühlampe (6%), nämlich nur etwa 1‰.

Die soeben vorgestellten Lichtquellen werden je nach medizinischer Anforderung ausgelegt; so werden z. B. Bestrahlungslampen für infrarotes Licht (IR) oder für ultraviolette Bestrahlung (UV) mit speziellen Filtergläsern ausgestattet, die nur die gewünschten Wellenlängen durchlassen. Analoge Bestrahlungslampen dienen zur Desinfektion, zur Senkung des Bilirubinspiegels bei Neugeborenen usw.

3. Ausbreitung des Lichts

Von einer Lichtquelle (z. B. Sonne oder Glühlampe) breitet sich Licht nach allen Seiten aus; im Vakuum mit **Lichtgeschwindigkeit**

$$c_0 \approx 3 \cdot 10^8 \, \frac{\mathrm{m}}{\mathrm{s}} \; .$$

Zur Beschreibung der Ausbreitung des Lichts wird der Begriff „Lichtstrahl" verwendet. Von einer Lichtquelle geht Licht nach allen Seiten aus. Wird vor die Lichtquelle eine Blende gestellt, die Licht nur in einem Ausschnitt hindurchläßt, so entsteht hinter dieser Blende ein kegelförmiger heller Raum. Wird in diesen Raum eine zweite, eine dritte usw. Blende gebracht, geht letztlich nur noch ein einziges, beliebig schmal zu denkendes Lichtbündel hindurch, ein Lichtstrahl (Abb. G-8).

Ein Lichtstrahl ist eigentlich nur eine gedankliche Abstraktion, eine Modellvorstellung, wie die Physiker sagen. Allerdings eine ausgesprochen zweckmäßige: Die Geschwindigkeit der Lichtausbreitung, das Entstehen der Schatten, „Strahlen"-gänge in optischen Instrumenten, alle diese fundamentalen Eigenschaften der Optik lassen sich mit dem Begriff des Lichtstrahls sehr einfach verstehen und beschreiben.

Ein Lichtstrahl hat stets die Ausbreitungsrichtung der elektromagnetischen Welle, die Licht repräsentiert. Gemäß dem Huygensschen Prinzip (s. Kap. F. 9) kann jeder von der elektromagnetischen Lichtwelle erfaßte Punkt als Ausgangspunkt einer Elementarwelle angesehen werden. Durch die Überlagerung (Interferenz) aller dieser Wellen entsteht eine neue resultierende Wellenfront usw. (Abb. G-9).

Der „Lichtstrahl" steht senkrecht auf den entstehenden Wellenfronten und wird in Abb. G-9 durch einen Pfeil dargestellt.

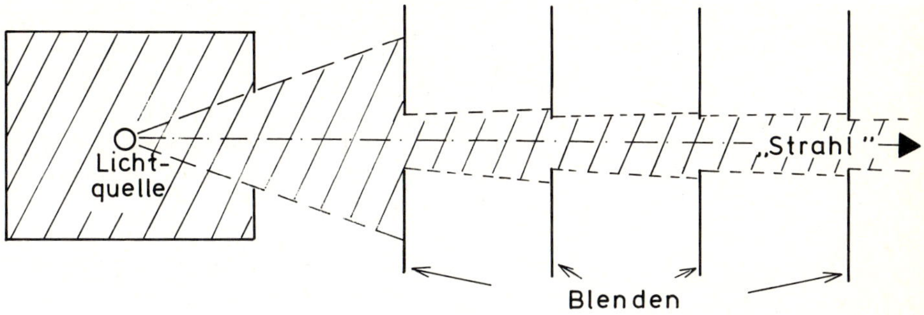

Abb. G-8 Begriff „Lichtstrahl". Durch sukzessives Ausblenden der Randstrahlen werden die entstehenden Lichtkegel immer „spitzer". Im Grenzübergang: Unendlich schlanker Lichtkegel = Lichtstrahl.

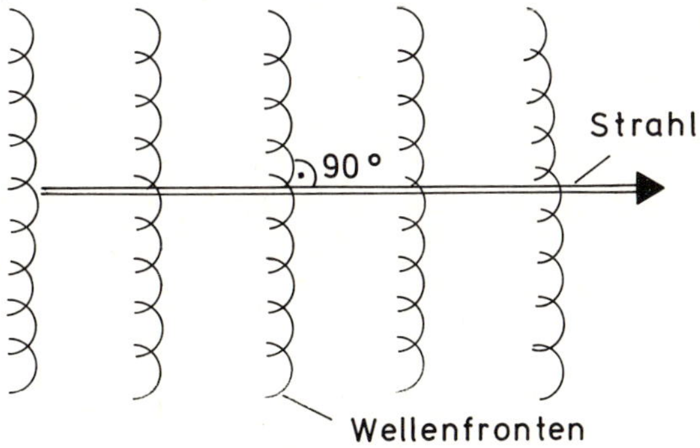

Abb. G-9 Ausbreitung von Lichtstrahlen nach dem Huygensschen Prinzip. Die Einhüllende einer Wellenfront wird als Ausgangslinie neuer Elementarwellen angesehen. Der „Strahl" steht senkrecht auf den Wellenfronten.

Ganz entsprechend wird die Geradlinigkeit der Lichtausbreitung erklärt: Die von einer ebenen Wellenfront ausgesandten Huygensschen Elementarwellen bilden in ihrer vordersten Linie (Einhüllenden) wieder eine ebene Wellenfront. Alle Lichtstrahlen sind zueinander parallel und breiten sich stets senkrecht zu den ebenen Wellenfronten aus. Auch das Licht, das unsere Erde von der Sonne erreicht, kann als Teil einer gigantischen Wellenfront angesehen werden: einer kugelförmigen Welle mit einem Radius von 150 Millionen Kilometer. Für alle praktischen Anwendungen sind bei uns auf der Erde eine solche Wellenfront als „eben" und die Strahlen als „parallel" anzusehen.

Der **Schattenwurf** kann mit der Geradlinigkeit der Lichtausbreitung erklärt werden: Trifft ein Bündel paralleler Lichtstrahlen auf ein Hindernis, so wird dahinter ein Schattenraum festgestellt. Dieser Schatten kann auf einem Schirm oder einem Film sichtbar gemacht werden (Abb. G-10).

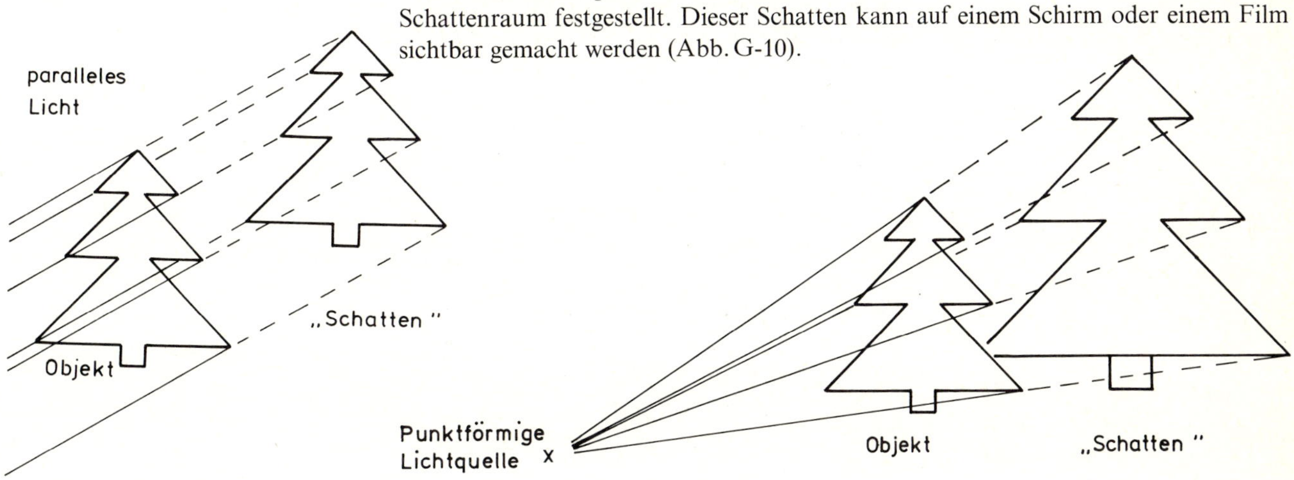

Abb. G-10 Entstehung der Schattenräume. *Links:* bei Beleuchtung mit parallelem Licht. *Rechts:* bei Beleuchtung mit Licht einer punktförmigen Lichtquelle.

Aus der geradlinigen Ausbreitung des Lichts folgt, daß auch der geometrische Schattenraum geradlinig begrenzt sein muß. Eine wesentliche Bedingung gilt für die einfachen Schattenkonstruktionen: Es muß die Größe der Lichtquelle sehr viel kleiner als das Objekt sein bzw. sehr weit vom Objekt entfernt sein. Nur dann kann idealisiert von einer **punktförmigen Lichtquelle** gesprochen werden. Bei ausgedehnten Lichtquellen kann es zu Kern- und Halbschatten kommen. Berühmte Beispiele sind Sonnen- und Mondfinsternis.

Der Aktualität wegen soll eine Licht„ausbreitung" vorgestellt werden, die eigentlich gar keine Ausbreitung erfolgen läßt: Licht im Felde schwarzer Löcher. Die geradlinige Ausbreitung des Lichts gilt nämlich nicht im Bereich starker Gravitationsfelder (Einstein, Allgemeine Relativitätstheorie, 1917). Danach kann es zur Gravitationsanziehung von Licht kommen; experimentell ist bestätigt, daß dicht an der Sonnenoberfläche vorbeilaufende Lichtstrahlen gekrümmte Bahnen zeigen. Schwarze Löcher sind Sterne, deren Materie eine extrem hohe Dichte aufweist (Kernmaterie; s. Kap. E. 2). Solche Zustände können als Endzustände massenreicher Sterne auftreten (Neutronenstern). Ihr Radius beträgt lediglich ca. 10–30 km; trotzdem enthalten sie ca. 10 Sonnenmassen. Aufgrund des starken Gravitationsfeldes kann im Sterninnern entstehendes Licht – sei es sichtbares Licht, Röntgen-Strahlung, γ-Strahlung – den Anziehungsbereich des schwarzen Lochs nie verlassen. Daher das Attribut „schwarz"; ein solcher Stern ist von außen niemals sichtbar.

4. Ähnlichkeitsgesetze

Geometrische Optik verwendet ganz zentral den Begriff des **Lichtstrahls.** Der Lichtstrahl hat sehr viel mit dem Strahlensatz aus der Mathematik zu tun (Abb. G-11).

In der Gegenstandsweite g von der Lichtquelle befinde sich ein Gegenstand der Größe G. Wie groß ist dann das in der Bildweite b zu beobachtende Bild?

$$\frac{g}{b} = \frac{G}{B} \tag{4.1}$$

bzw. bei entsprechender Umformung,

$$B = \frac{b}{g} \cdot G \,.$$

Mit der Beziehung (4.1), dem Ähnlichkeitsgesetz, läßt sich gut spielen: Wird der Gegenstand dichter an die Lichtquelle gehalten (g sinkt), so wird das Bild größer (B steigt. Halten Sie mal ihre Hand immer dichter vor einen Diaprojektor!). Für das Verhältnis B/G wird oft eine eigene Bezeichnung verwendet: **Abbildungsmaßstab** A.

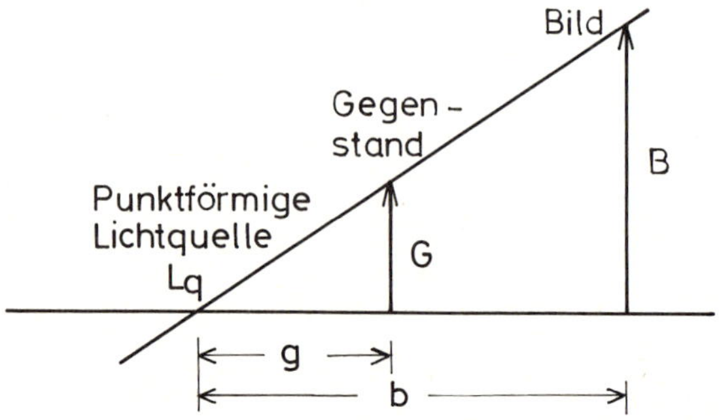

Abb. G-11 Konstruktion eines Bildes. Der Quotient b/g wird auch als Abbildungsmaßstab bezeichnet. g = Gegenstandsweite, b = Bildweite, G = Gegenstandsgröße, B = Bildgröße.

$$A = \frac{B}{G} \left(= \frac{b}{g} \right). \tag{4.2}$$

Dieses Verhältnis $\frac{B}{G}$ gibt an, wie groß das Bild im Vergleich zum Gegenstand ist, man nennt es daher auch (Lateral-)**Vergrößerung** V.

$$V = \frac{B}{G} \tag{4.3}$$

5. Reflexion am ebenen Spiegel

Bei der Morgentoilette: Blick in den Spiegel. Mit dem Auto zur Vorlesung: Blick in den Spiegel. Prinzipiell reflektieren alle Körper Licht; nur unterschiedlich stark. Auch eine Glasscheibe reflektiert Licht; bei senkrechtem Einfall sind es immerhin noch etwa 4% der ursprünglichen Intensität, die zurückgeworfen werden. Die übrigen 96% dringen in das Glas ein. Fällt das Licht schräg (Einfallswinkel α) auf die Glasplatte, so wird noch mehr reflektiert (Abb. G-12).

Im allgemeinen versteht man unter einem Spiegel eine metallische polierte Oberfläche (oft Al oder Ag oder Edelmetalle). Zunächst sei die Oberfläche eben: Ebener Spiegel (Abb. G-13).

Die Senkrechte auf die Oberfläche heißt Normale oder Lot und bildet einen rechten Winkel (90°) mit der Oberfläche. In der Physik ist vereinbart worden, den Winkel α zwischen dem einfallenden Strahl und dem Lot als Einfallswinkel zu bezeichnen.

Das **Reflexionsgesetz** für Licht besteht aus zwei Teilen:

a) Reflektierter Strahl und einfallender Strahl bilden mit dem Lot gleiche Winkel (Einfallswinkel = Ausfallswinkel).

b) Einfallender Strahl, Lot und reflektierter Strahl liegen in einer Ebene.

Aussage b) wird leider oft unterschlagen; sie besagt, daß der Lichtstrahl bei der Reflexion „nicht zur Seite wegspringt“, sondern seine Richtung beibehält, anders als ein stark angeschnittener Tischtennisball.

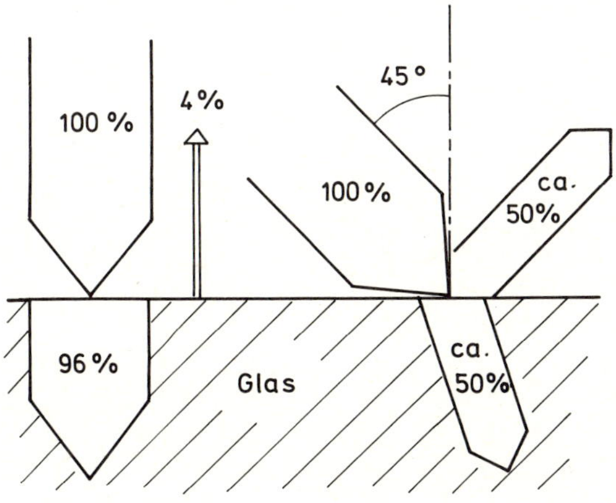

Abb. G-12 Reflexion an Glas: *a)* Anteil des reflektierten Lichts bei senkrechtem Einfall: 4%. *b)* Anteil des reflektierten Lichts bei schrägem Einfall: 4%–100% je nach Einfallswinkel.

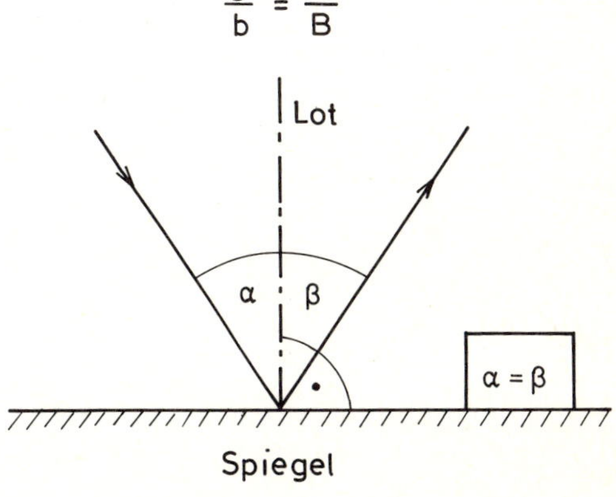

Abb. G-13 Reflexion am ebenen Spiegel: Einfallender Strahl und reflektierter Strahl bilden mit dem Lot den gleichen Winkel. Einfallender, reflektierter Strahl und Lot liegen in einer Ebene.

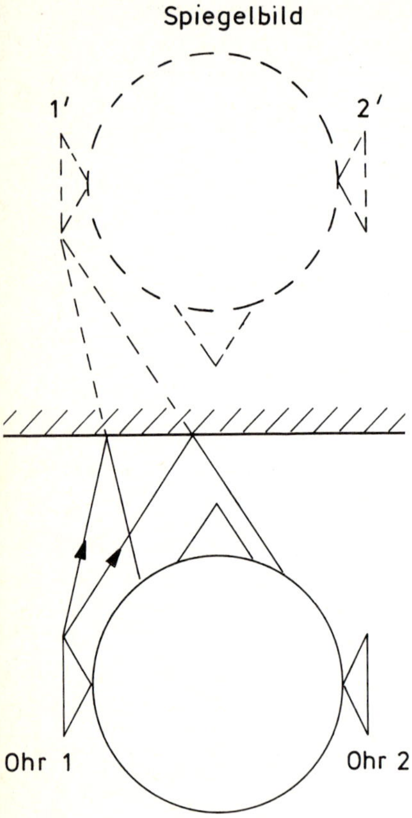

Abb. G-14 Das „links mit rechts" vertauschende Spiegelbild.

Das Spiegelbild eines Körpers hat zwei besondere Eigenschaften: Es ist seitenverkehrt, und es ist virtuell. Beide Begriffe sind leicht zu verstehen, wenn wir ein Spiegelbild konstruieren (Abb. G-14).

Letztlich müssen alle Strahlen in das Auge des Betrachters gelangen. Er sieht das Ohr Nr. 1 bei dem in Abb. G-14 angegebenen Strahlengang. Das Auge sieht aber nicht die Reflexion; für das betrachtende Auge scheint das Ohr Nr. 1 hinter dem Spiegel zu liegen, bei der Stelle 1. Von dort scheinen die Strahlen auszugehen. Übrigens: Babys, vor einen Spiegel gesetzt, wollen quasi um den Spiegel herum hinter den Spiegel greifen. Analog wird der Bildort 2 für Ohr Nr. 2 konstruiert. Das Mädchen erscheint im Spiegel seitenverkehrt.

Ein Spiegelbild ist ein **virtuelles Bild**; es kann nicht von einem Schirm aufgefangen werden.

6. Reflexion an sphärischen Spiegeln

Sphärisch werden zunächst einmal alle nichtebenen Spiegel genannt. Zu ihnen zählen Rasier- bzw. Kosmetikspiegel, Spiegel im Autoscheinwerfer und im Supermarkt, Ellipsenspiegel usw. Nach Art der Wölbung wird unterschieden: **Konkavspiegel** und **Konvexspiegel** (Abb. G-15).

Das Reflexionsgesetz gilt in jedem einzelnen Punkt des Spiegels. Dazu wird im Auftreffpunkt zwischen Lichtstrahl und Spiegeloberfläche die Tangente gelegt (Abb. G-16). Damit ist aus dem gewölbten Spiegel an einer kleinen Stelle idealisiert ein ebener Spiegel geworden, an dem – wie im vorigen Paragraphen ausgeführt – die Konstruktion vorgenommen werden kann: Errichtung des Lots (strichpunktierte Linie).

Aus der strikten Anwendung des Reflexionsgesetzes an jeder Stelle eines Kugelspiegels folgt für die „besonders einfachen" Strahlen (Abb. G-17):

Die Strahlen, die parallel zur Achse auf den Spiegel treffen („achsenparallele Strahlen"), werden alle in einen Punkt, den Brennpunkt F, gelenkt.

Strahlen, die durch den Krümmungsmittelpunkt M verlaufen, werden in sich selbst reflektiert (Begründung: Sie treffen senkrecht auf die Spiegeloberfläche).

Der **Brennpunkt** F hängt mit dem Krümmungsmittelpunkt M zusammen. Der Abstand Spiegel–Brennpunkt (OF) auf der Achse wird als **Brennweite** f bezeichnet. Der Krümmungsradius (Abstand Spiegeloberfläche–Krümmungsmittelpunkt OM) betrage r. Dann gilt

$$f = \frac{r}{2} \quad . \tag{6.1}$$

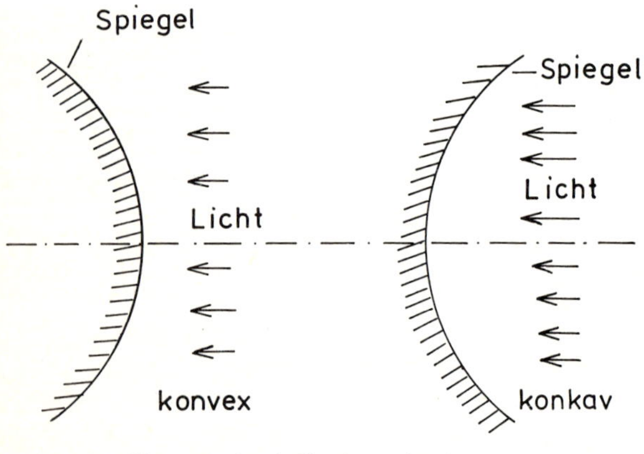

Abb. G-15 Konvexspiegel, Konkavspiegel

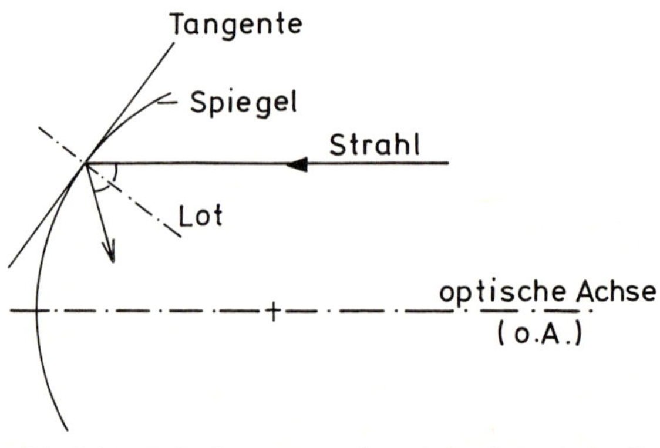

Abb. G-16 Reflexion am gewölbten Spiegel: Im Auftreffpunkt des Strahls kann (näherungsweise) die Spiegelfläche als Ebene (definiert durch Tangente) aufgefaßt werden.

Frage: Woher hat der Brennpunkt wohl seinen Namen? Denken Sie daran, daß viele parallele Sonnenstrahlen auf einen Spiegel fallen können! Was passiert?

Beim Konvexspiegel ist die Spiegeloberfläche nach außen gewölbt (Abb. G-18). Fallen achsenparallele Lichtstrahlen auf den Spiegel, so werden sie, wieder unter strikter Einhaltung des Reflexionsgesetzes, „auseinanderreflektiert“. Da sie alle von einem hinter dem Spiegel gelegenen Punkt auszugehen scheinen, wird dieser Punkt F als „virtueller Brennpunkt“ bezeichnet. Der Abstand vom virtuellen Brennpunkt zur Spiegeloberfläche bei O wird Brennweite f genannt.

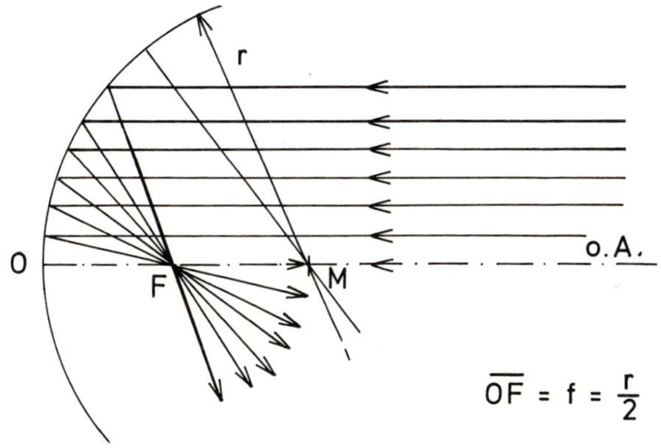

Abb. G-17 Reflexion achsenparalleler Strahlen am Konkavspiegel. Sie schneiden sich im Brennpunkt F. O = Scheitel, M = Krümmungsmittelpunkt, f = Brennweite, r = Krümmungsradius.

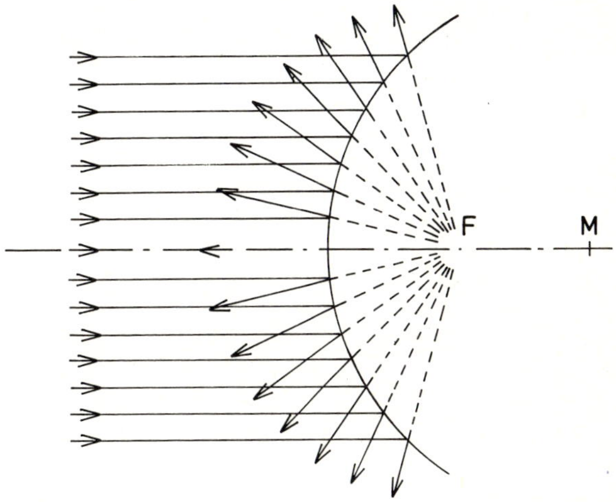

Abb. G-18 Reflexion achsenparalleler Strahlen am Konvexspiegel: Der Brennpunkt F scheint hinter der Spiegelfläche zu liegen.

Bildkonstruktion

Was verstehen Physiker eigentlich unter einem Bild, genauer unter dem Bild eines Objekts?

Sagen wir, es leuchte eine Kerzenflamme. Von ihr gehen unzählig viele Lichtstrahlen nach allen Seiten aus. Ein Teil dieser Strahlen fällt auf optische Bauteile (z. B. Spiegel, Linsen, Gitter usw.).

Auf einem Schirm vermögen wir plötzlich die Kerzenflamme wieder zu erkennen. Scharf und deutlich. Die „Black Box“ mit den optischen Elementen verändert die Richtung der einzelnen Strahlen so, daß die von einem Punkt des Objekts ausgehenden Strahlen wieder in einem Punkt zusammengeführt werden, dem Bildpunkt (Abb. G-19).

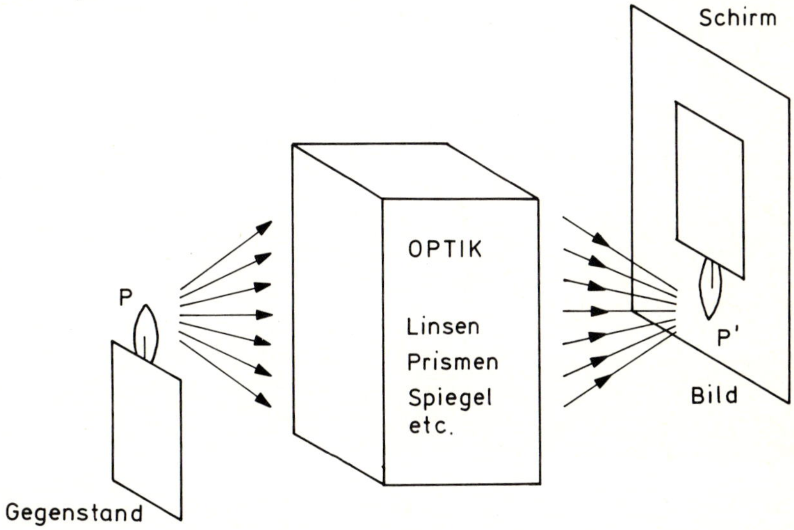

Abb. G-19 Bildentstehung: Gegenstandspunkt P und zugehöriger Bildpunkt P' müssen eindeutig einander zugeordnet werden können.

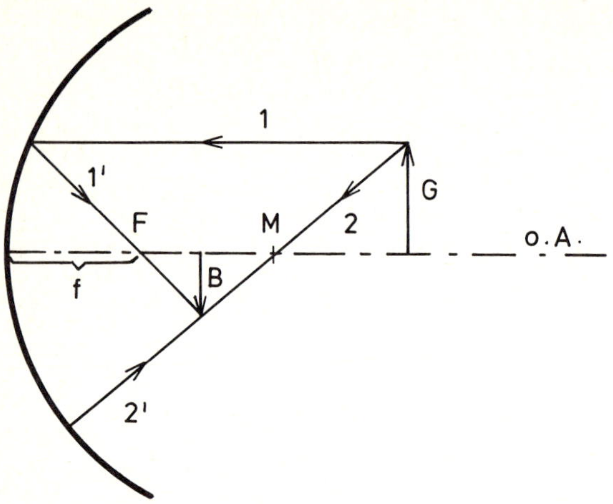

Abb. G-20 Bildkonstruktion am Konkavspiegel: Parallelstrahl (1) —→ Brennpunktstrahl (1′), Mittelpunktstrahl (2) —→ in sich selbst G = Gegenstand(-größe), B = Bild(-größe)

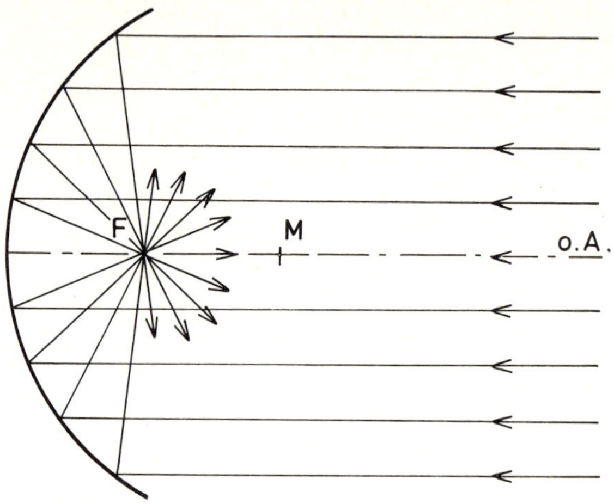

Abb. G-21 Achsenparallele Strahlen werden in den Brennpunkt abgebildet (Eigentlich nur beim Parabolspiegel).

Bei der tatsächlichen Konstruktion eines Bildes geht man weniger vorsichtig vor: Die Gesetze der Optik werden für besondere Strahlen besonders einfach. Allein aus diesen Gründen der Ökonomie und der Übersichtlichkeit werden die ausgezeichneten Strahlen verwendet. Selbstverständlich ist die Bildkonstruktion mit allen vom Objekt auf „die Optik" fallenden Strahlen möglich.

Beim Konkavspiegel sei ein Objekt G (z. B. ein leuchtender Pfeil) auf die Achse angeheftet (Abb. G-20). Von allen ihn verlassenden Strahlen werden der achsenparallele Strahl 1 und der Mittelpunktsstrahl 2 herausgewählt.

Bekannt: 1 wird Brennpunktsstrahl (1′)
2 wird in sich reflektiert (2′).

Die beiden Bildstrahlen 1′ und 2′ schneiden sich zum Bild B. Dort ist der Pfeil auf einem Schirm scharf zu erkennen (reelles Bild).

Ein Objekt G außerhalb des Krümmungsradius ergibt ein Bild B im Abstand zwischen einfacher und doppelter Brennweite. Das Bild ist seitenverkehrt.

Das Objekt G kann aber auch „unendlich weit" vom Spiegel entfernt sein („unendlich" meint: Abstand des Objekts vom Spiegel sehr viel größer als der Spiegel selbst): Dann fallen alle Strahlen (fast) parallel zueinander auf den Spiegel (Abb. G-21). Alle Strahlen werden dann in der Brennebene abgebildet. Im Brennpunkt wird alles Licht, das achsenparallel einfällt, vereinigt.

Komplizierter wird die Bildkonstruktion, wenn der Gegenstand zwischen Spiegel und Brennpunkt liegt (Abb. G-22).

Bei Anwendung des Reflexionsgesetzes schneiden sich die zur Bildkonstruktion verwendeten Strahlen nicht mehr: Es entsteht kein scharfes Bild, wenn mit einem Schirm nach ihm gefahndet wird. Unser Auge registriert jedoch ein Bild; es scheint „hinter" dem Spiegel zu liegen (virtuelles Bild). Die rückwärtige Verlängerung der Strahlen führt zu einem Schnitt bei B. Das entstandene Bild ist aufrecht, vergrößert und virtuell. Hauptsächlich diese Vergrößerungseigenschaften werden beim Zahn- bzw. Augenspiegel ausgenutzt. – Beim Konvexspiegel (z. B. im Supermarkt, an der Verkehrskreuzung) gibt es nur aufrechte, verkleinerte Bilder.

Hinweise

Strenggenommen gelten die obigen Ausführungen nur für **Parabolspiegel** (ein Schnitt durch den Spiegel ergibt einen Parabelabschnitt). Tatsächlich haben viele Spiegel jedoch eher kugelförmige Gestalt. Der Brennpunkt wird dann zu einer etwa herzförmigen Brennlinie **(Katakaustik)** auseinandergezogen; Grund für Abbildungsfehler **(sphärische Abberration).**

Weitgehend realisiert ist der Parabolspiegel im Autoscheinwerfer. Die Birne hat zwei Wendelsysteme, von denen eines im Brennpunkt angeordnet ist. Durch das Aufleuchten von je nur einer Wendel entstehen das Fern- und das Abblendlicht.

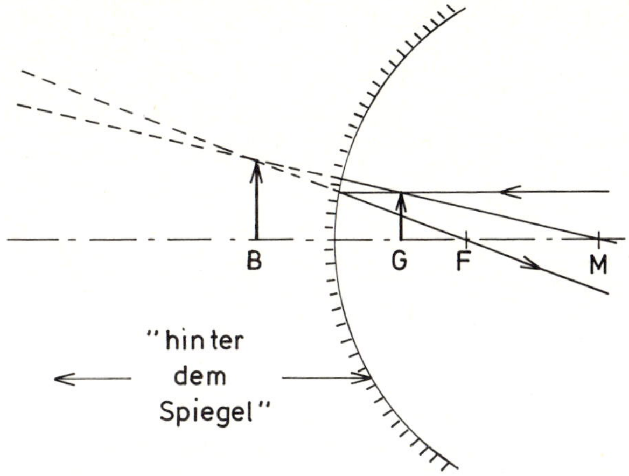

Abb. G-22 „Vergrößerungsspiegel": Befindet sich der Gegenstand *G* zwischen Spiegeloberfläche und Brennpunkt, scheint das entstehende Bild hinter dem Spiegel zu liegen (*B*)

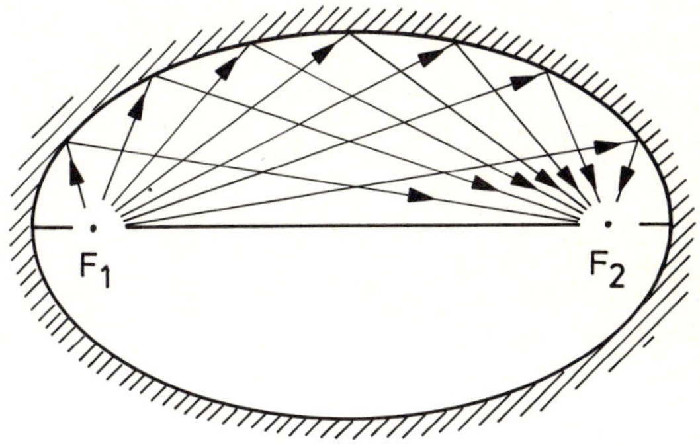

Abb. G-23 Elliptischer Spiegel: Alles von der im Brennpunkt F_1 gelegenen Lichtquelle ausgehende Licht wird im Brennpunkt F_2 gesammelt.

Wie Kuppeln von Kirchen für den Schall (Flüstergalerie), so wirken Ellipsenspiegel für das Licht. Licht, das in einem Brennpunkt entsteht, wird vollständig im anderen Brennpunkt gesammelt (Abb. G-23). Davon wird u.a. bei der Erzeugung von Laserstrahlen Gebrauch gemacht.

7. Brechung

Tab. G-1 Brechzahlen einiger Stoffe

Stoff	*n (20°C, gelbes Licht)*
Luft (1 bar)	1,00027
Wasser	1,333
Benzol	1,501
CS_2	1,628
Gläser	1,5–1,7
Diamant	2,417

In der Optik heißt das Gegenteil von dünner nicht dicker, sondern dichter. Jedenfalls dann, wenn zwei Medien aneinandertreffen. Fällt ein Lichtstrahl auf die ebene Grenzfläche zwischen zwei Medien, so erfährt das Licht neben der bereits bekannten Reflexion eine Richtungsänderung **(Brechung)** (Abb. G-24). Es sei α der zum Lot hin gemessene Einfallswinkel. Nach der Brechung habe sich der Winkel zum Lot hin verringert: Dann heißt dieses untere Medium **„optisch dichter"** als das obere **„optisch dünnere"** Medium. Quantitativ gilt:

$$\frac{\sin\alpha}{\sin\beta} = \frac{n_2}{n_1} \quad \text{(Snellius, 1620)} \quad , \tag{7.1}$$

n heißt **Brechungsindex** (Brechzahl). n ist eine Zahl, eine Materialkonstante. Für Vakuum ist n willkürlich 1 gesetzt worden; für sichtbares Licht haben die meisten Stoffe Brechzahlen zwischen 1 und etwa 2,4 (Diamant).

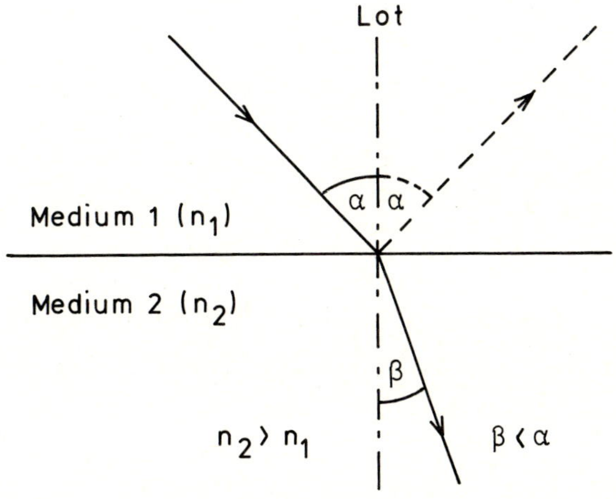

Abb. G-24 Brechung von Licht
(α = Einfallswinkel, β = Brechwinkel)
$\frac{\sin\alpha}{\sin\beta} = \frac{n_2}{n_1}$

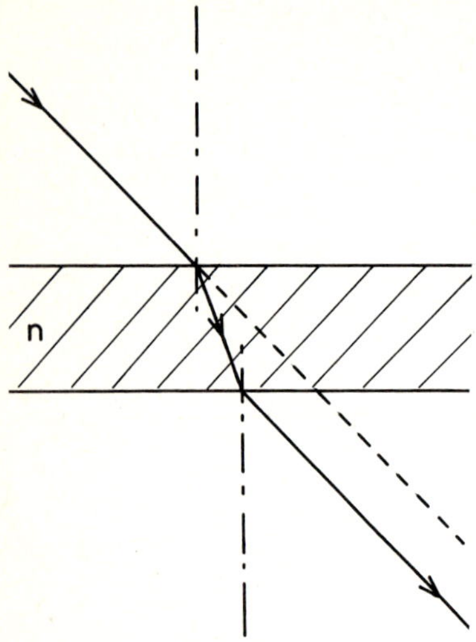

Abb. G-25 Durchgang von Licht durch eine planparallele Platte: Der Lichtstrahl wird gegenüber seiner ursprünglichen Richtung (gestrichelt) seitwärts verschoben, n = Brechzahl des Mediums.

„Optisch dichter" kann mittels der Brechzahl so formuliert werden: $n_2 > n_1$. Medium 2 ist „optisch dichter" als Medium 1.

Sehr häufig ist die Brechung von weißem Licht mit einer Zerlegung in Spektralfarben bzw. zumindest mit einer farbigen Aufränderung verbunden. Diese Erscheinung heißt **Dispersion.** Sie besagt, daß der Brechungsindex nicht für alle Farben (Wellenlängen) gleich ist. Vielmehr wird im allgemeinen blaues Licht stärker gebrochen als rotes Licht ($n_{\text{blau}} > n_{\text{rot}}$, **normale Dispersion**).

Das Phänomen der Brechung ist „schuld" am scheinbaren Abknicken von Gegenständen beim Eintauchen in Wasser oder am scheinbaren Verändern der Tiefe. Gegenstände erscheinen im Wasser „angehoben"; auch eine Glaskapillare erscheint „weiter" als sie tatsächlich ist.

Das Funkeln der Sterne wird ebenfalls durch das Brechungsgesetz erklärt: Kalte Luft hat einen größeren Brechungsindex als warme Luft. Turbulenzen in unserer Luft bewirken, daß das Licht der Sterne kalte bzw. warme Luftschichten durcheilt. Dabei kommt es jeweils zu Brechungen (Richtungsänderungen).

Beim Durchgang durch eine planparallele Platte wird der Lichtstrahl seitlich verschoben (Abb. G-25).

Die Brechung von Licht kann auch mit dem Huygensschen Prinzip erklärt werden (Abb. G-24). Eine Wellenfront bewege sich mit Lichtgeschwindigkeit c_0 in Vakuum auf eine ebene Grenzschicht zu. Im Medium ist die Ausbreitungsgeschwindigkeit des Lichtes geringer; exakt

$$c_n = \frac{c_0}{n}. \tag{7.2}$$

Hat nun die betrachtete Wellenfront bei A die Grenze erreicht, wird A als Ausgangspunkt Huygensscher Elementarwellen angesehen. Der wesentliche Unterschied zur Ausbreitung im Vakuum besteht jetzt in der niedrigeren Ausbreitungsgeschwindigkeit im Medium. Salopp formuliert: „Die Wellen kommen im Medium langsamer voran". Hat die ursprüngliche Wellenfront bei B das Medium erreicht, setzt genau dieselbe Überlegung wieder ein. Ebenso bei C, D, ... Die Einhüllende aller Huygensschen Elementarwellen im Medium ist wieder eine Gerade; sie stellt die neu entstehende Wellenfront dar. Sie ist in ihrer Richtung gegenüber der ursprünglichen verändert. Die Normalen auf den Wellenfronten entsprechen genau dem Strahlenmodell des Lichts; es gilt das **Brechungsgesetz** in der Form:

$$\frac{\sin\alpha}{\sin\beta} = \frac{n_{\text{Medium}}}{n_{\text{Vakuum}}} = \frac{c_0}{c_{\text{Medium}}} \,. \tag{7.3}$$

8. Totalreflexion

Totalreflexion tritt auf an der Grenzschicht vom optisch dichteren zum optisch dünneren Medium. Nach Überschreiten eines bestimmten Winkels vermag ein Lichtstrahl nicht mehr in das dünnere Medium überzuwechseln: Er wird vollständig bzw. totalreflektiert. Dieser **Grenzwinkel** α_T **der Totalreflexion** läßt sich errechnen aus

$$\sin\alpha_T = \frac{n_1}{n_2}. \tag{8.1}$$

Bei Luft (Vakuum) als dünnerem Medium:

$$\sin\alpha_T = \frac{1}{n}. \tag{8.2}$$

Der Grenzwinkel der Totalreflexion beträgt für den Übergang

$H_2O \rightarrow$ Vakuum (Luft) : 48°,

Glas $\rightarrow$ Vakuum (Luft) : 41°.

Die für die Medizin wichtigste Ausnutzung der Totalreflexion geschieht im Lichtleiter (Endoskopie). Den Aufbau eines (meistens beweglichen) Glasfaserkabels zeigt Abb. G-26.

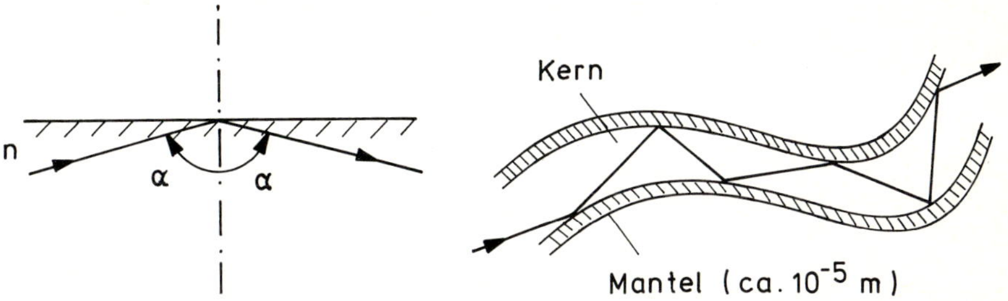

Abb. G-26 Totalreflexion: *Links:* Ist der Einfallswinkel $\alpha > \alpha_T$ (α_T = Grenzwinkel der Totalreflexion) so wird das Licht an der Grenzschicht vollständig reflektiert. *Rechts:* Lichtleitung in einer Glasfaser durch Totalreflexion.

Jede einzelne Glasfaser besteht aus einem Kern und einem Mantel. Der Mantel hat einen kleineren Brechungsindex als der Kern; für nicht zu starke Krümmungen des Kabels kann Licht nicht aus dem Kernbereich austreten, da der Grenzwinkel der Totalreflexion nicht erreicht wird. Einmal in den Kern eingestrahltes Licht wird in der ca. 10^{-5} m dünnen Faser „fortgeleitet". Soll das Glasfaserkabel lediglich zur Beleuchtung verwendet werden, so können die Fasern kraus und überkreuzend liegen. Für die Beobachtung eines Gewebes z.B. müssen die einzelnen Fasern im gesamten Kabel fein säuberlich geordnet liegen (Abb. G-27).

Totalreflexion ist auch verantwortlich für die Entstehung einer Fata Morgana (Totalreflexion an bodennahen heißen Luftschichten). Derselbe Effekt ist auch bei starker Sonneneinstrahlung auf Straßen und Autobahnen zu beobachten.

Auch der Regenbogen verdankt seine Existenz der Totalreflexion; bei dem unter 57° zu beobachtenden Nebenregenbogen sind es sogar zwei Totalreflexionen, die das Licht im Tropfeninnern erfährt. Die „Schönheit" des Regenbogens, nämlich seine Farbenpracht, liegt dabei in der Dispersion begründet.

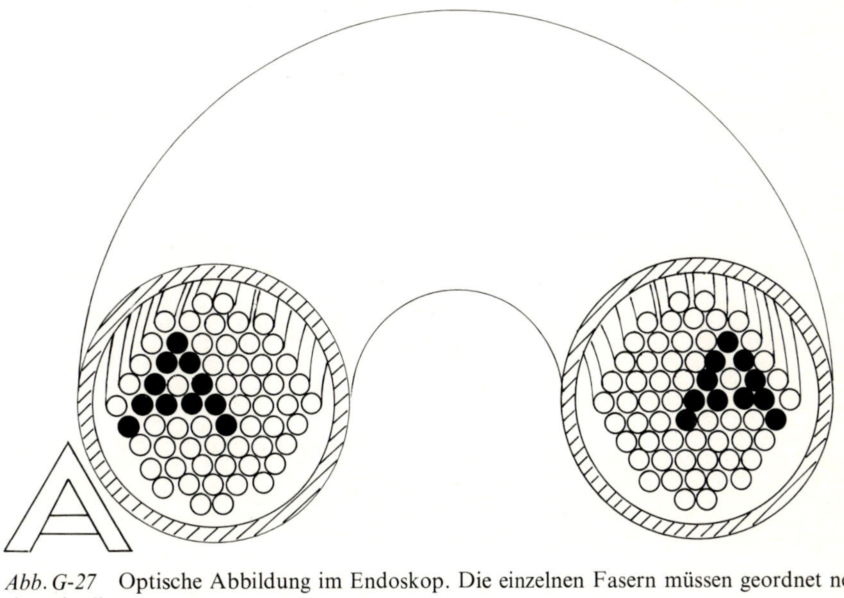

Abb. G-27 Optische Abbildung im Endoskop. Die einzelnen Fasern müssen geordnet nebeneinander liegen.

9. Prismen

Prismen sind optische Bauteile, die oft einfache geometrische Strukturen haben können. Sie bestehen in fast allen optischen Instrumenten aus Glas; selbstverständlich finden auch andere Materialien (Quarz, Paraffin, Wasser, usw.) Verwendung.

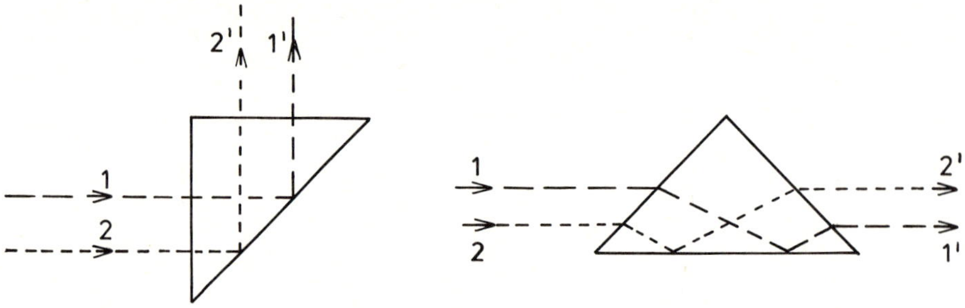

Abb. G-28 Umkehrprisma. Die Lage der Strahlen 1 und 2 zueinander wird umgekehrt. *Links:* Strahlenablenkung um 90°. *Rechts:* Ohne Richtungsänderung.

Ein **Umkehrprisma** lenkt und kehrt Lichtstrahlen um (Abb. G-28). In ein rechtwinkliges Prisma mögen von links Lichtstrahlen einfallen; sie treffen ohne Ablenkung auf die markierte Prismenfläche; der Einfallswinkel dort beträgt 45° und ist größer als der Grenzwinkel der Totalreflexion für den Übergang Glas–Luft. Es findet Totalreflexion statt; die Lichtstrahlen verlassen umgelenkt das Prisma. Durch „Hintereinanderschaltung“ von zwei Prismen läßt sich ein Periskop bauen. Das Strahlenpaar (1, 2) hat seine Anordnung zueinander umgekehrt.

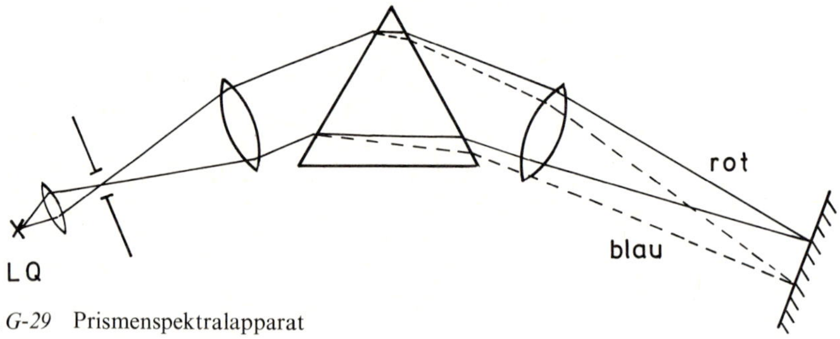

Abb. G-29 Prismenspektralapparat

Ein Prisma ist auch Herzstück eines **Prismenspektralapparats** (Abb. G-29). Dabei wird oft ein durch ein gleichschenkliges Dreieck bestimmtes Prisma verwendet. Die der Basis gegenüberliegende Kante heißt brechende Kante, an ihr liegt der Prismenwinkel γ. Für symmetrischen Strahlengang (der Lichtstrahl läuft im Schnittbild im Prisma parallel zur Basis) gilt für den gesamten Ablenkwinkel δ:

$$\sin\frac{\gamma+\delta}{2} = n \cdot \sin\frac{\gamma}{2}\,. \tag{9.1}$$

Im Prismenspektralapparat wird wieder die Dispersion ausgenutzt: Einfallendes Licht (z.B. einer Entladungsröhre) wird je nach Farbe verschieden stark gebrochen; ein Spektrum entsteht.

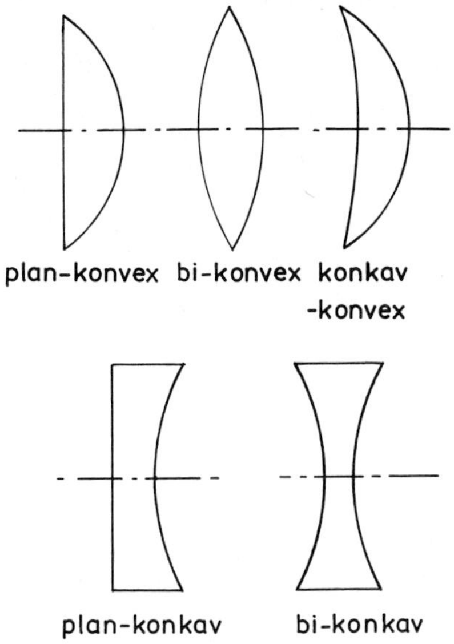

Abb. G-30 Ausführungsformen von Linsen.

10. Linsen

Linsen werden nach ihrer Form eingeteilt (Abb. G-30).
Die Linsenflächen werden häufig von Kugelflächen gebildet; der Ausschnitt zweier räumlicher Kugeln bildet die Linse. Die Verbindungslinie zwischen den beiden (Kugel-)Krümmungsmittelpunkten heißt **„optische Achse"** (Abb. G-31).

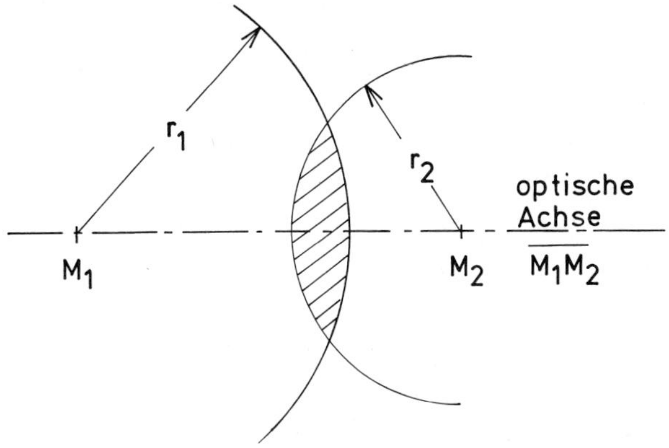

Abb. G-31 Sphärische Linse.
M_1, M_2: Krümmungsmittelpunkte
r_1, r_2: Krümmungsradien
$\frac{1}{f} = (n-1) \cdot \left(\frac{1}{r_1} + \frac{1}{r_2}\right)$; f = Brennweite

Die Abbildungseigenschaften einer Linse lassen sich durch ein gedankliches Zerlegen in Prismenstücke erläutern. Auf die einzelnen Prismenabschnitte – sprich: Linse – einfallende Lichtstrahlen werden abgelenkt. Paralleles Licht wird zum **Brennpunkt** F gelenkt; der Abstand vom Brennpunkt zur (dünnen) Linse heißt **Brennweite** f (Abb. G-32).

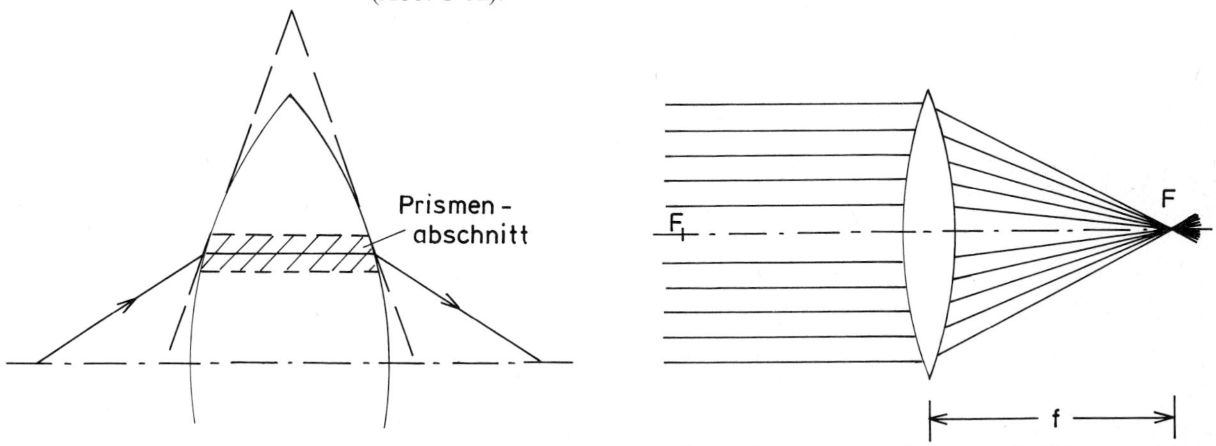

Abb. G-32 Abbildung an einer Konvexlinse. *Links:* Erklärung der Abbildung durch Prismenabschnitte. *Rechts:* Achsenparallele Strahlen werden in den Brennpunkt F abgebildet. f = Brennweite (für „schlanke" Linsen).

Die Brennweite f läßt sich auch rechnerisch ermitteln: Wenn n der Brechungsindex des Prismenmaterials, r_1 und r_2 die Krümmungsradien der Linsenflächen sind, so gilt

$$\frac{1}{f} = (n-1) \cdot \left(\frac{1}{r_1} + \frac{1}{r_2}\right). \tag{10.1}$$

Ein relativ häufiger Sonderfall ist die bikonvexe Glaslinse mit gleichen Krümmungsradien.

Für $r_1 = r_2 = r$ und $n = 1{,}5$ (Glas) erhält man

$$\frac{1}{f} = 0{,}5 \cdot \frac{2}{r} = \frac{1}{r} \quad \text{oder} \quad f = r. \tag{10.2}$$

Die Brennweite ist in diesem Fall gleich dem Krümmungsradius.
Linsen werden zur optischen Abbildung benutzt (Abb. G-33).

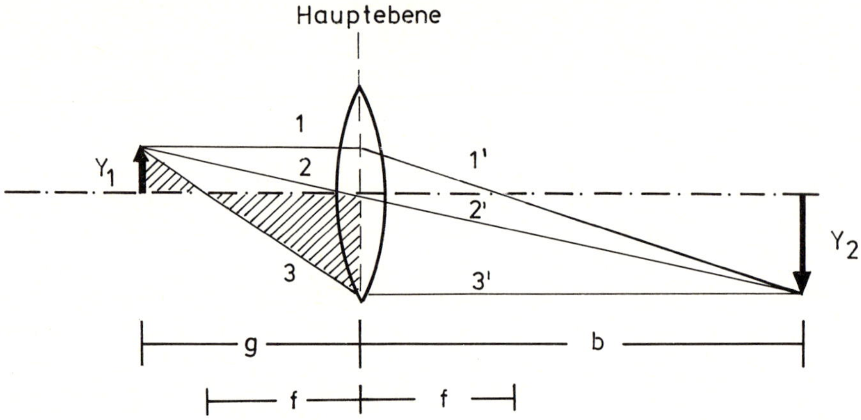

Abb. G-33 Bildkonstruktion an einer Konvexlinse. Vom Gegenstand (Größe y_1) sind 3 Strahlen eingezeichnet:
Parallelstrahl (1) wird Brennpunktstrahl (1′)
Mittelpunktstrahl (2) bleibt Mittelpunktstrahl (2′)
Brennpunktstrahl (3) wird Parallelstrahl (3′)
g = Gegenstandsweite, b = Bildweite.

Ein auf der optischen Achse angehefteter Pfeil der Größe y_1 sendet nach allen Seiten Lichtstrahlen aus. Von der Linse habe er die Entfernung g (Gegenstandsweite). Zur Bildkonstruktion werden drei Repräsentanten-Strahlen ausgewählt: Der Achsenparallelstrahl (1) wird zum Brennpunktsstrahl (1′). Der Mittelpunktsstrahl (2) geht ungebrochen durch die Linse (2′). Der Brennpunktsstrahl (3) wird zum Achsenparallelstrahl (3′).

Betrachten wir die schraffierten Dreiecke: Daraus erhält man

$$\operatorname{tg}\alpha = \frac{y_1}{g-f} = \frac{y_2}{f}\ . \tag{10.3}$$

Da nach Gleichung (4.1) $y_1/y_2 = g/b$ (Strahlensatz),

folgt
$$\frac{g \cdot y_2}{b(g-f)} = \frac{y_2}{f} \tag{10.4}$$

bzw.
$$\frac{g}{b} = \frac{g}{f} - 1\ . \tag{10.5}$$

Das läßt sich leicht umformen zu

$$\frac{1}{f} = \frac{1}{g} + \frac{1}{b}, \tag{10.6}$$

der **Abbildungsgleichung** einer Linse. Bei Kenntnis von Brennweite f und Gegenstandsweite g läßt sich die Bildweite b berechnen und umgekehrt. Die Linse kann bei dieser formalen Bildkonstruktion durch die gesamte Ebene senkrecht zur Achse durch die Linsenmitte, die sog. **Hauptebene** ersetzt werden (wichtig bei großen Gegenständen!). Bei dicken Linsen benötigt man eine vordere und eine hintere Hauptebene.

Bei **Zerstreuungslinsen (Konkavlinsen)** wird die Brennweite f **negativ** gerechnet (Abb. G-34). Die Gegenstandsweite g ist stets positiv ($g > 0$). Wegen $1/b = 1/f - 1/g$

folgt stets: $1/b < 0$, also b negativ. Eine Zerstreuungslinse liefert daher nur virtuelle Bilder.

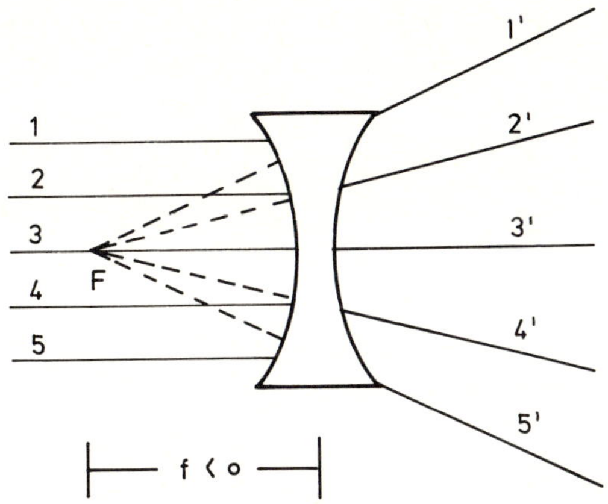

Abb. G-34 Strahlengang in einer Zerstreuungslinse (Konkavlinse).

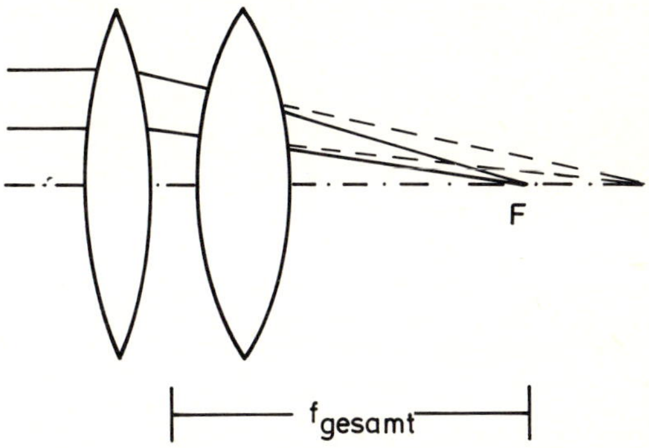

Abb. G-35 Strahlengang in einer Linsenkombination: Die „vorgebrochenen" Strahlen werden durch die rechte Linse zum gemeinsamen Brennpunkt gelenkt.

Zum Begriff der Brechkraft zunächst eine Vorbemerkung: Die Bezeichnung **Brechkraft** ist historisch bedingt; sie ist keine Kraft im physikalischen Sinne. Unter der Brechkraft wird der reziproke Wert der Brennweite f verstanden:

$$\text{Brechkraft} = \frac{1}{\text{Brennweite } f}.$$

Wird die Brennweite in Metern angegeben, so muß die **Einheit** der Brechkraft lauten: **Meter**$^{-1}$. Dafür ist die Bezeichnung **Dioptrie** üblich. Für ein Brillenglas mit der Angabe $+0{,}5$ dpt (dpt als Abkürzung für Dioptrien) könnte auch verschrieben werden:

$$\text{Konvexlinse, Brennweite } f = \frac{1}{0{,}5\,\text{dpt}} = 2\,\text{m}.$$

Zwei (oder mehrere) Einzellinsen können zu einem Linsensystem zusammengefaßt werden, z. B. in einem Photoapparat oder beim System Brille–Auge. Die Brennweite des Gesamtsystems ergibt sich dann nicht durch Addition der Einzelbrennweiten, sondern durch Addition der Brechkräfte:

$$\frac{1}{f_{\text{Gesamt}}} = \frac{1}{f_1} + \frac{1}{f_2}. \tag{10.7}$$

Daß die Brechkräfte und nicht die Brennweiten addiert werden müssen, ist sofort einsichtig (Abb. G-35). Bei der Hintereinanderschaltung von zwei Sammellinsen ergäbe sich ja sonst eine größere Brennweite als für eine einzelne Linse. Vielmehr wird von der ersten Linse das Licht bereits „vorgesammelt" auf die zweite gelenkt.

Wird eine Linse nicht von Kugelflächen, sondern von Zylinderflächen begrenzt (Zylinderlinse), so hat sie in der Ebene durch die beiden Achsen keine Linsenwirkung. Hier ist sie lediglich als planparallele Platte anzusehen. Senkrecht dazu wirkt sie als Linse. Zylinderlinsen werden teilweise in Brillen zur Korrektur von Fehlsichtigkeit (Stabsichtigkeit) verordnet (s. Kap. G. 11, Astigmatismus).

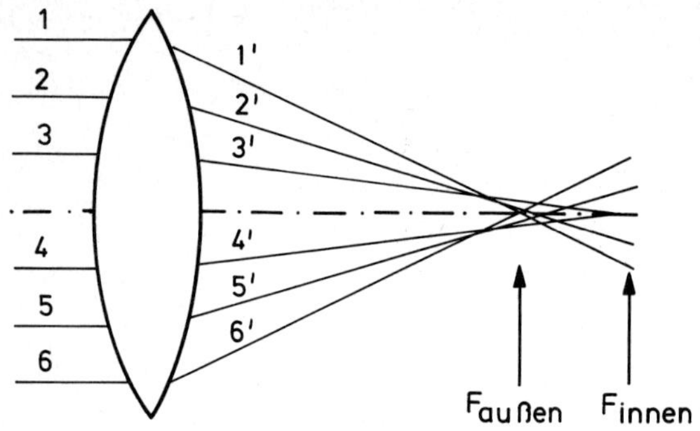

Abb. G-36 Linsenfehler: Sphärische Abberration. Die „Randstrahlen" 1 und 6 werden zum Brennpunkt $F_{außen}$, die inneren Strahlen 3 und 4 zu einem anderen Brennpunkt (F_{innen}) gebrochen.

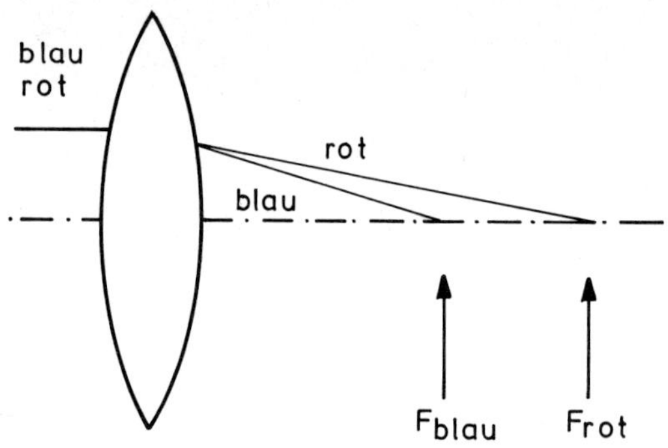

Abb. G-37 Linsenfehler: Chromatische Aberration. Aufgrund der Dispersion $n(\lambda)$ wird blaues Licht stärker gebrochen als rotes Licht.

11. Linsenfehler

In der Optik versteht man unter **Linsenfehlern** jene unerwünschten Abbildungseigenschaften, die durch die Größe der Linse oder die spektrale Zusammensetzung des Lichts verursacht werden. Ein Linsenfehler hat nichts mit einem Fehler der Linse, also etwa einer ungenügenden Politur oder Schlieren im Glas zu tun.

Die wichtigsten Linsenfehler sind

Sphärische Aberration; das ist eine Verzeichnung durch Randstrahlen, die eine kürzere Brennweite haben als die achsennahen Strahlen (Abb. G-36). Abhilfe schafft man durch Blenden oder durch zusammengesetzte Linsen (Aplanate). Die achsenparallelen äußeren Strahlen treffen vor dem Brennpunkt auf die optische Achse; die inneren Strahlen hinter dem Brennpunkt.

Chromatische Aberration. Beim Durchgang durch Linsen wird „weißes" Licht, das ja aus einer Mischung von rotem, gelbem, grünem, blauem, violettem Licht besteht, unterschiedlich stark gebrochen. Dementsprechend weisen die entstehenden Bilder oft farbige Ränder auf (Abb. G-37). Durch Zusammensetzung mit einer Zerstreuungslinse aus einem Glas mit größerer Dispersion läßt sich eine Farbzerstreuung wenigstens für zwei Farben, z.B. violett und rot, korrigieren. Solche korrigierten Linsensysteme heißen Achromate.

Astigmatismus. Strahlen, die unter relativ großem Winkel gegen die optische Achse auf die Linse fallen, können zu Abbildungsfehlern Anlaß geben (Abb. G-38). Das Bild eines Punktes ist dann kein Punkt, sondern günstigstenfalls ein Strich. In der Augenmedizin meint Astigmatismus, daß die Hornhaut z.B. infolge einer Krankheit in ihrer Wölbung nicht mehr einem Ausschnitt aus einer Kugeloberfläche entspricht. Der Ausgleich des Astigmatismus ist mit einer Zylinderlinse möglich.

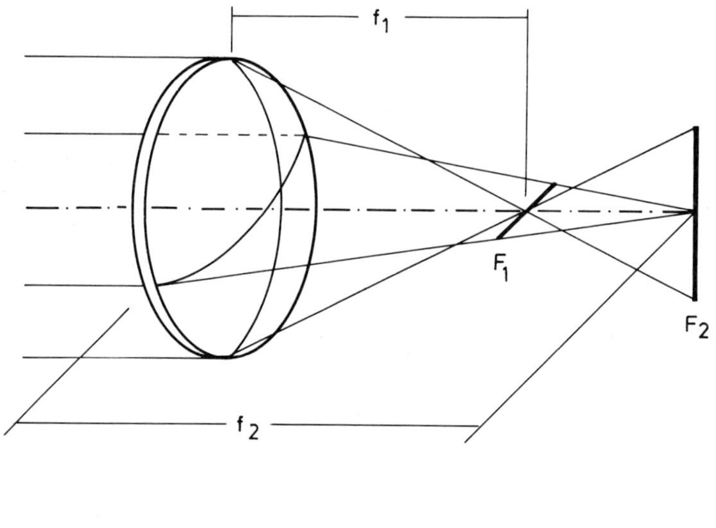

Abb. G-38 Astigmatismus

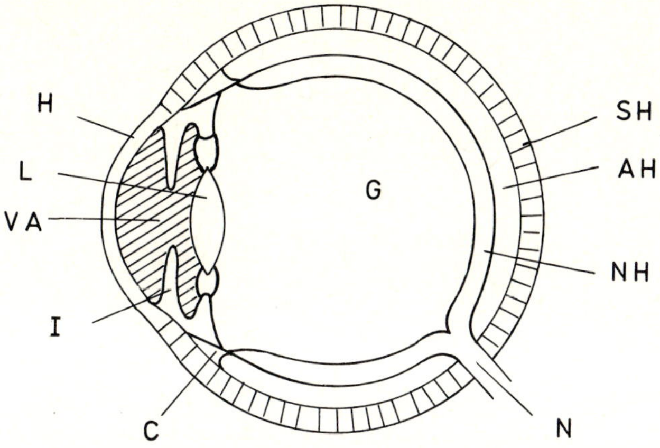

Abb. G-39 Aufbau des Auges. Die Brennweite der Linse kann durch den Ciliarmuskel verändert werden.

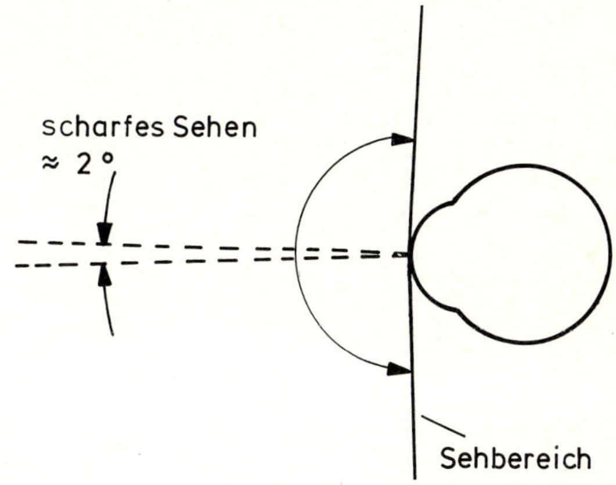

Abb. G-40 Sehbereiche beim menschlichen Auge. Bereich scharfen Sehens: lediglich 2°

12. Das Auge

Das Auge des Menschen ist in Abb. G-39 schematisch dargestellt. Hinter der relativ stark gewölbten **Hornhaut** befindet sich die **Iris,** eine variable Blende zur Regelung des einfallenden Lichtstroms. Außerdem durchdringt das Licht die **Pupille,** deren Brennweite durch Muskelkontraktion (Ciliarmuskel) verändert werden kann. Das Innere des Auges bis hin zur **Retina** als Lichtempfänger ist mit einer gallertartigen Substanz, dem **Kammerwasser,** ausgefüllt. Auf der Retina befinden sich ca. $1{,}2 \cdot 10^8$ **Stäbchen** (für Dämmerungssehen) und ca. $6 \cdot 10^6$ **Zäpfchen** (für Tagessehen, Farben). Sie sind jedoch nicht gleichmäßig verteilt; ihr gegenseitiger Abstand beträgt ca. 5 μm. Der Bereich maximaler Sehschärfe beim Sehen beträgt lediglich ca. 2° (Abb. G-40).

Die Augenlinse erzeugt auf der Retina ein Bild eines Objekts. Gemäß der Abbildungsgleichung (10.6) ist bei vorgegebener Gegenstandsweite g (Objekt!) und fest vorgegebener Bildweite b (Abstand zur Retina!) zur scharfen Abbildung eine veränderliche Brennweite f erforderlich. Durch Zusammenziehen des Ciliarmuskels **(Akkomodation)** lassen sich normalerweise Objekte, die zwischen 10 cm und unendlich weit entfernt sind, scharf abbilden.

Ist die Brechkraft der Augenlinse zu groß oder zu klein, entsteht das Bild nicht mehr auf der Retina, sondern vor oder hinter ihr (Abb. G-41). In diesem Fall leidet der Patient unter Kurz- bzw. Weitsichtigkeit. Durch geeignete Brillen läßt sich eine Korrektur erreichen:

Tab. G-2 Brechkraft und Korrektur bei Fehlsichtigkeit

Brechkraft	Diagnose	Korrektur
zu groß	Kurzsichtigkeit	Zerstreuungslinse (konkav)
zu klein	Weitsichtigkeit	Sammellinse (konvex)

Aufgrund des Alterns der Muskulatur erschlafft auch der Ciliarmuskel; dann reicht die Muskelkraft oft nicht mehr aus, nahe Gegenstände scharf abzubilden. Daraus resultiert die Alters-Weitsichtigkeit.

Das Auge ist prinzipiell nicht in der Lage, Gegenstände unterhalb eines Sehwinkels von 1′ getrennt wahrzunehmen. Der physikalische Grund für das beschränkte Auflösungsvermögens des Auges wird in Kap. G. 18 diskutiert.

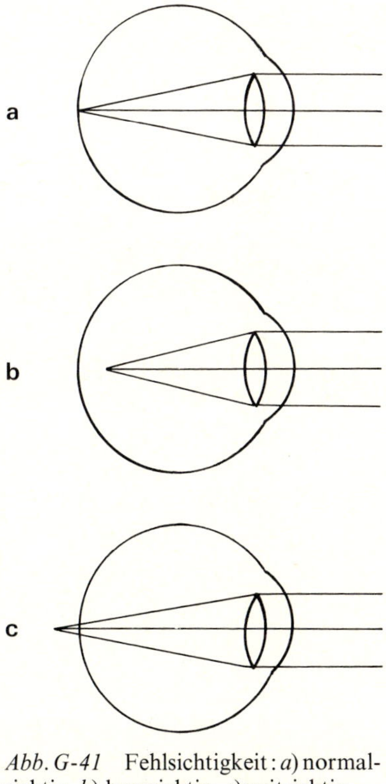

Abb. G-41 Fehlsichtigkeit: *a*) normalsichtig, *b*) kurzsichtig, *c*) weitsichtig.

13. Wellenoptik – Strahlenoptik

Tab. G-3 Die Wellenlängen des sichtbaren Lichts

λ/nm	„Farbe“	Frequenz ν/Hz
400	violett	$7{,}5 \cdot 10^{14}$
600	gelb	$5 \cdot 10^{14}$
700	rot	$4{,}3 \cdot 10^{14}$

Licht kann als **elektromagnetische Welle** (vgl. Kap. F. 8) beschrieben werden. Die elektrische Komponente der Schwingung wird auch als „Lichtvektor“ bezeichnet; sie erzeugt z. B. die Schwärzung einer photographischen Platte (s. Abb. F-16). Dabei breiten sich der elektrische Vektor $\vec{E}$ und der senkrecht dazu schwingende magnetische Vektor $\vec{H}$ mit der **Lichtgeschwindigkeit** c aus. Im Vakuum und angenähert auch in Luft beträgt dieser Wert $c_0 \approx 3 \cdot 10^8$ m/s.

Sichtbares Licht ist bei dieser Einordnung in das **elektromagnetische Spektrum** charakterisiert durch die Wellenlängen in Tab. G-3.

Das sichtbare Licht macht also lediglich etwa eine Oktave im elektromagnetischen Spektrum aus (Abb. G-42). Die biologisch wirksamen Teile des Spektrums sind vor allem noch durch das **UV-Licht** ($\lambda < 400$ nm), das **infrarote Licht** ($\lambda > 1000$ nm), die **Mikrowellen** ($\lambda \approx 10$ cm) und auch die **Röntgenstrahlung** ($\lambda \leq 0{,}1$ nm) gegeben. Wie bei allen elektromagnetischen Wellen gilt die Verknüpfung

$$c = \lambda \cdot \nu \qquad (13.1)$$

zwischen der Ausbreitungsgeschwindigkeit (Lichtgeschwindigkeit) c, der Frequenz ν und der Wellenlänge λ.

Normalerweise enthält das Licht einer Lichtquelle eine Vielzahl von Wellenlängen. So sind im Sonnenlicht oder im Licht einer Operationsleuchte praktisch alle Wellenlängen von 400 nm bis 700 nm vorhanden; im Auge entsteht der Eindruck „weiß“. „Weißes“ Licht beruht auf dem subjektiven Farbempfinden des Betrachters: In seinem optischen System werden alle Farbeindrücke des sichtbaren Teils des Spektrums, wenn sie gleichzeitig auf das Auge treffen, zum Eindruck „Weiß“ addiert.

Neben „weißem“ oder „farbigem“ Licht gibt es auch „**monochromatisches“** Licht. Der Übersetzung nach müßte es sich um ein einfarbiges Licht handeln. Tatsächlich ruft dieses Licht im optischen System auch nur einen Farbeindruck hervor (z. B. rot); Farben und Farbwahrnehmung beruhen aber letztlich auf physiologischen Prozessen, so daß Physiker den Sehapparat nur ungern zur Wellenlängen- oder Frequenzbestimmung benutzen. Beim „monochromatischen“ Licht handelt es sich um Licht einer Frequenz (oder Wellenlänge); die Bezeichnung „monofrequentes“ Licht wäre treffender, hat sich aber auch im wissenschaftlichen Sprachgebrauch nicht durchgesetzt. Monochromatisches Licht läßt sich mittels geeigneter Filter aus „weißem“ Licht herauspräparieren; in sehr reiner Form entsteht monochromatisches Licht z. B. in einem Laser.

Für die Ausbreitung von Wellen gelten jedoch teilweise andere Gesetze als für die „Lichtstrahlen“, die wir bisher (Kap. G. 1 bis G. 12) vor allem als Modell verwendet haben. Diese Beschreibungsweise ist gut brauchbar für die geometrische Optik, die Strahlenoptik. Sie gilt immer dann, wenn die makroskopischen Objekte (Spalte, Linsen, Prismen, usw.) wesentlich größer als die Lichtwellenlänge λ sind.

14. Beugung – Interferenz

Fällt Licht durch einen Spalt, dessen Breite d verändert werden kann, auf einen Schirm, so hängt das zu beobachtende Bild des Spaltes sehr wohl von der Spaltbreite ab. Bei Verringerung der Spaltbreite erscheinen auf dem Schirm helle und dunkle Streifen. Je enger der Spalt, desto größer der Abstand zweier Streifen. Nach dem Modell des Lichtstrahls hätte die Intensitätsverteilung des Lichts auf dem Schirm so aussehen müssen wie in Abb. G-43. Tatsächlich sieht die Verteilung jedoch anders aus (Abb. G-44).

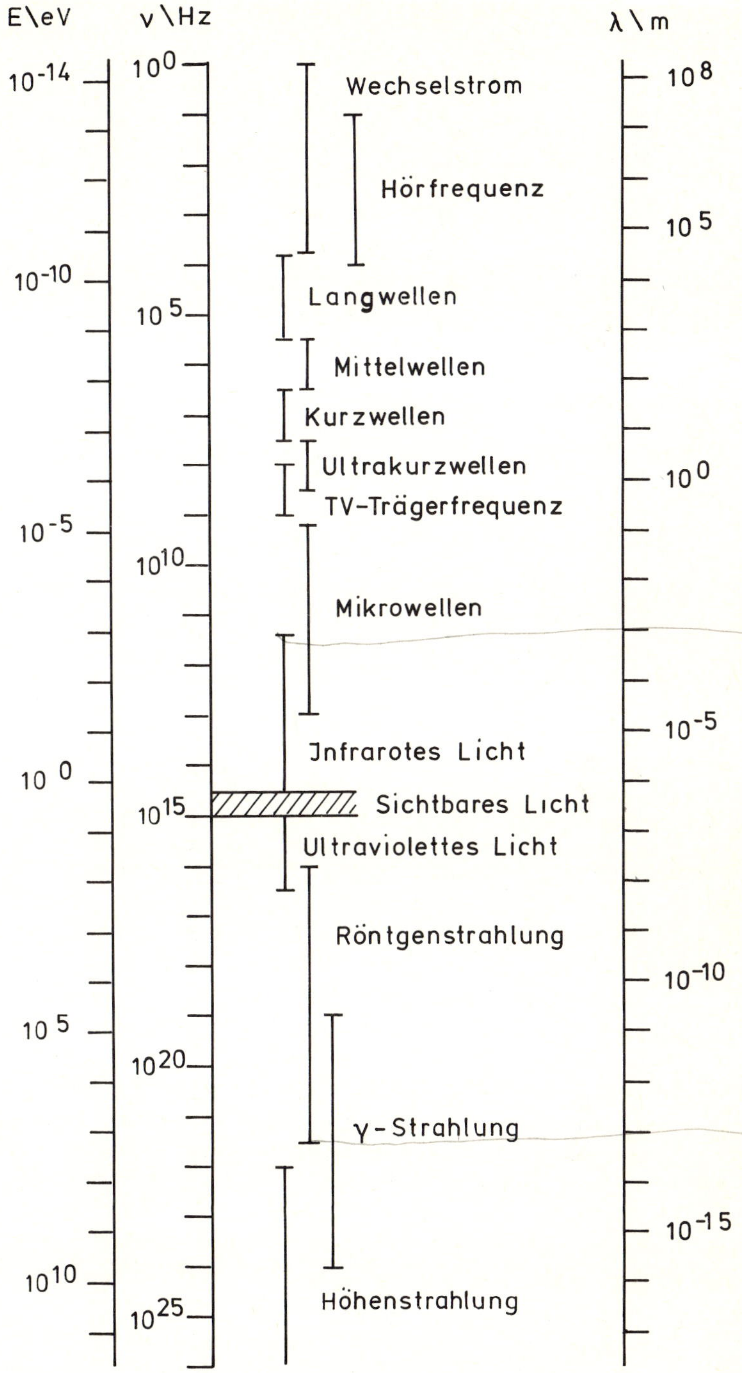

Abb. G-42 Spektrum der elektromagnetischen Strahlung.

Offensichtlich ist Licht in Bereiche gelangt, die es „eigentlich" nach den Regeln der geometrischen Optik nicht hätte erreichen dürfen. Dieses Phänomen ist uns aus Kap. F-9 als **Beugung** bekannt. Unter bestimmten Winkeln α zur Ausbreitungsrichtung treten dunkle Streifen $\left(\text{für } \sin\alpha = n \cdot \frac{\lambda}{d},\ n = 1, 2, 3, \ldots\right)$ und helle Streifen für $\left(\sin\alpha = \left(n + \frac{1}{2}\right) \cdot \frac{\lambda}{d},\ n = 1, 2, 3, \ldots\right)$ auf, da dann jeweils die richtigen Gangunterschiede Δ für Auslöschung bzw. maximale Verstärkung gegeben sind (Abb. G-45). Je nach der Laufnummer n spricht man von der **Ordnung des Beugungsbildes:**

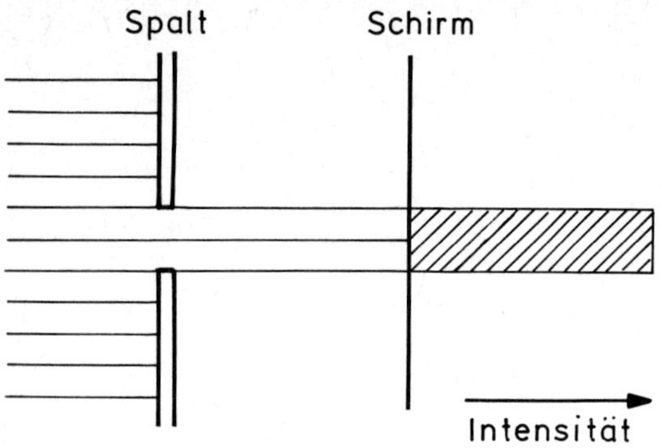

Abb. G-43 Beugung am Spalt: „klassisch" zu erwartender Schattenverlauf (Strahlenoptik).

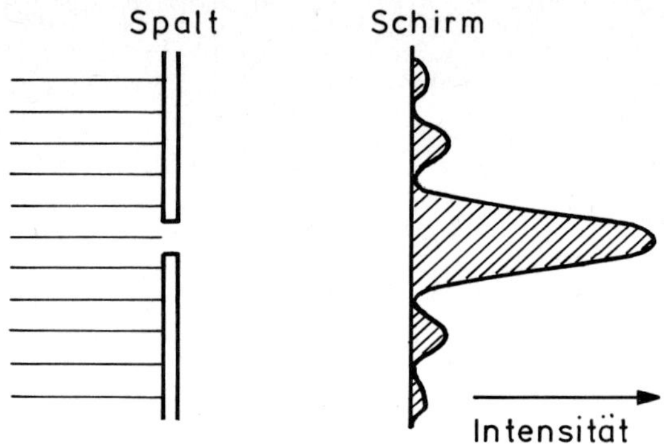

Abb. G-44 Beugung am Spalt: Nach der Wellenoptik zu erwartender und experimentell bestätigter Intensitätsverlauf: System heller und dunkler Streifen. Ganz rechts ist die Intensitätsverteilung aufgetragen.

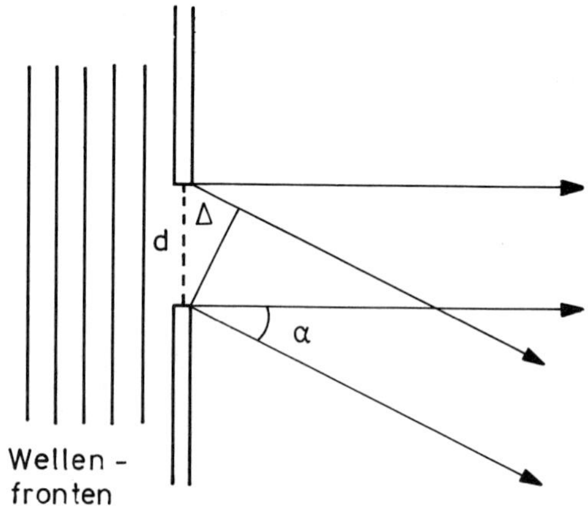

Abb. G-45 Beugung am Spalt (d = Spaltbreite, α = Beugungswinkel, Dunkelheit auf dem Schirm: $\sin\alpha = n \cdot \frac{\lambda}{d}$; $n = 1, 2, 3, \ldots$).

$n = 0$: 0. Ordnung, $n = 1$: 1. Ordnung usw. Bei Verwendung von weißem Licht entstehen keine hellen und dunklen Streifen, da die Interferenzbedingungen ja von der Wellenlänge λ abhängen. So kann die Helligkeitsbedingung für rotes Licht gerade erfüllt sein, während für blaues Licht Auslöschung eintritt. Daher sind die Streifen dann farbig aufgerändert.

15. Gitter und Gitterspektralapparat

Prinzipiell kann man sich ein **Gitter** aus vielen dicht benachbarten Spalten zusammengesetzt denken (Abb. G-46). Ein typischer Wert sind 600 Striche/mm. Den Abstand d zwischen zwei Strichen bezeichnet man als **Gitterkonstante.** Sie beträgt im Beispiel $d = 1/600$ mm. Das Beugungsbild hinter einem Gitter läßt sich als Überlagerung all der Elementarwellen verstehen, die von einzelnen Spalten ausgehen. Positive Überlagerung – und damit Helligkeit – tritt ein, wenn die Gangunterschiede zwischen je zwei benachbarten „Sendern" gerade ein ganzzahliges Vielfaches der Wellenlänge sind (Abb. G-47). Genau dann kommt es zu einer maximalen Überlagerung aller Amplituden.

Aus dem schraffierten Dreieck folgt sofort Helligkeit beim Gitter unter allen Richtungen α, für die

$$\sin\alpha = \frac{\Delta}{d} = \frac{n \cdot \lambda}{d} \qquad (n = 0, 1, 2, 3, \ldots) \qquad (15.1)$$

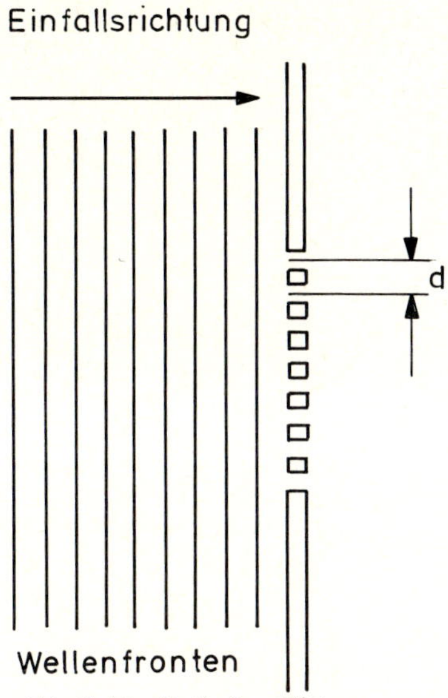

Abb. G-46 Optisches Gitter

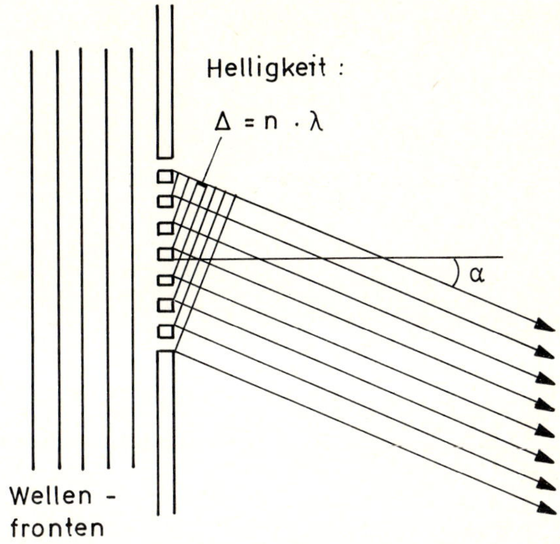

Abb. G-47 Beugung und Interferenz am optischen Gitter.

ist. Dazwischen interferieren sich die einzelnen Beiträge gerade weg; es herrscht Dunkelheit auf dem Schirm. An den Stellen, wo bei der Beugung am Spalt Dunkelheit herrscht, ergibt sich also beim Gitter gerade Helligkeit. Über die Beziehung (15.1) lassen sich also auf geometrischem Wege (Bestimmung von α und d) Wellenlängen messen. Das geschieht im **Gitterspektralapparat,** der ähnlich aufgebaut ist wie der Prismenspektralapparat (Abb. G-29). Mit dem Gitter ist dabei eine absolute Wellenlängenbestimmung möglich, während der Prismenspektralapparat kalibriert werden muß.

Die Lage des Beugungsbildes beim Gitter hängt nicht von der Zahl der verwendeten Gitterstriche ab; $\sin\alpha \neq f$ (Zahl der beleuchteten Gitteröffnungen). Gitter werden durch Ritzen mit einem Diamantstichel hergestellt; heute gibt es auch wesentlich kostengünstigere holographische Methoden. Durch „streifenden Einfall" des Lichts (sehr kleiner Winkel zur Gitterfläche) läßt sich die effektive Gitterkonstante vermindern. Dieser Effekt läßt z. B. eine Schallplatte unter schräger Betrachtung wie ein (Reflexions-) Gitter wirken. Auch Kristalle mit ihrem regelmäßigen Aufbau können als Gitter wirken. Da der Abstand zwischen zwei Atomen ca. 0,2 nm beträgt, ist die Gitterkonstante $d = 0{,}2$ nm. Das passende „Licht" (die Wellenlänge muß etwa so groß wie die Gitterkonstante sein) sind Röntgen-Strahlen. Die Beugung von Röntgen-Strahlen an Kristallgittern gelang zum ersten Mal M. v. Laue. Heute wird dieser Effekt u.a. zur Bestimmung von Kristallstrukturen ausgenutzt (Laue-Diagramm, Debye-Scherrer-Aufnahme).

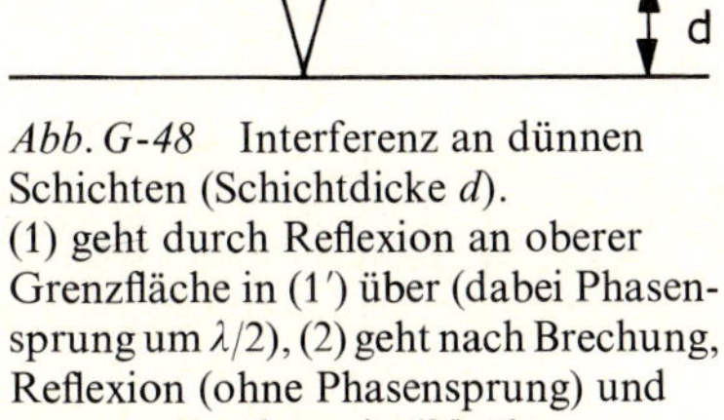

Abb. G-48 Interferenz an dünnen Schichten (Schichtdicke d).
(1) geht durch Reflexion an oberer Grenzfläche in (1′) über (dabei Phasensprung um $\lambda/2$), (2) geht nach Brechung, Reflexion (ohne Phasensprung) und erneuter Brechung in (2′) über.
1′ und 2′ interferieren

16. Interferenzen an dünnen Schichten

Wir betrachten monochromatisches Licht, das von einer Lichtquelle auf eine dünne planparallele Schicht (Dicke d) fällt. Diese Schicht kann eine dünne Glasplatte sein oder ein Ölfilm auf einer Pfütze oder eine dünne Luftschicht zwischen zwei Glasplatten o.ä.

Der auf die wesentlichen Elemente reduzierte Strahlengang hat folgendes Aussehen (Abb. G-48): Strahl 1 und 2 fallen kohärent ein. Strahl 1 wird an der Oberseite der Glasplatte reflektiert und wird zum Strahl 1′. Dabei erfährt er noch einen Phasensprung um $\frac{\lambda}{2}$ ($\mathrel{\hat{=}} \pi$), da es sich um eine Reflexion am „festen Ende", d.h. optisch

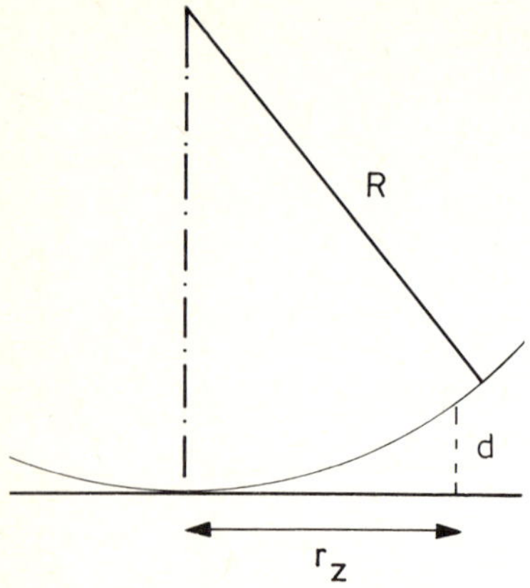

Abb. G-49 Newtonsche Ringe. Monochromatisches Licht fällt von oben ein.
λ = Wellenlänge des Lichts
z = Nr. des Rings
R = Radius des Glaskugelabschnitts
r_z = Radius des z-ten Rings

dichteren Medium handelt. Strahl 2 wird an der Oberseite gebrochen und dringt gemäß Brechungsgesetz in die Platte ein. An der Unterseite wird der Strahl reflektiert (ohne Phasensprung, da am optisch dünneren Medium) und verläßt nach erneuter Brechung an der Oberseite die Glasplatte als Strahl 2′. Die Strahlen 1′ und 2′ können interferieren. Je nach Phasenbeziehung von 1′ und 2′ kann es zur Auslöschung (Dunkelheit) oder zur Verstärkung (Helligkeit) kommen.

Bei Beleuchtung mit weißem Licht kann es für gewisse Wellenlängen gerade zur Auslöschung, für andere gerade zur positiven Überlagerung kommen. Daher erscheinen solche dünnen Schichten oft farbig (Ölfilm, Seifenblasen u.a.).

Prinzipiell völlig gleichartig ist die Erklärung der sog. Newtonschen Ringe, wie sie z.B. zwischen Diapositivglasplatten beobachtet werden. Dazu Abb. G-49: Eine plankonvexe Linse mit großem Krümmungsradius R liege auf einer ebenen Unterlage. Bei Bestrahlung mit monochromatischem Licht erscheint die Mitte

a) bei Transmission (Durchstrahlung) hell,
b) bei Reflexion dunkel.

Um dieses Zentrum herum gruppiert sich ein kreisförmiges Ringsystem aus hellen und dunklen Ringen: Newton-Ringe. Der erste dunkle Ring entsteht dort, wo die Dicke der Luftschicht gerade $\lambda/2$ beträgt. Denn dann interferieren sich einfallender Strahl und reflektierter Strahl gerade weg; sie löschen sich aus. Bei bekanntem Krümmungsradius R bietet diese Beobachtung übrigens eine einfache Möglichkeit, die Wellenlänge des Lichts zu bestimmen. Dazu muß nur noch der Radius r_z des z-ten Rings ausgemessen werden:

$$\lambda = \frac{r_z^2}{z \cdot R} \quad . \qquad (16.1)$$

17. Polarisation des Lichts

Licht kann – das haben die letzten Kapitel deutlich illustriert – als Welle beschrieben werden. Handelt es sich beim Licht jedoch um Quer-(Transversal-) oder Längs-(Longitudinal-)Wellen?

Der Unterschied besteht bekanntlich (vgl. Kap. F. 6) darin, daß bei Transversalwellen die erzeugende Schwingung senkrecht zur Ausbreitungsrichtung verläuft, während bei Longitudinalwellen die Ausbreitung in Schwingungsrichtung erfolgt. Schall in Luft ist ein Paradebeispiel für eine Longitudinalwelle.
Licht ist dagegen eine **Transversalwelle.** Das folgt daraus, daß Licht polarisierbar ist. D.h., durch geeignete Maßnahmen läßt sich aus „natürlichem" Licht, das i.a. Lichtsorten aller Schwingungsebenen in gleicher Anzahl enthält, Licht mit einer Vorzugsschwingungsrichtung herauspräparieren.

Verfahren zur Erzeugung polarisierten Lichts

Polarisationsfolie, die auf dem Dichroismus beruht. In eine transparente Cellulosefolie werden entweder lange „ausgerichtete" Moleküle oder spezielle Kristallnadeln (Herapathit) eingelagert. Durch mechanisches Strecken der Folie entsteht eine Vorzugsrichtung. Wird – wie in Abb. G-50 – eine solche Folie von Licht durchstrahlt, so läßt sie nur Lichtanteile einer bestimmten Schwingungsrichtung durch. Die andere, dazu senkrechte Komponente wird absorbiert. Die Folie wirkt als **Polarisator.**

Läßt man dieses polarisierte Licht auf eine zweite, drehbare Polarisationsfolie fallen, so geht bei bestimmten Winkeln das Licht völlig hindurch, während bei einer dazu senkrechten Stellung völlige Dunkelheit auf einem Auffangschirm herrscht. Die zweite Folie analysiert also, inwieweit ihr polarisiertes Licht angeboten wird, und welche Schwingungsrichtung dieses hat. Sie wirkt als **„Analysator".**

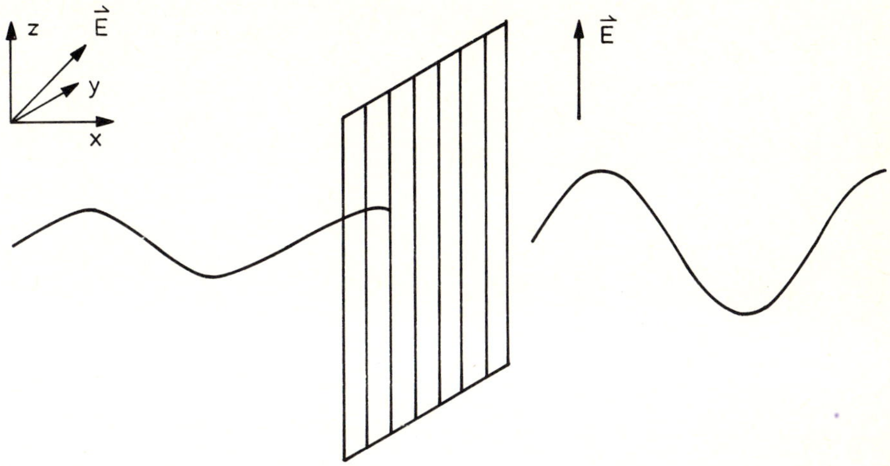

Abb. G-50 Polarisation des Lichts: Ein Polarisationsfilter läßt nur eine Schwingungsrichtung $\vec{E}$ hindurch.

Kristalle bzw. Moleküle, die eine Schwingungsrichtung des Lichts ungehindert durchlassen und die dazu senkrechte Komponente absorbieren, heißen **„dichroitisch“.** Dichroismus ist letztlich eine Folge der Doppelbrechung (s. unten). Dichroitisches Material befindet sich auch in entsprechenden Sonnenbrillen, mit denen polarisiertes Licht „weggefangen“ wird.

Polarisation durch Reflexion (bzw. Brechung). Trifft natürliches Licht auf eine Glasplatte, so wird ein Teil des Lichts reflektiert (Reflexionsgesetz) und ein Teil gebrochen (Brechungsgesetz). Stehen der reflektierte und der gebrochene Strahl senkrecht aufeinander, so ist der reflektierte Strahl völlig polarisiert (Abb. G-51). Für diesen Fall gilt das Brewster-Gesetz:

$$\operatorname{tg} \alpha = n \ (n = \text{Brechzahl}).$$

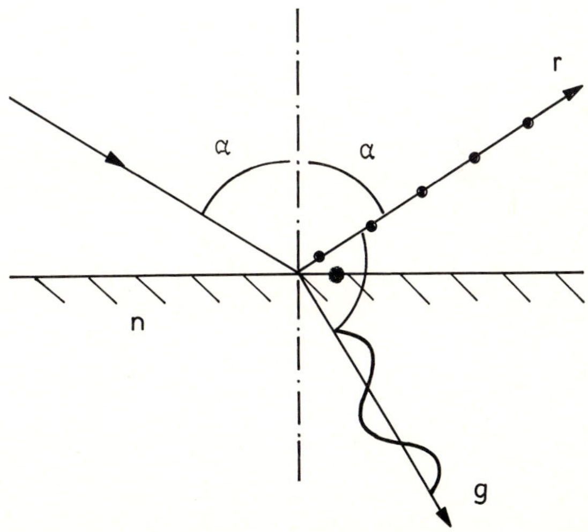

Abb. G-51 Polarisation durch Reflexion: Stehen der gebrochene (g) und der reflektierte (r) Strahl senkrecht aufeinander, so ist der reflektierte Strahl vollständig polarisiert (Brewster-Winkel α: $\operatorname{tg} \alpha = n$) (Elektrisch nichtleitendes Medium).

In der „Natur“ tritt diese Art der Polarisation vor allem bei der Reflexion an Glasscheiben und bei der Reflexion von Sonnenlicht auf einem See auf.

Polarisation durch Streuung. Fällt natürliches „weißes“ Licht z. B. in einen Glastrog mit Wasser, dem einige Tropfen Milch zugesetzt sind, so wird seitlich aus dem Gefäß leicht bläulich erscheinendes Licht herausgestreut (Tyndall-Effekt). Das durchgehende

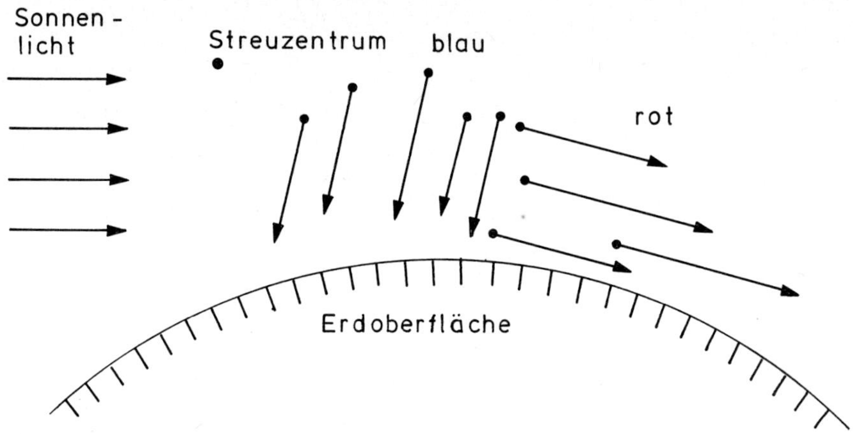

Abb. G-52 Polarisation durch Streuung: Das auf die Erdatmosphäre einfallende „weiße" Sonnenlicht wird an deren oberem Rand gestreut. Da blaues Licht stärker gestreut wird als rotes, weil Streuintensität $\sim \frac{1}{\lambda^4}$, gelangt tagsüber vor allem blaues Licht auf die Erdoberfläche („Himmelsblau"). Es ist (zumindest teilweise) polarisiert. Beim Sonnenuntergang wird die Erdoberfläche vor allem von weniger stark gestreutem rotem Licht erreicht („Abendrot").

Licht ist deutlich rot. Das herausgestreute Licht wird polarisiert. Auf völlig analoge Weise wird auch das „Himmelsblau" und das „Abendrot" verstanden (Abb. G-52).

Der Mensch kann mit seinen Augen polarisiertes Licht nicht von unpolarisiertem unterscheiden. Bienen haben ein Ortungssystem, das auf die Polarisationsrichtung des Tageslichts sensitiv reagiert.

Polarisation durch Doppelbrechung. Manche Kristalle (optisch einachsige) haben die Eigenschaft, Licht in verschiedenen Richtungen unterschiedlich schnell fortzuleiten. Das bedeutet, daß unterschiedliche Brechzahlen entstehen und zwar abhängig von der Schwingungsrichtung.

Fällt natürliches Licht auf einen solchen Kristall – z.B. Kalkspat $CaCO_3$ – so teilt sich der Lichtstrahl in einen ordentlichen (o.) und einen außerordentlichen (a.o.) Strahl (Abb. G-53). Man nennt dieses Phänomen Doppelbrechung.

Die beiden Strahlen sind senkrecht zueinander polarisiert.

Im Nicolschen Prisma wird nun einer der beiden Strahlen durch Totalreflexion herausgeleitet, so daß ein solches Prisma als Polarisator bzw. Analysator verwendet werden kann.

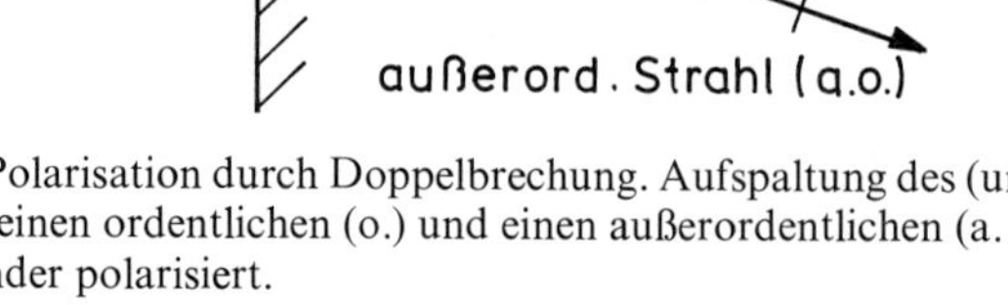

Abb. G-53 Polarisation durch Doppelbrechung. Aufspaltung des (unpolarisierten) Lichtstrahls in $CaCO_3$ in einen ordentlichen (o.) und einen außerordentlichen (a.o.) Strahl. Beide sind senkrecht zueinander polarisiert.

Optische Aktivität

Unter **optischer Aktivität** wird die Eigenschaft gewisser Stoffe verstanden, die Polarisationsebene von Licht zu drehen. Insbesondere manche Zuckerlösungen zeigen diesen Effekt. Der Drehwinkel ist der Länge der durchsetzten Lösung und der Konzentration der optisch aktiven Bestandteile proportional. Wird in eine Küvette eine zu untersuchende Flüssigkeit (z.B. Harn) eingebracht, kann so aus dem Drehwinkel zwischen Polarisator und Analysator die Zuckerkonzentration der Flüssigkeit bestimmt werden. Ein solches Gerät heißt allgemein „Polarimeter", in diesem Spezialfall „Saccharimeter".

18. Optische Instrumente – Auflösungsvermögen

Optische Instrumente haben vor allem die Aufgabe, den Sehwinkel, unter dem wir ein Objekt sehen, zu vergrößern. Dazu dienen Lupe, Mikroskop, Fernrohr, usw.

In der Astronomie kommt es oft nicht allein auf die Vergrößerung an – ein ferner Stern bleibt im besten Teleskop nur ein Punkt – sondern auch auf die Menge des einfallenden Lichts. Hierzu müssen optische Instrumente vor allem eine große Öffnung haben, um möglichst viel Licht einfallen zu lassen. Damit steigt die „Reichweite" der Beobachtung.

Leider ist es prinzipiell nicht möglich, mit optischen Instrumenten beliebig kleine Objekte, z.B. einzelne Atome zu „sehen". Unabhängig von Einschränkungen, die durch die Quantenphysik vorgegeben werden (z.B. Compton-Effekt, Kap. E. 4) gibt es Grenzen der optischen Beobachtbarkeit. Diese liegen in der Wellennatur des Lichts begründet.

Betrachten wir die Abbildung zweier punktförmiger Lichtquellen durch eine Linse (Durchmesser D) (Abb. G-54). Als Bilder von P_1 und P_2 entstehen keine scharfen Punkte, denn an der Berandung der Linse findet Beugung statt. Als Bilder von P_1 bzw. P_2 entstehen Beugungsfiguren, wie sie in der Abbildung angedeutet sind. Nähern sich

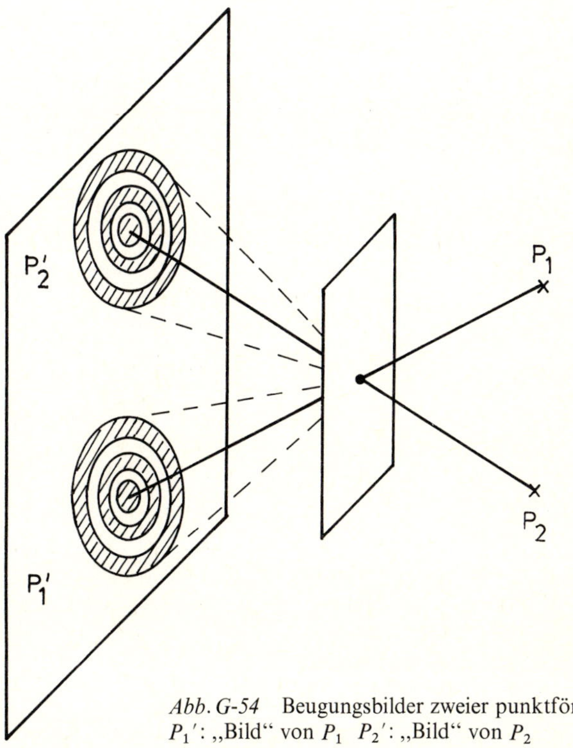

Abb. G-54 Beugungsbilder zweier punktförmiger Lichtquellen. P_1': „Bild" von P_1 P_2': „Bild" von P_2

P_1 und P_2 einander, so werden sich die Beugungsbilder zu überlappen beginnen. Selbst wenn man von den höheren Ordnungen der Beugungsbilder einmal absieht, so werden sich die zentralen Maxima (0. Ordnung) zu durchdringen beginnen. Nun gibt es zwei Möglichkeiten (Abb. G-55):

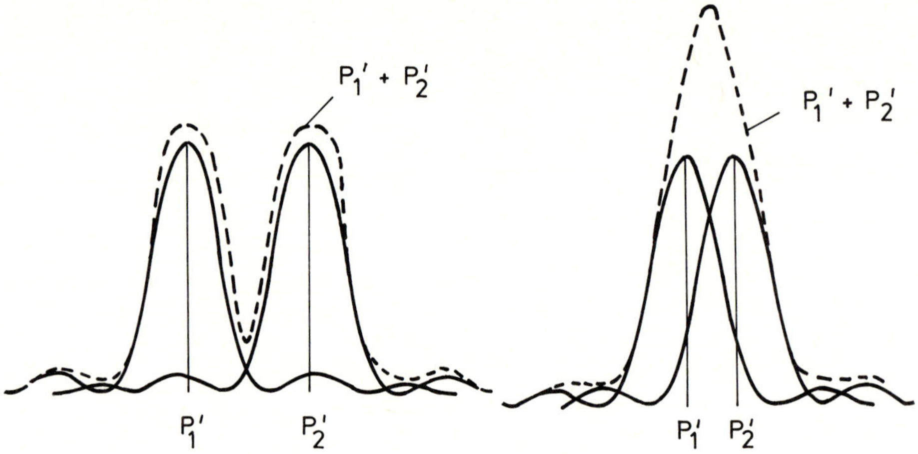

Abb. G-55 Auflösungsvermögen optischer Instrumente.
a) Beugungsbilder P_1' und P_2' sind hinreichend weit voneinander entfernt: Auflösung der Punkte.
b) Beugungsbilder P_1' und P_2' überlappen sehr stark: P_1 und P_2 werden nicht mehr getrennt wahrgenommen.
Gestrichelt: Summe der Intensitäten im Bereich der Hauptmaxima.

Die 0. Ordnungen der beiden Maxima liegen soweit voneinander getrennt, daß die Summe der Intensitäten zwischen den beiden Maxima noch ein deutliches Minimum hat. In diesem Fall wird das Auge die Punkte P_1 und P_2 bzw. ihre Bilder gerade noch getrennt wahrnehmen; die Struktur ist aufgelöst.

Die 0. Ordnungen der beiden Maxima haben sich bereits so sehr durchdrungen, daß die Summe der Intensitäten kein Minimum mehr aufweist. Die Bilder fließen ineinander; die Struktur wird nicht mehr aufgelöst.

Es gibt demnach einen geringsten Winkelabstand $d\varphi$, den zwei Punkte gerade noch haben dürfen, damit ihre Beugungsbilder voneinander getrennt wahrzunehmen sind. Dadurch wird das Auflösungsvermögen optischer Instrumente festgelegt. Für kreisförmige Öffnungen (Augenlinse, Lupe, Fernrohr) erhält man

$$d\varphi = \frac{1{,}22\,\lambda}{D}. \tag{18.1}$$

Der Faktor 1,22 rührt von der gegenüber der Beugung am Spalt geänderten Geometrie (Kreisöffnung) her. Es handelt sich beim Auflösungsvermögen optischer Instrumente also um eine prinzipielle Grenze und nicht etwa um fehlerhafte Herstellung von Glas, Linsen usw.

Von den zahlreichen optischen Instrumenten sollen einige exemplarisch vorgestellt werden:

Lupe

Eine Sammellinse der Brennweite f wirkt als Lupe, wenn das zu betrachtende Objekt sich zwischen der Sammellinse und einem ihrer Brennpunkte befindet. Der Strahlengang ist in Abb. G-56 dargestellt: Es entsteht ein aufrechtes, vergrößertes, virtuelles Bild. Für die **Vergrößerung V des Sehwinkels** gilt dabei

$$V = \frac{s}{f} + 1 \tag{18.2}$$

(s = deutliche Sehweite = 25 cm).

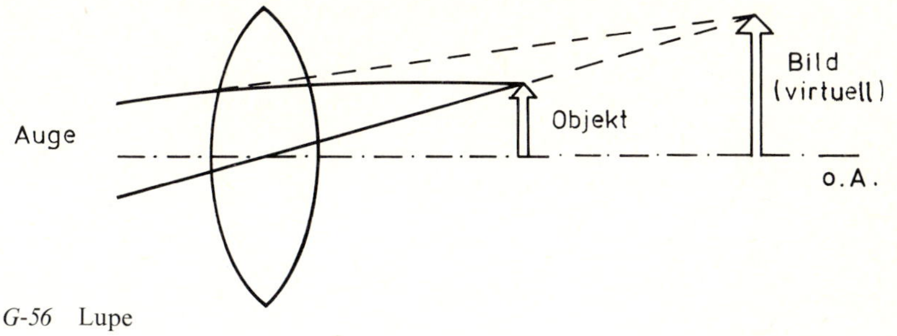

Abb. G-56 Lupe

Zur Bildkonstruktion werden die sich bildseitig nicht mehr schneidenden Geraden „rückwärts" verlängert. Um durch eine Lupe ein Bild „sehen" zu können, wird also unser Auge unbedingt benötigt. V bezeichnet man auch als „subjektive Vergrößerung" oder Vergrößerungszahl des Instruments:

$$V = \frac{\text{Sehwinkel mit Instrument}}{\text{Sehwinkel ohne Instrument}}.$$

Lichtmikroskop

Ein Mikroskop dient zur Vergrößerung, z. B. von Gewebeschnitten. Typische Vergrößerungswerte sind 10–1000fach. Den Aufbau eines (Licht-)Mikroskops zeigt Abb. G-57. Das Objekt, z. B. ein Fliegenbein, befindet sich ein ganz klein wenig außerhalb der Brennweite der Objektivlinse. Die Brennweite dieser Linse ist außerordentlich gering, sie beträgt einige Millimeter. Der Öffnungswinkel, der durch die noch gerade vom Objekt in das Objektiv gelangenden Strahlen gegeben ist, heißt **Apertur.** Er ist sowohl ein Maß für das erzielbare Auflösungsvermögen als auch wichtig für die Lichtstärke des Bildes.

Durch die Objektivlinse wird ein umgekehrtes, vergrößertes, reelles Zwischenbild ZW erzeugt. Dieses Zwischenbild wird vom Auge dann durch die Okularlinse, die als Lupe wirkt, betrachtet. Daher erzeugt ein Mikroskop vergrößerte, umgekehrte, virtuelle Bilder.

Die Vergrößerung des Mikroskops ist angenähert

$$V = \frac{t \cdot s}{f_{OB} \cdot f_{OK}}, \tag{18.3}$$

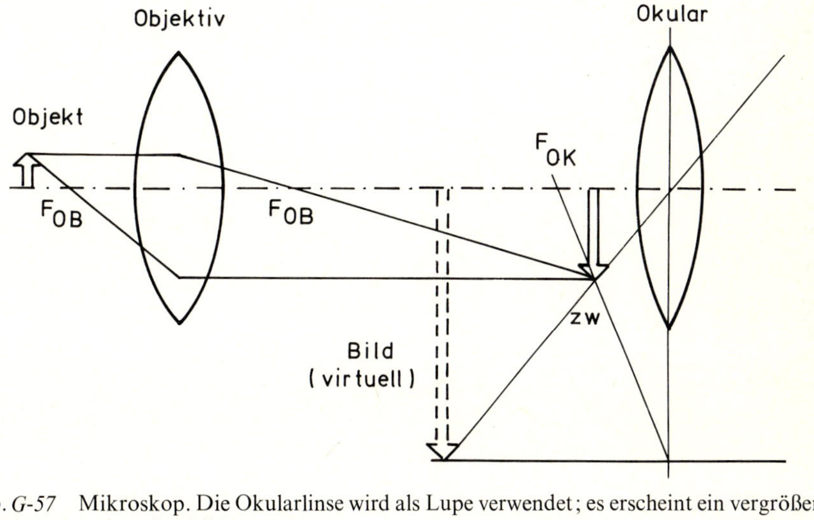

Abb. G-57 Mikroskop. Die Okularlinse wird als Lupe verwendet; es erscheint ein vergrößertes, umgekehrtes, virtuelles Bild.

dabei ist die Tubuslänge t der Abstand der Brennpunkte F_{OB} und F_{OK}, s wieder die deutliche Sehweite

Das Auflösungsvermögen des Mikroskops ist definiert als kleinstmöglicher Abstand d_0, den zwei Punkte haben dürfen, so daß sie im Mikroskopbild gerade noch getrennt wahrgenommen werden. Dafür gilt

$$d_0 = \frac{\lambda}{n \cdot \sin \alpha}. \tag{18.4}$$

Darin bedeuten λ die Wellenlänge des verwendeten Lichts, n die Brechzahl des Mediums zwischen Objekt und Objektivlinse, α den Aperturwinkel bzw. Öffnungswinkel. Das Produkt $n \cdot \sin \alpha$ wird auch als **numerische Apertur** bezeichnet.

Die Brechzahl n eines Mediums liegt zwischen 1 und 2; der Sinus des Öffnungswinkels α kann bestenfalls $\sin \alpha = 1$ werden; daraus folgt, daß mit einem Mikroskop minimal zwei Punkte aufgelöst werden können, deren Abstand von der Größenordnung

$$d_0 \approx \frac{\lambda}{2}$$

ist.

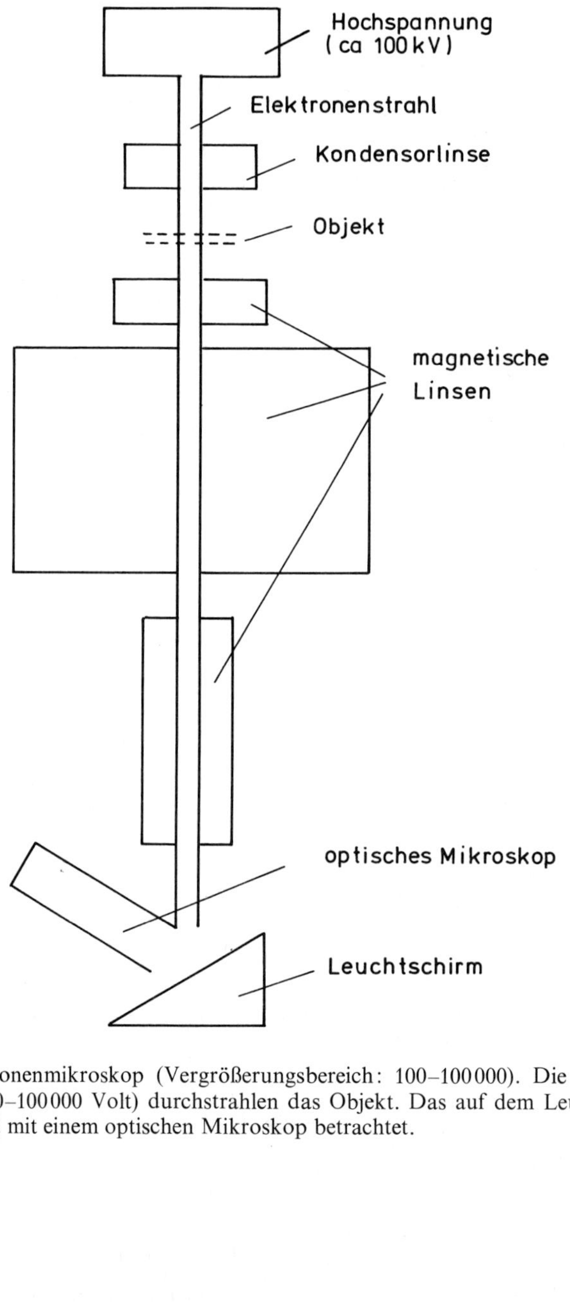

Abb. G-58 Elektronenmikroskop (Vergrößerungsbereich: 100–100000). Die beschleunigten Elektronen (ca. 40–100000 Volt) durchstrahlen das Objekt. Das auf dem Leuchtschirm entstehende Bild wird mit einem optischen Mikroskop betrachtet.

Abstände von weniger als ca. 200 nm lassen sich mit einem Lichtmikroskop also nicht auflösen.

Möglichkeiten, das Auflösungsvermögen zu steigern, bestehen:

In einer Erhöhung der Brechzahl n. Dazu wird zwischen Objekt und Objektiv eine Flüssigkeit („Immersionsflüssigkeit") gebracht. Dieses Öl hat eine möglichst hohe Brechzahl (z.B. $n = 1{,}9$; Arsentrisulfid und Schwefel in Methylenjodid).

In der Verwendung kurzwelligen Lichts. Durch Beleuchtung des Objekts mit ultraviolettem Licht (UV) läßt sich in geeigneten Fällen das Auflösungsvermögen steigern. Dies geschieht in der sogen. „UV-Mikroskopie".

Elektronenmikroskop

Eine drastische Verbesserung des Auflösungsvermögens ist möglich durch ein Elektronenmikroskop, das die Auflösung von Objekten (z.B. Viren), die bis zu 10^{-8} m „klein" sein können, gestattet.
Zur „Beleuchtung" des Objekts wird anstelle des sichtbaren Lichts ein Elektronenstrahl verwendet. Elektronen haben (Dualismus Welle – Korpuskel, vgl. Kap. G. 19) auch Welleneigenschaften **(Materiewellen).** Ihre Wellenlänge sinkt mit der kinetischen Energie der Elektronen. Man kann daher durch genügend hohe Beschleunigungsspannungen (vgl. Kap. G. 20) zu Wellenlängen im Bereich von 10^{-10} m kommen. Die „Linsen" eines Elektronenmikroskops sind elektrische und magnetische Felder geeigneter Form. Durchfliegende Elektronen werden in beiden abgelenkt (Abb. G-58).

Fernrohr

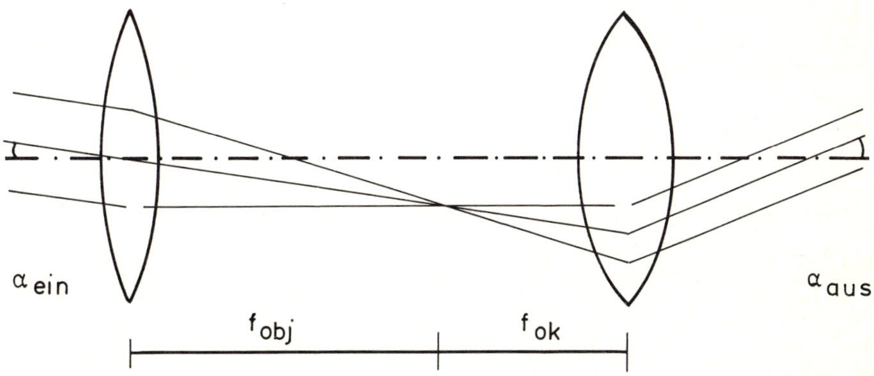

Abb. G-59 Fernrohr (astronomisch, Kepler). Das Objekt erscheint dem Auge unter einem größeren Winkel (α_{aus}) als ohne Fernrohr (α_{ein}).

Weit entfernte Gegenstände sehen wir unter einem kleinen Sehwinkel. Mit einem Fernrohr läßt sich der Winkel, unter dem uns Objekte erscheinen, vergrößern. Beim **Keplerschen Fernrohr** werden zwei Sammellinsen unterschiedlicher Brennweite auf ihrer gemeinsamen optischen Achse hintereinandergeschaltet (Abb. G-59). Nehmen wir an, (fast) paralleles Licht eines weit entfernten Objekts falle auf die Objektivlinse. Dieses Licht wird so gebrochen, daß in der Brennebene (Abstand f_{OB}) ein umgekehrtes, reelles Zwischenbild entsteht. Die Okularlinse ist nun so angeordnet, daß auch eine ihrer beiden Brennebenen mit dem Zwischenbild zusammenfällt. Sie erzeugt also ein paralleles Lichtbündel, das die optische Achse unter einem größeren Winkel schneidet als das einfallende Licht. Als Vergrößerung des Fernrohrs ergibt sich:

$$V = \frac{f_{OB}}{f_{OK}}, \qquad (18.5)$$

also das Verhältnis der Brennweiten von Objektiv- und Okularlinse. Ein Keplersches Fernrohr ist für den Gebrauch auf der Erde relativ ungeeignet, da es nur umgekehrte Bilder erzeugt. Dieser Nachteil wird durch eine Bildumkehr durch Prismen aufgehoben (z.B. im Prismenfernrohr).

Kamera

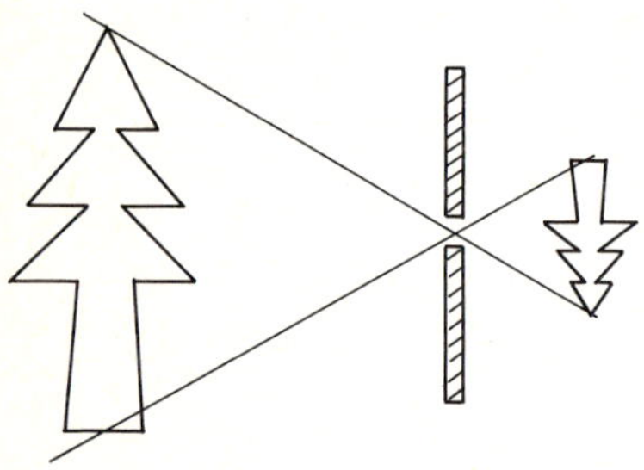

Abb. G-60 Lochkamera („Camera obscura")

Die einfachste Kamera – und auch die billigste – ist die **Lochkamera.** Hinter einem mit einer Stecknadel in eine Pappe gestochenen Loch entsteht ein umgekehrtes Bild (Abb. G-60). Leider ist dieses Bild äußerst lichtschwach, so daß eine solche Kamera in der Praxis kaum eingesetzt werden kann.

Beim **Photoapparat** wird in der Regel durch eine aus 3–5 Linsen bestehende Linsenkombination ein Bild auf dem Film erzeugt (Abb. G-61). Da mit Ausnahme von Zoom-Objektiven die Brennweite f eines Objektivs fest vorgegeben ist, muß die Bildweite b veränderlich sein; dies geschieht durch die Entfernungseinstellung. Dabei werden die Objektivlinse(n) in Vor- bzw. Rückwärtsrichtung bewegt. Normalobjektive haben eine Brennweite von ca. $f = 50$ mm; Weitwinkelobjektive weisen etwa $f = 20$ mm auf; das Teleobjektiv hat eine Brennweite von ca. $f = 130$ mm. Die auf einem Photoapparat angegebenen Blendenzahlen stellen ein Maß für die Öffnung der Blende, einer Iris dar. Auf einem Objektiv findet sich meistens eine Beschriftung: 1 : 2 oder 1 : 1,9 o.ä. Dies gibt das Verhältnis

$$\frac{\text{maximaler Blendendurchmesser } d}{\text{Brennweite } f}$$

an. 1 : 2 bedeutet also bei einem 50 mm-Brennweite-Objektiv, daß der maximale Durchmesser der Blende 25 mm beträgt. Gleichzeitig ist diese Blendenzahl ein Maß für die „Lichtstärke" eines Objektivs, die mit dem Quadrat dieses Verhältnisses anwächst. Zur korrekten Belichtung wird je nach Helligkeit des aufzunehmenden Objektivs „abgeblendet", meistens in 2er-Schritten (2, 2,8, 4, 5,6, 8, 11, 16, 22). Beim Übergang von einer Blende zur nächsthöheren verdoppelt sich dann gerade die erforderliche Belichtungszeit.

Prismenspektralapparat

Ein Prismenspektralapparat dient zur Darstellung optischer Spektren. Sagen wir, eine Gewebeprobe soll auf Thallium untersucht werden. In einer Flamme wird die zu

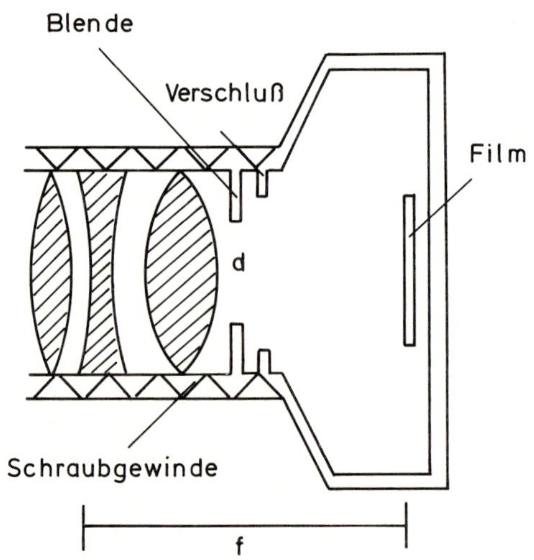

Abb. G-61 Fotoapparat. Je nach Hersteller können sehr verschiedenartige technische Lösungen bzgl Blende, Verschluß, Objektiv usw. realisiert sein.

untersuchende Substanz teilweise verdampft; Thalliumatome werden angeregt. Anschließend kehren sie unter Aussendung (Emission) von Licht, dessen Wellenlängen für das Element Thallium charakteristisch sind, in den Grundzustand zurück.

Das emittierte Licht beleuchtet den Eingangsspalt Sp des Spektralapparats (siehe Abb. G-29). Durch eine Sammellinse wird dieses Licht zu einem parallelen Lichtbündel geformt; dann fällt es auf das Prisma. Wegen der Dispersion des Glases (vgl. Kap. G. 7), also der Abhängigkeit der Brechzahl n von der Wellenlänge λ, wird das Thalliumlicht in seine spektralen Bestandteile zerlegt. Durch eine Sammellinse auf der Austrittsseite werden die Spektrallinien auf einem Schirm, Film o.ä. abgebildet, d.h. jeder Bestandteil erzeugt dort ein Bild des Eingangsspaltes.

Anhand der **optischen Spektren** sind die chemischen Elemente, z.B. Thallium, zu identifizieren. Diese Spektralanalyse geht auf Kirchhoff, Bunsen und auch Fraunhofer zurück.

Das Auflösungsvermögen eines Prismenspektralapparats gibt an, wie gering ein Wellenlängenunterschied $\Delta\lambda$ zwischen zwei Spektrallinien gerade noch sein darf, damit sie getrennt wahrgenommen werden können (Abb. G-62).

Als spektrales Auflösungsvermögen wird dabei das Verhältnis $\frac{\lambda}{\Delta\lambda}$ definiert.

Diese Definition hat den Vorteil, daß das Auflösungsvermögen umso größer wird, je geringer der trennbare Wellenlängenunterschied $\Delta\lambda$ ist. Das Auflösungsvermögen eines Prismenspektralapparats beträgt

$$\frac{\lambda}{\Delta\lambda} = -B \cdot \frac{dn}{d\lambda} \quad . \tag{18.6}$$

Es hängt von der Basisbreite B des Prismas und der Abhängigkeit der Brechzahl von der Wellenlänge, der Dispersion $dn/d\lambda$, ab.

Prismenspektralapparate können ein Auflösungsvermögen von ca. 10^4 aufweisen. Der Vorteil eines Prismenspektralapparates gegenüber dem Gitterspektralapparat liegt in seiner günstigen „Lichtstärke“.

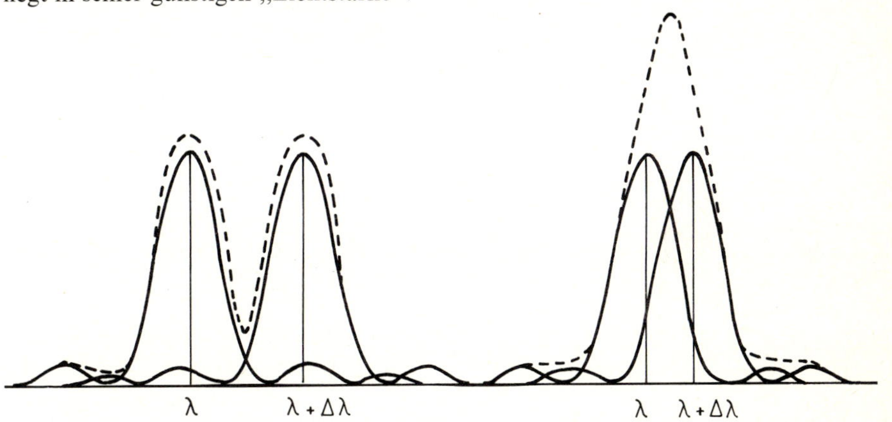

Abb. G-62 Auflösungsvermögen eines Spektralapparats. *Links:* Spektrallinien werden getrennt, *Rechts:* Spektrallinien werden nicht mehr aufgelöst.

Gitterspektralapparat

Ein Gitter-Spektralapparat dient zur hochauflösenden optischen Spektroskopie. Den prinzipiellen Aufbau zeigt Abb. G-63. Durch die Beugung des zu untersuchenden Lichts am Gitter entstehen Spektren auf dem Schirm. Da ja bekanntlich die Bedingung für positive Interferenz (Verstärkung) für alle ganzen Zahlen n ($n = 0, 1, 2, \ldots$) erfüllt ist, gibt es ein Spektrum 1., 2., 3., … Ordnung. Lediglich in der 0. Ordnung ist keine Spektroskopie möglich. Häufig wird in der 1. oder 2. Ordnung gearbeitet; höhere Ordnungen überlappen meistens einander und werden auch äußerst lichtschwach.

Das Auflösungsvermögen eines Gitter-Spektrographen beträgt:

$$\frac{\lambda}{\Delta\lambda} = n \cdot m \ . \tag{18.7}$$

Es hängt von der Ordnung n und von der Zahl m der ausgeleuchteten Gitterstriche ab. Ein Auflösungsvermögen von der Größenordnung 10^6 ist erreichbar.

Noch höhere Auflösung kann mit Interferometern (z.B. Perot-Fabry, Etalon, Lummer-Gehrcke-Platte) erreicht werden.

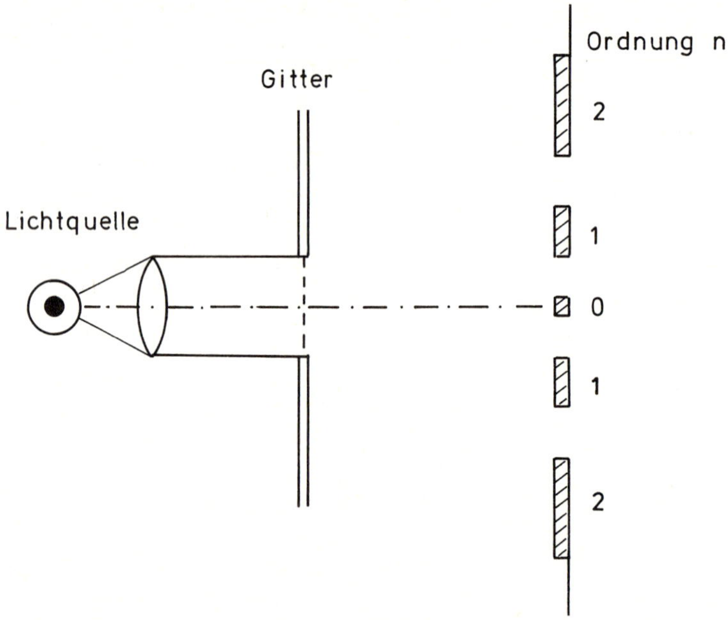

Abb. G-63 Gitterspektralapparat: Das von der Lichtquelle (z.B. Gasentladungslampe, Flamme, Geißler-Röhre) ausgehende Licht wird mittels Kondensorlinse auf das Gitter abgebildet. Beobachtet wird meistens in der 1. Ordnung; evtl. bei besonders hoch angestrebter Auflösung auch in höheren Ordnungen.

19. Das Photon

Geometrische Optik verwendet das Modell des Lichtstrahls, um optische Phänomene beschreiben zu können. Dieses Modell ist brauchbar für Strahlengänge in Prismen, Linsen usw., also im makroskopischen Bereich. Die Größe der Objekte muß wesentlich größer als die Lichtwellenlänge λ (ca. 400–700 nm) sein.

Wellenoptik verwendet das Modell der Lichtwelle, um insbesondere die Phänomene der Beugung, Interferenz und Polarisation beschreiben zu können. Das Modell ist geeignet bei Spalten, Gittern, dünnen Schichten, o.ä. Die Größe dieser Objekte muß gleich oder vergleichbar mit der Lichtwellenlänge sein. Die Wellentheorie des Lichts, deren experimentelle Bestätigung übrigens eng mit dem britischen Mediziner Thomas Young (ca. 1803) verknüpft ist, hat im gesamten 19. Jh. immer wieder glänzende Verifikationen erfahren, nicht zuletzt durch J.C. Maxwell.

Ziemlich exakt mit dem Beginn des 20. Jahrhunderts tritt neben das Strahlen- und das Wellenmodell des Lichts ein weiteres Modell: das Modell des Photons, also eines **Lichtquants.** Licht wird danach nicht als ein unendlich langer „Strahl“ und auch nicht als unendlich lange „Welle“, sondern als ein **Lichtteilchen** gedeutet. Dieses „Teilchen“, ein Stück Licht, wird bei der Emission ausgesendet, fliegt dann mit Lichtgeschwindigkeit c davon und wird irgendwo absorbiert. Es hat keine (Ruhe-)Masse, enthält aber Energie.

Die entscheidende Hypothese zur Quantenvorstellung des Lichts stammt von Max Planck (1900), der die Temperaturstrahlung eines Schwarzen Körpers deuten wollte.

A. Einstein (1905) verifizierte den quantitativen Zusammenhang zwischen der Energie W eines Photons und seiner Frequenz ν:

$$W = h \cdot \nu \tag{19.1}$$

mit einer Konstanten $h = 6{,}625 \cdot 10^{-34}\ \mathrm{Ws}^2$ **(Plancksches Wirkungsquantum).**

Danach ist die Energie eines Photons umso höher, je größer seine Frequenz ist. Ein „blaues" Lichtteilchen enthält also etwa doppelt so viel Energie wie ein „rotes". Zur Bestätigung dient der Photoeffekt: Bestrahlt man eine Zinkplatte mit blauem Licht, so emittiert sie Elektronen (äußerer Photoeffekt). Rotes Licht dagegen bewirkt kein solches Aussenden von Elektronen, egal mit welch hoher Intensität rotes Licht eingestrahlt wird. Offensichtlich reicht seine Energie nicht aus, die Elektronen aus dem Zink austreten zu lassen. Die gedankliche Erweiterung des Begriffs „Photon" auch auf Röntgen-Quanten, γ-Quanten usw. führt zum sogen. Dualismus von Welle und Korpuskel.

20. Röntgen-Strahlung

Eine weitere wichtige Komponente des elektromagnetischen Spektrums stellt die **Röntgen-Strahlung** dar. Sie wurde von W.C. Röntgen (ca. 1895) entdeckt und ist heute ein Standard-Hilfsmittel der medizinischen Diagnostik. Den Aufbau einer **Röntgen-Röhre** zeigt Abbildung G-64: In einer evakuierten Röhre befindet sich eine Glühkathode, aus der bei entsprechender Heizung Elektronen austreten (vgl. Kap. D. 16).

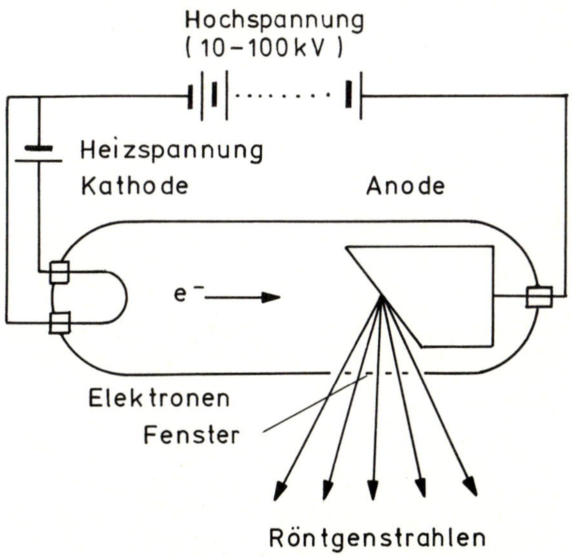

Abb. G-64 Schematischer Aufbau einer Röntgen-Röhre.

Ihr gegenüber steht eine leicht schräggestellte Anode, oft auch als Antikathode bezeichnet. Zwischen Kathode und Anode liegt eine Gleichspannung von ca. 10000 bis 100000 Volt an (10 kV–100 kV). Die Höhe der Spannung bestimmt die **Härte** der Strahlung. Treffen nun die Elektronen auf die Anode, so sind drei verschiedene Effekte möglich:

Die Elektronen werden an der Anode abgebremst. Sie emittieren ihre Energie als elektromagnetische Strahlung **(Röntgen-Bremsstrahlung).**

Die Elektronen regen Atome in der Anode an. Diese emittieren anschließend (nach ca. 10^{-10} s) eine für das Anodenmaterial charakteristische Strahlung **(charakteristische Röntgen-Strahlung).**

Die Elektronen versetzen die atomaren Bausteine der Anode in heftige Schwingungen. Die Anode emittiert keine Strahlung, sie wird lediglich heiß; es entsteht Wärme. Dieser letztgenannte Prozeß findet in ca. 99 % aller Fälle statt; Röntgen-Röhren müssen also stets gut gekühlt werden (meistens Wasserkühlung). Der Wirkungsgrad von Röntgen-Röhren liegt demnach bei etwa 1 %; sie sind also eigentlich Energieverschwender.

Für die **Röntgen-Bremsstrahlung** läßt sich die Energiebilanz eines Elektrons in der Röntgen-Röhre leicht aufstellen: Das Elektron durchläuft die Spannung U und entnimmt dem elektrischen Feld die elektrische Energie $e_0 \cdot U$ (vgl. Kap. D. 16). Diese Energie kann maximal in Strahlungsenergie $W = h \cdot \nu$ umgewandelt werden:

$$e_0 \cdot U = h \cdot \nu_{\max} \tag{20.1}$$

oder, mit $\nu \cdot \lambda = c_0$,

$$\lambda_{\min} = \frac{h \cdot c_0}{e_0 \cdot U} \quad \left(= \frac{12{,}34\,\text{kV}}{U} \cdot 10^{-8}\,\text{cm; Faustformel} \right). \tag{20.2}$$

Röntgen-Röhren emittieren diese minimale Wellenlänge $\lambda_{\min}$ genau dann, wenn die gesamte Energie des Elektrons in (Brems-)Strahlung umgewandelt wird. In allen anderen Fällen ergeben sich größere Wellenlängen; das Spektrum ist kontinuierlich. Außerdem hängt sie allein von der angelegten Spannung ab, da h, e_0 und c Naturkonstanten sind. Diese (Brems-)Strahlung hängt auch nicht vom Material der Anode (oft wird Cu, W oder Mo verwendet) ab.

Bei der **charakteristischen Röntgen-Strahlung** werden von den einfliegenden energiereichen Elektronen die Elektronenhüllen der Anodenatome angeregt, die dann bei der Rückkehr in den Grundzustand (vgl. Kap. E. 3) Energie als Strahlung emittieren.

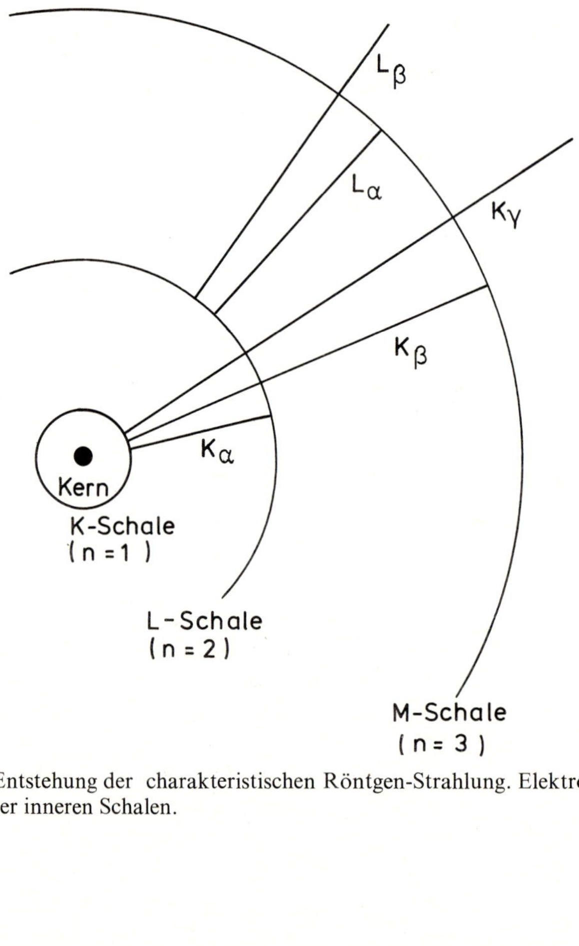

Abb. G-65 Entstehung der charakteristischen Röntgen-Strahlung. Elektronen „springen" auf freie Plätze der inneren Schalen.

Die Energiestufen der „schwereren“ Atome ($Z > 30$) liegen teilweise bereits im Röntgen-Bereich (Abb. G-65). Springt ein Elektron auf einen vakanten Platz in der *K*-Schale, so nennt man die entstehende Strahlung *K*-Strahlung; beim Sprung in die *L*-Schale *L*-Strahlung usw. Um den „Start“ des Elektronensprungs zu kennzeichnen, wird als Index α, β, γ, ... die fortlaufend höhere Schale angehängt.

K_α-Strahlung bedeutet also, daß das herunterspringende Elektron aus der *L*-Schale in die *K*-Schale fällt. K_β-Strahlung würde einem Übergang von der *M*-Schale in die *K*-Schale entsprechen usw.

Diese Art der Röntgen-Strahlung heißt deswegen charakteristisch, weil aus den emittierten diskreten Röntgen-Linien eindeutig auf chemische Elemente und damit z. B. auf das Anodenmaterial geschlossen werden kann.

Das gesamte **Röntgen-Spektrum** setzt sich aus der (kontinuierlichen) Bremsstrahlung und der (diskreten) charakteristischen Strahlung zusammen (Abb. G-66).

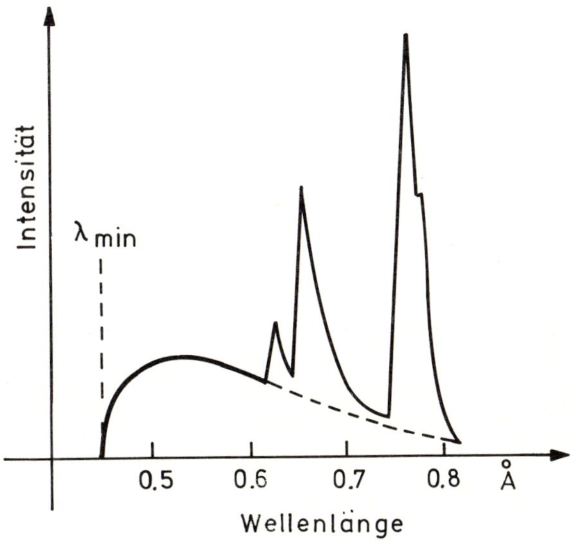

Abb. G-66 Spektrum der Röntgen-Strahlung (I_λ = Spektrale Intensität): Es überlagern sich das kontinuierliche Bremsspektrum (breite Kurve mit kurzwelliger Grenze bei λ_{min}) mit dem für die Elemente des Anodenmaterials charakteristischen Spektrum.

Röntgen-Strahlen wechselwirken mit Materie über den Photo- und den Compton-Effekt, bei sehr hohen Energien u. U. auch über Paarbildung (Kap. E. 4). In allen Fällen erzeugen sie aber schnelle, d. h. energiereiche Elektronen, die dann z. B. im Gewebe meist die eigentlichen Schäden verursachen.

Zum Nachweis der Röntgenstrahlung werden im diagnostischen Bereich vor allem Filme (photoempfindliche Schichten) und Leuchtschirme (Fluoreszenzwirkung) benutzt. Dabei wird ausgenutzt, daß z. B. Knochen die Röntgen-Strahlung wesentlich stärker schwächen als dies Fettgewebe tun. Infolgedessen erscheinen die „Schatten“ von Knochen auf einem fluoreszierenden Leuchtschirm dunkel. Genau umgekehrt ist es beim Nachweis mit Filmen. Dort entsteht aufgrund der Absorption in den Knochen eine wesentlich schwächere Schwärzung des Films, so daß diese auf der entwickelten photographischen Schicht hell erscheinen.

Um z. B. einen Magen zu untersuchen, muß ein Kontrastmittel verabreicht werden, das in aller Regel „schwere“ Elemente, also mit großer Kernladungszahl *Z*, enthält (z. B. Barium).

In der **Tomographie** werden die in verschiedenen Richtungen erhaltenen Röntgen-Absorptionsbilder durch Computer analysiert, so daß Schnittbilder für verschiedene Ebenen rechnerisch ermittelt und dargestellt werden können.

Röntgen-Strahlung läßt sich auch mit **Ionisationskammern** nachweisen (oder mit dem Geiger-Zähler). Dabei wird die ionisierende Wirkung in Luft oder einem Füllgas ausgenutzt (s. Kap. E. 4).

H. Steuerung und Regelung; Informationsverarbeitung

In diesem Kapitel sollen einige Grundzüge von speziellen „Wirkungsgefügen" besprochen werden, mit deren Hilfe bestimmte physikalisch-chemische Zustandsgrößen reguliert werden können. Solche Regulationsmechanismen haben große technische Bedeutung, da ohne sie die fortschreitende Automatisierung nicht denkbar wäre. Daneben treten sie aber auch in vielfältiger Weise im lebenden Organismus auf. Ob man an die Aufrechterhaltung der Körpertemperatur, die Regulierung der Atemtätigkeit oder andere Beispiele denkt, immer besteht die Notwendigkeit, bestimmte Zustandsgrößen (wie Temperatur, CO_2-Gehalt des Blutes u. a.) des Organismus, unabhängig von veränderlichen Umwelteinflüssen, in ihren lebensnotwendigen Grenzen zu halten. Um diese Aufgaben zu erfüllen, benötigen diese Regulationsmechanismen grundsätzlich zweierlei: Einmal Informationen aus ihrer Umgebung über die in Frage kommenden Zustandsgrößen. Die physikalische Repräsentation dieser Informationen nennt man **Signale.** Zum anderen die Fähigkeit, Zustandsgrößen zu beeinflussen. Dazu gibt es sowohl in der Technik (z. B. Ventile für Durchflußänderungen, Blenden für Beleuchtungsänderungen usw.) als auch im Organismus (Schwitzen zur Temperaturregulierung u. a.) eine Reihe von Möglichkeiten.

Im folgenden sollen einige Grundbegriffe der Steuerung und Regelung an physikalischen Modellen erläutert und an weiteren Beispielen ihre Bedeutung auch für die Physiologie gezeigt werden.

1. Steuerung

Steuerung bedeutet allgemein eine gezielte Beeinflussung einer Größe. Dabei kann das Ziel darin bestehen, den Einfluß einer bestimmten Störgröße auf die zu steuernde Ausgangsgröße auszuschalten, dann spricht man von Störgrößen- oder **Vorwärtssteuerung.** Daneben besteht die Möglichkeit der **Programmsteuerung,** bei der die Steuerung einer Größe auf Grund gespeicherter Erfahrungswerte geschieht.

Zur Steuerung benötigt man **Steuersignale** und eine **Steuerstrecke,** die die Ausgangsgröße in Abhängigkeit von diesen Steuersignalen beeinflußt. Die Steuersignale liegen bei Programmsteuerung gespeichert vor, bei Vorwärtssteuerung gewinnt man sie durch Messung der Störgröße. Bei jeder Steuerung muß die Wirkung der Störgröße auf die Ausgangsgröße eindeutig bekannt sein und bei der Erzeugung der Steuersignale quantitativ richtig berücksichtigt werden (Abb. H-1).

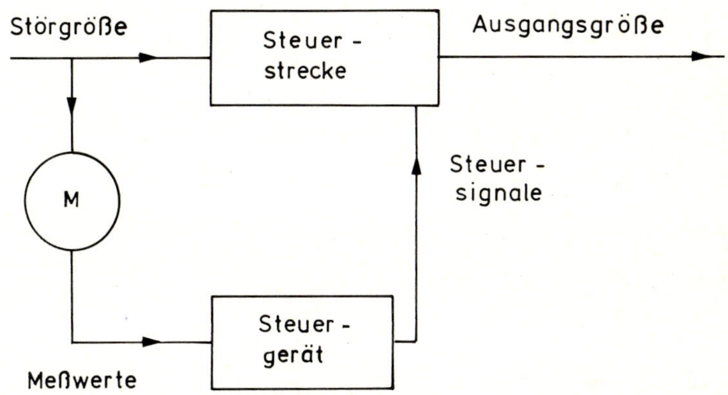

Abb. H-1 Steuerung

Als Beispiel betrachten wir die Heizung eines Büros. Eine Programmsteuerung könnte hier darin bestehen, daß man außerhalb der Arbeitszeit, also in Abhängigkeit von vorgegebenen Zeitwerten, die Heizleistung auf die Hälfte reduziert. Eine Vorwärtssteuerung der Heizleistung könnte dagegen durch Messung der Außentemperatur geschehen. An diesem Beispiel werden gleichzeitig die charakteristischen Merkmale einer Steuerung klar. Sie benutzt zur Beeinflussung der Ausgangsgröße nur Informationen über die Störgröße, es liegt ein offener Wirkungsablauf mit Signalübertragung nur in einer Richtung vor. Die tatsächliche Wirkung der Steuerung auf die Ausgangsgröße wird nicht aktiv berücksichtigt. Das führt dazu, daß alle anderen Einflüsse, die neben der Störgröße noch vorhanden sein können, durch die Steuereinrichtung nicht verhindert werden können. In unserem Beispiel der Büroheizung, die die Raumtemperatur nur in Abhängigkeit von der Arbeitszeit steuert, wäre ein solcher zusätzlicher Einfluß das Öffnen eines Fensters. Die dadurch erzielte Änderung der Raumtemperatur kann unser Steuersystem nicht korrigieren.

2. Regelung

Diesen Nachteil vermeidet die Regelung. Hier wird zur Gewinnung der Steuersignale als wesentliche Information die beobachtete Wirkung auf die Ausgangsgröße genommen. Eine Rückwirkung der Ausgangsgröße auf den Eingang (Abb. H-2) bzw. das Steuersystem an sich wird allgemein als **Rückkopplung** bezeichnet (vgl. Kap. F. 2). Durch sie wird ein geschlossener Wirkungsablauf erreicht, die Signalübertragung geschieht in beiden Richtungen. Dabei sind zwei Fälle zu unterscheiden: Kommt ein Signal, das durch eine Änderung der Ausgangsgröße hervorgerufen wird, nach Durchlaufen des Rückkopplungskreises mit umgekehrtem Vorzeichen am Eingang des Regelsystems an, so wirkt es der Ursache für die Änderung der Ausgangsgröße entgegen und schwächt sie damit ab. Dann spricht man von **negativer Rückkopplung** bzw. **Gegenkopplung.**

Findet im Rückkopplungskreis keine Vorzeichenumkehr (d.h. keine Änderung der Polarität oder **Verpolung**) statt, liegt eine **positive Rückkopplung** oder **Mitkopplung** vor. Durch sie wird eine auftretende Änderung der Ausgangsgröße noch zusätzlich unterstützt. Solange die Mitkopplung nicht zu stark ist, wird die Wirkung der Eingangsgröße auf das System lediglich verstärkt. Im anderen Fall kann das Regelsystem instabil werden; kleine Eingangsamplituden schaukeln sich immer mehr auf, wobei das System zerstört werden oder in einen extremen Endzustand kippen kann. Solche Vorgänge kann man z.B. im Bereich der Medizin als Grundlage von Gewöhnung und Sucht betrachten. Daneben spielt positive Rückkopplung bei technischen Schwingungserzeugern eine große Rolle (vgl. Kap. F. 2).

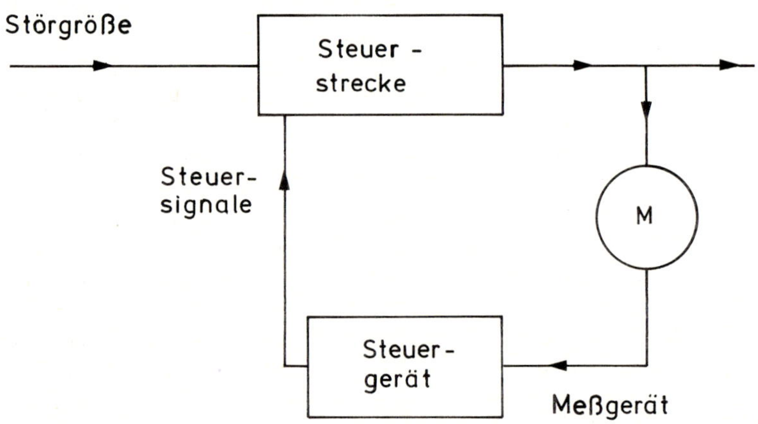

Abb. H-2 Regelung

Für eine Regelung, die ja den Einfluß der störenden Eingangsgrößen auf die Ausgangsgröße möglichst ausschalten soll, kommt also nur eine Gegenkopplung in Frage.

Wegen des geschlossenen Wirkungsablaufs spricht man auch von einem **Regelkreis** (Abb. H-3). Die verschiedenen Teile eines solchen Regelkreises und ihre technischen Bezeichnungen sollen an einem einfachen Beispiel erläutert werden:

Der Regelkreis enthält eine **Regelstrecke,** auf der die zu regelnde Ausgangsgröße, die **Regelgröße** x, durch ein geeignetes **Stellglied** beeinflußt wird. Die Regelgröße x wird mit einem Meßfühler gemessen, man erhält so ihren augenblicklichen **Istwert.** Dieser wird im **Regler** mit der **Führungsgröße** w, die den augenblicklichen **Sollwert** von x bestimmt, verglichen. Eine Differenz zwischen Ist- und Sollwert, also eine Regelabweichung Δx, führt zu einer Änderung der **Stellgröße** y, die das Stellglied betätigt. Die beiden Endlagen des Stellgliedes begrenzen dabei den **Regelbereich** eines Regelkreises. Außerhalb dieses Bereichs können störende Einflüsse auf die Regelgröße nicht mehr ausgeglichen werden.

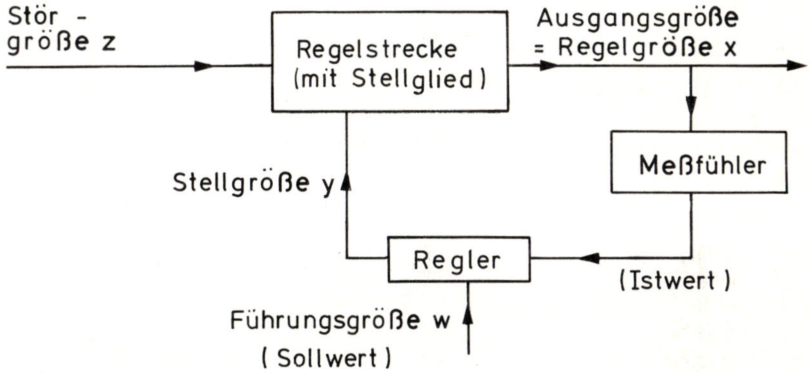

Abb. H-3 Regelkreis

3. Verhalten von Regelkreisen

Ist die Führungsgröße w eine Konstante, soll die Ausgangsgröße also auf einem festen Sollwert gehalten werden, spricht man von **Festwertregelung.** Dagegen wird bei **Folgeregelung** die Regelgröße möglichst genau dem Verlauf der Führungsgröße angeglichen. Dieser Verlauf kann dabei eine Funktion der Zeit oder irgend einer anderen Größe sein. Eine Festwertregelung liegt im menschlichen Körper z. B. beim Auge vor, wo mit Hilfe der Pupille (als Stellglied) die Netzhautbeleuchtung konstant gehalten werden soll. Der der Tagesperiodik des Organismus folgende Verlauf der Körpertemperatur stellt dagegen ein Beispiel für eine Folgeregelung dar.

Daneben ist eine prinzipielle Unterteilung in **stetige** und **nichtstetige Regler** möglich. Die wichtigste Form nichtstetiger Regelung ist der Zweipunktregler. Bei diesem werden nur zwei Zustände unterschieden: Regelgröße kleiner oder größer als der Sollwert. Entsprechend wird das Stellglied ein- oder ausgeschaltet (bei einer Temperaturregelung z. B. die Heizung). Dabei muß man einen Faktor in Betracht ziehen, der für Regelkreise allgemein von Bedeutung ist: Regelungsvorgänge können im allgemeinen nicht beliebig schnell verlaufen. Für den Meßvorgang durch einen Fühler, die Signalübertragung auf das Stellglied und die Beeinflussung der Ausgangsgröße durch das Stellglied werden bestimmte Zeitspannen benötigt. Insgesamt hat die Regelung also eine charakteristische **Laufzeit,** die vergeht, bis die Wirkung einer Regelgrößenänderung nach einem vollen Umlauf im Regelkreis wieder die Ausgangsgröße beeinflußt. Gerade im Organismus treten oft sehr erhebliche Laufzeiten auf (bei Blutdruckregelung z. B. rund 20 s), die sich u. U. sehr störend auf die Übersichtlichkeit von Regelungsvorgängen auswirken. Weitere Folgen solcher Laufzeiten werden wir noch kennen-

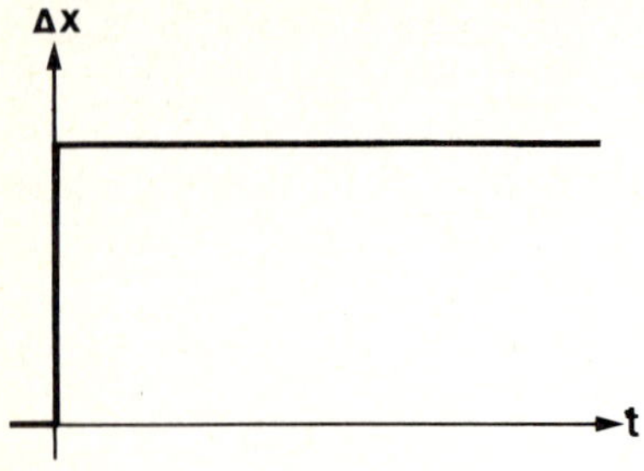

Abb. H-4 Sprungfunktion

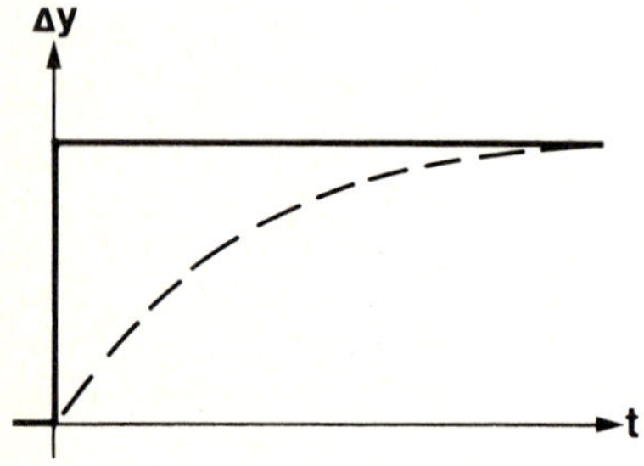

Abb. H-5 Proportional-Verhalten

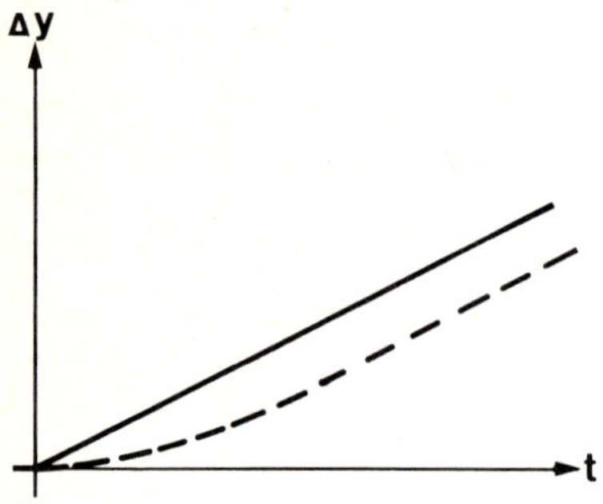

Abb. H-6 Integral-Verhalten

lernen. Bei unserem betrachteten Zweipunktregler führen sie dazu, daß nach Erreichen des Sollwerts das Stellglied nicht sofort umschaltet, so daß der Regelvorgang noch eine Zeit lang in der vorherigen Weise weiterläuft. Man erhält dadurch eine Dauerschwingung der Regelgröße um den Sollwert, also eine unvermeidbare Regelabweichung.

Auch bei einigen stetigen Reglern (bei denen innerhalb des Regelbereichs die Stellgröße einer Regelabweichung kontinuierlich folgt und nicht nur zwei definierte Zustände hat wie beim Zweipunktregler) tritt eine unvermeidbare Regelabweichung auf. Dazu gehören der Proportionalregler (P-Regler) und der Proportionalregler mit Differentialanteil (PD-Regler). Was man darunter versteht, soll im folgenden erläutert werden.

Zur Kennzeichnung stetiger Regler verwendet man ihre **Übertragungsfunktion,** d.h. ihr zeitliches Verhalten nach dem Auftreten einer Störung. Zur Veranschaulichung dieses Verhaltens eignet sich besonders ihre Antwort auf ein sprunghaftes Auftreten einer Regelabweichung Δx, wie sie in der Abb. H-4 dargestellt ist.

Es treten vier wichtige Hauptgruppen mit folgenden Sprungantworten auf.

Proportionalregler (P-Regler) (Abb. H-5): Bei ihnen ist die erzeugte Änderung Δy der Stellgröße y proportional der Regelabweichung: $\Delta y = V \cdot \Delta x$. Der P-Regler benötigt also zur Veränderung der Stellgröße eine Regelabweichung. Dadurch bleibt eine dauernde Regelabweichung bestehen, die umso kleiner ist, je größer man den Verstärkungsfaktor V macht. Das geht jedoch nicht beliebig, weil sonst u.U. der Regelbereich schon bei kleinen Eingangsamplituden ganz überstrichen wird.

Integralregler (I-Regler) (Abb. H-6): Die Änderung der Stellgröße y ergibt sich aus dem zeitlichen Integral der Regelabweichung Δx: $\Delta y = \text{const.} \int \Delta x(t) \cdot dt$. Bei diesem Regler ändert sich die Stellgröße so lange, wie eine Regelabweichung vorhanden ist. Dadurch ist die völlige Beseitigung eines Störeinflusses auf die Ausgangsgröße möglich.

Differentialregler (D-Regler) (Abb. H-7): Sie differenzieren den Verlauf der Regelgröße nach der Zeit. Es tritt nur eine Änderung der Stellgröße y auf, so lange sich x ändert. Die Änderung von y ist dabei umso größer, je schneller sich x ändert: $\Delta y = \text{const.}\, dx/dt$. Auf eine konstante Regelabweichung reagiert ein D-Regler nicht. Er kann deshalb einen Sollzustand allein nicht aufrechterhalten.

Verzögerungseinflüsse (Abb. H-8): Sie bewirken, daß sich eine Regelabweichung um eine charakteristische Zeit T_s verzögert auf die Stellgröße auswirkt. Diese folgt der Regelabweichung dabei im einfachsten Fall nach einer e-Funktion:

$$\Delta y = \text{const.} \cdot \Delta x \cdot (1 - e^{-\frac{t}{T_s}}) .$$

Daneben kann die Verzögerung eine echte Totzeit enthalten, die (durch die räumliche Trennung zwischen Stellglied und Meßort bedingt) das Auftreten einer Regelabweichung erst nach einer Zeit T_0 am Reglereingang erscheinen läßt. Das wird in Abb. H-8 durch die gestrichelte Linie dargestellt. Durch diese Verzögerungseinflüsse wird das charakteristische Verhalten der P-, I- und D-Regler entsprechend den gestrichelten Kurven verändert (Abb. H-5 bis H-7).

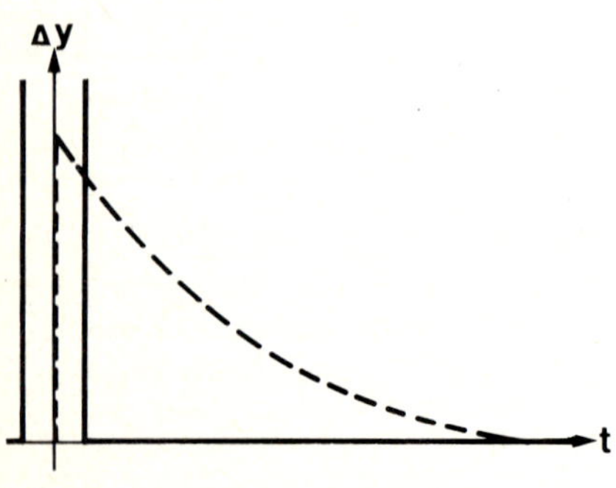

Abb. H-7 Differential-Verhalten

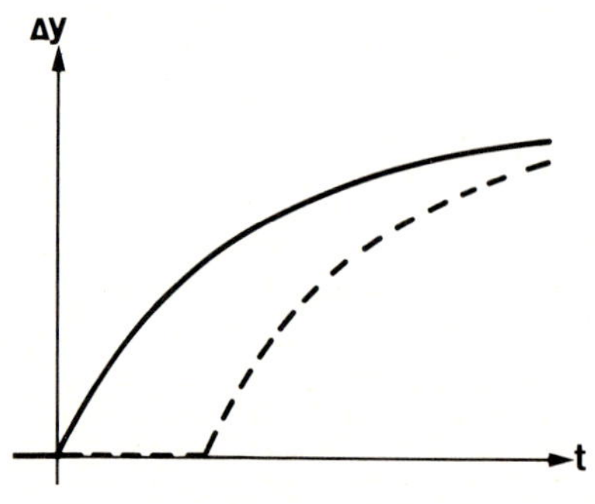

Abb. H-8 Verzögerungseinflüsse

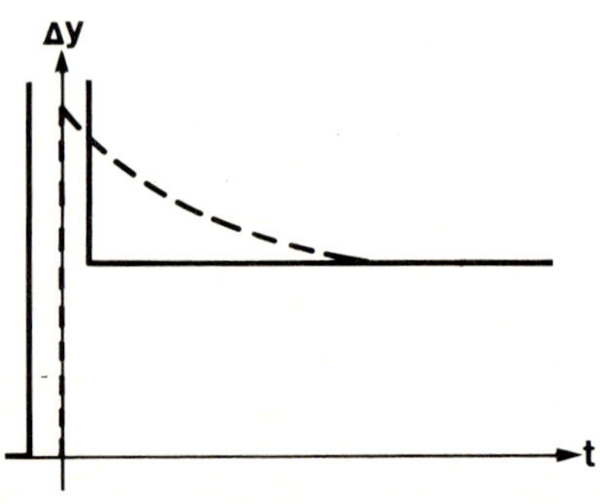

Abb. H-9 Proportional-Differential-Verhalten

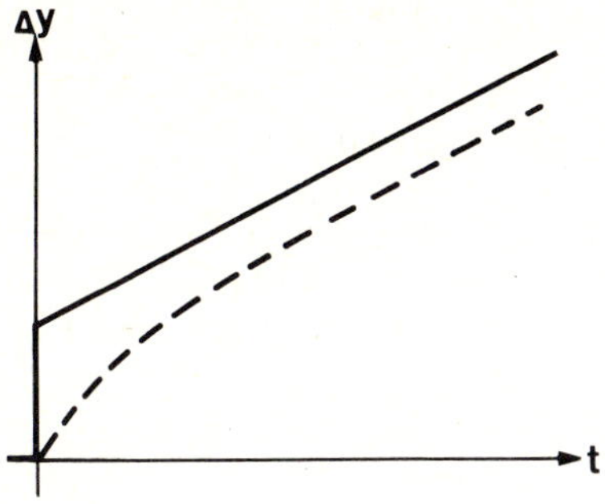

Abb. H-10 Proportional-Integral-Verhalten.

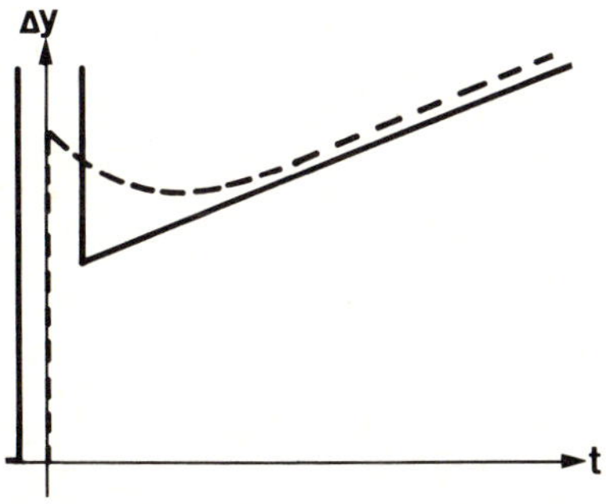

Abb. H-11 Proportional-Integral-Differential-Verhalten.

In der Regelungstechnik werden daneben Kombinationen aus diesen Grundtypen verwendet. Die wichtigsten sind:

Proportionalregler mit Differentialanteil (PD-Regler) (Abb. H-9): Durch Hinzunahme des Differentialanteils reagiert der PD-Regler schneller auf Regelabweichungen als ein Proportionalregler, berücksichtigt aber trotzdem – im Gegensatz zum Differentialregler – den veränderten Wert der Ausgangsgröße.

Proportional-Integral-Regler (PI-Regler) (Abb. H-10): Bei ihm wird der wesentliche Nachteil der P-Regler, eine dauernde Regelabweichung zu besitzen, beseitigt. Die Hinzunahme des P-Anteils bewirkt außerdem gegenüber einem reinen I-Regler eine Verbesserung des Zeitverhaltens.

Proportional-Integral-Regler mit Differentialanteil (PID-Regler) (Abb. H-11).

Das Auftreten von Laufzeiten (durch Totzeiten oder Verzögerungseinflüsse) bringt in allen Regelkreisen Stabilitätsprobleme mit sich, wie sich schon beim Zweipunktregler andeutete. Zur Veranschaulichung betrachten wir das Verhalten eines Regelkreises bei einer stoßförmigen Störung (kurzer Impuls der Dauer t_1 und positiver Amplitude h). Infolge der Laufzeit t_0 wirkt sich die dadurch erzielte Regelabweichung verspätet und mit umgekehrtem Vorzeichen am Eingang aus, also wie eine negative Störung, deren Amplitude von der Verstärkung des Rückkopplungszweigs abhängt. Diese negative Störung ergibt wieder eine umgekehrte Regelabweichung usw. Das System fürt **Regelschwingungen** um die Sollgröße aus. Bei starker Rückkopplung nimmt die Amplitude dieser Schwingungen dauernd zu, das Regelsystem wird instabil. Um solche Regelschwingungen zu vermeiden (auch solche mit abklingenden Amplituden), muß die Einstellzeit eines Regelkreises hinreichend groß gegenüber der Laufzeit gewählt werden.

Am Beispiel eines idealen Integralregelsystems mit der Laufzeit t_0 und verschiedenen Verstärkungsfaktoren V_0 sieht man, wie man Regelkreise durch geeignete Wahl der Parameter stabil halten und dabei möglichst rasch arbeiten lassen kann (Abb. H-12). Hier liegt der optimale Verstärkungsfaktor V_0 zwischen 0,37 und 0,47; die kürzeste Einstellzeit beträgt etwa das 4–5fache der Laufzeit t_0. Bei zu kleiner Verstärkung wird die Einstellzeit zu lang, bei zu großer Verstärkung treten zunächst abklingende, bei noch größerem V_0 anwachsende Regelschwingungen auf.

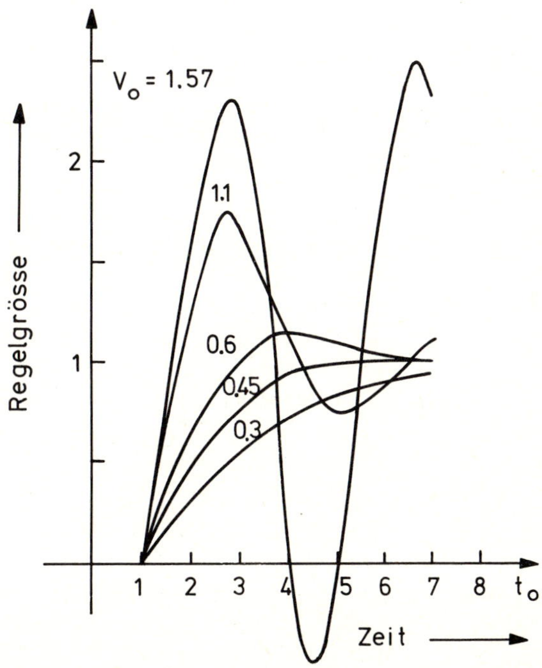

Abb. H-12 Regelvorgänge bei einem idealen Integralsystem mit der Laufzeit t_0 und verschiedenen Verstärkungszahlen V_0 (Nach Küpfmüller, in Gauer, Kramer, Jung: Physiologie des Menschen, Bd. 10, Abb. 18, S. 226; München 1972).

Diese Grundformen technischer Regelungssysteme, die wir kennengelernt haben, lassen sich – mit der nötigen Vorsicht – auch bei einer Reihe medizinischer Vorgänge erkennen. Die als Dehnungsrezeptoren wirkenden Endigungen der Muskelspindeln zeigen z. B., wie aus Abb. H-13 zu ersehen, deutlich PD-Verhalten.

Im allgemeinen lassen sich die Regelungs- und Steuerungsvorgänge im menschlichen Körper aber nur unter erheblichen Schwierigkeiten auf solch relativ einfache Modelle zurückführen. Dazu trägt vor allem die starke Vermaschung der verschiedenen Regelungen bei, durch die die Regelgröße eines Regelkreises gleichzeitig Stör- oder Führungsgröße anderer Regelkreise sein kann. Trotzdem führt die Übertragung solcher physikalischer Modelle auf die Vorgänge im Organismus zu sehr interessanten Ergebnissen und stellt deshalb ein wichtiges Hilfsmittel der Physiologie dar.

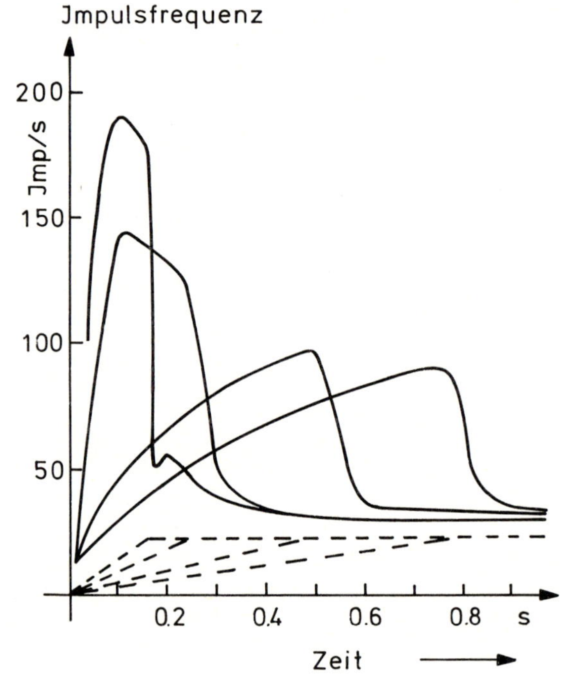

Abb. H-13 Impulsaktivität von Muskelspindeln bei Dehnung infolge unterschiedlich schneller Belastung (gestrichelt gezeichnet) (Nach Schmidt, in Gauer, Kramer, Jung: Physiologie des Menschen, Bd. 11; Abb. 1, S. 115; München 1972).

4. Informationsübertragung

Wenn ein Arzt mit einem Stethoskop Atmungsgeräusche oder Herztöne eines Patienten hört, findet Kommunikation statt: akustische Kommunikation. Wenn ein Arzt mit einem Endoskop eine Magenspiegelung vornimmt, findet Kommunikation statt: optische Kommunikation.

Kommunikation bedeutet Informationsübertragung. Vom **Sender (Nachrichtenquelle)** abgehende Signale werden über einen (Informations-)**Kanal** zur **Nachrichtensenke,** dem **Empfänger,** geleitet. Beim Abhören des Patienten verläuft der Informationsfluß in einer Richtung (unilaterale Kommunikation), beim Endoskop erfolgt das Senden und Empfangen von Licht in beiden Richtungen: bilaterale Kommunikation. Denn zunächst muß vom Arzt (Sender) Licht durch die Lichtfasern zum Magen „gesendet" werden. Erst bei Beleuchtung wird das Magengeschwür nun seinerseits zum Sender und damit für das Auge sichtbar. Ein Kommunikationssystem besteht also immer zumindest aus Informationsquelle, (Übertragungs-)Kanal und Empfänger (Abb. H-14).

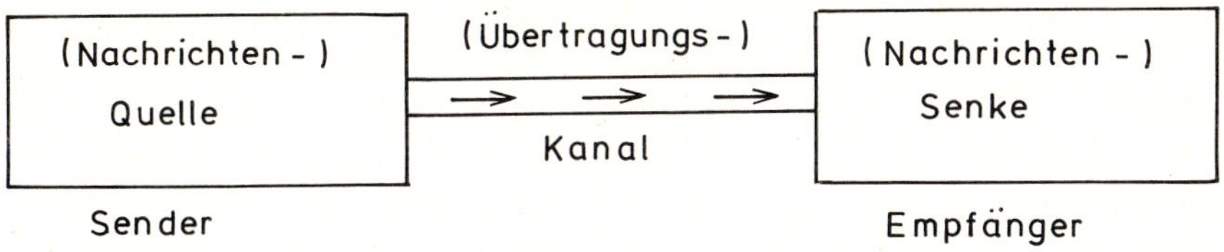

Abb. H-14 Aufbau eines Kommunikationssystems.

Dabei müssen Sender und Empfänger nicht unbedingt technische Geräte sein: Ein Professor in der Vorlesung ist ein typisches Beispiel für einen akustischen (und optischen) Sender, der mit seinen Zuhörern (Empfänger) unilateral kommuniziert. Beispiele für technische Empfänger sind ein Rundfunkgerät, ein Magnetband, ein Prozeßrechner, ein Röntgenfilm usw. Oftmals ist die zu übertragende Information noch nicht direkt zur Übertragung geeignet. Beispiel: Die Information „Die brennende Zigarette verbrennt die Hand (Temperaturerhöhung)" soll zum Gehirn übertragen werden. Als Übertragungskanal dienen die Neuronen (Nervenleitungen), die von der Hautoberfläche zum Gehirn verlaufen. Diese Nachricht „Temperaturerhöhung" wird von den Thermorezeptoren in eine zur Übertragung geeignete Folge von elektrischen Impulsen („Spikes") umgesetzt. Eine solche Umsetzung in ein für einen Kanal geeignetes Signal nennt man **Codierung.** In diesem konkreten Beispiel steigt einfach die Impulsfolgefrequenz der Spikes; Temperaturerniedrigung würde ein Absinken der Frequenz zur Folge haben (Abb. H-15).

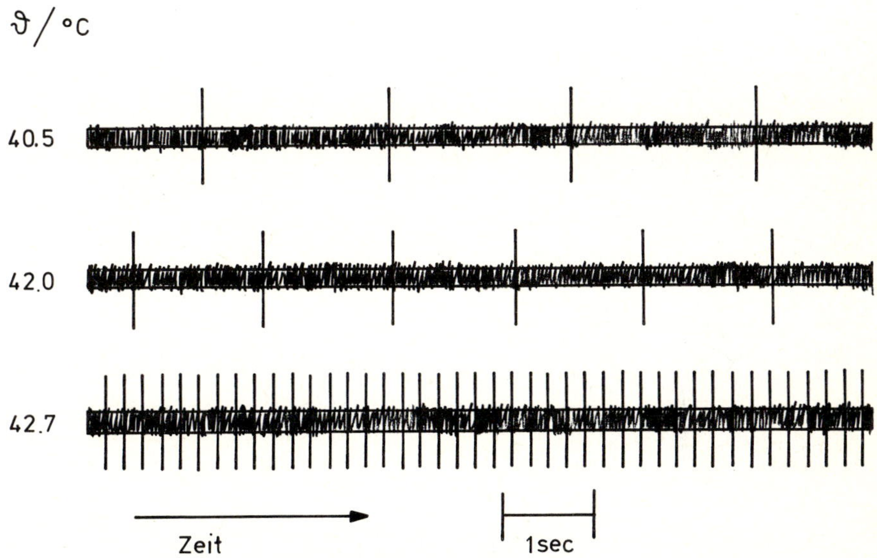

Abb. H-15 Die Impulsfolge-Frequenz der Thermorezeptoren ist eine Funktion der Temperaturänderung.

Dementsprechend lautet das allgemeine Schema einer Nachrichtenübertragung (Abb. H-16): Die von der (Nachrichten-)**Quelle** *Q* ausgehenden Informationen sind möglicherweise für eine Übertragung noch nicht geeignet. Der **Codierer** *C* setzt diese Informationen in eine zur Übertragung geeignete Signalfolge um. Selbstverständlich darf bei dieser Codierung keine Information verloren gehen, ebensowenig auf dem **Übertragungskanal.**

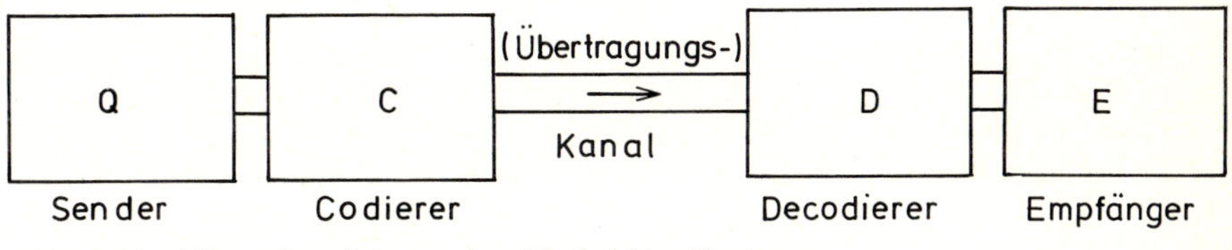

Abb. H-16 Allgemeines Schema einer Nachrichtenübertragung

Der **Decodierer** D hat genau die umgekehrte Funktion: Er „übersetzt" die ankommende Signalfolge wieder „zurück", so daß der **Empfänger** sie verstehen und annehmen kann.

Beispiel:

Rundfunk – 12.00 Uhr Nachrichten. Die Sprachsignale des Nachrichtensprechers (Quelle Q) werden einer hochfrequenten Schwingung aufmoduliert, so daß sie sich für eine Übertragung eignen (Codierer). Als Kanal dient der freie Raum zwischen Rundfunksender und Antenne bzw. – vor allem in der Zukunft – ein Kabel. Im Rundfunkgerät wird von einem Decodierer D (dort meistens Decoder genannt) das Sprachsignal wieder herausgetrennt und dem Lautsprecher bzw. dem Hörer (Empfänger E) zugeführt.

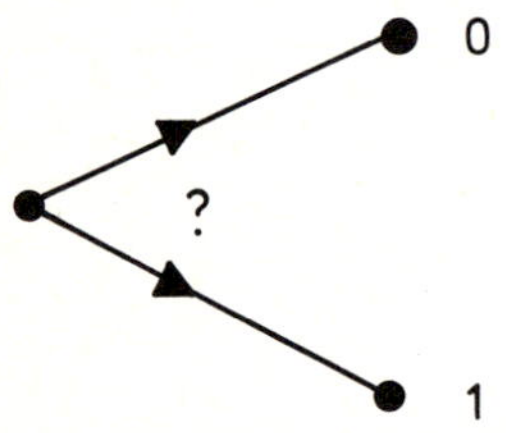

Abb. H-17 Ein „Binary digit" (Zweierschritt) definiert das Informationsmaß: 1 bit.

Information läßt sich mathematisch und physikalisch schlecht definieren:

Sie wird bei einem Schalter im Bahnhof oder Flughafen empfangen. Sie ist ein heißer Tip auf der Pferderennbahn oder mehr und besseres Wissen als andere. Sie beseitigt Ungewißheit und sie bedeutet Senden und Empfangen von Signalen.

Zur Definition der **Informationsmenge** dient ein „Zweierschritt", ein „binary digit" bzw. abgekürzt **bit.** Wenn wir zwischen zwei (gleich wahrscheinlichen) Zeichen auswählen können, sagen wir 0 und 1, so haben wir 1 bit Information gewonnen (Abb. H-17).

Zwischen den beiden (binären) Zeichen 0 bzw. 1 können wir genau 1mal wählen. Bereits zwei Wahlvorgänge (2 Zweierschritte) sind nötig, um aus 4 Zeichen eines eindeutig herauszufischen (Abb. H-18a), 8 Zeichen benötigen 3 Wahlvorgänge, also 3 bit, usw. (Abb. H-18b).

Tabelle H-1

	n	ld n/bit
(2^0 =)	1	0
(2^1 =)	2	1
(2^2 =)	4	2
	⋮	
(2^3 =)	8	3
	⋮	
(2^4 =)	16	4

Allgemein wird definiert:

$$I = \mathrm{ld}\, n = {}^2\!\log n$$

(ld n = Logarithmus dualis n („zur Basis 2").

Je größer die Anzahl möglicher Elemente zum Auswählen ist, desto höher wird auch die Information. Die Informationsmenge wird in bit angegeben.

Beispiele:

Um *einen* Zuschauer aus einem Saal mit 1024 Personen (= 2^{10}) herauszufinden, werden genau 10 mit Ja oder Nein zu beantwortende Fragen benötigt.

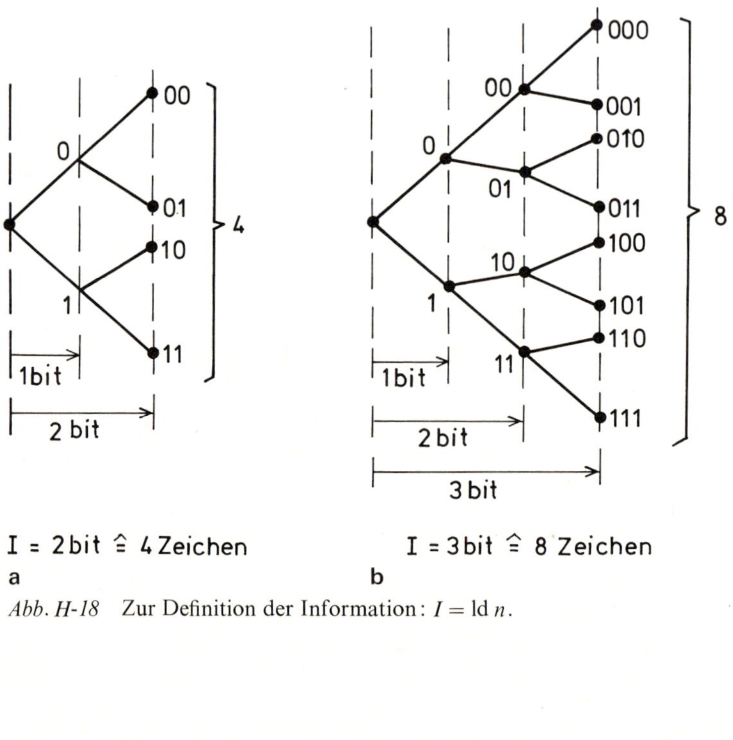

Abb. H-18 Zur Definition der Information: $I = \mathrm{ld}\, n$.

Zur dualen Darstellung der 27 Buchstaben unseres Schrift-Alphabets werden 5 binäre Zeichen benötigt. Begründung: $2^5 = 32$. Dementsprechend werden in zahlreichen Datenverarbeitungsanlagen 5-Kanal-Lochstreifen verwendet: gelocht/ungelocht.

Eine Information von n bit benötigt also genau 2^n duale Zeichen. Dieser einfache Zusammenhang gestattet die Berechnung von dualen Zeichenfolgen.

Kanal

Bei jedem Kommunikationsprozeß muß zwischen Sender und Empfänger ein (Übertragungs-)Kanal geschaltet sein. Jeder Kanal wird durch physikalische Eigenschaften festgelegt und – leider – auch begrenzt.

Einige Beispiele:

Kommunikation	Kanal	Physikalische Eigenschaft
Vorlesung, Gespräch,	Luft	Geringe Absorption von Schall
Telefon	Kabel	Läßt nicht alle Frequenzen gleichmäßig durch (endliche Bandbreite)
Rundfunk	Luft „Vakuum"	Ausbreitung elektromagnetischer Wellen; Reflexion an ionisierten Schichten

Den Frequenzbereich, den zu übertragen ein Kanal geeignet ist, nennt man **Bandbreite.** So umfaßt die Bandbreite des menschlichen Auges (inkl. optischem System) einen Wellenlängenbereich von etwa 400–650 nm; die Telefonleitungen der Deutschen Bundespost übertragen den Frequenzbereich von 300–3400 Hz (Bandbreite = 3400 Hz – 300 Hz = 3100 Hz = 3,1 kHz). Selbstverständlich wäre eine erhöhte Bandbreite – möglichst von ca. 16 Hz–20 kHz, entsprechend dem menschlichen Hörvermögen – wünschenswert; leider würde dies hohe Investitions- und Betriebskosten verursachen (Telefonieren in Hi-Fi-Qualität).

Da die Bandbreite physikalisch jeden Kanal begrenzt, gibt es auch eine obere Grenze für Übertragungseigenschaften. Die maximal über einen Kanal je Zeiteinheit übertragbare Information wird als **Kanalkapazität** bezeichnet. Sie gibt an, wieviel bit pro Sekunde auf einem Kanal übertragen werden. Die Einheit der Kanalkapazität ist $1\,\frac{\text{bit}}{\text{s}}$.

Beispiele:

Kanal	Kanalkapazität in bit/s	Bemerkungen
Fernschreiber	ca. 80	Heute allenfalls zur Übertragung geringer Datenmengen verwendet
Telefon	ca. 60 000	
Rundfunk	ca. 10^5	Wert entspricht etwa der Kapazität unseres akustischen Systems (Ohr, Basilarmembran)
Fernsehen	ca. 10^7	Wert entspricht etwa der Kapazität unseres optischen Systems (Auge, optischer Nerv usw.)
Mensch	ca. 10^8 --- Perzeption ca. 15–25 -- Apperzeption	

Betrachtet man den Menschen als nachrichtenverarbeitendes System, so gelangt man über folgende Abschätzungen zu seinen Kanalkapazitäten:

Mit unseren Augen können wir ca. 10 verschiedene Signale in 1 Sekunde unterscheiden. Ab ca. 10 Bildern/s verschmilzt der Eindruck zu einem kontinuierlichen Ablauf. Darauf beruhen die „stetigen“ Wirkungen von Film (meistens 24 Bilder/s) und Fernsehen (25 Bilder/s). Wir nehmen als Abschätzung an: 10 Bilder/s als Verschmelzungsfrequenz für unser Auge.

Von der Retina laufen ca. 10^6 voneinander getrennte Nervenbahnen zum Gehirn. Jede dieser Fasern kann entweder erregt sein („Spikes“) oder nicht erregt sein. Betrachten wir diese beiden dualen Zustände, so ist klar, daß unser optischer Kanal etwa $10^6 \times 10$ bit/s $= 10^7$ bit/s Kanalkapazität hat.

Unser akustischer Kanal liegt etwa 2–3 Größenordnungen darunter: ca. 10^4–10^5 bit/s.

Redundanz

Vieles von dem, was wir täglich sagen, ist „eigentlich überflüssig“. Eine Einladung zum Neujahrskonzert der Wiener Philharmoniker am „Neujahr, 1. Januar“ enthält überflüssige Information; „1. Januar“ hätte zur eindeutigen Angabe ausgereicht.

Solche Informationen, die „eigentlich überflüssige“ Informationen enthalten, nennt man **redundant**. .

Redundanz hilft, Informationen zu sichern. Eine Einladung zu „Neujahr, 5. Januar“ zeigt an, daß ein Fehler vorliegen muß. Informationen werden dadurch überprüfbar. So enthält üblicherweise Ihre Kontonummer bei der Bank ein redundantes Zeichen („Prüfbit“), um Fehler beim Ausfüllen oder Eintippen erkennbar werden zu lassen.

Auch die Impulsfolge auf den optischen, akustischen und taktilen Nervenbahnen des Menschen enthält Redundanz, um mögliche Störungen durch andere Impulse ausschließen zu können.

Codierung

Was geschieht in unserem optischen System, wenn das Licht einer hellen Lampe plötzlich auf unser Auge fällt? Folgende Möglichkeiten wären denkbar:

Die Information „Es wird heller“ könnte als Ansteigen der Amplitude der Nervenimpulse „übersetzt“ (= codiert) werden.

Die Information „Es wird heller“ könnte durch einen zusätzlichen elektrischen Impuls dargestellt werden.

Die Frequenz, mit der die Impulse („Spikes“) gefeuert werden, steigt mit zunehmender Lichtintensität an und sinkt mit abnehmender Helligkeit (Impulsfrequenzmodulation).

Letztgenannte Möglichkeit wird beim Menschen realisiert. Die Information „Helligkeit“ wird in eine Impulsfolgefrequenz übersetzt („codiert“). Man kann zeigen, daß eine solche Codierung am wenigsten störanfällig, also in diesem Sinne optimal ist.

Für alle informationsverarbeitenden Systeme – ob Mensch, Computer, Pflanze, ... – ist wichtig, daß die Codierung von Informationen **eindeutig** ist. Das Autokennzeichen – auch das ist eine Codierung – von Düsseldorf (D) darf nicht mit dem von Darmstadt (DA) übereinstimmen. Codierungen begegnen uns laufend: Autokennzeichen, Vorwahlnummern beim Telefon, Preisschilder im Warenhaus, usw. Eine besonders wichtige Codierung findet bei den Erbanlagen (Gene) statt. „Fehler“ in der Codierung der DNS werden als Mutationen sichtbar.

I. Anhang: Mathematische Hilfsmittel

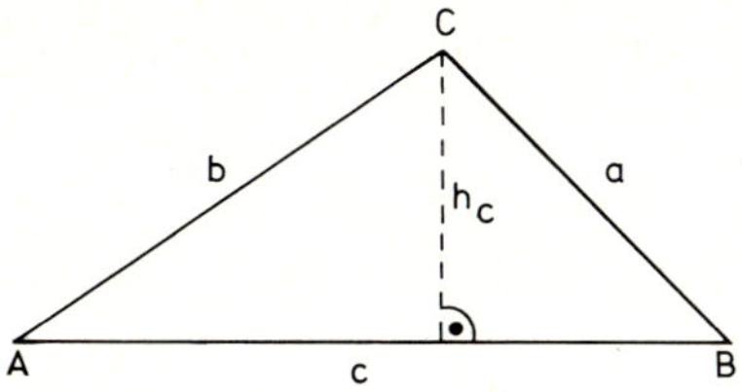

Abb. I-1 Allgemeines Dreieck

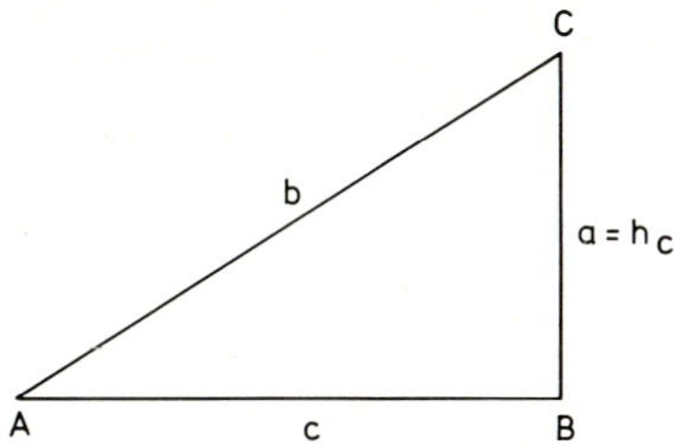

Abb. I-2 Rechtwinkliges Dreieck

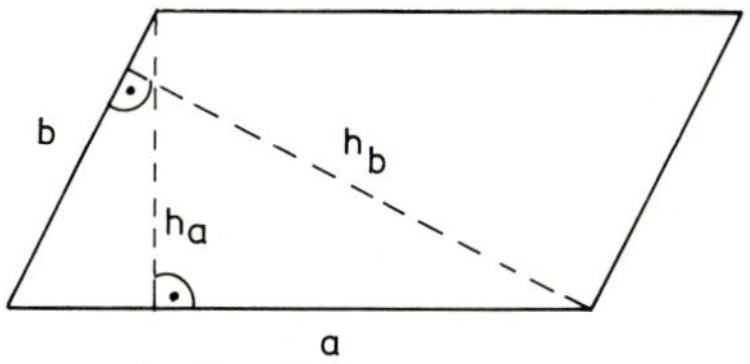

Abb. I-3 Parallelogramm

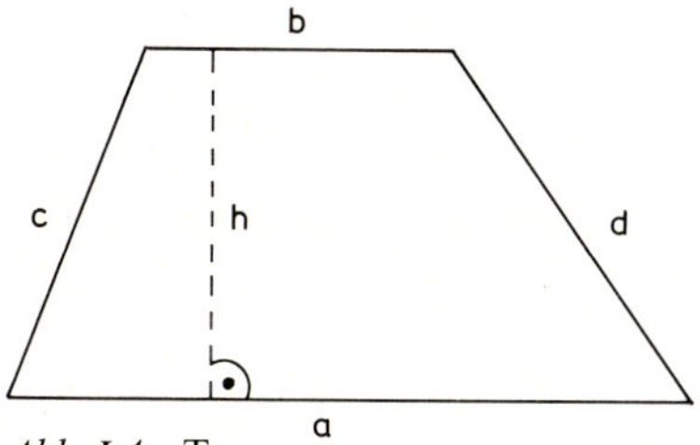

Abb. I-4 Trapez

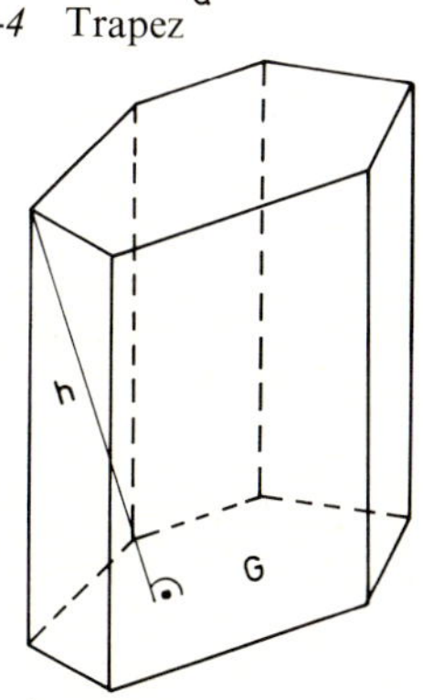

Abb. I-5 Prisma

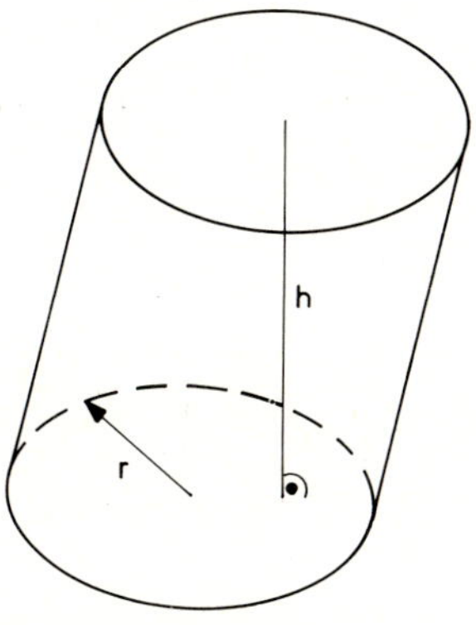

Abb. I-6 Kreiszylinder

1. Geometrie

Allgemeines Dreieck, Seiten a, b, c (Abb. I-1):
Gegenwinkel α, β, γ;
Höhen (= Lote der Scheitelpunkte auf die gegenüberliegende Seite) h_a, h_b, h_c.
Flächeninhalt $A = \frac{1}{2} c \cdot h_c \left(\text{oder } \frac{1}{2} a h_a \text{ oder } \frac{1}{2} b h_b\right)$

$$A = \frac{1}{2} a \cdot b \sin\gamma \left(\text{oder } \frac{1}{2} b \cdot c \sin\alpha \text{ oder } \frac{1}{2} c \cdot a \sin\beta\right)$$

Gleichschenkliges Dreieck: $a = b$

Gleichseitiges Dreieck: $a = b = c$

Rechtwinkliges Dreieck, $h_a = a$ (Abb. I-2):
Flächeninhalt A $= \frac{1}{2} c \cdot a$
Satz von Pythagoras (Hypotenuse $b)^2 = a^2 + c^2$

Parallelogramm, Seiten a, b; Höhen h_a, h_c (Abb. I-3):
Flächeninhalt A $= \frac{1}{2} a \cdot h_a$ (oder $b \cdot h_b$).

Trapez, parallele Seiten a, b; nichtparallele Seiten c, d. Höhe h (Abb. I-4):
Flächeninhalt $A = \frac{1}{2}(a + b)\, h$.

Kreis, Radius r:
Umfang $U = 2\pi$,
Flächeninhalt $A = \pi r^2$

Ellipse, Halbachse a, b:
Flächeninhalt $A = \pi a \cdot b$

Quader, Kanten a, b, c:
Oberfläche $O = 2(ab + bc + ca)$,
Volumen $V = a \cdot b \cdot c$

Prisma, Grundfläche G, Höhe h (Abb. I-5):
Volumen $V = G \cdot h$

Pyramide, Grundfläche G, Höhe h:
Volumen $V = \frac{1}{3} G \cdot h$

Kreiszylinder, Radius r, Höhe h (Abb. I-6):
Volumen $V = \pi r^2 \cdot h$

Hohlzylinder, Innenradius r_1, Außenradius r_2, Höhe h:
Volumen $V = \pi (r_2^2 - r_1^2) \cdot h$

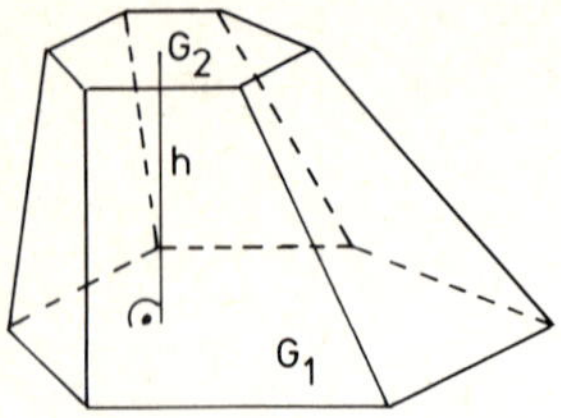

Abb. I-7 Pyramidenstumpf

Kreiskegel, Radius r, Höhe h:

Volumen $V = \frac{1}{3}\pi r^2 h$

Pyramidenstumpf, Grundfläche G_1, Deckfläche G_2, Höhe h (Abb. I-7):

Volumen $V = \frac{1}{3}(G_1 + \sqrt{G_1 G_2} + G_2) \cdot h$

Kugel, Radius r:

Volumen $V = \frac{4}{3}\pi r^3$, Oberfläche $O = 4\pi r^2$

Ellipsoid, Halbachsen a, b, c:

Volumen $V = \frac{4}{3}\pi abc$

2. Trigonometrie

Ebener Winkel α (im Bogenmaß) $= \frac{\text{Kreisbogen}}{\text{Kreisradius}}$; Einheit: Radiant (rad).

Andere Einheiten: Grad (°) $= \frac{1}{90}$ des rechten Winkels,

Neugrad oder Gon (^{g}) = $^1/_{100}$ des rechten Winkels.

Umrechnung: $\frac{\alpha(°)}{\alpha(\text{rad})} = \frac{180}{\pi}$.

Räumlicher Winkel $\Omega = \frac{\text{Kugelfläche}}{(\text{Kugelradius})^2}$; Einheit: Steradiant (sr).

Beispiel: Ein Kegel mit dem Öffnungswinkel $\alpha = 120°$ $\left(\text{oder } \frac{2}{3}\pi\right)$ hat einen Raumwinkel von $\Omega = \pi$.

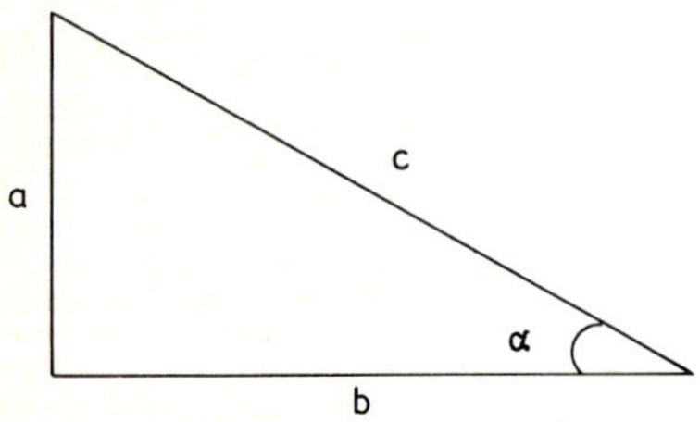

Abb. I-8 Rechtwinkliges Dreieck

Beim **rechtwinkligen Dreieck** sind die trigonometrischen Funktionen des (spitzen) Winkels α (Abb. I-8)

$\sin\alpha = \frac{a}{c}$, $\quad$ $\text{tg}\,\alpha = \frac{a}{b}$,

$\cos\alpha = \frac{b}{c}$, $\quad$ $\text{cotg}\,\alpha = \frac{b}{a}$.

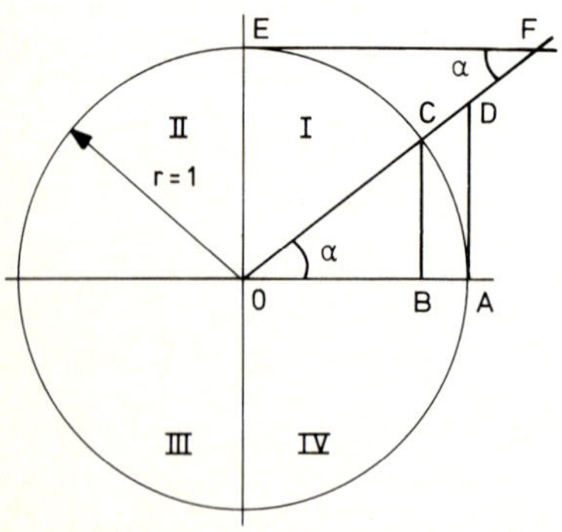

Abb. I-9 Einheitskreis

Beim **Einheitskreis** (Radius $r = 1$ Längeneinheit) sind die trigonometrischen Funktionen des Winkels (Abb. I-9)

$\sin\alpha = BC$, $\quad$ $\text{tg}\,\alpha = AD$,

$\cos\alpha = OB$, $\quad$ $\text{cotg}\,\alpha = EF$.

Vorzeichen in den vier Quadranten

Quadrant	Größe des Winkels	sin	cos	tg	cotg
I	$0 < \alpha < \pi/2$	+	+	+	+
II	$\pi/2 < \alpha < \pi$	+	−	−	−
III	$\pi < \alpha < 3\pi/2$	−	−	+	+
IV	$3\pi/2 < \alpha < 2\pi$	−	+	−	−

Reduktionsformeln

	$\alpha = -\beta$	$\alpha = \pi/2 \pm \beta$	$\alpha = \pi \pm \beta$	$\alpha = 3\pi/2 \pm \beta$	$\alpha = 2\pi \pm \beta$
$\sin\alpha$	$-\sin\beta$	$+\cos\beta$	$\mp\sin\beta$	$-\cos\beta$	$\pm\sin\beta$
$\cos\alpha$	$\cos\beta$	$\mp\sin\beta$	$-\cos\beta$	$\pm\sin\beta$	$+\cos\beta$
$\operatorname{tg}\alpha$	$-\operatorname{tg}\beta$	$\mp\operatorname{cotg}\beta$	$\pm\operatorname{tg}\beta$	$\mp\operatorname{cotg}\beta$	$\pm\operatorname{tg}\beta$
$\operatorname{cotg}\alpha$	$-\operatorname{cotg}\beta$	$\mp\operatorname{tg}\beta$	$\pm\operatorname{cotg}\beta$	$\mp\operatorname{tg}\beta$	$\pm\operatorname{cotg}\beta$

Besondere Werte und Grenzwerte

	$0\,(0°)$ $2\pi\,(360°)$	$\pi/6\,(30°)$	$\pi/4\,(45°)$	$\pi/3\,(60°)$	$\pi/2\,(90°)$	$\pi\,(180°)$	$3\pi/2\,(270°)$
sin	0	1/2	$\sqrt{2}/2$	$\sqrt{3}/2$	1	0	-1
cos	1	$\sqrt{3}/2$	$\sqrt{2}/2$	1/2	0	-1	0
tg	0	$\sqrt{3}/3$	1	$\sqrt{3}$	$\pm\infty$	0	$\pm\infty$
cotg	$\pm\infty$	$\sqrt{3}$	1	$\sqrt{3}/3$	0	$\pm\infty$	0

Einige Beziehungen

$$\sin^2\alpha + \cos^2\alpha = 1$$

$$\operatorname{tg}\alpha = \frac{\sin\alpha}{\cos\alpha}, \qquad \operatorname{cotg}\alpha = \frac{\cos\alpha}{\sin\alpha}$$

$$\operatorname{tg}\alpha \cdot \operatorname{cotg}\alpha = 1$$

$$1 + \operatorname{tg}^2\alpha = \frac{1}{\cos^2\alpha}, \qquad 1 + \operatorname{cotg}^2\alpha = \frac{1}{\sin^2\alpha}$$

$$\sin(\alpha \pm \beta) = \sin\alpha \cdot \cos\beta \pm \cos\alpha \cdot \sin\beta$$

$$\cos(\alpha \pm \beta) = \cos\alpha \cdot \cos\beta \mp \sin\alpha \cdot \sin\beta$$

$$\operatorname{tg}(\alpha \pm \beta) = \frac{\operatorname{tg}\alpha \pm \operatorname{tg}\beta}{1 \mp \operatorname{tg}\alpha \cdot \operatorname{tg}\beta}$$

$$\operatorname{cotg}(\alpha \pm \beta) = \frac{\operatorname{cotg}\alpha\,\operatorname{cotg}\beta \mp 1}{\operatorname{cotg}\beta \pm \operatorname{cotg}\alpha}$$

$$\sin 2\alpha = 2\sin\alpha \cdot \cos\alpha, \qquad \cos 2\alpha = \cos^2\alpha - \sin^2\alpha$$

$$2\sin^2\alpha = 1 - \cos 2\alpha, \qquad 2\cos^2\alpha = 1 + \cos 2\alpha$$

$$\sin\alpha + \sin\beta = 2\sin\frac{\alpha+\beta}{2} \cdot \cos\frac{\alpha-\beta}{2}$$

$$\sin\alpha - \sin\beta = 2\cos\frac{\alpha+\beta}{2} \cdot \sin\frac{\alpha-\beta}{2}$$

$$\cos\alpha + \cos\beta = 2\cos\frac{\alpha+\beta}{2} \cdot \cos\frac{\alpha-\beta}{2}$$

$$\cos\alpha - \cos\beta = -2\sin\frac{\alpha+\beta}{2} \cdot \sin\frac{\alpha-\beta}{2}$$

3. Vektorrechnung

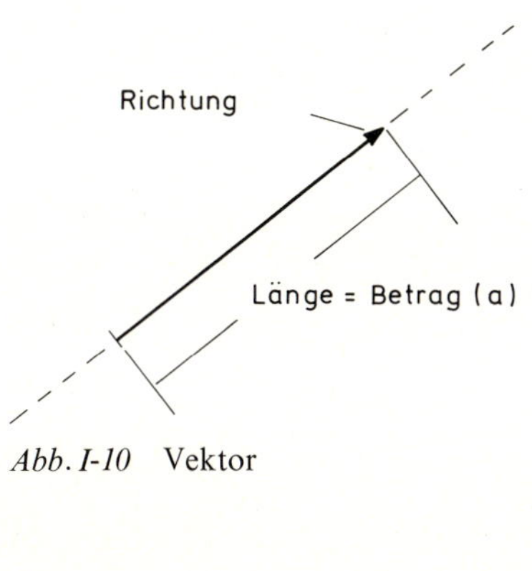

Abb. I-10 Vektor

Ein Vektor *a* wird durch zwei Größen bestimmt, nämlich durch einen Betragswert (= reine Zahl)

$$|\vec{a}| = a$$

und durch eine Richtung. Man kann demnach den Vektor $\vec{a}$ durch eine gerichtete Strecke im Raum (Pfeil) darstellen (Abb. I-10). Die Länge des Vektors ist durch den (absoluten) Betrag gegeben. Zwei gleich lange und parallel verschobene gerichtete

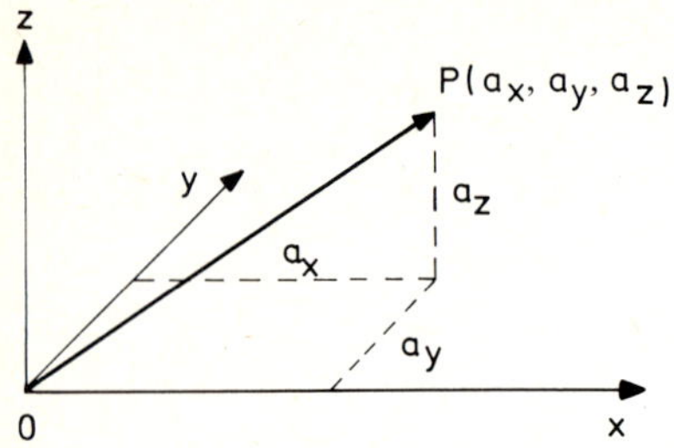

Abb. I-11 Vektor im rechtwinkligen Koordinatensystem.

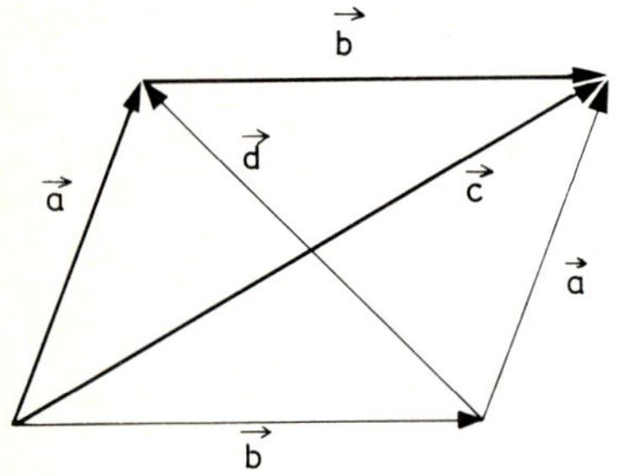

Abb. I-12 Vektoraddition

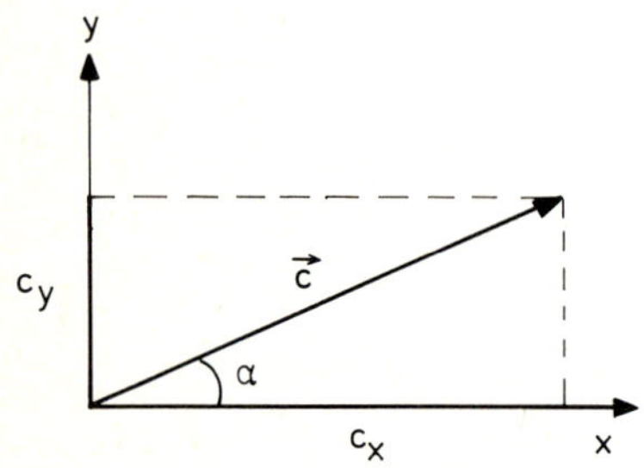

Abb. I-13 Vektorzerlegung im rechtwinkligen Koordinatensystem.

Strecken stellen so denselben Vektor dar. Der Betrag eines Vektors, der in einem Koordinatensystem vom Ursprung mit den Koordinaten (0, 0, 0) bis zum Punkt P mit den Koordinaten (a_x, a_y, a_z) reicht (Abb. I-11), ist gegeben durch

$$a = \sqrt{a_x^{\,2} + a_y^{\,2} + a_z^{\,2}}.$$

Der entgegengesetzt gleiche Vektor erhält ein negatives Vorzeichen ($-\vec{a}$).

Die Multiplikation eines Vektors a mit einer reellen Zahl r (> 0) ergibt einen neuen Vektor $r \cdot \vec{a}$, dessen Richtung erhalten bleibt und dessen Betrag sich ändert zu

$$|r \cdot \vec{a}| = r\,|\vec{a}|.$$

Die Addition zweier Vektoren $\vec{a}$ und $\vec{b}$ ergibt einen neuen Vektor $\vec{c} = \vec{a} + \vec{b}$. Bei der geometrischen Darstellung der Addition wird in den Endpunkt einer den Vektor $\vec{a}$ darstellenden Strecke der Anfangspunkt der den Vektor $\vec{b}$ darstellenden Strecke gelegt (Abb. I-12). Der resultierende Vektor $\vec{c}$ ist dann eindeutig durch diejenige gerichtete Strecke bestimmt, die den Ausgangspunkt von $\vec{a}$ mit dem Endpunkt von $\vec{b}$ verbindet. Die Reihenfolge der Addition ist beliebig (kommutativ). Geometrisch erhält man bei Ausführung beider Möglichkeiten ein Parallelogramm, deren Diagonalen die Summe ($\vec{c}$) und Differenz ($\vec{d} = \vec{a} + (-\vec{b}) = \vec{a} - \vec{b}$) darstellt (Abb. I-12). Bei der Addition mehrerer Vektoren gelten entsprechende Überlegungen.

Ein gegebener Vektor $\vec{c}$ kann demnach in zwei (oder mehrere) Komponenten zerlegt werden. Bei der Zerlegung in zueinander senkrechte Komponenten, die parallel zu den Achsen eines rechtwinkligen Koordinatensystems verlaufen (Abb. I-13) erhält man für deren Betrag (= Projektion des Vektors $\vec{c}$ auf die Koordinatenachsen)

$$c_x = |\vec{c}| \cdot \cos\alpha \quad \text{bzw.} \quad c_y = |\vec{c}| \cdot \sin\alpha$$

und für den Betrag

$$|\vec{c}| = \sqrt{c_x^2 + c_y^2}.$$

Das Skalarprodukt zweier Vektoren $\vec{a}$ und $\vec{b}$ ergibt einen Skalar und ist definiert als

$$\vec{a} \cdot \vec{b} = |\vec{a}| \cdot |\vec{b}| \cdot \cos\alpha,$$

wobei α den Winkel bedeutet, der von den beiden Vektoren eingeschlossen wird. In dem speziellen Fall, daß die Vektoren senkrecht zueinander stehen ($\alpha = \pi/2$), verschwindet das Produkt.

Das Vektorprodukt zweier Vektoren $\vec{a}$ und $\vec{b}$ im dreidimensionalen Raum ergibt einen Vektor $\vec{c} = \vec{a} \times \vec{b}$. Für den Betrag des Vektors $\vec{c}$ gilt

$$|\vec{c}| = |\vec{a} \times \vec{b}| = |\vec{a}| \cdot |\vec{b}| \cdot \sin\alpha$$

(α = Winkel zwischen den Vektoren $\vec{a}$ und $\vec{b}$). Er ist somit gleich dem Flächeninhalt des durch die beiden Vektoren aufgespannten Parallelogramms (Abb. I-14). Die Richtung des Vektors $\vec{c}$ ist senkrecht zur Richtung der Vektoren $\vec{a}$ und $\vec{b}$ und zeigt in die Verschiebungsrichtung einer (rechtsgängigen) Schraube, die entsprechend der Drehung des ersten Vektors $\vec{a}$ in die Richtung des zweiten Vektors $\vec{b}$ auf dem kürzesten Weg gedreht wird.

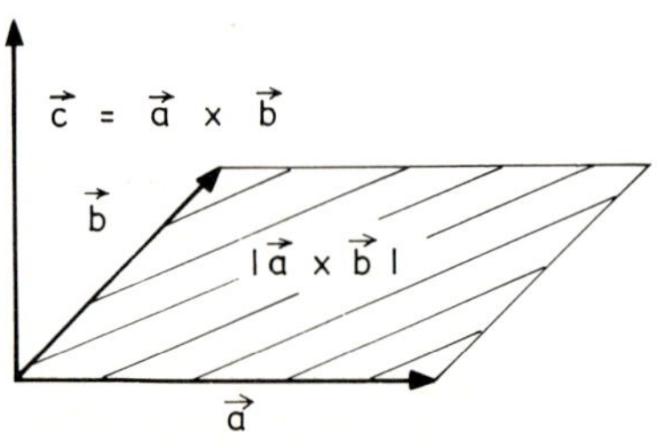

Abb. I-14 Vektorprodukt

4. Algebra

Die Normalform der linearen Gleichung (Gl. ersten Grades) mit der Unbekannten x lautet

$$ax + b = 0 \quad (a \neq 0).$$

Die Lösung ist

$$x = -\frac{b}{a}.$$

Die Normalform der quadratischen Gleichung (Gl. zweiten Grades) mit der Unbekannten x lautet

$$ax^2 + bx + c = 0 \quad (a \neq 0).$$

Die beiden Lösungen x_1 und x_2 sind

$$x_{1,2} = \frac{-b \pm \sqrt{b^2 - 4ac}}{2a}$$

Der Radikand $D = b^2 - 4ac$ heißt Diskriminante.
Falls $D > 0$, dann gibt es 2 reelle Lösungen
Falls $D = 0$, dann gibt es 1 reelle Lösung.
Falls $D < 0$, dann gibt es keine reelle Lösung
(2 konjugiert komplexe Lösungen).

Für die Lösungen x_1 und x_2 gilt

$$x_1 + x_2 = -\frac{b}{a} \quad \text{und} \quad x_1 \cdot x_2 = \frac{c}{a}.$$

Das System der zwei Gleichungen ersten Grades

$$\begin{aligned} a_1x + b_1y &= c_1 \\ a_2x + b_2y &= c_2 \end{aligned}$$

(c_1, $c_2 \neq 0$; inhomogenes System) mit den Unbekannten x und y besitzt genau eine Lösung, falls die Determinante

$$D = \begin{vmatrix} a_1 & b_1 \\ a_2 & b_2 \end{vmatrix} = a_1b_2 - b_1a_2$$

von Null verschieden ist. Die Lösung ist

$$x = \frac{\begin{vmatrix} c_1 & b_1 \\ c_2 & b_2 \end{vmatrix}}{\begin{vmatrix} a_1 & b_1 \\ a_2 & b_2 \end{vmatrix}} = \frac{c_1b_2 - b_1c_2}{a_1b_2 - b_1a_2},$$

$$y = \frac{\begin{vmatrix} a_1 & c_1 \\ a_2 & c_2 \end{vmatrix}}{\begin{vmatrix} a_1 & b_1 \\ a_2 & b_2 \end{vmatrix}} = \frac{a_1c_2 - c_1a_2}{a_1b_2 - b_1a_2}.$$

Das homogene Gleichungssystem ($c_1 = c_2 = 0$)

$$\begin{aligned} a_1x + b_1y &= 0 \\ a_2x + b_2y &= 0 \end{aligned}$$

hat nur dann eine von der trivialen Lösung $x = y = 0$ verschiedene Lösung, wenn die Determinante D verschwindet. Die Umkehrung ist ebenfalls gültig.

5. Analysis

Die Größe y ist eine Funktion der unabhängigen Veränderlichen (Argument) x, wenn jedem gegebenen Wert der Größe x ein bestimmter (eindeutige Funktion) Wert oder mehrere bestimmte (mehrdeutige Funktion) Werte von y zugeordnet werden kann. Die Gesamtheit der x-Werte, für die die Funktion erklärt ist, nennt man Definitionsbereich der Funktion.

Die funktionale Abhängigkeit läßt sich im wesentlichen durch drei verschiedene Methoden darstellen: 1. die analytische Methode, 2. die Tabellenmethode und 3. die graphische oder geometrische Methode.

Bei der analytischen Darstellung werden die funktional abhängigen Größen durch Gleichungen einander zugeordnet. Wenn die abhängige Veränderliche y unmittelbar mit der anderen, unabhängigen Veränderlichen x durch mathematische Operationen (Addition, Subtraktion, Division u.a.) dargestellt wird, so ist die Funktion explizit gegeben. Als Beispiel sei das Volumen V eines idealen Gases bei konstanter Temperatur T betrachtet (vgl. Kap. C.3, Gl. (3.8))

$$V = \frac{n \cdot R \cdot T}{p},$$

dessen Darstellung durch den Druck p in einer expliziten Funktion gegeben ist. Allgemein schreibt man

$$y = f(x).$$

Falls keine unmittelbare Darstellung der abhängigen von der unabhängigen Verlichen gegeben ist, sondern die Werte beider Größen durch eine Gleichung in Beziehung gesetzt werden, so heißt die Funktion implizit. Beispiel dafür ist die Gleichung eines Kreises mit dem Radius r

$$x^2 + y^2 = r^2$$

(die explizite Form lautet $y = \pm\sqrt{r^2 - x^2}$). Allgemein schreibt man

$$F(x, y) = 0.$$

In einer gegebenen Funktion $y = f(x)$ kann durch Vertauschen der Veränderlichen die Umkehrung $x = f(y)$ gebildet werden. Die neue funktionale Abhängigkeit $y = g(x)$ heißt dann inverse Funktion zur ursprünglichen Funktion. Die Funktion $y = \sqrt{x}$ ist z.B. die inverse Funktion von $y = x^2$.

Bei der Tabellenmethode werden die Funktionswerte für spezielle Werte der unabhängigen Veränderlichen berechnet und Tabellen aufgestellt. Tabellen sind stets dann notwendig, wenn ein analytischer Ausdruck für die funktionale Abhängigkeit nicht möglich oder bei Durchführung eines z.B. physikalischen Experiments nicht bekannt ist.

In einem rechtwinkligen Koordinatensystem entspricht jedem Wertepaar x, y ein ganz bestimmter Punkt P der Zeichenebene und umgekehrt. Die Größen (Koordinaten) x bzw. y heißen die Abszisse bzw. Ordinate des Punktes P. Gemäß der Funktion $y = f(x)$ erhält man zu den Werten x, die man vorgibt, zugehörige Werte y, was als geometrisches Bild eine Punktfolge oder Kurve ergibt. Bei der geometrischen Methode wird demnach die funktionale Abhängigkeit graphisch durch die Bildkurve der Gleichung dargestellt.

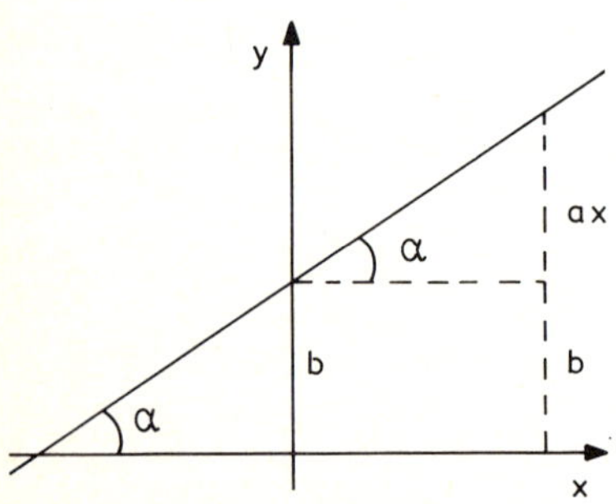

Abb. I-15 Darstellung der linearen Funktion ($a > 0$).

Als Beispiel sei die lineare Funktion $y = ax + b$ betrachtet. Sie wird durch eine Gerade dargestellt, die die positive x-Achse unter dem Winkel α schneidet (Abb. I-15). Dabei wird der positive Winkel α von der x-Achse bis zur Geraden entgegen dem Uhrzeigersinn gerechnet. Der Koeffizient a, der sogenannte Richtungskoeffizient, bedeutet den Tangens des Winkels α, und stellt ein Maß für die Steilheit (Steigung) der Geraden dar (Abb. I-15). Der Schnittpunkt mit der y-Achse hat die Abszisse $x = 0$ und die Ordinate $y = b$. Der Schnittpunkt mit der x-Achse hat die Abszisse $x = -b/a$ und die Ordinate $y = 0$.

Die lineare Funktion ist ein Spezialfall der ganzen rationalen Funktion (Polynom) n-ten Grades

$$y = a_0 + a_1 x + a_2 x^2 + \dots + a_n x^n$$

($a_n \neq 0$, n = nat. Zahl).

Die Bildkurve dieser Funktion ist die Parabel n-ten Grades. Für den Fall $n = 2$ erhält man

$$y = ax^2 + bx + c$$

und als Bildkurve die einfache Parabel (Abb. I-16). Die Abszissen x_1, x_2 der Schnittpunkte (falls vorhanden) mit der x-Achse ergeben sich als Lösung der quadratischen Gleichung

$$ax_{1,2}^2 + bx_{1,2} + c = 0.$$

Entsprechendes gilt für höhere Werte von n (Abb. I-16).

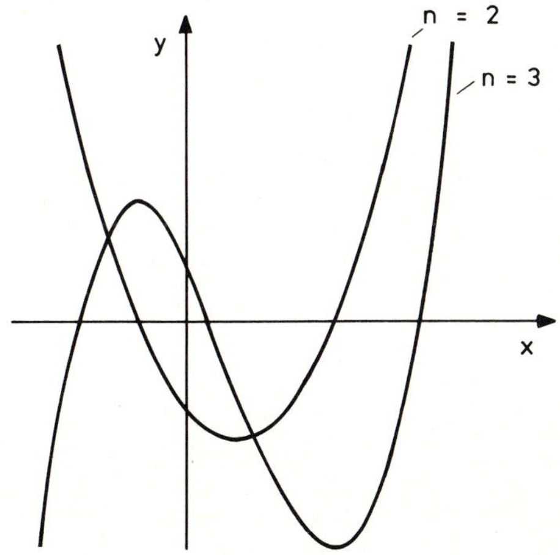

Abb. I-16 Darstellung der Funktion 2. und 3. Grades ($a > 0$).

Neben der ganzen rationalen Funktion gibt es die gebrochene rationale Funktion

$$R(x) = \frac{f(x)}{g(x)} = \frac{a_0 + a_1 + a_2 x^2 + \dots + a_n x^n}{b_0 + b_1 x + b_2 x^2 + \dots + b_m x^m}$$

(a_m, $b_m \neq 0$).

Sie heißt echt gebrochen, falls $n < m$, sonst unecht gebrochen, wobei sich jede unecht gebrochene Funktion in eine ganze und eine echt gebrochene Funktion zerlegen läßt.

Ein Beispiel dafür ist die umgekehrte Proportionalität

$$y = \frac{a}{x} \quad (a \neq 0),$$

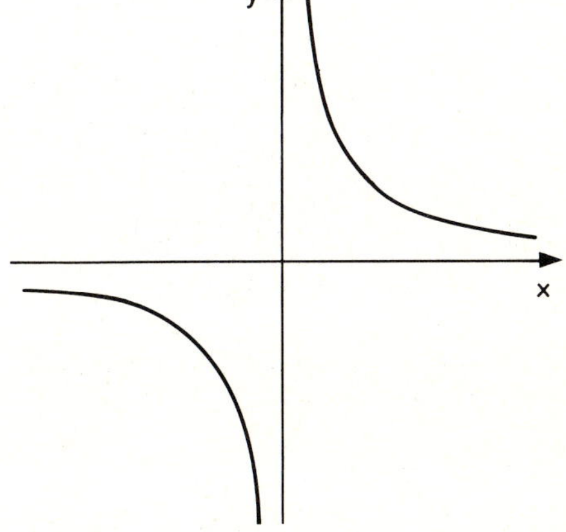

Abb. I-17 Darstellung der umgekehrten Proportionalität ($a > 0$).

deren geometrische Darstellung eine gleichseitige Hyperbel mit den Koordinatenachsen als Asymptoten ist (Abb. I-17). An der Stelle $x = 0$, wo nur der Nenner verschwindet, wächst der Funktionswert y beim Grenzübergang ins positive oder negative Unendliche ($\pm\infty$). Die Funktion besitzt demnach dort einen Pol. Die allgemeine reziproke Potenz

$$y = \frac{a}{x^n} \quad (n = \text{nat. Zahl})$$

hat an der Stelle $x = 0$ einen Pol n-ter Ordnung. Die Kurve nähert sich der x-Achse um so rascher und der y-Achse um so langsamer, je größer n ist. Bei geradem n ist sie symmetrisch zur y-Achse und bei ungeradem n punktsymmetrisch zum Koordinatenursprung (Abb. I-18). Durch diese Symmetrieeigenschaften lassen sich allgemein die Funktionen in gerade und ungerade einteilen.

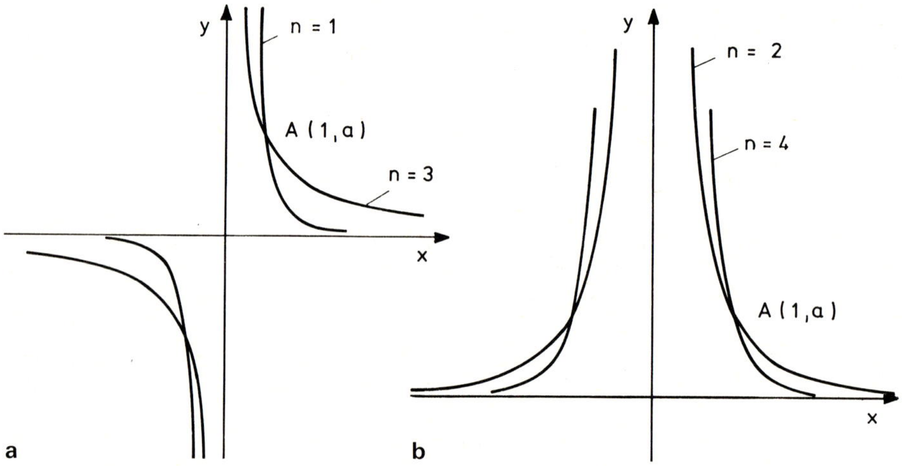

Abb. I-18 Darstellung der reziproken Potenz mit geradem n (a) und ungeradem n (b).

Bildet man den Logarithmus (zu einer beliebigen Basis) von beiden Seiten obiger reziproker Potenz, so erhält man

$$\log y = -n \log x + \log a \quad (x, a > 0).$$

Die Logarithmen der Veränderlichen x, y stehen demnach in einer direkten Proportionalität, was zur vereinfachten geometrischen Darstellung ausgenutzt wird. Mit der Einführung neuer Veränderlicher $\bar{y} = \log y$, $\bar{x} = \log x$ und $\bar{a} = \log a$ ergibt sich die lineare Abhängigkeit

$$\bar{y} = -n\bar{x} + \bar{a},$$

deren Darstellung eine Gerade mit der Steigung $\operatorname{tg}\alpha = -n$ bedeutet. Einfacher als die Berechnung der Logarithmen ist die Benutzung eines speziellen rechtwinkligen Koordinatensystems, dessen beide Achsen keine lineare, sondern eine bereits logarithmisch eingeteilte Skala aufweisen (Doppeltlogarithmenpapier). Die ursprünglichen Veränderlichen werden beim Eintragen logarithmiert, wodurch die Hyperbel zur Geraden transformiert wird (Abb. I-19).

Die gebrochene lineare Funktion

$$y = \frac{ax + b}{cx + d}$$

läßt sich umformen zu

$$y = \frac{a}{c} + \frac{bc - ad}{c(d + cx)}.$$

Ihre zugehörige Kurve ist eine gleichseitige Hyperbel mit zu den Koordinatenachsen parallelen Asymptoten. Die eine Asymptote erhält man durch das unbeschränkte Anwachsen von x zu $y = a/c$. Die andere tritt an der Polstelle auf und ergibt sich demnach zu $x = -\, d/c$ (Abb. I-20). Den Schnittpunkt mit der x-Achse erhält man aus der Nullstelle des Zählers (falls der Nenner nicht gleichzeitig verschwindet) zu $x = -\, b/a$.

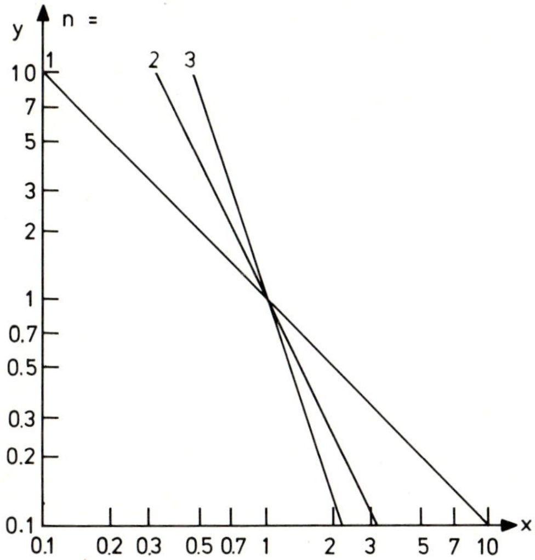

Abb. I-19 Darstellung der reziproken Potenz ($y = 1/x^n$) im doppelt logarithmisch eingeteilten Koordinatensystem.

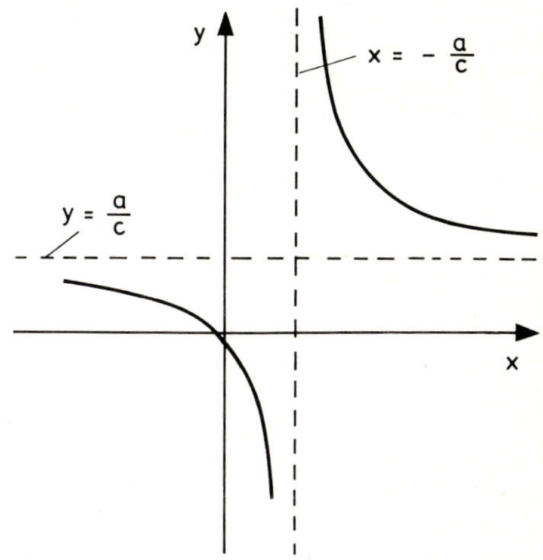

Abb. I-20 Darstellung der gebrochenen linearen Funktion.

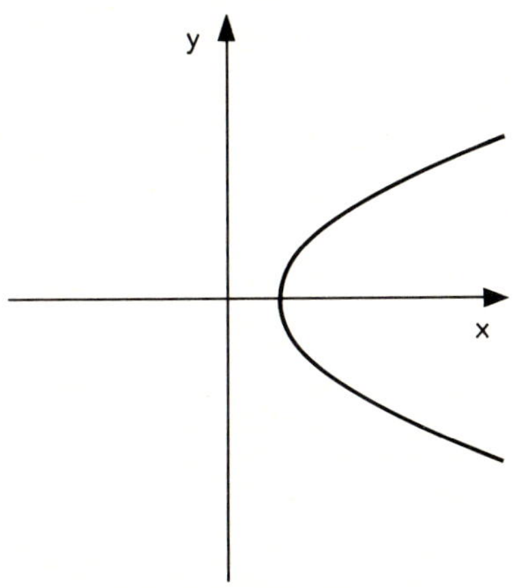

Abb. I-21 Darstellung einer Wurzelfunktion ($a > 0$).

Tritt die unabhängige Variable im Radikanden einer Wurzel auf, dann spricht man von einer irrationalen Funktion. Beispiel dafür ist die Funktion

$$y = \pm \sqrt{ax + b} \quad \text{oder} \quad y = \pm (ax + b)^{1/2} \quad (a > 0),$$

die nur für Werte mit $x > b/a$ reell ist. Die Darstellung der doppeldeutigen Funktion ist eine Parabel mit der x-Achse als Symmetrieachse (Abb. I-21).

Bei der allgemeinen Wurzelfunktion $y = x^{m/n}$ ist eine Einteilung in solche mit positiven ($m/n > 0$) und negativen ($m/n < 0$) Exponenten sinnvoll (Abb. I-22).

Im ersten Fall berührt die Bildkurve für $m/n < 1$ die y-Achse (Abb. I-22.a.b.c.) und für $m/n > 1$ die x-Achse (Abb. I-22.d.). Für gerade n ist die Kurve symmetrisch zur x-Achse (doppeldeutig, Abb. I-22.a.d.), für gerade m symmetrisch zur y-Achse (Abb. I-22.c.). Bei ungeradem m und n ist sie punktsymmetrisch zum Koordinatenursprung. Im zweiten Fall erhält man eine Bildkurve vom hyperbolischen Typ mit den Koordinatenachsen als Asymptoten (Abb. I-23). Mit zunehmendem Betrag des Exponenten ($|m/n|$) erfolgt die asymptotische Annäherung an die y-Achse um so rascher und an die y-Achse um so langsamer. Die Symmetrieeigenschaften ergeben sich gemäß obigen Überlegungen.

Neben den oben erwähnten Funktionen, die allgemein auch als algebraisch bezeichnet werden, gibt es noch die transzendenten Funktionen, zu denen die Exponentialfunktion, die Logarithmusfunktion und die trigonometrischen Funktionen gehören.

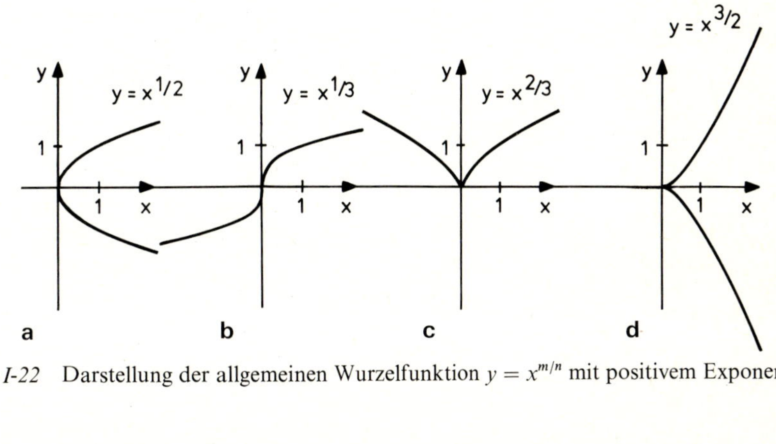

Abb. I-22 Darstellung der allgemeinen Wurzelfunktion $y = x^{m/n}$ mit positivem Exponenten.

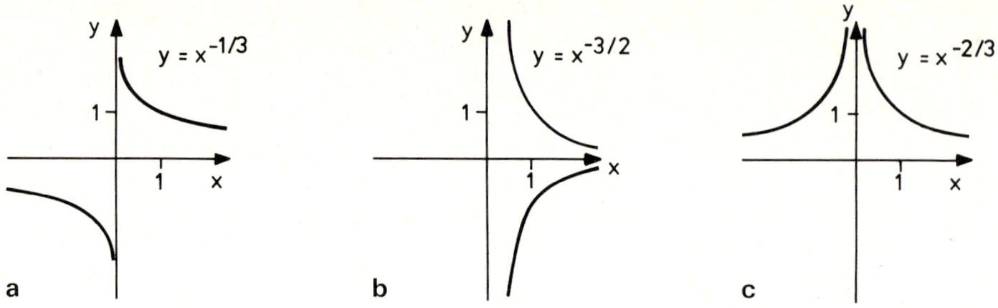

Abb. I-23 Darstellung der allgemeinen Wurzelfunktion $y = x^{m/n}$ mit negativem Exponenten.

Die geometrische Darstellung der Exponentialfunktion

$$y = a^x \quad (a > 0)$$

ist die Exponentialkurve oder, falls die Basis a durch die Zahl e (= 2,71828 ..., Eulersche Zahl) gebildet wird, die natürliche Exponentialkurve (e-Funktion) (Abb. I-24). Die Funktion nimmt nur positive Funktionswerte y an. Sie wächst monoton vom Wert 0 bis ins Unendliche für $a > 1$ und nimmt monoton in umgekehrter Richtung ab für $a < 1$. Die Bildkurve geht stets durch den Punkt mit den Koordinaten (0, 1) und nähert sich asymptotisch der x-Achse.

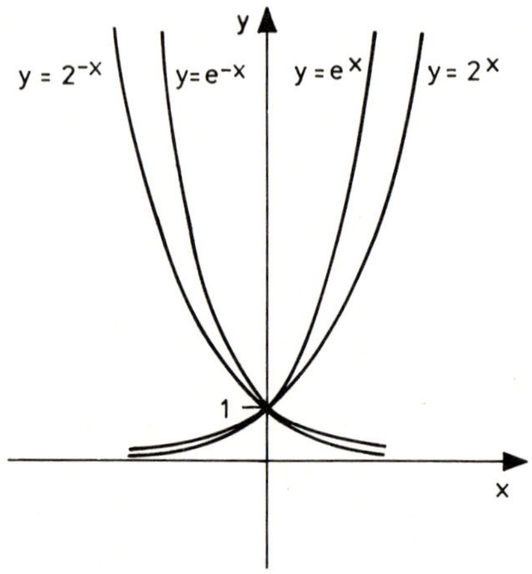

Abb. I-24 Darstellung der Exponentialfunktion.

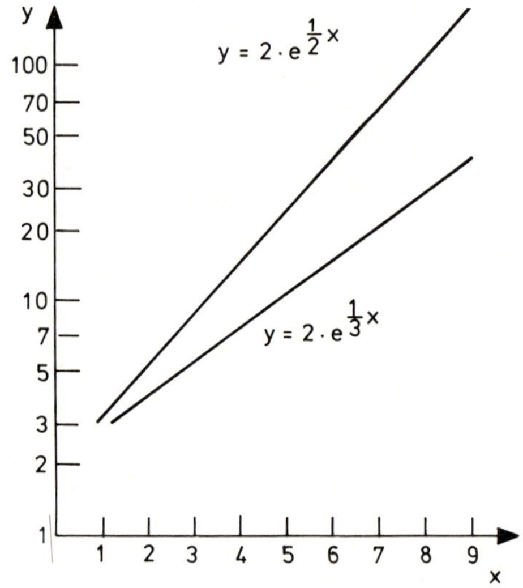

Abb. I-25 Darstellung der Exponentialfunktion in halblogarithmisch eingeteiltem Koordinatensystem.

Bildet man den Logarithmus zur beliebigen Basis b von beiden Seiten der Exponentialfunktion (nur für positive Funktionswerte erlaubt), so erhält man

$$^b\log y = x \cdot {}^b\log a.$$

Der Logarithmus der Veränderlichen y steht demnach in direkter Proportionalität zur Veränderlichen x, so daß die geometrische Darstellung in einem Diagramm mit logarithmisch eingeteilter Ordinate und linear eingeteilter Abszisse eine Gerade mit der Steigung $\operatorname{tg}\alpha = {}^b\log a$ ergibt (Abb. I-25). Es gelten folgende Rechenregeln.

$$a^{x_1} a^{x_2} = a^{x_1 + x_2}, \quad \frac{a^{x_1}}{a^{x_2}} = a^{x_1 - x_2},$$
$$(a^x)^p = a^{xp}, \quad a^0 = 1.$$

Die Logarithmusfunktion zur Basis a $(a > 0)$

$$y = {}^a\log x$$

bedeutet die Umkehrung der Exponentialfunktion

$$x = a^y.$$

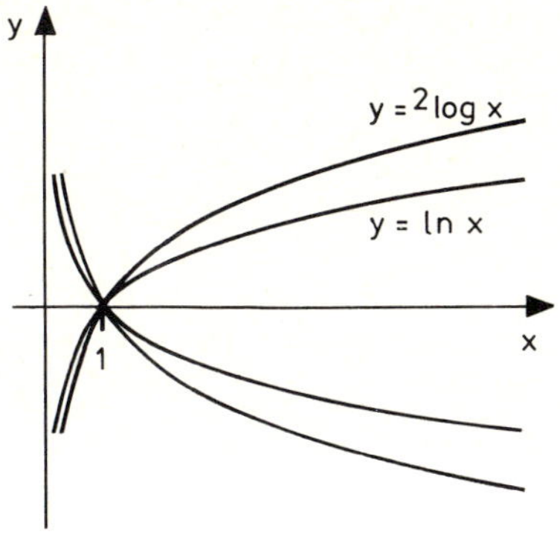

Abb. I-26 Darstellung der Logarithmusfunktion.

Benutzt man als Basis a die Zahl 10, die Zahl 2 oder die Zahl e, so erhält man den dekadischen Logarithmus ($y = \lg x$), den dualen Logarithmus ($y = \operatorname{ld} x$) oder den natürlichen Logarithmus ($y = \ln x$). Die logarithmische Kurve erhält man durch Spiegelung der Exponentialkurve an der Winkelhalbierenden des ersten Quadranten (Abb. I-26). Die Funktion ist nur für positive Werte der Veränderlichen x definiert. Für $a > 1$ wächst sie monoton vom negativen ins positive Unendliche, während sie für $a < 1$ monoton in umgekehrter Richtung fällt. Die Bildkurve geht stets durch den Punkt mit den Koordinaten (1,0) und nähert sich asymptotisch der y-Achse. Es gelten folgende Rechenregeln

$$^a\log(x_1 x_2) = {}^a\log x_1 + {}^a\log x_2,$$

$$^a\log\left(\frac{x_1}{x_2}\right) = {}^a\log x_1 - {}^a\log x_2,$$

$$^a\log(x^p) = p\,{}^a\log x,$$

$$\lg x = \lg e \cdot \ln x \quad (\lg e = 0{,}43429).$$

Die trigonometrischen Funktionen sind periodische Funktionen, bei denen der Funktionswert y sich für alle Werte von x nach einer festen Periode a wiederholt. Die Sinus- und Kosinusfunktion

$$y = \sin x, \quad y = \cos x$$

haben die Periode $a = 2\pi$, so daß z. B. gilt

$$\sin(x + 2\pi) = \sin x.$$

Die Bildkurven entsprechen dem zeitlichen Ortsverlauf beim ungedämpften Federpendel (Abb. F-2). Die Kosinuskurve ist gemäß der Beziehung

$$\cos x = \sin(x + \pi/2)$$

gegenüber der Sinuskurve um $\pi/2$ in Richtung der negativen x-Achse verschoben (Abb. I-27).

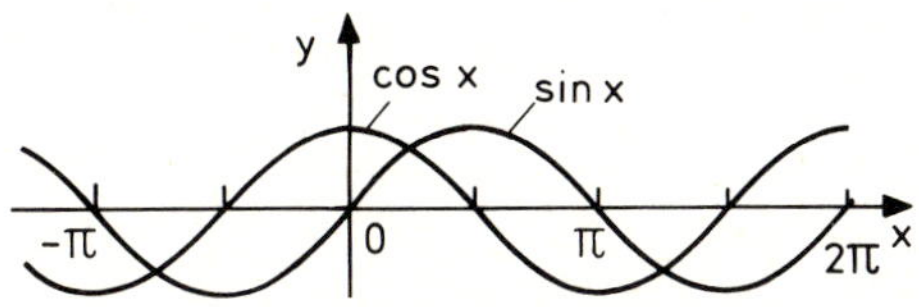

Abb. I-27 Darstellung der Sinus- und Kosinusfunktion.

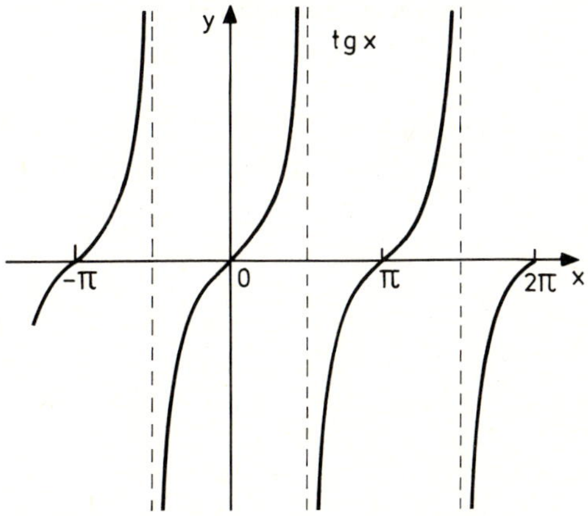

Abb. I-28 Darstellung der Tangensfunktion.

Die Tangensfunktion

$$y = \operatorname{tg} x$$

hat die Periode $a = \pi$. Für x-Werte innerhalb des Bereiches von $-\pi/2$ bis $+\pi/2$ wächst der Funktionswert monoton vom negativen ins positive Unendliche an. Danach beginnt eine neue Periode, und der Verlauf der Bildkurve wiederholt sich (Abb. I-28). Die Asymptoten liegen bei einem ungeradzahligen Vielfachen von $\pi/2$ ($x = (2k + 1)\pi/2$). Die Bildkurve der Kotangensfunktion

$$y = \operatorname{cotg} x$$

ist gemäß der Beziehung

$$\operatorname{cotg} x = -\operatorname{tg}(x + \pi/2)$$

die an der x-Achse gespiegelte und in Richtung der negativen x-Achse um $\pi/2$ verschobene Tangenskurve (Abb. I-29).

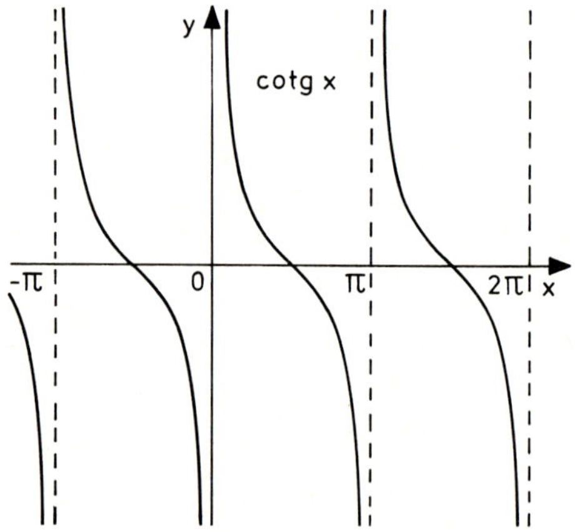

Abb. I-29 Darstellung der Kotangensfunktion.

6. Differential- und Integralrechnung

In der Differentialrechnung tritt die Frage auf, wie sich in einem beliebigen Punkt einer geometrischen Bildkurve eine Tangente ziehen läßt. Dabei soll die Tangente aus einer Sekante hervorgehen, deren zweiter Punkt sich dem betrachteten Punkt längs der Kurve unbegrenzt nähert.

Betrachtet man eine Sekante durch zwei verschiedene Punkte $P(x, y)$ und $P_1(x_1, y_1)$ der Bildkurve einer Funktion $y = f(x)$, so hat diese die Steigung (Abb. I-30)

$$\operatorname{tg}\alpha = \frac{y_1 - y}{x_1 - x} = \frac{\Delta y}{\Delta x}.$$

$\Delta y/\Delta x$ wird als Differenzenquotient bezeichnet. Um die Tangente im Punkt P zu erhalten, muß sich der Punkt P_1 längs der Kurve auf den Punkt P hin bewegen. Dieser Grenzübergang wird durch die Schreibweise $x_1 \to x$ oder $\Delta x \to 0$ zum Ausdruck gebracht.

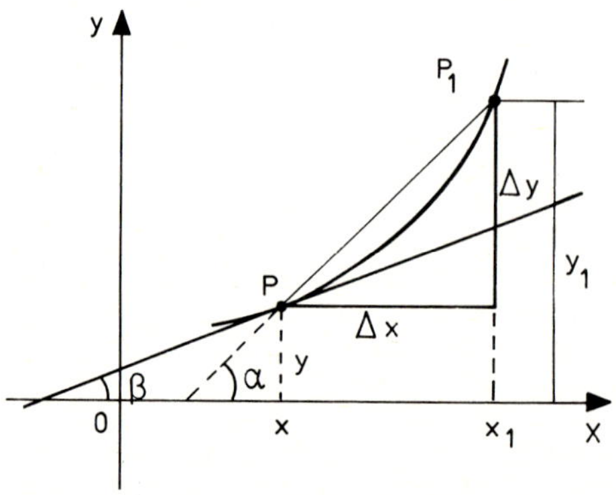

Abb. I-30 Steigung der Sekante und Tangente.

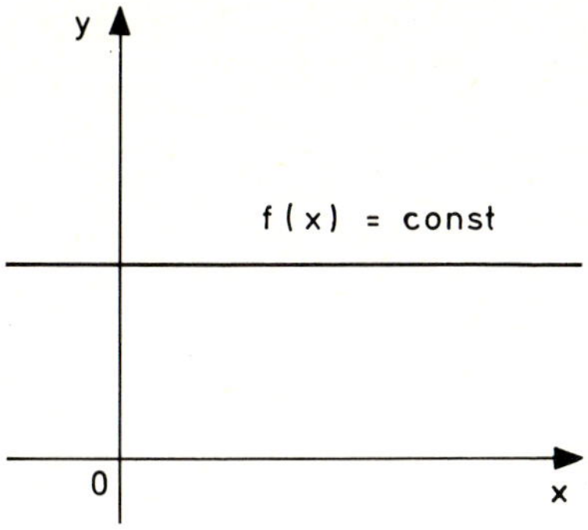

Abb. I-31 Darstellung der konstanten Funktion.

Sollte der Differenzenquotient beim Grenzübergang einen bestimmten Wert annehmen, so ist dieser Wert

$$\operatorname{tg}\beta = \lim_{x_1 \to x} \frac{y_1 - y}{x_1 - x} = \lim_{\Delta x \to 0} \frac{\Delta y}{\Delta x},$$

der als Differentialquotient bezeichnet wird, die gesuchte Steigung (Richtungsfaktor) der Tangente im Punkt P. Sie ist abhängig von der Lage des betrachteten Punktes P und stellt somit selbst eine Funktion von x dar, die als die abgeleitete Funktion (differenzierte Funktion) oder Ableitung $f'(x)$ bezeichnet wird

$$\operatorname{tg}\beta = f'(x).$$

Als Beispiel sei die Funktion $f(x) = \text{const}$ betrachtet (Abb. I-31). Die Tangente ist identisch mit der Geraden selbst, und der Winkel mit der positiven x-Achse verschwindet für alle Werte von x, so daß die Steigung $\operatorname{tg}\beta$ und mithin die Ableitung für alle Werte von x verschwindet ($f'(x) = 0$).

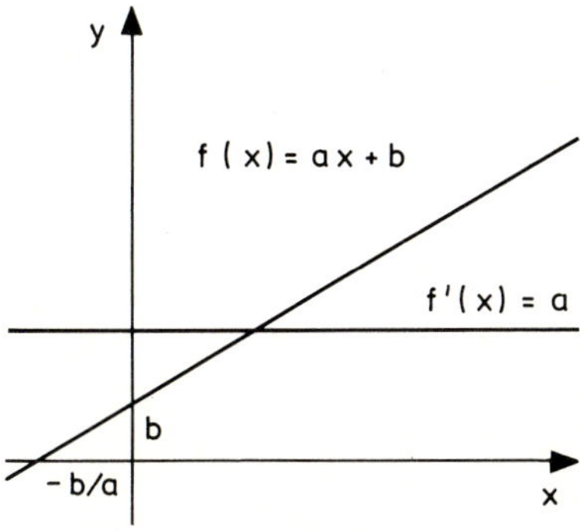

Abb. I-32 Darstellung einer Geraden $f(x)$ und ihrer Ableitung $f'(x)$

Eine Tangente an eine Gerade, die durch die Funktion $f(x) = ax + b$ dargestellt wird, ist in jedem beliebigen Punkt identisch mit der Geraden selbst (Abb. I-32). Ihre Steigung bzw. Ableitung ist demnach für alle Werte von x konstant und ergibt sich zu $\operatorname{tg}\alpha = \operatorname{tg}\beta = f'(x) = a$. Die Bildkurve der abgeleiteten Funktion ist demnach eine Gerade, die parallel zur x-Achse im Abstand a verläuft.

Bei der einfachen Parabel, die die Funktion $y = x^2$ darstellt, ist die Steigung der Tangente nicht mehr unabhängig vom betrachteten Punkt bzw. dem Wert von x. In Richtung kleinerer Werte von x erfolgt eine Abnahme des Tangentenwinkels β und damit der zugehörigen Steigung bzw. Ableitung (Abb. I-33a). Im Punkt P_3 ($x = 0$), wo die Tangente horizontal verläuft (Extremum), verschwindet die Steigung ganz. Danach ($x < 0$) wächst der Tangentenwinkel β z. B. im Punkt P_4 und P_5 in negativer Richtung (im Uhrzeigersinn $0 < -\beta_4 < -\beta_5 < -\pi$) wieder an (bzw. nimmt in positiver Richtung ab, $\pi > \beta_4 > \beta_5 > \pi/2$), was eine Zunahme des nun negativen Tangens bedeutet. Die Darstellung der Tangentensteigung bzw. Ableitung für alle Werte von x ergibt eine Gerade (Abb. I-33b). Sie ist die Bildkurve der Funktion $f'(x) = 2x$. Gemäß dieser Funktion läßt sich für alle Werte von x der zugehörige Tangentenwinkel berechnen.

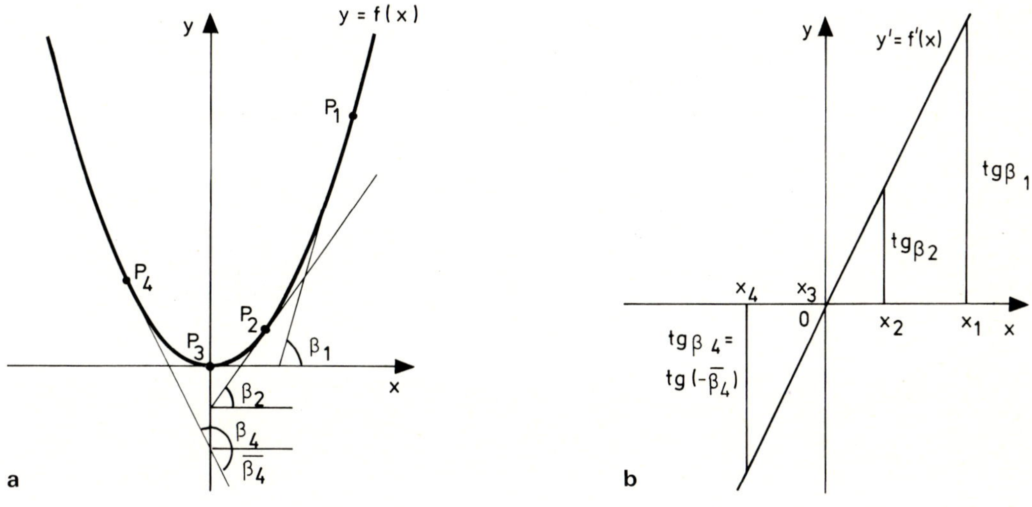

Abb. I-33 Darstellung der einfachen Parabel (a) und deren Ableitung (b)

Allgemein ergeben sich die folgenden Differentationsformeln:

$$y = ax^n \qquad \frac{dy}{dx} = y' = anx^{n-1}$$

$$y = a^x \qquad y' = a^x \ln a$$

$$y = e^x \qquad y' = e^x$$

$$y = e^{ax} \qquad y' = a\,e^{ax}$$

$$y = {}^a\!\log x \qquad y' = \frac{1}{x}\,{}^a\!\log e$$

$$y = \ln x \qquad y' = \frac{1}{x}$$

$$y = \sin x \qquad y' = \cos x$$

$$y = \sin ax \qquad y' = \mathrm{a} \cos ax$$

$$y = \cos x \qquad y' = -\sin x$$

$$y = \operatorname{tg} x \qquad y' = \frac{1}{\cos^2 x}$$

$$y = \operatorname{cotg} x \qquad y' = -\frac{1}{\sin^2 x}$$

Außerdem gelten die Regeln:

$$(ay)' = ay' \qquad (a = const),$$

und für die Funktionen $u(x)$, $v(x)$, $w(x)$: $(u + v + w)' = u' + v' = w'$,

$$(uv)' = u'v + uv',$$

$$\left(\frac{u}{v}\right)' = \frac{u'v - uv'}{v^2}.$$

Die Integration kann als Umkehrung der Differentiation angesehen werden. Demnach wird hier eine Funktion $F(x)$ gesucht, deren Ableitung eine gegebene Funktion $f(x)$ ist

$$F'(x) = f(x).$$

Die Funktion $F(x)$ heißt Stammfunktion von $f(x)$. Da die Ableitung einer beliebigen Konstanten C verschwindet, ist auch die Funktion $F(x) + C$ eine Stammfunktion von $f(x)$. Die vollständige Stammfunktion wird als unbestimmtes Integral bezeichnet, wofür man schreibt

$$F(x) + C = \int f(x)\,dx.$$

Es gelten folgende (durch Differentiation nachzuprüfende) Integrationsformeln:

$$\int x^n dx = \frac{x^{n+1}}{n+1} + C \qquad (n \neq -1),$$

$$\int \frac{dx}{x} = \ln x + C$$

$$\int a^x dx = \frac{a^x}{\ln a} + C$$

$$\int e^x dx = e^x + C$$

$$\int \cos x\,dx = \sin x + C$$

$$\int \sin x\,dx = -\cos x + C$$

$$\int \frac{dx}{\cos^2 x} = \operatorname{tg} x + C$$

$$\int \frac{dx}{\sin^2 x} = -\operatorname{cotg} x + C$$

Außerdem gelten die Regeln:

$$\int C \cdot f(x) \cdot dx = C \cdot \int f(x) \cdot dx$$

$$\int (u \pm v) \cdot dx = \int u \cdot dx \pm \int v \cdot dx$$

$$\int uv' \cdot dx = uv - \int u'v \cdot dx$$

Die zweite Aufgabe der Integralrechnung liegt in der Berechnung des bestimmten Integrals einer gegebenen Funktion $f(x)$ zwischen vorgegebenen Grenzen $x = a$ und $x = b$. Betrachtet man die Bildkurve der (dort stetigen) Funktion $f(x)$, so bedeutet diese Aufgabe geometrisch die Bestimmung der Fläche F_{ab}, die von dieser Bildkurve, der x-Achse und den beiden Ordinaten $x = a$ und $x = b$ begrenzt wird (Abb. I-34). Die

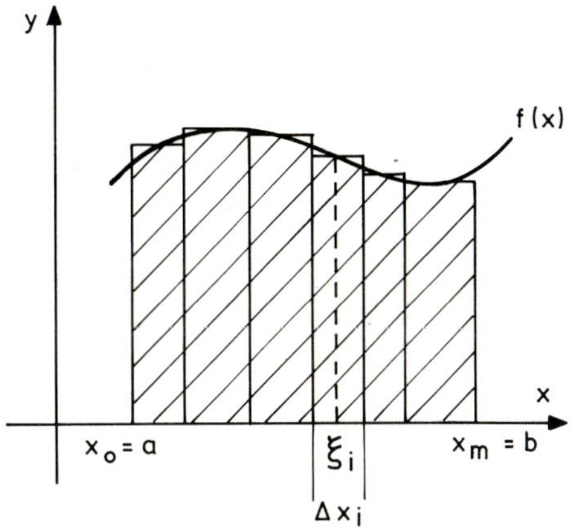

Abb. I-34 Geometrische Deutung des bestimmten Integrals.

Lösung des Problems führt zunächst auf eine Zerlegung des Intervalls zwischen a und b in etwa n Teilintervalle unterschiedlicher Größe Δx_i (Abb. I-34). Danach wird mit einem beliebigen Wert ξ_i innerhalb eines Teilintervalls der zugehörige Funktionswert $f(\xi_i)$ und die Fläche des entsprechenden Rechtecks $f(\xi_i) \cdot \Delta x_i$ berechnet. Die gesuchte Fläche ergibt sich dann angenähert aus der Gesamtheit aller Rechteckflächen

$$F_{ab} \approx \sum_{i=1}^{n} f(\xi_i) \cdot \Delta x_i.$$

Sollte bei einer unbegrenzten Verfeinerung der Zerlegung bzw. bei einem unbegrenzten Anwachsen der Zahl n der Teilintervalle (wobei das größte Teilintervall Δx_i unbegrenzt kleiner werden muß) schließlich ein Grenzwert existieren, so stellt dieser exakt die gesuchte Fäche dar

$$F_{ab} = \lim_{n \to \infty} \sum_{i=1}^{n} f(\xi_i) \cdot \Delta x_i.$$

Man schreibt dafür auch

$$F_{ab} = \int_a^b f(x) \cdot dx.$$

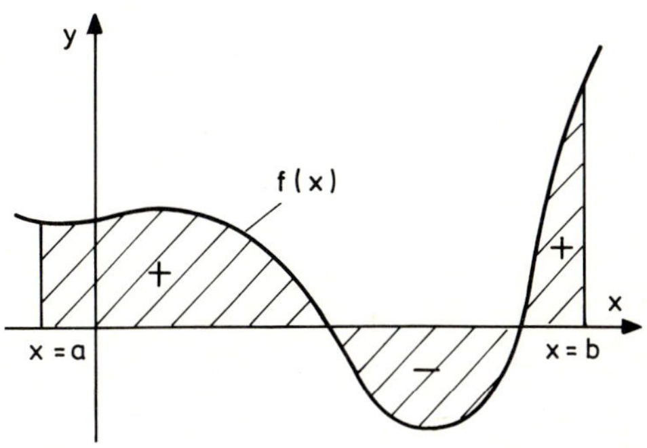

Abb. I-35 Geometrische Deutung des positiven und negativen bestimmten Integrals.

Betrachtet man eine allgemeine Funktion, deren Bildkurve sowohl oberhalb wie unterhalb der x-Achse liegt (Abb. I-35), so liefert das bestimmte Integral für Flächen oberhalb bzw. unterhalb der x-Achse positive bzw. negative Werte. Um die gesamte betrachtete Fläche zu erhalten, sind demnach die Beträge der zu den einzelnen Flächenstücken gehörenden bestimmten Integrale zu summieren. Der Wert eines bestimmten Integrals berechnet sich aus der Differenz der Werte einer Stammfunktion $F(x)$ des Integranden $f(x)$ an der oberen ($x = b$) und unteren ($x = a$) Integrationsgrenze

$$\int_a^b f(x) \cdot dx = F(b) - F(a).$$

Betrachtet man z. B. diejenige Fläche, die von der x-Achse, den Ordinaten $x = a$ bzw. $x = b$ und von der Geraden $f(x) = c_1$ ($= \text{const}$) begrenzt wird (Abb. I-36), so ergibt sich deren Wert nach der Formel für Rechteckflächen zu

$$A = (b - a)\, c_1.$$

In der Integralrechnung verlangt die Flächenbestimmung zunächst die Berechnung des unbestimmten Integrals

$$F(x) = \int f(x) \cdot dx = \int c_1\, dx = c_1 x + c_2.$$

Danach werden die Integrationsgrenzen $x = a$ und $x = b$ eingesetzt und das bestimmte Integral und damit die gesuchte Fläche bestimmt

$$F_{ab} = F(b) - F(a) = (b - a)\, c_1.$$

Ein anderes Beispiel ist die Berechnung der Dreiecksfläche, die von der x-Achse, der Ordinate $x = b$ und der Geraden $f(x) = c_1 x$ begrenzt wird (Abb. I-37). Die Stammfunktion ergibt sich zu

$$F(x) = \int f(x) \cdot dx = \int c_1 x \cdot dx = \frac{1}{2} c_1 x^2 + c_2.$$

Das bestimmte Integral erhält man dann wieder durch Einsetzen der Grenzen $x = 0$ und $x = b$

$$F_{ab} = F(b) - F(0) = \frac{1}{2} c_1 b^2.$$

Es stellt damit den Wert der Dreiecksfläche dar, den man in diesem einfachen Beispiel auch geometrisch nach der Formel $A = 1/2 \cdot b \cdot h_b$ mit $h_b = c_1 \cdot b$ erhält.

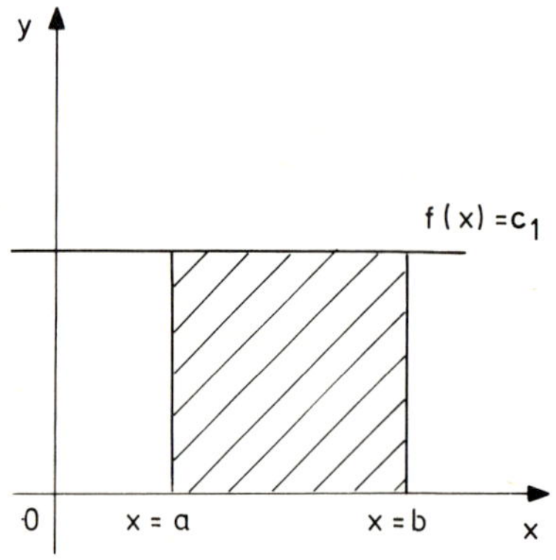

Abb. I-36 Flächenbestimmung eines Rechtecks

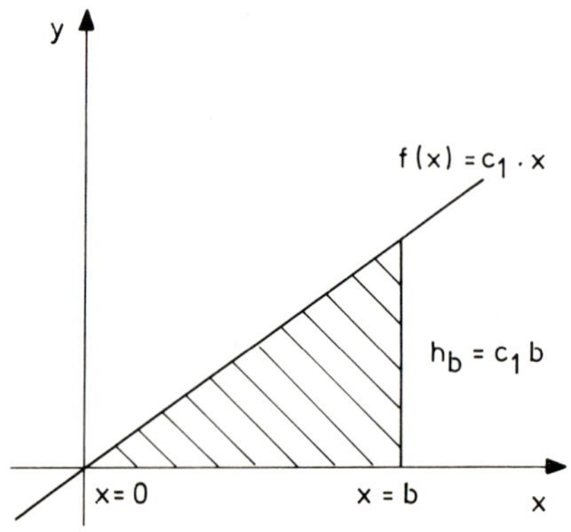

Abb. I-37 Flächenbestimmung eines Dreiecks.

Sachverzeichnis

Hinweis-Index auf den Gegenstandskatalog „Physik für Mediziner“

Gegenstandskatalog für die Ärztliche Vorprüfung (GK 1), 2. Aufl., S. 3–22, Institut für medizinische und pharmazeutische Prüfungsfragen, Mainz 1976.

Die angegebenen Seitenzahlen verweisen auf den Schwerpunkt der Darstellung in diesem Buch.

Beschleunigung beim freien Fall
Kreisbewegung: Bahngeschwindigkeit, Winkelgeschwindigkeit, Radialbeschleunigung

2.3 Bewegung materieller Körper unter dem Einfluß von Kräften S. 16–22, 32–37
Trägheit als Körpereigenschaft, Begriff der trägen Masse, Trägheitsgesetz (I. Newtonsches Axiom), Bedeutung der Trägheit (z.B. Unfallgeschehen)
Kraft als Ursache der Beschleunigung. Definition und Einheit der Kraft (II. Newtonsches Axiom)
Zentrifugalkraft, Zentripetalkraft bei der Kreisbewegung; Zentrifuge
Drehmoment als Ursache der Drehbewegung. Definition und Einheit des Drehmoments. Hebelarm
Begriff des Trägheitsmoments
Gleichgewicht, gekennzeichnet durch Summe aller angreifenden Kräfte und Drehmomente gleich Null; stabiles, labiles, indifferentes Gleichgewicht
Schwerpunkt, seine Lage bei einfachen und vereinfachten Figuren (z.B. menschlicher Körper in erschiedenen Verkrümmungen), seine Bewegung. Standfestigkeit

2.4 Kräfte, Wechselwirkungen S. 20–24, 91–92, 147–148
Kenntnis der drei wesentlichen elementaren Wechselwirkungen: Gravitation (Anziehung zwischen Körpern), elektromagnetische Wechselwirkung (Anziehung bzw. Abstoßung geladener Körper = Ladungsträger), Kernkraft (Anziehung von Nukleonen)
Schwerkraft (= Gewichtskraft) als Beispiel der Gravitation
Schwere als Körpereigenschaft, Begriff der schweren Masse, Proportionalität von schwerer und träger Masse; Gewichtskraft gleich Masse mal Schwerebeschleunigung
Elektromagnetische Wechselwirkung als beherrschende Wechselwirkung im atomaren/molekularen Bereich
Reibungskraft. Haftreibung größer als Gleitreibung. Speziell: Flüssigkeitsreibung (Reibungskraft proportional der Geschwindigkeit)

2.5 Arbeit, Energie, Leistung, Impuls S. 25–31
Definition und Einheit der Arbeit
Hubarbeit und Beschleunigungsarbeit als einfache Beispiele
Druck-Volumen-Arbeit (z.B. des menschlichen Herzens)
Potentielle Energie, kinetische Energie
Potentielle Energie im Schwerefeld
Satz von der Erhaltung der Energie; Anwendung auf einfache Vorgänge (z.B. freier Fall, Pendel)
Definition und Einheit der Leistung
Definition des Impulses als Kraftstoß, Einheit des Impulses, Impulserhaltung
Beschreibung der Änderung des Bewegungszustandes bei Stoßvorgängen

2.6 Mengenbegriffe, bezogene Größen S. 17, 67–83
Definitionen und Einheiten der Mengengrößen: Volumen, Masse, Teilchenzahl und Stoffmenge
Definitionen und Einheiten der volumenbezogenen Größen (Beispiele: Masse durch Volumen = (Massen-) Dichte, Teilchenzahl durch Volumen = Teilchenanzahldichte)
Definitionen und Einheiten der massenbezogenen Größen = spezifische Größen (Beispiel: Wärmekapazität durch Masse = spezifische Wärmekapazität)
Definitionen und Einheiten der stoffmengenbezogenen Größen = molare Größen (Beispiel: Masse durch Stoffmenge = molare Masse)
Definitionen und Einheiten der Größen „Gehalt“ (Massengehalt, Volumengehalt, Stoffmengengehalt) und „Konzentration“ (Massenkonzentration, Stoffmengenkonzentration = Molarität) von Stoffgemischen

2.7 Verformung fester Körper unter dem Einfluß von Kräften im Gleichgewicht S. 38–40
Mechanische Spannung (Zug-, Druck-, Schubspannung) als Quotient Kraft durch Fläche. Definition und Einheit
Kenntnis der Arten der Formänderung: Dehnung, Stauchung, Volumenänderung, Scherung, Torsion, Biegung, Knickung
Verformungsbereiche und deren Grenzen im Spannungs-Dehnungs-Diagramm: Proportionalitätsbereich (Hookesches Gesetz), Elastizitätsgrenze, plastische Verformung (Fließbereich), Bruch
Kenngrößen der elastischen Verformung für feste Körper und Fluide: Elastizitätsmodul, Volumenelastizitätskoeffizient, Kompressibilität, Kompressionsmodul (in der Physiologie Volumenelastizitätsmodul genannt)

2.8 Fluide (Flüssigkeiten, Gase) unter dem Einfluß von Kräften S. 40–50
Druck als Quotient Kraft durch Fläche (flächenbezogene Kraft): Definition und Einheit
Stempeldruck und Schweredruck, Abhängigkeit des Schweredruckes von der Eintauchtiefe
Druckmessung durch Flüssigkeitsmanometer und Membranmanometer; Blutdruckmessung
Auftrieb, Schwimmen, Sinken, Schweben. Auftriebskraft gleich Gewichtskraft des verdrängten Fluids
Druckerzeugung durch Stempel (Kolbenpumpe), elastische wand (Gummiblase, Herz)
Kompressibilität von Flüssigkeiten, Volumenelastizitätskoeffizient eines elastischen Gefäßes (s.a. GK Physiologie 3.2.2)

2.9 Kräfte an Grenzflächen S. 57–62
Oberflächenspannung (Grenzflächenspannung) als flächenbezogene Grenzflächenenergie
Kapillarwirkung als Folge der Grenzflächenspannung. Benetzung
Kohäsion und Adhäsion als Kräfte zwischen den Molekülen ein und desselben Stoffes bzw. an der Grenzfläche zweier verschiedener Stoffe

2.10 Strömung von Fluiden (Flüssigkeiten, Gase) S. 50–57
Möglichkeit der Darstellung des Strömungsfeldes durch Stromlinien
Definition und Einheit der Stromstärke
Konstanz der Stromstärke in einem Strömungskanal (Kontinuitätsgleichung)
Druckverteilung in einer reibungsfreien Strömung (Bernoullische Gleichung). Beispiel: Strömung durch eine Einschnürung des Strömungskanals
Druckverteilung in einer reibungsbehafteten (zähen) Strömung
Definition und Einheit der Zähigkeit (Viskosität)
Einfluß der Temperatur auf die Zähigkeit (qualitativ)
Definition und Einheit des Strömungswiderstandes und des Strömungsleitwertes
Druckdifferenz-Stromstärkediagramm, Bestimmung des Strömungswiderstandes
Kennzeichen Newtonscher und Nichtnewtonscher Flüssigkeiten im Druckdifferenz-Stromstärke-Diagramm
Erhaltung der Stromstärke in einer Verzweigung von Strömungs-Kanälen (I. Kirchhoffsches Gesetz) und Gleichheit des Druckabfalls zwischen zwei Knotenpunkten in parallelgeschalteten Strömungs-Kanälen (II. Kirchhoffsches Gesetz). Anwendung auf hintereinander- und parallelgeschaltete Kapillaren (Blutkreislauf)
Hagen-Poiseuillesches Gesetz: Bedeutung der 4. Potenz des Radius für den Leitwert bzw. Strömungswiderstand einer Kapillaren. Abhängigkeit des Strömungswiderstandes on der Zähigkeit. Bedeutung für den Blutkreislauf. Grenze der Gültigkeit in vivo

Kenntnis des Unterschieds zwischen laminarer und tubulenter Strömung. Qualitative Kriterien des Übergangs. Qualitativer Vergleich des Strömungswiderstandes eines Strömungskanals bei turbulenter und laminarer Strömung

3 Struktur der Materie

3.1 Aufbau der Atomkerne und Atome S. 141–148
Bausteine des Atoms: Proton, Neutron, Elektron. Relative Masse der drei Teilchen (Größenordnung). Ladung der drei Teilchen (Größenordnung)
Aufbau des Kerns aus Nukleonen. Kenntnis der Begriffe Nukleonenzahl (früher Massenzahl), Protonenzahl (Ordnungszahl im Periodensystem), Neutronenzahl
Aufbau des Wasserstoffatoms aus Proton und Elektron. Bohrsches Modell. Orbitale als diskrete Energiezustände (Gesamtenergie = Potentielle + Kinetische Energie). Größenordnung des Bohrschen Radius als Maß für den Atomradius, Verhältnis zum Kernradius (Größenordnung)
Schalenaufbau der Atome (s.a. GK Chemie 1.2.3)
Elektroneutralität des Atoms: Elektronenzahl in der Hülle gleich Protonenzahl im Kern. Äußere Schale: Begriff der Edelgaskonfiguration, Valenzelektronen
Begriffe „Nuklid“ und „Isotop“. Relative Atommasse
Begriff „Ion“: Unterschied zwischen Ion (positiv und negativ) und Atom. Ionisierungsenergie

3.2 Aufbau der Körper, Grundbegriffe der kinetischen Theorie S. 85–88, S. 141–147
Molekulares Bild vom Aufbau der festen, flüssigen, gasförmigen Körper (in Grundzügen)
Thermische Molekularbewegung in den Aggregatzuständen (qualitativ)
Proportionalität zwischen mittlerer kinetischer Energie der Moleküle und thermodynamischer (absoluter) Temperatur
Qualitative Erklärung des Gasdrucks auf die Gefäßwand als Folge der Molekularbewegung

4 Wärmelehre

4.1 Temperatur-Begriff S. 63–65
Stoffeigenschaften, die von der Temperatur abhängen und zur Temperaturmessung geeignet sind (z.B. Längen-, Volumenausdehnung; elektrischer Widerstand). Thermoelement
Ausdehnungsthermometer, Arbeitsweise und Einsatzgebiete
Besondere Kennzeichen der Fieberthermometer
Thermometersubstanz und Fixpunkte der Celsiusskala
Fixpunkte der thermodynamischen Temperaturskala
Umrechnung von Temperaturangaben in °C auf Angaben in K und umgekehrt

4.2 Wärme und Energie S. 72–75
Zufuhr (Abfuhr) von Wärme zu (von) einem Körper als Erhöhung (Erniedrigung) der mittleren kinetischen Energie seiner Molekularbewegung
Spezielle Energieeinheit Kilokalorie bzw. Kalorie. Umrechnung in die Einheit Joule (1 kcal ≈ 4,2 kJ)
Definition, Einheit und Meßverfahren der Wärmekapazität eines Körpers und der spezifischen bzw. molaren Wärmekapazität eines Stoffes
Erster Hauptsatz der Wärmelehre als Erweiterung des Satzes von der Erhaltung der Energie durch die Wärmeenergie (s.a. GK Chemie 7.1.9, 7.1.10)

4.3 Gaszustand S. 66–70
Unterscheidung von idealen und realen Gasen im molekularen Bild
Einfache Zustandsgrößen (Druck, Volumen, Temperatur) und deren Einheiten
Zustandsgleichung der idealen Gase (pV = nRT), allgemeine Gaskonstante, Rechnen mit der Zustandsgleichung
Qualitative Kenntnis der Graphen von Isothermen und Isobaren eines idealen Gases
Zustandsgleichung von Gasgemischen: Berechnung des Partialdruckes einer Komponente aus deren Gehalt (z.B. Volumengehalt, fälschlich genannt Volumenprozent) und dem Gesamtdruck
Kenntnis der Zusammensetzung der atmosphärischen Luft (N_2, O_2, CO_2)
Begriff des Normalzustandes eines Gases als des durch die Normtemperatur ($T_n \approx 273$ K) und den Normaldruck (p_n = 760 Torr ≈ 1013 mbar) festgelegten Zustands eines Gases (Normalbedingungen)
Kenntnis der in der Physiologie gebräuchlichen Standardbedingungen: STPD (Standard Temperature Pressure Dry = Normzustand des trockenen Gases. BTPS (Body Temperature Pressure Saturated) = Körpertemperatur, herrschender Luftdruck (Barometerstand), Wasserdampfsättigung

4.4 Änderung des Aggregatzustands. Gleichgewicht zwischen Aggregatzuständen S. 75–80
Beschreibung der Aggregatzustände unter dem Gesichtspunkt von Struktur und Formbeständigkeit
Kenntnis der Umwandlung der Aggregatzustände (Schmelzen, Verdampfen, Sublimieren). Energiezufuhr und Temperaturverhalten unterhalb, oberhalb und bei der Umwandlungstemperatur. Umwandlungswärmen
Beschreibung des Sättigungsdampfdrucks als dynamisches Gleichgewicht
Abhängigkeit des Sättigungsdampfdrucks von der Temperatur (qualitativ); Modellvorstellungen des dynamischen Gleichgewichts; qualitativer Verlauf der Dampfdruckkurve
Begriff des gesättigten, ungesättigten Dampfes; absolute und relative Luftfeuchte, Wasserdampfpartialdruck

4.5 Wärmetransport S. 80–82
Qualitative Kenntnis der Prozesse Wärmeleitung, Konvektion, Strahlung
Vergleichende Wertung der Wärmeabgabe eines Körpers durch Wärmeleitung, Konvektion, Strahlung und gegebenenfalls Wasserverdampfung
Kenntnis der Wärmeleitfähigkeit als Stoffkonstante; Abhänigkeit des Wärmeübergangs von der Beschaffenheit der Oberfläche und den Strömungsverhältnissen im angrenzenden Medium
Proportionalität der Strahlungsleistung zur 4. Potenz der thermodynamischen Temperatur im Idealfall

4.6 Stoff-Gemische S. 83–85, S. 89–90
Definition, Einheiten und Umrechnung von Massengehalt und Stoffmengengehalt (s.a. 2.6)
Definitionen, Einheiten und Umrechnung von Massenkonzentration und Stoffmengenkonzentration (Molarität)
Lösung von Gasen in Flüssigkeiten. Proportionalität zwischen Partialdruck des gelösten Gases über der Flüssigkeit und Teilchenanzahldichte (Massenkonzentration, Stoffmengenkonzentration) des Gases in Lösung. Abhängigkeit dieses Lösungsgleichgewichts von der Temperatur (Henry-Daltonsches Gesetz). Angabe des Partialdruckes als Maß für Anzahldichte bzw. Konzentration
Osmotischer Druck: Modellvorstellungen, Analogie zwischen van t' Hoffschem Gesetz und Zustandsgleichung idealer Gase
Zustanddekommen des Diffusionsvorgangs in Flüssigkeiten und Gasen aufgrund der Molekularbewegung. Konzentrationsgefälle als Voraussetzung des Diffusionsstromes. Erstes Ficksches Gesetz der Diffusion. Diffusionskoeffizient (s.a. GK Physiol. Chemie 1.2)

5 Elektrizitätslehre

5.1 Elektrischer Strom S. 103–106

Wirkungen des elektrischen Stromes: Wärmewirkung, magnetische und chemische Wirkung
Stromstärke als Basisgröße; Art der Festlegung der Stromstärkeeinheit Ampère
Festlegung der konventionellen Stromrichtung
Stromstärke-Zeit-Diagramm für Gleich- und Wechselstrom, Scheitelwert und Frequenz der Stromstärke bei Wechselstrom
Strommessung: Schaltung von Strommeßgeräten in Stromkreisen, Funktion des Bereichsumschalters, Messung von Gleich- und Wechselstrom, Bedeutung des Innenwiderstandes eines Strommeßgerätes
Stromdichte, Strömungsfeld in ausgedehnten Leitern

5.2 Elektrische Ladung S. 91–93

Definition der physikalischen Größe „elektrische Ladung“ als Produkt aus Stromstärke und Zeit; Ladungseinheit Coulomb: 1 C = 1 As
Deutung des elektrischen Stromes als Bewegung positiver und negativer Ladungsträger (Ionen, Elektronen, „Löcher“); Größenordnung der elektrischen Elementarladung

5.3 Elektrische Spannung S. 96

Elektrische Spannung: Arbeit zur Verschiebung einer elektrischen Ladung im elektrischen Feld, geteilt durch diese Ladung; Spannungseinheit Volt: $1\ \mathrm{V} = 1\ \mathrm{J} \cdot \mathrm{C}^{-1} = 1\ \mathrm{W}\ \mathrm{A}^{-1}$
Spannungsquellen, Größenordnung und Art (Gleichspannung, Wechselspannung) der erzeugten Spannungen: Galvanisches Element, Bleiakkumulator, städtisches Netz
Spannungsmessung: Schaltung von Spannungsmeßgeräten in Stromkreisen, Bedeutung des Innenwiderstandes eines Spannungsmeßgerätes, Verwendung des Elektronenstrahl-Oszillographen zur Messung von Spannungs-Zeit-Verläufen

5.4 Elektrische Feldstärke S. 93–95, S. 97–103

Begriff des elektrischen Feldes als Raumzustand, in dem auf eine elektrische Ladung eine Kraft ausgeübt wird; Coulombsches Gesetz:

$$F \sim \frac{q_1 \cdot q_2}{r^2}$$

Definition der elektrischen Feldstärke: Kraft auf eine elektrische Ladung im elektrischen Feld geteilt durch diese Ladung; Feldstärkeeinheit: $1\ \mathrm{V} \cdot \mathrm{m}^{-1} = 1\ \mathrm{N} \cdot \mathrm{C}^{-1}$
Darstellbarkeit elektrischer Felder durch Feldlinien und Äquipotentialflächen, Begriff der Spannung als Potentialdifferenz. Beispiele für Anwendungen des Feldbegriffs in der Medizin: EKG, EEG (s. GK Physiologie 2.4 und 22.2)
Definition der Kapazität eines Kondensators als Quotient aus Ladung und Spannung; Kapazitätseinheit Farad: $1\ \mathrm{F} = \mathrm{C} \cdot \mathrm{V}^{-1}$
Anwendung des Kondensators als Ladungsspeicher, Energieinhalt
Begriff der Influenz als Ladungstrennung im elektrischen Feld. Wirkungsweise eines Faraday-Käfigs
Elektrische Dipole, Polarisationsvorgänge im Dielektrikum (Verschiebungs- und Orientierungspolarisation)
Definition der relativen Dielektrizitätskonstante (Dielektrizitätszahl); Kapazität eines Plattenkondensators, Abhängigkeit von Plattenfläche, Plattenabstand, Dielektrikum

5.5 Widerstand S. 107–114

Definition des elektrischen Widerstandes als Quotient aus Spannung und Stromstärke; Widerstandseinheit Ohm: $1\ \Omega = 1\ \mathrm{V} \cdot \mathrm{A}^{-1}$; Leitwert als reziproker Wert des elektrischen Widerstandes (Einheit: Siemens)
Strom-Spannungs-Kennlinie, insbesondere bei Gültigkeit des Ohmschen Gesetzes
Resistivität (= spezifischer Widerstand) und Leitfähigkeit; Unterscheidung: Leiter, Halbleiter und Isolatoren
Darstellung des Ohmschen Gesetzes durch den Zusammenhang: Stromdichte proportional Feldstärke (Leitfähigkeit konstant)
Gesetzmäßigkeiten für Spannung und Stromstärke bei einfachen Netzwerken: Serien- und Parallelschaltung von Leitern, Knoten- und Maschenregel (Kirchhoffsche Gesetze), Potentiometer- und Brückenschaltung
Verfahren der Widerstandsmessung (Brückenschaltung oder durch Messung von Strom und Spannung)
Auf- und Entladung eines Kondensators über einen Widerstand: Zeitlicher Verlauf von Stromstärke und Spannung, Zeitkonstante $\tau = R \cdot C$
Zusammenhang von Leerlaufspannung, Innenwiderstand und Klemmenspannung einer Spannungsquelle, Begriff der Belastbarkeit
Begriff der Jouleschen Wärme, Wärmeleistung (Wirkleistung) des Stromes beim Durchgang durch einen Ohmschen Leiter bei gegebener Stromstärke und bei gegebener Spannung; Leistungseinheit Watt: $1\ \mathrm{W} = 1\ \mathrm{A} \cdot \mathrm{V}$
Berechnung des Energieumsatzes aus Leistung und Zeit; Energieeinheit Kilowattstunde

5.6 Vorgänge der Elektrizitätsleitung S. 125–134

Grundzüge der Elektrizitätsleitung im Vakuum: Glühemission, Photoemission, Energiegewinn der Elektronen; Anwendung: Prinzip der Elektronenstrahlröhre
Grundzüge der Elektrizitätsleitung in Gasen: Ionisation, Elektronenlawine, Gasentladung; Anwendung: Prinzip der Ionisationskammer
Grundzüge der Elektrizitätsleitung in Flüssigkeiten: Dissoziation, Faradaysche Gesetze der Elektrolyse (Verknüpfung mit Materietransport), chemische Vorgänge an den Elektroden, Polarisation der Elektroden; Anwendungen: Elektrizitätsleitung im menschlichen Körper, Wirkung von Gleich- und Wechselstrom auf den Körper, Größenordnungen gefährlicher Werte von Gleich- und Wechselstrom bzw. -spannung. Sicherheitsaspekte: Erdung, Schutzleiter
Grundzüge der Elektrizitätsleitung in Festkörpern; Anwendung der Temperaturabhängigkeit des Widerstandes: Widerstandsthermometer

5.7 Entstehung von Spannungen an Grenzflächen S. 134–139

Entstehung einer Diffusionsspannung (Diffusionspotential) an der Grenzfläche zwischen zwei Stoffen: Kontaktspannung (Kontaktpotential); Anwendung: Thermoelement
Entstehung einer Membranspannung (Membranpotential) infolge der Ionendiffusion durch eine ionenselektiv-permeable Membran, Begriffe Depolarisation und Hyperpolarisation
Begriff des Gleichgewichtspotentials, Berechnung aus der Nernstschen Gleichung (s.a. GK Chemie 4.1.12)

5.8 Magnetische Vorgänge S. 114–119, S. 122

Begriff des Magnetfeldes als Raumzustand, in dem auf einen magnetischen Dipol ein Drehmoment ausgeübt wird; magnetische Feldlinien eines stromdurchflossenen Leiters (Beispiel: langer gerader Draht und lange gestreckte Spule)
Kraft auf stromdurchflossenen Leiter im Magnetfeld, Elektromotor, Drehspulmeßwerk
Induktion: Entstehung von Spannungen bei Magnetfeldänderungen,
Selbstinduktion, Prinzip von Transformator und Generator

5.9 Wechselstrom, elektrische Schwingungen und Wellen S. 119–124

Vorgang der Wechselstromleitung durch Kondensator und Spule, Phasenverschiebung zwischen Strom und Spannung, Frequenzabhängigkeit des Wechselstromwiderstandes (Impedanz) von Kondensator und Spule

Zeitlicher Mittelwert der Wechselstromleistung (Wirkleistung), Effektivwerte von sinusförmigen Strömen und Spannungen
Prinzip des elektrischen Schwingungskreises (s.a. 6.1)
Entstehung und Ausbreitung elektromagnetischer Wellen (s.a. 6.4), Wirkung hochfrequenter elektromagnetischer Felder auf das Gewebe

6 Schwingungen und Wellen

6.1 Einfache schwingungsfähige Systeme (Pendel, Schwinger) S. 155–166
Fadenpendel, Federpendel, Drehpendel, elektrischer Schwingungskreis und ihre Kenngrößen
Ungedämpfter und gedämpfter Schwingungsvorgang unter dem Aspekt des Energiesatzes
Definitionen und Einheiten von Schwingungsdauer und Frequenz. Begriffe Eigenschwingungsdauer und Eigenfrequenz
Kenntnis der Begriffe Amplitude, Momentanwert, Kreisfrequenz, Phase
Zusammenhang zwischen Kreisfrequenz, Frequenz und Schwingungsdauer
Graphische Darstellung der ungedämpften und gedämpften Schwingung
Grundzüge des Vorgangs der erzwungenen Schwingung. Resonanz, Phasendifferenz zwischen Erreger und Resonator
Nichtsinusförmige periodische Vorgänge z.B. Kippschwingungen, periodische Reizimpulse beim technischen Herzschrittmacher
Kenntnis der Tatsache, daß nichtsinusförmige periodische Vorgänge aus sinusförmigen verschiedener Frequenzen zusammengesetzt werden können

6.2 Ausbreitung von Schwingungen, Wellen S. 166–169
Kenntnis der Beziehung: Ausbreitungsgeschwindigkeit gleich Wellenlänge mal Frequenz
Kenntnis der Tatsache, daß die Ausbreitung einer Schwingung nicht mit Transport von Materie, wohl aber mit Transport von Energie verknüpft ist
Unterschied zwischen transversaler und longitudinaler Welle
Stehende Welle als Summe zweier gegenläufiger Wellen und als Eigenschwingung eines ausgedehnten Körpers

6.3 Schallwellen S. 169–174
Schallausbreitung in Materie, Leitung in Luft und Knochen
Kenntnis der Kenngrößen des Schallfeldes: Auslenkungsamplitude, Schallwechseldruck, Energiedichte und Energiestromdichte (Schallintensität)
Anwendbarkeit des Ultraschalls in der Medizin (z.B. Echolaufzeit, Dopplereffekt)
Definition der Schallpegelskala und der Lautstärkenskala sowie deren Einheiten
Prinzipielle Kenntnis von Schalldruckmeßgeräten und Lautstärkemeßgeräten

6.4 Elektromagnetische Wellen S. 174–176
Zustand des Raumes, bei dem in jedem Punkt ein elektrisches und magnetisches Wechselfeld existiert, deren Richtungen aufeinander senkrecht und senkrecht auf der Ausbreitungsrichtung stehen
Momentanbild des elektrischen bzw. magnetischen Feldstärke-Vektors in einem Wellenfeld

6.5 Interferenz und Beugung S. 176–180
Verständnis der Interferenz als Addition von Schwingungszuständen, insbesondere von Vektoren bei elektromagnetischen Wellen
Interferenzfeld zweier Punkt-Quellen
Lage der Minima und Maxima der Intensität bei der Beugung am Spalt

7 Optik

7.1 Licht als Energieströmung, Photometrie S. 181–186
Licht als elektromagnetische Strahlung; Lichtgeschwindigkeit im Vakuum
Begriffe: Lichtstrom, Lichtstärke, Beleuchtungsstärke
Laser als Lichtquelle hoher Lichtintensität; Möglichkeiten der medizinischen Anwendung (z.B. bei Retina-Ablösung)
Begriff der Extinktion; Lambert-Beersches Gesetz; prinzipieller Aufbau eines Photometers

7.2 Geometrische Optik S. 186–201
Vorgänge der Reflexion, Brechung und Totalreflexion; Brechzahl; Erklärung dieser Vorgänge durch das Huygenssche Prinzip; Anwendung der Brechung bei Prisma, Sammel- und Zerstreuungslinse; Anwendung der Totalreflexion bei der Faseroptik
Abbildung durch Spiegel und Linsen: Begriff der optischen Abbildung; reelles und virtuelles Bild, Brennweite, Brechkraft, Kardinalelemente; zeichnerische Bildkonstruktion, Abbildungsgleichung
Anwendungen der Abbildung durch Spiegel und Linsen: Linsenkombination, Brillengläser, Linsenfehler (sphärischer und chromatischer Fehler), Zylinderlinse, Hohlspiegel, Lupe, Mikroskop, Kamera
Optischer Apparat des Auges: Brechkraft, Fehlsichtigkeit (s.a. GK Anatomie Kap. 20, GK Physiologie 17.1.2)

7.3 Optische Spektren S. 202–205
Licht als Welle und Photon; Energie des Photons; Zusammenhang von Lichtgeschwindigkeit, Frequenz und Wellenlänge
Dispersion der Brechzahl (Abhängigkeit von der Wellenlänge); spektrale Zerlegung des Lichts mit Prismen und Gittern, Farbe und Wellenlänge, Filterung mit Farbfiltern und Interferenzfiltern (Unterschiede der Extinktionskurven)
Emissions- und Absorptionsspektren, Zusammenhang zwischen Atombau und Spektrallinien, Anwendung: Spektralanalyse
Kenntnis der biologisch wichtigen Teile des elektromagnetischen Spektrums

7.4 Wellenoptik S. 205–216
Interferenzerscheinungen: Prinzipien s. 6.5; Streuung des Lichtes an kleinen Teilchen (Anwendung: Dunkelfeldbeobachtung, Streulichtphotometer)
Vergrößerung, Abbildungsmaßstab, numerische Apertur und Auflösungsvermögen (= kleinster auflösbarer Abstand zweier Objektpunkte) beim Lichtmikroskop
Prinzip des Elektronenmikroskops, Größenordnung seines Auflösungsvermögens
Kenntnis der Polarisierbarkeit des Lichtes durch Streuung, Reflexion und Dichroismus; Drehung der Polarisationsebene („optische Aktivität“)

8 Ionisierende Strahlung

8.1 Radioaktivität S. 148–151, S. 153
Begriff des stabilen und des radioaktiven Nuklids; Arten der radioaktiven Kernumwandlung
Natürlich radioaktive Nuklide (Beispiele ^{226}Ra, ^{40}K), Möglichkeiten zur Herstellung künstlich radioaktiver Nuklide
Zerfallsgesetz, Halbwertzeit, Begriff der Zerfallsreihe
Definition der Aktivität einer radioaktiven Substanz als Umwandlungsrate; Aktivitätseinheiten
Grundzüge der Wechselwirkungen energiereicher geladener Teilchen mit Materie: Ionisation, Anregung, elastische Streuung; Reichweite
Prinzipien der Teilchenzählung und Teilchenenergiemessung: Zählrohr, Szintillationszähler, Halbleiterdefektor

8.2 Röntgenstrahlung S. 151–152, S. 217–219
Aufbau und Funktionsweise der Röntgenröhre, Entstehung von Bremsstrahlung und Röntgen-Linienstrahlung, Röntgenspektrum, Grenzenergie
Strahlungsleistung der Röntgenröhre in Abhängigkeit von Röhrenstrom und -spannung; Wirkungsgrad einer Röntgenröhre (Größenordnung)
Wechselwirkungen energiereicher Photonen mit Materie: Photoeffekt, Comptoneffekt, Paarbildung; Schwächungsgesetz, Schwächungskoeffizient
Nachweis von Röntgenstrahlung durch Ionisation, photographische; chemische und Fluoreszenzwirkung

8.3 Dosimetrie S. 151, S. 153
Definition der Ionendosis J als Quotient aus der Ladung ΔQ der in einem Luftvolumen gebildeten Ionen eines Vorzeichens und der Masse Δm_L dieses Luftvolumens: $J = \Delta Q/\Delta m_L$; Ionendosiseinheiten
Definition der Energiedosis D als Quotient aus der in einem Materievolumen auf die Materie übertragenen Strahlungsenergie ΔE und der Masse Δm dieses Materievolumens: $D = \Delta E/\Delta m$; Energiedosiseinheiten
Wirkungsweise der Ionisationskammer als Dosimeter

9 Grundbegriffe der Regelung und der Informationsübertragung

9.1 Regelung S. 221–226
Unterscheidung zwischen Steuerung und Regelung
Schema eines einfachen Regelkreises
Kenntnis der Begriffe:
Regelstrecke, Regelgröße, Regler, Stellgröße, Störgröße, Führungsgröße;
Grundzüge des Zeitverhaltens von Regelkreisen.
Graphen von Übergangsfunktionen
Positive Rückkopplung (Mittkopplung), negative Rückkopplung (Gegenkopplung) und deren Auswirkungen

9.2 Informationsübertragung S. 226–230
Kommunikationssystem; Kenntnis der Teile einer Informationskette: Nachrichtenquelle (Sender), Codiereinrichtung, Kanal, Decodiereinrichtung und Nachrichtensenke (Empfänger)
Information als beseitigte Ungewißheit
Verständnis der Informationsmenge als Maß für die Anzahl der unterschiedlichen Zeichenfolgen (Worte), die mit einer gegebenen Anzahl von Zeichen darstellbar sind
Verwendung des bit als Einheit der Informationsmenge; Informationsmenge in bit = benötigte Anzahl dualer Zeichen
Begriff der Kanalkapazität als maximale über einen Kanal je Zeiteinheit übertragbare Informationsmenge
Redundanz als überflüssige Informationsmenge bei der Übermittlung einer Nachricht
Prinzip der Codierung als Übersetzung einer Nachricht in für einen Kanal geeignete Zeichen